中 国 国 家 标 准 汇 编

2018 年修订-17

中国标准出版社　编

中国标准出版社

北　京

图书在版编目(CIP)数据

中国国家标准汇编:2018年修订.17/中国标准出版社编.—北京:中国标准出版社,2020.6
ISBN 978-7-5066-9682-1

Ⅰ.①中…　Ⅱ.①中…　Ⅲ.①国家标准-汇编-中国-2018　Ⅳ.①T-652.1

中国版本图书馆CIP数据核字(2020)第069768号

中国标准出版社出版发行
北京市朝阳区和平里西街甲2号(100029)
北京市西城区三里河北街16号(100045)

网址 www.spc.net.cn
总编室:(010)68533533　发行中心:(010)51780238
读者服务部:(010)68523946

中国标准出版社秦皇岛印刷厂印刷
各地新华书店经销

*

开本 880×1230　1/16　印张 34.75　字数 1 044 千字
2020年6月第一版　2020年6月第一次印刷

*

定价 220.00 元

出 版 说 明

《中国国家标准汇编》是一部大型综合性国家标准全集。自1983年起，每年按国家标准顺序号分册汇编出版，分为“制定”卷和“修订”卷两种形式。

“制定”卷收入上一年度我国发布的、新制定的国家标准，视篇幅分成若干分册，封面和书脊上注明“20××年制定”字样及分册号，分册号一直连续。各分册中的标准是按照标准编号顺序连续排列的，如有标准顺序号缺号的，除特殊情况注明外，暂为空号。

“修订”卷收入上一年度我国发布的、被修订的国家标准，视篇幅分设若干分册，但与“制定”卷分册号无关联，仅在封面和书脊上注明“20××年修订-1,-2,-3,……”字样。“修订”卷各分册中的标准，仍按标准编号顺序排列(但不连续)；如有遗漏的，均在当年最后一分册中补齐。需提请读者注意的是，个别非顺延前年度标准编号的新制定国家标准没有收入在“制定”卷中，而是收入在“修订”卷中。

读者购买每年出版的《中国国家标准汇编》“制定”卷和“修订”卷则可收齐由我社出版的上一年度制定和修订的全部国家标准。

2018年我国制修订国家标准共2 684项。本分册为《中国国家标准汇编》“2018年修订-17”，收入新制修订的国家标准29项。

中国标准出版社

2020年3月

出版说明

目　　录

GB/T 15818—2018　表面活性剂生物降解度试验方法 …… 1
GB/T 15843.6—2018　信息技术　安全技术　实体鉴别　第6部分:采用人工数据传递的机制 … 21
GB/T 15851.3—2018　信息技术　安全技术　带消息恢复的数字签名方案　第3部分:基于离散对数的机制 …… 56
GB/T 15879.5—2018　半导体器件的机械标准化　第5部分:用于集成电路载带自动焊(TAB)的推荐值 …… 107
GB/T 15904—2018　橡胶　聚异戊二烯含量的测定 …… 143
GB/T 15962—2018　油墨术语 …… 151
GB/T 15970.1—2018　金属和合金的腐蚀　应力腐蚀试验　第1部分:试验方法总则 …… 175
GB/T 16140—2018　水中放射性核素的γ能谱分析方法 …… 193
GB 16154—2018　民用水暖煤炉通用技术条件 …… 209
GB/T 16155—2018　民用水暖煤炉性能试验方法 …… 217
GB/T 16258—2018　棉纤维含糖试验方法　分光光度法 …… 224
GB/T 16289—2018　豉香型白酒 …… 231
GB/T 16296.1—2018　声学　测听方法　第1部分:纯音气导和骨导测听法 …… 239
GB/T 16425—2018　粉尘云爆炸下限浓度测定方法 …… 267
GB/T 16427—2018　粉尘层电阻率测定方法 …… 273
GB/T 16430—2018　粉尘层最低着火温度测定方法 …… 279
GB/T 16476—2018　金属钪 …… 291
GB/T 16566—2018　铁路隧道词汇 …… 297
GB/T 16606.1—2018　快递封装用品　第1部分:封套 …… 333
GB/T 16606.2—2018　快递封装用品　第2部分:包装箱 …… 345
GB/T 16606.3—2018　快递封装用品　第3部分:包装袋 …… 359
GB/T 16661—2018　碳酸铈 …… 375
GB/T 16671—2018　产品几何技术规范(GPS)　几何公差　最大实体要求(MMR)、最小实体要求(LMR)和可逆要求(RPR) …… 381
GB/T 16716.1—2018　包装与环境　第1部分:通则 …… 413
GB/T 16716.2—2018　包装与环境　第2部分:包装系统优化 …… 427
GB/T 16716.3—2018　包装与环境　第3部分:重复使用 …… 453
GB/T 16716.4—2018　包装与环境　第4部分:材料循环再生 …… 468
GB/T 16746—2018　锌合金铸件 …… 485
GB/T 16749—2018　压力容器波形膨胀节 …… 494

ICS 71.100.40
G 72

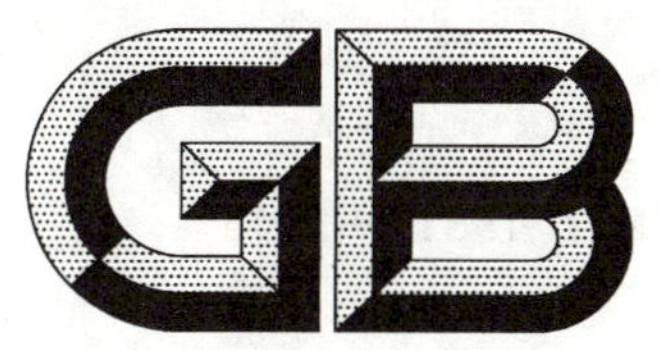

中华人民共和国国家标准

GB/T 15818—2018
代替 GB/T 15818—2006

表面活性剂生物降解度试验方法

Test method for biodegradability of surfactants

2018-12-28 发布　　　　2019-07-01 实施

国家市场监督管理总局
中国国家标准化管理委员会　发布

前　言

本标准按照 GB/T 1.1—2009 给出的规则起草。

本标准代替 GB/T 15818—2006《表面活性剂生物降解度试验方法》。本标准与 GB/T 15818—2006 相比，主要技术变化如下：

——修改了振荡培养机的要求(见 6.2,2006 年版的 5.2)；

——增加了新的基础营养液(见 7.2.1)；

——删除了用脱脂棉过滤的部分(见附录 A)；

——增加了脂肪酸类表面活性剂的测定方法(见附录 E)；

——增加了表面张力法的测定方法(见附录 G)。

本标准由中国轻工业联合会提出。

本标准由全国表面活性剂和洗涤用品标准化技术委员会(SAC/TC 272)归口。

本标准起草单位：中国日用化学研究院有限公司[国家洗涤用品质量监督检验中心(太原)]、赞宇科技集团股份有限公司、西安开米股份有限公司、深圳市芭格美生物科技有限公司。

本标准主要起草人：王开湘、肖伟、葛赞、于文、郭宏涛、方灵丹。

本标准所代替标准的历次版本发布情况为：

——GB/T 15818—1995、GB/T 15818—2006。

表面活性剂生物降解度试验方法

1 范围

本标准规定了表面活性剂初级生物降解度的试验方法。

本标准适用于测定具有磺酸基和硫酸基的阴离子表面活性剂，聚氧乙烯基团单链 EO 加合数为3～40 和二、三、四链总 EO 加合数 6～60 的表面活性剂，烷基糖苷类表面活性剂，阳离子与两性离子表面活性剂，脂肪酸类表面活性剂，具较丰富泡沫的表面活性剂和可以有效降低水的表面张力的表面活性剂的生物降解度。本标准也适用于洗涤剂中上述表面活性剂生物降解度的测定。

2 规范性引用文件

下列文件对于本文件的应用是必不可少的。凡是注日期的引用文件，仅注日期的版本适用于本文件。凡是不注日期的引用文件，其最新版本(包括所有的修改单)适用于本文件。

GB/T 5173　表面活性剂　洗涤剂　阴离子活性物含量的测定　直接两相滴定法

GB/T 5174　表面活性剂　洗涤剂　阳离子活性物含量的测定　直接两相滴定法

GB/T 6682　分析实验室用水规格和试验方法

GB/T 13173　表面活性剂　洗涤剂试验方法

GB/T 19464　烷基糖苷

QB/T 2344　两性表面活性剂　脂肪烷基二甲基甜菜碱

QB/T 2739　洗涤用品常用试验方法　滴定分析(容量分析)用试验溶液的制备

3 术语和定义

下列术语和定义适用于本文件。

3.1

生物降解　biodegradability

有机物在生命有机体的复杂活动下发生的分子降解。

3.2

初级生物降解　primary biodegradability

原始母体分子特性在一定程度上的消失。

3.3

消失时间 DT-90　disappear time(DT-90)

表面活性剂生物降解度达到初始浓度的 90％时所消耗的时间。

4 原理

以表面活性剂试样经培养驯化的活性污泥做降解生物源，加入试验份中进行振荡培养，测定培养周期中表面活性剂的减少量，得到试样的 DT-90 和规定时间的生物降解度。

5 试剂

除非另有说明，在分析中仅使用确认为分析纯的试剂和 GB/T 6682 规定的三级水。

5.1 氯化铵。

5.2 磷酸氢二钾。

5.3 磷酸二氢钾。

5.4 磷酸氢二钠。

5.5 硫酸镁。

5.6 氯化钾。

5.7 氯化钙。

5.8 硫酸亚铁。

5.9 三氯化铁。

5.10 酵母浸膏(生化试剂)。

5.11 直链十二烷基苯磺酸钠：含量 95%以上，生物降解度大于 99%。

5.12 直链十二醇聚氧乙烯醚(7EO)：含量 98%以上，生物降解度大于 99%。

5.13 微生物源：活性污泥取自处理民用废水的污水处理厂，活性污泥悬浊物的质量浓度应调整为 10 g/L～20 g/L，采样后在 5 h 内使用。

5.14 甲醛。

5.15 盐酸。

6 仪器

常用实验室仪器和以下各项。

6.1 振荡培养瓶：容量 1 000 mL，于烘箱中在 170 ℃灭菌 1 h～2 h。用硅胶塞塞紧，硅胶塞用压力蒸汽灭菌器灭菌。

6.2 振荡培养机：振幅 20 mm 以上，振荡频率 40 次/min～300 次/min 可调，恒温范围 5 ℃～50 ℃，温控精度±2 ℃。振荡培养机应能够对运行时的温度、转速进行实时记录和监控，确认整个测试周期的温度、转速满足 7.7 的规定。RHZJ-I 智能型生物降解培养机[1)]可以满足此要求。

6.3 压力蒸汽灭菌器：额定温度 126 ℃，额定压力 0.14 MPa。

7 试验程序

7.1 试样的制备

7.1.1 试样若以洗涤剂或其他混合物形式存在时应按 GB/T 13173 制备表面活性剂试样。

7.1.2 试验份参照物(5.11、5.12)制成中性 1 g/L 溶液，备用。

7.1.3 分离后的表面活性剂试样制成中性 1 g/L 溶液，备用。

7.1.4 脂肪酸等样品中性时不溶于水，配制溶液时可加热、加碱液至其溶解，制成 1 g/L 溶液，备用。

---

1) RHZJ-I 智能型生物降解培养机是适合的市售产品的实例。给出这一个信息是为了方便本标准的使用者，并不表示对这一产品的认可。

7.2 基础营养基溶液的制备

7.2.1 用于试验的培养基溶液组成

水	1 000 mL
氯化铵	3.0 g
磷酸氢二钾	1.0 g
硫酸镁	0.25 g
氯化钾	0.25 g
硫酸亚铁	0.002 g
酵母浸膏	0.3 g

酵母浸膏在使用前加入。已加入酵母浸膏的营养基溶液存放超过 8 h，则要进行高压灭菌处理(于 0.11 MPa～0.13 MPa，122 ℃～125 ℃，灭菌 20 min)，试验中所采用的水应不含抑菌物。

7.2.2 无酵母膏的培养基溶液的制备(烷基糖苷类和糖酯类表面活性剂用此溶液)

溶液 a：

溶解磷酸二氢钾	8.5 g
磷酸氢二钾	21.75 g
磷酸氢二钠($Na_2HPO_4 \cdot 12H_2O$)	67.2 g
氯化铵	0.5 g

用水定容至 1 000 mL。

为了确保该缓冲溶液，建议测定其 pH 值，大约在 7.4 左右。如果不符合需要重新配制。

溶液 b：

溶解硫酸镁($MgSO_4 \cdot H_2O$) 22.5 g，用水定容至 1 000 mL。

溶液 c：

溶解氯化钙($CaCl_2 \cdot 2H_2O$) 36.4 g，用水定容至 1 000 mL。

溶液 d：

溶解三氯化铁($FeCl_3 \cdot 6H_2O$) 0.25 g，用水定容至 1 000 mL。该溶液现用现配，或者加一滴浓盐酸(HCl)防止产生沉淀。

1 000 mL 的无酵母膏的培养基溶液的制备：

先加 800 mL 的水，再分别依次加入溶液 a 10 mL，溶液 b～溶液 d 各 1 mL，然后用水稀释至 1 000 mL。

该溶液现用现配，溶液 a、溶液 b、溶液 c、溶液 d 常温于暗处可储存 6 个月。

7.3 试验溶液的制备

7.3.1 在含 500 mL 基础营养基溶液(7.2)的培养瓶中，加入试验份(7.1)，质量浓度约 30 mg/L。

7.3.2 为了验证试验条件，在另一份 500 mL 基础营养基溶液(7.2)中加入直链十二烷基苯磺酸钠溶液或直链十二醇聚氧乙烯醚(7EO)溶液(7.1.2)作为对照试验培养瓶，使质量浓度约 30 mg/L。

7.3.3 空白试验液：基础营养基溶液(7.2)500 mL，不加表面活性剂。

7.4 活性污泥的接种

在 7.3 的各培养瓶中，分别加入 5 mL 活性污泥悬浊液(5.13)。

7.5 培养

将培养瓶安装在振荡培养机(6.2)上，于 25 ℃±3 ℃，200 次/min±1 次/min 进行振荡，培养 72 h。

7.6 驯化

量取基础营养基溶液(7.2)500 mL 于驯化瓶中，加入培养液(7.5)5 mL，加入试验溶液(7.1.2)、(7.1.3)后，将驯化瓶安装在振荡培养机(6.2)上，于 25 ℃±3 ℃，200 次/min±1 次/min 进行振荡，驯化 72 h。

7.7 生物降解度试验

量取基础营养基溶液(7.2)500 mL 于降解瓶中，加入驯化液(7.6)5 mL，加入试验溶液(7.1.2)、(7.1.3)后，将降解瓶安装在振荡培养机(6.2)上，于 25 ℃±3 ℃，200 次/min±1 次/min 进行振荡，振荡 30 min 后取样，按附录中相应的定量方法测定初始降解液的表面活性剂浓度。以后继续在上述条件下振荡，根据要求在需要时间内取样测定，逐步得到 DT-90 试验结果。或在满 7 d 及满 8 d 时，分别从各降解液瓶中取样测定降解液中的表面活性剂浓度。测定方法据试样特性分别按附录 A、附录 B、附录 C、附录 D、附录 E、附录 F、附录 G 进行。

如果不及时测定，则按每 100 mL 阴离子表面活性剂试样溶液中加入 1 mL 甲醛溶液(5.14)以便保存。其他表面活性剂试验溶液不可加甲醛保存，否则会影响结果的准确性。

8 结果计算

如果参照物直链十二烷基苯磺酸钠的生物降解度低于 97.5%或直链十二醇聚氧乙烯醚(7EO)的生物降解度低于 95.0%，以及第七天和第八天的降解度之差大于 2.0%时，则试验无效。

表面活性剂的生物降解度 X 以质量分数计，按式(1)计算：

$$X=\frac{\rho_0-\rho_x}{\rho_0}\times 100 \text{ 或 } X=\frac{V_0-V_x}{V_0}\times 100 \qquad\cdots\cdots(1)$$

式中：

X ——x 时间后的生物降解度，%；

ρ_0 ——降解开始时降解液中表面活性剂的质量浓度，单位为毫克每升(mg/L)；

ρ_x ——降解 x 时间后降解液中表面活性剂的质量浓度，单位为毫克每升(mg/L)；

V_0 ——降解开始时降解液中表面活性剂的泡沫体积，单位为毫升(mL)；

V_x ——降解 x 时间后降解液中表面活性剂的泡沫体积，单位为毫升(mL)。

所得结果保留至小数点后一位。

9 结果报告

根据要求，DT-90 的结果以降解度达到 90%所消耗的时间报出；或最终降解结果以第 7 天的降解度(%)报出。

附　录　A
（规范性附录）
阴离子表面活性剂的测定——亚甲基蓝法

A.1　原理

阴离子表面活性剂与亚甲基蓝形成的络合物用三氯甲烷萃取，然后用分光光度法测定阴离子表面活性剂含量。

A.2　适用范围

本方法适用于含磺酸基和硫酸基的阴离子表面活性剂。

A.3　试剂

除非另有说明，在分析中仅使用确认为分析纯的试剂和 GB/T 6682 规定的三级水。

A.3.1　阴离子表面活性剂标准溶液：按 GB/T 5173 测定纯度。称取相当于100%的参照物(5.11)1 g(准确至 0.001 g)，用水溶解、转移并定容至 1 000 mL，混匀。此溶液阴离子表面活性剂质量浓度为 1 g/L。

A.3.2　阴离子表面活性剂使用溶液：移取阴离子表面活性剂标准溶液 10.0 mL，于 1 000 mL 容量瓶中，加水定容，混匀，则该使用溶液阴离子表面活性剂质量浓度为 0.01 mg/mL。

A.3.3　硫酸。

A.3.4　磷酸二氢钠洗涤液：将磷酸二氢钠 50 g 溶于水中，加入硫酸(A.3.3)6.8 mL，定容至 1 000 mL。

A.3.5　亚甲基蓝溶液：称取亚甲基蓝 0.1 g，用水溶解并稀释至 100 mL，移取此溶液 30 mL，用磷酸二氢钠洗涤液(A.3.4)稀释至 1 000 mL。

A.3.6　三氯甲烷。

A.4　仪器

常用实验室仪器和分光光度计，波长 360 nm～800 nm。

A.5　操作步骤

A.5.1　工作曲线的绘制

准确移取质量浓度为 0.01 mg/mL 阴离子表面活性剂使用溶液(A.3.2)0 mL(作为空白参比液)、3.0 mL、6.0 mL、9.0 mL、12.0 mL、15.0 mL，分别于 250 mL 分液漏斗中，加水使总体积达 100 mL。加入亚甲基蓝溶液(A.3.5)25 mL，混匀后加入三氯甲烷(A.3.6)15 mL，振荡 30 s，静置分层；若水层中蓝色褪去，应补加亚甲基蓝溶液 10 mL，再振荡 30 s，静置 10 min。

将三氯甲烷层放入另一 250 mL 分液漏斗中(切勿将界面絮状物随三氯甲烷带出)，重复萃取至三氯甲烷层无色。

合并的三氯甲烷萃取液中加入磷酸二氢钠溶液(A.3.4)50 mL,振荡 30 s,静置 10 min,将三氯甲烷层放入 100 mL 容量瓶中,加入三氯甲烷 5 mL 到分液漏斗中,重复萃取至三氯甲烷层无色,所有的三氯甲烷层放入 100 mL 容量瓶中,再用三氯甲烷定容,混匀。

用分光光度计于波长 650 nm、10 mm 比色池,以空白参比液做参比,测定试液的净吸光值。以表面活性剂质量(mg)为横坐标,净吸光值为纵坐标,绘制工作曲线或以一元回归方程 $y=a+bx$ 计算。

A.5.2 降解试液中表面活性剂含量的测定

准确移取适量体积(降解初始取样量 2 mL～5 mL,降解过程取样量可适当增加至 50 mL)的降解液(7.7)于 250 mL 分液漏斗中,加水至 100 mL,以下步骤按 A.5.1“加入亚甲基蓝溶液 25 mL……再用三氯甲烷定容,混匀”程序进行。

以同样程序测定空白试验液(7.3.3)。

用分光光度计于波长 650 nm、10 mm 比色池,以空白试验液做参比,测定试液的净吸光值,由净吸光值与工作曲线或 $y=a+bx$ 计算得到表面活性剂质量浓度,以 mg/L 表示。

A.6 结果计算

阴离子表面活性剂的质量浓度 ρ,按式(A.1)计算:

$$\rho=\frac{m}{V} \qquad \text{(A.1)}$$

式中:

ρ ——阴离子表面活性剂的质量浓度,单位为毫克每升(mg/L);

m ——从工作曲线或计算得到的试液中阴离子表面活性剂含量,单位为毫克(mg);

V ——取样体积,单位为升(L)。

附　录　B
（规范性附录）
乙氧基型表面活性剂的测定——硫氰酸钴法

B.1　原理

乙氧基型表面活性剂与硫氰酸钴所形成的络合物用三氯甲烷萃取，然后用分光光度法测定表面活性剂含量。

B.2　适用范围

本方法适用于聚氧乙烯型单链 EO 加合数 3～40，双链、三链、四链总 EO 加合数 6～60 的表面活性剂以及聚乙二醇(摩尔质量 300 g/moL～1 000 g/moL)、聚醚等表面活性剂。

B.3　试剂

除非另有说明，在分析中仅使用确认为分析纯的试剂和 GB/T 6682 规定的三级水。

B.3.1　乙氧基型表面活性剂标准溶液：按 GB/T 13173 测定纯度。称取相当于 100% 的参照物(5.12) 1 g(准确至 0.001 g)，用水溶解、转移并定容至 1 000 mL，混匀。此溶液乙氧基型表面活性剂质量浓度为 1 g/L。

B.3.2　乙氧基型表面活性剂使用溶液：移取乙氧基型表面活性剂标准溶液 25.0 mL 于 250 mL 容量瓶中，加水定容，混匀，则该使用溶液表面活性剂质量浓度为 0.1 mg/mL。

B.3.3　硫氰酸铵。

B.3.4　硝酸钴(六水合物)。

B.3.5　苯。

B.3.6　硫氰酸钴铵溶液：将 620 g 硫氰酸铵(B.3.3)和 280 g 硝酸钴(B.3.4)溶于少量水中，混合均匀后定容至 1 000 mL，然后分别用 30 mL 苯萃取两次后备用。

B.3.7　氯化钠。

B.3.8　三氯甲烷。

B.4　仪器

常用实验室仪器和分光光度计，波长 200 nm～800 nm。

B.5　操作步骤

B.5.1　工作曲线的绘制

准确移取质量浓度为 0.1 mg/mL 乙氧基型表面活性剂使用溶液(B.3.2)0 mL(作为空白参比液)、5.0 mL、10.0 mL、20.0 mL、25.0 mL、30.0 mL、35.0 mL，分别于 250 mL 分液漏斗中，加水使总体积达 100 mL，加入硫氰酸钴铵溶液(B.3.6)15 mL，稍混匀加入 35.5 g 氯化钠(B.3.7)，充分振荡 1 min，静置

15 min 后加入三氯甲烷(B.3.8)15 mL,再振荡 1 min,静置 15 min 后将三氯甲烷层放入 50 mL 容量瓶中(切勿将界面絮状物随三氯甲烷层带出),再重复萃取两次,用三氯甲烷定容,混匀。

用紫外分光光度计于波长 319 nm、10 mm 石英池,以空白参比液做参比,测定试液的净吸光值。以表面活性剂质量(mg)为横坐标,净吸光值为纵坐标,绘制工作曲线或以一元回归方程 $y=a+bx$ 计算。

B.5.2 降解试液中表面活性剂含量的测定

准确移取降解试液(7.7)50.0 mL 于 250 mL 分液漏斗中,加水 50 mL(降解近终点时降解试液移取量应增加至 100 mL,不再补加水),以下步骤按 B.5.1“加入硫氰酸钴铵溶液 15 mL……用三氯甲烷定容,混匀”程序进行。

以同样程序测定空白试验液(7.3.3)。

用紫外分光光度计于波长 319nm、10 mm 比色池,以空白试验液做参比,测定试液的净吸光值。由净吸光值与工作曲线或 $y=a+bx$ 计算得到表面活性剂质量浓度,以 mg/L 表示。

B.6 结果计算

乙氧基型表面活性剂的质量浓度 ρ,按式(B.1)计算:

$$\rho=\frac{m}{V} \qquad \text{(B.1)}$$

式中:

ρ ——乙氧基型表面活性剂质量浓度,单位为毫克每升(mg/L);

m ——从工作曲线或计算得到的试液中乙氧基型表面活性剂含量,单位为毫克(mg);

V ——取样体积,单位为升(L)。

注:阴离子表面活性剂、阳离子表面活性剂、两性表面活性剂及聚乙二醇的存在,会影响分析结果的准确性,要预先分离除去。聚乙二醇的分离参见 GB/T 5560;其他表面活性剂的分离参见 GB/T 13173。

附　录　C
（规范性附录）
阳离子和两性离子表面活性剂的测定——金橙-2 法

C.1　总则

pH＝1 缓冲体系适用于两性离子表面活性剂、阳离子表面活性剂及二者混和物；pH＝5 缓冲体系适用于阳离子表面活性剂。当试样为阳离子和两性离子表面活性剂混合物时，在 pH＝5 时得到阳离子表面活性剂的吸光值，在 pH＝1 时得到阳离子和两性离子表面活性剂的总吸光值，二者之差即为两性离子表面活性剂吸光值。

C.2　阳离子表面活性剂的测定

C.2.1　原理

阳离子表面活性剂与金橙-2 在 pH＝5 的缓冲条件下形成的络合物用三氯甲烷萃取，然后用分光光度法测定阳离子表面活性剂含量。

C.2.2　适用范围

本方法适用于阳离子表面活性剂。

C.2.3　试剂

除非另有说明，在分析中仅使用确认为分析纯的试剂和 GB/T 6682 规定的三级水。

C.2.3.1　阳离子表面活性剂标准溶液：按 GB/T 5174 测定纯度。称取相当于 100％的阳离子表面活性剂 1.0 g（准确至 0.001 g），用水溶解，转移并定容至 1 000 mL，混匀，此溶液阳离子表面活性剂质量浓度为 1 g/L。

C.2.3.2　阳离子表面活性剂使用溶液：移取阳离子表面活性剂标准溶液 10.0 mL 于 1 000 mL 容量瓶中，加水定容，混匀，则该使用溶液表面活性剂质量浓度为 0.01 mg/mL。

C.2.3.3　金橙-2，称取 0.1 g 金橙-2 溶于 100 mL 水中，混匀。

C.2.3.4　乙酸，0.2 mol/L 乙酸溶液。

C.2.3.5　乙酸钠，0.2 mol/L 乙酸钠溶液。

C.2.3.6　缓冲溶液，pH＝5，量取 0.2 mol/L 乙酸溶液 59 mL，0.2 mol/L 乙酸钠溶液 141 mL 混匀备用。

C.2.3.7　三氯甲烷。

C.2.4　仪器

常用实验室仪器和分光光度计，波长 360 nm～800 nm。

C.2.5　操作步骤

C.2.5.1　工作曲线的绘制

准确移取质量浓度为 0.01 mg/mL 阳离子表面活性剂使用溶液（C.2.3.2）0 mL（作为空白参比液）、

5.0 mL、10.0 mL、15.0 mL、20.0 mL、25.0 mL、30.0 mL、35.0 mL 分别于 250 mL 分液漏斗中，加水使体积达 100 mL，加入 pH=5 缓冲溶液(C.2.3.6)10 mL，金橙-2 溶液(C.2.3.3)3 mL，混匀后加入三氯甲烷 10 mL，振荡 30 s，静置 10 min 后放入 50 mL 容量瓶中(切勿将絮状物随三氯甲烷带出)，重复萃取，直至三氯甲烷无色，用三氯甲烷定容，混匀。

用分光光度计于波长 485 nm、10 mm 比色池，以空白参比液做参比，测定试液的净吸光值。以表面活性剂质量(mg)为横坐标，净吸光值为纵坐标，绘制工作曲线或以一元回归方程 $y=a+bx$ 计算。

C.2.5.2 降解试液中表面活性剂含量的测定

准确移取降解液(7.7)10 mL 于 250 mL 分液漏斗中，以下步骤按 C.2.5.1“加水使体积达 100 mL ……用三氯甲烷定容，混匀”程序进行。

以同样程序测定空白试验液(7.3.3)。

用分光光度计于波长 485 nm、10 mm 比色池，以空白试验液做参比，测定试液的净吸光值。由净吸光值与工作曲线或 $y=a+bx$ 计算得到表面活性剂质量浓度，以 mg/L 表示。

C.2.6 结果计算

阳离子表面活性剂的质量浓度 ρ，按式(C.1)计算：

$$\rho=\frac{m}{V} \qquad \cdots\cdots(\text{C.1})$$

式中：

ρ ——阳离子表面活性剂质量浓度，单位为毫克每升(mg/L)；

m ——从工作曲线或计算得到的试液中阳离子表面活性剂含量，单位为毫克(mg)；

V ——取样体积，单位为升(L)。

C.3 两性离子表面活性剂的测定

C.3.1 原理

两性离子表面活性剂与金橙-2 在 pH=1 的缓冲条件下形成的络合物用三氯甲烷萃取，然后用分光光度法测定两性离子表面活性剂含量。

C.3.2 适用范围

本方法适用于两性离子表面活性剂，也适用于阳离子表面活性剂及二者的混合物。

C.3.3 试剂

除非另有说明，在分析中仅使用确认为分析纯的试剂和 GB/T 6682 规定的三级水。

C.3.3.1 两性表面活性剂标准溶液：按 QB/T 2344 测定纯度。准确称取相当于 100% 的两性表面活性剂 1.0 g(准确至 0.001 g)，用水溶解，转移并定容至 1 000 mL，混匀。此溶液两性表面活性剂质量浓度为 1 g/L。

C.3.3.2 两性表面活性剂使用溶液：移取两性表面活性剂标准溶液 10.0 mL 于 1 000 mL 容量瓶中，加水定容，混匀，则该使用溶液表面活性剂质量浓度为 0.01 mg/mL。

C.3.3.3 金橙-2，称取 0.1 g 金橙-2 溶于 100 mL 水中，混匀。

C.3.3.4 盐酸，0.2 mol/L 盐酸溶液。

C.3.3.5 氯化钾，0.2 mol/L 氯化钾溶液。

C.3.3.6 缓冲溶液，pH=1，量取 0.2 mol/L 盐酸溶液(C.3.3.4)97 mL，0.2 mol/L 氯化钾溶液(C.3.3.5)

53 mL,加水 50 mL 摇匀备用。

C.3.3.7 三氯甲烷(GB/T 682)。

C.3.4 仪器

常用实验室仪器和分光光度计,波长 360 nm～800 nm。

C.3.5 操作步骤

C.3.5.1 工作曲线的绘制

准确移取质量浓度为 0.01 mg/mL 两性离子表面活性剂使用溶液(C.3.3.2)0 mL(作为空白参比液)、5.0 mL、10.0 mL、15.0 mL、20.0 mL、25.0 mL、30.0 mL、35.0 mL 分别于 250 mL 分液漏斗中,加水使体积达 100 mL,加入 pH=1 缓冲溶液(C.3.3.6)10 mL,金橙-2 溶液(C.3.3.3)3 mL,混匀后加入三氯甲烷(C.3.3.7)10 mL,振荡 30 s,静置 10 min 后放入 50 mL 容量瓶中(切勿将絮状物随三氯甲烷带出),重复萃取,直至三氯甲烷层无色,用三氯甲烷定容,混匀。

用分光光度计于波长 485 nm、10 mm 比色池,以空白参比液做参比,测定试液的净吸光值。以表面活性剂质量(mg)为横坐标,净吸光值为纵坐标,绘制工作曲线或以一元回归方程 $y=a+bx$ 计算。

C.3.5.2 降解试液中表面活性剂含量的测定

准确移取降解液(7.7)10 mL 于 250 mL 分液漏斗中,以下步骤按 C.3.5.1"加水使体积达 100 mL……用三氯甲烷定容,混匀"程序进行。

以同样程序测定空白试验液(7.3.3)。

用分光光度计于波长 485 nm、10 mm 比色池,以空白试验液做参比,测定试液的净吸光值。由净吸光值与工作曲线或 $y=a+bx$ 计算得到表面活性剂质量浓度,以 mg/L 表示。

C.3.6 结果计算

两性离子表面活性剂的质量浓度 ρ,按式(C.1)计算:

$$\rho=\frac{m}{V} \qquad \text{(C.1)}$$

式中:

ρ ——两性离子表面活性剂质量浓度,单位为毫克每升(mg/L);

m ——从工作曲线或计算得到的试液中阳离子表面活性剂含量,单位为毫克(mg);

V ——取样体积,单位为升(L)。

附 录 D
（规范性附录）
烷基糖苷类表面活性剂的测定——蒽酮法

D.1 原理

烷基糖苷类表面活性剂在酸性体系中水解生成的糖可与蒽酮反应，生成绿色的络合物，以分光光度法测定表面活性剂含量。

D.2 适用范围

本方法适用于烷基糖苷类和糖酯类的表面活性剂。

D.3 试剂

除非另有说明，在分析中仅使用确认为分析纯的试剂和 GB/T 6682 规定的三级水。

D.3.1 烷基糖苷类表面活性剂标准溶液：按 GB/T 19464 测定纯度。称取相当于 100%的烷基糖苷 1.0 g(准确至 0.001 g)，用水溶解，转移并定容至 1 000 mL，混匀。此溶液烷基糖苷类表面活性剂质量浓度为 1 g/L。

D.3.2 烷基糖苷类表面活性剂使用溶液：移取烷基糖苷类表面活性剂标准溶液 5.0 mL 用水稀释至 100 mL，混匀，则该使用溶液表面活性剂质量浓度为 0.05 mg/mL。

D.3.3 糖酯类表面活性剂标准溶液：称取相当于 100%的糖酯类表面活性剂 1.0 g(准确至 0.001 g)，用水溶解，转移并定容至 1 000 mL，混匀。此溶液糖酯类表面活性剂质量浓度为 1 g/L。

D.3.4 糖酯类表面活性剂使用溶液：移取糖酯类表面活性剂标准溶液 5.0 mL 用水稀释至 100 mL，混匀，则该使用溶液表面活性剂质量浓度为 0.05 mg/mL。

D.3.5 蒽酮。

D.3.6 硫酸。

D.3.7 蒽酮硫酸试剂：取 0.08 g 蒽酮溶于 100 mL 硫酸中(此溶液需保存在冰箱内，隔数日应更换)。

D.4 仪器

常用实验室仪器和以下各项。

D.4.1 分光光度计，波长 200 nm～800 nm。

D.4.2 纳氏比色管，10 mL。

D.5 操作步骤

D.5.1 工作曲线的绘制

准确移取质量浓度为 0.05 mg/mL 的表面活性剂(D.3.2 或 D.3.4)使用溶液 0 mL(作为空白参比液)、0.25 mL、0.50 mL、1.00 mL、1.50 mL、2.00 mL 于纳氏比色管(D.4.2)中，加水至 2.0 mL，滴加

5.0 mL 蒽酮硫酸试剂(D.3.7)加盖置沸水浴中加热 5 min 后，取出立即冷却，摇匀，放置 50 min 后用分光光度计于波长 625 nm、10 mm 比色池，以空白参比液做参比，测定试液的净吸光值。以表面活性剂质量[单位为毫克(mg)]为横坐标，净吸光值为纵坐标，绘制工作曲线或以一元回归方程 $y=a+bx$ 计算。

D.5.2 降解试液中表面活性剂含量的测定

准确移取降解液(7.7)2.0 mL 到纳氏比色管(D.4.2)中，以下步骤按 D.5.1 中“滴加 5.0 mL 蒽酮硫酸试剂……摇匀”程序进行。

用同样程序测定空白试验液(7.3.3)。

用分光光度计于波长 625 nm、10 mm 比色池，以空白试验液为参比，测定试液的净吸光值。由净吸光值与工作曲线或 $y=a+bx$ 计算得到表面活性剂质量浓度，以 mg/L 表示。

D.6 结果计算

烷基糖苷类表面活性剂的质量浓度 ρ，按式(D.1)计算：

$$\rho=\frac{m}{V} \tag{D.1}$$

式中：

ρ ——烷基糖苷类表面活性剂质量浓度，单位为毫克每升(mg/L)；

m ——从工作曲线或计算得到的试液中烷基糖苷类表面活性剂含量，单位为毫克(mg)；

V ——取样体积，单位为升(L)。

附 录 E
（规范性附录）
脂肪酸类表面活性剂的测定——两相滴定法

E.1 原理

脂肪酸盐与酸性混合指示液中的阳离子染料在碱性条件下形成盐，此盐溶解于三氯甲烷中，使三氯甲烷层显红色。用海明 1622 标准溶液滴定，过程中水溶液中所有阴离子活性物与氯化苄苏镝反应完，氯化苄苏镝取代阴离子活性物-阳离子染料盐内的阳离子染料（溴化底米镝），溴化底米镝转入水层，三氯甲烷层红色褪去。

E.2 适用范围

本方法适用于含脂肪酸的阴离子表面活性剂。

E.3 试剂

除非另有说明，在分析中仅使用确认为分析纯的试剂和 GB/T 6682 规定的三级水。

E.3.1 脂肪酸类表面活性剂标准溶液：称取相当于 100％的脂肪酸盐 1 g（准确至 0.001 g）用水溶解，若不溶于水可用 0.1 mol/L 的氢氧化钠溶液调制碱性溶解。转移并定容至 1 000 mL，混匀。此溶液脂肪酸盐质量浓度为 1 g/L。

E.3.2 脂肪酸类表面活性剂使用溶液：移取脂肪酸类表面活性剂标准溶液 10.0 mL，于 100 mL 容量瓶中，加水定容，混匀，则该使用溶液脂肪酸盐质量浓度为 0.1 mg/mL。

E.3.3 氯化苄苏镝（海明 1622）标准溶液 $c=0.000\ 4$ mol/L：按 QB/T 2739 配制和标定 0.004 mol/L 海明 1622 标准溶液，准确移取 50.0 mL 上述溶液至 500 mL 容量瓶中，用水稀释至刻度，摇匀既得 0.000 4 mol/L 的标准溶液。

E.3.4 酸性混合指示液：按 QB/T 2739 配制。

E.3.5 三氯甲烷。

E.3.6 氢氧化钠：0.5 mol/L 氢氧化钠溶液。

E.4 仪器

常用实验室仪器和 100 mL 具塞量筒。

E.5 操作步骤

E.5.1 工作曲线的绘制

准确移取质量浓度为 0.1 mg/mL 脂肪酸盐使用溶液（E.3.2）0 mL（作为空白参比液）、5.0 mL、10.0 mL、15.0 mL、20.0 mL、25.0 mL 分别于 100 mL 具塞量筒中，加水使总体积达 25 mL。加入酸性混合指示液（E.3.4）10 mL 和氢氧化钠溶液（E.3.6）5 mL，混匀后加入三氯甲烷（E.3.5）15 mL，塞上塞子，充分振摇，静置分层，下层呈粉红色。用氯化苄苏鎓(海明 1622)(E.3.3)标准溶液滴定，开始时每次加入约 2 mL 滴定溶液后，充分振摇，静置分层，下层呈粉红色。继续滴定并振摇，当接近滴定终点时，由于振荡而形成的乳状液较易破乳。然后逐滴滴定，充分振摇。当三氯甲烷层的粉红色完全褪去即达到终点。

以表面活性剂质量(mg)为横坐标，消耗海明 1622 标液体积(mL)为纵坐标绘制工作曲线或以一元回归方程 $y=a+bx$ 计算。

E.5.2 降解试液中表面活性剂含量的测定

准确移取适量体积降解试液(7.7)于 100 mL 具塞量筒中，加水使总体积达 25 mL。以下步骤按 E.5.1“加入酸性混合指示液 10 mL……当三氯甲烷层的粉红色完全褪去即达到终点”程序进行。

以同样程序测定空白试验液(7.3.3)。

由消耗海明 1622 标液体积与工作曲线或 $y=a+bx$ 计算得到脂肪酸盐质量浓度，以 mg/L 表示。

E.6 结果计算

脂肪酸盐的质量浓度 ρ，按式(E.1)计算：

$$\rho=\frac{m}{V} \tag{E.1}$$

式中：

ρ ——脂肪酸盐的质量浓度，单位为毫克每升(mg/L)；

m ——从工作曲线或计算得到的试液中脂肪酸盐含量，单位为毫克(mg)；

V ——取样体积，单位为升(L)。

附　录　F
（规范性附录）
泡沫体积法

F.1　原理

在规定条件下振荡试液，以生成泡沫体积测定表面活性剂含量。

F.2　适用范围

当表面活性剂不适用附录 A、附录 B、附录 C、附录 D、附录 E 等方法测定，但同时又具较丰富泡沫的试样可以使用本方法。

F.3　仪器

常用实验室仪器和 100 mL 具塞量筒。

F.4　操作步骤

在具塞量筒中注入降解试液（7.7）至 50.0 mL，盖好塞子用力上下振荡 50 次（每秒 2 次），静置 30 s 后仔细观测试液和泡沫的总体积，重复试验，取两次测定结果的平均值，同时取空白试验液测定。

F.5　结果计算

表面活性剂的泡沫体积 V，按式（F.1）计算：

$$V = V_1 - V_0 \qquad \text{（F.1）}$$

式中：

V ——泡沫的净体积，单位为毫升（mL）；

V_1 ——试液和泡沫的总体积，单位为毫升（mL）；

V_0 ——空白试验液和泡沫的总体积，单位为毫升（mL）。

附　录　G
（规范性附录）
表面张力法

G.1　原理

在规定条件下测试试液的表面张力，绘制表面张力和浓度的标准曲线，以试样的表面张力表征表面活性剂含量。

G.2　适用范围

当被测样品具有有效降低表面张力能力，但又不适用附录A、附录B、附录C、附录D、附录E、附录F等方法测定的试样可以使用本方法。

G.3　试剂

称取相当于100%的待测样品活性物1 g（准确至0.001 g）用水溶解，若不溶于水可加热或用0.1 mol/L的氢氧化钠溶液调制碱性溶解。转移并定容至1 000 mL，混匀。此溶液待测样品质量浓度为1 g/L。移取此溶液10.0 mL，于100 mL容量瓶中，加水定容，混匀，则该使用溶液待测样品质量浓度为0.1 mg/mL。

G.4　仪器

常用实验室仪器和表面张力仪，精度0.1 mN/m。

G.5　操作步骤

G.5.1　工作曲线的绘制

测量前先按表面张力仪的要求对测量单元和样品杯进行清洁处理，并以纯水为标准品测量其表面张力是否大于70 mN/m。

准确移取待测样品质量浓度为0.1 mg/mL的溶液0 mL（作为空白参比液）、1.5 mL、3.0 mL、4.5 mL、6.0 mL、9.0 mL、12.0 mL、15.0 mL、22.5 mL、30.0 mL于100 mL容量瓶中，用基础营养液（7.2.1）定容至100 mL。将上述溶液按溶度从低到高依次进行测定，每个浓度测量3次，取平均值。做质量浓度ρ与表面张力δ的散点图，用希斯科夫斯基经验公式做非线性拟合。

注：希斯科夫斯基经验公式：$\delta=\delta_0-\delta_0\times b\times \ln(1+\rho/a)$，其中$\delta$为表面活性剂溶液表面张力，$\delta_0$为纯水的表面张力，$\rho$为溶液的质量浓度，$a$、$b$为待定参数。可以应用相关的计算机软件进行非线性拟合，确定参数a、b。

G.5.2　测定

取适量降解试液（7.7）于样品杯中（若试液中有不溶物或气泡影响测定，设法除去，取清液测量），测量3次表面张力，并取平均值。若降解液表面张力小于30 mN/m则适当用基础营养液做溶剂稀释后再测。将测量值带入已知的相关公式，可得到溶液的浓度。同时取空白降解试验液测定。

G.6 结果计算

表面张力法测定的质量浓度 ρ,按式(G.1)计算:

$$\rho=\frac{m}{V} \tag{G.1}$$

式中:

ρ ——表面活性剂质量浓度,单位为毫克每升(mg/L);

m ——从工作曲线或计算得到的试液中表面活性剂含量,单位为毫克(mg);

V ——取样体积,单位为升(L)。

ICS 35.040
L 80

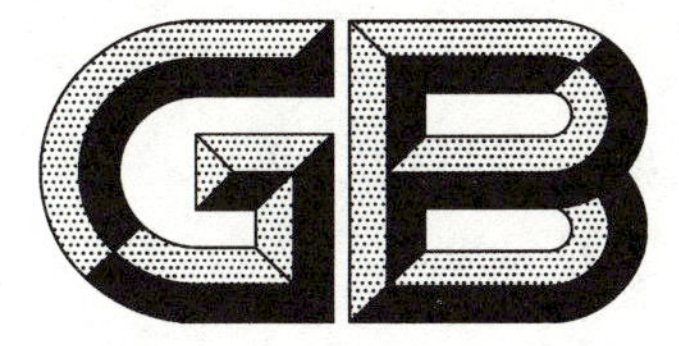

中华人民共和国国家标准

GB/T 15843.6—2018/ISO/IEC 9798-6:2010

信息技术　安全技术　实体鉴别 第6部分:采用人工数据传递的机制

Information technology—Security techniques—Entity authentication—Part 6:Mechanisms using manual data transfer

(ISO/IEC 9798-6:2010,IDT)

2018-09-17 发布　　2019-04-01 实施

国家市场监督管理总局
中国国家标准化管理委员会　发布

前　言

GB/T 15843《信息技术　安全技术　实体鉴别》分为以下部分：

——第 1 部分：总则；

——第 2 部分：采用对称加密算法的机制；

——第 3 部分：采用数字签名技术的机制；

——第 4 部分：采用密码校验函数的机制；

——第 5 部分：使用零知识技术的机制；

——第 6 部分：采用人工数据传递的机制。

本部分为 GB/T 15843 的第 6 部分。

本部分按照 GB/T 1.1—2009 给出的规则起草。

本部分使用翻译法等同采用 ISO/IEC 9798-6:2010《信息技术　安全技术　实体鉴别　第 6 部分：采用人工数据传递的机制》。

请注意本文件的某些内容可能涉及专利。本文件的发布机构不承担识别这些专利的责任。

本部分由全国信息安全标准化技术委员会(SAC/TC 260)提出并归口。

本部分起草单位：中国科学院数据与通信保护研究教育中心、北京数字认证股份有限公司、飞天诚信科技股份有限公司。

本部分主要起草人：夏鲁宁、张国柱、张琼露、林雪焰、朱鹏飞。

引　言

在日常通信中,两个设备之间经常需要通过非安全通道执行实体鉴别,但非安全通道易受主动或被动的攻击,所谓主动攻击包括恶意第三方在非安全通道执行数据插入、篡改、删除或重放等动作。

GB/T 15843的其他部分指定的鉴别机制适用于两个设备共享同一个秘密密钥,或者彼此拥有对方的非对称公钥。

GB/T 15843 的本部分所述的实体鉴别机制无需假定双方预先建立共享密钥关系,而是使用人工手段进行鉴别,即实体鉴别通过从一个设备到另一个设备人工传递短数据串来实现,或通过人工对比两个设备输出的短数据串是否一致来实现。

在本部分中,"实体鉴别"这个术语的含义与其他部分有所不同,鉴别涉及的两个设备都由同一个用户持有,或由两个彼此之间存在可信通信途径的不同用户持有,用户验证两个设备在执行了本部分的鉴别机制后是否成功共享了数据串。当然,数据串可以包含两个设备或其中一个设备的标识符。

如资料性附录 B 和附录 C 所描述的那样,人工鉴别机制可作为建立秘密密钥共享或可靠交换公钥的基础。此外,人工鉴别机制还可被用作其他秘密或公开安全参数的交换,包括安全策略声明或时间戳等。

本部分凡涉及密码算法的相关内容,按国家有关法规实施;凡涉及到采用密码技术解决保密性、完整性、真实性、不可否认性需求的按密码相关国家标准和行业标准实施。

信息技术 安全技术 实体鉴别 第6部分:采用人工数据传递的机制

1 范围

GB/T 15843 的本部分规定了在设备之间基于人工数据传递进行实体鉴别的 8 种机制。本部分指明了这些机制如何被用来支持密钥管理功能,以及如何安全地选择各机制的参数。对于这 8 种机制,本部分给出了其 ASN.1 定义,并对它们的安全性水平和效率进行了分析比较。

这些机制可以适用于多类应用场景。一种典型的应用是在个人网络中,作为设备接入网络的过程的一部分,用户对于自己掌握的两个具备无线通信能力的设备执行二者相互间的实体鉴别。

2 规范性引用文件

下列文件对于本文件的应用是必不可少的。凡是注日期的引用文件,仅注日期的版本适用于本文件。凡是不注日期的引用文件,其最新版本(包括所有的修改单)适用于本文件。

GB/T 15843.1—2017 信息技术 安全技术 实体鉴别 第1部分:总则(ISO/IEC 9798-1:2010,IDT)

3 术语和定义

GB/T 15843.1—2017 界定的以及下列术语和定义适用于本文件。

3.1

检验值 check-value

一个比特串,由某种检验函数计算产生,从通信的发起方传递给通信的接收方,且接收方有能力检验其正确性。

3.2

检验函数 check-value function

函数 f,将一个比特串和一个短密钥映射为一个定长为 b 位的检验值,短密钥可容易地被输入到用户设备或从中读取。检验函数满足以下属性:

——对于任何密钥 k 和任何比特串 d,函数 $f(d,k)$ 可以被有效计算;

——寻找两个不同的比特串 d 和 d',使得对于密钥 k 有 $f(d,k)=f(d',k)$,在计算上是不可行的,尽管能够满足上述等式的 k 值在 k 的取值空间中并不是一小部分。

注:在实践中,一个典型的短密钥包含 4~6 个数字或字母。

3.3

数据起源鉴别 data origin authentication

对于接收到的数据,确认其来源的真实性。

[ISO 7498-2]

3.4

摘要值 digest-value

一个比特串,由某种摘要函数计算产生,从通信的发起方传递给通信的接收方,且接收方有能力检验其正确性。

3.5

摘要函数　digest function

函数 d，将一个比特串和一个长密钥映射为一个定长为 b 位的摘要值。摘要值可以容易地被输入到用户设备中或从中读取，并满足以下属性：

——对于任何密钥 k 和任何比特串 m，$d(m,k)$ 可以被有效地计算；

——寻找两个不同的比特串 m 和 m'，使得对于密钥 k 有 $d(m,k)=d(m',k)$，在计算上是不可行的。满足这个等式的密钥占所有可能密钥取值的比例大于 $(2^{-b}+\varepsilon)$，b 是摘要值的固定长度，ε 是一个相对于 2^{-b} 可忽略不计的数。

注 1：实践中，如果密钥 k 的长度是典型的密码杂凑值长度，例如 160 位，那么上述第二个属性应被满足。这个需求产生自杂凑函数密钥长度的理论下界，更多的细节讨论参见附录 F。

注 2：附录 D、附录 F 和附录 G 给出了对密钥和摘要长度的进一步讨论。

3.6

杂凑函数　hash-function

将任意长比特串映射为定长比特串的函数，满足如下属性：

——给定一个输出比特串，寻找一个输入比特串来产生这个输出比特串，在计算上是不可行的；

——给定一个输入比特串，寻找另一个不同的输入比特串来产生相同的输出比特串，在计算上是不可行的。

[ISO/IEC 10118-1]

3.7

人工鉴别证书　manual authentication certificate

一个密钥和一个检验值的组合，由参与鉴别的两个设备之一产生，并具有下列属性：当被输入到另一个设备时，这个证书可被用于在稍晚时刻完成人工鉴别过程。

3.8

消息鉴别码　message authentication code;MAC

使用消息鉴别算法产生的输出比特串。

[ISO/IEC 9797-1]

3.9

消息鉴别算法　message authentication code (MAC) algorithm

将一个比特串和一个密钥进行计算，得到定长比特串的算法，满足如下属性：

——对于任意密钥和任何输入比特串，都可以有效计算；

——对于某个具体的密钥，在没有任何关于此密钥先验知识的情况下，计算出任何新输入比特串的消息鉴别码在计算上都是不可行的，即便已知之前所有的输入比特串和对应的消息鉴别码。这意味着即使在观察到前 $i-1$ 个比特串和对应的消息鉴别码后，蓄意选取第 i 个输入比特串使之与前面某个输入比特串相等，二者的消息鉴别码也不会相等或有任何相关性。

[ISO/IEC 9797-1]

3.10

人工实体鉴别　manual entity authentication

在两个设备之间，通过(潜在的非安全)通信通道进行消息交换，同时也采用人工方式传递有限数据，以此实现实体鉴别的过程。

3.11

简单输入接口　simple input interface

允许用户向设备告知某步骤成功或非成功完成的设备接口，例如 2 个或 1 个按钮，在给定时间区间内用户选择按下或不按下,从而告知设备成功或失败。

3.12

简单输出接口　simple output interface

允许设备向用户告知某步骤成功或非成功完成的设备接口,例如可以被实现为红绿指示灯或单独一个指示灯,它通过不同的闪亮方式,向用户通知成功或失败。

4　符号和缩略语

下列符号和缩略语适用于本文件。

A,B　参与鉴别机制的实体的标签

d　摘要函数,用于机制 3 和 5,$d(D,k)$表示使用密钥 k 对比特串 D 计算的摘要值

D　设备 A 和 B 之间共享的一个比特串,通过执行人工实体鉴别机制来产生

h　杂凑函数,在机制 3～6 中使用

I_U　实体 U 的可区分标识符

K　在机制 1 和 2 中,被检验函数使用的(短)密钥

k　机制 3～6 中使用的(长)密钥

K_A, K_{Ai}, K_B, K_{Bi}　机制 7 和 8 中使用的随机 MAC 密钥

MAC　消息鉴别码

R_U　在机制 4、6、7 和 8 中使用(短)随机比特串

$\|$　在 GB/T 15843.1—2017 中, $X \| Y$ 被定义为数据项 X 和 Y 根据给定顺序级联的结果。当两个或多个数据项级联的结果在本部分所描述的某个机制中被作为输入,那么这个级联结果应能被唯一地解析成构成它的数据项,也就是说,它可被无歧义地解释。这个特性可以通过多种方式实现,实现方式与具体应用相关,例如可以用下列方法 a)对每个被级联的数据项要求固定长度,并且在机制执行的全过程都保持它们的固定长度,或者 b)对级联后的数据项序列使用一种可以确保唯一性的方法进行编码,例如使用 ISO/IEC 8825-1 所定义的可辨识编码规则(DER)。

注:附录 D 和附录 F 给出了如何选取适当的短密钥和 MAC 密钥长度的指南。

5　通用要求

本章指定鉴别机制 1～8 应满足的通用要求。除这些通用要求外,各鉴别机制还应分别满足第 6 章、第 7 章和第 8 章规定的具体要求。

a)　执行人工传递鉴别的两个设备之间应存在信道(例如:无线链接或互联网链接),这个链接不必是安全的,也就是说,本部分的机制被设计为在攻击者有能力监控甚至篡改被传递数据的情况下,也能够安全地执行;

b)　执行人工传递鉴别的两个设备应同时具有用户数据输入接口和输出接口;

c)　设备的用户数据输入接口至少应具备指示一个鉴别步骤成功或不成功完成的能力(例如,2 个或 1 个按钮,在给定时间区间内用户选择按下或不按下,从而告知设备成功或失败),这种用户数据输入接口以下称为简单输入接口。相比之下,一个标准的输入接口应支持短符号串输入,例如支持数字、十六进制数或字母的键盘。除非另有明确说明,否则每个设备都应具有一个标准的数据输入接口;

d)　设备的用户数据输出接口至少应具备指示一个鉴别步骤成功或失败的能力(例如可以用红色和绿色灯的方式实现),这种用户数据输出接口以下称为简单输出接口。相比之下,一个标准的输出接口应支持短符号串的输出,如数字、十六进制或字母显示屏。除非另有明确说明,否

则每个设备都应具有一个标准的数据输出接口；

e) 对于机制 1 和机制 2,两个执行实体鉴别的设备应就所使用的具体检验函数达成一致,且有能力实现此函数；

注 1:附录 D 给出了用于机制 1 和机制 2 的检验函数、检验值和随机密钥长度的选择指南。附录 E 给出了用于机制 1 和机制 2 的无条件安全检验函数的构造方法。

f) 对于机制 3～6,两个执行实体鉴别的设备应就所使用的具体杂凑函数 h 达成一致,且有能力实现此函数；

注 2:附录 D 给出了用于机制 3～6 的杂凑函数输入输出位长度的选择指南。

g) 对于机制 3 和机制 5,两个执行实体鉴别的设备应就所使用的具体摘要函数 d 达成一致,且有能力实现此函数；

注 3:附录 D 给出了用于机制 3 和机制 5 的摘要长度的选取指南,附录 G 则给出了适用于机制 3 和机制 5 的使用消息鉴别算法和杂凑函数来构造摘要函数的方法。

h) 对于机制 7 和机制 8,两个执行实体鉴别的设备应就所使用的具体消息鉴别算法达成一致,且有能力实现此算法；

注 4:附录 D 给出了用于机制 7 和机制 8 的消息鉴别算法、消息鉴别码和随机密钥长度的选择指南。

i) 在执行机制 1～8 之前,两个设备应交换一个数据串 D(结合机制 3～6 中的杂凑值)。D 可由一个设备产生并发送给另一个设备,或两个设备分别产生一个数据串并通过双向信道发送给对方,D 是双方产生的数据串的级联；

j) 执行鉴别的两个设备可由同一个用户控制,也可由两个不同的用户控制,如果是后者则这两个用户之间应该存在可信的通信途径；

k) 设备的用户应全程参与鉴别过程以保证正确处理这些机制。执行期间,设备间的人工数据传递不应存在显著延时,设备应按照规范的定义自动触发超时,以排除特定的攻击。

6 使用短检验值的机制

6.1 概述

本条指定了两种使用检验值的人工鉴别机制,适用于多种不同类型的设备。具体地：

——第一种机制(机制 1)适用于一个设备具有简单输入接口,另一个设备具有简单输出接口的情况；

——第二种机制(机制 2)适用于两个设备都具有简单输入接口的情况。

标准输入或输出接口可被用来模拟简单输入或输出接口。因此,如果两个设备都具有标准输入和输出接口,那么两种机制都是适用的。

这两种机制都以以下的方式执行:一个数据串 D 通过两个设备共享的信道被从一个设备传递到另一个设备(或是两个设备各自产生的数据串的级联),人工实体鉴别机制随之启动。作为鉴别机制的结果,两个设备都确认自己所掌握的数据串 D 与对方所掌握的相同。

6.2 机制 1:一个设备具有简单输入接口,另一个具有简单输出接口

6.2.1 具体要求

本机制应满足如下具体要求：

a) 本机制适用于一个设备(设备 A)具有简单输入接口,另一个设备(设备 B)具有简单输出接口的情况；

b) 设备 A 应具备产生密钥的能力。

6.2.2 数据交互过程

数据交换和操作的过程如下(见图 1):

a) 两个设备都应输出一个信号,确认接收到了数据串 D,且已准备好启动鉴别机制。当观察到两个设备都已准备好,用户应输入一个信号给设备 A,通知它机制可以开始;

b) 设备 A 应产生一个随机密钥 K,适用于双方使用的检验函数。使用此密钥 K,设备 A 应计算数据串 D 的检验值,检验值和密钥 K 应随后被设备 A 的输出接口输出,用户应通过其输出接口读取检验值和密钥 K;

c) 用户应使用设备 B 的输入接口,将设备 A 输出的检验值和密钥 K 输入到设备 B。设备 B 应使用密钥 K 针对它所存储的数据串 D 重新计算检验值,如果两个检验值一致,则设备 B 应通过简单输出接口输出一个成功信号给用户,否则输出失败信号;

d) 用户应将设备 B 输出的成功或失败的结果,通过设备 A 的简单输入接口输入设备 A。

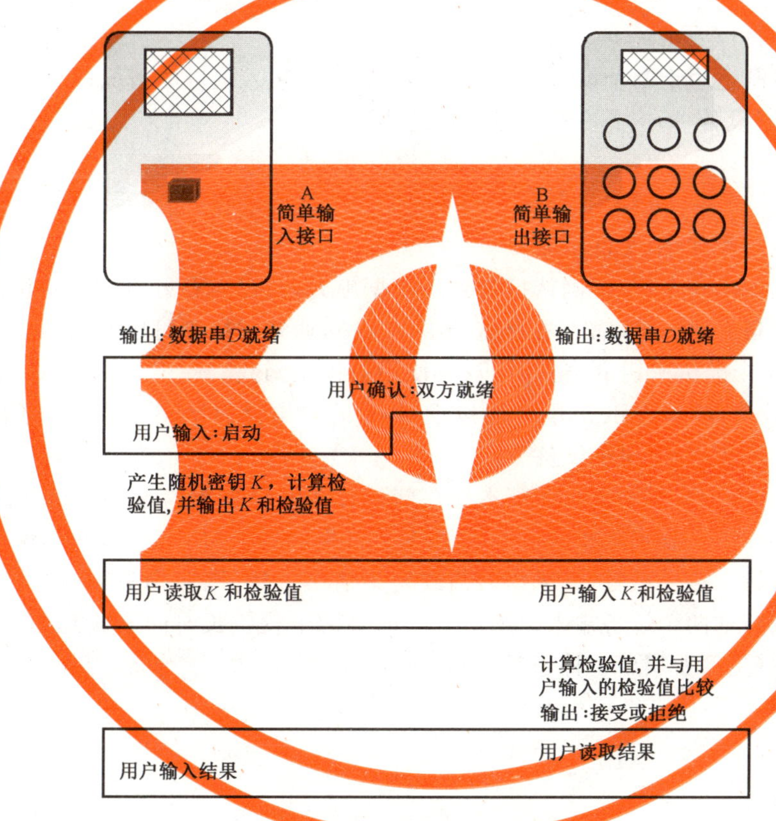

图 1 人工鉴别机制 1

6.2.3 人工鉴别证书

在人工鉴别机制 1 中,没有任何鉴别信息是通过非安全通道传递的。因此,如果在设备 B 获得数据串 D 之前,随机密钥 K 和检验值就从设备 A 传递到了设备 B,也就不会影响机制 1 的安全性。随机密钥 K 和(使用 K、D 计算的)检验值的组合,被称作人工鉴别证书。利用人工鉴别证书,机制 1 提供了一种延时鉴别的手段。显然,这种手段只适用于数据串 D 由设备 A 产生并发送给设备 B 的情况。使用人工鉴别证书的鉴别协议如下所述(应满足 6.2.1 提出的要求),需注意此协议能够支持数据起源鉴别,但不提供实体身份鉴别能力。

假设设备 A 产生数据串 D,但需稍晚发送给设备 B:

a) 设备 A 生成适用于既定检验函数的随机密钥 K，并使用密钥 K 计算数据串 D 的检验值。密钥 K 和检验值随后通过设备 A 的输出接口被输出给用户，并由用户读取；

b) 用户应使用设备 B 的输入接口将设备 A 输出的密钥 K 和检验值输入到设备 B，并由设备 B 本地保存；

c) 一段时间后，当设备 B 接收到来自设备 A 的数据串 D，就使用密钥 K 重新计算数据串 D 的检验值，如果与先前本地存储的检验值一致，则设备 B 接受数据串 D，并通过其简单输出接口输出成功信号给用户，否则输出失败信号。

注：数据串 D 可以包含多类数据，例如设备的公钥、身份标识、服务域等。附录 B 提供了一个例子，表明人工鉴别证书可以用来在两个设备之间建立一个共享密钥。

6.3 机制 2：两个设备都具有简单输入接口

6.3.1 具体要求

本机制应满足如下具体要求：

a) 本条指定的机制适用于两个设备(A 和 B)都具有简单输入接口的情况；

b) 其中一个设备(设备 A)应具有产生密钥的能力。

6.3.2 数据交互过程

数据交换和操作的过程如下(见图 2)：

a) 两个设备都应输出一个信号，确认接收到了数据串 D，且已准备好启动鉴别机制。当观察到两个设备都已准备好，用户应输入一个信号给设备 A，通知它机制可以开始；

b) 设备 A 产生一个随机密钥 K，适用于双方使用的检验函数。使用此密钥 K，设备 A 应计算数据串 D 的检验值，检验值和密钥 K 通过设备 A 的输出接口输出，设备 A 还应通过与设备 B 共享的信道将密钥 K 传递给设备 B；

c) 设备 B 应使用接收到的密钥 K 计算本地存储的数据串 D 的检验值，并输出密钥 K 和检验值；

d) 用户应比较两个设备输出的检验值和密钥 K。如果一致，则用户通过两个设备的简单输入接口向两个设备输入接受信号；如果检验值或密钥值不一致，则鉴别失败，用户应通过两个设备的简单输入接口向两个设备输入拒绝信号。如果两个设备长时间未收到用户的接受信号，则认为鉴别失败(这需要实施一种超时机制)。

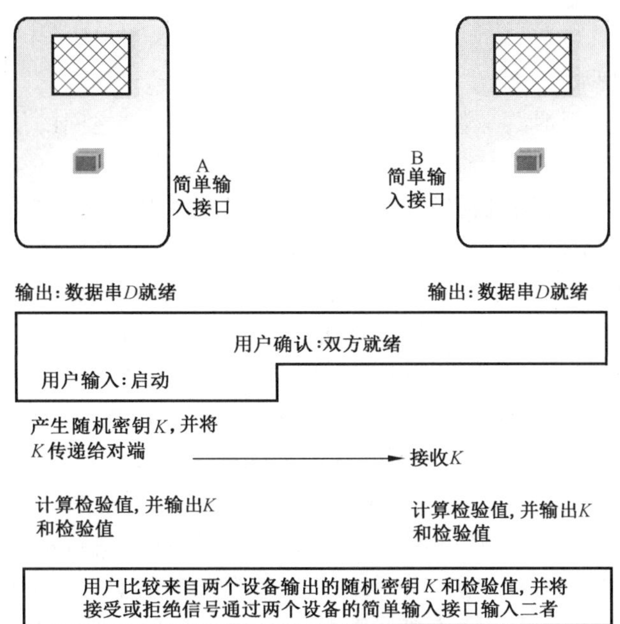

图 2　人工鉴别机制 2

7　使用短摘要值或短密钥的机制

7.1　概述

本条指定了四种人工鉴别机制，涉及短摘要值或短密钥的人工传递。这四种机制适用于不同类型的设备，具体地：

——前两种机制（机制 3 和机制 4）适用于一个设备具有简单输入接口，另一个设备具有简单输出接口；

——后两种机制（机制 5 和机制 6）适用于两个设备都具有简单输入接口。

标准输入或输出接口可被用来模拟简单输入或输出接口。因此，如果两个设备都具有标准输入和输出接口，那么四种机制都是适用的。

所有的机制都以以下的方式执行：一个数据串 D 和一个杂凑值通过双方之间的信道被从一个设备传递到另一个（D 也可以是两个设备各自产生的数据串的级联），人工实体鉴别机制随之启动。作为鉴别机制的结果，两个设备都确认自己所掌握的数据串 D 与对方所掌握的相同。

7.2　机制 3：一个设备具有简单输入接口，另一个具有简单输出接口

7.2.1　具体要求

本机制应满足如下具体要求：

a）本机制适用于一个设备（设备 A）具有简单输入接口，另一个设备（设备 B）具有简单输出接口的情况；

b）设备 A 应具备产生（长）随机密钥的能力。

7.2.2 数据交互过程

数据交换和操作的过程如下(见图 3):

a) 设备 A 和设备 B 应暂时共享数据串 D,例如可通过在双方之间的信道上执行未受保护的消息交换来实现;

b) 设备应产生并安全保存随机密钥 k,k 应适用于双方使用的摘要函数 d。设备 A 应计算 $h(k)$ 并将其传递给设备 B,传递方式不必是安全的,例如可通过双方之间的信道传递;

c) 两个设备都应通过他们的标准输出接口输出信号来确认它们已经完成步骤 a)和 b),而且它们已经准备好启动鉴别机制。观察到双方输出的确认信号后,用户应通过设备 A 的简单输入接口输入一个信号,告知设备 A 鉴别机制可以开始;

d) 设备 A 应计算短摘要值 $d(D,k)$,并将其通过自身的标准输出接口输出。用户应从设备 A 的标准输出接口读取短摘要值,并使用设备 B 的标准输入接口将其输入设备 B;

e) 设备 A 应通过双方之间的信道将密钥 k 传递给设备 B。接收到 k 后,设备 B 应计算 $h(k)$并检验是否与步骤 b)中接收到的值相等。如果相等,则设备 B 执行步骤 f),否则设备 B 应给出失败信号,且应执行一种策略以确保短时间内拒绝开始新的机制 3 实例;

f) 设备 B 应使用密钥 k 及其存储的数据串 D 重新计算短摘要值 $d(D,k)$。如果计算出的摘要值与设备 B 在步骤 d)中接收的副本相等,则设备 B 通过它的简单输出接口向用户输出成功信号,否则应输出失败信号,并执行一种策略以确保短时间内拒绝开始新的机制 3 实例;

g) 用户应将设备 B 输出的成功或失败的结果,通过设备 A 的简单输入接口输入设备 A。如果设备 A 没有收到任何信号,则应视为失败(这需要实施一种超时机制)。

注 1:步骤 e)和 f)中用到的延时策略可以防止这样一类中间人攻击:攻击者尝试在设备 B 给出失败信号后假冒设备 A 的身份立即再次启动机制 3,此时由于设备 A 仍在等待 g)步骤中用户要输入的信号,所以有可能被成功攻击。

注 2:在本机制中,设备 B 信任设备 A,因为是设备 A 产生的随机密钥 k 并因此首先决定了 $d(D,k)$的正确值。如果设备 B 也具备产生随机密钥的能力,则设备 A 和设备 B 就不必一定相互信任。但如果这样,可能会使本机制变得更为复杂,因为需要更多的网络通信和同步开销。机制 4~6 也存在这种情况。

需注意步骤 a)和 b)可能并行发生,步骤 d)和 e)也是。

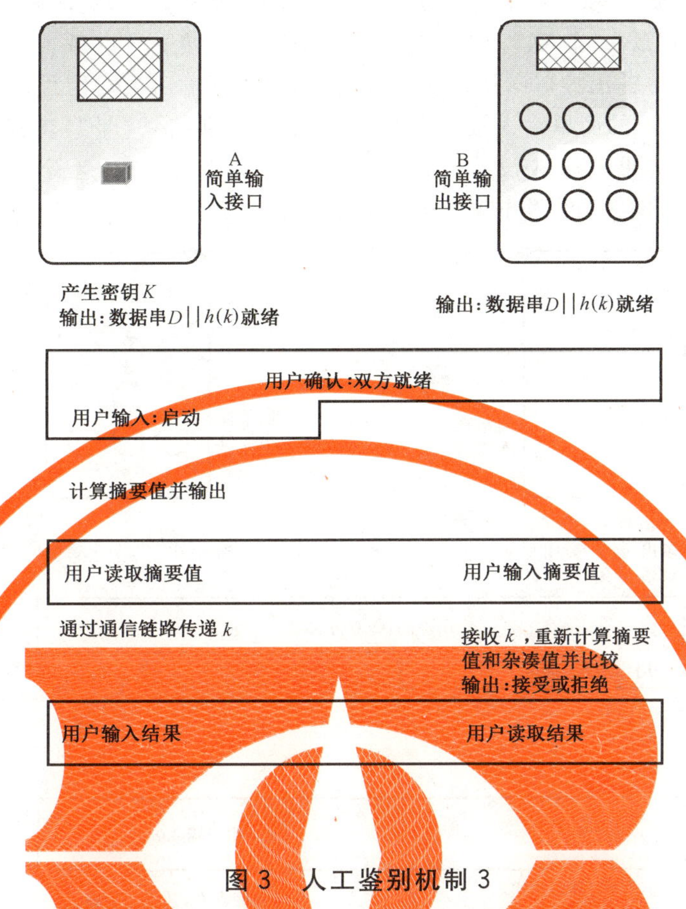

图3 人工鉴别机制3

7.3 机制4：一个设备具有简单输入接口，另一个具有简单输出接口

7.3.1 具体要求

本机制应满足如下具体要求：

a) 本机制适用于一个设备（设备A）具有简单输入接口，另一个设备（设备B）具有简单输出接口的情况；

b) 设备A具有产生（长）随机密钥和短随机比特流的能力。

7.3.2 数据交换规范

数据交换和操作的过程如下（见图4）：

a) 设备A和设备B应暂时共享数据串 D，例如可通过在双方之间的信道上执行未受保护的消息交换来实现；

b) 设备A应产生并安全保存（长）随机密钥 k 和（短）随机比特流 R。设备A应计算 $h(D \| k \| R)$ 并传递给设备B，传递方式不必是安全的，例如可通过双方之间的信道传递；

c) 两个设备应通过它们的标准输出接口输出信号，指示它们已经完成了步骤a)～b)，且已准备好启动鉴别机制。观察到这个信号后，用户应通过设备A的简单输入接口向设备A输入信号，告知设备A鉴别机制可以开始；

d) 设备A应通过它的标准输出接口输出短随机比特流 R，并由用户读取。用户随后应使用设备B的标准输入接口将 R 输入到设备B；

e) 设备A应通过双方之间的信道将密钥 k 传递给设备B；

f) 在设备B经过步骤d)和e)接收到短随机比特流 R 和密钥 k 后，应使用它们和本地存储的数据串 D 重新计算 $h(D \parallel k \parallel R)$。如果杂凑值与b)步骤中接受自设备A的杂凑值相等，则设备B应通过自己的简单输出接口向用户输出成功信号，否则输出失败信号；

g) 用户应通过设备A的简单输入接口向设备A输入鉴别结果，即f)步骤中由设备B获得的成功或失败信号。如果设备A没有收到任何信号，则应视为失败(这需要实施一种超时机制)。

需注意步骤a)和b)可能并行发生，步骤d)和e)也是。

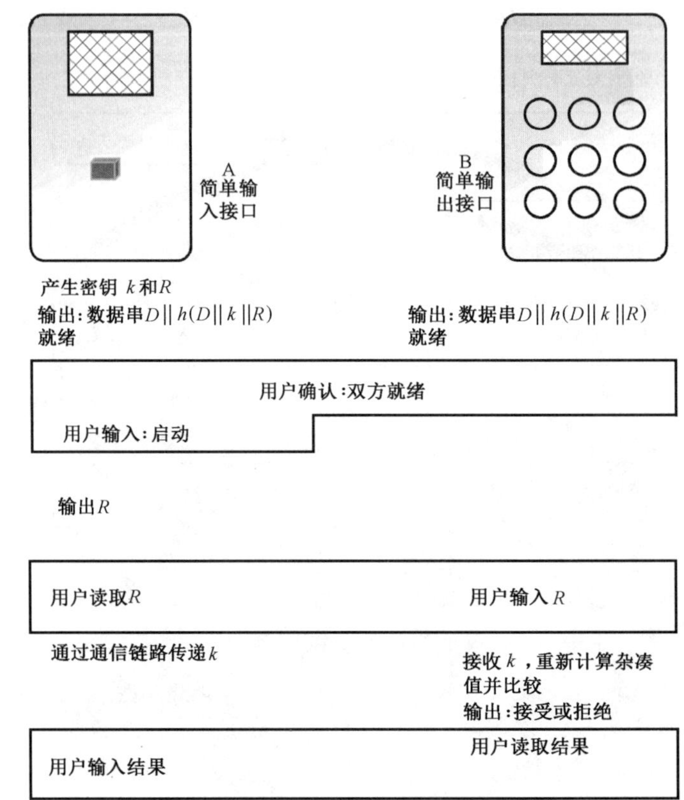

图4 人工鉴别机制4

7.4 机制5：两个设备都具有简单输入接口

7.4.1 具体要求

本机制应满足如下具体要求：

a) 本条指定的机制适用于两个设备(A和B)都具有简单输入接口的情况；

b) 其中一个设备(设备A)应具备产生(长)随机密钥的能力。

7.4.2 数据交换规范

数据交换和操作的过程如下(见图5)：

a) 设备A和设备B应暂时共享数据串 D，例如可通过在双方之间的信道上执行未受保护的消息交换来实现；

b) 设备A应产生并安全保存随机密钥 k，k 应适用于双方使用的摘要函数 d。设备A应计算 $h(k)$ 并将其传递给设备B，传递方式不必是安全的，例如可通过双方之间的信道传递；

c) 两个设备应通过它们的标准输出接口输出信号，指示它们已经完成了步骤a)～b)，且已准备好启动鉴别机制。观察到这个信号后，用户应通过设备 A 的简单输入接口向设备 A 输入信号，告知设备 A 鉴别机制可以开始；

d) 设备 A 应通过双方之间的信道将密钥 k 传递给设备 B；

e) 设备 A 应计算短摘要值 $d(D,k)$，并通过其标准输出接口输出；

f) 在设备 B 经过步骤 d)接收到密钥 k 后，应重新计算杂凑值 $h(k)$，并使用其本地存储的数据串 D 重新计算短摘要值 $d(D,k)$。如果算得的杂凑值与步骤 b)中接受自设备 A 的杂凑值相等，则设备 B 应通过其标准输出接口将短摘要值输出；否则设备 B 应给出失败信号，且应执行一种策略以确保短时间内拒绝开始新的机制 5 实例；

g) 用户应将设备 A 和设备 B 在 e)～f)步骤中输出的两个短摘要值进行比较，如果相等则用户应通过两个设备的简单输入接口向它们输入接受信号，否则鉴别失败，用户应输入拒绝信号。如果两个设备长时间未收到用户的接受信号，则认为鉴别失败(这需要实施一种超时机制)。

需注意步骤 a)和 b)可能并行发生，步骤 d)和 e)也是。

注：步骤 f)中用到的延时策略可以防止这样一类中间人攻击：攻击者尝试在设备 B 给出失败信号后假冒设备 A 的身份立即再次启动机制 5，此时由于设备 A 仍在等待 g)步骤中用户要输入的信号，所以有可能被成功攻击。

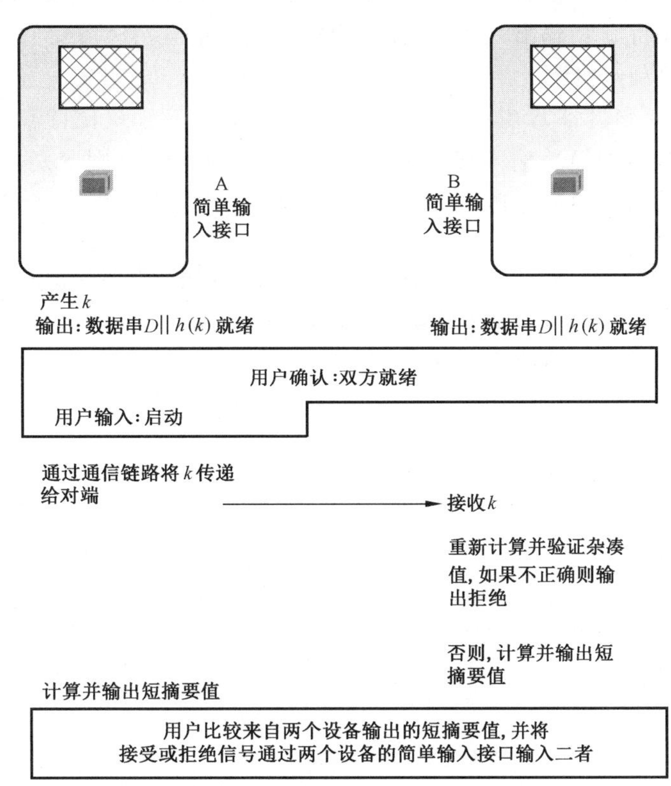

图 5 人工鉴别机制 5

7.5 机制 6：两个设备都具有简单输入接口

7.5.1 具体要求

本机制应满足如下具体要求：

a) 本条指定的机制适用于两个设备(A 和 B)都具有简单输入接口的情况；

b) 其中一个设备(设备 A)应具备产生(长)随机密钥和短随机比特流的能力。

7.5.2 数据交换规范

数据交换和操作的过程如下(见图 6):

a) 设备 A 和设备 B 应暂时共享数据串 D,例如可通过在双方之间的信道上执行未受保护的消息交换来实现;

b) 设备 A 应产生并安全保存(长)随机密钥 k 和(短)随机比特流 R,并计算 $h(D \| k \| R)$,然后将此杂凑值传递给设备 B。传递方式不必是安全的,例如可通过双方之间的信道传递;

c) 两个设备应通过它们的标准输出接口输出信号,指示它们已经完成了步骤 a)～b),且已准备好启动鉴别机制。观察到这个信号后,用户应通过设备 A 的简单输入接口向设备 A 输入信号,告知设备 A 鉴别机制可以开始;

d) 设备 A 应通过双方之间的信道将(长)密钥 k 和(短)随机比特流 R 传递给设备 B;

e) 设备 A 应通过其标准输出接口输出短随机比特流 R;

f) 在设备 B 经过步骤 d)接收到 k 和 R 后,应使用其本地存储的数据串 D 重新计算杂凑值 $h(D \| k \| R)$。如果算得的杂凑值与步骤 b)中接受自设备 A 的杂凑值相等,则设备 B 应通过其标准输出接口将短随机比特流 R 输出;否则设备 B 应给出失败信号,且应执行一种策略以确保短时间内拒绝开始新的机制 6 实例;

g) 用户应将设备 A 和设备 B 在 e)～f)步骤中输出的两个短随机比特流进行比较,如果相等则用户应通过两个设备的简单输入接口向它们输入接受信号,否则鉴别失败,用户应输入拒绝信号。如果两个设备长时间未收到用户的接受信号,则认为鉴别失败(这需要实施一种超时机制)。

注:需注意步骤 a)和 b)可能并行发生,步骤 d)和 e)也是。步骤 f)中用到的延时策略可以防止这样一类中间人攻击:攻击者尝试在设备 B 给出失败信号后假冒设备 A 的身份立即再次启动机制 6,此时由于设备 A 仍在等待 g)步骤中用户要输入的信号,所以有可能被成功攻击。

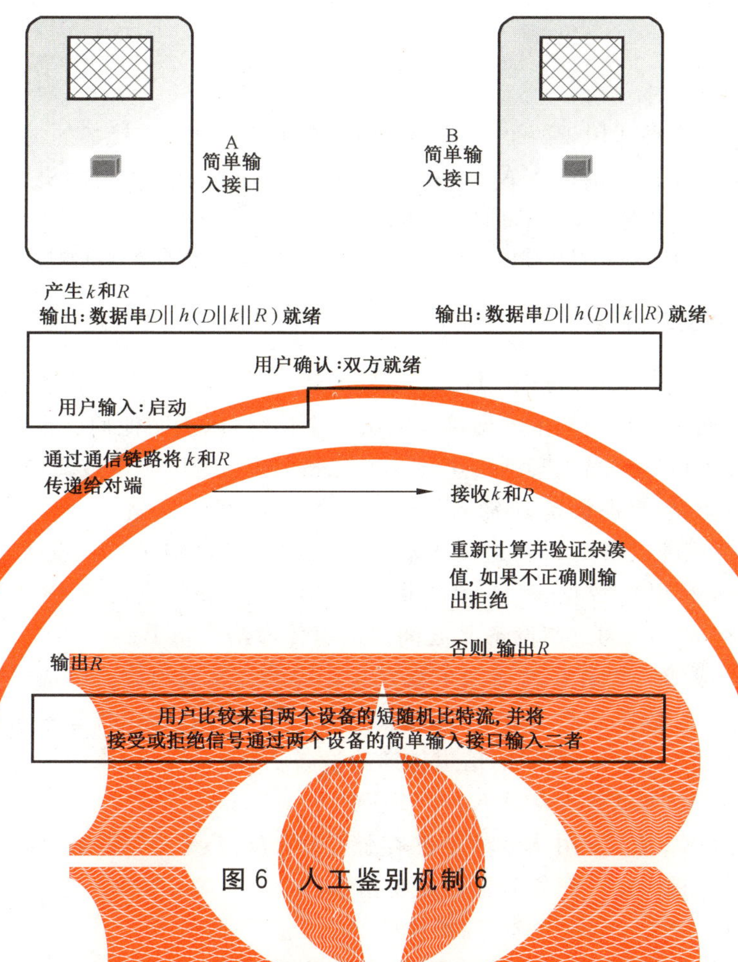

图6 人工鉴别机制6

8 使用消息鉴别码(MAC)的机制

8.1 概述

本条指定了两类基于消息鉴别码的人工鉴别机制,适用于多种不同类型的设备。具体地包括:

——第一种机制(机制7)适用于两个设备都具有简单输出接口;

——第二种机制(机制8)适用于一个设备具有简单输入接口,另一个设备具有简单输出接口的情况。

标准输入或输出接口可被用来模拟简单输入或输出接口。因此,如果两个设备都具有标准输入和输出接口,那么两种机制都是适用的。

这两种机制都以以下的方式执行:一个数据串 D 通过两个设备共享的信道被从一个设备传递到另一个设备(或是两个设备各自产生的数据串的级联),人工实体鉴别机制随之启动。作为鉴别机制的结果,两个设备都确认自己所掌握的数据串 D 与对方所掌握的相同。

8.2 机制7:两个设备都具有简单输出接口

8.2.1 概述

本机制有两个变种(7a 和 7b),8.2.3 定义的机制 7a 要求两个设备之间做少量交互,而 8.2.4 定义的机制 7b 则要求少量由用户执行的人工交互。

8.2.2 具体要求

本机制应满足如下具体要求：

a) 本机制的两个变种适用于两个设备（A 和 B）都具有简单输出接口的情况；

b) 两个设备应具备产生随机 MAC 密钥的能力，用户应具有产生短随机比特串的能力；

c) 两个设备在启动机制之前就知道彼此的身份。

注：如果用户不严格地去随机选择比特串，例如总是使用一个相同的值，则鉴别机制遭受攻击的风险大大提高。

8.2.3 机制 7a 的数据交互过程

数据交换和操作的过程如下（见图 7）：

a) 两个设备应通过各自的简单输出接口输出一个信号，以表明他们已经收到数据串 D 且已经准备好启动鉴别机制。当观察到两个设备都已准备好，用户应生成短随机比特串 R，并将 R 输入到两个设备，随后向设备 A 输入信号告知机制 7a 可以开始；

b) 设备 A 应生成随机密钥 K_A，适用于双方商定的消息鉴别函数。设备 A 应使用 K_A 对 I_A（设备 A 的身份标识）、数据串 D 和随机比特串 R 级联而成的比特串计算一个 MAC，记为 $\mathrm{MAC_A}$，并将 $\mathrm{MAC_A}$ 通过与设备 B 之间的信道传递给设备 B；

c) 设备 B 应生成随机密钥 K_B，适用于双方商定的消息鉴别函数。设备 B 应使用 K_B 对 I_B（设备 B 的身份标识）、数据串 D 和随机比特串 R 级联而成的比特串计算一个 MAC，记为 $\mathrm{MAC_B}$，并将 $\mathrm{MAC_B}$ 通过与设备 A 之间的信道传递给设备 A；

d) 设备 A 收到 $\mathrm{MAC_B}$ 后，应发送 K_A 给设备 B；

e) 设备 B 收到 K_A 后，使用 K_A 对自己存储的 R、D、I_A 计算 MAC 值，并验证是否与收到的 $\mathrm{MAC_A}$ 相同，如果相同，设备 B 输出成功指示；

f) 设备 B 收到 $\mathrm{MAC_A}$ 后，应发送 K_B 给设备 A；

g) 设备 A 收到 K_B 后，使用 K_B 对自己存储的 R、D、I_B 值计算 MAC 值，并验证是否与收到的 $\mathrm{MAC_B}$ 相同，如果相同，设备 A 输出成功指示；

h) 用户应确认两个设备是否都输出了成功指示，如果都成功，则用户应向两个设备输入成功确认信号；如果两个设备中的一个或两个输出了失败指示，则用户应输入失败信号给两个设备。如果用户在指定的时间内没有向设备输入成功信号，则应被设备解释为失败。

注：需注意步骤 b）和 c）可能并行发生，步骤的 d）和 e）、f）和 g）也是。在此机制中，步骤 g）用于防止替换攻击，即攻击者试图伪装成设备 A 来欺骗设备 B。

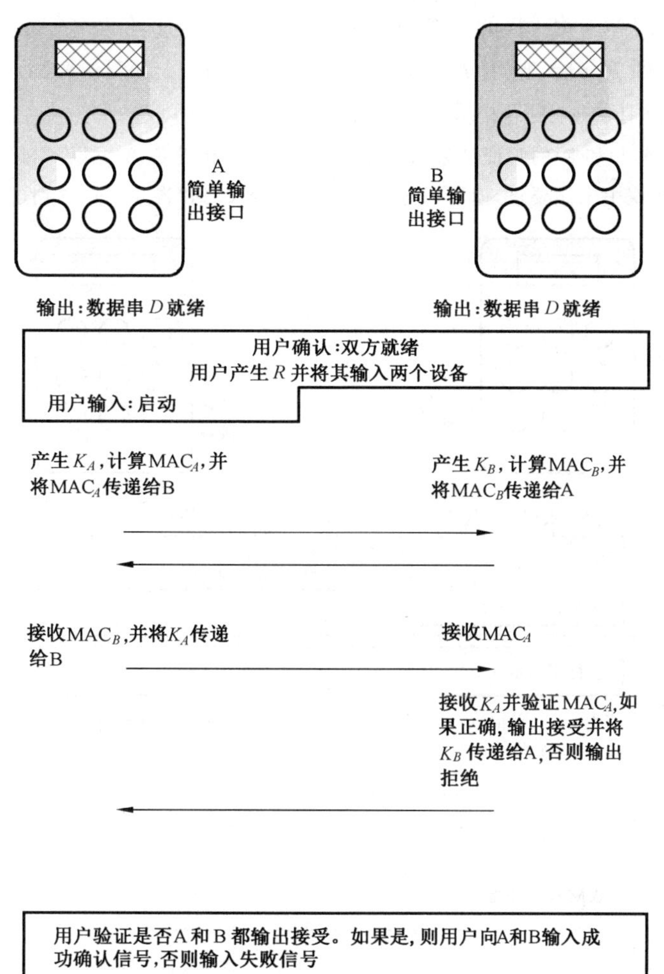

图 7　人工鉴别机制 7a

8.2.4　机制 7b 的数据交互过程

数据交换和操作的过程如下(见图 8):

a) 两个设备应通过各自的简单输出接口输出一个信号,以表明他们已经收到数据串 D 且已经准备好启动鉴别机制。当观察到两个设备都已准备好,用户应生成短随机比特串 $R=(r_1,r_2,\cdots,r_n)$,其中 r_i 是一个比特,n 是 R 中的比特数量。用户应将 R 输入到两个设备,随后向设备 A 输入信号告知机制 7b 可以开始;

b) 对于 $i=1,2,\cdots n$,下列 1)~5)步操作应被执行,其中步骤 1)和 2)可以被并行执行,其中:

 1) 设备 A 应生成随机密钥 K_{Ai},适用于双方商定的消息鉴别函数。设备 A 应使用 K_{Ai} 对 I_A(设备 A 的身份标识)、数据串 D 和随机比特 r_i 级联而成的比特串计算一个 MAC,记为 MAC_{Ai},并将 MAC_{Ai} 通过与设备 B 之间的信道传递给设备 B;

 2) 设备 B 应生成随机密钥 K_{Bi},适用于双方商定的消息鉴别函数。设备 B 应使用 K_{Bi} 对 I_B(设备 B 的身份标识)、数据串 D 和随机比特串 r_i 级联而成的比特串计算一个 MAC,记为 MAC_{Bi},并将 MAC_{Bi} 通过与设备 A 之间的信道传递给设备 A;

 3) 设备 A 收到 MAC_{Bi} 后,应发送 K_{Ai} 给设备 B;

 4) 设备 B 收到 MAC_{Ai} 和 K_{Ai} 后,使用 K_{Ai} 对自己存储的 r_i、D、I_A 计算 MAC 值,并验证是否

与收到的 MAC_{Ai} 相同，如果相同，设备 B 将 K_{Bi} 传递给设备 A，否则终止鉴别协议；

5） 设备 A 收到 K_{Bi} 后，使用 K_{Bi} 对自己存储的 r_i、D、I_B 值计算 MAC 值，并验证是否与收到的 MAC_{Bi} 相同，如果不相同，则设备 A 终止鉴别协议。

注：在 $i=n$ 时，如果步骤 4）和 5）的验证结果都是相同，则设备 B 和设备 A 可以各自输出一个成功标志。虽然“输出成功标志”在本协议中未做要求，但可以选择这样做，以便起到“告知用户鉴别过程成功完成”的作用。

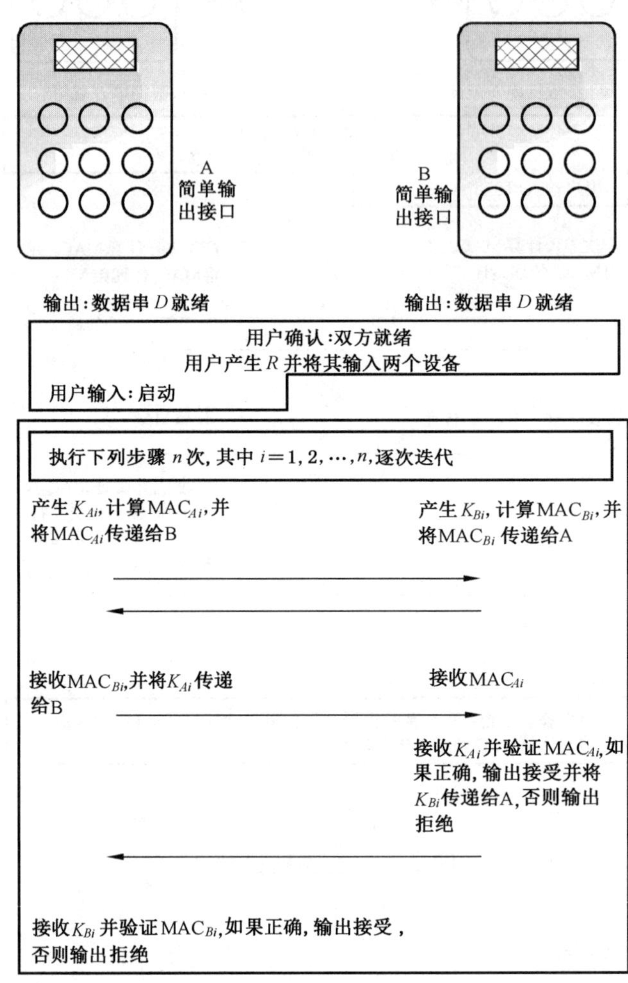

图 8 人工鉴别机制 7b

8.3 机制 8：一个设备具有简单输入接口，另一个具有简单输出接口

8.3.1 概述

本机制有两个变种（8a 和 8b），8.3.3 定义的机制 8a 要求两个设备之间做少量交互，而 8.3.4 定义的机制 8b 则要求少量由用户执行的人工用户交互。

8.3.2 具体要求

本机制应满足如下具体要求：

a） 本机制的两个变种适用于一个设备（设备 A）具有简单输入接口，另一个设备（设备 B）具有简单输出接口的情况；

b） 两个设备都应具有产生随机 MAC 密钥的能力；

c) 两个设备在启动机制之前就应知道彼此的身份。

8.3.3 机制 8a 的数据交互过程

数据交换和操作的过程与机制 7a 相似(如 8.2.3 所述),但有以下不同:

步骤 a)中设备 A 产生随机比特串并显示给用户,用户将其复制到设备 B,因此本机制中用户无需产生随机比特串。

机制 8a 如图 9 所示。

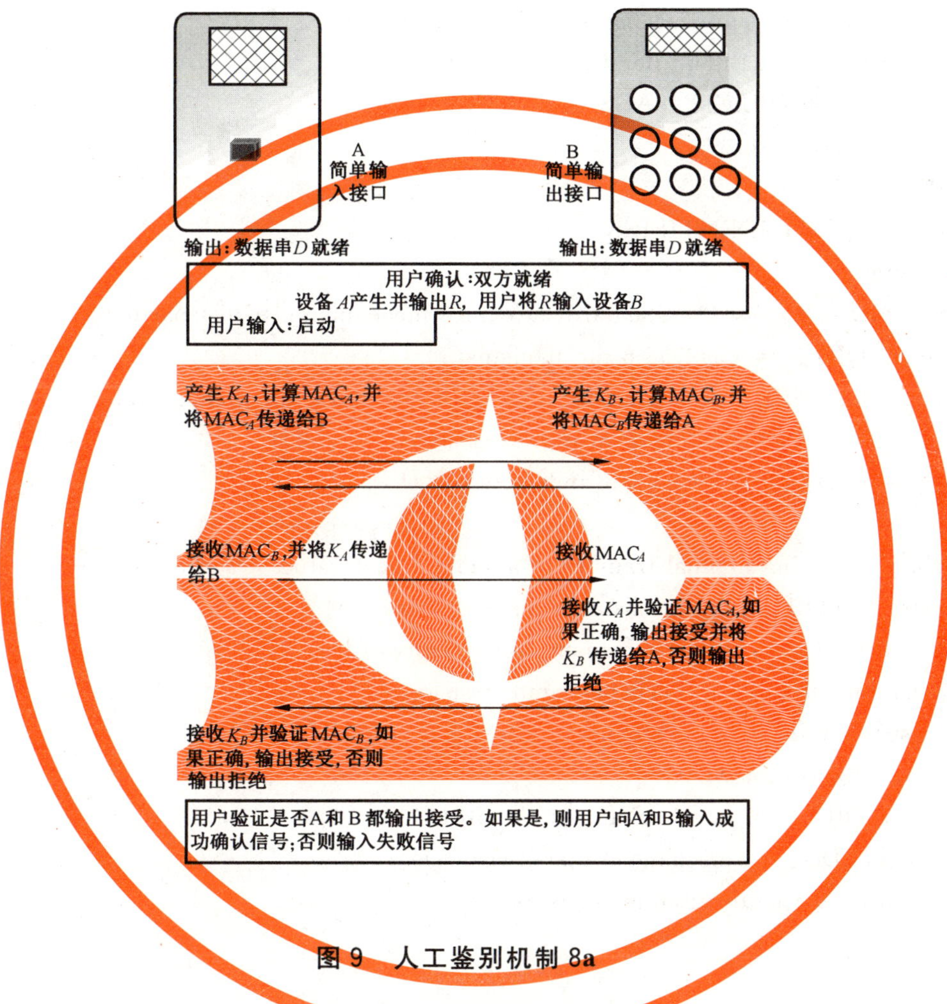

图 9 人工鉴别机制 8a

8.3.4 机制 8b 的数据交互过程

数据交换和操作与机制 7b 类似(如 8.2.4 所述),但有如下不同:

步骤 a)中设备 A 产生随机比特串并显示给用户,用户将其复制到设备 B,因此本机制中用户无需产生随机比特串。

附 录 A
(规范性附录)
ASN.1 定义

```
EnityAuthenticationMechanisms-6 {

iso(1) standard(0) e-auth-mechanisms(9798) part6(6)
asn1-module(0) object-identifiers(0) }
DEFINITIONS EXPLICIT TAGS ::= BEGIN
-- EXPORTS All; --
-- IMPORTS None; --
OID ::= OBJECT IDENTIFIER -- alias
-- Synonyms --
is9798-6 OID ::= { iso(1) standard(0) e-auth-mechanisms(9798) part6(6) }
mechanism OID ::= { is9798-6 mechanisms(1) }
-- Mechanisms using manual transfer of a short key and a short check-value --
mdt-kc-siso OID ::= {mechanism mdt-kc-siso(1)}
mdt-kc-sisi OID ::= {mechanism mdt-kc-sisi(2)}

-- Mechanisms using manual transfer of a short digest-value or a short key --
mdt-c-siso-one OID ::= {mechanism mdt-c-sisoone(3)}
mdt-c-siso-two OID ::= {mechanism mdt-c-sisotwo(4)}
mdt-c-sisi-one OID ::= {mechanism mdt-c-sisione(5)}
mdt-c-sisi-two OID ::= {mechanism mdt-c-sisitwo(6)}
-- Mechanisms using a MAC --
mac-k-soso OID ::= {mechanism mac-k-soso(7)}
mac-k-siso OID ::= {mechanism mac-k-siso(8)}
END -- EntityAuthenticationMechanisms-6 --
```

附 录 B
（资料性附录）
使用人工鉴别协议来执行密钥交换

B.1 概述

本附录描述使用本部分中的人工鉴别机制来执行密钥交换的方法，以实现两个通信实体共享一个秘密密钥。

B.2 经鉴别的 Diffie-Hellman 密钥协商

本章讨论的是 Diffie-Hellman 密钥协商机制，遵循 ISO/IEC 11770-3 中的密钥协商机制 4（参见 ISO/IEC 11770-3 的附录 B.5），本附录在其中加入了人工鉴别的环节，来对其进行鉴别。以下是对这种机制的扼要描述，全面而详尽的描述见 ISO/IEC 11770-3。

Diffie-Hellman 密钥协商机制涉及一个一般群 G，以及 G 中的一个元素 g，g 有足够大的阶。密钥协商的步骤如下：

a) 设备 A 秘密产生随机整数 x，计算 g^x 并将其传递给设备 B；
b) 设备 B 秘密产生随机整数 y，计算 g^y 并将其传递给设备 A；
c) 设备 A 和设备 B 针对数据串 $D=(g^x \| g^y \| text)$ 执行本部分所定义的任一种人工鉴别机制，其中“$text$”是两个设备期望取得一致的任意数据，例如彼此的身份标识；
d) 如果人工鉴别的结果是成功，则双方可以计算共享 Diffie-Hellman 密钥 $S=g^{xy}$。

如果将 S 作为双方的共享秘密使用，两个设备也可以从 S 中导出所需长度和格式的各类密钥。

B.3 使用人工鉴别证书的经鉴别的 Diffie-Hellman 密钥协商

B.3.1 概述

本章讨论的是使用人工鉴别证书来执行鉴别的 Diffie-Hellman 密钥协商机制。由于人工鉴别证书是人工鉴别机制 1 支持的一种特性，所以 6.2.1 提出的具体要求在这里要得到满足。设备 A 使用随机密钥 K 以及使用 K 对 D 计算的检验值对设备 B 执行鉴别。需要注意的是，本机制要求两个设备商定并实施一个对称加密机制 e，其中 $e_L(M)$ 表示对数据 M 使用密钥 L 进行加密。对称加密技术在 ISO/IEC 18033-3 和 ISO/IEC 18033-4 中做了标准化。

Diffie-Hellman 密钥协商机制涉及一个一般群 G，以及 G 中的一个元素 g，g 有足够大的阶。密钥协商步骤分为两个阶段，阶段 1 和阶段 2。

在阶段 1，设备 A 产生自己的 Diffie-Hellman 私钥，计算相应的公钥，针对包含此公钥的数据串 D 产生一个人工鉴别证书，并将证书传递给设备 B。在阶段 2，设备 B 接收设备 A 的公钥并做验证，之后产生自己的 Diffie-Hellman 私钥和公钥。而后，两个设备计算共享的 Diffie-Hellman 秘密，并从中导出加密密钥。最后，作为人工鉴别过程的一部分，设备 A 验证密钥 K 被共享的 Diffie-Hellman 秘密加密后的密文。上述操作的结果是双方共享的 Diffie-Hellman 秘密得到鉴别。

B.3.2 阶段 1

a) 设备 A 秘密产生随机整数 x，并计算 g^x，数据串 D 由 g^x 和其他需被可靠传递给设备 B 的数据组成。设备 A 随后创建一个人工鉴别证书，其中的检验值针对 D 计算。人工鉴别证书(K，检验值)被人工传递给设备 B，并由设备 B 保存。设备 A 保存 x 和 g^x，以及 D 所包含的其他数据项。

B.3.3 阶段 2(稍晚时刻由任一设备发起)

a) 设备 A 将数据串 D，即 g^x 和其他数据项，通过双方共享的信道发送给设备 B。设备 B 基于自己保存的人工鉴别证书验证 g^x 的真实性；

b) 设备 B 秘密产生随机整数 y，并计算 g^y。设备 B 计算双方的 Diffie-Hellman 共享秘密 $S=(g^x)^y$，并使用 S 来加密密钥 K，即包含在人工鉴别证书中的密钥 K。设备 B 将使用 S 加密的 K 密文 $e_S(K)$ 和它的 Diffie-Hellman 公钥 g^y 一并发送给设备 A；

c) 设备 A 计算自己的共享秘密 $S=(g^y)^x$，然后解密 $e_S(K)$，从而验证 K 的正确性。如果验证通过，则设备 A 认可 S。

设备 A 和 B 随后可以从 S 之中各自导出所需长度和格式的密钥。

注：上述描述中，步骤 c)和 d)用到了人工鉴别证书中的密钥 K，其目的是让设备 A 验证设备 B 计算的 S 与自己计算的版本是相同的。这通过设备 B 使用 S 作为密钥来加密 K，并传递给设备 A 供其验证来实现。事实上，也可以使用其他双方已经共享的值来代替 K 来完成这种验证，例如使用检验值或阶段 1 中被通信双方协商一致的其他数据。

B.4 两个以上组件

本章描述使用人工鉴别技术来实现两个以上设备共享一个通用密钥的方法。

a) 一个设备扮演“主设备”的角色；

b) 主设备与每个其他设备之间执行附录 B.2 中描述的机制，从而与每个其他设备建立一个共享的加密密钥；

c) 之后，任选一个设备产生通用密钥，并将这个通用密钥以主设备为桥梁传递给所有设备。由于主设备与任一设备之间都已经有了共享的加密密钥，因此通用密钥传播的过程是经加密并做完整性保护的。

如果设备的数量为 n，主设备需执行 n 次在群 G 中的幂运算，而任一其他设备均需执行 2 次在群 G 中的幂运算计算。因此建议选择主设备的时候，应选取具备足够计算能力的。

附 录 C
（资料性附录）
使用人工鉴别协议来执行公钥交换

C.1 概述

本附录描述了使用本部分定义的人工鉴别机制执行可靠公钥交换的方法。公钥交换发生在CA和客户端之间，CA需要将它的公钥可靠地传递给客户端，客户端也需要将自己的公钥可靠传递给CA。

这里描述了两类不同的情况，区别在于客户端私钥由谁产生。一种情况是客户端自己产生私钥，另一种是由密钥管理设施产生私钥并导入到客户端。

C.2 需求

CA应配备标准输出接口，例如显示器；还应配备简单输入接口，用于接收命令。客户端应拥有标准输入接口和简单输出接口，例如音频输出，以便指示鉴别成功或失败。

注：事实上，如果CA和客户端拥有不同于上述的接口，本附录描述的步骤也可被使用，只需更换合适的手工鉴别协议即可。

客户端和CA需有共享的通信信道。

C.3 私钥在设备内产生的情况

操作步骤如下：

a） CA应可靠地获知客户端的真实身份，例如可由用户通过CA的输入接口键入客户端身份标识。但通过人工鉴别协议的执行，也可确保CA可靠获知客户端真实身份（见下列描述）；
b） CA将自己的公钥P_{CA}传递给客户端，客户端也传递自己的公钥P_M给CA。传递是经由双方共享的（非可信）通信信道实施的。除P_M外，客户端还可将希望包含在公钥证书之中的其他信息，例如客户端的身份标识，传递给CA，以便CA在产生公钥证书时正确处理；
c） CA和客户端现在执行6.2描述的人工鉴别机制，来验证被交换的公钥是正确的。CA扮演设备A的角色，客户端扮演设备B，数据串D由P_{CA}、P_M和其他由客户端和CA提供的数据组成，例如双方的唯一性身份标识符；
d） 当（且仅当）客户端（设备B）给出成功指示，用户才命令CA（设备A）产生相应的公钥证书，公钥证书随后可以通过双方之间的通信信道被传递给客户端，传递过程不必受到保护；
e） 客户端（设备B）在认可收到的证书前执行两个检验。第一，客户端使用CA的公钥P_{CA}验证证书上的CA签名；第二，客户端验证证书的各数据域（包括公钥P_M和客户端身份标识）都是期望的值。验证通过后，整个过程结束。

C.4 私钥在设备外产生的情况

如果客户端的私钥是由CA或其他的可信密钥产生设备产生，私钥则应被安全地传递给客户端。从CA向客户端传递私钥的步骤如下所述：

a） CA和客户端使用附录B描述的密钥协商机制建立共享密钥；

b) 使用步骤 a)建立的共享密钥,CA 将客户端的私钥做加密和完整性保护,并传递给客户端,客户端安全地保存私钥。CA 还应将自己的公钥 P_{CA} 做完整性保护后传递给客户端,也是使用步骤 a)建立的共享密钥来实现。相关的对称加密技术在 ISO/IEC 18033-3 和 ISO/IEC 18033-4 中被标准化;

c) 客户端使用步骤 a)建立的共享密钥,将希望包含在公钥证书中的其他信息做完整性保护后发送给 CA;

d) CA 产生客户端的公钥证书,随后通过双方之间的通信信道传递给客户端,传递过程不必受到保护;

e) 客户端在认可收到的证书前执行两个检验。第一,客户端使用 CA 的公钥 P_{CA} 验证证书上的 CA 签名;第二,客户端验证证书的各数据域(包括公钥 P_M 和客户端身份标识)都是期望的值。验证通过后,整个过程结束。

附 录 D
（资料性附录）
机制安全性和参数长度选择

D.1 概述

本附录针对 8 个人工鉴别的安全性进行探讨，并对检验值、摘要值、消息鉴别码、随机比特串以及密钥的长度选择提供指导性建议。

D.2 机制 1 和机制 2 的使用

所有在两个设备之间通信信道上传递的数据都是公开的，即便在有些情况下数据串 D 需保密。这两个人工鉴别机制的安全目标是保护数据的完整性，而非机密性。所需的完整性保护是使用基于检验值的检验步骤来实现的。

检验函数是一个映射 f，将 D 所在的数据空间和 K 所在的密钥空间映射到一个检验值空间 C：

$$f: D \times K \rightarrow C, c = f(d,k) \qquad \text{(D.1)}$$

在机制 1 和机制 2 中，检验值用于保护数据的完整性。因此，这两个机制的安全性是基于检验函数的无条件安全，而非计算安全性。检验函数的无条件安全基于消息鉴别理论的结果，示例可见参考文献[28]的 4.5。一般会考虑两类主要的攻击：

——假冒攻击；

——替换攻击。

在假冒攻击中，攻击者在接收方未观察到发、收双方此前交换的数据时，尝试让接收者相信数据来自合法的发送方。在替换攻击中，攻击者首先观察到某个数据 d，然后使用 $\hat{d} \neq d$ 来替换 d。攻击者成功执行假冒攻击和替换攻击的可能性用 P_I 和 P_S 分别表示，可以表达为：

$$P_I \triangleq \max_{c \in C, d \in D} P_k(c = f(d,k)) \qquad \text{(D.2)}$$

$$P_S \triangleq \max_{\substack{c,\hat{c} \in C \\ d,\hat{d} \in D, d \neq \hat{d}}} P_k(\hat{c} = f(\hat{d},k) \mid c = f(d,k)) \qquad \text{(D.3)}$$

这两个机制的安全性依赖于攻击者使用数据 $\hat{d} \neq d$ 来成功替换数据 d 的可能性。如果鉴别双方接受了 $\hat{d}$ 并视为有效数据，则攻击成功了。鉴于我们假定两个设备在物理上彼此接近，且除非两个设备都指示他们已就绪，否则我们不会接受任何数据，因而假冒攻击并不适用于机制 1 和机制 2 场景下的人工鉴别。另外，如果使用消息鉴别码做完整性保护，正常情况下数据及其消息鉴别码都会被传递且能够被攻击者观察到。而在机制 1 和机制 2 中情况不同，这两个机制中使用检验值而非消息鉴别码来保护完整性，这样只有数据是在公开信道上传递的，攻击者在数据串 D 被传递之前无法获知检验函数的输出（事实上，在机制 1 中攻击者根本无法接触到检验函数的输出）。这简化了安全性分析和对成功的替换攻击的表达，因此针对机制 1 和机制 2 成功实施替换攻击的可能性可以表达为：

$$P_S = \max_{\substack{d,\hat{d} \in D \\ d \neq \hat{d}}} P(f(d,k) = f(\hat{d},k) \mid d \text{ 被观察到} \qquad \text{(D.4)}$$

这样，在密钥 k 是在密钥空间 K 中被随机选取的前提下，上述的可能性可以表达为：

$$P_S = \max_{d,\hat{d} \in D, d \neq \hat{d}} \frac{|\{k \in K : f(d,k) = f(\hat{d},k)\}|}{|K|} \qquad \text{(D.5)}$$

$|K|$ 表示集合 K 的势。从这个公式可以看出，要想获得较高的安全性，就应确保检验函数的碰撞

概率很低。这可以通过使用纠错码来构造检验函数来保证,附录E给出了一个纠错码构造检验函数的方案。

基于上述分析,推荐使用16-20位的密钥长度和16-20位的检验值长度。附录E给出了一个表,列举了对于16位和20位的长度,成功施行攻击的可能性。

D.3 机制3和机制5的使用

机制3和机制5的安全性原理与机制1和机制2基本类似,不同的是使用摘要函数和杂凑函数来替代检验函数。杂凑函数在ISO/IEC 10118[11]中予以标准化,该标准中定义的杂凑函数均可用于机制3和机制5。

因为长随机密钥 k 被用于保证摘要函数要满足的第二个条件(即摘要值碰撞),所以建议使用160位的 k 值。

鉴于摘要值是在设备A和设备B之间手工传递或手工比对的,建议使用输出长度为 $b=16\text{-}20$ 比特的短摘要函数。短摘要函数与消息鉴别算法类似,只是摘要值要短于消息鉴别码的典型长度。短摘要值的可能构造方法包括使用消息鉴别码或标准密码杂凑算法输出的前 b 个比特,参考文献[25]的附录G给出了建议。

有关机制3和机制5的安全性证明在参考文献[24]中已经给出。

D.4 机制4和机制6的使用

机制4和机制6的安全性原理与机制1和机制2不同,使用杂凑函数来替代检验函数。杂凑函数在ISO/IEC 10118[11]中予以标准化,该标准中定义的杂凑函数均可用于机制4和机制6。

对于机制3和机制5,建议使用160比特位的 k 值。由于机制3和机制5涉及设备A与设备B之间短比特流R的手工传递或者对比,因此建议使用16-20位长度的比特流R。

有关机制4和机制6的安全性证明在参考文献[24]中给出。

D.5 机制7和机制8的使用

机制7和机制8的安全性原理与机制1和机制2不同,使用消息鉴别函数来替代检验函数。消息鉴别函数在ISO/IEC 9797中予以标准化,该标准中定义的消息鉴别函数均可用于机制7和机制8。

16-20位的随机比特串适用于机制7和机制8,但是消息鉴别码位数应更长一些。用于机制7和机制8的消息鉴别函数的输出应在128-160比特位范围内。类似地,用于消息鉴别函数的随机密钥 K_A 和 K_B(K_{Ai} 和 K_{Bi})长度也应该在128-160比特位范围内。超时程序则用于探测机制7和机制8可能出现的中断。

附 录 E
（资料性附录）
一种产生短检验值的方法

E.1 概述

本附录针对适用于机制 1 和 2 的检验函数进行了说明，同时也探讨了使用检验值模式时，两种机制被攻破的概率。使用附录 D 中的攻击表达式，一个直接的攻击方法就是使用产生自编码理论的检验函数。参考文献[15]中讨论了纠错码与检验值之间的关系。

在探讨具体实例前，首先给出两个编码理论的基本定义。为简单起见，本部分只探讨有限域 F_q 上定义的编码。V 表示有限域 F_q 上的多进制代码。假设编码字长度为 n，多进制码是消息映射成的编码字，消息和编码字一一对应。多进制码 V 包括所有向量 $v \in V = \{v^{(d)} : d \in D\}$，$v^{(d)} = (v_1(d), v_2(d), \cdots, v_n(d))$，$v_i(d) \in F_q$。

此外，还需要以下两个定义。

定义：如果 x 和 y 是两个长度为 n 的多进制元组，那么它们的海明距离是

$$d_H(x,y)\ \mathbf{A}\ |\{i \in \{1,\cdots,n\} : x_i \neq y_i\}| \quad \cdots\cdots(E.1)$$

定义：编码 V 的最短距离是

$$d_H(V)\ \mathbf{A} \min_{x,y \in V, x \neq y} d_H(x,y) \quad \cdots\cdots(E.2)$$

接下来我们将展示如何根据多进制编码构建适用于机制 1 和机制 2 的检验函数。构建方法十分简单，消息和密钥空间可以映射为：

$$f(d,k) = v_k(d), k \in K = \{1,\cdots,n\} \quad \cdots\cdots(E.3)$$

因此，检验函数可通过长度为 n 的密钥和与编码长度相同的消息获得。

针对上述构建方法，替换攻击成功的概率描述如下。采用附录 D 中 P_S 的表达式，P_S 应遵循：

$$P_S = \max_{d,\hat{d} \in D, d \neq \hat{d}} \frac{|\{k \in K : f(d,k) = f(\hat{d},k)\}|}{|K|} = \max_{d,\hat{d} \in D, d \neq \hat{d}} \frac{|\{k \in K : v_k(d) = v_k(\hat{d})\}|}{|K|}$$

$$= \max_{d,\hat{d} \in D, d \neq \hat{d}} \frac{n - d_H(v^{(d)}, v^{(\hat{d})})}{n} = 1 - \frac{d_H(V)}{n} \quad \cdots\cdots(E.4)$$

在给出了成功替换攻击概率的精确表达式后，现在探讨具体的构建方法。著名的里德索罗门(RS)码[25]满足具有最小距离且足够长编码这一属性。里德索罗门码可以在任意有限域 F_q 上构建，编码字的计算很简单，涉及有限域上多项式求值。将数据(消息)编码成有限域 F_q 上长度为 t 的多元组，$d = d_0, d_1, \cdots, d_{t-1}, d_i \in F_q$，那么，生成的里德索罗门码编码多项式如下：

$$p^{(d)}(x) = d_0 + d_1 x + d_2 x^2 + \cdots + d_{i-1} k^{i-1} \quad \cdots\cdots(E.5)$$

检验函数可直接通过在任意点 $k \in F_q$ 上评估多项式产生

$$f(d,k) = v_k(d) = p^{(d)}(k) = d_0 + d_1 k + d_2 k^2 + \cdots + d_{i-1} k^{i-1} \quad \cdots\cdots(E.6)$$

里德索罗门码一般具有以下属性([25])：

$$n = q = |K| \quad \cdots\cdots(E.7)$$

$$|D| = q^t = n^t \quad \cdots\cdots(E.8)$$

$$d_H(V) = n - t + 1 \quad \cdots\cdots(E.9)$$

以上属性表明检验值的 $P_S = (t-1)/n$ 源于里德索罗门码。随着消息 D 长度的增加，概率也随之增大。因此，一个较好的获得较低概率的方法是首先对数据使用好的单向杂凑函数，例如，使用在 ISO/IEC 10118-3 中规定的专用杂凑函数，而后将单向杂凑函数的输出作为里德索罗门码的输入。通过此

方法，128 比特位(缩短的 SHA-1)的消息能够提供足够的安全性。同时，这也表示我们能够无需再增加密钥长度或者是检验函数的输出长度就可以维持较低的概率。表 E.1 给出了两种构建方法的实例并给出了成功攻击的概率。

表 E.1 里德索罗门(RS)码检验值：成功替换攻击的概率，P_S

$\log_2\|D\|$	$\log_2(n)$	P_S
128	16	$2^{-13}-2^{-16}$
256	16	$2^{-12}-2^{-16}$
128	20	$2^{-17}-2^{-20}$
256	20	$2^{-16}-2^{-20}$

如表 E.1 所示，编码使用 4 个十六进制位长度的密钥和检验值进行加密，被攻破的概率不超过 2^{-12}，如果将密钥和检验值长度增加至 5 个十六进制位，概率会减少至 2^{-17} 或者更低。

附 录 F
（资料性附录）
对机制1～8的安全性及效率的比较分析

继2005年机制1、机制2、机制7和机制8(机制7和机制8当时被标记为机制3和机制4)标准化后，又出现了大量更好的机制，这些机制用户输入更少且能够实现对攻击者攻破概率的严格界限。这些机制中的一部分已经得到了安全性证明，而机制1、机制2、机制7和机制8并没有得到充分的安全性证明(尽管这些机制并不明确是否存在安全问题)。

尤其是，参考文献[19]、[25]、[30]、[1]、[32]、[33]、[6]、[7]、[20]、[21]、[23]和[24]中学者们的相关工作值得我们关注。目前已有大量不同的机制，但它们都可以归为参考文献[24]提出的两种处理认证数据 D 的加密函数类型中的一种。两种加密函数类型在本部分中所应用的新机制如下：a)机制3和机制5使用摘要函数(短输出)将 D 与长随机密钥 k 绑定；b)机制4和6使用杂凑函数(长输出或者加密)将 D 与随机密钥 k 和短随机比特流 R 绑定。

为了使本部分的用户获得最佳可用技术，第7章中提出了四种新机制(机制3～6)。相比于机制1、机制2、机制7和机制8，机制3～6更好且更高效，并且它们无需改变设备的输入和输出接口。

机制3～6已发布，其安全性证明参见参考文献[21]、[22]、[23]、[24]、[32]和[33]。

四种新机制的主要特点如下：

——机制3～6减半了机制1～2中人工数据传递和对比的数据量。机制1和机制2中，用户应从一个设备向另一个设备同时传递短密钥和检验值，或者对比设备显示的输出值。机制3～6减半人工交互的数据量，即用户只需要传递或者对比短摘要值或短随机比特流，二者长度与机制1～2中的短密钥或检验值相同；

注1：短随机密钥、检验值或摘要值的手工传递比执行协议的按键操作、阅读1个比特的结果(接受/拒绝)操作或任何其他信息的比较操作等行为更为重要。因此，这些人工交互的后者操作行为在此处和表F.1中不做分析。

——尽管机制3～6只需要减半的人工数据传递量，但是其安全性高于机制1～2。参考文献[21]和[24]展示了机制1～2由于计算检验值时使用短比特位长度的密钥 K，其提供的安全性强度低于理想状态。相反地，机制3～6中使用的密钥 k 能够通过(高带宽)共享信道传递。因此，密钥 k 可大大延长，例如，附录D中规定的160比特。这一属性来源于一般性杂凑函数的密钥长度理论下界，更进一步地研究请参见参考文献[2]、[5]、[27]和[31]；

——参考文献[21]和[24]对机制3～6给出安全性证明。尽管机制3～6互不相同，但对于相同的人工数据传递量而言，它们提供同等的安全性级别；

——机制7～8提供的安全级别与机制3～6相同，但它们的安全性依赖于短随机密钥 R 这一秘密人工数据的传递。不同于机制1～6，机制7～8中的短随机密钥应是保密的，即只有设备和用户知晓。因此，在人工数据传递过程中应注意避免随机密钥被监听，例如，通过隐藏相机。如果短随机密钥被破坏，入侵者有可能发起中间人攻击。

表F.1总结了机制1～8中人工数据传递间的不同点和安全性。成功的攻击表明当设备计算的比特串与人工传递比特串是同一比特串时协议虽然奏效了，但是敌手已经成功操纵了数据 D，所以当数据 D 通过共享(不安全)信道交换以便设备获得不同版本的数据 D 时，依旧处于被攻破的状态。

注2：机制1、机制2、机制3、机制5、机制7和机制8中，每一个协议会话使用的检验值函数、摘要函数或消息鉴别函数使用的密钥都是随机和新生的。因此，依赖于附录D.2中提到的多信息输入的单个密钥再利用的替换攻击互不相关。更多关于成功攻击的安全性证明和定义参见参考文献[21]和[24]。

为了对比人工数据传递的数据量，机制3和机制5使用的摘要值长度，机制4、机制6、机制7和机制8使用的短随机比特流R的长度，机制1和机制2检验函数使用的检验值和短密钥长度都采用 b 比特位。

以上机制涉及两种类型的人工交互方式：a)人工传递信息位（例如摘要值和短随机比特流）；b)人工对比两种比特流。表F.1中使用(m,c)来表示人工数据传递比特数(m)和对比比特位数值(c)。

表F.1 机制1～8的对比情况

机制	设备A和B的接口类型	人工交互（公开/秘密比特位）	加密函数	成功攻击概率
1(旧)	A:简单输入接口 B:简单输出接口	($2b$, 0)(公开数据)	检验函数	$>2^{-b}$
2(旧)	A、B:简单输入接口	(0, $2b$)(公开数据)	检验函数	$>2^{-b}$
3(新)	A:简单输入接口 B:简单输出接口	(b, 0)(公开数据)	杂凑函数 & 摘要函数	$2^{-b}+\varepsilon$
4(新)	A:简单输入接口 B:简单输出接口	(b, 0)(公开数据)	杂凑函数	$2^{-b}+\varepsilon$
5(新)	A、B:简单输入接口	(0, b)(公开数据)	杂凑函数 & 摘要函数	$2^{-b}+\varepsilon$
6(新)	A、B:简单输入接口	(0, b)(公开数据)	杂凑函数	$2^{-b}+\varepsilon$
7(旧)	A、B:简单输出接口	($2b$, 0)(秘密数据)	消息鉴别算法	$2^{-b}+\varepsilon$
8(旧)	A:简单输入接口 B:简单输出接口	(b, 0)(秘密数据)	消息鉴别算法	$2^{-b}+\varepsilon$

注3：机制1、机制2、机制7和机制8在2005年予以标准化，因此在表F.1中标记为“(旧)”。相反，新加入的机制3～6则标记为“(新)”。

注4：公开数据的人工传递表明在机制1～6中传递的数据可以被任何人获知。与此相反，机制7～8则对除了设备和用户以外的任何人都保密。

注5：在对比机制3～6的计算复杂性时，机制所需的加密函数信息十分重要，因此，我们根据机制所需的加密函数对机制进行分类。

注6：表F.1中，ε相对于2^{-b}可忽略不计，而“$>2^{-b}$”则通过不可忽略的ε值表示攻击成功的概率大于2^{-b}。

在这些新加入的机制中，机制3和机制5在计算效率方面优于机制4和机制6，参考文献[16]、[21]、[22]和[23]对此方面做出了解释。机制3和机制5采用短输出摘要函数(例如16-20比特位)对要鉴别的数据D进行处理，而非机制4和机制6采用长输出杂凑函数(例如160或更多比特位)对数据D进行处理的方式。在实际中，一般数据D都比较大，例如，它有可能包含图片或DVD，其长度明显长于随机密钥k，计算数据D的短摘要值显然要快于长杂凑值。因此，在计算成本方面，机制3和机制5比机制4和机制6高效，特别适用于小设备和轻量级加密应用。因为小设备和轻量级加密应用中，优化计算效率是一个重要的衡量标准。

附　录　G
（资料性附录）
生成短摘要值的方法

本附录针对适用于机制 3 和机制 5 的两种摘要函数构建方法进行说明。第一种构建方法产生自消息鉴别函数，已在 ISO/IEC 9797 中予以标准化；第二种构建方法产生自杂凑函数，已在 ISO/IEC 10118 中予以标准化。

注 1：存在许多其他的机制也可用于计算摘要函数，例如：在参考文献[17]、[23]和[21]中提到的基于拓普利兹矩阵乘法或整数乘法的机制。但是，以上参考文献中提到的构建方法并未进行充分的分析和检测，因此，本附录中不做描述。

在以下的定义中，$trunc_b(x)$函数输出了：比特串 x 前（从左侧开始）b 个比特位。

定义 1：使用密钥 k 计算消息 m 的摘要值，计算

$$d(m,k)=trunc_b(\mathrm{MAC}_k(m)) \qquad \text{(G.1)}$$

定义 2：使用密钥 k 计算消息 m 的摘要值，计算

$$d(m,k)=trunc_b(h(m\,||\,k)) \qquad \text{(G.2)}$$

注 2：参考文献[4]说明了定义 1 中的摘要值计算方法，参考文献[22]说明了定义 2 中的摘要值计算方法。

参 考 文 献

[1] M.Cagalj, S.Capkun, and J.Hubaux, 'Key agreement in peer-to-peer wireless networks', in: Proceedings of the IEEE, Special Issue on Security and Cryptography 94(2) (2006), 467-478

[2] J.L.Carter and M. N. Wegman, 'Universal Classes of Hash Functions', Journal of Computer and System Sciences 18(2) (1979), 143-154

[3] C.Gehrmann and K.Nyberg, 'Enhancements to Bluetooth baseband security', in: Proceedings of Nordsec 2001, Copenhagen, Denmark, November 2001

[4] C.Gehrmann, C.J.Mitchell and K.Nyberg, 'Manual authentication for wireless devices', Cryptobytes 7(1) (2004), 29-37

[5] P.Gemmell and M.Naor, 'Codes for Interactive Authentication', in: Advances in Cryptology - Crypto 1993, LNCS, Vol.773, D.R.Stinson, ed., Springer, 1993, pp.355-367

[6] J.-H.Hoepman, 'Ephemeral Pairing on Anonymous Networks', in Proceedings of the Second International Conference on Security in Pervasive Computing (SPC 2005), LNCS, Vol.3450, D. Hutter and M.Ullmann, eds., Springer, 2005, pp.101-116

[7] J.-H. Hoepman, 'Ephemeral Pairing Problem', in: Proceeding of the 8th International Conference on Financial Cryptography, LNCS, Vol.3110, A.Juels, ed., Springer, 2004, pp.212-226

[8] ISO 7498-2:1989,信息处理系统　开放系统互联　基本参考模型　第2部分:安全架构(Information processing systems-Open Systems Interconnection-Basic Reference Model—Part 2: Security Architecture)

[9] ISO/IEC 9797(所有部分),信息技术　安全技术　消息鉴别码[Information technology-Security techniques-Message Authentication Codes (MACs)]

[10] ISO/IEC 8825-1,信息技术　ASN.1编码规则　第1部分:基本编码规则(BER)、正则编码规则(CER)和可辨识编码规则(DER)规范(Information technology-ASN. 1 encoding rules: Specification of Basic Encoding Rules (BER), Canonical Encoding Rules (CER) and Distinguished Encoding Rules (DER))

[11] ISO/IEC 10118(所有部分),信息技术　安全技术　杂凑函数(Information technology-Security techniques-Hash-functions)

[12] ISO/IEC 11770-3:2008,信息技术　安全技术　密钥管理　第3部分:采用非对称技术的机制(Information technology-Security techniques-Key management—Part 3: Mechanisms using asymmetric techniques)

[13] ISO/IEC 18033-3:2005,信息技术　安全技术　加密算法　第3部分:分组密码(Information technology-Security techniques-Encryption algorithms—Part 3: Block ciphers)

[14] ISO/IEC 18033-4:2005,信息技术　安全技术　加密算法　第4部分:序列密码(Information technology-Security techniques-Encryption algorithms—Part 4: Stream ciphers)

[15] G.Kabatianskii, B.Smeets and T.Johansson, 'On the cardinality of systematic authentication codes via error correcting codes', IEEE Transactions on Information Theory 42(2) (1996), 566-578

[16] K.Khoo, F.-L.Wong and C.-W.Lim,'On a construction of short digests for authenticating ad-hoc networks', in: Proceedings of ICCSA 2009, LNCS vol.5593, pp.863-876

[17] H.Krawczyk, 'New Hash Functions For Message Authentication', in: Advances in Cryptology - Eurocrypt 1995, LNCS, Vol.921, L.C.Guillou and J.-J.Quisquater, eds., Springer, 1995, pp.

301-310

[18] J.-O.Larsson, 'Higher layer key exchange techniques for Bluetooth security', in: Opengroup Conference, Amsterdam, October 2001

[19] S.Laur and K.Nyberg, 'Efficient Mutual Data Authentication Using Manually Authenticated Strings', LNCS, Vol.4301, D.Pointcheval, ed., Springer, 2006, pp.90-107

[20] A. Y. Lindell.' Comparison-Based Key Exchange and the Security of the Numeric Comparison Mode in Bluetooth v2.1', in: Proceedings of the Cryptographers' Track at the RSA Conference 2009 on Topics in Cryptology, LNCS, Vol.5473, M.Fischlin, ed., Springer, 2009, pp.66-83

[21] L.H.Nguyen and A.W.Roscoe, 'Authentication protocols based on low-bandwidth unspoofable channels: a comparative survey', Journal of Computer Security (to appear).See: http://eprint.iacr.org/2010/206.pdf

[22] L.H.Nguyen and A.W.Roscoe, 'Authenticating ad hoc networks by comparison of short digests', Information & Computation 206(2-4) (2008), 250-271

[23] L.H.Nguyen and A.W.Roscoe, 'Efficient group authentication protocol based on human interaction' in: Proceedings of Workshop on Foundation of Computer Security and Automated Reasoning Protocol Security Analysis, 2006, pp.9-31.See: http://eprint.iacr.org/2009/150

[24] L.H.Nguyen and A.W.Roscoe, 'Separating two roles of hashing in one-way message authentication', in Proceedings of Workshop on Foundation of Computer Security, Automated Reasoning Protocol Security Analysis, and Issues in the Theory of Security, 2008, pp.195-209.See: http://eprint.iacr.org/2009/003

[25] S.Pasini and S.Vaudenay, 'SAS-based Authenticated Key Agreement', in Proceedings of International Conference on Practice and Theory in Public Key Cryptography (PKC 2006), LNCS, Vol.3958, M.Yung, Y.Dodis, A.Kiayias and T.Malkin, eds., Springer, 2006, pp.395-409

[26] I.S.Reed and G.Solomon, 'Polynomial codes over certain finite fields', SIAM Journal 8 (1960), 300-304

[27] D.R.Stinson, 'Universal Hashing and Authentication Codes', in Advances in Cryptology - Crypto 1991, LNCS, Vol.576, J.Feigenbaum, ed., Springer, 1992, pp.74-85

[28] D.R.Stinson, 'Cryptography - Theory and Practice', CRC Press, 2002, 2nd edition

[29] SHAMAN Project Deliverable D13 (Annex 2), Final technical report - Workpackage 2 - Security for distributed terminals, 2003.Available at http://www.ist-shaman.org/

[30] S.Vaudenay, 'Secure Communications over Insecure Channels Based on Short Authenticated Strings', in: Advances in Cryptology - Crypto 2005, LNCS, Vol.3621, V.Shoup, ed., Springer, 2005, pp.309-326

[31] M.N.Wegman and J.L.Carter, 'New Hash Functions and Their Use in Authentication and Set Equality', Journal of Computer and System Sciences 22(3) (1981), 265-279

[32] F.-L.Wong and F.Stajano, 'Multi-channel Protocols', in Proceedings of the 13th International Workshop on Security Protocols, LNCS, Vol.4631, B.Christianson, B.Crispo, J.A.Malcolm and M.Roe, eds., Springer, 2005, pp.128-132

[33] F.-L.Wong and F.Stajano, 'Multi-channel Security Protocols', IEEE Pervasive computing 6(4) (2007), 31-39

ICS 35.040
L 80

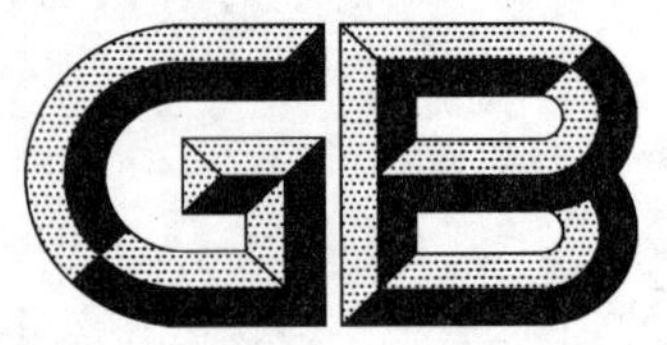

中华人民共和国国家标准

GB/T 15851.3—2018
代替 GB/T 15851—1995

信息技术　安全技术　带消息恢复的数字签名方案　第3部分：基于离散对数的机制

Information technology—Security techniques—Digital signature schemes giving message recovery—Part 3: Discrete logarithm based mechanisms

(ISO/IEC 9796-3:2006, MOD)

2018-12-28 发布　　　　2019-07-01 实施

国家市场监督管理总局
中国国家标准化管理委员会　发布

前　言

GB/T 15851《信息技术　安全技术　带消息恢复的数字签名方案》目前分为以下部分：

——第 2 部分：基于大数分解的机制；

——第 3 部分：基于离散对数的机制。

本部分为 GB/T 15851 的第 3 部分。

本部分按照 GB/T 1.1—2009 给出的规则起草。

本部分代替 GB/T 15851—1995《信息技术　安全技术　带消息恢复的数字签名方案》，与 GB/T 15851—1995 相比，主要技术差异如下：

——补充规定了密钥生成过程；

——除带消息恢复的数字签名框架外，新定义了五种数字签名方案，并规定了每种签名方案的签名和验证方法；

——补充规定了杂凑函数的用法；

——部分签名方案增加使用椭圆曲线或有限域；

——新增对完全和部分消息恢复的说明；

——新增规范性引用文件；

——使用 8 个新增附录替换原附录 A 和附录 B，用于描述密钥导出函数及数字签名方案的说明实例等。

本部分使用重新起草法修改采用 ISO/IEC 9796-3:2006《信息技术　安全技术　带消息恢复的数字签名方案　第 3 部分：基于离散对数的机制》及其勘误。

本部分与 ISO/IEC 9796-3:2006 相比存在结构变化，删除了第 11 章，将第 12 章改为第 11 章，第 13 章改为第 12 章，增加 8.3.6、9.3.6、10.3.6、11.3.6 和 12.3.6。

本部分与 ISO/IEC 9796-3:2006 的技术性差异及其原因如下：

——删除了第 11 章及其相关内容，以与我国技术水平相适应。

请注意本文件的某些内容可能涉及专利。本文件的发布机构不承担识别这些专利的责任。

本部分由全国信息安全标准化技术委员会(SAC/TC 260)提出并归口。

本部分起草单位：西安西电捷通无线网络通信股份有限公司、无线网络安全技术国家工程实验室、中关村无线网络安全产业联盟、中国电子技术标准化研究院、重庆邮电大学、中国电子科技集团公司第三十研究所、国家密码管理局商用密码检测中心、国家无线电监测中心检测中心、北京大学深圳研究生院、天津市无线电监测站、中国人民解放军信息安全测评认证中心、北京计算机技术及应用研究所、福建省无线电监测站、国家信息技术安全研究中心、北京数字认证股份有限公司、中国电信股份有限公司上海研究院、工业和信息化部宽带无线 IP 标准工作组等。

本部分主要起草人：王月辉、杜志强、李琴、曹军、黄振海、李大为、宋起柱、许玉娜、张璐璐、龙昭华、李明、铁满霞、张变玲、李楠、朱跃生、李广森、颜湘、张国强、童伟刚、万洪涛、朱正美、陈志宇、葛培勤、侯鹏亮、许福明、高波、郑骊。

本部分所代替标准的历次版本发布情况为：

——GB/T 15851—1995。

引　言

数字签名机制可以提供实体鉴别、数据源鉴别、不可抵赖和数据完整性服务。

数字签名机制满足以下要求：

——如果只有公开验证密钥，没有私有签名密钥，对任何给定的消息生成一个有效的签名在计算上是不可行的；

——签名方已生成的签名既不能用来为一个新消息生成一个有效的签名，也不能用来恢复签名密钥；

——对于签名者，找到带有相同签名的两个不同的消息在计算上是不可行的。

大部分签名机制是基于非对称密码技术，包括下列三个基本操作：

——生成密钥对的过程，每个密钥对包括一个私有签名密钥和相对应的公开验证密钥；

——使用私有签名密钥的过程，称作签名生成过程；

——使用公开验证密钥的过程，称作签名验证过程。

数字签名机制有两类：

——对于给定的私有签名密钥，签名者对相同消息的签名是相同的，这种机制称为非随机的（或确定的）[参见 ISO/IEC 14888-1]；

——对于给定的消息和给定的私有签名密钥，每个签名处理过程生成的签名是不同的，这种机制称为随机的。

本部分规定了随机的数字签名机制。

数字签名方案也可以分成下列两类：

——当整个消息需要存储和/或随着签名一起传输时，该方案称作“带附录的签名方案”[参见 ISO/IEC 14888]；

——从签名中可以恢复整个或者部分消息时，该方案称作“带消息恢复的签名方案”。

如果消息足够短，则整个消息可包括在签名里并通过签名验证过程从签名中恢复；否则消息的一部分可包括在签名里，余下部分存储起来或随着签名一起传输。本部分规定的机制提供完整或者部分恢复，目的在于降低存储和传输管理。

本部分包括五个签名方案。本部分规定的方案使用杂凑函数对整个消息进行运算。ISO/IEC 10118 规定了杂凑函数。在本部分中规定的一些方案使用有限域上的椭圆曲线一个群。ISO/IEC 15946-1:2002 描述了基于有限域上的椭圆曲线实现密码系统的数学背景和基本技术。本部分所定义机制的特点参见附录 G，这些机制与 ISO/IEC 9796-3:2000 以及 ISO/IEC 15946-4:2004 所定义机制的对应关系参见附录 H。

信息技术　安全技术　带消息恢复的数字签名方案　第3部分：基于离散对数的机制

1　范围

GB/T 15851的本部分规定了五种带消息恢复功能的数字签名方案。这些方案的安全性是基于定义在有限域或有限域上的椭圆曲线的离散对数问题的难度。

本部分也定义了在杂凑权标里的一个可选控制字段，其能够增强签名的安全性。

本部分规定了随机机制。

在本部分中规定的机制能够完全或者部分恢复消息。

注：带附录的基于离散对数的数字签名方案参见ISO/IEC 14888-3。

2　规范性引用文件

下列文件对于本文件的应用是必不可少的。凡是注日期的引用文件，仅注日期的版本适用于本文件。凡是不注日期的引用文件，其最新版本(包括所有的修改单)适用于本文件。

ISO/IEC 10118(所有部分)　信息技术　安全技术　散列函数(Information technology—Security techniques—Hash-functions)

ISO/IEC 15946-1　信息技术　安全技术　基于椭圆曲线的密码技术　第1部分：总则(Information technology—Security techniques—Cryptographic techniques based on elliptic curves—Part 1: General)

ISO/IEC 15946-5　信息技术　安全技术　基于椭圆曲线的密码技术　第5部分：椭圆曲线生成(Information technology—Security techniques—Cryptographic techniques based on elliptic curves—Part 5: Elliptic curve generation)

3　术语和定义

下列术语和定义适用于本文件。

3.1

数据输入　data input

取决于完整消息或部分消息的八位位组串，其组成了签名生成过程的一部分输入。

3.2

域参数　domain parameter

常见且已知的或者可以被域中所有实体访问的数据项。

[ISO/IEC 14888-1:1998]

注：域参数集合可以包括数据项，诸如杂凑函数标识、杂凑权标的长度、消息中可恢复部分的最大长度、有限域参数、椭圆曲线参数或者其他能够表明域的安全策略的参数。

3.3

椭圆曲线　elliptic curve

椭圆曲线点 $P=(x,y)$ 与所定义的无穷远点 o 构成椭圆曲线点集合，其中 x,y 是给定有限域上的域元素，其满足给定的非奇异、三次方椭圆曲线方程。

[ISO/IEC 15946-1:2002]

注：给定有限域上的椭圆曲线的数学定义，参见附录 A 中 A.4。

3.4

显式给定有限域　explicitly given finite field

$[0,p-1]$ 上的 e 元组集合，其中 p 为素数，$e\geqslant 1$，并能计算出乘法表。

注 1：给定有限域上的数学定义，参见 A.3。

注 2：有限域的更多细节参见 ISO/IEC 15946-1:2002。

3.5

杂凑码　hash-code

杂凑函数输出的八位位组串。

注：改编自 ISO/IEC 10118-1:2000。

3.6

杂凑函数　hash-function

将八位位组字符串映射为固定长度的八位位组字符串的函数，该函数满足下列两特性：

——对于给定输出，找出映射为该输出的输入，在计算上是不可行的；

——对于给定输入，找出映射为同一输出的第二个输入，在计算上是不行的。

注 1：改编自 ISO/IEC 10118-1:2000。

注 2：计算上的可行性取决于特定安全要求和环境。

注 3：为了达到本部分的目的，ISO/IEC 10118-2 和 ISO/IEC 10118-3 中描述的杂凑函数具有如下限制：

在 ISO/IEC 10118 中描述的杂凑函数将比特串映射成比特串，而在本部分里，杂凑函数将八位位组串映射成八位位组串。因此在本部分中使用的杂凑函数输出长度在比特上只能是 8 的倍数，八位位组串和比特串之间的映射受到 OS2BSP 和 BS2OSP 的影响。

3.7

杂凑权标　hash-token

一个杂凑码与一个可选的控制字段拼接而成的消息，该控制字段可用于标识所指杂凑函数和填充方法。

[ISO/IEC 14888-1:1998]

注：除非杂凑函数是由签名机制或由域参数唯一确定的，否则可给出带有杂凑函数标识符的控制字段。

3.8

消息　message

任意有限长度的八位位组串。

3.9

参数生成过程　parameter generation process

给出输出域参数和用户密钥的过程。

3.10

预签名　pre-signature

用于签名生成过程计算的八位位组串，此八位位组串是对随机数发生器生成的随机数进行运算的结果，与消息无关。

3.11

私有签名密钥　private signature key

一种特定于某一实体的秘密数据项，在签名生成过程中只能由该实体使用。

3.12

公开验证密钥　public verification key

一种数据项，在数学上与私有签名密钥相对应，可为所有实体所知，并由验证方在签名验证过程中使用。

3.13

随机的　randomized

随机的程度取决于随机数发生器。

3.14

随机数发生器　randomizer

在预签名生成过程中由签名实体生成的秘密整数，其不被其他实体所知。

注：改编自 ISO/IEC 14888-1：1998。

3.15

签名　signature

签名生成过程生成的一个八位位组串和整数对，用于提供鉴别。

注：改编自 ISO/IEC 14888-1：1998。

3.16

签名生成过程　signature generation process

输入消息、签名密钥和域参数，输出签名的过程。

注：改编自 ISO/IEC 14888-1：1998。

3.17

签名验证过程　signature verification process

其输入为已签署的消息、验证密钥和域参数，其输出为恢复后的消息（如果有效）的过程。

注：改编自 ISO/IEC 14888-1 验证过程的定义。

3.18

已签消息　signed message

一组由签名中不能恢复的消息部分、签名以及可选的文本字段等数据项组成的集合。

［ISO/IEC 14888-1：1998］

3.19

用户密钥　user keys

一组私有签名密钥和公开验证密钥的数据项。

4　缩略语和符号、约定

4.1　缩略语和符号

下列缩略语和符号适用于本文件。

A　　实体，通常是签名方

B　　实体，通常是验证方

d	数据输入(八位位组串)
d'	可恢复的数据输入(八位位组串)
E	显式给定有限域上的的椭圆曲线
ECKNR	椭圆曲线 KCDSA/Nyberg-Rueppel 消息恢复签名
ECMR	椭圆曲线 Miyaji 消息恢复签名
ECNR	椭圆曲线 Nyberg-Rueppel 消息恢复签名
ECPV	椭圆曲线 Pintsov-Vanstone 消息恢复签名
F	显式给定有限域
G	基础组(有限域元素/椭圆曲线点)产生器
Hash，Hash_1，Hash_2	杂凑函数
h	(被截取的)杂凑权标(八位位组串)
h'	可恢复的(被截取的)杂凑权标(八位位组串)
K	随机数(整数)
KDF	密钥导出函数(与 MGF 同义)
L_{clr}	不可恢复部分的八位位组数(整数)
L_{dat}	数据输入的八位位组数(整数)
L_{F}	显式有限域 F 的八位位组数(非负整数)
L_{rec}	可恢复部分的八位位组(最大)数(整数)
L_{red}	(添加的)冗余八位位组数(整数)
$L(x)$	整数 x 或八位位组串 x 的八位位组数(非负整数)
L_{Hash}	杂凑函数 Hash 输出的八位位组数(非负整数)
M	消息(八位位组串)
M_{clr}	消息的不可恢复部分(八位位组串)
M_{rec}	消息的可恢复部分(八位位组串)
M'	已恢复消息(八位位组串)
M'_{clr}	接收到的消息的不可恢复部分(八位位组串)
M'_{rec}	消息的已恢复部分(八位位组串)
MGF	掩码生成函数
NR	Nyberg-Rueppel 消息恢复签名
n	群 G 的阶(素数)
O	椭圆曲线的无穷远点
P	取决于密钥生成机制的元素，采用密钥生成机制 I，则 $P=G$，采用密钥生成机制 II，$P=Y_A$[见 7.3]
p	素数
Π	预签名(八位位组串)
Π'	已恢复的预签名(八位位组串)
Q	取决于密钥生成机制的元素，采用密钥生成机制 I，则 $Q=Y_A$，采用密钥生成机制 II，$Q=G$[见 7.3]
q	素数方幂
r	签名的第一部分(八位位组串)

r'	已恢复签名的第一部分(八位位组串)
s	签名的第二部分(整数)
s'	已恢复签名的第二部分(整数)
x_A	实体 A 的私有签名密钥
Y_A	实体 A 的公开验证密钥
$\{0, 1\}^*$	有限比特串集合
$\{0, 1\}^{8*}$	有限八位位组串集合
$\{0, 1\}^l$	l 长度的比特串集合,l 为非负整数
$\{0, 1\}^{8l}$	l 长度的八位位组串集合,l 为非负整数
$[a, b]$	整数 x 的集合,$a \leqslant x \leqslant b$,其中 a 和 b 均为整数
$\|x\|$	比特串 x 的长度
$\|X\|$	集合 X 的基数
$[x]^l$	八位位组串 x 的最左侧 l-比特,当 $8l > L(x)$ 时,右侧填充 0
$[x]_l$	八位位组串 x 的最右侧 l-比特,当 $8l > L(x)$ 时,左侧填充 0
$x \bmod n$	模 n 的算术计算,$r \in [0, n-1]$,$(x-r)$ 除以 n,x 是整数
$x \oplus y$	x 和 y 的按位异或运算
$x \| \| y$	比特串 x 和比特串 y 的级联
$X \times Y$	X 和 Y 的笛卡尔乘积

4.2 转换函数和掩码生成函数

下列转换函数和掩码生成函数适用于本文件。

BS2IP	将比特串转换为整数[见附录 B 中 B.2]
BS2OSP	将比特串转换为八位位组串[见 B.1]
EC2OSP	将椭圆曲线转换为八位位组串[见 B.6]
FE2IP	将有限域元素转换为整数[见 B.4]
FE2OSP	将有限域元素转换为八位位组串[见 B.5]
I2BSP	将整数转换为比特串[见 B.2]
I2OSP	将整数转换为八位位组串[见 B.3]
MGF1	掩码生成函数 1 [见附录 C 中 C.2]
MGF2	掩码生成函数 2 [见 C.3]
OS2BSP	将八位位组串转换为比特串[见 B.1]
OS2ECP	将八位位组串转换为椭圆曲线[见 B.6]
OS2FEP	将八位位组串转换为有限域元素[见 B.5]
OS2IP	将八位位组串转换为整数[见 B.3]

4.3 附图说明

如下说明用于第 7 章中描述带消息恢复的数字签名的生成和验证过程的附图。

过程的步骤（方框）	过程的步骤
——→	强制数据流
- - - - →	可选数据流

5 签名机制和杂凑函数之间的绑定

本部分规定的签名机制要求进行杂凑函数的选择。ISO/IEC 10118 规定了杂凑函数。在使用时需要将签名机制和杂凑函数进行绑定。如果没有这种绑定，攻击者可以使用较弱的杂凑函数(不是实际使用的)，因此攻击者可以仿造签名。本部分凡涉及采用密码技术解决机密性、完整性、真实性、不可否认性需求的应遵循密码相关国家标准和行业标准。

数字签名机制的使用者应权衡实现绑定的不同方式的成本与效益，并做出评估。评估也应包括可能存在的仿造签名的成本评估。

注 1：本部分使用的杂凑函数的一个安全要求是"抗碰撞"。

注 2：有很多方式能够实现上述的绑定。以下选项按照危险程度的递增列出：

a) 特殊的签名机制需要特殊的杂凑函数。验证过程应该使用此杂凑函数。ISO/IEC 14888-3 给出了上述选项的实例：DSA 机制要求使用专用的杂凑函数 3(即 SHA-1，在 ISO/IEC 10118-3 定义)。

b) 允许一套杂凑函数，在证书域参数里明确指定使用的杂凑函数。在证书域里，验证过程也使用此证书里说明的杂凑函数。在证书域之外，如果权威机构(CA)不遵循用户的策略，威胁就会增加。例如，外部 CA 生成一个证书，允许使用其他的杂凑函数，签名伪造的问题可能出现。在这种情况下，被误导的验证方可能与此 CA 产生分歧。

c) 允许一套杂凑函数，使用其他方式指定杂凑函数，例如，在消息或者双向协商里指定。验证方使用此指定的杂凑函数。但是攻击者可能使用另一个杂凑函数仿造签名，所以存在威胁。

注 3：注 2c)中的"其他方式"可以是把杂凑函数标识符的形式包括在八位位组串 d 中。如果 d 中包括杂凑函数标识符，甚至当验证方接受使用足够弱的杂凑函数(其能够导致消息被发现)的时候，攻击者也不能欺骗地把相同八位位组 d_1 的签名重复使用在对不同八位位组 d_2 的签名上。但是在使用弱杂凑函数的情况下，攻击者依旧能够发现一个对"随机的"d_1 的新签名。

注 4：通过要求在 d_1 中出现指定的结构，就能够防止注 3 中提到的产生一个对"随机的"d_1 的签名攻击。例如，对 d_1 做个长度限制，使其远远小于签名机制的能力。对于许多数字签名机制，尽管在消息中没有包括杂凑函数标识符，如果掩码生成函数 MGF 是基于杂凑函数的，则 d_1 的长度限制也能够阻止攻击者重复使用已存在的签名。上述是假设弱杂凑函数是"一般目的"的杂凑函数，而不是专为仿造签名而设计的。

6 带消息恢复的数字签名框架

6.1 过程

6.2～6.4 包括了本部分规定的五种签名方案的总体模型的高级描述。总体模型的详细描述在第 7 章中。

本部分规定的数字签名方案有如下过程：

a) 参数生成过程；

b) 签名生成过程；

c) 签名验证过程。

6.2 参数生成过程

6.2.1 域参数

参数分为两部分：域参数和用户密钥。域参数包括定义有限群的参数，如有限域的一个乘法群或者有限域上的椭圆曲线的一个加法群，以及其他常见且已知的或者可以被域中所有实体访问的公共信息。与密码方案中规定的域参数一样，也应规定下面的参数：

a) 使用的数字签名方案标识符；

b) 冗余类型；

c) （可选的）杂凑函数；

d) 用户密钥生成过程。

有限域上的椭圆曲线的一个加法群的实现以及数学背景见 ISO/IEC 15946-1。构建有限域上的椭圆曲线的方法见 ISO/IEC 15946-5。

6.2.2 用户密钥

每个实体都有自己的公开和私有密钥。实体 A 的用户密钥包括：

a) 私有签名密钥 x_A；

b) 公开验证密钥 Y_A；

c) （可选的）其他信息，由实体 A 规定，用于签名生成/验证过程。

注 1：用户密钥只在规定的域参数集的上下文中有效。

注 2：签名验证方可能要求确保域参数和公开验证密钥是有效的，否则尽管进行了签名验证，也不能保证达到了预期的安全。签名方也可能要求确保域参数和公开验证密钥是有效的，否则攻击者可能生成被验证的签名。

6.3 签名生成过程

签名生成过程需要以下的数据项：

a) 域参数；

b) 签名方 A 的私有签名密钥 x_A；

c) 消息 M。

本部分中规定的所有方案，签名生成过程包括如下处理：

a) 拆分消息；

b) （可选的）计算冗余，或者计算消息摘要；

c) 有限群的计算，或者是有限域的乘法群或者是有限域上的椭圆曲线的加法群；

d) 基点 G 的群阶求模计算；

e) 组成已签消息。

签名生成过程的输出是 (r,s) 对，其组成 A 对消息 M 的数字签名。

6.4 签名验证过程

签名验证过程需要以下的数据项：

a) 域参数；

b) 签名方 A 的公开验证密钥 Y_A；

c) 不可恢复的消息 M'_{clr}（如果存在）。

d） 接收到的消息 M 的签名，其使用八位位组串 r'和整数 s'表示。

本部分中规定的所有方案，签名验证过程包括如下处理：

a） 签名大小验证；

b） 有限群的计算，或者是有限域的乘法群或者是有限域上的椭圆曲线的加法群；

c） 基点 G 的群阶求模计算；

d） 恢复数据输入或者消息；

e） 签名检查。

如果所有处理成功，验证方接受签名，否则拒绝。

7 带消息恢复的数字签名总体模型

7.1 要求

7.1.1 域参数

本部分规定的数字签名机制的用户应选择以下的数字签名方案的域参数：

a） 显式给定有限域 F，或者显式给定有限域 F 上的椭圆曲线 E；

b） F 或者 E 的基点 G 的阶 n。

为了实现带消息恢复的数字签名机制，在用户间就上述选择达成一致是必要的。

注 1：n 的大小影响机制的安全性，所以它的选择需要满足安全目的。

注 2：方案使用的两个可能的群通常用作乘法表示（有限域的乘法群）和加法表示（椭圆曲线的点构成的群）。在第 7 章，为了方便表达，使用了乘法表示。

注 3：显式给定有限域的定义，参见 A.3。

注 4：显式给定有限域上的椭圆曲线的定义，参见 A.4。

注 5：与椭圆曲线有关的有效实施和密码技术，参见 ISO/IEC 15946-1：2002。

7.1.2 冗余类型

用户选择的冗余类型是：

a） 自然冗余；

b） 填充冗余；或者

c） 两者兼之。

为了实现带消息恢复的数字签名机制，在用户间就上述冗余达成一致是必要的。

如果用户选择填充冗余，填充冗余的八位位组数 L_{red}应是固定的。带有填充冗余的消息可以被消息或者可恢复消息的杂凑权标所构建。

如果用户选择自然冗余 L_{red}应设置为 0。带有自然冗余的消息意味着消息包括诸如 ASCII 码的冗余或者消息的冗余在一些应用里可以隐性验证。

自然或者填充冗余可以是达成一致的任何事物，能够被通信双方校验。包括自然和填充冗余的整个冗余应比应用里规定的某个最小值大。总的来说，单独的自然冗余只能用来完整的消息恢复。

7.2 函数和过程总结

本部分规定的签名方案能够恢复消息。更准确地说，做为签名验证过程一部分，签名生成函数输入的一部分数据可以从签名中恢复出来。

签名方案包括以下函数和过程：

a) 用户密钥生成过程；

b) 签名生成过程；

c) 签名验证过程。

7.3 用户密钥生成过程

使用下述两种方式计算公开验证密钥和私有签名密钥(签名实体应保证私有签名密钥是秘密的)：

a) 密钥生成过程 I

如果域参数集合是有效的,可以使用下面的步骤生成私有签名密钥和与之对应的公开验证密钥：

1) 在集合[1,$n-1$]中选择随机或伪随机整数 x_A。x_A 应防止未经授权的泄露,而且应是不可预测的。

2) 计算 $Y_A=G^{x_A}$。

3) 密钥对即为(Y_A,x_A),其中 Y_A 用于公开验证密钥,x_A 用于私有签名密钥。

算法统一表示为 $P=G$ 和 $Q=Y_A$。

b) 密钥生成过程 II

如果域参数集合是有效的,可以使用下面的步骤生成私有签名密钥和与之对应的公开验证密钥：

1) 在集合[1,$n-1$]中选择随机或伪随机整数 e。计算 x_A,满足 x_A 在[1,$n-1$]区间,$x_Ae=1 \bmod n$。x_A 和 e 应防止未经授权的泄露,而且应是不可预测的。

2) 计算 $Y_A=G^e$。

3) 密钥对即为(Y_A,x_A),其中 Y_A 用于公开验证密钥,x_A 用于私有签名密钥。

算法统一表示为 $P=Y_A$ 和 $Q=G$。

在使用公开验证密钥之前,验证方需要确保公开验证密钥的有效性和所属。有效性可以通过多种方式获得,见 6.2.2。

注 1：有些方案私有签名密钥 x_A 的范围是[1,$n-2$]。

注 2：密钥生成 I 是比较流行,经常使用的方式。在有些环境下,求模运算代价比较高,密钥生成 II 可能更有优势。

7.4 签名生成过程

7.4.1 过程

图 1 描述了签名生成过程,包括以下处理：

a) 生成随机数和预签名；

b) 拆分消息；

c) 生成数据输入；

d) 计算签名；

e) 组成已签消息。

注：图 1 中显示的域参数只是做为示例使用,每个方案可能要求与方案相关的域参数。

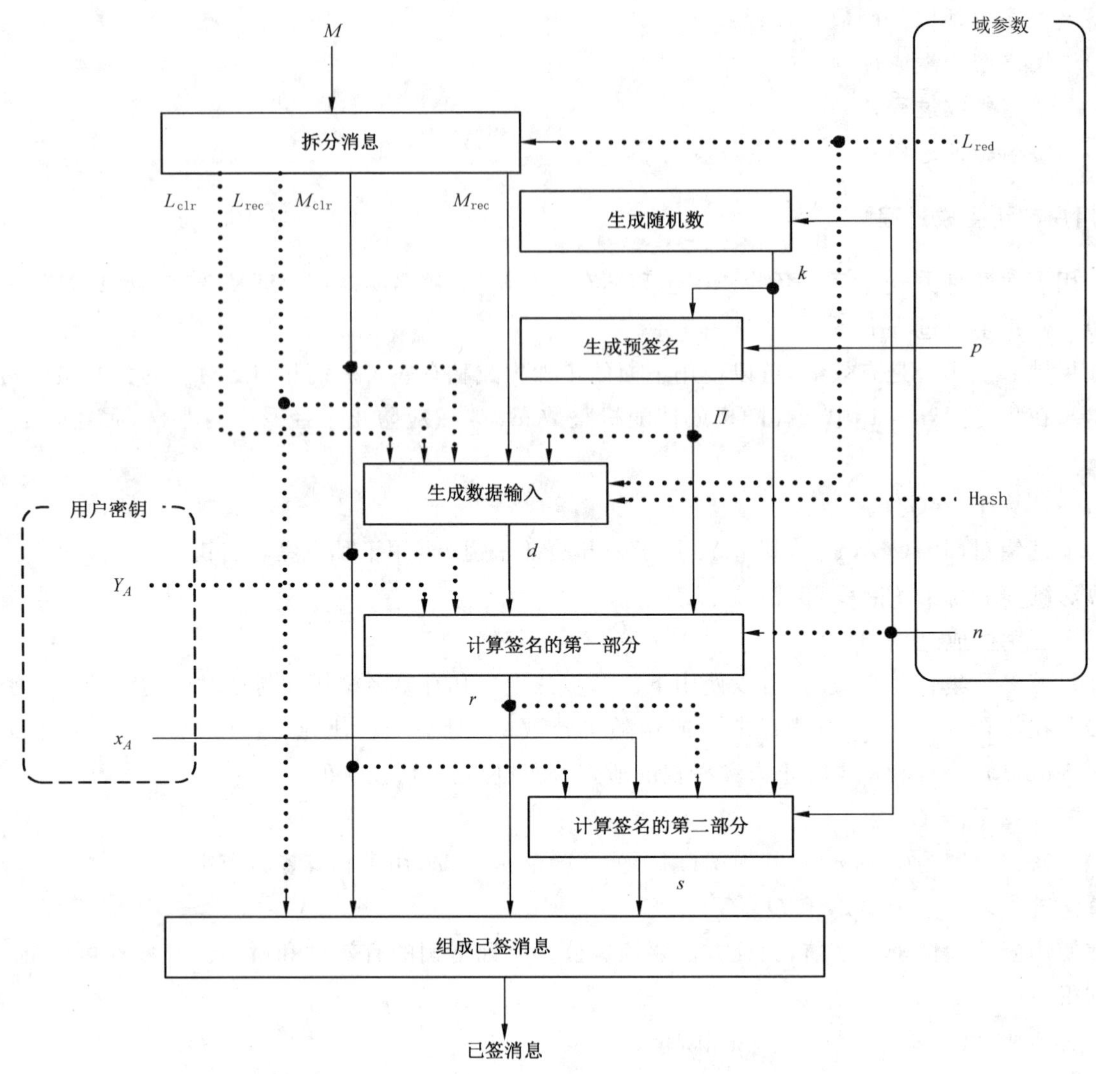

图 1　签名生成过程

7.4.2　生成随机数和预签名

在签名计算之前，签名实体应有一个可用的、新鲜的、秘密的随机数。这个随机数是一个整数 k，($1 \leqslant k \leqslant n-1$)。签名方案的实现者应确保满足以下要求：

a)　同一个随机数用于两个不同消息的签名的可能性是非常小的；

b)　已经使用过的随机数值不会被泄露，一旦使用过，这些随机数会被销毁。

首先，通过随机数发生器生成一个随机数，整数 k。然后对随机数进行运算生成预签名 Π（八位位组串）。在任何随机数签名方案里，签名生成过程中，预签名都是一个中间数据项。预签名是一个公开数据项，随机数的值只是在此次签名生成过程里有效。

注 1：使用后的随机数，如果后续泄露，就会给私钥带来威胁。使用过的随机数不会再被签名方或验证方使用，所以可安全地清除。如果同一个随机数用于两个不同的消息签名，或者签名使用的随机数被泄露，则从签名中恢复私钥是可能的。

注 2：通过随机数发生器生成随机数以及预签名的计算可以离线进行。在上述情况下，随机数可安全存储以便签名生成过程将来使用。

7.4.3 拆分消息

消息 M 被拆分成消息的可恢复部分 M_{rec} 和不可恢复部分 M_{clr}，它们的八位位组数分别使用 L_{rec} 和 L_{clr} 表示。

7.4.4 生成数据输入

数据输入函数的输入是带有填充冗余的可恢复消息 M_{rec}，或者是带有自然冗余的可恢复消息 M_{rec}。输入可选地包括不可恢复部分 M_{clr}，长度 L_{rec} 和 L_{clr}。在使用填充冗余的情况下，数据输入包括杂凑权标。杂凑权标由杂凑码自己或者与链接在杂凑码后面的杂凑函数标识符一起组成，杂凑码通过杂凑(可恢复部分)消息计算得出。杂凑权标是否包括杂凑函数标识符是由域参数控制的。数据输入函数的输出是八位位组串 d。

注 1：数据输入的选择可以由每个应用或者签名方案决定。

注 2：使用填充冗余生成数据输入的方法参见附录 D。

7.4.5 计算签名

这个方案生成的签名有两部分，分别是 r 和 s。第一部分八位位组串 r，是对预签名 Π 和数据输入 d(及其他的可选参数)计算后的结果，d 是依赖消息的一个八位位组串。第二部分整数 $s(0<s<n)$，是对第一部分 r，随机数 k 和私有签名密钥 x_A(及其他的可选参数)计算后的结果。

7.4.6 组成已签消息

知晓消息的可恢复部分的长度对于成功地开启和验证已签消息是非常必要的。通过包括在已签消息和/或从数据输入 d 中获取的手段，域参数应给出这个信息。

已签消息包括以下部分：

a) 消息的不可恢复部分 M_{clr}；

b) 签名的第一部分 r；

c) 签名的第二部分 s；

d) (可选的)消息的可恢复部分的长度 L_{rec}。

7.5 签名验证过程

7.5.1 过程

图 2 描述了签名验证过程，包括以下处理：

a) 开启已签消息；

b) 签名大小的验证；

c) 恢复预签名或数据输入；

d) 恢复数据输入或消息；

e) 重新计算杂凑权标(可选)；

f) 校验签名。

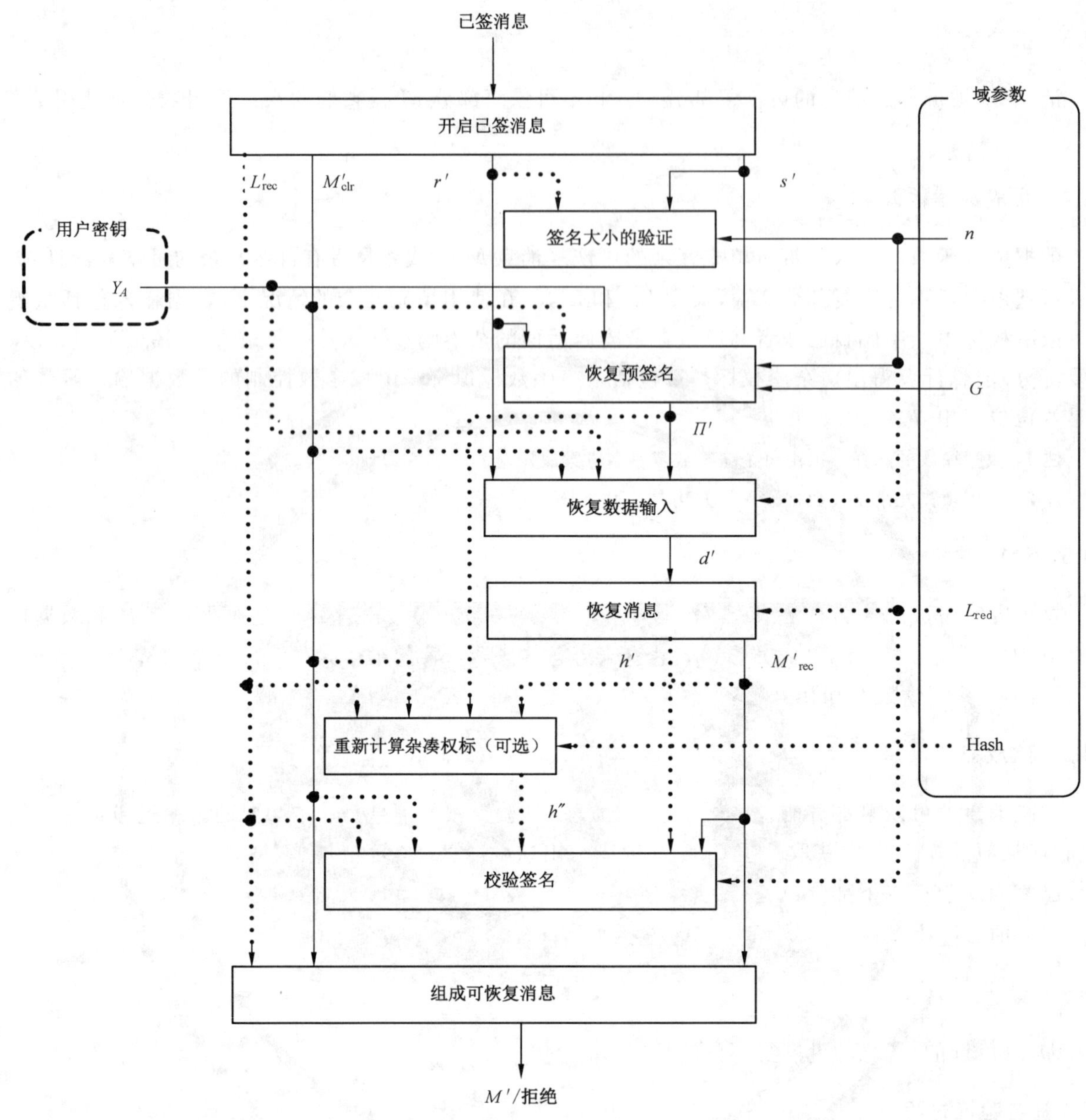

图2 签名验证过程

签名的校验包括如下：

a) 比较已恢复的杂凑权标和重新计算(被截取)的杂凑权标;或者

b) 校验冗余。

7.5.2 开启已签消息

在进行此步骤前,验证方应确保下列信息可用:

a) 包括在已签消息里的不同的签名/消息部分的长度;

b) 参数 L_{red} 的长度。

验证方提取下列已签消息的不同部分:

a) 消息的不可恢复部分;

b) 签名的第一部分 r';

c) 签名的第一部分 s';

d) (可选的)可恢复消息部分的长度 L'_{rec}。

7.5.3 签名大小的验证

验证方需要校验签名部分的大小。

7.5.4 预签名的恢复

在进行此步骤前,验证方应确保下列信息可用:

a) 指明正在使用的此签名方案的公开信息;

b) 签名实体的公开验证密钥 Y_A;

这一步的计算是针对正在使用的签名方案而言的。预签名是由公开验证密钥 Y_A 决定的。给出签名(r',s'),预签名 Π' 是可恢复的。

7.5.5 输入数据或者消息的恢复

给出签名的第一部分 r' 和已恢复的预签名 Π',数据输入 d' 是可恢复的。已恢复的数据输入 d' 是一个八位位组串。

7.5.6 杂凑权标的重新计算(可选)

首先,7.4 签名实体使用的杂凑函数可能由域参数和/或者通过从已恢复的杂凑权标中获取的杂凑函数标识符来标识。通过杂凑消息重新计算杂凑码。

把重新计算的杂凑码可选地链接杂凑函数标识符,就能够获得重新计算的杂凑权标。

7.5.7 校验签名

签名的校验包括如下:

a) 比较重新计算(被截取)的杂凑权标 h'' 和已恢复(被截取)的杂凑权标 h';或者

b) 校验已恢复消息的填充,和/或者自然冗余。

8 NR(Nyberg-Rueppel 消息恢复签名)

8.1 域参数和用户密钥

域参数使用显式给定有限域 F 的乘法群。

数据输入 d 的八位位组数 L_{dat} 是固定值,其值小于或等于 $L(n)-1$。

按照下列方法生成 NR 的密钥:

a) A 的私有签名密钥 x_A,其是在区间[1,$n-1$]的随机整数。

b) 按照 7.3 计算 A 的公开验证密钥 Y_A。

注:显式给定有限域的定义参见 A.3。

8.2 签名生成过程

8.2.1 输入和输出

签名生成过程的输入包括:

a) 域参数;

b) 私有签名密钥 x_A;和

c) 签名消息 M。

签名生成过程的输出是包括 A 对消息 M 数字签名的一对值 $(r,s)\in\{0,1\}^{8L(n)}\times[1,n-1]$。

8.2.2 生成随机数和预签名(有限域计算)

预签名 $\Pi\in\{0,1\}^{8*}$ 按照如下或者等同如下的步骤进行计算:

a) 在区间 $[1,n-1]$ 里选择随机整数 k;

b) 计算有限域元素 $R=P^k$;

c) 将 R 转换为八位位组串 $\Pi=\mathrm{FE2OSP}_F(R)$。

8.2.3 生成数据输入

从消息 M 中生成数据输入 $d\in\{0,1\}^{8L_{\mathrm{dat}}}$ 见 7.4.2 和 7.4.3。

8.2.4 计算签名(模 n 的算术运算)

签名 $(r,s)\in\{0,1\}^{8L(n)}\times[1,n-1]$ 按照如下或者等同如下的步骤进行计算:

a) 将 d 转换为整数 $\delta=\mathrm{OS2IP}(d)$,注意 $\delta\in[0,n-1]$;

b) 计算 $\pi=\mathrm{OS2IP}(\Pi)\bmod n$;

c) 计算 $\tilde{r}=(\delta+\pi)\bmod n$;

d) 计算 $s=(k-x_A\tilde{r})\bmod n$;

e) 转换 $r=\mathrm{I2OSP}[\tilde{r},L(n)]$;

f) 清除 k。

如果签名生成过程生成了 $\tilde{r}=0$ 或者 $s=0$,则应采用新的随机值 k 重新进行签名生成过程。

8.2.5 组成已签消息

一对值 $(r,s)\in\{0,1\}^{8L(n)}\times[1,n-1]$ 包括 A 对消息 M 的签名。

8.3 签名验证过程

8.3.1 输入和输出

签名验证过程包括三个步骤:消息摘要的计算、有限域计算和签名验证。

签名验证过程的输入包括:

a) 域参数;

b) A 的公开验证密钥 Y_A;

c) 已接收到的对消息 M 的签名,表示为八位位组串 r' 和整数 s';和

d) 不可恢复消息 M'_{clr}(如果存在);

签名验证过程的输入或者是可恢复消息 d' 或者是“拒绝”。

8.3.2 签名大小的验证

验证是否符合 $r'\in\{0,1\}^{8L(n)}$, $0<\mathrm{OS2IP}(r')<n$ 和 $0<s'<n$;如果不符合,则拒绝签名。

8.3.3 恢复预签名(有限域计算)

从接收到的签名 (r',s') 里恢复预签名,按照如下或者等同如下的步骤进行:

a) 转换 $\tilde{r}'=\mathrm{OS2IP}(r')$;

b) 计算 $R'=P^{s'}Q^{\tilde{r}'}$;

c) 将 R' 转换为八位位组串 $\Pi'=\text{FE2OSP}_F(R')$。

8.3.4 恢复数据输入或者消息

从接收到的签名的第一部分 r' 和已恢复的预签名 Π' 里恢复数据输入，按照如下或者等同如下的步骤进行：

a) 计算 $\pi'=\text{OS2IP}(\Pi')\bmod n$；

b) 计算 $\delta'=(\tilde{r}'-\pi')\bmod n$；

c) 将 δ' 转换为八位位组串 $d'=\text{I2OSP}(\delta',L_{dat})$。

8.3.5 校验签名

校验冗余。如果正确，输出 d'，否则拒绝。

8.3.6 算例

NR 算例参见附录 F 中 F.1。

9 ECNR（椭圆曲线 Nyberg-Rueppel 消息恢复签名）

9.1 域参数和用户密钥

域参数使用显式给定有限域上的椭圆曲线 E 上阶为 n 的一个加法群。

数据输入 d 的八位位组数 L_{dat} 是固定值，其值小于或等于 $L(n)-1$。

按照下列方法生成 ECNR 的密钥：

a) A 的私有签名密钥 x_A，其是在区间[1，$n-1$]的随机整数；

b) 按照 7.3 计算 A 的公开验证密钥 Y_A。

注 1：显式给定有限域的定义参见 A.3。

注 2：显式给定有限域上的椭圆曲线的定义，参见 A.4。

9.2 签名生成过程

9.2.1 输入和输出

签名生成过程的输入包括：

a) 域参数；

b) 私有签名密钥 x_A；和

c) 签名消息 M。

签名生成过程的输出是包括 A 对消息 M 数字签名的一对值 $(r,s)\in\{0,1\}^{8L(n)}\times[1,n-1]$。

9.2.2 生成随机数和预签名（椭圆曲线计算）

预签名 $\Pi\in\{0,1\}^{8(L_F+1)}$ 按照如下或者等同如下的步骤进行计算：

a) 在区间[1，$n-1$]里选择随机整数 k；

b) 计算有椭圆曲线点 $R=kP$；

c) 将 R 转换为八位位组串 $\Pi=\text{EC2OSP}_E(R, \text{compressed})$。

注：采用未压缩格式的转换函数 EC2OSP 的定义参见 B.6。

9.2.3 生成数据输入

从消息 M 中生成数据输入 $d\in\{0,1\}^{8L_{dat}}$，见 7.4.2 和 7.4.3。

9.2.4 计算签名(模 n 的算术运算)

签名$(r,s)\in\{0, 1\}^{8L(n)}\times[1,n-1]$按照如下或者等同如下的步骤进行计算:

a) 将 d 转换为整数 $\delta=\mathrm{OS2IP}(d)$,注意 $\delta\in[0,n-1]$;
b) 计算 $\pi=\mathrm{OS2IP}(\Pi)\ \mathrm{mod}\ n$;
c) 计算 $\tilde{r}=(\delta+\pi)\ \mathrm{mod}\ n$;
d) 计算 $s=(k-x_A\tilde{r})\ \mathrm{mod}\ n$;
e) 转换 $r=\mathrm{I2OSP}[\tilde{r},L(n)]$;
f) 清除 k。

如果签名生成过程生成了 $\tilde{r}=0$ 或者 $s=0$,则应采用新的随机值 k 重新进行签名生成过程。

9.2.5 组成已签消息

一对值$(r,s)\in\{0, 1\}^{8L(n)}\times[1,n-1]$ 包括 A 对消息 M 的签名。

9.3 签名验证过程

9.3.1 输入和输出

签名验证过程包括三个步骤:消息摘要的计算、椭圆曲线的计算和签名验证。

签名验证过程的输入包括:

a) 域参数;
b) A 的公开验证密钥 Y_A;
c) 已接收到的对消息 M 的签名,表示为八位位组串 r'和整数 s';和
d) 不可恢复消息 M'_{clr}(如果存在)。

签名验证过程的输入或者是可恢复消息 d'或者是"拒绝"。

9.3.2 签名大小的验证

验证是否符合 $\mathrm{OS2IP}(r')\neq 0\ \mathrm{mod}\ n, r'\in\{0, 1\}^{8L(n)}$ 和 $0<s'<n$;如果不符合,则拒绝签名。

9.3.3 恢复预签名(椭圆曲线计算)

从接收到的签名(r',s')里恢复预签名,按照如下或者等同如下的步骤进行:

a) 转换$\tilde{r}'=\mathrm{OS2IP}(r')$;
b) 计算 $R'=s'P+\tilde{r}'Q$;
c) 将 R'转换为八位位组串 $\Pi'=\mathrm{EC2OSP}_E(R', \mathrm{compressed})$。

9.3.4 恢复数据输入或者消息

从接收到的签名的第一部分 r'和已恢复的预签名 Π'里恢复数据输入,按照如下或者等同如下的步骤进行:

a) 计算 $\pi'=\mathrm{OS2IP}(\Pi')\ \mathrm{mod}\ n$;
b) 计算 $\delta'=(r'-\pi')\ \mathrm{mod}\ n$;
c) 将 δ'转换为八位位组串 $d'=\mathrm{I2OSP}(\delta',L_{\mathrm{dat}})$。

9.3.5 校验签名

校验冗余。如果正确,输出 d',否则拒绝。

9.3.6 算例

ECNR 算例参见 F.2。

10 ECMR(椭圆曲线 Miyaji 消息恢复签名)

10.1 域参数和用户密钥

域参数使用有限群为椭圆曲线上的一个加法群。按照下列方法生成 ECMR 的密钥：

a) A 的私有签名密钥 x_A，其是在区间$[1,n-1]$的随机整数；

b) 按照 7.3 计算 A 的公开验证密钥 Y_A。

A 也选择函数：

Mask：$\{0,1\}^{8*}\rightarrow\{0,1\}^{8L(n)}$，例如 $\text{Mask}(x)=[\text{Hash}(x)]_{8L(n)}$，$\text{MGF1}[x,L(n)]$ 或者 $\text{MGF2}[x,L(n)]$，其中：Hash：$\{0,1\}^{8*}\rightarrow\{0,1\}^{8L_{\text{Hash}}}$。

注 1：显式给定有限域的定义参见 A.3。

注 2：显式给定有限域上的椭圆曲线的定义，参见 A.4。

10.2 签名生成过程

10.2.1 输入和输出

签名生成过程的输入包括：

a) 域参数；

b) 私有签名密钥 x_A；和

c) 带有填充/自然冗余的数据 d，即八位位组串$\{0,1\}^{8L(n)}$。

从消息中传输数据 d，见 7.4.2 和 7.4.3。签名生成过程的输出是包括 A 对消息 M 数字签名的一对值$(r,s)\in\{0,1\}^{8L(n)}\times[1,n-1]$。

10.2.2 生成随机数和预签名(椭圆曲线计算)

预签名 $\Pi\in\{0,1\}^{8(2L_F+1)}$，按照如下或者等同如下的步骤进行计算：

a) 在区间$[1,n-1]$里选择随机整数 k。

b) 计算有椭圆曲线点 $R=kP$。

c) 计算 $\Pi=\text{Mask}[\text{EC2OSP}_E(R,\text{uncompressed})]$。

注：采用未压缩格式的转换函数 EC2OSP 的定义参见 B.6。

10.2.3 计算签名(模 *n* 的算术运算)

签名$(r,s)\in\{0,1\}^{8L(n)}\times[1,n-1]$按照如下或者等同如下的步骤进行计算：

a) 转换 $r=d\oplus\Pi$；

b) 计算 $s=[\text{OS2IP}(r)k-\text{OS2IP}(r)-1]/(x_A+1)\bmod n$；

c) 清除 k。

如果签名生成过程生成了 $s=0$ 或者 $\text{OS2IP}(r)\bmod n=0$，则应采用新的随机值 k 重新进行签名生成过程。

10.2.4 组成已签消息

一对值$(r,s)\in\{0,1\}^{8L(n)}\times[1,n-1]$ 包括 A 对数据 d 的签名。

10.3 签名验证过程

10.3.1 输入和输出

签名验证过程包括三个步骤：消息摘要的计算、椭圆曲线的计算和签名验证。

签名验证过程的输入包括：

a) 域参数；

b) A 的公开验证密钥 Y_A；

c) 已接收到的对数据 d 的签名，表示为八位位组串 r' 和整数 s'；和

d) 函数 Mask；

e) 不可恢复消息 M'_{clr}（如果存在）。

签名验证过程的输入或者是可恢复消息 d' 或者是“拒绝”。

10.3.2 签名大小的验证

验证是否符合 $\mathrm{OS2IP}(r') \neq 0 \bmod n, r' \in \{0, 1\}^{8L(n)}$ 和 $0 < s' < n$；如果不符合，则拒绝签名。

10.3.3 恢复预签名（椭圆曲线计算）

从接收到的签名 (r', s') 里恢复预签名，按照如下或者等同如下的步骤进行：

a) 转换 $R' = [(1 + \mathrm{OS2IP}(r') + s') / \mathrm{OS2IP}(r')]P + [s'/\mathrm{OS2IP}(r')]Q$；

b) 计算 $\Pi' = \mathrm{Mask}[\mathrm{EC2OSP}_E(R', \text{uncompressed})]$。

10.3.4 恢复数据输入或者消息

计算 $d' = r' \oplus \Pi'$。

10.3.5 校验签名

校验冗余。如果正确，输出 d'，否则拒绝。

10.3.6 算例

ECMR 算例参见 F.3。

11 ECPV（椭圆曲线 Pintsov-Vanstone 消息恢复签名）

11.1 域参数和用户参数

域参数使用显式给定有限域 F 上的椭圆曲线 E 上的阶为 n 的加法群。

填充冗余的长度 L_{red} 和安全参数有关，除了其他冗余规则之外，填充冗余的长度设置为 1～255（含 255）；见 11.2.3。

A 使用一个杂凑函数，一个密钥导出函数和一个对称密码：

a) Hash：$\{0, 1\}^{8*} \rightarrow \{0, 1\}^{8[L(n)-1]}$；

b) KDF：$\{0, 1\}^{8*} \rightarrow \{0, 1\}^{8L_{key}}$；和

c) Sym：$\{0, 1\}^{8*} \times \{0, 1\}^{8L_{key}} \rightarrow \{0, 1\}^{8*}$。

L_{key} 表示 Sym 使用的密钥的八位位组数。函数 KDF 定义为 $\mathrm{KDF}(x) = \mathrm{MGF2}(x, L_{key})$，其中 $x \in \{0, 1\}^{8*}$。

按照下列方法生成 ECPV 的密钥：

a) A 的私有签名密钥 x_A，其是在区间 $[1, n-1]$ 的随机整数；

b) 按照 7.3 计算 A 的公开验证密钥 Y_A。

注 1：显式给定有限域的定义参见 A.3。

注 2：显式给定有限域上的椭圆曲线的定义，参见 A.4。

注 3：L_{key} 和安全参数有关，为了达到安全目的宜选择合适的长度。对称加密可以使用异或(⊕)运算；在这种情形下，L_{key} 可等于数据输入的长度，可恢复消息的最大长度是由域参数决定的；参见 11.2.3。

11.2 签名生成过程

11.2.1 输入和输出

签名生成过程的输入包括：

a) 域参数；

b) 私有签名密钥 x_A；和

c) 签名消息 M。

签名生成过程的输出是包括 A 对消息 M 数字签名的一对值 $(r,s)\in\{0, 1\}^{8*}\times[1,n-1]$。

11.2.2 生成随机数和预签名(椭圆曲线计算)

预签名(对称密钥)$\Pi\in\{0,1\}^{8L_{key}}$ 按照如下或者等同如下的步骤进行计算：

a) 在区间 $[1,n-1]$ 里选择随机整数 k；

b) 计算有椭圆曲线点 $R=kP=(x,y)$；

c) 将 x 转换为八位位组串 $S=\mathrm{FE2OSP}_F(x)$；

d) 计算对称密钥 $\Pi=\mathrm{KDF}(S)$。

11.2.3 拆分消息和生成数据输入

A 将消息拆分成可恢复部分 M_{rec}(最左侧八位位组)及 M_{clr}(余下的八位位组)。注意对称密码函数 Sym 的选择可能导致输入的长度限制。M_{rec} 和 M_{clr} 的编码格式需要两个实体协商一致。随机数 nonce 可以用来替代 M_{clr}。

通过 M_{rec} 和填充冗余组成八位位组串 d，按照如下或者等同如下的步骤进行：

a) 将 L_{red} 转换为一个八位位组 $C_{red}=\mathrm{Oct}(L_{red})$；

b) 八位位组 C_{red} 重复次 L_{red} 次形成 $\widetilde{C}_{red}$(这样 $\widetilde{C}_{red}$ 的长度就是 L_{red})；

c) 计算 $d=\widetilde{C}_{red}\,||\,M_{rec}$。

注 1：ECPV 明确规定了生成数据输入的方法。

注 2：原则上这个方法可以使用“single-pass”方式进行处理，因为不可恢复消息部分 M_{clr} 根本不需要处理。

注 3：在 ECPV 里，可恢复消息部分的编码方式和对称密码的填充规则可能数据输入的自然填充，这样就增加了整个冗余的数量。选择 L_{red} 以便整个冗余的八位位组数要多于 $L(n)/2$ 或者 $L_{Hash}/2$。

注 4：ECPV 能够处理任意八位位组数的可恢复消息部分。

注 5：为了满足安全目的，ECPV 建议使用下列规定：

a) 冗余规则可以规定可恢复消息部分是固定长度的，或者开始于关于它的长度的固定长度的表达式；

b) 冗余规则可以规定可恢复消息部分使用 ASN.1 类型的 DER 编码，参见附录 E；

c) 域参数可以规定不可恢复消息部分是固定长度的(可能是空)，或者结束于关于它的长度的固定长度的表达式。

11.2.4 计算签名(模 n 的算术运算)

签名 $(r,s)\in\{0, 1\}^{8*}\times[1,n-1]$ 按照如下或者等同如下的步骤进行计算：

a） 计算 $r=\mathrm{Sym}(d,\Pi)$；

b） 计算 $u=\mathrm{Hash}(r||M_{\mathrm{clr}})$；

c） 转换 $t=\mathrm{OS2IP}(u)$；其中 $t\in[0,n-1]$；

d） 如果 $t=0$，则应采用新的随机值 k 重新进行签名生成过程；

e） 计算 $s=(k-x_A t) \bmod n$；

f） 如果 $s=0$，则应采用新的随机值 k 重新进行签名生成过程；

g） 清除 k。

输出签名(r,s)和局部消息部分 M_{clr}（可以为空）。

11.2.5 组成已签消息

一对值$(r,s)\in\{0,1\}^{8*}\times[1,n-1]$ 包括 A 对消息 M 的签名。

11.3 签名验证过程

11.3.1 输入和输出

签名验证过程包括三个步骤：消息摘要的计算、椭圆曲线的计算和签名验证。

签名验证过程的输入包括：

a） 域参数；

b） A 的公开验证密钥 Y_A；

c） 已接收到的对数据 M 的签名，表示为八位位组串 r'和整数 s'；和

d） 不可恢复消息 M'_{clr}（如果存在）。

为了校验 A 的签名，验证方 B 执行 11.3.2～11.3.5。

11.3.2 签名大小的验证

验证是否符合 $0<s'<n$；如果不符合，则拒绝签名。

11.3.3 恢复预签名（椭圆曲线计算）

从签名恢复预签名（对称密钥），按照如下或者等同如下的步骤进行：

a） 计算 $u'=\mathrm{Hash}(r'||M'_{\mathrm{clr}})$；

b） 转换 $t'=\mathrm{OS2IP}(u')$；其中 $t'\in[0,n-1]$；

c） 如果 $t'=0$，则拒绝签名；

d） 计算 $R'=s'P+t'Q=(x',y')$执行下面的操作：

  1） 如果 R'是无穷远点，则拒绝签名；

  2） 否则计算对称密钥 $\Pi'=\mathrm{KDF}[\mathrm{FE2OSP}_F(x')]$。

11.3.4 恢复数据输入

通过计算 $d'=\mathrm{Sym}^{-1}(r',\Pi')$恢复数据输入，其中 Sym^{-1}表示对称密码 Sym 的解密函数。

11.3.5 校验签名

校验 d'的填充冗余和已恢复的 M'_{rec}，按照如下或者等同如下的步骤进行：

a） 如果 $L(d')<L_{\mathrm{red}}$，则拒绝签名。

b） 将 L_{red}转换为一个八位位组 $C_{\mathrm{red}}=\mathrm{Oct}(L_{\mathrm{red}})$。

c） 八位位组 C_{red}重复次 L_{red}次形成 $\widetilde{C}_{\mathrm{red}}$（这样 $\widetilde{C}_{\mathrm{red}}$的长度就是 L_{red}）。

d) 通过 $\widetilde{C}_{red}=[d']^{8L_{red}}$ 检查填充冗余；如果不包括，则拒绝签名。

e) 计算 $M'_{rec}=[d']_{8[L(d')-L_{red}]}$。

f) 检查 M'_{rec} 的自然冗余是否符合它的编码格式；如果不符合，则拒绝签名。

g) 检查 M'_{clr}(如果存在)的格式；如果不满足，则拒绝签名。

h) 通过下面的操作恢复 M'：

1) 如果 M'_{clr} 为空或者是随机数 nonce 时，设置 $M'=M'_{rec}$；

2) 否则，从 M'_{rec} 和 M'_{clr} 恢复 M'。

i) 输出 M'。

11.3.6 算例

ECPV 算例参见 F.4。

12 ECKNR(椭圆曲线 KCDSA/Nyberg-Rueppel 消息恢复签名)

12.1 域参数和用户参数

域参数使用显式给定有限域 F 上的椭圆曲线 E 上的阶为 n 的加法群。

填充冗余的长度 L_{red} 和安全参数有关，除了其他冗余规则之外，填充冗余的长度设置为 1～255(含 255)；见 11.2.3。

A 使用一个掩码生成函数。

MGF：$\{0,1\}^{8*}\rightarrow\{0,1\}^{8L(n)}$。

函数 MGF 的定义为：$\text{MGF}(x)=\text{MGF2}[x,L(n)]$，其中：$x\in\{0,1\}^{8*}$ 及潜在的杂凑函数 Hash。

按照下列方法生成 ECKNR 的密钥：

a) A 的私有签名密钥 x_A，其是在区间$[1,n-1]$的随机整数；

b) 按照 7.3 计算 A 的公开验证密钥 Y_A。

A 的证书导出数据定义为 $z_A=[\text{Cert}_A]^{L_B,\text{Hash}}$，其中：$\text{Cert}_A$ 表示 A 的证书，即把 A 的公开验证密钥 Y_A 转换为比特串。当 $Y_A=(x_0,y_0)$ 时，$\text{Cert}_A=\text{FE2OSP}_F(x_0)\ ||\ \text{FE2OSP}_F(y_0)$。$L_B$，Hash 是杂凑函数输入大小的比特长度。例如，在 RIPEMD-160 里 L_B，Hash=512。

注 1：显式给定有限域的定义参见 A.3。

注 2：显式给定有限域上的椭圆曲线的定义，参见 A.4。

12.2 签名生成过程

12.2.1 输入和输出

签名生成过程的输入包括：

a) 域参数；

b) 私有签名密钥 x_A；

c) A 的证书数据 z_A；和

d) 签名消息 M，其被拆分成可恢复部分 M_{rec}(最左侧八位位组)及 M_{clr}(余下的八位位组)。

签名生成过程的输出是包括 A 对消息 M 数字签名的一对值$(r,s)\in\{0,1\}^{8L(n)}\times[1,n-1]$。

12.2.2 生成随机数和预签名(椭圆曲线计算)

预签名 $\Pi\in\{0,1\}^{8L(n)}$ 按照如下或者等同如下的步骤进行计算：

a) 在区间$[1,n-1]$里选择随机整数 k；

b） 计算有椭圆曲线点 $R=kP$；

c） 将 R 转换为八位位组串，计算杂凑值 $\Pi=\mathrm{MGF}[\mathrm{EC2OSP}_E(R, \mathrm{compressed})]$。

注：采用压缩格式的转换函数 EC2OSP 的定义参见 B.6。

12.2.3 生成数据输入

从消息中生成带有填充/自然冗余的数据 d，即八位位组串 $\{0, 1\}^{8L(n)}$。见 7.4.4。

12.2.4 计算签名（模 n 的算术运算）

签名 $(r,s)\in\{0, 1\}^{8L(n)}\times[1,n-1]$ 按照如下或者等同如下的步骤进行计算：

a） 计算 A 的签名的第一部分 $r=d\oplus\Pi\oplus\mathrm{MGF}(z_A||M_{\mathrm{clr}})$；

b） 设置 $t=\mathrm{OS2IP}(r)\bmod n$；

c） 转换 $t=\mathrm{OS2IP}(u)$；其中 $t\in[0,n-1]$；

d） 计算 A 的签名的第二部分 $s=(k-x_A t)\bmod n$；

e） 清除 k。

如果签名生成过程生成了 $\mathrm{OS2IP}(r)=0$ 或者 $s=0$，则应采用新的随机值 k 重新进行签名生成过程。

12.2.5 组成已签消息

一对值 $(r,s)\in\{0, 1\}^{8L(n)}\times[1,n-1]$ 包括 A 对消息 M 的签名。

12.3 签名验证过程

12.3.1 输入和输出

签名验证过程包括三个步骤：消息摘要的计算、椭圆曲线的计算和签名验证。

签名验证过程的输入包括：

a） 域参数；

b） A 的公开验证密钥 Y_A；

c） A 的证书数据 z_A；

d） 已接收到的对数据 M 的签名，表示为八位位组串 r' 和整数 s'；和

e） 不可恢复消息 M'_{clr}（如果存在）。

签名验证过程的输入或者是可恢复消息 d' 或者是“拒绝”。

12.3.2 签名大小的验证

验证是否符合 $r'\in\{0, 1\}^{8L(n)}$，$\mathrm{OS2IP}(r')\neq0$ 和 $0<s'<n$；如果不符合，则拒绝签名。

12.3.3 恢复预签名（椭圆曲线计算）

从已接收的签名 (r',s') 恢复预签名，按照如下或者等同如下的步骤进行：

a） 计算 $t'=\mathrm{OS2IP}(r')\bmod n$；

b） 计算椭圆曲线点 $R'=s'P+t'Q$；

c） 将 R' 转换为八位位组串，计算杂凑值 $\Pi'=\mathrm{MGF}[\mathrm{EC2OSP}_E(R',\mathrm{compressed})]$。

12.3.4 恢复数据输入或者消息

通过已接收的签名的第一部分 r' 和已恢复的预签名 Π' 恢复数据输入，按照如下或者等同如下的步

骤进行：

a） 计算恢复数据输入 $d' = r' \oplus \Pi' \oplus \mathrm{MGF}(z_A \| M'_{\mathrm{clr}})$。

12.3.5 校验签名

校验冗余。如果正确，输出 d'，否则拒绝。

12.3.6 算例

ECKNR 算例参见 F.5。

附 录 A
（资料性附录）
数 学 转 换

A.1 比特串

一个比特的值或者是“0”或者是“1”。一个比特串是比特 x_0，…，x_{l-1} 的有限序列。比特串的长度是比特串里的比特个数。对于非负整数 n，$\{0,1\}^n$ 表示长度为 n 的比特串集合。$\{0,1\}^* = \bigcup_{n\geqslant 0}\{0,1\}n$ 表示包括空比特串（长度为 0）在内的比特串的集合。

A.2 八位位组串

一个八位位组是一个长度为 8 的比特串。一个八位位组串是八位位组的有限序列。八位位组串的长度是八位位组串里的八位位组个数。$\{0,1\}^{8*}$ 表示包括空八位位组串（长度为 0）在内的八位位组串的集合。一个八位位组经常使用十六进制格式表示，范围从 00～FF；见 B.3。

A.3 有限域

本条主要描述指定有限域的总体框架。此类有限域称之为显式给定有限域，是由显式数据决定的。对于有限域 F，基数 $q=p^e$，其中 p 为素数，$e\geqslant 1$，F 的显式数据包括 p 和 e 及一个乘法表。此乘法表是 $T=(T_{ij})_{1\leqslant i,j\leqslant e}$ 矩阵，T_{ij} 是[0，$p-1$]区间的 e 元组。

有限域 F 的元素集合是[0，$p-1$]区间所有 e 元组的集合。矩阵 T 的元素也是有限域 F 的元素。

有限域 F 的加法定义为元素依次相加：如果：

$$a=(a_1,\cdots,a_e)\in F \text{ 和 } b=(b_1,\cdots,b_e)\in F,$$

则 $a+b=c$ 计算如下：

$$c=(c_1,\cdots,c_e) \text{ and } c_i=(a_i+b_i) \bmod p \ (1\leqslant i\leqslant e)$$

有限域 F 的点乘定义为元素依次相乘：如果：

$$a=(a_1,\cdots,a_e)\in F \text{ 和 } d\in[0,p-1],$$

则 $d\cdot a=c$ 计算如下：

$$c=(c_1,\cdots,c_e) \text{ 和 } c_i=(d\cdot a_i) \bmod p \ (1\leqslant i\leqslant e)$$

有限域 F 使用乘法表 T 进行乘法计算，如下：

$$a=(a_1,\cdots,a_e)\in F \text{ 和 } b=(b_1,\cdots,b_e)\in F,$$

$$a\cdot b=\Sigma_{1\leqslant i\leqslant e}\Sigma_{1\leqslant j\leqslant e}(a_ib_j \bmod p)T_{ij},$$

其中：乘积 $(a_ib_j \bmod p)T_{ij}$ 使用上述定义的点乘进行计算，之后这些乘积使用上述定义的加法求和。假设乘法表定义了一个满足域常用公理的代数结构；另外存在加法和乘法恒等元，每个元素有加法逆运算和乘法逆运算。

有限域 F 的加法恒等元（表示为 0_F）是全零的 e 元组，有限域 F 的乘法恒等元（表示为 1_F）是一个非零的 e 元组，其精确格式取决于 T。

注 1：域 F 是基数为 p 的素数域 F' 的 e 维向量空间，其中点乘如上述定义。素数 p 称之为 F 的特征。对于 $1\leqslant i\leqslant e$，θ_i 表示 F' 的 e 元组，其第 i 个元素是 1，其他元素是 0。θ_1，…，θ_e 形成了 F' 上的向量空间域 F 的有序基。注意，如果 $1\leqslant i\leqslant e$，则。$\theta_i\cdot\theta_j=T_{ij}$。

注 2：对于 $e > 1$，定义了两种有限域计算常用的基：

——如果 $\theta \in F$，$\theta_i = \theta^{e-i}$，其中 $1 \leqslant i \leqslant e$，则 $\theta_1, \cdots, \theta_e$ 称之为 F' 上的域 F 的多项式基。注意在这种情况下，$1_F = \theta_e$；

——如果 $\theta \in F$，$\theta_1 = \theta^{p^{i-1}}$，其中 $1 \leqslant i \leqslant e$，则 $\theta_1, \cdots, \theta_e$ 称之为 F' 上的域 F 的正规基。注意在这种情况下，$1_F = c\Sigma_{1 \leqslant i \leqslant e}\theta_i$，其中 $c \in [0, p-1]$；如果 $p=2$，则 c 只能是 1；此外，可以总是选择 $c=1$ 的正规基。

A.4 椭圆曲线

显式给定有限域 F 上的椭圆曲线 E 是点 $P=(x,y)$ 和无穷远点 o 的集合，其中 x 和 y 是 F 的满足某个方程的元素。在本部分椭圆曲线 E 由两个域元素 $a,b \in F$ 指定，a,b 称为 E 的系数。

p 是 F 的特征。

如果 $p>3$，则 a,b 满足 $4a^3 + 27b^2 \neq 0_F$，E 上的每个点（无穷远点 o 除外）$P=(x,y)$ 满足以下方程：

$$y^2 = x^3 + ax + b$$

如果 $p=2$，则 b 满足 $b \neq 0_F$，E 上的每个点（无穷远点 o 除外）$P=(x,y)$ 满足以下方程：

$$y^2 + xy = x^3 + ax^2 + b$$

如果 $p=3$，则 a,b 满足 $a \neq 0_F$ 和 $b \neq 0_F$，E 上的每个点（无穷远点 o 除外）$P=(x,y)$ 满足以下方程：

$$y^2 = x^3 + ax^2 + b$$

椭圆曲线上的点组成了有限阿贝尔群，其中无穷远点 o 是恒等元。椭圆曲线的群组运算有很多方法，这些算法的实现不在本部分规定范围内。

注：椭圆曲线群组运算的有效实现参见 ISO/IEC 15946-1。

附　录　B
（规范性附录）
转 换 函 数

B.1　八位位组串/比特串转换:OS2BSP 和 BS2OSP

八位位组串和比特串之间的转换函数 OS2BSP 和 BS2OSP 定义如下：

——函数 OS2BSP(x)，输入是八位位组串 x，输出是比特串 x；函数 BS2OSP(y)，输入是比特串 y，其长度是 8 的倍数，输出是一个八位位组串 x，所以有 y＝OS2BSP(x)。

B.2　比特串/整数转换:BS2IP 和 I2BSP

比特串和整数之间的转换函数 BS2IP 和 I2BSP 定义如下：

——函数 BS2IP(x) 把比特串 x 映射成一个整数 x'。映射方法如下：如果 $x=\langle x_{l-1},\cdots,x_0\rangle$ 其中 $x_0,\cdots,x_{l-1}$ 是比特，则 x' 定义为 $x'=\Sigma_{0\leqslant i<1}$，$x_i=$'1' 2^i。

——函数 I2BSP(m，l)，输入是两个非负整数 m 和 l，输出是一个长度为 l 的比特串 x，所以如果存在 x，则有 BS2IP(x)＝m。否则函数失败。

非负整数 n 的比特长度是使用二进制表达的比特个数，例如$\lceil \log_2(n+1)\rceil$。为了表达简练，Oct(m)定义 Oct(m)＝I2BSP(m，8)。

注：当且仅当 m 的比特长度大于 l 时 I2BSP(m，l)失败。

B.3　八位位组串/整数转换:OS2IP 和 I2OSP

八位位组串和整数之间的转换函数 OS2IP 和 I2OSP 定义如下：

——函数 OS2IP(x)，输入是八位位组串 x，输出是整数 BS2IP[OS2BSP(x)]；

——函数 I2OSP(m，l)，输入是两个非负整数 m 和 l，输出是一个长度为 l 的八位位组串 x，所以如果存在 x，则有 OS2IP(x)＝m。否则函数失败。

非负整数 n 的比特长度是使用基于 256 表达的数字个数，例如$\lceil \log_{256}(n+1)\rceil$；长度值使用 $L(n)$ 表示。

注 1：当且仅当 m 的比特长度大于 l 时 I2OSP(m，l)失败。

注 2：八位位组 x 通常使用长度为 2 的十六进制格式，表示为 OS2IP(x)；当 OS2IP(x) ＜ 16 时，代表比特串 0000 的"0"作为前缀。

B.4　有限域元素/整数转换:FE2IP$_F$

将有限域 F 的元素转换为整数值的函数 FE2IP$_F$ 定义如下：

——函数 FE2IP$_F$ 把元素 $a\in F$ 映射成整数值 a'。映射方法如下：如果 F 的基 $q=p^e$，其中 p 为素数，$e\geqslant 1$，则 F 的元素 a 是 e 元组($a_1,\cdots,a_e$)，其中对于 $1\leqslant i\leqslant e$，$a_i\in[0\,..\,p)$，a' 定义为 $a'=\Sigma_{1\leqslant i\leqslant e}a_i p^{i-1}$。

B.5 八位位组串/有限域元素转换:OS2FEP$_F$ 和 FE2OSP$_F$

八位位组串和显式给定有限域 F 的元素之间的转换函数 OS2FEP$_F$ 和 FE2OSP$_F$ 定义如下:

——函数 FE2OSP$_F(a)$,输入是有限域 F 的元素,输出是八位位组串 I2OSP(a',l),其中 $a'=$ FE2IP$_F(a)$,l 是$|F|-1$ 的八位位组个数,例如 $l=\lceil \log_{256}|F|\rceil$。如上述 FE2OSP$_F(a)$ 的输出总是长度为$\lceil \log_{256}|F|\rceil$的八位位组串。

——函数 OS2FEP$_F(x)$,输入八位位组串 x,输出是(唯一的)域元素 $a\in$ $_F$。所以如果存在 a,则有 FE2OSP$_F(a)=x$。否则函数失败。

注:当且仅当 x 的长度不等于$\lceil \log_{256}|F|$,或者 OS2IP$(x)\geqslant|F|$,OS2FEP$_F(x)$失败;长度值表示为 L_F。

B.6 椭圆曲线/八位位组串转换:EC2OSP$_E$ 和 OS2ECP$_E$

B.6.1 压缩椭圆曲线点

显式给定有限域 F(基为 p)上的椭圆曲线 E。

一个点 $P\neq O$(不为无穷远点)可以使用压缩、非压缩或者混合形式表示。

如果 $P=(x,y)$,则(x,y)就是 P 的非压缩形式。

如上描述的椭圆曲线上的点 $P=(x,y)$。点 P 的压缩形式是$(x,\tilde{y})$,其中 $\tilde{y}\in\{0,1\}$按照如下决定:

——如果 $p\neq2$ 和 $y=0_F$,则 $\tilde{y}=0$;

——如果 $p\neq2$ 和 $y\neq0_F$,则 $\tilde{y}=[(y'/p^f) \bmod p] \bmod 2$,其中 $y'=$FE2IP$_F(y)$,f 是最大的非负整数如 $p^f|y'$;

——如果 $p=2$ 和 $x=0_F$,则 $\tilde{y}=0$;

——如果 $p=2$ 和 $x\neq 0_F$,则 $\tilde{y}=\lceil z'/2^f\rceil \bmod 2$,其中 $z=y/x$,$z'=$FE2IP$_F(z)$,f 是最大的非负整数如 $2^f/$ FE2IP$_F(1_F)$。

$P=(x,y)$的混合形式是$(x,\tilde{y},y)$,其中 $\tilde{y}$ 如上描述。

B.6.2 点解压缩算法

点的解压缩方法很多,例如从$(x,\tilde{y})$计算 y。主要方法描述如下:

——假设 $p\neq2$,(x,y) 的压缩形式是$(x,\tilde{y})$。点(x,y)满足方程 $y^2=f(x)$,$f(x)$是参数为 x 的多项式。如果 $f(x)=0_F$,则对于 y 只有一种可能的选择,即 $y=0_F$。否则如果 $f(x)\neq0$,则对于 y 有两种可能的选择(区别仅仅是符号不同),由 $\tilde{y}$ 决定正确的选择。有一些比较有名的在有限域里计算平方根的算法,所以 y 的两个选择很容易计算。

——假设 $p=2$,(x,y) 的压缩形式是$(x,\tilde{y})$。点(x,y)满足方程 $y^2+xy=x^3+ax^2+b$。如果 $x=0_F$,则得出 $y^2=b$,y 能够唯一确定并计算。否则如果 $x\neq 0_F$,则设置 $z=y/x$,则有 $z^2+z=g(x)$,其中 $g(x)=(x+a+bx^{-2})$。y 通过值 z 和 x 能够唯一确定并计算。计算 z:对于固定的 x 值,如果 z 是方程 $z^2+z=g(x)$的一个解,则另一个解是 $z+1_F$。很容易地计算 z 的两个候选值,由 $\tilde{y}$ 决定 z 的正确选择。

B.6.3 逆运算

显式给定有限域 F 上的椭圆曲线 E。

椭圆曲线 E 上的点和八位位组串之间的转换函数 $\mathrm{EC2OSP}_E$ 和 $\mathrm{OS2ECP}_E$ 定义如下：

a) 函数 $\mathrm{EC2OSP}_E(P, \mathrm{fmt})$，输入是椭圆曲线 E 上的点 P 和格式符 fmt(压缩、非压缩或混合)。输出是八位位组串 EP,计算如下：
   1) 如果 $P=O$,则 $\mathrm{EP}=\mathrm{Oct}(0)$。
   2) 如果 $P=(x, y) \neq O$,压缩格式$(x, \tilde{y})$，则 $\mathrm{EP}=H||X||Y$,其中：
      i) H 是格式为 $\mathrm{Oct}[4U+C \cdot (2+\tilde{y})]$的八位位组,其中：
         I) 如果 fmt 是非压缩或混合格式,则 $U=1$,否则 $U=0$；
         II) 如果 fmt 是压缩或混合格式,则 $C=1$,否则 $C=0$。
      ii) X 是八位位组串 $\mathrm{FE2OSP}_F(x)$。
      iii) 如果 fmt 是非压缩或混合格式,则 Y 是八位位组串 $\mathrm{FE2OSP}_F(y)$，否则 Y 是空八位位组串。

b) 函数 $\mathrm{OS2ECP}_E(\mathrm{EP})$，输入是八位位组串 EP。如果在椭圆曲线 E 上存在点 P 及格式符 fmt 如 $\mathrm{EC2OSP}_E(P, \mathrm{fmt})=\mathrm{EP}$,则函数输出 P(非压缩),否则函数失败。注意点 P 如果存在,则是唯一定义的,所以函数 $\mathrm{OS2ECP}_E(\mathrm{EP})$ 也是确定的。

注：如果格式符 fmt 是非压缩的,则 $\tilde{y}$ 值不需要计算。

附 录 C
（规范性附录）
掩码生成函数（密钥导出函数）

本附录描述了本部分使用的“掩码生成函数”及实现规范。

掩码生成函数 MGF＊(x,l)，输入是一个八位位组串 x 和一个整数 l，输出是一个长度是 l 的八位位组串。八位位组串 x 是任意长度，实现者可以定义 x 的最大长度和 l 的最大值。

注：在一些文档和标准里，术语“密钥导出函数”替代“掩码生成函数”。

C.1 允许的掩码生成函数

本部分允许使用的掩码生成函数是 MGF1，见 C.2，以及 MGF2，见 C.3。

C.2 MGF1

MGF1 是掩码生成函数家族，通过如下的系统参数配置：

——Hash：杂凑函数。

输入是一个八位位组串 x 和一个非负整数 l 的 MGF1(x,l) 定义如下：

$$\{\mathrm{Hash}[x\,||\,\mathrm{I2OSP}(0,\ 4)]\ ||\ \mathrm{Hash}[x\,||\,\mathrm{I2OSP}(1,\ 4)]\ ||\cdots||\ \mathrm{Hash}[x\,||\,\mathrm{I2OSP}(k-1,\ 4)]\}^{8l}$$

其中：$k=\lceil l/L_{\mathrm{Hash}}\rceil$。

C.3 MGF2

MGF2 是掩码生成函数家族，通过如下的系统参数配置：

——Hash：杂凑函数。

输入是一个八位位组串 x 和一个非负整数 l 的 MGF2(x,l) 定义如下：

$$\{\mathrm{Hash}[x\,||\,\mathrm{I2OSP}(1,\ 4)]\,||\ \mathrm{Hash}[x\,||\,\mathrm{I2OSP}(2,\ 4)]\,||\cdots||\ \mathrm{Hash}[x\,||\,\mathrm{I2OSP}(k,\ 4)]\}^{8l}$$

其中：$k=\lceil l/L_{\mathrm{Hash}}\rceil$。

注：除了计数器从 $1\sim k$，而不是从 $0\sim k-1$ 之外，MGF2 和 MGF1 是相同的。

附 录 D
（资料性附录）
数据输入生成方式实例

本附录描述了7.4.3和7.5.4里使用的带有填充冗余的数据输入生成方式及冗余的校验。这个方式可以和本部分中描述的以下机制一起使用：NR、ECNR、ECMR和ECKNR。

D.1 拆分消息和生成数据输入

A 选择杂凑函数Hash：$\{0, 1\}^{8*} \to \{0, \}^{8L_{red}}$。$A$ 也指定杂凑函数标识符选项的使用。当杂凑函数标识符合理时，A 设置 $L_{HashID}=1$，否则 $L_{HashID}=0$。当 $L_{HashID}=1$ 时，A 为杂凑函数标识符设置一个八位位组串（即trailer），否则设置空八位位组串。以上信息应做为域参数提供。每个机制规定数据输入的长度；L_{dat} 表示数据输入的八位位组个数。

从消息 M 中生成数据输入 d，按照如下或者等同如下的步骤进行：

a) 计算可恢复部分的最大长度 $L_{max}=L_{dat}-L_{red}-L_{HashID}$。

b) 按照如下方法将消息 M 拆分成可恢复部分 M_{rec}（最左侧八位位组）及 M_{clr}（余下的八位位组）：

   1) 如果 $L(M) \leqslant L_{max}$，则设置 $M_{rec}=M$ 和 $M_{clr}=\varnothing$（空八位位组串）；

   2) 如果 $L(M) > L_{max}$，则将消息 M 拆分成 M_{rec} 和 M_{clr}，例如 $M=M_{rec}||M_{clr}$，满足 $L_{max}>L(M_{rec})$。

c) 将长度转换成八位位组串 $C_{rec}=\text{I2OSP}(L_{rec}, 8)$ 和 $C_{clr}=\text{I2OSP}(L_{clr}, 8)$。

d) 计算杂凑权标 $h \in \{0,1\}^{8L_{red}+8L_{HashID}}$，$h=\text{Hash}(C_{rec}||C_{clr}||M_{rec}||M_{clr}||\Pi)||$ trailer。

e) 计算填充串 $\text{pad}=\text{I2OSP}(0, L_{max}-L_{rec})$。

f) 生成数据输入 $d \in \{0,1\}^{8L_{dat}}$，$d=\text{pad}||h||M_{rec}$。

A 在已签消息里应包括长度 L_{rec}，签名 (r, s) 和不可恢复消息部分 M_{clr}。

D.2 校验冗余

B 接收到已签消息，其包括签名的第一部分 r' 和第二部分 s'，可恢复部分长度 L'_{rec} 和不可恢复消息部分 M'_{clr}。从接收到的签名 (r', s') 可以恢复预签名 $\Pi' \in \{0, 1\}^{8*}$ 和数据输入 $d' \in \{0,1\}^{8L_{dat}}$。

B 校验签名和恢复消息，按照如下或者等同如下的步骤进行：

a) 计算 $L_{max}=L_{dat}-L_{red}-L_{HashID}$；

b) 检查是否 $L'_{rec} \in [0, L_{max}]$，如果不是，则拒绝签名；

c) 恢复填充八位位组，杂凑权标和可恢复部分：$\text{pad}'=[d']^{L_{max}-L'_{rec}}$，

$$h'=[[d']_{8L_{red}+8L_{HashID}+8L'_{rec}}]^{8L_{red}+8L_{HashID}} \text{ 和 } M'_{rec}=[d']_{8L'_{rec}}；$$

d) 校验填充：如果 $\text{OS2IP}(\text{pad}')=0$ 不成立，则拒绝签名；

e) 计算长度 $L'_{clr}=L(M'_{clr})$；

f) 将长度转换为八位位组串 $C'_{rec}=\text{I2OSP}(L'_{rec}, 8)$ 和 $C'_{clr}=\text{I2OSP}(L'_{clr}, 8)$；

g) 重新计算杂凑权标 $h''=\text{Hash}(C'_{rec}||C'_{clr}||M'_{rec}||M'_{clr}||\Pi')||$ trailer；

h) 校验填充冗余：如果 $h'=h''$ 不成立，则拒绝签名；

i) 输出 $M'_{rec}||M'_{clr}$。

附 录 E
（资料性附录）
ASN.1 模块

E.1 形式定义

本附录定义了 ASN.1 模块，其包括本部分规定的带消息恢复的数字签名的抽象语法。

```
MessageRecoverySignatureMechanisms {
iso(1) standard(0) signature-schemes(9796) part(3) asn1-module(1)
message-recovery-signature-mechanisms(0)
}
DEFINITIONS EXPLICIT TAGS ::=BEGIN
IMPORTS
HashFunctions
FROM DedicatedHashFunctions {
iso(1) standard(0) encryption-algorithms(10118) part(3) asn1-module(1)
dedicated-hash-functions(0) } ;
OID ::=OBJECT IDENTIFIER -- alias
SignatureWithMessageRecovery ::=SEQUENCE {
algorithm ALGORITHM.&id({MessageRecovery}),
parameters ALGORITHM.&Type({MessageRecovery}{@algorithm}) OPTIONAL
}
signatureMechanism OID ::={
iso(1) standard(0) hash-functions(9796) part3(3) mechanism(0)
}
MessageRecovery ALGORITHM ::={
dswmr-nr |
dswmr-ecmr |
dswmr-ecknr |
dswmr-ecpv |
dswmr-ecnr,
... -- Expect additional algorithms --
}
dswmr-nr ALGORITHM ::={
OID nr PARMS HashFunctions
}
dswmr-ecmr ALGORITHM ::={
OID ecmr PARMS HashFunctions
}
dswmr-ecknr ALGORITHM ::={
OID ecknr PARMS HashFunctions
```

```
}
dswmr-ecpv ALGORITHM ::={
OID ecpv PARMS HashFunctions
}
dswmr-ecnr ALGORITHM ::={
OID ecnr PARMS HashFunctions
}
-- Cryptographic algorithm identification -
ALGORITHM ::=CLASS {
&id OBJECT IDENTIFIER UNIQUE,
&Type OPTIONAL
}
WITH SYNTAX { OID &id [PARMS &Type] }
-- Message recovery signature mechanisms --
nr OID ::={ signatureMechanism nr(0) }
ecmr OID ::={ signatureMechanism ecmr(1) }
ecknr OID ::={ signatureMechanism ecknr(3) }
ecpv OID ::={ signatureMechanism ecpv(4) }
ecnr OID ::={ signatureMechanism ecnr(5) }
END -- MessageRecoverySignatureMechanisms -
```

E.2 后续对象标识符的使用

任何一个签名机制都使用杂凑函数。因此后续对象标识符可以参考杂凑函数(例如,ISO/IEC 10118-3 规定的专用的杂凑函数)。

附 录 F
（资料性附录）
算 例

F.1 NR 算例

注 1：在 F.1 里，参考数据的 ASCII 编码；其等同于 ISO 646 编码。

注 2：F.1.2、F.1.3 和 F.1.4 使用 F.1.1 描述的域参数，用户密钥，随机数和消息。

F.1.1 部分恢复算例

P	ffffffff ffffffff c90fdaa2 2168c234
	c4c6628b 80dc1cd1 29024e08 8a67cc74 020bbea6 3b139b22 514a0879
	8e3404dd ef9519b3 cd3a431b 302b0a6d f25f1437 4fe1356d 6d51c245
	e485b576 625e7ec6 f44c42e9 a637ed6b 0bff5cb6 f406b7ed ee386bfb
	5a899fa5 ae9f2411 7c4b1fe6 49286651 ece65381 ffffffff ffffffff
Q	7fffffff ffffffff e487ed51 10b4611a
	62633145 c06e0e68 94812704 4533e63a 0105df53 1d89cd91 28a5043c
	c71a026e f7ca8cd9 e69d218d 98158536 f92f8a1b a7f09ab6 b6a8e122
	f242dabb 312f3f63 7a262174 d31bf6b5 85ffae5b 7a035bf6 f71c35fd
	ad44cfd2 d74f9208 be258ff3 24943328 f67329c0 ffffffff ffffffff
Q 的长度	1 023 比特
G	2
签名密钥 x_A	fcf63b30 a349edc2 b135b0d4 fbcf2900
	8c9de512 d033dbd5 32e513c3 b2501ef7 c3bae4a5 f1368abc 4f5643e1
	0f737660 c9aa959f 8362bc82 7771f89e 88a1bcbc 3276d52b 3e1ab0fc
	f398c937 9370241e 66b87ef9 78555971 3282a0ac 7ca11239 976f6605
	29b4bc4c 7d0c9412 9ac52410 3a0eed44 f1aaa99f b1791059 0378b037
校验密钥 Y_A	a544638a d770ce35 c5286db8 3c124a77
	f382bc7c ed585501 371928f8 1bc5e61f da841361 08beab18 e84f46d6
	5cd0a9f2 4a00998d 37312a2e f28f7370 b95ce7ff 2cee0be9 1457beb0
	9fe790f1 e31de199 1ca3b8db 7de3f13c 8add8e02 5eaa7a41 3ee276da
	364bf447 52022ca5 48133f7c 57e94a0c 20cbff8e 98660f98 e034fe4c
随机数 k	1698cc3 2a59174b 93511339 528fb5d8
	ba386493 85630f0a 9624f5ab 71a5ccf9 29c63f3e 0e36a339 207685a4
	12cec6a4 3f0ae734 bfd30703 83109786 101b036d e83b4954 048217c2
	6d76a398 f7afd556 9e1cf908 091be435 de10c379 35aa8896 ee34df2a
	1b29866f 29256ea5 8e2c2558 0cd65489 99579211 c5aad05f ddbda767
预签名 Π	0ebc1b0b baf3c121 ff29d858 7c35e42b
	5614ff11 aa40ceed 454c57b6 dd3a7ee0 7732420e 7c8c7b18 2c7aaccc
	52c798c0 2ec6e2bc bb67256e 032c0e13 2eaa8ca8 1dab8404 73e81f61
	912827b6 23d65fac 29f5414a 2ce7ce88 07fe6891 c58aaf05 e8546e83
	196b0f62 6873befe 51c0b7e3 b8ac49b2 5f416791 e0dacc23 f41f25d5
签名消息	ABCDEFGHIJKLMNOPQRSTUVWXYZabcdefghijklmnopqrstuvwxyz0123456789
	ABCDEFGHIJKLMNOPQRSTUVWXYZabcdefghijklmnopqrstuvwxyz0123456789
	ABCDEFGHIJKLMNOPQRSTUVWXYZabcdefghijklmnopqrstuvwxyz0123456789
	ABCDEFGHIJKLMNOPQRSTUVWXYZabcdefghijklmnopqrstuvwxyz0123456789

消息 41424344 45464748 494a4b4c 4d4e4f50 51525354 55565758
595a6162 63646566 6768696a 6b6c6d6e 6f707172 73747576 7778797a
30313233 34353637 38394142 43444546 4748494a 4b4c4d4e 4f505152
53545556 5758595a 61626364 65666768 696a6b6c 6d6e6f70 71727374
75767778 797a3031 32333435 36373839 41424344 45464748 494a4b4c
4d4e4f50 51525354 55565758 595a6162 63646566 6768696a 6b6c6d6e
6f707172 73747576 7778797a 30313233 34353637 38394142 43444546
4748494a 4b4c4d4e 4f505152 53545556 5758595a 61626364 65666768
696a6b6c 6d6e6f70 71727374 75767778 797a3031 32333435 36373839

F.1.2 ISO/IEC 10118-3 规定的专用的杂凑函数 3(SHA1)算例

杂凑权标长度 21 个八位位组

可恢复长度 L_{rec} 00000000 0000006a

不可恢复长度 L_{clr} 00000000 0000008e

杂凑码 005e4e9b e8c9a202 80ffab58 d9927041 80dcc44d

杂凑函数标识符 33

数据输入 *d* 5e4e 9be8c9a2 0280ffab 58d99270
4180dcc4 4d334142 43444546 4748494a 4b4c4d4e 4f505152 53545556
5758595a 61626364 65666768 696a6b6c 6d6e6f70 71727374 75767778
797a3031 32333435 36373839 41424344 45464748 494a4b4c 4d4e4f50
51525354 55565758 595a6162 63646566 6768696a 6b6c6d6e 6f707172

签名第一部分 *r* 0ebc795a 56dc8ac4 01aad803 d50f769b
9795dbd5 f774102f 88909cfd 2482c82a c27e8f5c cbdccc6a 7fcf0222
aa1ff21a 90294621 20cd8cd6 6c96797f 9c18fc18 8f1df778 e95e96da
0aa257e7 560993e1 602c7983 6e2a11cc 4d44afda 0ed4fa52 35a2bdd3
6abd62b6 bdca1656 ab1b1946 1c10af18 c6a9d0fc 4c473992 638f9747

签名第二部分 *s* 1ecf7056 cac6b0d4 a951f8b6 9e9c191f
930a101e f3f891ff d1636615 b2444590 c1a0e3ee af8f701d 4a796761
d64fcda2 7622fe9f f0645eba 617e9747 2bafc0bf f487efd0 2d2ca4c1
7705a1e6 0c68c6a9 fadd5ca5 43988d5f a338f5e1 5bb59edf 41ce6ecc
2c8832f2 a0565e81 f1696845 2f99ae59 ad24c5d8 bb70a148 9f65a37d

F.1.3 ISO/IEC 10118-3 规定的专用的杂凑函数 1(RIPEMD-160)算例

杂凑权标长度 21 个八位位组

可恢复长度 L_{rec} 00000000 0000006a

不可恢复长度 L_{clr} 00000000 0000008e

杂凑码 525d1604 e8a2a6f6 054ba7a9 ffc4a18e bab0fe2b

杂凑函数标识符 31

数据输入 *d* 525d16 04e8a2a6 f6054ba7 a9ffc4a1
8ebab0fe 2b314142 43444546 4748494a 4b4c4d4e 4f505152 53545556
5758595a 61626364 65666768 696a6b6c 6d6e6f70 71727374 75767778
797a3031 32333435 36373839 41424344 45464748 494a4b4c 4d4e4f50
51525354 55565758 595a6162 63646566 6768696a 6b6c6d6e 6f707172

签名第一部分 *r* 0f0e7821 bfdc63c8 f52f2400 2635a8cc
e4cfb00f d572102f 88909cfd 2482c82a c27e8f5c cbdccc6a 7fcf0222
aa1ff21a 90294621 20cd8cd6 6c96797f 9c18fc18 8f1df778 e95e96da
0aa257e7 560993e1 602c7983 6e2a11cc 4d44afda 0ed4fa52 35a2bdd3

6abd62b6 bdca1656 ab1b1946 1c10af18 c6a9d0fc 4c473992 638f9747

签名第二部分 s　3e1bf266 a2fe5226 79192ef9 14e4f648

3a89a3c4 87243e86 beecfae9 dabbec98 eaff37d0 b3eaab2c 2308becc
b3681577 9de664bb 4547c06c 8e456be2 24488268 649c30e2 ffb25460
86745066 20e5c853 d6194981 607a2386 be38f463 dd820d10 32771638
7c874364 1ab116eb 00421592 e70b7281 2746acfc 19b601fc 6de5a89d

F.1.4 ISO/IEC 10118-3 规定的专用的杂凑函数 2(RIPEMD-128)算例

杂凑权标长度　17 个八位位组

可恢复长度 L_{rec}　00000000 0000006e

不可恢复长度 L_{clr}　00000000 0000008a

杂凑码　ab8fd266 ddddbddc 48d117ea f0968b0c

杂凑函数标识符　32

数据输入 d　ab8fd2 66ddddbd dc48d117 eaf0968b

0c324142 43444546 4748494a 4b4c4d4e 4f505152 53545556 5758595a
61626364 65666768 696a6b6c 6d6e6f70 71727374 75767778 797a3031
32333435 36373839 41424344 45464748 494a4b4c 4d4e4f50 51525354
55565758 595a6162 63646566 6768696a 6b6c6d6e 6f707172 73747576

签名第一部分 r　0f67aade 21d19edf db72a970 67267ab6

62474053 ed851433 8c94a101 2886cc2e c6829360 cfe0d06e 83d30626
b429fc24 942d4a25 24d190da 709a7d83 a01d001c 9321fb7c ed624f92
c35b5beb 5a0d97e5 6b37848e 722e15d0 5148b3de 12d8fe56 39a6c1d7
6ec166ba c1ce2060 b5251d4a 2014b31c caadd500 504b3d96 67939b4b

签名第二部分 s　64dc5bce 568cb0be 22ea47f7 d848a5ef

fc34fdea 0f11ed67 ee24753f 655e72fa c0d12fed da5f0c13 9c9d1544
8cce2297 6a2b0fb0 00055fd8 4e0d38b9 86fde806 fc74e1d4 ddd8144d
dd5530a1 66fd03aa 11003478 06e5678f 7dd9927a 5834c0d2 cdffb15c
14dec608 bb6eac7c 15a3c6c7 05de2a82 4b5a3e9f f4b26171 9b8daf16

F.1.5 完全恢复(RIPEMD-128)算例

P　1 5654b2a4 8af38b0b 45b10960 41a7f552

4a97a065 fff0bb31 94cae13e 38c2969e 527dc350 e5b32309 fc3342fb
741c4294 54020173 aaf8a23d 2ca4a294 27bd8c1c 6384db95 5c944e40
c321a896 b4d50969 e869d23f 49bf2489 c918c3b3 636e4907 3162512d
5ce35acc 858f70b6 daaf970e 0086bad1 2062a127 a2afeee0 5dfd9e3d

Q　1 9cafd651 31c5c9a7 d546e3f9 42577f24 220f1b07

Q 的长度　161 比特

G　1 3e2cfad2 bd5e8128 c6f968df 664ab926

9d3b1ae3 a558100b 22682671 46421b71 43eb37ef 659e992a 0746c1df
dc7b899e 735063d4 e4a9dcad 46f85bb5 4ffe1774 62e18fe4 43efb87f
cda522bf f3097853 d5a1f723 bcde771f 903b7c0a 89974ab2 efc94b69
4590b2b1 02ed7160 f207d18b 0c748186 34118dbe c1ff775a b3a16be4

签名密钥 x_A　478bbe64 7cd50ef3 67ebe30f dc10c9e0 1ce37fb5

校验密钥 Y_A　6ce2e099 1ca9f778 571ab62d d535bbd7

260a481f 19619944 0739667f 5978cc7c 7eb25030 d3abe64a b599c1af
6414bed8 3505e2c0 8a42acf7 f2fdab50 6963399c f5b7303d 8953b565
edb0efee 6d8ae8af eeba1890 63c72571 b586092b 1fc0f9d9 d1f82cd0
6bf307bc a385dc4c 1a8cfc87 9bc622d1 135277ac 7264ebef b1fd4127

随机数 k	5a474224 778948f7 c2aa8890 61fbb3a9 750ec2cb
Π	00 9981665a fddb49bd 99b94480 d0f314e0
	9db3539e 2874acf5 59ed6376 15886470 f9a85e0f 98631dc1 516a6c4b
	68c7c35d 28efcb29 c1ecd84f ed57a9ad a22d8f3f 57247312 e12c21b9
	21d792be c964aed2 48b440b7 a8043ef7 fec79008 186749fd c11f4f6f
	fe1b734a 4a504fb3 eca68d2f 8f105a52 fe97effc 0e67fad1 14de9d02
签名消息	Plaintext
M	70 6c61696e 74657874
杂凑权标截取长度	10 字节
可恢复长度 L_{rec}	00000000 00000009
不可恢复长度 L_{clr}	00000000 00000000
截取的杂凑权标	c42a ebdb3c89 50e9beff
数据输入 d	c42aeb db3c8950 e9beff70 6c61696e 74657874
签名第一部分 r	9af324f6 16d169d0 f1fe0dc1 7d96d4b7 e5e9f641
签名第二部分 s	dc2c286e 4d5e6c1e 14551148 12eecfc5 a8f123eb

F.2 ECNR 算例

注 1：杂凑函数 Hash(T)＝RIPEMD-160(T||C)，其中 C＝00000001(十六进制)。

注 2：H||M_{rec}的最右侧 L_{dat}八位位组作为数据输入，其中 H 是 Hash(C_{rec}||C_{clr}||M_{rec}||M_{clr}||Π)截取的杂凑权标。截取的杂凑权标是杂凑权标的最左侧 L_{red}八位位组。另外 C_{rec}＝I2OSP(L_{rec}，4)，C_{clr}＝I2OSP(L_{clr}，4)。

F.2.1 素数域上的椭圆曲线

P	ffd5d55f a9934410 d3eb8bc0 4648779f 13174945
椭圆曲线方程	$y^2 \equiv x^3 + ax + b \pmod p$
A	710062dc b53dc6e4 2f8227a4 fbac2240 bd3504d4
B	4163e75b b92147d5 4e09b0f1 3822b076 a0944359
G 的 x 坐标	3c1e27d7 1f992260 cf3c31c9 0d80b635 e9fd0e68
G 的 y 坐标	c436efc0 041bbf09 47a304a0 05f8d43a 36763031
n (G 的阶)	2aa3a38f f1988b58 235241ee 59a73f46 46443245
n 的长度(比特)	158 比特
$L_{(n)}$	20
L_{dat}	19
L_{red}	9
L_{rec}	10
L_{clr}	13
签名密钥 x_A	24a3a993 ab59b12c e7379a12 3487647e 5ec9e0ce
Y_A 的 x 坐标	e564ac ae27d227 1c4af829 cface6de cc8cdce6
Y_A 的 y 坐标	7bd48ce1 08ffd3cf a38177f6 83b5bcf4 fd97a4a9
k	08a8bea9 f2b40ce7 40067226 1d5c05e5 fd8ab326
$kG=(x, y)$	
x	177b7c44 ac2f7f79 96aefd27 c68d59e0 f8e01599
y	399ea116 298975bb 449d126f 6c97bddf c4e8782e
Π	02 177b7c44 ac2f7f79 96aefd27 c68d59e0 f8e01599
签名消息	This is a test message!
M	546869 73206973 20612074 65737420 6d657373 61676521
M_{rec}	5468 69732069 73206120

M_{clr}	74 65737420 6D657373 61676521
杂凑输入	0000000a 0000000d 54686973 20697320 61207465
	7374206d 65737361 67652102 177b7c44 ac2f7f79
	96aefd27 c68d59e0 f8e01599
截取的杂凑权标 H	64 1e6fe77e b1b9cca9
数据输入 $d=H\|\|M_{rec}$	641e6f e77eb1b9 cca95468 69732069 73206120
签名第一部分 r	1833eff5 4087a911 bb7d3a63 fc2982ff 20ce1b7d
签名第二部分 s	155d498e 35855ab5 04b9adda 0315ca77 4b171e61

F.2.2 扩展域 GF(2^m)上的椭圆曲线

Galois field GF(2^{185}) 的多项式是 $x^{185}+x^{69}+1$。

椭圆曲线方程	$y^2+xy=x^3+ax^2+b$
A	07 2546b543 5234a422 e0789675 f432c894 35de5242
B	00 c9517d06 d5240d3c ff38c74b 20b6cd4d 6f9dd4d9
G 的 x 坐标	07 af699895 46103d79 329fcc3d 74880f33 bbe803cb
G 的 y 坐标	01 ec23211b 5966adea 1d3f87f7 ea5848ae f0b7ca9f
N	04 00000000 00000000 0001e60f c8821cc7 4daeafc1
n 的长度	163 比特
$L(n)$	21
L_{dat}	20
L_{red}	10
L_{rec}	10
L_{clr}	13
x_A	03 d648bcb2 e4d5d151 656c8477 4ed016ba 292a5a38
Y_A 的 x 坐标	07 01b9786f d72171da a883f34c 44deeace a10b8d02
Y_A 的 y 坐标	00 0149bdc1 54c6ab7f 4e5b4a4a 57d528d7 65d7f8ea
k	02 887ac572 8a839081 8b535fcb f04e827b 0f8b543c
$kG=(x,y)$	
x	00 eeddbbcf 22652313 c3484118 5d3ebb53 8c453aee
y	03 7df0f68a c78cd813 0a6ffeda 5ba85ff1 14e93ec7
Π	0200 eeddbbcf 22652313 c3484118 5d3ebb53 8c453aee
签名消息	This is a test message!
M	546869 73206973 20612074 65737420 6D657373 61676521
M_{rec}	5468 69732069 73206120
M_{clr}	74 65737420 6D657373 61676521
杂凑输入	00 00000a00 00000d54 68697320
	69732061 20746573 74206d65 73736167 65210200
	eeddbbCf 22652313 c3484118 5d3ebb53 8c453aee
截取的杂凑权标 H	d8f3 55fde3c6 1cb29bc0
数据输入 $d=H\|\|M_{rec}$	d8f355fd e3c61cb2 9bc05468 69732069 73206120
签名第一部分 r	01 c7d111cd 062b3fc6 5e158d9c 85a37816 280dbb8e
签名第二部分 s	01 0fe6b789 d7ef86bc 5ed726ca 0fc7c96c f6b4faa3

F.2.3 扩展域 GF(p^m)上的椭圆曲线

p	fffffffb
m	5
不可约多项式	X^5-2
椭圆曲线方程	$y^2=x^3+ax+b$

参数	值
a	00000000 00000000 00000000 00000000 00000000 00000000 00000001
b	00000000 00000000 00000000 00000000 00000000 00000001 00000106
G 的 x 坐标	fcdee3ee eb6a9d0c 821c8b46 d27937bc 0fbac840
G 的 y 坐标	3c329e0d 7a5fb6e4 048a69c1 12f8cb35 dffb7ccc
n	ffffffe7 000000f9 fffe3308 f697c1d6 d7de35cf
n 的长度	160 比特
$L(n)$	20
x_A	d648bcb2 e4d5d151 656c8477 4ed016ba 292a5a38
Y_A 的 x 坐标	be00180e c77feb6e a550dbf6 a6d5ccce 8b1f7cf6
Y_A 的 y 坐标	13ad8b66 c59205f7 71112f36 effa0650 72487bef
k	887ac572 8a839081 8b535fcb f04e827b 0f8b543c
$kG=(x,y)$	
x	c9c83609 b667081f 09d4f822 325daa91 01e06c84
y	4e95c220 783a466f 2d2f12aa 6ee07c60 928d2594
Π	02 c9c835f9 f2c2cfd6 951b2642 2531d251 8d5547d7
签名消息	This is a test message!
M	546869 73206973 20612074 65737420 6d657373 61676521
M_{rec}	5468 69732069 73206120
M_{clr}	74 65737420 6d657373 61676521
杂凑输入	0000000a 0000000d 54686973 20697320 61207465 7374206d 65737361 67652102 c9c835f9 f2c2cfd6 951b2642 2531d251 8d5547d7
截取的杂凑权标 H	547a d9d64b5e 9b62e920
数据输入 $d=H\|\|M_{rec}$	7ad9d6 4b5e9b62 e9205468 69732069 73206120
签名第一部分 r	ca431002 3e216945 7e3f1498 a1756f0d 50b93d59
签名第二部分 s	951cd069 e020eb4d 3da1c3dc e316819c 260c8d36

F.3 ECMR 算例

F.3.1 素数域上的椭圆曲线

注 1： 截取的杂凑权标 h 是专用的杂凑函数 3(即 SHA-1)的输出 $\Pi||M$ 的前 L 八位位组。

注 2： 掩码函数是 SHA-1。

参数	值
p	fffffff fffffff fffffff fffffff ffff7c67
椭圆曲线方程	$y^2 \equiv x^3 + ax + b \pmod p$
A	fffffff fffffff fffffff fffffff ffff7c64
B	26c1d102 82415e10 a4995e19 80b59224 d7120957
椭圆曲线上点的个数	fffffff fffffff ffffc748 a4eea1b0 dc8744b9
G 的 x 坐标	1
G 的 y 坐标	22e0d7c6 1eb0627b 334456c7 a50b77fd a9007da6
N	fffffff fffffff ffffc748 a4eea1b0 dc8744b9
n 的长度	160 比特
签名密钥 x_A	ddd259e3 d30a77ab c31cdf29 9a0e6cff 7d78f869
Y_A 的 x 坐标	6de7e135 f5b2ad0c e33492fa 61ed55b0 a00be7ba
Y_A 的 y 坐标	79473d9c ea21791a 391d536c 99ebfb13 4b94c3cc
随机数 k	4b13079f a8f2992e 5bcdb38d 6895a31b 91d822c2
kG 的 x 坐标	b4f8c602 dec23b19 358271b8 fe868ad4 a7f7fa9f

kG 的 y 坐标	691b933a c8e59096 63364135 f5015637 f337f424
Π=Mask[EC2OSP$_E$(kG)]	e5a0d1f5 85a1cf2c 431a8c61 b78f316c 80d8928f
签名消息	TestVector
M(=M_{rec}) (M_{clr} 为空)	5465 73745665 63746f72
截取的杂凑权标长度 L(=L_1)	10 个八位位组
可恢复长度 L_{rec}	10 个八位位组
不可恢复长度 L_{clr}	0 个八位位组
截取的杂凑权标 h	3b16 b61a504b 21855dfc
数据输入 $d=h \| M$	3b16b61a 504b2185 5dfc5465 73745665 63746f72
签名第一部分 r	deb667ef d5eaeea9 1ee6d804 c4fb6709 e3acfdfd
签名第二部分 s	1f5d610b b13e61c9 03a24f8f 1af14c0a 122cc560

F.3.2 扩展域 GF(2^m)上的椭圆曲线

Galois field GF(2^{163})的多项式是 $x^{163}+x^7+x^6+x^3+1$。

注 1：这是标准多项式基本实现。

注 2：掩码函数是基于 SHA-1 的 MGF1。

椭圆曲线方程	$y^2+xy=x^3+ax^2+b$
a	1
b	2 0a601907 b8c953ca 1481eb10 512f7874 4a3205fd
椭圆曲线上点的个数	8 00000000 00000000 000525fc efce1825 48469866
G 的 x 坐标	3 f0eba162 86a2d57e a0991168 d4994637 e8343e36
G 的 y 坐标	0 d51fbc6c 71a0094f a2cdd545 b11c5c0c 797324f1
n	4 00000000 00000000 000292fe 77e70c12 a4234c33
n 的长度	163 比特
签名密钥 x_A	2 ddd259e3 d30a77ab c31cdf29 9a0e6cff 7d78f869
Y_A 的 x 坐标	6 a15faa2f 38cabcbc 48113b58 6c5148a7 f80c424c
Y_A 的 y 坐标	3 302077a6 3ea741d4 ecf200cf 68cd272f b21eefdc
随机数 k	3 97e49b66 4b13079f a8f2992e 5bcdb38d 6895a31b
kG 的 x 坐标	7 3b811311 c037c110 38350437 95543abd 067af556
kG 的 y 坐标	6 0f7b188b 0ad4345b 910c0a1f 7b301c31 f9f8d9e1
Π=Mask[EC2OSP$_E$(kG)]	e7 acd53a64 16db34c1 788b2011 edaa0db7 9bbd9a21
签名消息	TestVector
M(=M_{rec}) (M_{clr} 为空)	5465 73745665 63746f72
截取的杂凑权标长度 L(=L_1)	11 个八位位组
可恢复长度 L_{rec}	10 个八位位组
不可恢复长度 L_{clr}	0 个八位位组
截取的杂凑权标 h	c76dd5 cc49fa1a bc0aabb4
数据输入 $d=h \| M$	c7 6dd5cc49 fa1abc0a abb45465 73745665 63746f72
签名第一部分 r	20 c100f62d ecc188cb d33f7474 9ede5bd2 f8c9f553
签名第二部分 s	0 2dd0bfcb f8745141 33cdf701 fe774ae3 ff2d7d16

F.3.3 扩展域 GF(p^m)上的椭圆曲线

注 1：GF(p^m)里的元素 τ 定义为 $t_4x^4+t_3x^3+t_2x^2+t_1x+t_0$，表达为 $t_4\ t_3\ t_2\ t_1\ t_0$。

注 2：掩码函数是 SHA-1。

p	ffffff47
m	5
不可约多项式	X^5-2

椭圆曲线方程	$y^2 \equiv x^3 + ax + b \pmod{p}$
a	00000000 00000000 00000000 00000000 ffffff44
b	39cd7fda f41a7fb5 488651a5 e362f27f b449e900
椭圆曲线上点的个数	fffffc63 000538e9 fc3bbe32 da01dc69 c2516d77
G 的 x 坐标	00000000 00000000 00000000 00000000 00000002
G 的 y 坐标	8a45f6c7 82f3c45e e2716ce9 26573f3f c5105399
n	fffffc63 000538e9 fc3bbe32 da01dc69 c2516d77
n 的长度	160 比特
x_A	7b5f8464 0e65495c 87e807aa 22b446fb 34e77471
Y_A 的 x 坐标	a39e766 99f8ec98 26c87346 6dd50ba2 94116c31
Y_A 的 y 坐标	9b2ef2cf 22061787 54b154b9 acc2a731 359b675b
随机数 k	8819bc2c 9ef7fdfc 2c348697 cadbc2be 77349b87
kG 的 x 坐标	c4e47f64 de0d2859 33af7a91 c5252d1f 671b20a2
kG 的 y 坐标	ca71997e 285b76f9 292af138 c4267642 eb1458b9
Π= Mask[EC2OSP$_E$(kG)]	d1fdf8a3 d5bcb759 7cc5b859 1c2d2269 2e0a7cd2
签名消息	TestVector
$M(=M_{rec})$ (M_{clr} 为空)	5465 73745665 63746f72
截取的杂凑权标长度 $L(=L_1)$	10 个八位位组
可恢复长度 L_{rec}	10 个八位位组
不可恢复长度 L_{clr}	0 个八位位组
截取的杂凑权标 h	55d7 dd9166fd 83eca94f
数据输入 $d = h \| M$	55d7dd91 66fd83ec a94f5465 73745665 63746f72
签名第一部分 r	842a2532 b34134b5 d58aec3c 6f59740c 4d7e13a0
签名第二部分 s	8dd81109 707daa15 df465d58 008073fe 573f4ca2

F.4 ECPV 算例

注：在 F.5.1 和 F.5.2 里，

——Hash 使用专用的杂凑函数 3(SHA1)，

——KDF(x)定义为 MGF2(x，18)，SHA1 是杂凑函数，

——对称密码 Sym 使用异或(⊕)运算。

F.4.1 素数域 GF(p)上的椭圆曲线

p	ffffffff ffffffff ffffffff fffffffe ffffac73
椭圆曲线方程	$y^2 \equiv x^3 + ax + b \pmod{p}$
a	00000000 00000000 00000000 00000000 00000000
b	00000000 00000000 00000000 00000000 00000007
椭圆曲线上点的个数	01 00000000 00000000 0001b8fa 16dfab9a ca16b6b3
G 的 x 坐标	3b4c382c e37aa192 a4019e76 3036f4f5 dd4d7ebb
G 的 y 坐标	938cf935 318fdced 6bc28286 531733c3 f03c4fee
n	01 00000000 00000000 0001b8fa 16dfab9a ca16b6b3

n 的长度（比特个数）	161 比特
$L(n)$	21
签名密钥 x_A	00 e6a080e0 b2a7a850 ba71d26c 9606669a 4b4a6c18
Y_A 的 x 坐标	8f5788a5 c97ac053 984045f4 c9ff325d d60065ae
Y_A 的 y 坐标	a5329d2a 721b5787 9c215323 37211f64 23e577da
M	Test User 1
M_{rec}	13 0b546573 74205573 65722031 （M_{rec} 是可打印值 “Test User 1” 的 DER 编码）
L_{rec}	13
M_{clr}	fa 2b0cbe77 （M_{clr} 是随机 nonce，没有冗余且是明确的）
L_{red}	5
$\widetilde{C}_{red}$	05 05050505 （填充冗余 40 比特，全部冗余超过 80 比特）
$d = \widetilde{C}_{red} \parallel M_{rec}$	0505 05050513 0b546573 74205573 65722031
随机数 k	00 d8a0abc5 b7a4029a c232cbcd a16819e1 b715f9f4
$x_0 = R$ 的 x 坐标	1af46ec4 e95daede 056bfa3b 370075f6 3cb2c34f
R 的 y 坐标	c324f1ba 5324383c 371278d5 f3fe4fe2 9373702c
$\Pi = \mathrm{KDF}(x_0)$	20b9 f76f3b33 6a805e02 92ed0b71 c9aaa767
$r = \mathrm{Sym}(d, \Pi) = d \oplus \Pi$	25bc f26a3e20 61d43b71 e6cd5e02 acd88756
$u = \mathrm{Hash}(r \parallel M_{clr})$	1b5361a3 9bc7ca45 6bbb6f2b f80e4e31 a01b4a1b

$s = (k - x_A t) \bmod n$ [其中 $t = \mathrm{OS2IP}(u)$] 735 171 855 371 469 914 412 919 293 672 210 175 623 097 579 946(数字)

F.4.2 扩展域 GF(2^m)上的椭圆曲线

m	163
扩展多项式	$X^{163} + X^7 + X^6 + X^3 + 1$
基本表达	A standard polynomial basis implementation
椭圆曲线方程	$y^2 + xy = x^3 + ax^2 + b$
a	00 00000000 00000000 00000000 00000000 00000001
b	00 00000000 00000000 00000000 00000000 00000001
椭圆曲线上点的个数	08 00000000 00000000 00040211 45C1981b 33f14bde
G 的 x 坐标	02 fe13c053 7bbc11ac aa07d793 de4e6d5e 5c94eee8
G 的 y 坐标	02 89070fb0 5d38ff58 321f2e80 0536d538 ccdaa3d9
n	04 00000000 00000000 00020108 a2e0cc0d 99f8a5ef
n 的长度（比特个数）	163 比特
$L(n)$	21
x_A	03 a41434aa 99c2ef40 c8495b2e d9739cb2 155a1e0d
Y_A 的 x 坐标	03 7d529fa3 7e42195f 10111127 ffb2bb38 644806bc
Y_A 的 y 坐标	04 47026eee 8b34157f 3eb51be5 185d2be0 249ed776
M	Test User 1
M_{rec}	13 0b546573 74205573 65722031 （M_{rec} 是可打印值 “Test User 1” 的 DER 编码）
L_{rec}	13
M_{clr}	fa 2b0cbe77 （M_{clr} 是随机 nonce，没有冗余且是明确的）
L_{red}	5

$\widetilde{C}_{red}$	05 05050505 (填充冗余 40 比特，全部冗余超过 80 比特)
$d = \widetilde{C}_{red} \parallel M_{rec}$	0505 05050513 0b546573 74205573 65722031
随机数 k	a40b301c c315c257 d51d4422 34f5aff8 189d2b6c
$x_0 = R$ 的 x 坐标	04 994d2c41 aa30e529 52b0a94e c6511328 c502da9b
R 的 y 坐标	03 1fc936d7 3163b858 bbc5326d 77c19839 46405264
$\Pi = \mathrm{KDF}(x_0)$	d5bd 8bd7309d 020d5946 1367e723 a3b63d79
$r = \mathrm{Sym}(d, \Pi) = d \oplus \Pi$	d0b8 8ed2358e 09593c35 6747b250 c6c41d48
$u = \mathrm{Hash}(r \parallel M_{clr})$	db9b5ebe 6b7b9690 54f9aecb 52b54a19 df4495ae
$s = (k - x_A t) \bmod n$ [其中 $t = \mathrm{OS2IP}(u)$]	2 748 261 816 569 194 283 991 299 038 913 308 940 368 752 275 658(数字)

F.5 ECKNR 算例

注 1：这是标准多项式基本实现。

注 2：MGF2 使用 RIPEMD-160 作为杂凑函数。

注 3：生成数据输入的方法参见附录 D,使用 RIPEMD-160 作为杂凑函数。

F.5.1 素数域上的椭圆曲线

p	ffffffff ffffffff 0a13a2a0 a085053b 49a92b05
椭圆曲线方程	$y^2 \equiv x^3 + ax + b \pmod p$
a	ffffffff ffffffff 0a13a2a0 a085053b 49a92b02
b	809dc828 d7ec47f1 d1b20800 62a9d350 c3e7b230
G 的 x 坐标	ae316775 14f76709 513c8442 4165d440 0bb7d699
G 的 y 坐标	71fa37b7 27cbd843 c800d474 1448267a 8fdd047e
n	ffffffff ffffffff 0a15341c 63139e6c 9e868967
n 的长度(比特个数)	160
$L(n)$	20
L_{dat}	20
L_{red}	10
L_{rec}	10
L_{clr}	13
签名密钥 x_A	d648bcb2 e4d5d151 656c8477 4ed016ba 292a5a38
Y_A 的 x 坐标	e3daf394 34a4b15c 633a76de d8ada3de 0a70bbe1
Y_A 的 y 坐标	2e32d49c 1b14fdc3 efa071d7 e864cf13 4b8d55af
Cert_A	e3daf394 34a4b15c 633a76de d8ada3de 0a70bbe1 2e32d49c 1b14fdc3 efa071d7 e864cf13 4b8d55af
z_A	e3daf394 34a4b15c 633a76de d8ada3de 0a70bbe1 2e32d49c 1b14fdc3 efa071d7 e864cf13 4b8d55af 00000000 00000000 00000000 00000000 00000000 00000000
随机数 k	887ac572 8a839081 8b535fcb f04e827b 0f8b543c
kG 的 x 坐标	0dc9bb8b 272b418d 2a2516da b5642d2d 41321865
kG 的 y 坐标	8540597c 06c9bd33 7f151eb4 982f7c76 23d75fc5
Π	7ecdd6b7 aed42dd7 76e33cb4 43687001 39e2572f
签名消息	This is a test message!
M	546869 73206973 20612074 65737420 6d657373 61676521
M_{rec}	5468 69732069 73206120
M_{clr}	74 65737420 6D657373 61676521

	000000
数据（杂凑输入）	00000000 0a000000 00000000 0d546869 73206973 20612074 65737420
	6d657373 61676521 7ecdd6b7 aed42dd7 76e33cb4 43687001 39e2572f
截取的杂凑权标 h	5b72 1142ea6e 7011bbe6
数据输入 $d=h \parallel M_{rec}$	5b721142 ea6e7011 bbe65468 69732069 73206120
$MGF(z_A \parallel M_{clr})$	b0324c93 8ca97523 b925df2c b2be0374 6e834238
签名第一部分 r	958d8b66 c81328e5 7420b7f0 98a5531c 24417437
签名第二部分 s	a1f82e55 b662e65b 579fe513 1c76d17b 1a71470a

F.5.2 扩展域 GF(2^m)上的椭圆曲线

m	163
不可约多项式	$X^{163}+X^8+X^2+X+1$
椭圆曲线方程	$y^2+xy=x^3+ax^2+b$
a	07 2546b543 5234a422 e0789675 f432c894 35de5242
b	00 c9517d06 d5240d3c ff38c74b 20b6cd4d 6f9dd4d9
G 的 x 坐标	07 af699895 46103d79 329fcc3d 74880f33 bbe803cb
G 的 y 坐标	01 ec23211b 5966adea 1d3f87f7 ea5848ae f0b7ca9f
n	04 00000000 00000000 0001e60f c8821cc7 4daeafc1
n 的长度（比特个数）	163
$L(n)$	21
L_{dat}	21
L_{red}	10
L_{rec}	11
L_{clr}	12
x_A	03 d648bcb2 e4d5d151 656c8477 4ed016ba 292a5a38
Y_A 的 x 坐标	05 85bc0f8e b4b5adf5 79dcf2c3 2c8144dc 45a38a97
Y_A 的 y 坐标	04 82de581e 443872d5 6b40700d f41033f8 4ce2d205
	0585 bc0f8eb4 b5adf579 dcf2c32c
$Cert_A$	8144dc45 a38a9704 82de581e 443872d5 6b40700d f41033f8 4ce2d205
	0585bc0f 8eb4b5ad
z_A	f579dcf2 c32c8144 dc45a38a 970482de 581e4438 72d56b40 700df410
	33f84ce2 d2050000 00000000 00000000 00000000 00000000 00000000
随机数 k	02 887ac572 8a839081 8b535fcb f04e827b 0f8b543c
kG 的 x 坐标	06 a2338166 2db382e2 66d7b836 e3f469f5 5247ebe8
kG 的 y 坐标	05 cac246d2 ff718d5f 7c5668d0 2794a7ab 7dce7210
Π	b8 4379c2b5 f49ec40c 72cb2d2d 1c79e1b5 06bf029c
签名消息	This is a test message!
M	546869 73206973 20612074 65737420 6d657373 61676521
M_{rec}	546869 73206973 20612074
M_{clr}	65737420 6d657373 61676521
	00000000
数据（杂凑输入）	0000000b 00000000 0000000c 54686973 20697320 61207465 7374206d
	65737361 676521b8 4379c2b5 f49ec40c 72cb2d2d 1c79e1b5 06bf029c
截取的杂凑权标 h	C333 e25a3d52 354300e9
数据输入 $d=h \parallel M_{rec}$	c3 33e25a3d 52354300 e9546869 73206973 20612074
$MGF(z_A \parallel M_{clr})$	1a fa16273d fd0f4d72 3b0dc96e cfaf0cc9 f13c2f28
签名第一部分 r	61 8a8dbfb5 5ba4ca7e a0928c2a a0f6840f d7e20dc0
签名第二部分 s	02 11b0ded9 8d24aa2b 8e66d489 930229d8 072dc2e8

F.5.3 扩展域 GF(p^m)上的椭圆曲线

p	ffffffb
m	5
不可约多项式	$X^5 - 2$
椭圆曲线方程	$y^2 \equiv x^3 + ax + b \pmod{p}$
a	00000000 00000000 00000000 00000000 00000001
b	00000000 00000000 00000000 00000001 00000106
G 的 x 坐标	fcdee3ee eb6a9d0c 821c8b46 d27937bc 0fbac840
G 的 y 坐标	3c329e0d 7a5fb6e4 048a69c1 12f8cb35 dffb7ccc
n	ffffffe7 000000f9 fffe3308 f697c1d6 d7de35cf
n 的长度（比特个数）	160
$L(n)$	20
L_{dat}	20
L_{red}	10
L_{rec}	10
L_{clr}	13
x_A	d648bcb2 e4d5d151 656c8477 4ed016ba 292a5a38
Y_A 的 x 坐标	1d8ea2e9 91232cfa ef256c2d 800710f3 1c2b57a6
Y_A 的 y 坐标	65655866 4add4c90 b6abf35f d0c9e635 acf20dc9
Cert_A	1d8ea2e7 41fe72cf bfa93df4
	f348d571 41be5813 6565585e 5ef264cf bd1641fc 92f72c58 6e29c1bd
	ここでまちがっています
	1d8ea2e7 41fe72cf
z_A	bfa93df4 f348d571 41be5813 6565585e 5ef264cf bd1641fc 92f72c58
	6e29c1bd 00000000 00000000 00000000 00000000 00000000 00000000
随机数 k	887ac572 8a839081 8b535fcb f04e827b 0f8b543c
kG 的 x 坐标	fec4d254 e5ac0b25 30d7482d 7f746bc3 fa3a775a
kG 的 y 坐标	3f6c5e14 ee723450 26a2750f 2e55d9e0 a4ec3e8e
Π	a17fccf4 ce99bab0 a1f76735 410f66bf 6accb85f
签名消息	This is a test message!
M	546869 73206973 20612074 65737420 6d657373 61676521
M_{rec}	5468 69732069 73206120
M_{clr}	74 65737420 6d657373 61676521
	000000
数据（杂凑输入）	00000000 0a000000 00000000 0d546869 73206973 20612074 65737420
	6d657373 61676521 a17fccf4 ce99bab0 a1f76735 410f66bf 6accb85f
截取的杂凑权标 h	cf53 683c2f5c 861badbf
数据输入 $d = h \parallel M_{rec}$	cf53683c 2f5c861b adbf5468 69732069 73206120
$\mathrm{MGF}(z_A \parallel M_{clr})$	2eb2a254 1c2b20fc 9d58acb5 59ffd1fc 87207871
签名第一部分 r	409e069c fdee1c57 91109fe8 7183972a 9ecca10e
签名第二部分 s	70599c96 8034ad47 b88793c2 68f8347b d24128d5

附 录 G
（资料性附录）
机制特点总结

本附录总结了五个带消息恢复的数字签名方案 NR、ECNR、ECMR、ECPV 和 ECKNR 的特点。表 G.1 列出了域参数和用户密钥。表 G.2 和表 G.3 列出了生成签名和校验签名所需的操作。

ECPV 包括处理数据输入的操作。其他方案不包括处理数据输入的操作。

杂凑函数或者对称密码比逆运算代价更大。但是，对于整个计算，杂凑计算占的比重微乎其微。

表 G.1 五个机制的总结（域参数和用户密钥）

NR	ECNR	ECMR	ECPV	ECKNR
F,G,n x_A,Y_A P,Q L_{dat}	E,F,G,n x_A,Y_A P,Q L_{dat}	E,F,G,n x_A,Y_A P,Q Hash（或 MGF）	E,F,G,n x_A,Y_A P,Q L_{red}，（L_{rec}或 L_{clr}） Sym，L_{key} Hash KDF	E,F,G,n x_A,Y_A P,Q MGF

表 G.2 五个机制的总结（签名生成过程）

运算	机制				
	NR	ECNR	ECMR	ECPV	ECKNR
模 n 加法运算	2	2	3	1	1
模 n 乘法运算	1	1	2	1	1
模 n 逆运算	0	0	1	0	0
椭圆曲线的点乘或有限域的幂运算	1	1	1	1	0
按位异或运算	0	0	1	0	2
杂凑	1	1	1（或 0）	1	2
MGF（或 KDF）	0	0	0（或 1）	1	0
对称密钥	0	0	0	1	0
I2OSP	1	1	0	1	0
OS2IP（模 n）	1	1	1	1	1
$EC2OSP_E$ 或 $FE2OSP_F$	1	1	1	1	1

表 G.3 五个机制的总结(签名验证过程)

运算	机制				
	NR	ECNR	ECMR	ECPV	ECKNR
模 n 加法运算	1	1	2	0	0
模 n 乘法运算	0	0	2	0	0
模 n 逆运算	0	0	1	0	0
椭圆曲线的加法或有限域的点乘运算	1	1	1	1	1
椭圆曲线的点乘或有限域的幂运算	2	2	2	2	2
按位异或运算	0	0	1	0	2
杂凑	1	1	1 (或 0)	1	2
MGF(或 KDF)	0	0	0 (或 1)	1	0
对称密钥	0	0	0	1	0
I2OSP	1	1	0	1	0
OS2IP (模 n)	2	2	1	1	1
$EC2OSP_E$ 或 $FE2OSP_F$	1	1	1	1	1

附 录 H
（资料性附录）
方案的对应性

本附录描述了本部分定义的机制与 ISO/IEC 9796-3：2000 以及 ISO/IEC 15946-4：2004 所定义机制的对应关系。

本部分	ISO/IEC 9796-3：2000	ISO/IEC 15946-4：2004
NR（第 8 章）	NR（第 9 章）	—
ECNR（第 9 章）	—	ECNR（第 7 章）
ECMR（第 10 章）	—	ECMR（第 8 章）
ECPV（第 11 章）	—	ECPV（第 10 章）
ECKNR（第 12 章）	—	ECKNR（第 11 章）

参 考 文 献

[1] ISO/IEC 9796-3:2000 Information technology—Security techniques—Digital signature schemes giving message recovery—Part 3: Discrete logarithm based mechanisms

[2] ISO/IEC 14888-1 Information technology—Security techniques—Digital signatures with appendix—Part 1: General

[3] ISO/IEC 15946-4:2004 Information technology—Security techniques—Cryptographic techniques based on elliptic curves—Part 4: Digital signatures giving message recovery

[4] M. ABE and T. OKAMOTO, "A signature scheme with message recovery as secure as discrete logarithm," Advances in Cryptology—Asiacrypt'99, Lecture Notes in Computer Science 1716, pp. 378-389, Springer—Verlag, 1999.

[5] ANSI X9.62—1999 Public Key Cryptography For The Financial Services Industry: The Elliptic Curve Digital Signature Algorithm (ECDSA), 1999.

[6] ANSI X9.63—1999 Public Key Cryptography For The Financial Services Industry: Elliptic Curve KeyAgreement and Transport Protocols, 1999.

[7] IEEE Std 1363—2000 IEEE Standard Specifications for Public-Key Cryptography.

[8] C. H. LIM and P. J. LEE, "A study on the proposed Korean digital signature algorithm," Advances in Cryptology—Asiacrypt' 98, Lecture Notes in Computer Science 1514, pp 175-186, Springer—Verlag, 1998.

[9] A. J. MENEZES, P. C. VAN OORSCHOT and S. A. VANSTONE, "Handbook of applied cryptography," CRC Press, 1997.

[10] A. MIYAJI, "Another Countermeasure to Forgeries over Message Recovery Signature," IEICE Trans.,Fundamentals, vol. E80-A, No.11, pp 2192-2200, 1997.

[11] K. NYBERG and R. A. RUEPPEL, "Message recovery for signature schemes based on the discrete.

logarithm problem," Designs, Codes and Cryptography, 7, pp 61-81, 1996.

[12] L. PINTSOV and S. VANSTONE, "Postal Revenue Collection in the Digital Age," Proceedings of the Fourth International Financial Cryptography Conference, 2000.

[13] D. H. YUM, S. G. SIM and P. J. LEE, "New Signature Schemes Giving Message Recovery Based on EC-KCDSA," Proceedings of the 12th Conference on Information Security and Cryptology (CISC), 2002.

ICS 31.200
L 55

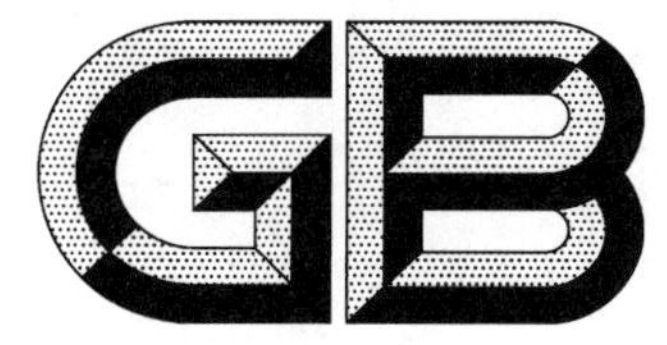

中华人民共和国国家标准

GB/T 15879.5—2018/IEC 60191-5:1997
代替 GB/T 15879—1995

半导体器件的机械标准化 第5部分：用于集成电路载带自动焊(TAB)的推荐值

Mechanical standardization of semiconductor devices—Part 5:Recommendations applying to tape automated bonding(TAB) of integrated circuits

(IEC 60191-5:1997,Mechanical standardization of semiconductor devices—Part 5:Recommendations applying to integrated circuit packages using tape automated bonding(TAB),IDT)

2018-09-17 发布　　2019-04-01 实施

国家市场监督管理总局
中国国家标准化管理委员会 发布

前言

《半导体器件的机械标准化》已经或计划发布如下部分：

——第1部分：分立器件封装外形图绘制的一般规则；

——第2部分：尺寸；

——第3部分：集成电路封装外形图绘制的一般规则；

——第4部分：半导体器件封装外形的分类和编码体系；

——第5部分：用于集成电路载带自动焊(TAB)的推荐值；

——第6部分：表面安装半导体器件封装外形图绘制的一般规则。

本部分为《半导体器件的机械标准化》的第5部分。

本部分使用翻译法等同采用IEC 60191-5:1997《半导体器件的机械标准化　第5部分：采用载带自动焊(TAB)的集成电路封装推荐值》。

本部分按照GB/T 1.1—2009给出的规则起草。

本部分代替GB/T 15879—1995《半导体器件的机械标准化　第5部分：用于集成电路载带自动焊(TAB)的推荐值》。与GB/T 15879—1995相比，主要技术变化如下：

——范围中增加"本部分适用于制造厂供给用户的成品单元，对集成电路(IC)到框架的互连(内引线焊接)没有明确要求"(见第1章)；

——删除导孔、内引线焊接、外引线焊接、隔离带、带头、滑动载体、切割、引线成形等术语，增加链齿轮孔、内引线、外引线或者切割的窗口、支撑环、本体尺寸、外引线、对位孔、测试焊盘等术语(见第2章，1995年版的2.2)；

——载带宽度由"8 mm、16 mm、19 mm、35 mm"(见GB/T 15879—1995中3.1)改为"35 mm、48 mm和70 mm"(见4.1，1995年版的3.1)；

——增加与膜规格相关的尺寸和公差、对位孔、本体尺寸和公差、焊盘图形相关的尺寸和公差、外引线节距相关的尺寸和公差、最大引线数目组合(见第4章)；

——增加变量组合编码(见第5章)；

——增加内、外引线焊接要求(见第6章)；

——增加超大型TAB封装推荐值、宽体型TAB封装推荐值、外引线编号、测试焊盘编号(见本部分附录A、附录B、附录C、附录D)。

本部分作了如下编辑性修改：

修改了标准名称；

——修改了表2表头中的错误，将本体尺寸识别字母从A、B、C、D、F、G、H、J、K，更正为A、B、C、D、E、F、G、H、J、K；

——修改了表5表头中的错误，表5表头中测试焊盘数目全部都是M1，根据膜规格、测试焊盘节距的不同，更正为M1、M2、M3、M4；

——修改表A.1中的错误，将BB-26的外引线节距由0.4 mm更正为0.15 mm，BB-36由0.4 mm更正为0.15 mm，BD-46由0.16 mm更正为0.15 mm；

——附录B中删除完全重复的EH-46，和本体尺寸(40 mm×40 mm)错误的EJ-46重复行。

本部分由中华人民共和国工业和信息化部提出。

本部分由全国半导体器件标准化技术委员会(SAC/TC 78)归口。

本部分起草单位：中国电子技术标准化研究院、中国电子科技集团公司第五十八研究所、四川蜀杰通用电气有限公司。

本部分主要起草人:王琪、丁荣峥、帅喆、李易、王波。

本部分所代替标准的历次版本分布情况为:

——GB/T 15879—1995。

半导体器件的机械标准化　第5部分：用于集成电路载带自动焊(TAB)的推荐值

1　范围

《半导体器件的机械标准化》的本部分规定了采用载带自动焊(TAB)作为结构和互连主要构成的集成电路封装推荐值。

本部分适用于制造厂供给用户的成品单元，对集成电路(IC)到载带的互连(内引线焊接)没有明确要求。

2　术语和定义

下列术语和定义适用于本文件。

2.1

芯片(或管芯)　chip(or die)

从含有某种器件阵列的硅晶圆上分割下来的，至少包含一颗集成电路。

2.2

带式载体　tape carrier(tape)

由绝缘材料和有一定图形的导电材料叠压而成的、作为芯片机械支撑及电气连接的条带。条带包含一系列的图形，每个图形就是条带的一个单元。

注：当不致产生混淆时，“带式载体”可简写为“载带”。

2.3

链齿轮孔　sprocket hole

载带每边一排边孔，设备通过此边孔传送载带，或用于粗略调整载带位置。

2.4

引线图形　lead pattern

刻蚀后，载带上包括内、外引线和测试焊盘在内的导电材料图形。

2.5

内引线　inner lead

与芯片相连接的引线图形最内端的导体。

2.6

器件窗口　device window

位于载带单元中心区，将芯片和内引线安放其内的孔。

2.7

外引线或者切割的窗口　outer lead or excise window

载带单元每边、悬空于导体图形上方的矩形孔。这些孔会在载带每个单元四周形成一个连续的开口。通常在开孔中将已键合电路从载带上切割分离出来。

2.8

支撑环　support ring

支撑器件窗口和外引线窗口之间导体图形的绝缘膜。

2.9

本体尺寸　body size

支撑环的外形尺寸。

2.10

外引线　outer lead

焊接后的集成电路从载带上切割分离后,与下一级装配相连接的引线图形导体的最外端。

2.11

对位孔　alignment holes

在内引线焊接、电测试和老炼、切割以及外引线焊接时,用于载带定位的位于聚合物膜上的辅助孔。

2.12

测试焊盘　test pads

导体图形的一部分,用于在载带电测试和老炼测试中进行电连接。

3　载带自动焊(TAB)的说明

载带自动焊是一种集成电路组装工艺,适用于无常规封装体的裸芯片。其基本原理是将每个硅芯片粘在一条特制的挠性载带上。载带由在上面形成金属导体的薄塑料基板构成,像一种挠性印刷电路。在导体内部末端,引线图形具有和芯片连接焊点相匹配的图形。在导体最外端,由于电测试每个导体和焊点有临时接触,在芯片连接焊点和测试焊盘分布之间,有一段无绝缘膜支撑的长导体,最终会形成TAB封装的外引线。该载带像电影胶片那样,在载带每边有一排在组装工艺中用来使其易于传送的链齿轮孔。

TAB载带的使用通常有三个主要步骤:

a)　内引线焊接——在载带上将集成电路芯片焊接到导体内引线端。焊接后的集成电路表面会涂上有机保护层,或者整个集成电路将会被包封。

b)　电测试——内引线焊接后的芯片能够通过载带提供的测试焊盘进行电测试。类似的,集成电路可经受高温预处理或者老炼试验。

c)　外引线焊接——集成电路从载带上切割下来后,将其转移到它的最终互连介质(印制电路板或其他基板)上。无支撑的导体在切割后保留下来,形成了TAB封装的外引线。外引线与最终的基板相焊接。

TAB封装的制造厂通常要做到步骤a)和步骤b)要求的所有功能。用户通常做到步骤c)要求的所有功能。本部分规定了由步骤a)和b)产生的产品格式。

4　尺寸要求

本部分规定了TAB变量参数:膜规格、本体尺寸、测试焊盘节距、外引线节距。基于这四个参数将TAB尺寸编组成4组,每组有相应的共有条件,本部分中的所有尺寸要求见表1～表4。另外还包括四个参数组合的每种可能最大引线数表格(见表5)。

4.1　膜规格

膜规格由载带宽度和链齿轮孔大小来决定。

D6定义为载带宽度。本部分规定的载带宽度为:35 mm、48 mm和70 mm。载带的外边沿不能作为参考尺寸的基准。从载带上切割下的单独载带单元长度尺寸定义为E6。

链齿轮孔尺寸定义为G。只有这个尺寸涉及本部分规定的“超大型”和“宽体型”。无论是超大型或者宽体型,链齿轮孔都能满足 48 mm 和 70 mm 宽度的载带形式,但 35 mm 宽度的载带形式只有超大型链齿轮孔能满足。

与膜规格相关的尺寸见表 1。

4.2 对位孔

对位孔允许有两个选择:膜对位孔和金属对位孔。膜对位孔可通过对支撑膜进行腐蚀或冲孔形成,金属对位孔通过刻蚀金属层形成。选用膜对位孔要求载带制造过程中金属化图形的位置精度高,使得制成的载带符合形位公差要求。金属对位孔的使用可降低图形位置精度的要求,因为金属化图形本身的精度决定了对位孔与其他金属图案之间的位置关系。因此,推荐在外引线或测试焊盘节距小的 TAB 载带中采用金属对位孔。但金属对位孔较容易损坏,而且存在于封装内时只用于电测试和老炼这类需要最精确对位的操作。由于金属环需要占用一定的面积,当使用金属对位孔时,减少测试焊盘最大数目是非常必要的。

对位孔作为特征用来定义基准线 X-Y 和基准线 Z。以此作为位置公差的参考基准。

对位孔尺寸定义为 F,位置分布由 D5 和 E5 的尺寸决定。

与对位孔相关的尺寸值见表 1。

4.3 本体尺寸

载带本体尺寸由 $D1$、$E1$ 确定。每种膜规格可能或允许的具体载带本体尺寸如下:

膜规格:本体尺寸

35 mm:14 mm×14 mm、16 mm×16 mm、18 mm×18 mm、20 mm×20 mm;

48 mm:16 mm×16 mm、20 mm×20 mm、24 mm×24 mm、26 mm×26 mm、28 mm×28 mm;

70 mm:24 mm×24 mm、28 mm×28 mm、32 mm×32 mm、36 mm×36 mm、40 mm×40 mm。

与封装本体相关的尺寸和公差见表 2。

4.4 测试焊盘图形

所有测试焊盘以两排交错排列的方式分布在载带单元四周。测试焊盘的长度和宽度分别用 B1 和 B2 表示。阵列测试焊盘的节距用 e1 表示,但两排测试焊盘中同一排测试焊盘的节距是 e1 的两倍。测试焊盘在载带上排列的位置由 D3、D4、E3 和 E4 确定。不同载带的内外两排测试焊盘之间节距是个定值。不同载带规格的两行测试焊盘之间的间距是个定值。

载带上测试焊盘数目由四边测试焊盘节距 0.50 mm、0.40 mm、0.30 mm、0.25 mm 的焊盘最大数目 M1、M2、M3 和 M4 给出。测试焊盘最大数目取决于载带单元的每边测试焊盘节距和对位孔允许的空间大小。测试焊盘边缘到对位孔中心的最小间距:膜对位孔是 1.20 mm,金属对位孔为 1.40 mm。仅当每边最外边排列的测试焊盘数为奇数时,载带四边的外排才有电连接的中心测试焊盘,且该中心焊盘应以特别的形状加以识别。

与测试焊盘图形相关的尺寸见表 1 和表 3。

4.5 外引线图形

外引线导体节距为 e,宽度为 b。外引线切割和外引线焊接前,外引线导体的长度和外引线开窗的空间分别用 D 和 E 表示。所有载带膜规格和本体尺寸组合中除了 35 mm 膜规格中的 20 mm×20 mm 本体和 48 mm 膜规格中的 28 mm×28 mm 本体要求载带每边引线数目为奇数外,其他都要求载带每边引线数目为偶数。载带封装每边的最大引线数目由引线节距、本体尺寸、测试焊盘数目、外引线与测试焊盘之间的布线来决定。所有外引线均与测试焊盘相连接。

与外引线图形相关的尺寸见表 4。

4.6 最大引线数目

表5中引线数目由外引线到测试焊盘之间的布线关系决定。这些布线遵从导线最小宽度和两导线之间间距为60 μm的设计规则。设计规则体现了TAB载带技术的制造状态。外引线到测试焊盘的布线难度被证明是限制最大引线数目最主要的因素,而不是测试焊盘数目或者外引线节距。一些布线研究也显示非布线改变引起引线数目改变和相同引线数目有着不同的变量组合。所以表5中的编码只是所有可能的变量组合中的一个子集的编码。变量编码遵循以下四个规则:

——布线满足60 μm设计规则;

——本体越大,引线数目越大;

——测试焊盘节距越小,引线数目越大;

——外引线节距越小,引线数目越大。

一些相同引线数目的变量编号会由于膜规格、外引线节距、测试焊盘节距的不同而不同。附录A、附录B中的编码组合为推荐的通用组合。

5 变量组合编码

变量用*UY-ZW*形式进行编号,*U*代表膜规格,*Y*代表本体尺寸,*Z*代表测试焊盘节距,*W*代表外引线节距。每个变量的允许值规定如下:

U=*A*、*B*或*C*分别对应35 mm、48 mm或70 mm超大型膜,*D*或*E*分别对应48 mm、70 mm的宽体型膜。

Y=*A*、*B*、*C*、*D*、*E*、*F*、*G*、*H*、*J*或*K*分别对应于14 mm×14 mm、16 mm×16 mm、18 mm×18 mm、20 mm×20 mm、24 mm×24 mm、26 mm×26 mm、28 mm×28 mm、32 mm×32 mm、36 mm×36 mm、40 mm×40 mm的正方形本体尺寸。

注:字母*I*并未使用。

Z=1、2、3或4分别对应于0.50 mm、0.40 mm、0.30 mm或0.25 mm的测试焊盘节距。

W=1、2、3、4、5或6分别对应于0.50 mm、0.40 mm、0.30 mm、0.25 mm、0.20 mm或0.15 mm的外引线节距。

表5中引线数目组合规定了所有由4个主要设计参数构成的576个变量组合。每一个变量组合由4个可识别的参数编码组成。如*AA*-22:第一个*A*表示35 mm宽度的超大型膜,第二个*A*表示14 mm×14 mm的本体尺寸,第一个2表示0.40 mm的测试焊盘节距,第二个2表示0.40 mm的外引线节距。类似的,编码*CE*-25表示:70 mm宽度的超大型膜,24 mm×24 mm的本体尺寸,0.40 mm的测试焊盘节距,0.20 mm的外引线节距。表5列举了所有允许的膜规格和本体尺寸组合,见4.3。

6 内引线焊接、外引线焊接的要求(ILB和OLB)

内引线图形的结构和尺寸无法用具体的方法来说明,因为芯片上集成电路的尺寸和焊盘图形都是非标准化的。

同样地,在切割分离和引线成型后的外引线形状和尺寸不能标准化,因为外引线焊接工艺和外引线成型工艺根据应用而不同。

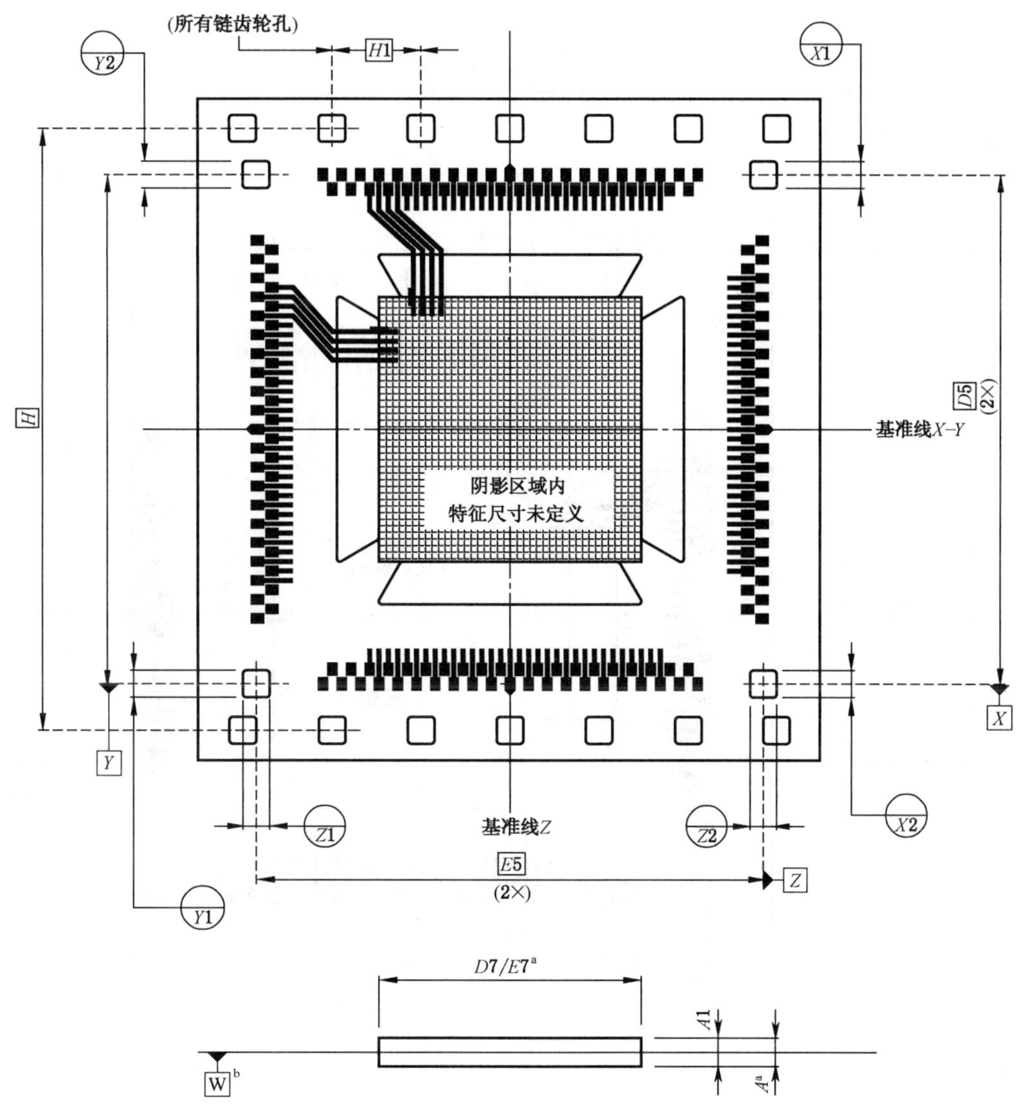

a 这些特征的形式是可选的,可以包括只在IC的顶面全部包封或涂覆IC以及其他结构。

b 当视角为TAB封装的金属导体一面时,W是支撑膜的底面。

注:从有引线导体的那面看。

图1 测量基准和主要基体图形

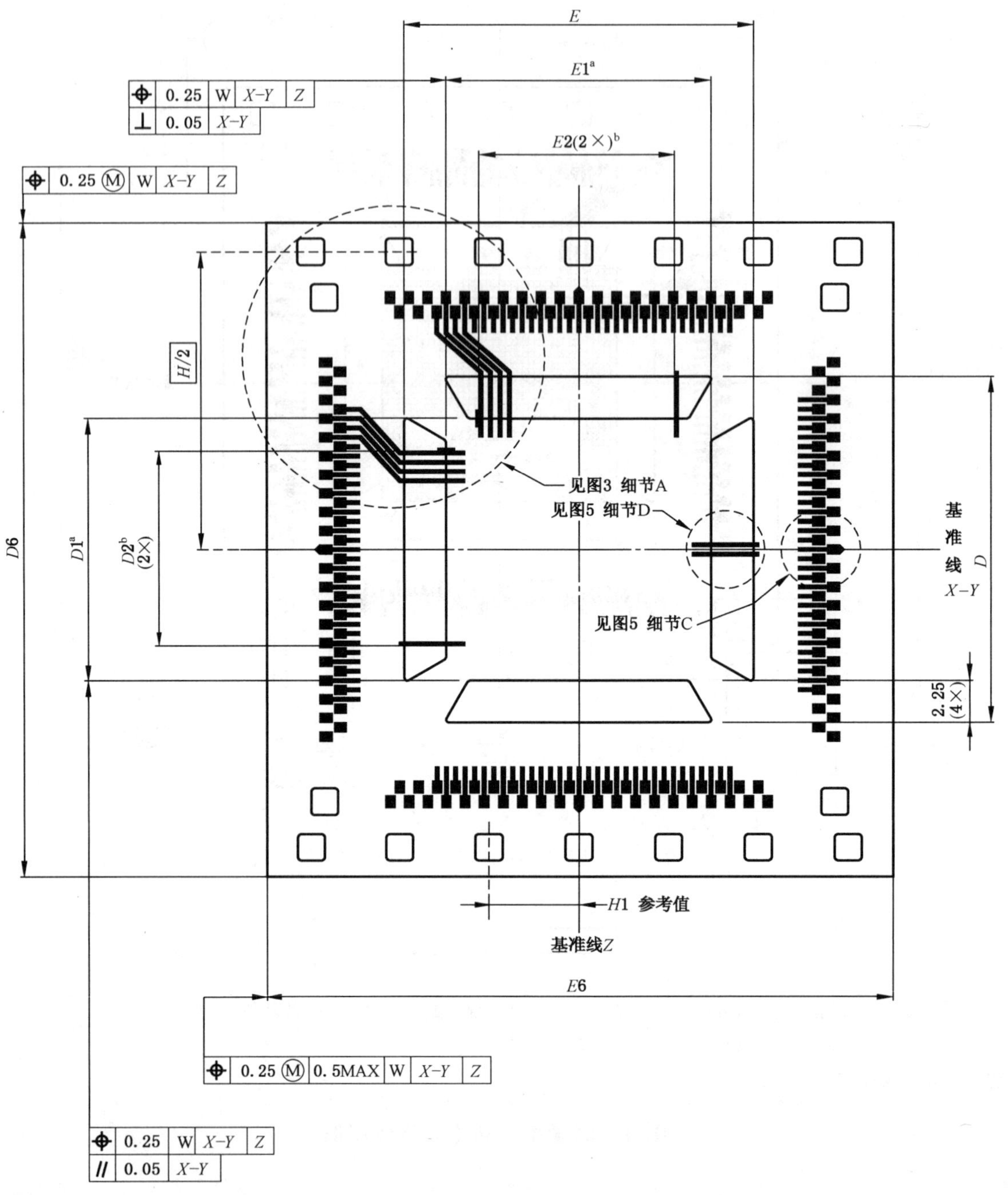

[a] D1 和 E1 为封装本体尺寸。

[b] D2 和 E2 为内引线最外边两根引线的外边缘最大允许距离。从外引线范围窗口提供必要的间隙尺寸以保证切割分离操作的可行性。

注：从有引线导体的那面看。

图 2 本体尺寸和相关公差

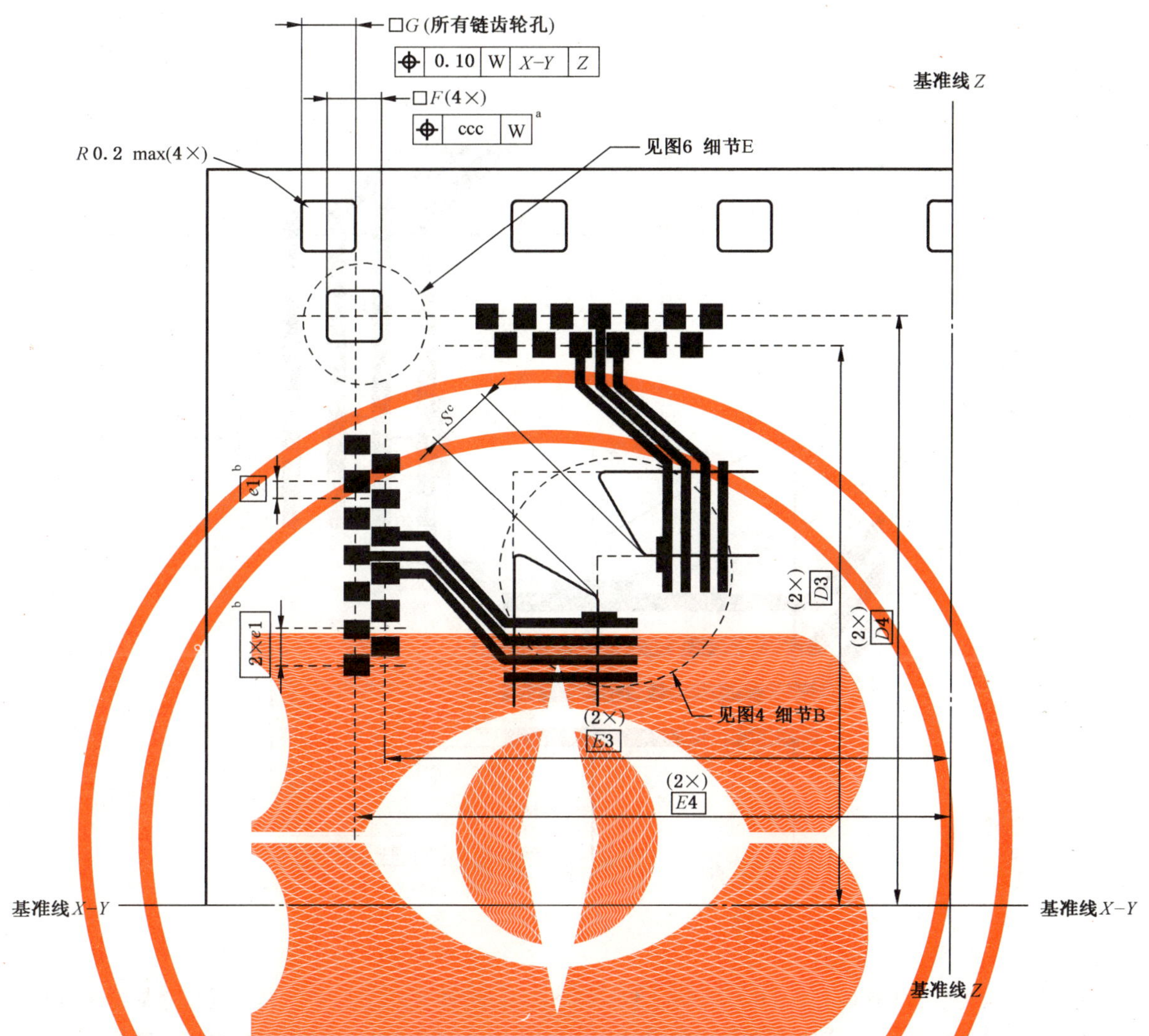

a 这些特征可由在支撑膜上刻蚀或冲孔,或在金属层上刻蚀图形而形成。如果用到刻蚀金属对位孔,支撑膜上需要更大的刻蚀或冲孔,以给金属化图形提供更大的间隙。当有更严格的位置公差时,推荐使用腐蚀金属对位孔(见4.2)。

b 该尺寸适用于所有测试焊盘。

c 该图形可选择,且不需要依靠载带制造技术或应用软件。

图 3 细节 A

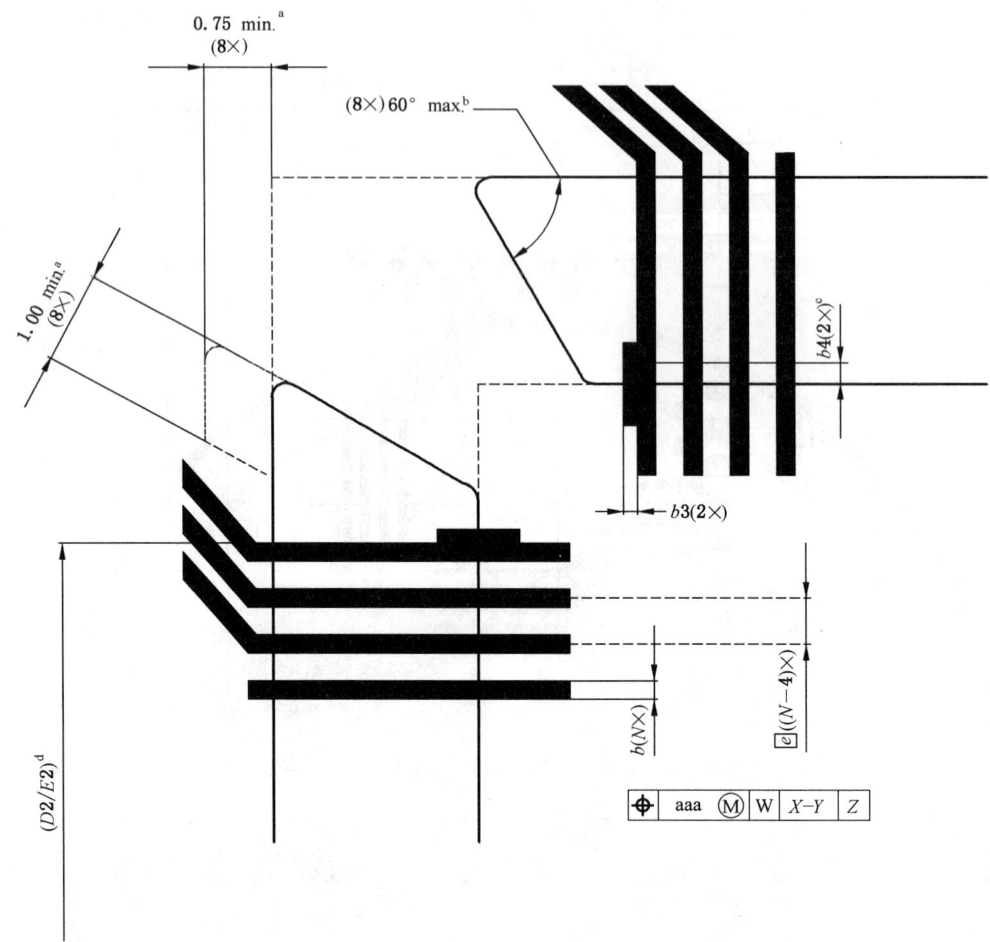

[a] 这些特征为生产中支撑环上的外引线切割提供了一个范围，或布线和外引线的“禁止区”，这不是强制性的。由于几何形状尺寸的限制，这些特征不能用到 *AD*-××(35 mm 超大型 20 mm×20 mm 本体尺寸)，*BG*-××(48 mm超大型 28 mm×28 mm 本体尺寸)和 *DG*-××(48 mm 宽体型 28 mm×28 mm 本体尺寸)变量的系列载带。

[b] 该图形可选择，且不需要依靠载带制造技术或应用软件。

[c] 这两个特征识别 TAB 封装的第 1 外引线，它们仅存于如图 2 和图 3 所示的角。当 TAB 封装被置于滑动载体中时，该角应对应一个在滑动载体上可识别的特征角(通常为倒角)。外引线的编码仅在下级组装中定义，任何时候，TAB 封装相对于基板的定位都是固定的(参见附录 C)。

[d] *D*2 和 *E*2 为内引线最外边两根引线的外边缘最大允许距离。从外引线范围窗口提供必要的间隙尺寸以保证切割分离操作的可行性。

图 4　细节 B

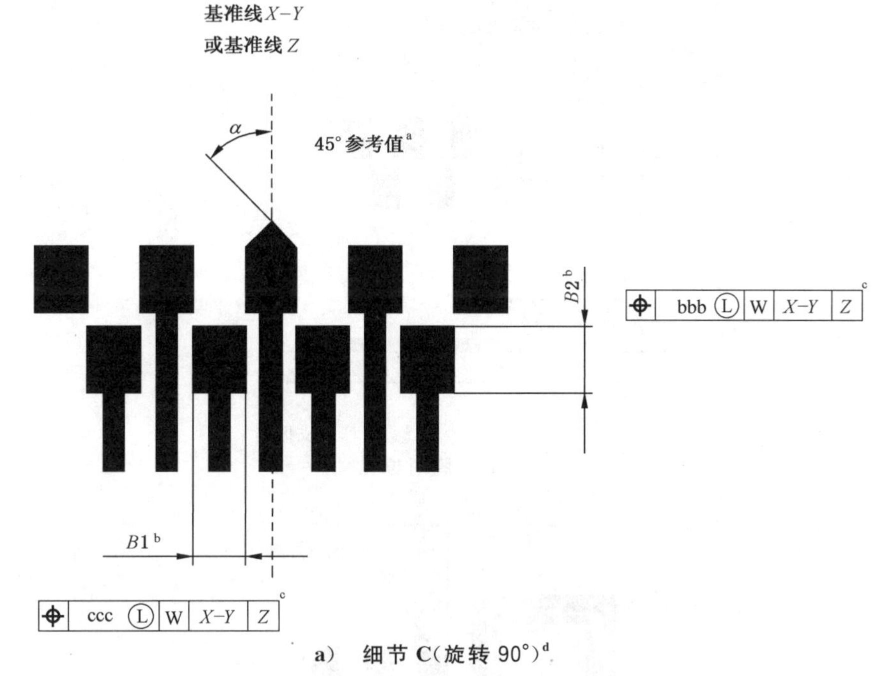

a） 细节 C(旋转 90°)[d]

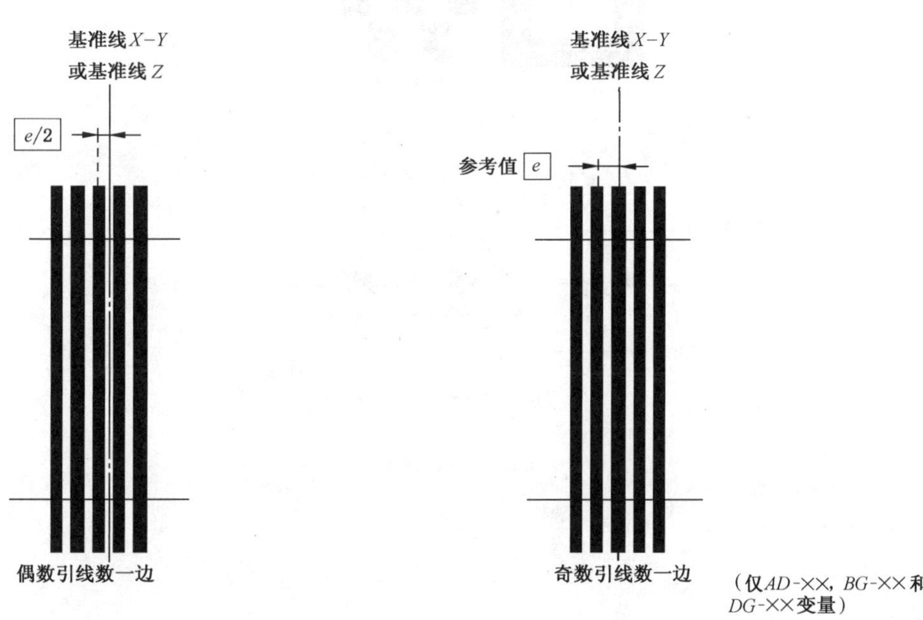

b） 细节 D(旋转 90°)[d]

[a] 这个特征识别 TAB 封装每一边的中心测试焊盘。该测试焊盘与外引线存在电连接，只用于每个边为奇数的焊盘（AD-××，BG-××和 DG-××）。

[b] 该尺寸适用于所有测试焊盘。

[c] 圆圈中符号“L”意思是：符合尺寸公差特征所允许最低条件的位置公差。

[d] 根据 D(E)和 D2(E2)的数据，所有外引线和测试焊盘均匀排列。

图 5 细节 C 和 D

1.20 min.
测试焊盘
A
A
(□F)
剖面A—A
支撑膜
a) 膜对位孔
1.40 min.
测试焊盘
B
B
金属对位孔环
(□F)
0.35 min.
剖面B—B
1.70 min.
支撑膜
b) 金属对位孔

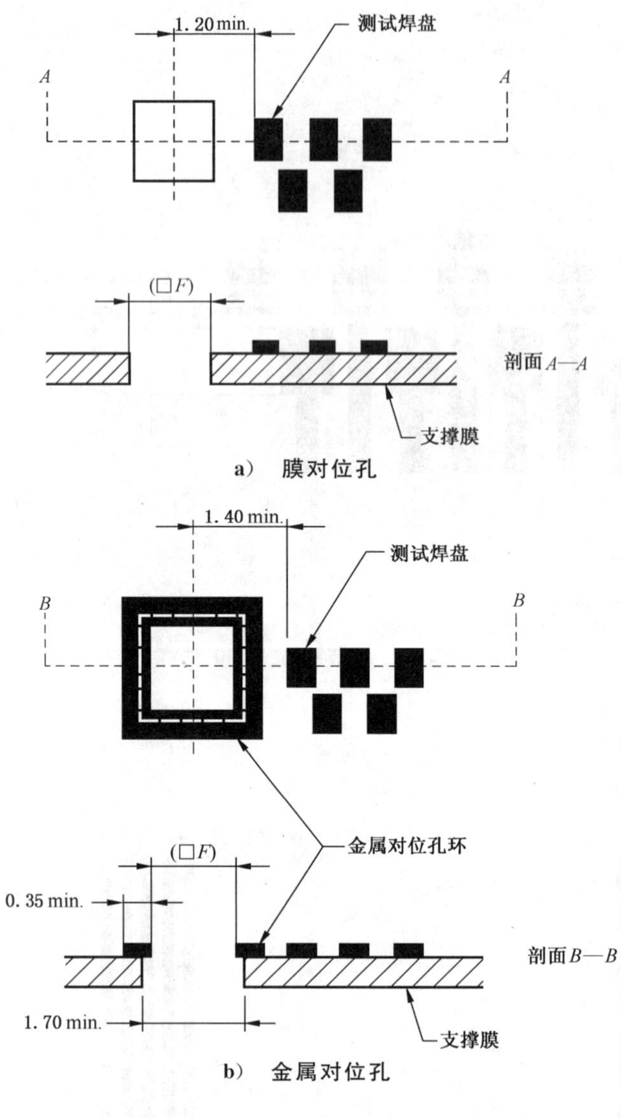

图6 细节E

表 1 与膜规格相关的尺寸和公差

编码 / 符号	尺寸[a,b] mm														
	A×-××[c]			B×-××[c]			C×-××[c]			D×-××[d]			E×-××[d]		
	最小	公称	最大	最小	公称	最大	最小	公称	最大	最小	公称	最大	最小	公称	最大
A[e]	—	—	2.55	—	—	4.45	—	—	4.45	—	—	4.45	—	—	4.45
$A1$[e]	—	—	1.50	—	—	2.70	—	—	2.70	—	—	2.70	—	—	2.70
$D3/E3$	12.70 基准			17.30 基准			28.10 基准			17.30 基准			28.10 基准		
$D4/E4$	13.475 基准			18.075 基准			28.875 基准			18.075 基准			28.875 基准		
$D5/E5$	26 95 基准			36.15 基准			57.75 基准			36.15 基准			57.75 基准		
$D6$	34.85	34.98	35.10	48.06	48.19	48.31	69.82	69.95	70.07	48.06	48.19	48.31	69.82	69.95	70.07
$E6$	31.62	33.25	33.37	45.87	47.50	47.62	64.87	66.50	66.62	45.87	47.50	47.62	64.87	66.50	66.62
F[f]	1.39	1.42	1.45	1.39	1.42	1.45	1.39	1.42	1.45	1.39	1.42	1.45	1.39	1.42	1.45
G	1.40	1.42	1.45	1.40	1.42	1.45	1.40	1.42	1.45	1.95	1.98	2.01	1.95	1.98	2.01
H	31.83 基准			44.85 基准			66.80 基准			42.18 基准			63.95 基准		
$H1$	4.75 基准			4.75 基准			4.75 基准			4.75 基准			4.75 基准		
$M1$[g]	—	—	196	—	—	260	—	—	436	—	—	260	—	—	436
$M2$[g]	—	—	244	—	—	324	—	—	548	—	—	324	—	—	548
$M3$[g]	—	—	324	—	—	436	—	—	724	—	—	436	—	—	724
$M4$[g]	—	—	388	—	—	532	—	—	876[h]	—	—	532	—	—	876
S[i]	0.90	1.00	1.10	0.90	1.00	1.10	0.90	1.00	1.10	0.90	1.00	1.10	0.90	1.00	1.10

表 1（续）

符号 \ 编码	尺寸[a,b] mm														
	A×-××[c]			*B*×-××[c]			*C*×-××[c]			*D*×-××[d]			*E*×-××[d]		
	最小	公称	最大	最小	公称	最大	最小	公称	最大	最小	公称	最大	最小	公称	最大

[a] 尺寸和公差应满足 GB/T 1182—2008/ISO 1101:2004 产品几何技术规范(GPS)　几何公差形状、方向、位置和跳动公差标注。

[b] 变量用 *UY-ZW* 形式进行编号，*U* 代表膜规格，*Y* 代表本体尺寸，*Z* 代表测试焊盘节距，*W* 代表外引线节距。每个变量的允许值规定如下：

U＝*A*、*B* 或 *C* 分别对应 35 mm、48 mm 或 70 mm 的超大型膜，D 或 E 分别对应 48 mm、70 mm 的宽体型膜。

Y＝*A*、*B*、*C*、*D*、*E*、*F*、*G*、*H*、*J* 或 *K* 分别对应于 14 mm×14 mm、16 mm×16 mm、18 mm×18 mm、20 mm×20 mm、24 mm×24 mm、26 mm×26 mm、28 mm×28 mm、32 mm×32 mm、36 mm×36 mm、40 mm×40 mm 的正方形本体尺寸(字母 *I* 不使用)。

Z＝1、2、3 或 4 分别对应于 0.50 mm、0.40 mm、0.30 mm 或 0.25 mm 的测试焊盘节距。

W＝1、2、3、4、5 或 6 分别对应于 0.50 mm、0.40 mm、0.30 mm、0.25 mm、0.20 mm 或 0.15 mm 的外引线节距。

[c] 超大型链齿轮孔规格。

[d] 宽体型链齿轮孔规格。

[e] 这些特征的形式是可选的，可以包括只在 IC 的顶面全部包封或涂覆以及其他结构。

[f] 这些特征可由在支撑膜上刻蚀或冲孔，或在金属层上刻蚀图形而形成。如果用到刻蚀金属对位孔，支撑膜上需要更大的刻蚀或冲孔，以给金属化图形提供更大的间隙。当有更严格的位置公差时，推荐使用腐蚀金属对位孔(见 4.2)。

[g] M1、M2、M3 和 M4 分别代表测试焊盘节距为 0.50 mm、0.40 mm、0.30 mm、0.25 mm 的焊盘的最大数目。

[h] 对 70 mm 的超大型和宽体型具有 0.25 mm 测试焊盘节距的 M4 采用金属对位图形选项(见图 6 和 4.2)。

[i] 该图形可选择，且不需要依靠载带制造技术或应用软件。

表 2　与封装本体相关的尺寸及公差

符号 \ 编码	尺寸[a,b] mm														
	×A-××			×B-××			×C-××			×D-××			×E-××		
	最小	公称	最大	最小	公称	最大	最小	公称	最大	最小	公称	最大	最小	公称	最大
D/E	18.4	18.5	18.6	20.4	20.5	20.6	22.4	22.5	22.6	24.4	24.5	24.6	28.4	28.5	28.6
$D1/E1$[c]	13.9	14.0	14.1	15.9	16.0	16.1	17.9	18.0	18.1	19.9	20.0	20.1	23.9	24.0	24.1

表 2（续）

编码 / 符号	尺寸[a,b] mm														
	×A-××			×B-××			×C-××			×D-××			×E-××		
	最小	公称	最大	最小	公称	最大	最小	公称	最大	最小	公称	最大	最小	公称	最大
$D2/E2$[d]	—	—	11.9	—	—	13.9	—	—	15.9	—	—	17.9	—	—	21.9
$D7/E7$[e]	—	—	14.1	—	—	16.1	—	—	18.1	—	—	20.1	—	—	24.1

编码 / 符号	尺寸[a,b] mm														
	×F-××			×G-××			×H-××			×J-××			×K-××		
	最小	公称	最大	最小	公称	最大	最小	公称	最大	最小	公称	最大	最小	公称	最大
D/E	30.4	30.5	30.6	32.4	32.5	32.6	36.4	36.5	36.6	40.4	40.5	40.6	44.4	44.5	44.6
$D1/E1$[c]	25.9	26.0	26.1	27.9	28.0	28.1	31.9	32.0	32.1	35.9	36.0	36.1	39.9	40.0	40.1
$D2/E2$[d]	—	—	23.9	—	—	25.9	—	—	29.9	—	—	33.9	—	—	37.9
$D7/E7$[e]	—	—	26.1	—	—	28.1	—	—	32.1	—	—	36.1	—	—	40.1

[a] 尺寸和公差应满足 GB/T 1182—2C08/ISO 1101:2004 产品几何技术规范(GPS) 几何公差形状、方向、位置和跳动公差标注。

[b] 变量用 UY-ZW 形式进行编号，U 代表膜规格，Y 代表本体尺寸，Z 代表测试焊盘节距，W 代表外引线节距。每个变量的允许值规定如下：

U＝A、B 或 C 分别对应 35 mm、48 mm 或 70 mm 的超大型膜，D 或 E 分别对应 48 mm、70 mm 的宽体型膜。

Y＝A、B、C、D、E、F、G、H、J 或 K 分别对应于 14 mm×14 mm、16 mm×16 mm、18 mm×18 mm、20 mm×20 mm、24 mm×24 mm、26 mm×26 mm、28 mm×28 mm、32 mm×32 mm、36 mm×36 mm、40 mm×40 mm 的正方形本体尺寸(字母 I 不使用)。

Z＝1、2、3 或 4 分别对应于 0.50 mm、0.40 mm、0.30 mm 或 0.25 mm 的测试焊盘节距。

W＝1、2、3、4、5 或 6 分别对应于 0.50 mm、0.40 mm、0.30 mm、0.25 mm、0.20 mm 或 0.15 mm 的外引线节距。

[c] $D1$ 和 $E1$ 为封装本体尺寸。

[d] $D2$ 和 $E2$ 为内引线最外边两根引线的的最大允许距离。从外引线范围窗口提供必要的间隙尺寸以保证切割分离操作的可行性。

[e] 这些特征的形式是可选的，可以包括只在 IC 的顶面全部包封或涂覆以及其他结构。

表 3　与测试焊盘节距相关的尺寸和公差

编码 符号	尺寸[a,b] mm											
	××-1×			××-2×			××-3×			××-4×		
	最小	公称	最大	最小	公称	最大	最小	公称	最大	最小	公称	最大
$B1$[c]	0.67	0.70	0.73	0.47	0.50	0.53	0.37	0.40	0.43	0.29	0.32	0.35
$B2$[c]	0.60	0.65	0.70	0.60	0.65	0.70	0.60	0.65	0.70	0.60	0.65	0.70
$e1$[c]	0.50 基准			0.40 基准			0.30 基准			0.25 基准		
bbb	0.10			0.10			0.10			0.10		
ccc	0.10			0.08			0.08			0.05		

[a] 尺寸和公差应满足 GB/T 1182—2008/ISO 1101:2004 产品几何技术规范(GPS)　几何公差形状、方向、位置和跳动公差标注。

[b] 变量用 *UY*—*ZW* 形式进行编号,*U* 代表膜规格,*Y* 代表本体尺寸,*Z* 代表测试焊盘节距,*W* 代表外引线节距。每个变量的允许值规定如下:

U=A、B 或 C 分别对应 35 mm、48 mm 或 70 mm 的超大型膜,D 或 E 分别对应 48 mm、70 mm 的宽体型膜。

Y=A、B、C、D、E、F、G、H、J 或 K 分别对应于 14 mm×14 mm、16 mm×16 mm、18 mm×18 mm、20 mm×20 mm、24 mm×24 mm、26 mm×26 mm、28 mm×28 mm、32 mm×32 mm、36 mm×36 mm、40 mm×40 mm 的正方形本体尺寸(字母 *I* 不使用)。

Z=1、2、3 或 4 分别对应于 0.50 mm、0.40 mm、0.30 mm 或 0.25 mm 的测试焊盘节距。

W=1、2、3、4、5 或 6 分别对应于 0.50 mm、0.40 mm、0.30 mm、0.25 mm、0.20 mm 或 0.15 mm 的外引线节距。

[c] 该尺寸适用于所有测试焊盘。

表 4 与外引线节距相关的尺寸和公差

编码 符号	尺寸[a,b] mm								
	××—×1			××—×2			××—×3		
	最小	公称	最大	最小	公称	最大	最小	公称	最大
b	0.17	0.20	0.23	0.13	0.16	0.19	0.09	0.12	0.15
$b3$[c]	0.13	0.15	0.17	0.13	0.15	0.17	0.13	0.15	0.17
$b4$[c]	0.15	0.30	0.45	0.15	0.30	0.45	0.15	0.30	0.45
e	0.50 基准			0.40 基准			0.30 基准		
aaa	0.10			0.08			0.06		
编码 符号	尺寸[a,b] mm								
	××—×4			××—×5			××—×6		
	最小	公称	最大	最小	公称	最大	最小	公称	最大
b	0.08	0.10	0.12	0.06	0.08	0.10	0.035	0.055	0.075
$b3$[c]	0.13	0.15	0.17	0.13	0.15	0.17	0.13	0.15	0.17
$b4$[c]	0.15	0.30	0.45	0.15	0.30	0.45	0.15	0.30	0.45
e	0.25 基准			0.20 基准			0.15 基准		
aaa	0.05			0.04			0.03		

[a] 尺寸和公差应满足 GB/T 1182—2008/ISO 1101:2004 产品几何技术规范(GPS) 几何公差形状、方向、位置和跳动公差标注。

[b] 变量用 *UY-ZW* 形式进行编号,*U* 代表膜规格,*Y* 代表本体尺寸,*Z* 代表测试焊盘节距,*W* 代表外引线节距。每个变量的允许值规定如下:

U=*A*、*B* 或 *C* 分别对应 35 mm、48 mm 或 70 mm 的超大型膜,*D* 或 *E* 分别对应 48 mm、70 mm 的宽体型膜。

Y=*A*、*B*、*C*、*D*、*E*、*F*、*G*、*H*、*J* 或 *K* 分别对应于 14 mm×14 mm、16 mm×16 mm、18 mm×18 mm、20 mm×20 mm、24 mm×24 mm、26 mm×26 mm、28 mm×28 mm、32 mm×32 mm、36 mm×36 mm、40 mm×40 mm 的正方形本体尺寸(字母 *I* 不使用)。

Z=1、2、3 或 4 分别对应于 0.50 mm、0.40 mm、0.30 mm 或 0.25 mm 的测试焊盘节距。

W=1、2、3、4、5 或 6 分别对应于 0.50 mm、0.40 mm、0.30 mm、0.25 mm、0.20 mm 或 0.15 mm 的外引线节距。

[c] 这两个特征识别 TAB 封装的第 1 外引线,它们仅存于如图 2 和图 3 所示的角。当 TAB 封装被置于滑动载体中时,该角应对应一个在滑动载体上可识别的特征角(通常为倒角)。外引线的编码仅在下级组装中定义,任何时候,TAB 封装相对于基板的定位都是固定的(参见附录 C)。

表 5　引线数目组合[a,b,c,d]

测试焊盘节距 $e1$ mm	膜规格 测试焊盘数 $M1$	本体尺寸 $D1/E1$	变量 N					
			外引线节距 e mm					
			0.5	0.4	0.3	0.25	0.2	0.15
0.5	35 mm 超大型 196	14×14	96 —	120 —	160 —	192 —	192 —[i]	192 —[i]
		16×16	112 —	136 —	184 —	192 —[i]	192 —[i]	—[h]
		18×18	128 —	160 —	—[h]	—[h]	—[h]	—[h]
		20×20	140[f] —	—[g]	—[g]	—[g]	—[g]	—[g]
	48 mm 超大型 260	16×16	112 —	136 —	184 —	224 —	256 —[i]	256 —[i]
		20×20	144 —	176 —	240 —	256 —[i]	256 —[i]	256 —[i]
		24×24	176 —	216 —	256 —[i]	256 —[i]	256 —[i]	—[h]
		26×26	192 —	240 —	—[h]	—[h]	—[h]	—[h]
		28×28	204[f] —	—[g]	—[g]	—[g]	—[g]	—[g]
	70 mm 超大型 436	24×24	176 —	216 —	296 —[j]	352 —	432 CE-15[i]	432 —[i]
		28×28	208 —	256 —	344 —	416 —	432 —[i]	432 —[i]
		32×32	240 —	296 —	400 —	432 CH-14[i]	432 —[i]	432 —[i]
		36×36	272 —	336 —	432 CJ-13[i]	432 —[i]	432 —[i]	432 —[i]
		40×40	304 —	376 —	432 —[i]	432 —[i]	432 —[i]	432 —[i]

表 5（续）[a,b,c,d]

测试焊盘节距 *e*1 mm	膜规格 测试焊盘数 *M*2	本体尺寸 *D*1/*E*1	变量 *N* 外引线节距 *e* mm					
			0.5	0.4	0.3	0.25	0.2	0.15
0.4	35 mm 超大型 244	14×14	96 —	120 AA-22	160 AA-23	192 AA-24	240 AA-25	240 —[h]
		16×16	112 —	136 AB-22	184 AB-23	224 AB-24	232 —[h]	—[h]
		18×18	128 —	160 —	208 —[h]	—[h]	—[h]	—[h]
		20×20	—[g]	180[f] AD-22[f]	—[g]	—[g]	—[g]	—[g]
	48 mm 超大型 324	16×16	112 —	136 —	184 —	224 —	280 BB-25	320[i] BB—26[i]
		20×20	144 —	176 —	240 BD-23	288 BD-24	320[i] BD-25[i]	320 —[i]
		24×24	176 —	216 —	296[j] BE-23[j]	320[i] BE-24[i]	—[h]	—[h]
		26×26	192 —	240 —	320 —	—[h]	—[h]	—[h]
		28×28	—[g]	260[f] BG-22[f]	—[g]	—[g]	—[g]	—[g]
	70 mm 超大型 548	24×24	176 —	216 —	296 —[j]	352 —	440 CE-25	544[i] CE-26[i]
		28×28	208	256 —	344 —	416 CG-24	520 CG-25	544 —[i]
		32×32	240 —	296 —	400 CH-23	480 CH-24	544[i] CH-25[i]	544 —[i]
		36×36	272 —	336 —	456[j] CJ-23[j]	544 CJ-24	544 —[i]	544 —[i]
		40×40	304 —	376 CK-22	504 CK-23	544 —[i]	544 —[i]	—[h]

表 5（续）[a,b,c,d]

测试焊盘节距 $e1$ mm	膜规格 —— 测试焊盘数 $M3$	本体尺寸 $D1/E1$	变量 N 外引线节距 e mm 0.5	0.4	0.3	0.25	0.2	0.15
0.3	35 mm 超大型 —— 324	14×14	96 —	120 —	160 —	192 AA-34	240 —	320 AA-36
		16×16	112 —	136 —	184 —	224 —	280 —	—[h]
		18×18	128 —	160 —	216[j] AC-33[j]	256 AC-34	—[h]	—[h]
		20×20	—[g]	—[g]	236[f] AD-33[f]	—[g]	—[g]	—[g]
	48 mm 超大型 —— 436	16×16	112 —	136 —	184 —	224 —	280 —	376[j] BB-36[j]
		20×20	144 —	176 —	240 —	288 —	360 BD-35	432[i]
		24×24	176 —	216 —	296 —[j]	352 BE-34	432[i] BE-35[i]	—[h]
		26×26	192 —	240 —	320 BF-33	384 BF-34	—[h]	—[h]
		28×28	—[g]	—[g]	348[f] BG-33[f]	—[g]	—[g]	—[g]
	70 mm 超大型 —— 724	24×24	176 —	216 —	296 —[j]	352 —	440 —	584[h] CE-36[h]
		28×28	208 —	256 —	344 —	416 —	520 —	696[j] CG-36[j]
		32×32	240 —	296 —	400 —	480 —	600 CH-35	720[i] CH-36[i]
		36×36	272 —	336 —	456 —[j]	544 —	680 CJ-35	720 —[i]
		40×40	304 —	376 —	504 —	608 CK-34	720[i] CK-35[i]	—[h]

表 5（续）[a,b,c,d]

测试焊盘节距 $e1$ mm	膜规格 —— 测试焊盘数 $M4$	本体尺寸 $D1/E1$	变量 N 外引线节距 e mm					
			0.5	0.4	0.3	0.25	0.2	0.15
0.25	35 mm 超大型 —— 388	14×14	96 —	120 —	160 —	192 —	240 —	320 —[j]
		16×16	112 —	136 —	184 —	224 —	280 AB-45	—[h]
		18×18	120 —	152 —[h]	216 —[j]	256 —	—[h]	—[h]
		20×20	—[g]	—[g]	—[g]	284[f] AD-44[f]	—[g]	—[g]
	48 mm 超大型 —— 532	16×16	112 —	136 —	184 —	224 —	280 —	376 —[j]
		20×20	144 —	176 —	240 —	288 —	360 —	480[j] BD-46[j]
		24×24	176 —	216 —	296 —[j]	352 —	440 BE-45	—[h]
		26×26	192 —	240 —	320 —	384 —	408 —[h]	—[h]
		28×28	—[g]	—[g]	—[g]	412[f] BG-44[f]	—[g]	—[g]
	70 mm 超大型 —— 876	24×24	176 —	216 —	296 —[j]	352 —	440 —	584 —
		28×28	208 —	256 —	344 —	416 —	520 —	696 —[j]
		32×32	240 —	296 —	400 —	480 —	600 —	800 CH-46
		36×36	272 —	336 —	456 —[j]	544 —	680 —	872[i] CJ-46[k]
		40×40	304 —	376 —	504 —	608 —	760 CK-45	—[h]

表 5（续）[a,b,c,d]

测试焊盘节距 $e1$ mm	膜规格 —— 测试焊盘数 M1	本体尺寸 $D1/E1$	变量 N 外引线节距 e mm 0.5	0.4	0.3	0.25	0.2	0.15
0.5	48 mm 宽体型 —— 260	16×16	112 —	136 —	184 —	224 —	256 —[i]	256 —[i]
		20×20	144 —	176 —	240 —	256 —[i]	256 —[i]	256 —[i]
		24×24	176 —	216 —	256 —[i]	256 —[i]	256 —[i]	—[h]
		26×26	192 —	240 —	—[h]	—[h]	—[h]	—[h]
		28×28	204[f] —	—[g]	—[g]	—[g]	—[g]	—[g]
	70 mm 宽体型 —— 436	24×24	176 —	216 —	296 —[j]	352 —	432[i] EE-15[i]	432 —[i]
		28×28	208 —	256 —	344 —	416 —	432 —[i]	432 —[i]
		32×32	240 —	296 —	400 —	432[i] EH-14[i]	432 —[i]	432 —[i]
		36×36	272 —	336 —	432[i] EJ-13[i]	432 —[i]	432 —[i]	432 —[i]
		40×40	304 —	376 —	432 —[i]	432 —[i]	432 —[i]	432 —[i]

测试焊盘节距 $e1$ mm	膜规格 —— 测试焊盘数 M2	本体尺寸 $D1/E1$	变量/N 外引线节距 e mm 0.5	0.4	0.3	0.25	0.2	0.15
0.4	48 mm 宽体型 —— 324	16×16	112 —	136 —	184 —	224 —	280 DB-25	320[i] DB-26[i]
		20×20	144 —	176 —	240 DD-23	288 DD-24	320[i] DD-25[i]	320[i] —
		24×24	176 —	216 —	296[j] DE-23[j]	320[i] DE-24[i]	—[h]	—[h]
		26×26	192 —	240 —	320 —	—[h]	—[h]	—[h]
		28×28	—[g]	260[f] DG-22[f]	—[g]	—[g]	—[g]	—[g]
	70 mm 宽体型 —— 548	24×24	176 —	216 —	296 —[j]	352 —	440 EE-25	544[i] EE-26[i]
		28×28	208 —	256 —	344 —	416 EG-24	520 EG-25	544 —[i]
		32×32	240 —	296 —	400 EH-23	480 EH-24	544 —[i]	544 —[i]
		36×36	272 —	336 —	456[j] EJ-23[j]	544 EJ-24	544 —[i]	544 —[i]
		40×40	304 —	376 EK-22	504 EK-23	544 —[i]	544 —[i]	—[h]

表 5（续）[a,b,c,d]

测试焊盘节距 *e*1 mm	膜规格 —— 测试焊盘数 *M*3	本体尺寸 *D*1/*E*1	变量 *N* 外引线节距 *e* mm					
			0.5	0.4	0.3	0.25	0.2	0.15
0.3	48 mm 宽体型 —— 436	16×16	112 —	136 —	184 —	224 —	280 —	376[j] DB-36[j]
		20×20	144 —	176 —	240 —	288 —	360 DD-35	432 —[i]
		24×24	176 —	216 —	296[j] —	352[i] DE-24[i]	432[i] DE-35[i]	—[h]
		26×26	192 —	240 —	320 DF-33	384 DF-24	—[h]	—[h]
		28×28	—[g]	—[g]	348[f] DG-33[f]	—[g]	—[g]	—[g]
	70 mm 宽体型 —— 724	24×24	176 —	216 —	296 —[j]	352 —	440 —	584 EE-36
		28×28	208 —	256 —	344 —	416 —	520 —	696[j] EG-36[j]
		32×32	240 —	296 —	400 —	480 —	600 EH-35	720[i] EH-36[i]
		36×36	272 —	336 —	456 —[j]	544 —	680 EJ-35	720 —[i]
		40×40	304 —	376 —	504 —	608 EK-34	720[i] EK-35[i]	—[h]

测试焊盘节距 *e*1 mm	膜规格 —— 测试焊盘数 *M*4	本体尺寸 *D*1/*E*1	变量/*N* 外引线节距 *e* mm					
			0.5	0.4	0.3	0.25	0.2	0.15
0.25	48 mm 宽体型 —— 532	16×16	112 —	136 —	184 —	224 —	280 —	376[j]
		20×20	144 —	176 —	240 —	288 —	360 —	480[j] DD-46[j]
		24×24	176 —	216 —	296 —[j]	352 —	440 DE-45	—[h]
		26×26	192 —	240 —	320 —	384 —	408 —[h]	—[h]
		28×28	—[g]	—[g]	—[g]	412[f] DG-44[f]	—[g]	—[g]
	70 mm 宽体型 —— 876	24×24	176 —	216 —	296 —[j]	352 —	440 —	584 —
		28×28	208 —	256 —	344 —	416 —	520 —	696 —[j]
		32×32	240 —	296 —	400 —	480 —	600 —	800 EH-46
		36×36	272 —	336 —	456 —[j]	544 —	680 —	872[i] EJ-46[k]
		40×40	304 —	376 —	504 —	608 —	760 EK-45	[h]

表 5(续)[a,b,c,d]

测试焊盘节距 e1 mm	膜规格 —— 测试焊盘数 M4	本体尺寸 D1/E1	变量 N 外引线节距 e mm					
			0.5	0.4	0.3	0.25	0.2	0.15

[a] 尺寸和公差应满足 GB/T 1182—2008/ISO 1101:2004 产品几何技术规范(GPS) 几何公差形状、方向、位置和跳动公差标注。

[b] 变量用 *UY-ZW* 形式进行编号,*U* 代表膜规格,*Y* 代表本体尺寸,*Z* 代表测试焊盘节距,*W* 代表外引线节距。每个变量的允许值规定如下:

U=*A*、*B* 或 *C* 分别对应 35 mm、48 mm 或 70 mm 的超大型膜,*D* 或 *E* 分别对应 48 mm、70 mm 的宽体型膜。

Y=*A*、*B*、*C*、*D*、*E*、*F*、*G*、*H*、*J* 或 *K* 分别对应于 14 mm×14 mm、16 mm×16 mm、18 mm×18 mm、20 mm×20 mm、24 mm×24 mm、26 mm×26 mm、28 mm×28 mm、32 mm×32 mm、36 mm×36 mm、40 mm×40 mm 的正方形本体尺寸(字母 *I* 不使用)。

Z=1、2、3 或 4 分别对应于 0.50 mm、0.40 mm、0.30 mm 或 0.25 mm 的测试焊盘节距。

W=1、2、3、4、5 或 6 分别对应于 0.50 mm、0.40 mm、0.30 mm、0.25 mm、0.20 mm 或 0.15 mm 的外引线节距。

[c] *N* 代表最大外引线数目(见 4.6)。

[d] 超大型链齿轮孔规格。

[e] 宽体型链齿轮孔规格。

[f] 这个特征识别 TAB 封装每一边的中心测试焊盘。该测试焊盘与外引线存在电连接,只用于每个边为奇数的焊盘(*AD*-XX,*BG*-XX 和 *DG*-XX)。

[g] 从外引线到测试焊盘的扇入或扇出路径,不能用于 35 mm 或 48 mm 膜规格的最大本体尺寸。只有在外引线节距等于测试焊盘节距时,才有可能。

[h] 由于线条宽度和间距的影响,最大引线数受到外引线节距 60 μm 设计规则的限制,为了增加引线数或者更小的引线间距,需要更小的设计规则。

[i] 本变量组合中最大引线数量受到测试焊盘数量的限制(参见[f]和 4.5)。

[j] *D*2、*E*2 的值可能超过尺寸公差和外引线位置所产生最坏情况所规定的最大值。

[k] 对 70 mm 的超大型和宽体型具有 0.25 mm 测试焊盘节距的 *M*4 采用金属对位图形选项(参见图 6 和 4.2)。

附 录 A
（资料性附录）
TAB 封装结构推荐值汇总（超大型）

表 A.1 TAB 封装结构推荐值汇总（超大型）

变量编号	膜规格 mm	本体尺寸 $D1/E1$ mm	测试焊盘节距 $e1$ mm	外引线节距 e mm	引线数目 N
AA-22	超大型 35	14×14	0.40	0.40	120
AB-22	超大型 35	16×16	0.40	0.40	136
AA-23	超大型 35	14×14	0.40	0.30	160
AD-22	超大型 35	20×20	0.40	0.40	180
AB-23	超大型 35	16×16	0.40	0.30	184
AA-24	超大型 35	14×14	0.40	0.25	192
AA-34	超大型 35	14×14	0.30	0.25	192
AC-33	超大型 35	18×18	0.30	0.30	216
AB-24	超大型 35	16×16	0.40	0.25	224
AD-33	超大型 35	20×20	0.30	0.30	236
AA-25	超大型 35	14×14	0.40	0.20	240
AC-34	超大型 35	18×18	0.30	0.25	256
AB-45	超大型 35	16×16	0.25	0.20	280
AD-44	超大型 35	20×20	0.25	0.25	284
AA-36	超大型 35	14×14	0.30	0.15	320
BD-23	超大型 48	20×20	0.40	0.30	240
BG-22	超大型 48	28×28	0.40	0.40	260
BB-25	超大型 48	16×16	0.40	0.20	280
BD-24	超大型 48	20×20	0.40	0.25	288
BE-23	超大型 48	24×24	0.40	0.30	296
BF-33	超大型 48	26×26	0.30	0.30	320
BE-24	超大型 48	24×24	0.40	0.25	320
BD-25	超大型 48	20×20	0.40	0.20	320
BB-26	超大型 48	16×16	0.40	0.15	320
BG-33	超大型 48	28×28	0.30	0.30	348
BE-34	超大型 48	24×24	0.30	0.25	352
BD-35	超大型 48	20×20	0.30	0.20	360
BB-36	超大型 48	16×16	0.30	0.15	376

表 A.1（续）

变量编号	膜规格 mm	本体尺寸 $D1/E1$ mm	测试焊盘节距 $e1$ mm	外引线节距 e mm	引线数目 N
BF-34	超大型 48	26×26	0.30	0.25	384
BG-44	超大型 48	28×28	0.25	0.25	412
BE-35	超大型 48	24×24	0.30	0.20	432
BE-45	超大型 48	24×24	0.25	0.20	440
BD-46	超大型 48	20×20	0.25	0.15	480
CK-22	超大型 70	40×40	0.40	0.40	376
CH-23	超大型 70	32×32	0.40	0.30	400
CG-24	超大型 70	28×28	0.40	0.25	416
CJ-13	超大型 70	36×36	0.50	0.30	432
CH-14	超大型 70	32×32	0.50	0.25	432
CE-15	超大型 70	24×24	0.50	0.20	432
CE-25	超大型 70	24×24	0.40	0.20	440
CJ-23	超大型 70	36×36	0.40	0.30	456
CH-24	超大型 70	32×32	0.40	0.25	480
CK-23	超大型 70	40×40	0.40	0.30	504
CG-25	超大型 70	28×28	0.40	0.20	520
CJ-24	超大型 70	36×36	0.40	0.25	544
CH-25	超大型 70	32×32	0.40	0.20	544
CE-26	超大型 70	24×24	0.40	0.15	544
CE-36	超大型 70	24×24	0.30	0.15	584
CH-35	超大型 70	32×32	0.30	0.20	600
CK-34	超大型 70	40×40	0.30	0.25	608
CJ-35	超大型 70	36×36	0.30	0.20	680
CG-36	超大型 70	28×28	0.30	0.15	696
CK-35	超大型 70	40×40	0.30	0.20	720
CH-36	超大型 70	32×32	0.30	0.15	720
CK-45	超大型 70	40×40	0.25	0.20	760
CH-46	超大型 70	32×32	0.25	0.15	800
CJ-46	超大型 70	36×36	0.25	0.15	872

附 录 B
（资料性附录）
TAB 封装结构推荐值汇总(宽体型)

表 B.1 TAB 封装结构推荐值汇总(宽体型)

变量编号	膜规格 mm	本体尺寸 *D*1/*E*1 mm	测试焊盘节距 *e*1 mm	外引线节距 *e* mm	引线数目 *N*
DD-23	宽体型 48	20×20	0.40	0.30	240
DG-22	宽体型 48	28×28	0.40	0.40	260
DB-25	宽体型 48	16×16	0.40	0.20	280
DD-24	宽体型 48	20×20	0.40	0.25	288
DE-23	宽体型 48	24×24	0.40	0.30	296
DF-33	宽体型 48	26×26	0.30	0.30	320
DE-24	宽体型 48	24×24	0.40	0.25	320
DD-25	宽体型 48	20×20	0.40	0.20	320
DB-26	宽体型 48	16×16	0.40	0.15	320
DG-33	宽体型 48	28×28	0.30	0.30	348
DE-34	宽体型 48	24×24	0.30	0.25	352
DD-35	宽体型 48	20×20	0.30	0.20	360
DB-36	宽体型 48	16×16	0.30	0.15	376
DF-34	宽体型 48	26×26	0.30	0.25	384
DG-44	宽体型 48	28×28	0.25	0.25	412
DE-35	宽体型 48	24×24	0.30	0.20	432
DE-45	宽体型 48	24×24	0.25	0.20	440
DD-46	宽体型 48	20×20	0.25	0.15	480
EK-22	宽体型 70	40×40	0.40	0.40	376
EH-23	宽体型 70	32×32	0.40	0.30	400
EG-24	宽体型 70	28×28	0.40	0.25	416
EJ-13	宽体型 70	36×36	0.50	0.30	432
EH-14	宽体型 70	32×32	0.50	0.25	432
EE-15	宽体型 70	24×24	0.50	0.20	432
EE-25	宽体型 70	24×24	0.40	0.20	440
EJ-23	宽体型 70	36×36	0.40	0.30	456
EH-24	宽体型 70	32×32	0.40	0.25	480
EK-23	宽体型 70	40×40	0.40	0.30	504

表 B.1(续)

变量编号	膜规格 mm	本体尺寸 *D*1/*E*1 mm	测试焊盘节距 *e*1 mm	外引线节距 *e* mm	引线数目 N
EG-25	宽体型 70	28×28	0.40	0.20	520
EJ-24	宽体型 70	36×36	0.40	0.25	544
EE-26	宽体型 70	24×24	0.40	0.15	544
EE-36	宽体型 70	24×24	0.30	0.15	584
EH-35	宽体型 70	32×32	0.30	0.20	600
EK-34	宽体型 70	40×40	0.30	0.25	608
EJ-35	宽体型 70	36×36	0.30	0.20	680
EG-36	宽体型 70	28×28	0.30	0.15	696
EK-35	宽体型 70	40×40	0.30	0.20	720
EH-36	宽体型 70	32×32	0.30	0.15	720
EK-45	宽体型 70	40×40	0.25	0.20	760
EH-46	宽体型 70	32×32	0.25	0.15	800
EJ-46	宽体型 70	36×36	0.25	0.15	872

附 录 C
(资料性附录)
外引线编号

C.1 当一个 TAB 封装安装在基板上,它可能会是如图 C.1 所示 4 个结构中的任意一个,这取决于芯片和载带与基板的相对位置。器件制造商可能不知道哪个方向被用于何种特殊应用,而且有些方向存在镜像关系。由于上述原因,应建立一个用于识别第 1 外引线和计算引线数的便利方法。

C.2 TAB 封装第 1 外引线由封装本体一角处的定位标志确定,并且从封装每一边都可以看到。这个角的识别标志由第 1 外引线角相邻两边的引线加粗部分(见图 C.2 和图 C.4)组成。当 TAB 封装被置于滑动载体中时,第 1 外引线角对应滑动载体上可识别的特征角(通常为倒角)(见图 C.3)。

第 1 外引线图形位置确定了引线编号从哪里开始。当封装本体贴装在基板上时,第 1 外引线与定位角相邻且以逆时针方向编号。引线以逆时针方向在本体四周连续编号(见图 C.4)。逆时针编号方法与用于其他表面安装技术封装的引线编号系统一致。

C.3 使用该方法的优势在于不论基板上的 TAB 封装是何种结构,第 1 外引线的特征位置只有一种形成方式,基板上的所有封装将遵循相同的编号方式。这样,基板设计者能使用一个通用和一致的焊盘编号方式。然而,某给定器件聚酰亚胺朝上和聚酰亚胺朝下两种结构,对于器件功能关系将有不同的引线编号,因为它们互为镜像。因此设备制造商根据芯片和载带之间功能关系,准备了两个引线编号方式。当器件设计采用 TAB 封装时,为保证正确的功能,用户应谨慎使用。

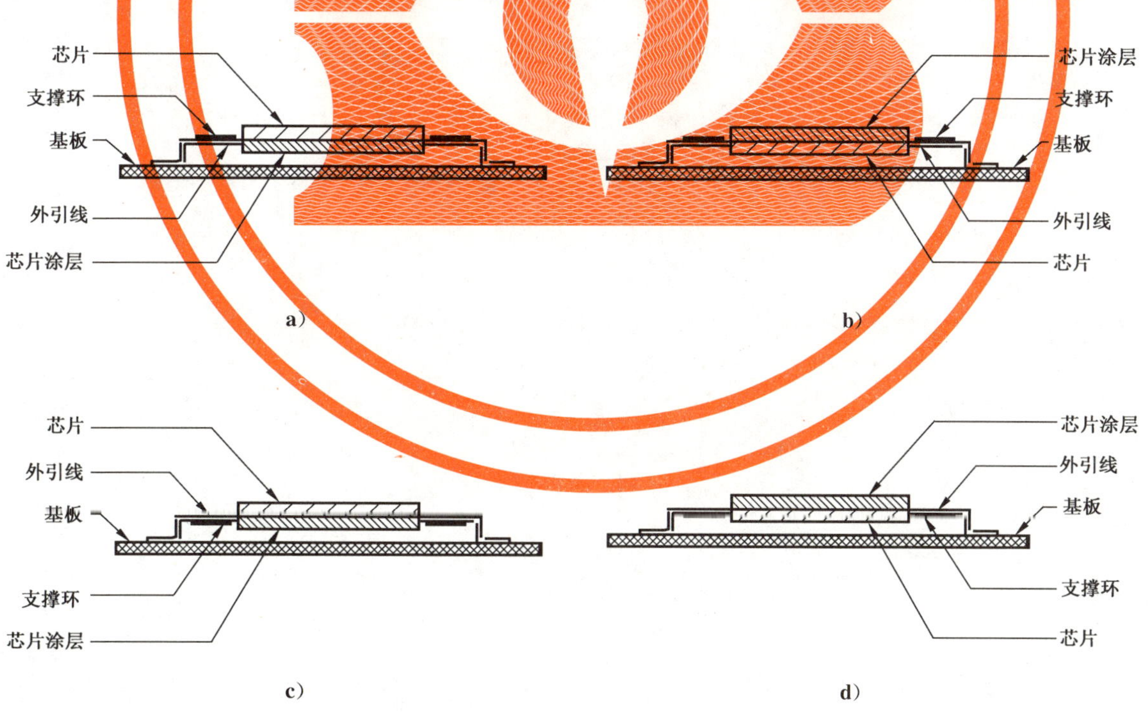

图 C.1 TAB 封装到基板的定位

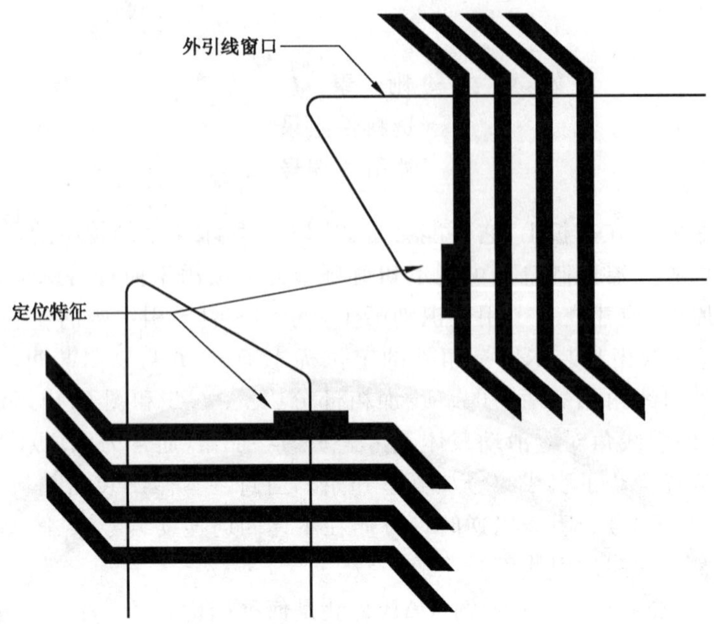

图 C.2 第 1 外引线定位特征

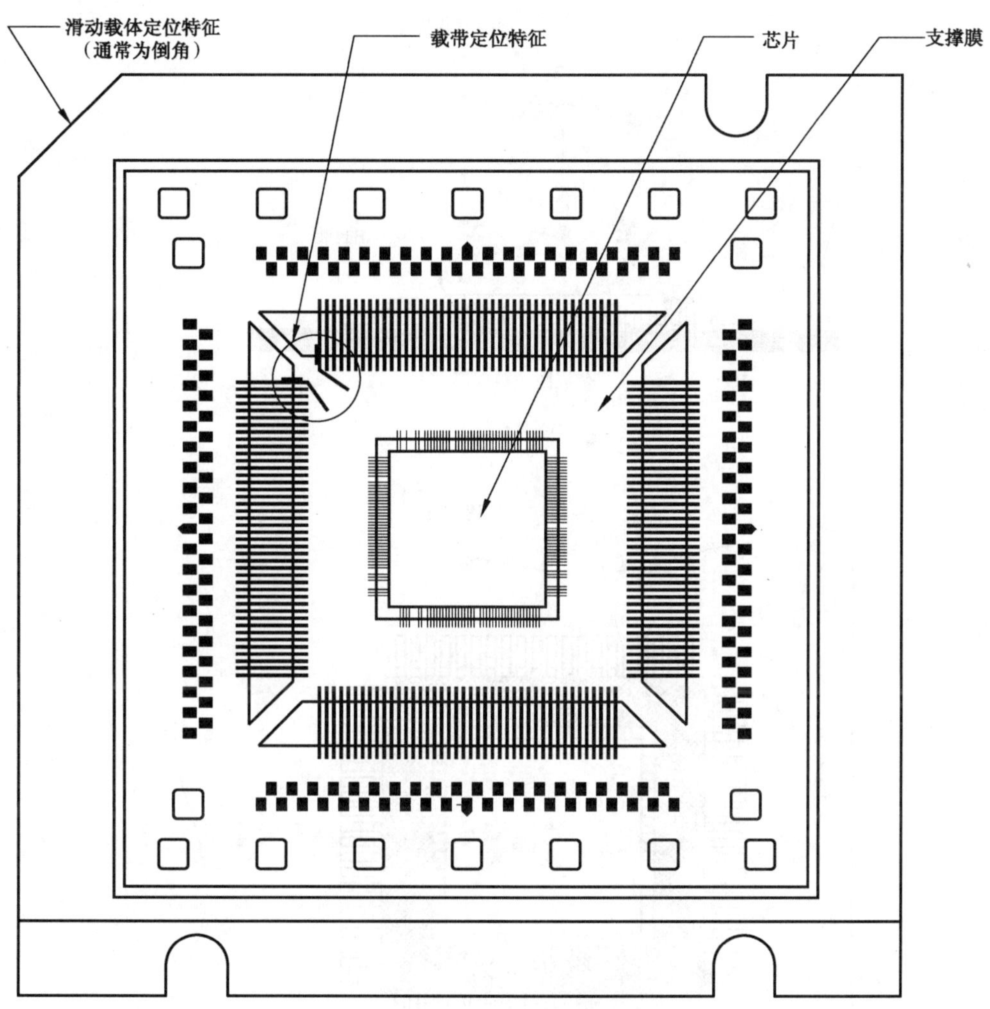

图 C.3　TAB 封装和滑动载体定位

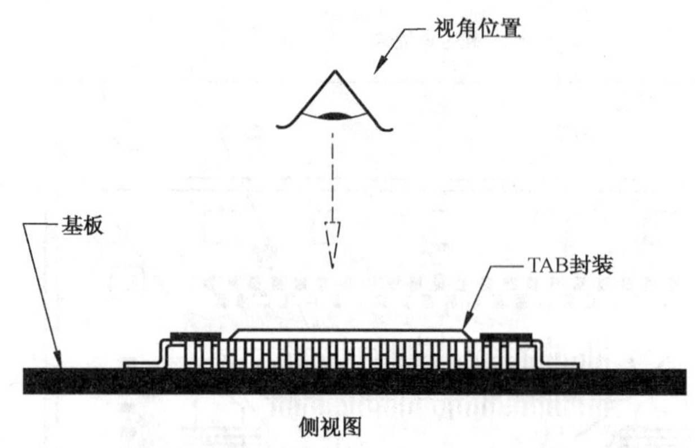

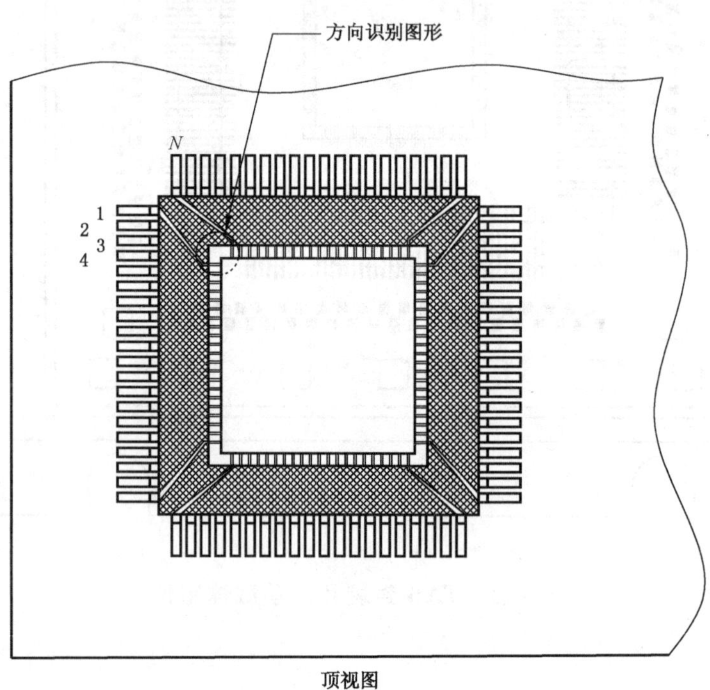

图 C.4　第 1 外引线位置和编号方向

附 录 D
(资料性附录)
测试焊盘编号

D.1 TAB 封装上的测试焊盘编号只在器件从载带切割分离前和组装到基板上时有影响。统一的测试焊盘编号是有用的，不过，对电路设计和用于 TAB 封装电测试、老炼试验夹具的电连接时的编号却不同。

D.2 测试焊盘编号从 TAB 封装识别角开始，方法同第 1 外引线(参见附录 C)，测试焊盘数量由适应于膜规格、测试焊盘节距的 M_1、M_2、M_3 或者 M_4 确定，第 1 测试焊盘是从外行焊盘第 1 外引线顺时针开始的第一个。顺时针编号方向建立在可看到封装金属边的基础上。测试焊盘以顺时针方向连续编号，且内外行交互编号。即：第 2 测试焊盘在第 1 焊盘内侧一行(见图 D.1)。TAB 封装每一边编号在外行以第 1 焊盘进行连续编号。

当使用金属对位孔时，为给金属环提供必要的位置，位于 TAB 封装每角的一个或多个测试焊盘将会被舍弃。这种情况下，测试焊盘的编号仍遵循以上规则，就好像舍弃的焊盘依然存在。在外行的第一个测试焊盘依然是第 1 焊盘，无论它是否真实存在(见图 D.2)。

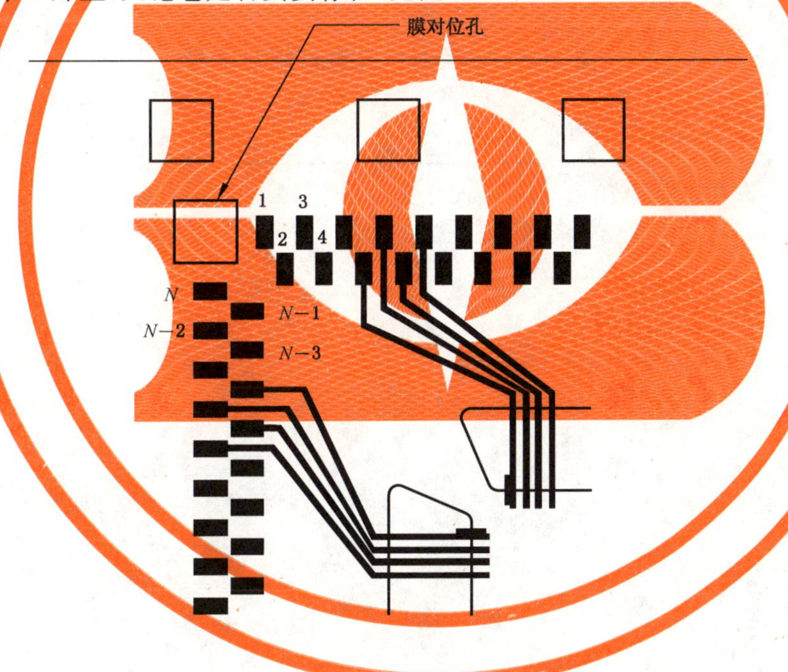

图 D.1 膜对位孔测试焊盘编号

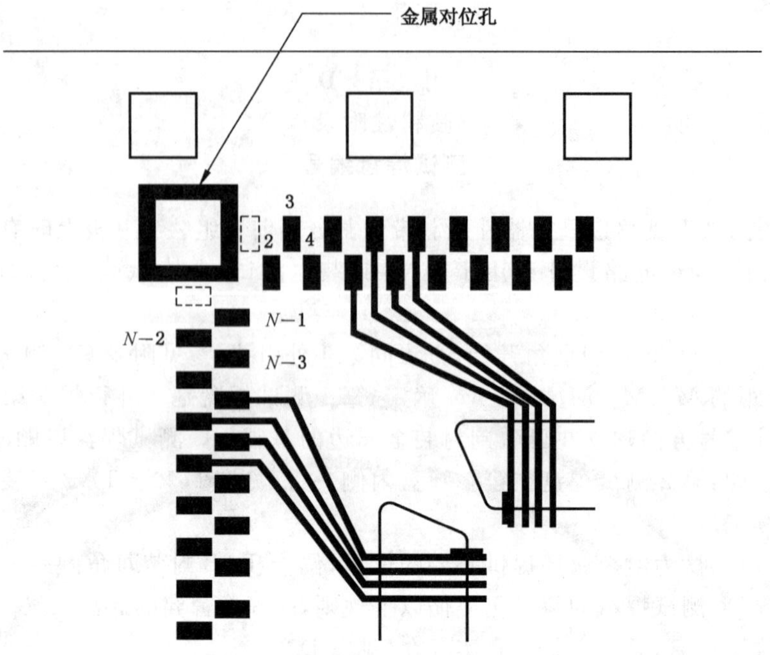

图 D.2 金属对位孔测试焊盘编号

ICS 83.060
G 40

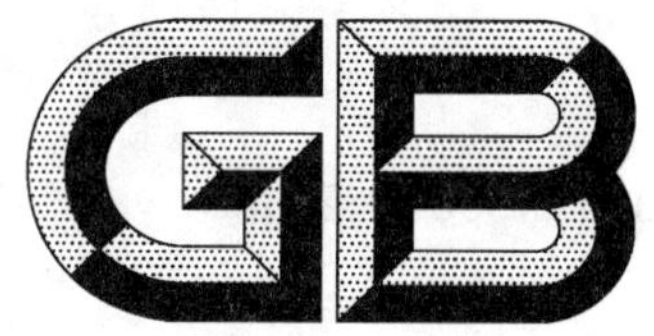

中华人民共和国国家标准

GB/T 15904—2018
代替 GB/T 15904—1995

橡胶　聚异戊二烯含量的测定

Rubber—Determination of polyisoprene content

2018-03-15 发布　　2018-10-01 实施

中华人民共和国国家质量监督检验检疫总局
中国国家标准化管理委员会　发布

前言

本标准按照 GB/T 1.1—2009 给出的规则起草。

本标准代替 GB/T 15904—1995《橡胶中聚异戊二烯含量的测定》。与 GB/T 15904—1995 相比，主要技术变化如下：

——修改了标准名称；

——增加了警告语；

——修改了规范性引用文件(见第 2 章，1995 年版的第 2 章)；

——删除了试剂“三氯甲烷(GB/T 682)”(1995 年版的 4.2)；

——修改“100 mL 单口消化烧瓶”为“100 mL 三口消化烧瓶”(见图 1，1995 年版的图 1)；

——增加了分析天平(见 5.4)；

——增加了蒸馏时的推荐温度(见 6.4.2 的注)；

——增加了滴定终点判断方法(见 6.6.1)；

——修改“丙酮-三氯甲烷(32：68)混合溶剂”为“丙酮溶剂”(见 7.2，1995 年版的 7.2)。

本标准由中国石油和化学工业联合会提出。

本标准由全国橡胶与橡胶制品标准化技术委员会通用试验方法分技术委员会(SAC/TC 35/SC 2)归口。

本标准主要起草单位：抚顺伊科思新材料有限公司、西双版纳州质量技术监督综合检测中心、北京市理化分析测试中心、北京橡胶工业研究设计院、沈阳市化工学校。

本标准主要起草人：林庆菊、王龙庆、李保卫、毕学瑞、范筱京、赵建业、苍飞飞、张翠翠、牛华锋、脱锐、丁晓英、王春龙。

本标准所代替标准的历次版本发布情况为：

——GB/T 15904—1995。

橡胶　聚异戊二烯含量的测定

警示——使用本标准的人应熟悉正规实验室操作规范。本标准并未指出与其有关的所有安全问题。使用者有责任采取适当的安全和健康措施,并保证符合国家法律法规的相关规定。

注意:本标准中规定的一些步骤可能会产生一些物质或废弃物,这些可能会给当地的环境带来危害。使用后应参考适当的文件对这些物质进行安全处理和处置。

1　范围

1.1　本标准规定了橡胶即天然胶、异戊胶、巴拉塔胶和古塔波胶中聚异戊二烯含量的测定方法,具体包括天然、异戊胶乳固形物、固体生胶以及硫化胶或未硫化胶。

1.2　软质胶中的配合剂,例如炭黑、矿物油和硫磺无干扰作用(见表1和7.2)。若有乙酸乙烯酯聚合物,本方法不适用。

1.3　本方法适用于1.1中所述橡胶与丁苯、顺丁和丁腈橡胶的并用胶。

如有卤化橡胶,测定步骤需按6.6.3进行修正。由于卤化橡胶也能与铬酸反应而产生某些干扰,若它是并用胶的主体,则可能阻碍聚异戊二烯与铬酸的反应。因而要用含干扰橡胶的已知混合物检查消化是否完全。

1.4　本方法也适用于测定再生胶中聚异戊二烯含量,但测量值总比估计值低。

1.5　除1.3中所述的各种橡胶,若还有其他橡胶(如:氯磺化聚乙烯橡胶、三元乙丙橡胶、丁基橡胶、氯化丁基橡胶和溴化丁基橡胶),消化时间需做调整。测定值需和类似并用胶所得结果比较校正,否则本方法不适用。并用胶组分中聚硫橡胶产生的偏差最大(见表2)。

2　规范性引用文件

下列文件对于本文件的应用是必不可少的。凡是注日期的引用文件,仅注日期的版本适用于本文件。凡是不注日期的引用文件,其最新版本(包括所有的修改单)适用于本文件。

GB/T 601　化学试剂　标准滴定溶液的制备

GB/T 3516　橡胶　溶剂抽出物的测定

GB/T 4497.1　橡胶　全硫含量的测定　第1部分:氧瓶燃烧法

GB/T 6682　分析实验室用水规格和试验方法

GB/T 8290　浓缩天然胶乳　取样

GB/T 15340　天然、合成生胶取样及其制样方法

3　原理

试样中的聚异戊二烯用硫酸、铬酸混合液加热消化,用蒸汽蒸馏出形成的乙酸,抽气除去馏出液中的二氧化碳。然后用氢氧化钠溶液滴定乙酸。

在规定的试验条件下,异戊二烯单元氧化生成乙酸的产率为75%,据此计算测定结果。

4 试剂

在分析过程中，只应使用分析纯试剂和符合 GB/T 6682 要求的三级水或三级以上的水。

4.1 丙酮。

4.2 三氧化铬。

4.3 浓硫酸(ρ_{20}=1.84 g/mL)。

4.4 碘化钾。

4.5 硫代硫酸钠。

4.6 氢氧化钠。

4.7 酚酞。

4.8 乙醇，95%(体积分数)。

4.9 铬酸混合消化液：将 200 g 三氧化铬(4.2)溶于 500 mL 水中，在搅拌条件下小心加入 150 mL 浓硫酸(4.3)。

4.10 碘化钾溶液(84 g/L)：将 84 g 碘化钾(4.4)溶于水中，用水稀释至 1 000 mL。

4.11 硫代硫酸钠溶液(79 g/L)：将 79 g 硫代硫酸钠(4.5)溶于水中，用水稀释至 1 000 mL。

4.12 氢氧化钠标准滴定溶液 [c(NaOH)=0.05 mol/L 或 0.1 mol/L]：按 GB/T 601 进行配制和标定。

4.13 酚酞指示液(2 g/L)：称取 0.2 g 酚酞(4.7)，溶于乙醇(4.8)中，用同样的乙醇(4.8)稀释至 100 mL。

5 仪器

5.1 抽提装置

见 GB/T 3516。

5.2 消化蒸馏装置

见图 1。图中标明的各部件，在连接顺序不变的条件下，均可用功能相同的仪器代替。

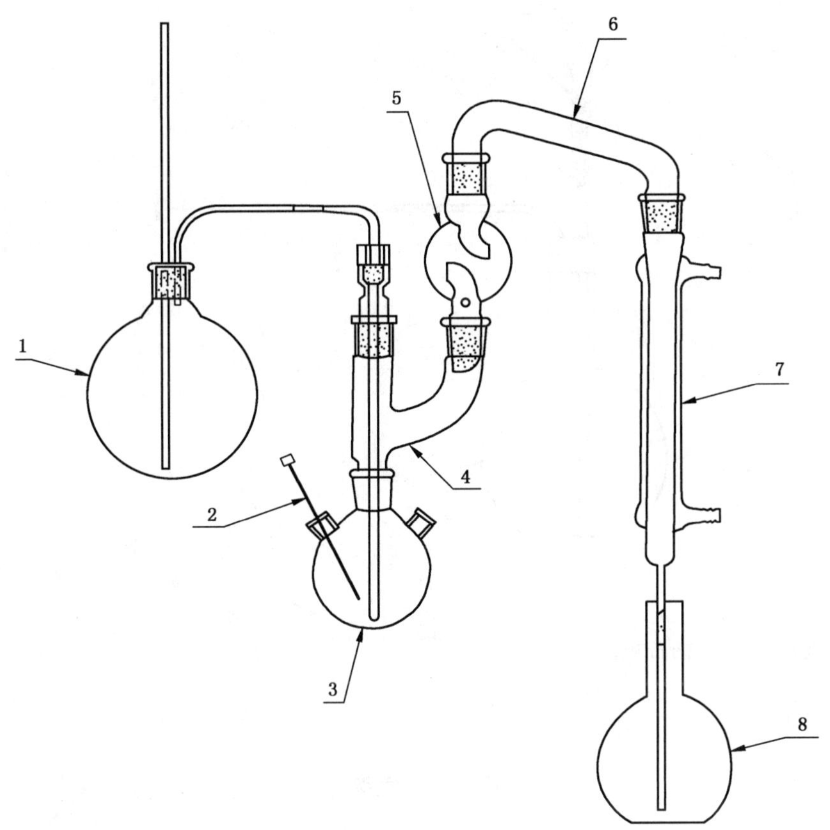

说明：

1——蒸汽发生烧瓶(500 mL)；

2——温度计；

3——消化烧瓶(100 mL)；

4——克莱森应接管；

5——蒸馏阱；

6——应接管；

7——冷凝管；

8——接收烧瓶(500 mL)。

图 1 消化和蒸馏装置

5.3 抽气及二氧化碳吸收装置

见图 2。

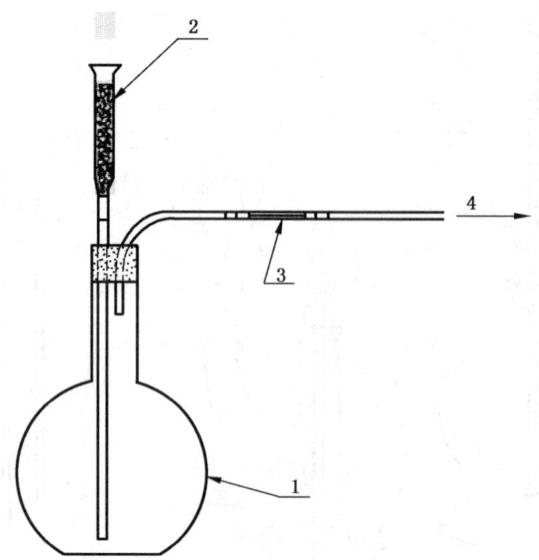

说明：

1——接收烧瓶；

2——二氧化碳吸收管，内装钠石灰；

3——毛细管；

4——连接真空泵的减压线。

图2　抽气装置

将一根长 100 mm、孔径为 1 mm 的毛细管与真空泵的减压管连接后，使通过接收烧瓶的抽气速率保持在 26 mL/s～40 mL/s。在减压管上可连接一个流量计，以确保抽气速率在规定的范围之内。

抽气速率可用下列方法检验：

将一量筒倒置于充满水的烧杯中，然后将一根连接减压管的乳胶管插入量筒中。通过毛细管排除空气，抽气速率与水充入量筒的速度相同。

5.4　分析天平

精确至 0.1 mg。

6　分析步骤

6.1　试样制备

对于生胶和硫化胶试样，按 GB/T 15340 规定将试样压成或剪成厚度不超过 0.5 mm 的薄片。乳胶按 GB/T 8290 规定取样并制膜。

根据所采用的装置及试样中聚异戊二烯的大致含量称取一定质量试样，精确至 0.1 mg。对于图 1 所示装置，试样质量一般以 0.15 g～0.25 g 为宜。如果估计聚异戊二烯含量特别低，则需加大试样质量。

6.2　抽提

将称好的试样，用滤纸包好，放入抽提杯中，按 GB/T 3516 规定的方法进行抽提。

6.3　消化

将经抽提并干燥的试样，放入图 1 的消化烧瓶中，加入 25 mL 的铬酸混合消化液(4.9)。在接收烧瓶中加 100 mL 水。直接加热消化瓶使混合物温度至(100±5)℃,消化 30 min。使用温度计测消化液温度,以确定加热器的控温位置。

若试样是天然胶或异戊胶与 1.5 中所述橡胶的并用胶,则这类橡胶不可能都被彻底消化,但聚异戊二烯能被消化。

对不同型号的图 1 装置,根据消化烧瓶的大小所取试样量多少,可适当增加铬酸混合消化液(4.9)用量,延长消化时间至 1 h。但对同一装置,应保持相同的消化时间。

6.4 蒸馏

6.4.1 在消化期间,应拔去蒸汽发生烧瓶的瓶塞,加热蒸汽发生烧瓶,以便消化结束时可立即输送蒸汽。

6.4.2 消化结束后,将具塞导管的瓶塞塞住蒸汽发生烧瓶的瓶嘴,使蒸汽立即进入消化烧瓶,同时继续加热消化烧瓶,并保持消化烧瓶内消化液至适当温度或呈微沸状态,使消化液总体积保持在 75 mL 左右。控制蒸馏和冷却速度,使冷凝液温度不超过 30℃。

注:此处推荐温度为 110 ℃~115 ℃,目的为蒸馏出乙酸。

6.4.3 用图 1 所示装置时,需收集 150 mL 蒸馏液。所用装置较大时,应增大蒸馏液收集量。

6.4.4 蒸馏完毕(图 1 装置通常需 20 min),卸下接收烧瓶导管,用蒸馏水洗涤导管,洗涤液并入接收烧瓶中,并将接收烧瓶与抽气装置连接起来。

6.4.5 撤离接收烧瓶后,将蒸汽导管立即脱离消化烧瓶,以免移开热源时,铬酸混合液倒吸到蒸汽发生烧瓶中。

6.5 抽气

将蒸馏液的温度冷却至室温后抽气,无论用哪种消化和蒸馏装置,抽气时间均为 30 min。

6.6 滴定

6.6.1 从抽气装置上卸下接收烧瓶,用蒸馏水洗涤导管,洗涤液收集于接收烧瓶中。加 5 滴酚酞指示液(4.13),根据聚异戊二烯估计含量的高低,选用 0.05 mol/L 或 0.1 mol/L 的氢氧化钠标准滴定溶液(4.12)滴定。滴定至溶液变微红色,并在半分钟内不褪色。

6.6.2 同时做空白试验。更换铬酸混合消化液(4.9)时也应重新做空白试验。

6.6.3 若怀疑有卤化橡胶,可在抽气后往蒸馏液中加 5 mL 碘化钾溶液(4.10),并用硫代硫酸钠溶液(4.11)滴定除去生成的碘(黄色褪去)。然后按照 6.6.1 所述步骤测定。

7 分析结果的表述

7.1 若无结合硫或结合硫含量未知,聚异戊二烯含量 W_p,以质量分数表示,则可按式(1)计算:

$$W_p = \frac{0.090\,8 \times (V_1 - V_0) \times c}{m} \times 100\% \qquad \cdots\cdots(1)$$

式中:

V_1 ——滴定试液所消耗的氢氧化钠标准滴定溶液的体积,单位为毫升(mL);

V_0 ——滴定空白所消耗的氢氧化钠标准滴定溶液的体积,单位为毫升(mL);

c ——氢氧化钠标准滴定溶液的实际浓度,单位为摩尔每升(mol/L);

m ——试样的质量,单位为克(g);

0.090 8——在规定的试验条件下,异戊二烯单元氧化生成乙酸的产率为 75%,据此得出的化学计算常数。

7.2 若已知结合硫含量,则聚异戊二烯含量 W'_p,以质量分数表示,按式(2)计算:

$$W'_p = W_p \times (1 + 0.015W_s) \quad \cdots\cdots (2)$$

式中:

W_p——按 7.1 计算的聚异戊二烯含量;

W_s——结合硫含量。

胶样经丙酮溶剂抽提、干燥后,按照 GB/T 4497.1 规定测定结合硫含量。

表 1 橡胶配合剂的干扰程度

配合剂	干扰情况
结合硫	见 7.2
炭黑	在胎面胶中未测出干扰
纤维素	作用与橡胶烃相当的组分不超过其质量的 2%,可忽略
沥青烃(矿物胶)	用丙酮抽提除去,否则结论有误差
褐色油膏	用丙酮抽提后可忽略
聚异丁烯	基本无干扰
乙酸乙酯均聚物或共聚物	有这类配合剂,本方法无效

表 2 在铬酸氧化过程中橡胶类材料的特性

材料	特性
硬质天然胶或硬质异戊胶制品	见 7.2
天然胶(巴拉塔胶)	与异戊二烯聚合物大致相当
聚硫橡胶	质量约为聚硫橡胶 18%的组分,作用相当于异戊二烯聚合物
丁腈橡胶	质量约为丁腈胶 1.5%~2%的组分,作用相当于异戊二烯聚合物
丁苯橡胶	质量约为丁苯胶 3%的组分,作用相当于异戊二烯聚合物
氯丁橡胶	如用修正步骤,又排除氯(见 6.6.3)干扰,质量约为氯丁橡胶 3%的组分,作用相当于异戊二烯聚合物
丁基橡胶	实际不反应,因妨碍天然胶或异戊二烯橡胶完全反应而产生干扰

ICS 87.080
Y 44

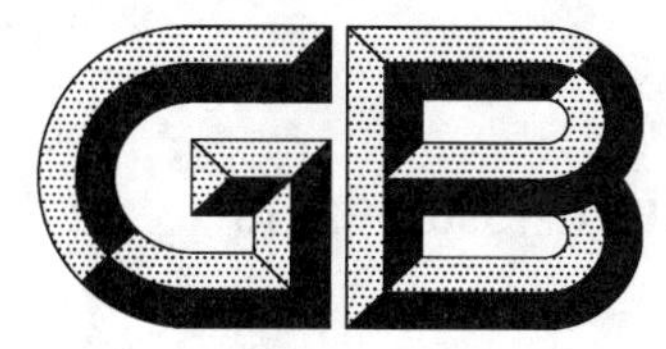

中华人民共和国国家标准

GB/T 15962—2018
代替 GB/T 15962—2008

油墨术语

Terms for printing ink

2018-06-07 发布　　　　2019-01-01 实施

国家市场监督管理总局
中国国家标准化管理委员会　发布

前　言

本标准按照 GB/T 1.1—2009 给出的规则起草。

本标准代替 GB/T 15962—2008《油墨术语》。本标准与 GB/T 15962—2008 相比，除编辑性修改外主要技术变化如下：

——修改了标准名称的英文译名；

——增加了油墨种类的术语（见第 2 章）、油墨组分的术语（见第 3 章）、油墨性能的术语（见第 4 章）；

——增加了一些油墨术语（见 2.6，2.12，2.22，2.23，2.35，2.42，2.46，2.47，2.53，2.58，2.63，3.13，3.14，4.79）；

——修改了一些油墨术语（见 2.2，2.7，2.10，2.11，2.13，2.14，2.15，2.16，2.17，2.18，2.19，2.20，2.21，2.24，2.36，2.37，2.39，2.40，2.41，2.51，2.52，2.60，3.2，3.5，3.6，3.8，3.10，3.11 和 4.34，2008 版的 2.1，2.2，2.2.2.1，2.2.2.2，2.2.3，2.3，2.3.1，2.3.2，2.3.2.1，2.3.2.2，2.3.2.2.1，2.3.2.2.2，2.5，2.7，2.11.1，2.11.1.1，2.11.1.2，2.11.1.3，2.11.1.4，2.11.6，2.11.7，2.11.14，3.1.1，3.1.2，3.2，3.4，3.6，3.7 和 4.2.1.1）；

——删除了一些油墨术语（见 2008 版的 2.6，3，4，4.1.12，4.1.13）。

本标准由中国轻工业联合会提出。

本标准由全国油墨标准化技术委员会（SAC/TC 127）归口。

本标准起草单位：北京印刷学院、杭华油墨股份有限公司、浙江永在化工有限公司、天津东洋油墨有限公司、洋紫荆油墨（中山）有限公司、中钞油墨有限公司、上海牡丹油墨有限公司、北京工商大学。

本标准主要起草人：魏先福、马志强、吴敏、张进梅、冯文照、李青、陈爱军、辛秀兰。

本标准所代替标准的历次版本发布情况为：

——GB/T 15962—1995；GB/T 15962—2008。

油 墨 术 语

1 范围

本标准界定了油墨种类、油墨组分及油墨性能的术语和定义。

本标准适用于油墨的生产、应用、科研、教学、出版及编制标准,也可供国内外技术交往中使用。

2 油墨种类的术语

2.1

印刷油墨 printing ink

油墨

由着色剂、连结料、辅助剂等成分组成的分散体系,在印刷过程中被转移到承印物上的着色的物质。

2.2

凸印油墨 letterpress ink

适用于使用图文部分凸起,空白部分凹下的凸版进行印刷的各种油墨的总称。

2.3

柔印油墨 flexographic ink

适用于柔性版印刷的油墨。

2.4

纸张柔印油墨 flexographic ink for paper

以纸张为承印材料的**柔印油墨**(2.3)。

2.5

薄膜柔印油墨 flexographic ink for film

以薄膜为承印材料的**柔印油墨**(2.3)。

2.6

树脂凸版油墨 resinous letterpress ink

适用于树脂凸版印刷的油墨。

2.7

胶印油墨 offset ink

适用于使用图文部分和空白部分几乎在一个平面上的平版,并通过橡皮布转移油墨进行印刷的各种油墨总称。

2.8

单张胶印油墨 sheet-fed offset ink

适用于单张基材胶印机的油墨。

2.9

轮转胶印油墨 web-fed offset ink

适用于卷筒基材胶印机的油墨。

2.10

热固轮转油墨 heat-set web-fed ink

通过加热而固着干燥的**轮转胶印油墨**(2.9)。

2.11

冷固轮转油墨 cold-set web-fed ink

在常温下固着干燥的**轮转胶印油墨**(2.9)。

2.12

植物油油墨 vegetable oil based ink

以植物油或改性植物油作为油墨连结料的油墨。

2.13

无水胶印油墨 waterless offset ink

适用于无水胶印的油墨。

2.14

凹印油墨 gravure ink

适用于使用图文部分凹下,空白部分凸起的凹版进行印刷的各种油墨的总称。

2.15

浆状凹印油墨 intaglio ink

适用于雕刻凹版印刷的高粘度油墨。

2.16

液体凹印油墨 photogravure ink

适用于照相凹版印刷的低粘度油墨。

2.17

纸张液体凹印油墨 photogravure ink for paper

以纸张为承印材料的照相凹版印刷油墨。

2.18

薄膜液体凹印油墨 photogravure ink for film

以薄膜为承印材料的照相凹版印刷油墨。

2.19

薄膜液体凹印表印油墨 photogravure surface ink for film

以薄膜为承印材料进行表印的照相凹版印刷油墨。

2.20

薄膜液体凹印复合油墨 photogravure lamination ink for film

以薄膜为承印材料进行里印的照相凹版印刷油墨。

2.21

网印油墨 screen ink

适用于使用图文部分由孔洞组成的网版进行印刷的各种油墨的总称。

2.22

平版网印油墨 flat screen ink

用于平版网印的油墨。

2.23

轮转网印油墨 rotary screen ink

用于轮转网印的油墨。

2.24

数字印刷油墨 digital printing ink

适用于将数字化图文信息直接记录到承印材料上进行印刷的各种油墨总称。

2.25

喷墨印刷油墨　ink-jet ink

适用于喷墨印刷方式的油墨。

2.26

静电印刷油墨　electrostatic ink

适用于静电印刷方式的油墨。

2.27

热升华油墨　thermal dye transfer ink

以热升华染料为色料，印刷在转印纸上后，再利用热和压力转印至承印物上的油墨。

2.28

能量固化油墨　energy curing ink

能在能量辐射作用下，发生聚合反应而固化干燥的油墨。

2.29

紫外光固化油墨　ultraviolet（UV）curing ink

能在紫外线照射作用下瞬间固化的油墨。

2.30

电子束固化油墨　electron beam curing ink

能在电子束照射作用下瞬间固化的油墨。

2.31

红外线固化油墨　Infrared（IR）curing ink

能在红外线照射作用下固化的油墨。

2.32

溶剂油墨　solvent-based ink

以有机溶剂作为主要溶剂的油墨。

2.33

水性油墨　water-based ink

由水基型连结料等成分组成的油墨。

2.34

特殊印刷油墨　special printing ink

具有特殊的成分，或特殊用途的油墨。

2.35

功能油墨　functional ink

具备光学性能，电子性能，物理性能，生化性能及承印物表面加工装饰性能的油墨。

2.36

防伪油墨　anti-counterfeiting ink

用以印刷可见或不可见的标志，便于查证和防止伪造，在特殊条件下发生一定变化的油墨。

2.37

热敏变色油墨　thermochromic ink

在一定的温度作用下，能发生变色效果的油墨。

2.38

荧光油墨　fluorescent ink

用荧光颜料或染料制成的油墨。

2.39

紫外光激发荧光油墨　ultra violet（UV）excitation fluorescent ink

在紫外光照射下,能发出可见光的特种油墨。

2.40

红外线激发荧光油墨　Infrared(IR)excitation fluorescent ink

在红外光照射下,能发出可见光的特种油墨。

2.41

光致变色油墨　photochromatic ink

在一定波长的光照射下,有可逆变色和不可逆变色,能够产生颜色变化的油墨。

2.42

红外吸收油墨　Infrared(IR)absorption ink

在红外光照射下可吸收光线呈现黑色的油墨。

2.43

光折射油墨　optical refraction ink

在不同角度的光线照射下,能够产生颜色变化的油墨。

2.44

防涂改油墨　safety ink

对涂改用的化学物质具有显色反应的油墨。

2.45

导电油墨　electric conductive ink

用导电材料制成的具有一定程度导电性质的油墨。

2.46

印花油墨　calico printing ink

用于以织物为基材的印刷油墨。

2.47

陶瓷油墨　ceramics ink

用于以陶瓷为基材的印刷油墨。

2.48

磁性油墨　magnetic ink

用磁性材料等成分制成的油墨。

2.49

热熔油墨　hot-melt ink

受热时油墨熔成液体,印到承印物上后,在常温下立即冷凝固着的油墨。

2.50

热转移油墨　heat transfer ink

在特制基材上印刷好的图案文字通过接触加热转移到其他材料上的油墨。

2.51

水转印油墨　water transfer ink

适用于将印刷在水润湿后的水转印纸上的图案,从水转印纸上脱落并粘附到承印物上的油墨。

2.52

移印油墨　pad transfer ink

适用于使用金属凹版,经由硅橡胶铸成半球面的移印头将油墨转印至承印物上完成转移印刷的各种油墨的总称。

2.53

珂罗版油墨　photo-gelatin ink

适用于使用玻璃板为版基，按原稿层次制成不同硬化程度的明胶图文，硬化部分吸收油墨，未硬化部分通过润湿排斥油墨进行印刷的各种油墨总称。

2.54

微胶囊油墨　microcapsule ink

颜料粒子经包覆处理形成微胶囊制备成的油墨。

2.55

誊写油墨　stencil ink

适用于以手刻或打字蜡纸为印版的油墨。

2.56

原子印章油墨　stamp ink

适用于原子印章用的油墨。

2.57

珠光油墨　pearlescent ink

用珠光颜料制成的油墨。

2.58

金属油墨　metallic ink

用金属粉末作为颜料制成的油墨。

2.59

发泡油墨　foaming ink

具有发泡隆起功能的油墨。

2.60

储光油墨　light-stored ink

以蓄光着色剂制备的油墨。

2.61

装饰性印刷油墨　decorative printing ink

印至承印物后呈现特殊装饰效果的油墨。

2.62

上光油　overprint varnish

涂布(或印刷)在印刷品表面，起保护及装饰作用的液状物质。

2.63

底涂　primer coat

涂布(或印刷)在基材表面，改善油墨和基材印刷适性的液状物质。

3　油墨组分的术语

3.1

着色剂　colorant

赋予油墨颜色的有色物质。

3.2

颜料　pigment

不溶于水、油、溶剂和树脂等介质中的有色固体粉状物质。

3.3

有机颜料　organic pigment

由苯、萘、蒽等或杂环芳香族有机化合物衍生的不饱和有机化合物组成的颜料。

3.4

无机颜料　inorganic pigment

由单质元素、金属氧化物、无机盐、络合物等组成的颜料。

3.5

染料　dye

能溶于或分散于水、有机溶剂的有色物质。

3.6

连结料　vehicle

用于油墨中的着色剂载体和形成墨膜的作用的流体物质。

3.7

树脂　resin

用于油墨连结料的有机高分子物质。

3.8

溶剂　solvent

用于溶解树脂,组成油墨连结料的液态物质。用于溶解或稀释油墨连结料、树脂的液态物质。

3.9

光引发剂　photoinitiator

吸收辐射能,经化学变化产生具有引发聚合能力的活性中间体。

3.10

预聚物　oligomer

用于能量固化油墨的含有不饱和官能团的低分子聚合物。

3.11

单体　monomer

用于能量固化油墨的含有可聚合官能团的有机化合物。

3.12

辅助剂　additive

在制造或使用油墨时,加入少量可以调整油墨使其具有某种性质的材料。

3.13

调墨油　varnish

用于调整油墨粘度的材料。

3.14

撤粘剂　paste tack reducer

用于调整油墨粘性的材料。

3.15

填充料　filler

添加在油墨中基本不影响油墨颜色的粉状物质。

4 油墨性能的术语

4.1

油墨的光学性能　optical properties of ink

反映油墨光学性质的各种参数指标。

4.2

颜色　colour

用色名或色的三属性来表示的，光作用于人眼引起空间属性以外的视觉特性。

4.3

中性色　neutral colour

无光谱选择性的物体表面色。

[GB/T 5698—2001，定义 4.2]

4.4

彩色　chromatic colour

中性色(4.3)以外的**颜色**(4.2)。

4.5

孟塞尔颜色系统　Munsell colour system

用孟塞尔色立体模型所规定的的色相、明度和彩度来表示物体色的色度系统。

[GB/T 5698—2001，定义 5.11]

4.6

色相　hue

色调

颜色的三属性之一，表示红、黄、绿、蓝、紫等颜色特性。

4.7

明度　lightness

颜色的三属性之一，物体表面相对明暗的特性。在同样的照明条件下，以白板作为基准，对物体表面的视觉特性给予的分度。

注：改写 GB/T 5698—2001，定义 5.8。

4.8

彩度　chroma

颜色的三属性之一，用距离等明度无彩色点的视知觉特性来表示物体表面颜色的浓淡，并给予分度。

注：改写 GB/T 5698—2001，定义 5.9。

4.9

CIE 颜色系统　CIE colour system

国际照明委员会规定的表达和测量颜色的体系。

4.10

三刺激值　tristimulus values

在三色系统中，与待测色刺激达到色匹配所需的三种参照色刺激的量。

注：在 XYZ 表色系统中，采用[X]、[Y]、[Z]三刺激值。在 $X_{10}Y_{10}Z_{10}$ 表色系统中，采用[X_{10}]、[Y_{10}]、[Z_{10}]三刺激值。

[GB/T 5698—2001，定义 4.23]

4.11

色度　chromaticity

定量描述颜色的色相、彩度、明度的综合量。

4.12

色度值　chromatic value

模拟人眼中锥体细胞响应的数值。

4.13

色差　colour difference

定量表示的色知觉差别。以$\triangle E$表示。

[GB/T 5698—2001，定义4.62]

4.14

灰度　grayness

油墨色相不应吸收区域最小密度与应吸收区域最大密度之比。

4.15

色效率　colour efficiency

一个颜色对光的正确吸收与不正确吸收的百分比。

4.16

色强度　colour strength

用密度计三色滤色片测得的三个密度值中的最大密度值。

4.17

色相误差　hue error

油墨色相反射区域密度差与吸收区域密度差之比。

4.18

相加混色原色　additive primaries

相加混色用基本色刺激。通常使用红、绿、蓝三种颜色。

[GB/T 5698—2001，定义4.53]

4.19

相减混色原色　subtractive primaries

相减混色用基本吸收介质的颜色。通常使用青(吸收光谱的红色部分)，品红(吸收光谱的绿色部分)，黄(吸收光谱的蓝紫部分)色吸收介质。

[GB/T 5698—2001，定义4.55]

4.20

二次色　secondary colour

三原色中任意两色混合而成的中间色。

4.21

复色　compound colour

由两种及以上颜色混合而成的颜色。

4.22

互补色　complementary colour

以适当比例混合产生中性色的两种颜色。通过相加混色能够匹配成规定的无彩色刺激的两种颜色。

注：改写GB/T 15608—2006，定义3.8。

4.23

面色　toptone

刮在刮样纸上的薄层油墨所显示的颜色。

4.24

底色　undertone

把刮有薄层油墨的刮样纸在光照透视下所显示的颜色。

4.25

墨色　masstone

刮在刮样纸上的厚层油墨的颜色。

4.26

着色力　tinctorial strength

表示油墨样品与标样之间颜色浓度的差别。

4.27

标样　master standard

油墨生产控制及质量监督检测的基准样。

4.28

透明度　transparency

油墨能被光线透过而显现被遮盖表面颜色的能力。

4.29

遮盖力　covering power

油墨遮盖被覆盖表面颜色的能力。

4.30

光泽　gloss

与表面定向反射成分的大小和反射光配光曲线的尖锐程度有关的，物体表面定向选择反射的性质。

注：改写 GB/T 15608—2006，定义 3.5。

4.31

光泽度　glossiness

用数据表述的物体表面的光泽(4.30)程度。

[GB/T 15608—2006，定义 3.6]

4.32

油墨的固有特性　inherent property of ink

油墨本身所具有的特点与性能。

4.33

墨性　ink property

反映到印刷适性上的油墨性质的总称。

4.34

身骨　body

油墨的软硬、松紧、稀稠和弹性等综合表现。

4.35

流平　levelling

油墨铺展的速度及铺展后接触角的大小。

4.36

丝头 stringing

用小墨刀的头部轻按油墨后拉起，油墨从拉起的小墨刀上流下时所成绵延的细丝。

4.37

细度 fineness

油墨中的颜料、填料等粉状物质被研细分散在连结料中的程度。

4.38

粘性 tack

油墨薄层在两接触面之间抗拒分离的阻力。

4.39

粘性增值 tack increasing value

油墨在印刷时的相对粘性的变化情况。

4.40

飞墨 misting

油墨微粒飞离运转着的设备的现象。

4.41

斜率 slope

表现油墨丝头特性的指标。

4.42

截距 intercept

表现油墨软硬特性的指标。

4.43

流动值 flow value

表现油墨流动特性的指标。

4.44

屈服值 yield value

使油墨开始流动所需的最小剪切应力。

4.45

触变性 thixotropy

油墨受到外力作用引起粘度下降，外力消失后粘度恢复的现象。

4.46

粘弹性 viscoelasticity

油墨的粘滞性及弹性的综合性质。

4.47

粘度 viscosity

油墨内部抗拒其墨层滑移的摩擦阻力。

4.48

牛顿流体 newtonian fluid

满足牛顿粘性定律的流体。

4.49

塑性流体 plastic fluid

外力小于屈服值时不产生流动，外力大于屈服值时，表现出牛顿流体性质的流体。

4.50

剪切变稀流体　shear thinning fluid

在外力作用下,粘度随剪切速率增大而变稀薄的流体。

4.51

膨胀性流体　dilatant fluid

胀流型流体

在外力作用下,粘度随剪切速率增大而上升的流体,但在静置时,能逐渐恢复原来的状态。

4.52

假塑性流体　pseudoplastic fluid

低剪切速率范围呈现剪切变稀性质,高剪切速率范围呈现塑性流体性质的流体。

4.53

流动性　flowability

油墨本身所具有的流动性能。

4.54

流动度　fluidity

反映油墨流动性的指标。

4.55

固着　setting

油墨印刷到承印材料上后,自流态变成半固态的过程。

4.56

干燥　drying

油墨薄层转变成固态墨膜的整个过程。

4.57

氧化结膜干燥　oxidation drying

油墨吸收氧气而发生氧化聚合反应,形成固态墨膜的过程。

4.58

挥发干燥　evaporation drying

油墨因溶剂挥发,自流态凝固成固态墨膜的过程。

4.59

渗透干燥　penetration drying

油墨因部分连结料渗入承印材料后自流态凝固成固态墨膜的过程。

4.60

紫外光固化　ultraviolet curing

UV 固化

油墨在紫外光照射下瞬间自流态凝固成固态墨膜的过程。

4.61

热固干燥　heat-set drying

油墨通过加热自流态凝固成固态墨膜的过程。

4.62

电子束固化　electrobeam curing

EB 固化

油墨在电子束作用下凝固成固态墨膜的过程。

4.63

初干性 initial dryness

表征油墨起始干燥的能力。

4.64

彻干性 thorough dryness

表征油墨完全干燥的能力。

4.65

固化速度 curing speed

能量固化油墨的干燥速度。

4.66

乳化 emulsification

两种不相溶的液体,其中一种以细小的液滴形式分散在另一种液体中的现象。

4.67

稳定性 stability

油墨维持自身固有特性的能力。

4.68

胶化 livering

油墨在规定的温度和时间下的变稠或结块程度。

4.69

附着力 adhesion

油墨墨膜在承印基材上的粘附牢度。

4.70

粘连性 blocking

在规定的条件下,墨膜被粘合在一起的程度。

4.71

迁移性 migration potential

油墨组份穿透墨层或承印基材的能力。

4.72

油墨的物理、化学耐性 physical and chemical resistance of ink

油墨在存放和使用时,抵抗外界物理、化学条件变化的性质。

4.73

冷冻牢度 freezing toughness

塑料油墨印刷品经过冷冻后,在室温条件下墨膜的耐揉搓程度。

4.74

耐光 light fastness

油墨印刷品在日光曝晒一定时间后的油墨颜色变化的程度。

4.75

耐碱性 alkali resistance

油墨印刷品受到碱性物质侵蚀后的墨膜变化的程度。

4.76

耐酸性 acid resistance

油墨印刷品受到酸性物质侵蚀后的墨膜变化的程度。

4.77

耐醇性　alcohol resistance

油墨印刷品受到醇性物质侵蚀后的墨膜变化的程度。

4.78

耐溶剂性　solvent resistance

油墨印刷品受到溶剂性物质侵蚀后的墨膜变化的程度。

4.79

耐水性　water resistance

油墨印刷品受到水侵蚀后墨膜变化的程度。

4.80

耐蜡性　wax resistance

油墨印刷品受到蜡性物质侵蚀后的墨膜变化的程度。

4.81

耐热性　heat resistance

油墨印刷品在规定的时间及温度条件下烘烤后的颜色变化程度。

4.82

耐摩擦性　rub resistance

油墨印刷品墨膜受摩擦后的损伤程度。

4.83

耐蒸煮性　steam resistance

油墨印刷品在高压蒸汽中蒸煮后的墨膜的变化程度。

4.84

抗冲击性　shock resistance

墨膜在经受高速率的重力作用后发生变化的程度。

4.85

耐折性　folding endurance

墨膜抵抗往复折叠的能力。

4.86

耐划伤性　scratch resistance

墨膜抵抗刮擦的能力。

参 考 文 献

[1] GB/T 5698—2001 颜色术语
[2] GB/T 15608—2006 中国颜色体系

索　引

汉语拼音索引

A

凹印油墨 …… 2.14

B

薄膜柔印油墨 …… 2.5
薄膜液体凹印表印油墨 …… 2.19
薄膜液体凹印复合油墨 …… 2.20
薄膜液体凹印油墨 …… 2.18
标样 …… 4.27

C

彩度 …… 4.8
彩色 …… 4.4
彻干性 …… 4.64
撤粘剂 …… 3.14
初干性 …… 4.63
储光油墨 …… 2.60
触变性 …… 4.45
磁性油墨 …… 2.48

D

单体 …… 3.11
单张胶印油墨 …… 2.8
导电油墨 …… 2.45
底色 …… 4.24
底涂 …… 2.63
电子束固化 …… 4.62
电子束固化油墨 …… 2.30

E

二次色 …… 4.20

F

发泡油墨 …… 2.59
防涂改油墨 …… 2.44
防伪油墨 …… 2.36
飞墨 …… 4.40
辅助剂 …… 3.12
复色 …… 4.21
附着力 …… 4.69

G

干燥 …… 4.56
功能油墨 …… 2.35
固化速度 …… 4.65
固着 …… 4.55
光引发剂 …… 3.9
光泽 …… 4.30
光泽度 …… 4.31
光折射油墨 …… 2.43
光致变色油墨 …… 2.41

H

红外吸收油墨 …… 2.42
红外线固化油墨 …… 2.31
红外线激发荧光油墨 …… 2.40
互补色 …… 4.22
灰度 …… 4.14
挥发干燥 …… 4.58

J

假塑性流体 …… 4.52
剪切变稀流体 …… 4.50
浆状凹印油墨 …… 2.15
胶化 …… 4.68
胶印油墨 …… 2.7
截距 …… 4.42
金属油墨 …… 2.58
静电印刷油墨 …… 2.26

K

抗冲击性 …… 4.84
珂罗版油墨 …… 2.53

L

冷冻牢度 …… 4.73
冷固轮转油墨 …… 2.11
连结料 …… 3.6
流动度 …… 4.54
流动性 …… 4.53
流动值 …… 4.43
流平 …… 4.35
轮转胶印油墨 …… 2.9
轮转网印油墨 …… 2.23

M

孟塞尔颜色系统 …… 4.5
面色 …… 4.23
明度 …… 4.7
墨色 …… 4.25
墨性 …… 4.33

N

耐醇性 …… 4.77
耐光 …… 4.74
耐划伤性 …… 4.86
耐碱性 …… 4.75
耐蜡性 …… 4.80
耐摩擦性 …… 4.82
耐热性 …… 4.81
耐溶剂性 …… 4.78
耐水性 …… 4.79
耐酸性 …… 4.76
耐折性 …… 4.85
耐蒸煮性 …… 4.83
能量固化油墨 …… 2.28
粘度 …… 4.47
粘连性 …… 4.70
粘弹性 …… 4.46
粘性 …… 4.38
粘性增值 …… 4.39
牛顿流体 …… 4.48

P

喷墨印刷油墨 …… 2.25
膨胀性流体 …… 4.51
平版网印油墨 …… 2.22

Q

迁移性 …… 4.71
屈服值 …… 4.44

R

染料 …… 3.5
热固干燥 …… 4.61
热固轮转油墨 …… 2.10
热敏变色油墨 …… 2.37
热熔油墨 …… 2.49
热升华油墨 …… 2.27
热转移油墨 …… 2.50
溶剂 …… 3.8
溶剂油墨 …… 2.32
柔印油墨 …… 2.3
乳化 …… 4.66

S

三刺激值 …… 4.10
色差 …… 4.13
色调 …… 4.6
色度 …… 4.11
色度值 …… 4.12
色强度 …… 4.16
色相 …… 4.6
色相误差 …… 4.17
色效率 …… 4.15
上光油 …… 2.62
身骨 …… 4.34
渗透干燥 …… 4.59
树脂 …… 3.7
树脂凸版油墨 …… 2.6
数字印刷油墨 …… 2.24
水性油墨 …… 2.33
水转印油墨 …… 2.51
丝头 …… 4.36
塑性流体 …… 4.49

T

陶瓷油墨 …… 2.47
特殊印刷油墨 …… 2.34
誊写油墨 …… 2.55

填充料 …… 3.15
调墨油 …… 3.13
透明度 …… 4.28
凸印油墨 …… 2.2

W

网印油墨 …… 2.21
微胶囊油墨 …… 2.54
稳定性 …… 4.67
无机颜料 …… 3.4
无水胶印油墨 …… 2.13

X

细度 …… 4.37
相加混色原色 …… 4.18
相减混色原色 …… 4.19
斜率 …… 4.41

Y

颜料 …… 3.2
颜色 …… 4.2
氧化结膜干燥 …… 4.57
液体凹印油墨 …… 2.16
移印油墨 …… 2.52
印花油墨 …… 2.46
印刷油墨 …… 2.1
荧光油墨 …… 2.38
油墨 …… 2.1
油墨的固有特性 …… 4.32
油墨的光学性能 …… 4.1
油墨的物理、化学耐性 …… 4.72
有机颜料 …… 3.3
预聚物 …… 3.10
原子印章油墨 …… 2.56

Z

胀流型流体 …… 4.51
遮盖力 …… 4.29
植物油油墨 …… 2.12
纸张柔印油墨 …… 2.4
纸张液体凹印油墨 …… 2.17
中性色 …… 4.3
珠光油墨 …… 2.57
装饰性印刷油墨 …… 2.61
着色剂 …… 3.1
着色力 …… 4.26
紫外光固化 …… 4.60
紫外光固化油墨 …… 2.29
紫外光激发荧光油墨 …… 2.39

CIE 颜色系统 …… 4.9
EB 固化 …… 4.62
UV 固化 …… 4.60

英文对应词索引

A

acid resistance …… 4.76
additive …… 3.12
additive primaries …… 4.18
adhesion …… 4.69
alcohol resistance …… 4.77
alkali resistance …… 4.75
anti-counterfeitting ink …… 2.36

B

blocking …… 4.70

body ········ 4.34

C

calico printing ink ········ 2.46
ceramics ink ········ 2.47
chroma ········ 4.8
chromatic colour ········ 4.4
chromaticity ········ 4.11
chromatic value ········ 4.12
CIE colour system ········ 4.9
cold-set web-fed ink ········ 2.11
colorant ········ 3.1
colour ········ 4.2
colour difference ········ 4.13
colour efficiency ········ 4.15
colour strength ········ 4.16
complementary colour ········ 4.22
compound colour ········ 4.21
covering power ········ 4.29
curing speed ········ 4.65

D

decorative printing ink ········ 2.61
digital printing ink ········ 2.24
dilatant fluid ········ 4.51
drying ········ 4.56
dye ········ 3.5

E

electric conductive ink ········ 2.45
electrobeam curing ········ 4.62
electron beam curing ink ········ 2.30
electrostatic ink ········ 2.26
emulsification ········ 4.66
energy curing ink ········ 2.28
evaporation drying ········ 4.58

F

filler ········ 3.15
fineness ········ 4.37
flat screen ink ········ 2.22
flexographic ink ········ 2.3
flexographic ink for film ········ 2.5

flexographic ink for paper …… 2.4
flowability …… 4.53
flow value …… 4.43
fluidity …… 4.54
fluorescent ink …… 2.38
foaming ink …… 2.59
folding endurance …… 4.85
freezing toughness …… 4.73
functional ink …… 2.35

G

gloss …… 4.30
glossiness …… 4.31
gravure ink …… 2.14
grayness …… 4.14

H

heat resistance …… 4.81
heat transfer ink …… 2.50
heat-set drying …… 4.61
heat-set web-fed ink …… 2.10
hot-melt ink …… 2.49
hue …… 4.6
hue error …… 4.17

I

Infrared（IR）absorption ink …… 2.42
Infrared（IR）curing ink …… 2.31
Infrared（IR）excitation fluorescent ink …… 2.40
inherent property of ink …… 4.32
initial dryness …… 4.63
ink-jet ink …… 2.25
ink property …… 4.33
inorganic pigment …… 3.4
intaglio ink …… 2.15
intercept …… 4.42

L

letterpress ink …… 2.2
levelling …… 4.35
light fastness …… 4.74
light-stored ink …… 2.60
lightness …… 4.7

livering ······ 4.68

M

magnetic ink ······ 2.48
masstone ······ 4.25
master standard ······ 4.27
metallic ink ······ 2.58
microcapsule ink ······ 2.54
migration potential ······ 4.71
misting ······ 4.40
monomer ······ 3.11
Munsell colour system ······ 4.5

N

neutral colour ······ 4.3
newtonian fluid ······ 4.48

O

offset ink ······ 2.7
oligomer ······ 3.10
optical properties of ink ······ 4.1
optical refraction ink ······ 2.43
organic pigment ······ 3.3
overprint varnish ······ 2.62
oxidation drying ······ 4.57

P

pad transfer ink ······ 2.52
paste tack reducer ······ 3.14
pearlescent ink ······ 2.57
penetration drying ······ 4.59
photochromatic ink ······ 2.41
photo-gelatin ink ······ 2.53
photogravure ink ······ 2.16
photogravure ink for film ······ 2.18
photogravure ink for paper ······ 2.17
photogravure lamination ink for film ······ 2.20
photogravure surface ink for film ······ 2.19
photoinitiator ······ 3.9
physical and chemical resistance of ink ······ 4.72
pigment ······ 3.2
plastic fluid ······ 4.49
primer coat ······ 2.63

printing ink ········· 2.1
pseudoplastic fluid ········· 4.52

R

resin ········· 3.7
resinous letterpress ink ········· 2.6
rotary screen ink ········· 2.23
rub resistance ········· 4.82

S

safety ink ········· 2.44
scratch resistance ········· 4.86
screen ink ········· 2.21
secondary colour ········· 4.20
setting ········· 4.55
shear thinning fluid ········· 4.50
sheet-fed offset ink ········· 2.8
shock resistance ········· 4.84
slope ········· 4.41
solvent ········· 3.8
solvent-based ink ········· 2.32
solvent resistance ········· 4.78
special printing ink ········· 2.34
stability ········· 4.67
stamp ink ········· 2.56
steam resistance ········· 4.83
stencil ink ········· 2.55
stringing ········· 4.36
subtractive primaries ········· 4.19

T

tack ········· 4.38
tack increasing value ········· 4.39
thermal dye transfer ink ········· 2.27
thermochromic ink ········· 2.37
thixotropy ········· 4.45
thorough dryness ········· 4.64
tinctorial strength ········· 4.26
toptone ········· 4.23
transparency ········· 4.28
tristimulus values ········· 4.10

U

ultraviolet curing ········· 4.60

ultraviolet（UV）curing ink …… 2.29
ultraviolet(UV) excitation fluorescent ink …… 2.39
undertone …… 4.24

V

varnish …… 3.13
vegetable oil based ink …… 2.12
vehicle …… 3.6
viscoelasticity …… 4.46
viscosity …… 4.47

W

water transfer ink …… 2.51
waterless offset ink …… 2.13
water resistance …… 4.79
wax resistance …… 4.80
water-based ink …… 2.33
web-fed offset ink …… 2.9

Y

yield value …… 4.44

ICS 77.060
H 25

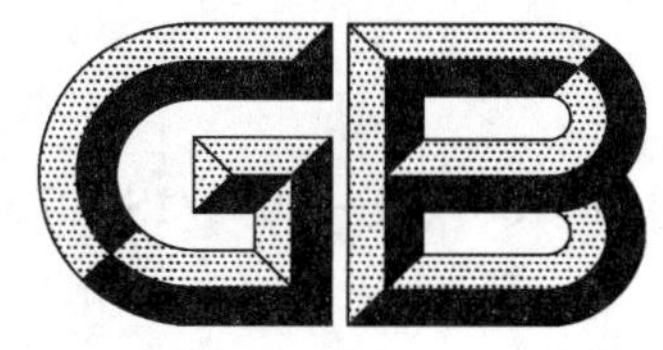

中华人民共和国国家标准

GB/T 15970.1—2018/ISO 7539-1:2012
代替 GB/T 15970.1—1995

金属和合金的腐蚀　应力腐蚀试验 第1部分:试验方法总则

Corrosion of metals and alloys—Stress corrosion testing—Part 1:General guidance on testing procedures

(ISO 7539-1:2012,IDT)

2018-05-14 发布　　2019-02-01 实施

国家市场监督管理总局
中国国家标准化管理委员会　发布

前　言

GB/T 15970《金属和合金的腐蚀　应力腐蚀试验》已经或计划发布以下部分：

——第1部分：试验方法总则；

——第2部分：弯梁试样的制备和应用；

——第3部分：U型弯曲试样的制备和应用；

——第4部分：单轴加载拉伸试样的制备和应用；

——第5部分：C型环试样的制备和应用；

——第6部分：恒载荷和恒位移下预裂纹试样的制备和应用；

——第7部分：慢应变速率试验；

——第8部分：焊接试样的制备和应用；

——第9部分：渐增式载荷或渐增式位移下的预裂纹试样的制备和应用；

——第10部分：反向U型弯曲试验方法；

——第11部分：金属和合金氢脆和氢致开裂试验指南。

本部分为GB/T 15970的第1部分。

本部分按照GB/T 1.1—2009给出的规则起草。

本部分代替GB/T 15970.1—1995《金属和合金的腐蚀　应力腐蚀试验　第1部分：试验方法总则》。与GB/T 15970.1—1995相比，主要技术变化如下：

——增加了第6章试验环境中溶液流速的说明；

——增加了第7章时间相关性的说明；

——增加了第8章试样设计和制造中焊接试样的说明；

——增加了附录A力学试验方法选择指南。

本部分使用翻译法等同采用国际标准ISO 7539-1:2012《金属和合金的腐蚀　应力腐蚀试验　第1部分：试验方法总则》。

本部分由中国钢铁工业协会提出。

本部分由全国钢标准化技术委员会(SAC/TC 183)归口。

本部分起草单位：中国航发北京航空材料研究院、冶金工业信息标准研究院、北京科技大学、中国科学院金属研究所。

本部分主要起草人：张晓云、侯捷、李晓刚、王振尧、李倩、常伟。

本部分所代替标准的历次版本发布情况为：

——GB/T 15970.1—1995。

金属和合金的腐蚀　应力腐蚀试验
第1部分:试验方法总则

1　范围

1.1　GB/T 15970 的本部分规定了设计和进行金属应力腐蚀敏感性试验和评定时一般应考虑的事项。

1.2　本部分也规定了关于试验方法选择的一般指导原则。

注1:本部分中没有叙述特定试验方法的细节。这些方法在 ISO 7539 的其他部分中进行叙述。

注2:本部分适用于阴极保护条件。

2　术语和定义

下列术语和定义适用于本文件。

2.1

应力腐蚀　stress corrosion

金属腐蚀和由外加或残余应力引起的应变的联合作用过程。

2.2

临界应力(对应力腐蚀而言)　threshold stress

在特定的试验条件下应力腐蚀萌生和扩展所需的最低应力水平。

2.3

临界应力强度因子(对应力腐蚀而言)　threshold stress intensity factor

K_{ISCC}

高于此应力强度因子,应力腐蚀裂纹持续扩展。

注1:临界应力强度因子是线弹性断裂力学(Linear Elastic Fracture Mechanics,LEFM)的概念,适用于与微观结构比较弹性区的尺寸较大时和高的弹性变形约束占优势时,如在平面应变主导条件下。对应力腐蚀裂纹的扩展,不必应用 LEFM 细节,但常用作一种实用工具。

注2:应力腐蚀裂纹可能起源于表面或表面缺陷,在低于表面临界应力强度因子的应力水平下以"短裂纹"的形式扩展。但是 LEFM 不能应用于"短裂纹"条件下,裂纹的扩展需要高于临界应力强度因子的应力水平。

2.4

试验环境　test environment

供试样暴露的环境,既可以是使用环境,也可以是实验室制备的环境,它可保持恒定或以商定的方式变化。

注:特定材料发生应力腐蚀所需的暴露环境常常是特定的(见第6章)。

2.5

试验的起始　start test

施加应力或试样暴露到试验环境的时刻,不论两者的施加顺序,以后者为准。

2.6

裂纹萌生时间　crack initiation time

从试验起始到用某种手段检测到一条裂纹的时间。

2.7

失效时间　time to failure

试验起始到失效所消耗的时间。失效的判据是裂纹的首次出现或试样整体分离或某个商定的中间条件。

2.8

慢应变速率试验　slow strain rate test

评价金属应力腐蚀敏感性的试验，通常在代表性的环境中以恒定位移速率拉伸试样至断裂，然后评价其断裂敏感性指数。应变速率一般为 $10^{-5}\ s^{-1} \sim 10^{-7}\ s^{-1}$，以便选择位移速率。

注：慢应变速率试验也可以应用于弯曲试样。

2.9

断裂应变　strain to failure

慢应变速率试验中通常表示塑性应变至断裂发生时的应变，见 ISO 7539-7。

2.10

平均裂纹扩展速率　average crack velocity

应力腐蚀产生的最大裂纹深度和试验时间之商。

2.11

取向　orientation

相对于产品(用于制备试样)的某特定方向(即板材的轧制方向)给试样施加拉伸应力的方向。

3　背景

3.1　一般认为裂纹是应力腐蚀的结果，但在应力的作用下，也会出现其他的形态，如晶间腐蚀或裂纹扩展。就本部分而言，除液体金属致脆化和剥落腐蚀之外，由腐蚀环境和拉伸应力同时作用而产生的所有现象，包括金属的溶解或进入金属的氢的作用均属本部分的范畴。

3.2　用于评价金属应力腐蚀性能的方法是多样的。在某些情况下，每一种方法具有各自独特的优点。

3.3　应力腐蚀的发生，取决于暴露条件和材料的力学性能及微观特征。应力腐蚀敏感与否，需要结合材料与使用工况综合判断。因此，对材料而言没有固定的临界应力强度因子。

3.4　理想情况下，为了确定在给定的应用条件下是否发生应力腐蚀，应在所有可能的服役暴露条件下进行模拟试验。实际上这是困难的，即使可能也很少达到。根据经验建立的一些“标准试验”能对给定特殊应用中可能的服役行为给予合理指导。然而这些实验室“标准试验”仅适合于那些有着经验关系的使用条件。过去对一种合金有用的一个试验，现在某一给定合金通过或没有通过该试验，这一结果可以是有意义或者是没有意义的。如果暴露条件不同，能正确区分给定合金之间行为的某一试验，未必能提供可靠的指导。使用超越经验的标准试验需要有充分的依据。

3.5　在下列条款中应特别注意：应力腐蚀过程可能对暴露或试验条件的很小变化十分敏感。材料用户负责应力腐蚀试验条件的选择。实际上并不意味着本部分叙述的这些试验，在任何给定情况下都是最合适的。在本部分中叙述这些试验的理由是它们使用广泛且对特殊的或普通的设备—环境体系行之有效。负责解释试验结果的权利属于材料用户，且其解释权决不会因本部分的存在而削弱。

3.6　除 ISO 7539 的各部分涵盖了最广泛的使用方法以外，关于试验细节的选择和结果的解释，还需要考虑更多通用的文件。

4　试验方法的选择

4.1　在做应力腐蚀试验计划前，应决定哪一类型的试验是合适的。这样的决定主要取决于试验目的和所需的信息。某些试验对工厂工程师很有价值并试图尽可能重复服役条件,另一些试验可用来进行失效机理的研究。在前者中,受材料、空间、时间等限制,可采用较简单的试验步骤;相反,在其他情况下,则可能需要采用较复杂的试验步骤。这样,裂纹扩展速率的研究可使用预裂纹试样,而当需要考虑如表面粗糙度影响时,预裂纹试样可能不适用。虽然存在许多复杂技术,但当更精细的技术不能使用时,采用简单试验,在某些情况下证明有很大价值。

4.2　当选择通过/不通过型的试验方法时,重要的是要认识到所选的方法不宜太苛刻,否则会导致原适用于特定使用条件的材料不能用;也不宜太宽容,否则在可能发生快速破坏的场合却允许了该材料的使用。

4.3　应力腐蚀试验目的常常是提供比服役条件更快地获得信息,同时又能预示服役行为。达到目的的最普通的手段有使用较高应力、慢的连续变形、预裂纹试样、比服役环境含更高浓度化学物质的试验环境、提高温度和电化学加速等。然而重要的是要控制这些方法,使其失效机理的细节不发生改变。

4.4　如果重现精确的服役条件太困难的话,则分析应力腐蚀过程,尽可能确定不同阶段起作用的主要因素将是十分有用。然而,所选用的应力腐蚀试验可能仅包含腐蚀机理的一个步骤。

4.5　对于试验方法选择的简单指导参见附录 A。

5　加载系统

5.1　概述

5.1.1　无论是光滑试样、缺口试样或预裂纹的试样,可采用下列 3 种形式加载:

a)　恒应变(见 5.2);

b)　恒载荷(见 5.3);

c)　慢应变速率(见 5.4)。

5.1.2　当采用预裂纹试样时,临界条件以应力强度值 K_{ISCC} 确定,试验也可在恒应力强度条件下进行。了解不同方法的局限性与加载形式的选择同样重要。

5.2　恒应变试验

5.2.1　由于各种形式的弯曲试验属于此范畴,迄今为止恒应变试验是最受欢迎的一类试验。此外,此类试验常可模拟与服役失效有关的应力。

5.2.2　薄板常用弯曲法进行试验,厚板采用拉伸或以 C 型环形式进行试验。管材和其他圆截面半成品也可用 C 型环进行试验。

5.2.3　弯曲试验的优点为试样简单,试样和加载夹具加工廉价。试验中试样塑性变形成 U 型或采用 2 点、3 点或 4 点弯曲夹具对试样施加弯曲应力或低于弯曲应力的应力。对于具有离散屈服点的材料,当试验施加的应力高于屈服应力水平时,可采用弹性理论计算应力。更普遍的是,特别是对于耐蚀合金,离散屈服点观察不到,有必要在试样表面附加应变计,直到弯曲试样达到预期的总应变水平(通常高至 0.2%塑性应变的最大值)。

5.2.4　管材以 C 型环或 O 型环式进行试验,C 型环依据开口部位的张开或闭合程度来施加应力,O 型环用强制插入适当大于环孔的塞子来施加应力。C 型环对厚的产品形式,例如短横切方向上的铝合金也特别适用。

5.2.5　因为初始应力更易表征且弯曲试样应考虑试样厚度方向的应力梯度,因此有时恒应变拉伸试验优于弯曲试验。

5.2.6　无论是弯曲试验还是拉伸试验都应使用束缚框架,框架刚度要足够保证试验过程中保持恒定的位移。

注: 因为应力松弛,使用的框架的刚度也可能影响试样开裂的时间,更不用说任何对初始应力水平的影响。

5.2.7 采用由于不均匀变形产生的残余应力内应力试样,可避免使用束缚框架。内应力试样的残余应力可由塑性弯曲(即在薄板或厚板中产生一凸出部分)或由焊接产生。但是这样的试验存在初始应力系统偏差的问题,一般在屈服应力区达到最大值。进而,在使板材凸出或使管子部分压扁而引入残余应力的过程中,反弹可能引起问题。而焊接涉及的结构更改可能使试验难度加大,除非试验是模拟实际情况。

5.2.8 有时恒定总变形试样起初被安放在一台常规试验机上或类似的装置上加载,然后用束缚框架固定住保持它的应变条件。当试验机加载的负荷去除时,试样依靠框架束缚来保持应力,并假定束缚由试验机转移到框架上时,试样的应变保持恒定。可以用应变计来确认试样没有应力松弛。当在高温下进行试验时,应考虑材料性能随温度的变化。

5.2.9 因为材料的蠕变,试样变薄或者裂纹形成时,张开的变形可能发生应力释放。

注 1:高温下蠕变松弛很明显,但有些情况中(如双相不锈钢)在室温下蠕变松弛也很明显。试验前宜评估松弛的程度,考虑试验的恒定总应变,认识到在任何短暂蠕变过程中动态塑性应变是其内在特征。

注 2:试验结束最好评价试样的厚度变薄情况,以便评估实际应力增加的程度,并说明任何不均匀的厚度减薄。

注 3:裂纹张开,应力松弛的程度取决于裂纹形成的数量,即材料—环境敏感性。在某些情况下,应力松弛可能导致试样不会断裂,因此试验后应检查是否存在裂纹,如有裂纹将认定失效。

5.3 恒载荷试验

5.3.1 此类试验可更好地模拟由于外加或工作应力引起的应力腐蚀破坏。另外,由于随裂纹扩展驱动力增加,试验比恒应变试验可能更早失效或完全失效(见 5.2)。

5.3.2 在截面相当大试样上进行静重加载试验时,通常需要承载能力较大的试验机,可采用压缩弹簧加载。此时应适当选择弹簧的特性,以保证试验过程中所产生的松弛不会显著改变载荷。在拉伸试验机校正中所采用的改进检测环是上述同一类型。从测量校正环的直径变化能够确定加到环内拉伸试样的轴向负荷。

5.3.3 减少加载系统大小的另一手段是减小试样截面,例如采用十分细的丝材。然而,除非能够通过金相分析认定失效是由应力腐蚀断裂造成的,否则截面减小过多将存在风险。这是因为在某些应力腐蚀环境中,由于点蚀或其他形式侵蚀使有效应力增加,当达到金属极限拉伸强度时就发生断裂。采用非常小截面的试样可伴随着其他的危险(见 8.2.2)。

5.3.4 在单独的试验机上,恒载荷下,试样的试验费用可借助于在一台试验机上进行一串试样的试验而降低。该操作方法也可减少试验容器的需要量。一串单轴拉伸试样用简单的加载连杆连结,但该措施更适合于预计不会断裂的场合,因为单一试样的断裂会使其余试样失效。一组更为一致的预裂纹试样,用设计成可使试样逐渐卸载的连杆连接,当裂纹扩展时,避免对其他试样的干扰,而其他方式则无法避免。这种试样链的用户应证明单个试样的开裂不会造成其他试样的无效。

5.3.5 具有锥形长度标距的拉伸试样的采用可在单一试样上提供一系列初始应力。然而应谨慎使用该方法,例如在精确测定临界应力值时。应力梯度是关键,裂纹数目、净截面屈服等因素也会影响试验结果。在“筛选”试验中,采用这种试样更合适,“筛选”试验后再进行更精确的常规试验。

5.3.6 当裂纹扩展时,恒载荷试验存在应力增加的情形,因此,裂纹一旦萌生,与低于临界应力下的恒定总应变试验相比,裂纹停止扩展的可能性更小。

5.4 慢应变速率试验

5.4.1 因为在裂纹萌生和扩展过程中,动态塑性应变是关键因素,慢动态应变的应用对于恒定总应变或恒载荷试验是重要的。的确,在恒应变或恒载荷试验中,局部动态应变在开裂过程中起了重要作用。尽管如此,当认识到过程的机械含义,出于工程目的,依照惯例该方法仍基本用于分类或筛选试验。很少有例外,因为没有基于慢应变速率试验可接受的准则,难以找到服役条件下量化的实际应变速率。慢应变速率方法常用于平板拉伸试样的试验,但也用于预裂纹的试样(见 ISO 7539-9 确定临界应力强度因子)本质上,本方法是以较慢的应变或变形速率(如 $10^{-6}\ s^{-1}$)施加于试样,在合适的环境作用下,直到破断发生为止。

5.4.2 本试验方法的早期应用是提供数据,能比较如合金成分、组织或开裂环境中添加的缓蚀剂等变量的作用,对恒载荷或恒定总应变实验室试验中不引起破坏的合金与环境组合体系而言,本试验方法也可促进其应力腐蚀开裂,这样,在某种意义上慢应变速率试验成了较苛刻类型的试验,即在实验室中,其他类型受力的光滑试样没有促进开裂时,慢应变速率试验常促进应力腐蚀破断。

5.4.3 慢应变速率试验的设备是应变速率任选、功率强大、能承受所产生负荷的一种简单装置。该装置由中等刚性的机架和使横梁位移速度范围在 10^{-3} mm/s～10^{-8} mm/s 之间的一系列减速齿轮的驱动机械组成。横梁位移速率通常被控制为期望给定的名义应变速率。试样采用光滑或预裂纹拉伸试样,但如试样截面大或负荷高时,可采用弯曲试样。

注:在使用光滑拉伸试样的大多数试验中,测量的是横梁位移而不是试样的位移。相应地测量的位移包括在载荷槽中加载链上所有特征位移。因此,表面弹性模量与试样无关,但是作为整体依赖于试验系统。同样,试样上的实际弹性应变也是变化的。但是,当发生塑性变形时,位移主要发生在试样上,试验系统敏感性变得不显著。

5.4.4 重要的是要认识到在所有体系中,相同的应变速率不会产生相同的开裂敏感性,而且所选速率必定与研究的特定体系有关。因此,$10^{-6}\ s^{-1}$ 的应变速率常用于筛选试验。在此速率下没有发生应力腐蚀开裂,并不能排除在较低的应变速率下,如 $10^{-8}\ s^{-1}$ 的应力腐蚀开裂的可能性。

6 环境方面

6.1 概述

通常认为应力腐蚀开裂是在特定合金与环境组合(如奥氏体不锈钢与氯化物溶液、碳钢与硝酸盐溶液、黄铜和氨水溶液)下发生的。但这类组合随时间延长,在很多环境中,甚至包括高纯水,都观察到材料开裂的实例。尽管如此,重要的是要认识到环境条件微小的变化都是重要的,应在试验过程中密切关注溶液准备的细节和环境参数的控制。

环境控制的三个关键特征是温度、溶液化学成分和流速,后者是适合于施加电极电位的体系的一个因素。

本部分主要关注的是水环境,暴露于有机溶液或气体环境中的材料也可能发生应力腐蚀开裂。对于后者,气体压力和纯度可能是主要的参数。

6.2 温度

众所周知,温度对化学过程有明显影响,反应速度一般随温度升高而增加。许多腐蚀过程也是如此,而且有许多理由可以认为温度的影响更为复杂。温度升高,反应速度相应增加,由于生成保护膜的速度更快,反而腐蚀速率减小。在其他体系中,升高温度可能是引起应力腐蚀的局部腐蚀发生的必要条件,但是温度太高,可能使局部腐蚀的速率提高,以至于不能发生应力腐蚀的转变。同样,温度的升高可能伴随着溶液中溶解氧的降低,也会产生影响。因此,可能存在应力腐蚀的温度窗口,一些温度窗口可能在系统过程中短暂存在,这种情况的出现包括系统“启动”和“停止”或者系统不稳定时(如冷却水失效引起温度瞬时升高)。考虑到上述事项,试验温度应严格控制,且应尽可能选择服役环境期望的温度。如 4.3 所述,升高温度有时会加速试验进程,这种方法应小心采用。

6.3 水溶液

6.3.1 试验使用的水溶液化学成分应尽可能接近预期的服役环境。然而,以筛选为目的试验常采用标准环境。因为合金的相对敏感性随溶液成分变化,为了能够代表工厂环境的基本特征,应谨慎选择。在模拟服役环境时,重要的是要牢记局部浓度升高,如缝隙中或者发生界面热传递的地方,而整体环境可能并不会引起应力腐蚀。因此,在试验中有必要模拟这些特征(如缝隙试样)。

6.3.2 在溶液准备中,基础水的质量取决于应用,如准备人造海水时使用蒸馏水或去离子水,但是模拟反应器环境的沸水应使用电导率小于 0.1 μScm^{-1} 高纯水。重要的是配制溶液所用的化学药品应至少是分析纯级别的。当使用浓缩溶液,需要监测化学成分时,重要的是谨慎检查化验报告,考虑使用较高级别的化学药品。在强酸性或碱性溶液中进行试验时,要考虑这一点。

6.3.3 在某些场合,环境的较小变化能促使开裂敏感性明显改变。不锈钢在通常采用的 42% 沸腾 $MgCl_2$ 试验中可能存在的问题就可作为一个例子。重量法制备溶液时由于 $MgCl_2$ 水合物的吸湿性可导致溶液沸点明显不同,使应力腐蚀的破断时间也显著不同。故溶液的制备可采用将水加到水合物中以获取特定的沸点。

6.3.4 在所有试验中,理想状态是试验溶液在试验持续过程中保持恒定。对一些标准试验,因为程序原因,如简化试验、降低费用,一些改变是可接受的。重要的是保证溶液的 pH 和溶解气体的含量在可接受的范围,反应产物对溶液的污染不影响应力腐蚀开裂行为。此外,需要考虑来自试验槽溶液直接污染或间接污染,例如包括高温下玻璃器皿的硅酸盐的溶解,塑料添加剂的释放,通过除气系统塑料管渗入的氧。理想情况下应监测试样的电极电位,因为电极电位是反映金属状态和反应过程的关键参数,是系统稳定性的重要指数。

6.3.5 与全面腐蚀有关的环境 pH 变化的作用已充分认识到,并做了恰当的研究,而 pH 对应力腐蚀的影响却较明显。环境 pH 在试验过程中的变化与起始 pH 同样重要。pH 在试验过程中的改变取决于溶液体积、试样暴露的表面积和试验时间。采用较大的溶液体积和较小的金属暴露面积或在试验期间溶液的再补充均可使 pH 变化相对较小,因此试样的断裂时间可能与采用小溶液体积和大暴露面积时不同。确实,如这些量值是分别足够小和足够大的话,则在某些体系中就根本不会发生破断。如试验在阳极加速下进行,特别是辅助电极浸泡在应力腐蚀电解槽中,那么 pH 变化的影响可以加剧。在某些情况下、由于采用电化学加速,会发生溶液的分解,导致破坏机理明显地与自然腐蚀电位下发生的机理不同。采用缓冲溶液有时能克服这些问题,但可能改变开裂机理,甚至对开裂起缓蚀作用,应仔细考虑这一点。pH 升高可允许的程度取决于体系,建议 pH 的增值低于 0.2。应当意识到在试样—溶液界面 pH 可能升高,但是本体溶液的 pH 变化不明显。因此,在实际应用中宜考虑搅拌溶液。对有些合金,表面局部溶液化学成分的变化可能是诱发局部腐蚀的关键因素,引起应力腐蚀开裂。

6.3.6 在加速开裂的腐蚀反应中,氧起重要作用时,因为氧对腐蚀电位和腐蚀产物的影响,氧浓度的很小变化可能发生影响。因此,某些铝合金在充气溶液中的试验可在几个小时发生失效,但在脱气溶液中(腐蚀电位低),试验延长也不产生破断。对一些体系,如在高温高纯水中的低合金钢,在氧浓度超过一个小的范围,腐蚀电位急剧变化(多达 600 mV)。因此,在这种体系中氧浓度的测量是关键。即使在室温下,可通过对溶液通空气或搅动空气—溶液界面来维持氧的浓度。当氧浓度的降低是因质量传递限制时,搅拌溶液对腐蚀电位有影响。当试验中涉及喷雾、滴液和周期浸润时,薄液膜干燥过程中也会加速金属表面氧传质。

6.3.7 当试验溶液的初始电导率低时,试验过程中应监测电导率,以确保电导率达到要求。

6.4 流速

试验溶液的流速影响以下几个因素:腐蚀电位、近表面溶液的化学成分、裂纹中溶液的化学成分、复杂的循环试验过程中整体溶液化学成分的日常维护。无论是在现场还是实验室,充分搅拌溶液可确保金属表面溶液的化学成分与整体溶液化学成分一致。试验中采用的流速应能反映预期的现场应用,并在实验室试验控制范围内。

6.5 电化学方面

6.5.1 应力腐蚀的电化学本质是允许从外电源施加电流或电位使开裂遭受影响。在大多数实验室试验中,通过恒电位的方法达到此目的(在此条件下,控制的是电位)。也可以采用恒电流(电流控制)或牺牲阳极的方法。与开裂相关的电位变化取决于系统。通常存在一个电位区间,在此电位范围内发生以开裂为主的不同机理的断裂。外加电位的目的是识别这些区间,评估可能的服役条件,例如不同的氧化条件、阴极保护或实际温度的改变。

6.5.2 电位对开裂的影响随体系而变。为了便于讨论,某些方面可结合碳钢的开裂情况来进行,一些试验表明:这些材料不管浸在氢氧化物、碳酸盐还是硝酸盐溶液中均在不同的电位范围发生破坏。这些材料在各自溶液中的自然腐蚀电位常处在硝酸盐溶液的开裂电位范围之内,但处在其他溶液的开裂电位范围之外。这就表明:在这些特殊试验条件下,在硝酸盐溶液中,破坏能在自然腐蚀电位下发生,但在氢氧化物或碳酸盐中情况并非如此。这并不意味着碳钢在自然腐蚀电位的后两种环境中永不发生应力腐蚀破坏。它仅仅表明该特定钢在自然腐蚀电位下这些实验所用的特殊溶液中不发生破坏。当然自然腐蚀电位还取决于钢的成分,表面状态和环境的组成。

6.5.3 有意添加或以不纯物形式存在的某些少量环境添加物可使腐蚀电位处在开裂电位范围之内,使应力腐蚀在没有外加电位下产生。这就解释了在 NaOH 溶液中加入少量铅盐能促进实验室试验中的碱开裂,相反不添加铅盐时就不产生开裂。类似的解释至少部分地适用于钢的成分微小变化的情况。因此,在碳钢中添加少量铝可增加耐应力腐蚀性能。铜的添加可降低耐应力腐蚀性能,原因可能是由于前者产生使钢的自腐蚀电位更负,后者使钢的自腐蚀电位更正,从而对破裂性能产生必然的影响。这些例子说明了不超过 100 mV 的电位的变化可使开裂敏感性产生十分明显的改变。应该指出,特别是在实验室试验中企图模拟服役失效条件时,有必要再现环境条件,尤其是精确的相关电位。

6.5.4 当确立了应力腐蚀仅在超过电位临界范围才发生时,通过电位测量有可能监控服役设备是否会发生破坏。然而,在某些情况下既可以靠加入“缓蚀性”物质,或者通过阴极或阳极保护,使电位保持在电位临界范围之外来减少或完全避免产生应力腐蚀的危险。

6.5.5 实验室试验尽管远离了大部分服役条件并增加了试验费用,但恒电位仪的采用是获得特定电位的最有效方法,其优点是能获得较好重现性的效果。机理研究需电化学试验,但实验室工作主张研究服役条件下的破坏。自腐蚀电位下的试验(假设已知服役条件)常更现实。然而重要的是要认识到自腐蚀电位取决于许多因素,如表面状态,暴露时间等。这样,采用机加工或抛光表面在实验室试验中获得的自腐蚀电位值即使在同一环境中也与服役条件(包括工厂轧制氧化或带锈表面)获得的不同。为缩短时间因素或获得较好的重现性,当上面提出的条件满足时,对模拟服役破坏试验采用电化学控制的决定才是合理的。否则,如实验室数据的重现性不充分的话,则较好的方法是采用合理的设计并进行一套有统计意义的试验。

6.5.6 考虑到电位对应力腐蚀行为有明显的影响,有必要采取预防措施使试样与浸在试验溶液中的试验装置的其他金属部件进行绝缘。

6.5.7 裂纹尖端的电位,特别当采用预裂纹试样时,与出现裂纹的表面及通常测定电位的表面所获得的值不同,这是非常重要的。有时,沿着裂纹的电位变化十分小(几个毫伏),但在另一些情况下可达几百毫伏。

7 时间相关性

7.1 概述

与零部件或结构的服役时间相比实验室试验时间本身就短，但是对裂纹萌生来说，如果试验时间太短，需要注意那些有损结果的因素和导致非保守的预期结果。典型的与裂纹萌生相关的时间相关过程包括点蚀、晶间腐蚀、吸氢以及随着暴露时间的延长表面膜性质的变化。

7.2 点蚀和晶间腐蚀

尽管腐蚀速率持续降低，但腐蚀的深度随试验时间的延长而增加，因缩短暴露时间和减少试验费用之间的冲突引起与局部腐蚀相关的问题。局部腐蚀是应力腐蚀开裂的前兆，除了开展长期暴露试验外可能没有替代试验。

7.3 吸氢

以氢脆为主要断裂机制的情况下，如阴极保护的高强度钢，基本问题是实验室试验持续多长时间才能确保吸氢足以反映其服役行为。在这种情况下，暴露时间以年为单位。

裂纹的位置和氢原子的初始源区之间的距离是关键因素。如果后者距离遥远，试验时间应考虑反映此因素或者进行预暴露试验。为了预测氢原子的初始源区，有必要进行一些系统的电化学研究。因为局部 pH、其他物质浓度（如 H_2S）和电极电位的差异，裂纹尖端和裂纹外表面间氢原子产生的动力学不同。这些因素的重要性取决于合金处于活化状态或者钝化状态。当合金处于钝化状态时，由于钝化膜明显降低了氢的吸附，裂纹尖端占主导地位。当合金处于活化状态时，在外表面至裂纹产生的氢都很重要。在此情况下，扩散测量有助于试样充氢时间的估计。

8 试样设计和制备

8.1 概述

8.1.1 试样大小是最初考虑的事项之一，而其最终的选择取决于许多因素，往往出现折中方案。一方面，在相关的冶金条件下材料的利用率和费用制约试样的可能大小，试验设备（即有效负荷，试验容器的体积等）也制约试样大小。另一方面，采用较大试样对整体材料更具代表性，也可避免因采用小截面试样（如十分细的丝）所引起的一般腐蚀或点蚀问题。

8.1.2 从整体材料上取样与材料形状、晶粒取向及残余应力有关，是主要考虑的方面。在这方面，非金属夹杂物和第二相的存在也是重要的。

8.1.3 有时应力腐蚀试验计划以实际使用中破断件为对象，破坏的部件用作材料源。除非为了检查微裂纹的扩展而从裂纹区取样外，重要的是应确保从“无裂区”取样。当选材供制备试样时，应考虑部件内材料组织的任何变化。

8.1.4 试样宜打上永久的识别标记或数字。然而，为了避免影响试验结果，要注意标记在试样上的位置，应尽可能地远离试验区域，如在弯梁试样的两端。

8.1.5 在试样制备时常使用电火花加工（EDM），比如紧凑拉伸试样。此过程产生可以被金属吸收的氢。可扩散的氢随时间延长会逐渐去除，但建议采取在不引起微观结构变化的温度下加热的方式除氢。虽然对大多数体系似乎并不重要，但在深阱中可能仍然有氢，应对氢的影响的可能性进行评估。用 EDM 的方法对缺口尖端的材料进行修正，预裂纹应在深度影响范围内。

8.2 表面状态

8.2.1 应力腐蚀裂纹的萌生必然包含某些初始的表面反应,故试样的表面状态对试验结果起着明显的影响。表面抛光最明显的改善是表面状态的改变,它取决于制备技术的细节。但表面抛光也可引起表面残余应力,与表面层相关的局部成分和结构的变化。因此,重要的是在任何试验计划中考虑这些情况。

8.2.2 可以预料对较硬的缺口敏感合金或截面非常小的试样而言,表面状态的影响比相对较软的延性材料或大截面试样要大,事实正是如此,黄铜的应力腐蚀随着表面状态的明显改变不会显著的变化,但是打磨高强度钢,特别是如果以打磨方式引入微裂纹的话,则使其耐开裂性能明显降低。可以预料:表面状态改变的影响随试样截面变化成反比。

8.2.3 需要考虑表面粗糙度对应力腐蚀开裂的问题。

a) 表面粗糙度(Ra)常用,但可能不是特别相关。在 ISO 4287 中定义为"数学意义为 $Z(x)$ 随试样长度的纵坐标绝对值",如平均表面粗糙度参数反映的数学意思为从某一水平线起始的表面轮廓的位移。沿长度方向研磨的圆柱形试样,砂纸相对于试样旋转速度沿长度方向的位移速率影响其表面粗糙度。如果相对速度不高,可能发生螺旋刻痕现象,但是反映在 Ra 值可能变化很小。因为 Ra 是一个平均参数,不能识别能导致应力腐蚀开裂的特殊表面特征。

b) 如果局部化学成分改变,将增加应力腐蚀的萌生,与表面轮廓相关的应力集中能被最大化。轮廓的高低程度是关键。一定程度上反映了轮廓元素的宽度。对局部化学成分变化的情况,轮廓的高度(Zt)是关键;对应力集中,谷底深度(Zv)也是关键参数。应力腐蚀开裂与作用于材料的特殊微化学特征参数的联合作用相关,这种特殊的联合作用尚不确定。然而,除了 Ra 的范围,在评价时可加入其他值,报告轮廓元素的宽度的最小值和名义值,Zt 的最大值和名义值(定义为 Rc),谷底深度最大值和名义值。

c) 当定义不同参数时,宜参考 ISO 4287。

8.2.4 由于不均匀的塑性变形(如由机加工引起,因热影响或与相变有关的体积变化间接产生)使表面留有残余应力。也可发生局部的成分变化。众所周知:应力腐蚀试样的表面残余应力可影响寿命。在其他可比条件下,压应力会增加破断时间,拉应力则相反。如果热处理对力学性能不产生不利影响的话,则适当的热处理可消除或降低残余应力。

8.2.5 除残余应力的影响外,试样表面层产生的组织变化可明显地与某些合金的应力腐蚀敏感性有关。这样,塑性变形本身可十分明显地影响耐开裂性能,同时由变形或变形产生的热而诱发的局部相变也可影响试验结果。上述影响可以说明:机加工表面的 18Cr8Ni 钢的破断时间要比电抛光缩短(约 4 倍)。或者研磨经淬火和时效的高强钢试样,促使其表面形成非回火马氏体薄层,从而增加开裂敏感性。

8.2.6 试样制备后所进行的热处理能使表面组成产生稍稍可觉察的变化,如钢的脱碳或黄铜脱锌可促使耐应力腐蚀性能发生十分明显的改变。类似地,特别当裂纹的诱导期成为寿命的重要组成部分时,可以预料在加工或热处理过程中,尤其是高温下形成的氧化膜将影响应力腐蚀的试验结果。

8.2.7 当试样表面的最后制备技术包含任何化学或电化学处理时,应小心地减少处理中的任何残余物的污染。在某些情况下,为了克服与机械制备有关的某些困难,采用电抛光,但使用该技术能引起其他问题。对氢诱发损伤敏感的材料而言,应采用不会产生氢的化学或电化学处理。在某些场合,这样的处理也能产生影响试验结果的选择性相侵蚀。

8.2.8 因表面粗糙度影响的研究结果少,且大部分是从少量特定试验中产生的,而不是从系统设计的研究中获得的,因此在解释结果时应考虑的是做起来的难度,而决不是重复试验。所以曾经建议:采用预裂纹试样可避免这些影响,然而,有许多理由指出该建议常是无助的。理由之一是在实际工程情况下，上述的某些影响确实存在着。

8.3 面积效应

某些材料的应力腐蚀试验结果取决于试样的暴露面积。通常面积效应使试验结果分散，因此宜推荐试样要有足够大的试验面积，以减少上述效应。

8.4 预裂纹试样

8.4.1 断裂力学现在普遍用于设计和现场已检测到的裂纹显著性的评价。从设计的观点来说，类似裂纹的缺陷可能是在加工制造过程造成的，或是在服役暴露环境下引发的。前者情况下，问题是这些缺陷是否会发展为应力腐蚀，因此，临界应力强度因子或者适合短的类似裂纹缺陷的机械驱动力变得非常重要。裂纹预期扩展或者在现场检测到裂纹，期望预测开裂速度或结构部件的剩余寿命，或者检查的时间间隔。

注：当裂纹短时，塑性区的尺寸可能与微观结构特征，如晶粒大小一样，采用连续力学和线弹性断裂力学就不合适。

8.4.2 为评定应力腐蚀性能，初看起来选择光滑试样的困难性似乎与选择预裂纹试样一样。为此在较短的时间内就开发出来许多试样类型。然而，不同的试样几何尺寸是与应力强度因子有关的，所以由不同试验所得数据能够比较，故不存在试样选择的困难。最大的唯一困难是与试样的大尺寸有关，如应用线弹性分析概念，对于高延性材料，应采用大尺寸试样。也许是大部分服役条件下应力腐蚀破坏都发生在较薄截面的高塑性材料中，故很明显存在上述大尺寸问题。不过，假如试验结果仅应用于类似厚度的服役场合，那么，在某些情况下，采用尺寸上并不严格遵守线弹性分析条件的预裂纹试样仍然是值得的。

8.4.3 重要的是要意识到预裂纹常常是由疲劳引起的，并且大多数是穿晶裂纹。在这种情况下，沿晶裂纹的萌生被大大延迟，所需的临界应力不同。相应地，在双悬臂试验中由渐增 K 试验确定的临界应力强度因子与由渐降 K 试验确定的不同。

8.4.4 以前一些工作者认为光滑试样试验是不恰当的，预裂纹试样试验是唯一能提供有意义结果的试验。相反的论点也同样存在，庆幸的是近年来持有上述狭隘观点的人迅速减少。有理由建议在某些场合，当应力腐蚀裂纹在光滑试样中扩展到某一距离时，至少在应力强度这一点上，试验变得与预裂纹试样试验难以区分，虽然两种场合之间存在着电化学差别。

8.4.5 在应力腐蚀试验开始前，估计初始疲劳预裂纹长度时，宜考虑到可能发生裂纹弯曲，这样，真正的最大裂纹长度可比试样表面测得的估计值要大。

8.5 焊接试样

8.5.1 焊接件的显著特征是母材、热影响区和焊接部位材料性能不同。当试样在焊接状态下进行试验时，表面粗糙度、局部应力集中和氧化膜性质，甚至残余应力和硬度都随焊接件的厚度变化。

8.5.2 如果不同区域的力学性能差异明显，在恒定载荷下可能引起不同应变。当使用弯曲试样，如四点弯曲进行试验时，有必要估计应变的范围，通常从母材区域尽可能接近焊接部位。一般采用偏离的办法，以便在此区域施加预期的应变，对应于试样规定塑性延伸强度（$R_{p0.2}$）的 100%。焊接件的不同区域性能也可能随温度影响产生不同变化，这种偏离并不能解决如何对试样施加应力最好的问题。如果焊接金属的脆性随着温度升高降低，有可能在应变范围内的部位很难达到预期的应变，除非在室温下试样过载。如果力学性能随温度明显不同，在弯曲试验中没有理想的方法。

8.5.3 试验用完全机械加工过的焊接试样，表面状态一致，但是硬度和残余应力随试样厚度变化意味着应给出试样加工的去除位置。焊接件的重复试验要比均质母材的苛刻。

8.5.4 在许多方面，完全机械加工过的焊接试样试验并不能代表服役时的性能。在焊接件的试验中，因力学原因表面粗糙度和应力集中呈现增大的趋势。另外，表面粗糙度和焊接表面氧化膜影响金属的腐蚀反应。

8.5.5 对焊接件,采用以断裂力学为基础的试验方法时,存在确定缺口位置的问题。缺口通常在热影响区,但是当材料的抗力从熔合线到母材变化时,应采用统计的方法解决缺口位置的变化问题。

9 应力腐蚀试验槽

9.1 含有试样和应力腐蚀试验介质的试验槽通常是由对介质惰性的材料(通常为玻璃)做的容器。它不对试样产生电效应。值得指出:除玻璃容器受浓 NaOH 溶液浸蚀的已知效应外,容器与环境之间还可能发生不太明显的相互作用。在热的高纯水环境中曾发现过这样的例子,即在试验过程中足量的 SiO_2 从实验室标准的玻璃器皿中析出进入溶液,从而明显影响低合金钢试样的应力腐蚀行为。

9.2 对于裂纹萌生而产生热传递的表面,有必要设计考虑到有这种影响的试验槽。因为热传递界面可发生溶质的浓缩。特别是如果表面沉积物允许蒸发浓缩且和环境本体的混合受阻,则浓缩物质在促进开裂方面将起重要作用。这类例子有热绝缘下不锈钢管的开裂,铆接的碳钢锅炉的碱性开裂和在滴落或喷雾条件下不锈钢管或压力容器的开裂。为模拟浓缩条件下的开裂,已制定了相应的试验方法,如滴落—蒸发试验(ISO 15324)。

9.3 试样面积与溶液体积的关系(见 6.3.5)对试验槽的设计有明显的意义。

10 应力腐蚀试验的开始

可能认为应力腐蚀试验的开始只不过为引入介质与产生应力的试样接触,但实现上述步骤的次序可影响结果,因为在试验的开始存在着某些其他作用。这样,在户外暴露试验中,试验开始于一年中的哪个时刻可对破断时间有明显影响;试样的取向,即按弯曲试样的拉伸表面是处在水平向上还是向下或某一其他角度都可影响失效时间。但即使在实验室试验中,与试样接触介质时间有关的加力时间也可影响结果;上述同样情况也适用于到达试验温度或采用任何电化学加速所占用的时间。有关 8.4.4 叙述的预裂纹试样递增负荷的观察结果也与这方面有关。

11 结果处理和评定

11.1 随着应力腐蚀试验方法数量的增加,评定结果的方法也增加了。从最初的以失效时间为评定结果的简单 U 型弯曲试验开始,出现了更加成熟的评定结果的技术。附录 A 概括了不同试验方法的关键结果和这些结果的典型工程应用。

11.2 在某些情况下,为证实试验的试样失效是由应力腐蚀引起的,应使用无应力的试样单独评价环境的影响。

11.3 如需要减少试样数量,可采用二元搜索法来确定临界应力。第一次试验应在特定的初始应力下(即有关材料抗张强度的一半)进行,以后的试验如图 1 所示的程序原则那样按上一次试验是否发生试样破断再考虑在抗拉强度的另一百分数下进行。在某些体系,拉伸强度可作为参考构架。

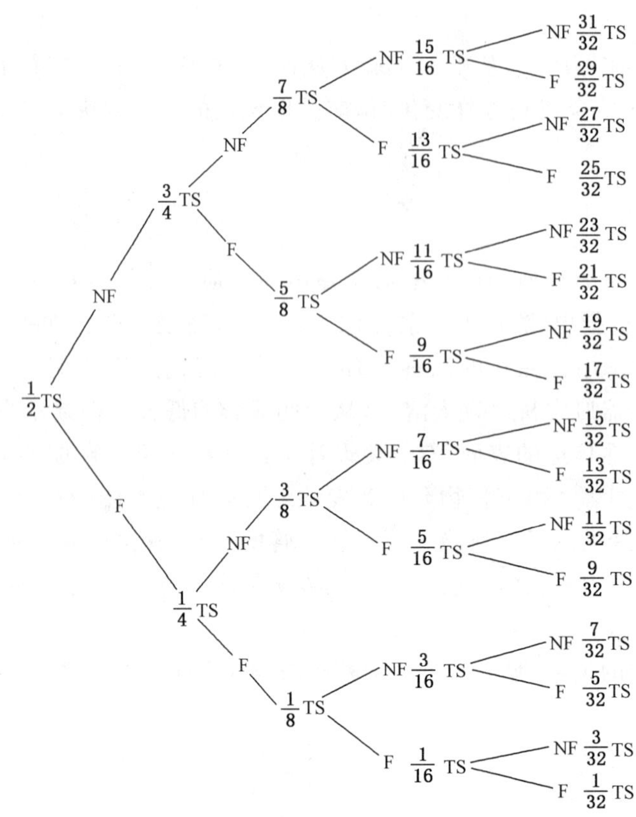

试验 1	试验 2	试验 3	试验 4	试验 5

说明：

F ——断裂；

NF——没有断裂；

TS——拉伸强度。

图 1 测定临界应力的二元搜索步骤

11.4 在某些试验方法中，采用的评定判据是裂纹萌生时间，由此，产生了许多问题。试验过程中当检查试样时应采取预防措施来避免表面的污染。用于检查裂纹的某些溶液含有可观量的有害杂质，它们本身可促进应力腐蚀开裂。应该认识到：取出试样检查以后再放回试样能影响最终结果。最好是在同一应力水平下采用若干试样以避免再次暴露的必要性。试样检查常用低倍显微镜，由于裂纹的检出取决于系统的分辨能力，故在此情况下应采用一个标准放大倍数(例如 20X)。

11.5 慢应变速率的试验结果能用多种参数评定，常用断裂时的延伸率和断面收缩率。载荷—位移曲线上的最大载荷偶尔也用作应力腐蚀开裂敏感性指标，除非存在明显的加工硬化。偶尔断口形貌也可用来评价应力腐蚀敏感性，其指标参数为环境断裂形貌占塑性断裂形貌的百分比。

11.6 有时应力腐蚀裂纹扩展速度或临界应力强度因子是设计工程师们所需要的重要信息。这些参数在短期内就能测定。采用预裂纹试样特别适用于裂纹扩展速度的评定。许多方法(弹性形变的变化、电位降等)可用来监控裂纹的扩展。

注：基于断续试验的概念，能够得到不同时间间隔后的裂纹深度，用光滑试样来测定裂纹扩展速率。但是，在这种试验中，需要考虑裂纹贯穿的明显微观结构距离。裂纹扩展速率常是粗略地基于裂纹尺寸除以暴露时间获得的，不能反映裂纹扩展的瞬时性。

11.7 与大部分实验研究一样，应力腐蚀试验结果采用正规统计方法进行处理。如可能，所得结果宜按如此处理后生效。

附　录　A
（资料性附录）
力学试验方法选择指南

试验方法的选择与应用、试验目的、计划费用和核算密切相关，不可能指定，特别是因为可能存在工业一特定需求的特殊标准。在此强调的是基于工程应用的试验方法的选择，而非以研究性为目的。表 A.1 概括了试验类型、试验结果和可能的应用。平板或者焊接件试样上的恒定总应变试验明显不同于那些涉及断裂力学的试样，如楔形张开加载（WOL）或双悬臂（DCB）。

以筛选（材料使用环境）为目的时，因为慢应变速率试验（ISO 7539-7）快速及其力学严酷性，通常为首选试验方法。在解释试验结果时，任何应力腐蚀开裂的缺失不应表明其不受影响，除非进行了一定慢应变速率范围，包括慢应变速率低至 10^{-8} s^{-1} 的试验。在复杂和可变环境下，一系列变量作为开裂/不开裂评估的依据时，该方法很少用于温度的评估。因为没有一致的接受准则，慢应变速率试验一般不用于材料质量控制。

恒应变因其试样约束框架简单、用途广泛，适合于高压试验环境，可同时进行多个试样的试验。在此范畴内，U 型弯曲试验（ISO 7539-3）因其试验条件的力学严酷性，用于分类/筛选目的试验。其他弯曲试验（ISO 7539-2），特别是四点弯曲常用于油气工业评价管线钢和管状产品；四点弯曲特别适合具有单面焊缝的焊接试样的试验。施加的应力通常设置为材料规定塑性延伸强度（$R_{p0.2}$）的百分比。大多数情况下，试验结果是基于开裂/不开裂的方法判定，用作服役材料合格与否的判据。对于油气工业用的许多标准试验，试验时间常为 30 d，假如被评价的材料会产生开裂，在此试验时间段内会出现一些迹象。情况并不总是如此，特别是在一些与时间相关的断裂初期形式，如点蚀和晶间腐蚀。当试验的管状产品存在沿长度方向萌生和扩展的裂纹时，如由于环形方向应力、长焊缝焊接件，适合采用恒位移下的 C 型环试样（ISO 7539-5）进行试验。

恒应变可采用类似单轴加载（ISO 7539-4）试验的拉伸试样进行。试验可监测萌生于光滑试样表面裂纹的扩展或者施加不同的初始载荷以确定临界应力条件。试验时间根据应用和目的变化。

在所有恒应变试验中，应关注应力松弛的问题。特别是估算临界应力时应考虑，同样在进行通过/不通过类型的试验时，也应考虑到应力松弛的问题。

当应力确定并能在试验过程中保持时，在许多应用中优先选择恒载荷试验。其限制是用途单一，当进行大范围的变量试验或应用于反应釜材料试验时费用高。

采用断裂力学试样时，假定类似裂纹的缺陷一开始就存在或者是在使用过程中萌生的。通常材料应用决定使用这种方法。试验目的从依据 K_{ISCC} 确定材料级别（例如自加载的 DCB 试验用于油气工业 H_2S 环境中的碳钢）到确定设计数据和根据临界应力强度因子和裂纹扩展速率进行寿命预测。

确定临界应力强度因子的方法是基于载荷线上的恒位移（WOL，DCB）或者恒载荷（ISO 7539-6）。前者，降低 K，方法的优点是随着裂纹测量方法的革新，识别了阻止应力腐蚀裂纹扩展的临界应力强度因子，而且也不需要加载设备。基于预制裂纹试样的恒载荷类型的试验，如果开裂模式发生变化，如从穿晶疲劳开裂变为明显的晶间应力腐蚀开裂时，可能需要较高的应力强度因子，以便裂纹萌生。

渐增载荷或渐增位移的 K_{ISCC} 测试（ISO 7539-9）长处是一种潜在的加速试验方法，也适合于模拟服役经历的瞬时动态应变。载荷/位移速率是关键变量，谨慎地试验，用一定范围的速率变化评估其对 K_{ISCC} 的影响，最低值保守地用于评估目的试验。要求使用更精密的试验机，但试验时间可以是恒载荷条件下的几分之一。

表 A.1 从 SCC 试验及其应用获得的结果

试验类型	试验结果	试验时间	工程应用
慢应变速率	ε_p 和 RA 比率	应变速率函数— 典型 2 d～10 d	敏感性分类 环境相对浸蚀性筛选
恒应变	—	—	—
正常弹性(2 点～4 点弯曲,C 型环,O 型环,单轴)	σ_{th} 断裂/不断裂	变化,但是通常 10 d～90 d	敏感性分类 环境相对浸蚀性筛选 设计(如服役临界接收的通过/失败)
塑性—弹性(U 型,反向 U 型)	断裂/不断裂		敏感性分类 环境相对浸蚀性筛选
恒载荷	σ_{th},t_f	通常 10 d～90 d	敏感性分类 环境相对浸蚀性筛选 设计(门槛应力)
断裂力学基础: 渐增 K 试样; 渐降 K 试样; 恒定 K 试样; 载荷/位移随 K 增加的试样	$\mathrm{d}a/\mathrm{d}t$—K K_{ISCC}	典型 10 d～125 d	敏感性分类 设计临界预期寿命 检查间隔

ε_p 是至断裂时的塑性应变,RA 是断面收缩率,σ_{th} 是断裂的临界应力,t_f 是断裂时间,$\mathrm{d}a/\mathrm{d}t$ 是裂纹扩展速率,K 是应力强度因子,K_{ISCC} 是应力腐蚀断裂的临界应力强度因子。

参 考 文 献

［1］ ISO 4287,Geometrical Product Specifications (GPS)—Surface texture: Profile method—Terms,definitions and surface texture parameters

［2］ ISO 7539-9,Corrosion of metals and alloys—Stress corrosion testing—Part 9:Preparation and use of pre-cracked specimens for tests under rising load or rising displacement

［3］ ISO 15324,Corrosion of metals and alloys—Evaluation of stress corrosion cracking by the drop evaporation test

ICS 13.280
C 57

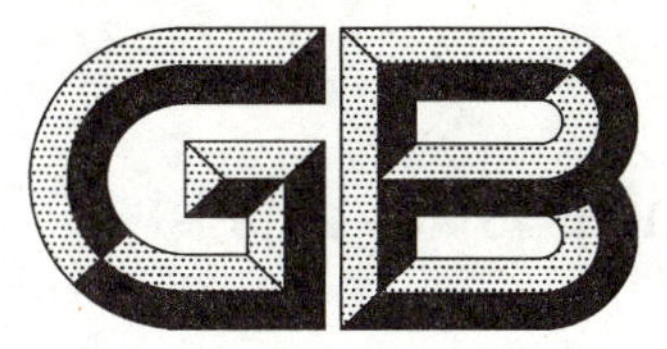

中华人民共和国国家标准

GB/T 16140—2018
代替 GB/T 16140—1995

水中放射性核素的 γ 能谱分析方法

Determination of radionuclides in water by gamma spectrometry

2018-02-06 发布 2018-09-01 实施

中华人民共和国国家质量监督检验检疫总局
中国国家标准化管理委员会 发布

前　言

本标准按照 GB/T 1.1—2009 给出的规则起草。

本标准代替 GB/T 16140—1995《水中放射性核素的 γ 能谱分析方法》。

本标准与 GB/T 16140—1995 相比，主要技术变化如下：

——修改了高纯锗 γ 能谱仪的性能指标要求；

——修改了活度浓度的计算公式和不确定度的计算方法；

——修改了能量刻度源和效率刻度源的有关参数和要求；

——修改了附录 C 中的主要核素及其参数数据。

本标准由中华人民共和国国家卫生和计划生育委员会提出并归口。

本标准起草单位：中国疾病预防控制中心辐射防护与核安全医学所、上海市疾病预防控制中心、江苏省疾病预防控制中心。

本标准主要起草人：徐翠华、赵力、高林峰、杨小勇、任天山、李文红、周强。

本标准所代替标准的历次版本发布情况为：

——GB/T 16140—1995。

水中放射性核素的 γ 能谱分析方法

1 范围

本标准规定了使用高纯锗(HPGe)γ 能谱仪测定水中 γ 放射性核素的方法。

本标准适用于在实验室测量水样品中 γ 射线能量大于 40 keV 且活度不低于 0.4 Bq 的放射性核素。

2 γ 能谱仪

2.1 γ 能谱仪的组成

本标准推荐的谱仪系统主要包括探测器、多道脉冲幅度分析器(简称多道分析器,MCA)、数据存储器、永久数据存储设备、屏蔽室和其他电子学设备。

2.2 探测器

高纯锗(HPGe)探测器的灵敏体积一般在 50 cm^3～150 cm^3之间,对^{60}Co 1 332.5 keV γ 射线的能量分辨力(FWHM)应不大于 2.5 keV,低噪声电荷灵敏前置放大器应和探测器组装在一起。

2.3 屏蔽室

探测器应置于厚度至少 10 cm 铅当量的铅或钢铁作屏蔽物质的外辐射屏蔽室中,屏蔽室内壁距探测器灵敏体积表面的距离至少 13 cm。当铅制屏蔽室内壁与探测器的距离小于 25 cm 时,在屏蔽室的内表面应有原子序数逐渐递减的多层内屏蔽。内屏蔽从外向里依次衬有厚度不小于 1.6 mm 的镉或锡、不小于 0.4 mm 的铜以及厚度为 2 mm～3 mm 的有机玻璃,以减少不同材料产生的特征 X 射线的影响。

2.4 高压电源

高压电源在 0 V～5 000 V、1 μA～100 μA 范围内连续可调。稳定度优于 0.1%,纹波电压不大于 0.01%。

2.5 谱放大器

应与前置放大器和多道分析器相匹配。

2.6 数据获取和存储设备

2.6.1 多道分析器

利用单独的多道分析器或计算机软件控制下的模-数转换器(ADC)执行 γ 能谱仪的数据获取功能。对于高分辨 γ 能谱仪,多道分析器不少于 8 192 道。

2.6.2 数据存储器

数据存储器要有足够的数据存储和将谱数据的任一部分向一个或多个内、外终端设备(I/O)传输的能力,这些终端设备可以是打印机、硬盘、移动存储设备、USB、串或并接计算机接口。

2.7 数据处理系统

应配有用于 γ 能谱分析的各种常规程序，具备能量刻度、效率刻度、谱光滑、寻峰、峰面积计算和重峰分析等功能。

2.8 测量容器

根据测量样品的体积和探测器的形状、大小选择不同形状和尺寸的测量容器。容器应由天然放射性核素含量低、无人工放射性污染的材料制成。

3 γ 能谱仪的刻度

3.1 刻度前的准备

3.1.1 γ 能谱仪的调试

按照使用说明书的要求安装和调试整个 γ 能谱仪系统，使之处于正常工作状态。MCA 应调节到能覆盖所关心的能区。对于能区为 40 keV～2 000 keV 的情况，应调节系统增益使 ^{137}Cs 661.6 keV 光峰处于全谱的近约三分之一处。

3.1.2 样品源与刻度源容器要求

准备测量几何条件能准确重复的样品源和刻度源容器。容器应具有良好的密封性，以保证不会污染工作环境和人员。样品源容器和刻度源容器应相同。

3.1.3 用于能量刻度的系列标准源

3.1.3.1 刻度源的能量范围应覆盖所需能量区间(通常为 40 keV～2 000 keV)，适于作能量刻度的发射单能或多能 γ 射线的核素可参见附录 A。

3.1.3.2 用于能量刻度的刻度源，其外表面应无放射性污染，其活度应使特征峰的每秒计数达到 100。

3.1.4 制备或购置用于效率刻度的系列刻度源(或标准源)

3.1.4.1 效率刻度源的核素选取取决于拟采用的 γ 能谱分析方法。当采用效率曲线法求解样品中核素的活度时，可采用附录 A 中所列的发射单能或多能 γ 射线的核素；当采用相对比较法时，刻度源的核素要与样品中的核素一一对应。

3.1.4.2 效率刻度源的体积、形状、基质等主要物理化学特性以及容器应与待测样品相同。

3.1.4.3 制备效率刻度源的标准溶液应由国家法定计量部门认定或可溯源到国家法定计量部门的计量基准。标准溶液活度的标准偏差绝对值应＜3.5％，刻度源的活度在 40 Bq～10 000 Bq 之间。

3.1.4.4 效率刻度源由模拟基质加特定核素的标准溶液制备而成，它应满足核素含量准确、稳定，容器密封等要求。本标准推荐以二次蒸馏水作为水样品模拟基质并采取适当措施以减少壁吸附。配置好的体刻度源的不均匀性正负偏差应＜2％。

3.2 能量刻度

3.2.1 高纯锗 γ 能谱仪的能量-道址转换系数，对能区为 40 keV～2 000 keV，8 192 道的谱仪可调到每道约 0.25 keV。

3.2.2 能量刻度至少应包括 4 个能量均匀分布在所需刻度能区的刻度点。将特征 γ 射线能量和相应的全能峰峰位道址在直角坐标纸上作图或对数据作最小二乘法直线或抛物线拟合，并给出能量刻度系数和表达式。高纯锗 γ 能谱仪的非线性不应超过 0.5％。

3.2.3 能量刻度完成以后，应经常注意能量-道址关系的变化。如果斜率和截距的变化不超过 0.5％，则用已有的刻度数据,否则应重新刻度。

3.3 效率刻度

3.3.1 效率刻度测量(包括刻度源能谱测量和模拟基质本底能谱测量)时的谱仪状态应与能量刻度时相同。刻度源(包括本底测量时的容器)与探测器的相对几何位置应是严格可重复的。

3.3.2 根据刻度的精度要求确定刻度的全能峰计数,一般要求每个特征峰全能峰的累积计数不应小于10 000。在较短半衰期核素进行长时间测量时,如果测量活时间大于核素半衰期的5%,则应对计数作衰变校正。

3.3.3 γ 射线全吸收峰探测效率 ε 用式(1)计算:

$$\varepsilon=\frac{R_{net}}{R_\gamma} \qquad \cdots\cdots(1)$$

式中:

ε ——γ 射线全吸收峰探测效率;

R_{net} ——所考虑的全能峰的净计数率,单位为计数每秒(计数/s);

R_γ ——已作过衰变校正的该能量 γ 射线的发射率,单位为光子数每秒(光子数/s),且有式(2)。

$$R_\gamma=A\times I \qquad \cdots\cdots(2)$$

式中:

A ——核素每秒的衰变数(放射性活度),单位为贝可(Bq);

I ——该能量 γ 射线的发射概率。

3.3.4 以 γ 射线能量为横坐标,γ 射线全吸收峰探测效率为纵坐标,用计算机软件对实验数据作对数最小二乘法拟合求效率曲线,在40 keV～2 000 keV范围内效率曲线可用式(3)表示:

$$\ln(\varepsilon)=\sum_{i=0}^{n-1}a_i\,(\ln E_\gamma)^i \qquad \cdots\cdots(3)$$

式中:

ε ——γ 射线全吸收峰探测效率;

E_γ ——相应的 γ 射线能量,单位为千电子伏(keV);

a_i ——拟合常数。

高纯锗(HPGe)γ 能谱仪的典型效率曲线如图1所示。

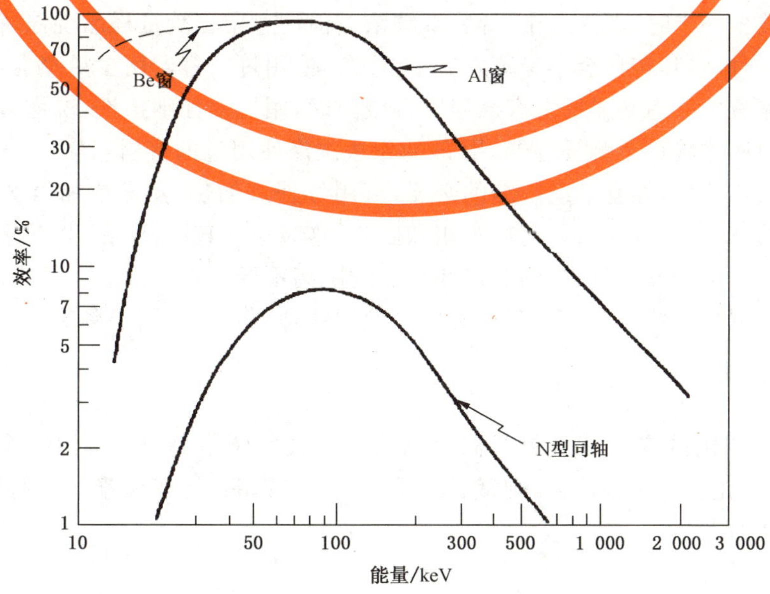

图1 高纯锗 γ 能谱仪的一组典型效率曲线

3.3.5 γ 射线全吸收峰探测效率确定以后，如果探测器的分辨力、测量的几何条件和系统配置等没有变化，则不必再刻度。

4 样品制备

4.1 一次测量所需水样的量

一次测量所需水样的量 V_{LLD} 由式(4)计算：

$$V_{LLD}=\frac{LLD}{AC \cdot r} \qquad \cdots\cdots(4)$$

式中：

V_{LLD} ——一次测量所需用满足“探测下限”的水量，单位为升(L)；

LLD ——γ 能谱系统的探测下限(见附录 B)，单位为贝可(Bq)；

AC ——样品中核素的预计活度浓度，单位为贝可每升(Bq/L)；

r ——预处理过程中核素回收率。

如果要求作 N 个平行样，需要的总水量为 $N \cdot V_{LLD}$ 升。

4.2 水样的直接测量

当水样中的放射性核素活度浓度大于 1 Bq/L 时，可以直接量取体积大于 400 mL 的样品于测量容器内，密封待测，否则应进行必要的预处理。

4.3 水样品的预处理

4.3.1 淡水的预处理

4.3.1.1 河水、井水等淡水样品的制备可使用蒸发浓缩、离子交换、沉淀分离等方法。

4.3.1.2 淡水样品蒸发浓缩法的操作程序如下：

a) 将所采样品转移至蒸发容器(如瓷蒸发皿或烧杯)中；

b) 使用电炉或沙浴加热蒸发容器，在 70 ℃下蒸发，避免碘等易挥发元素在蒸发过程中的损失。当液体量减少一半时，加入剩余样品，继续浓缩但注意留出少量样品洗涤所用容器；

c) 液体量很少时，将其转移至小瓷蒸发皿中浓缩。使用过的容器用少量蒸馏水或部分样品洗涤，并加入浓缩液中。遇到器壁上有悬浮物等吸附时，用淀帚仔细擦洗，洗涤合并入浓缩液；

d) 将浓缩后的液体转移至测量容器，用 c)的方法洗涤使用过的容器；

e) 转移至测量容器后，如有继续浓缩的必要，可用红外灯加热，蒸发浓缩至 20 mL。在有悬浮物或析出物的情况下，沉淀后分离出水相和固相，这时应一直浓缩到水相几乎消失。塑料测量容器遇强热有时会变形，所以应注意灯和样品的距离不要太近；

f) 冷却后盖上测量容器盖，注意密封(必要时使用粘合剂)，即可用于测量。

4.3.2 海水的预处理

4.3.2.1 本标准推荐磷钼酸铵-二氧化锰吸附分离法。向酸性样品中加入磷钼酸铵，搅拌吸附铯，其滤液呈碱性后，加入二氧化锰粉末并搅拌，则锰、铁、钴、锌、锆、铌、钌、铈等元素的放射性核素被吸附。

4.3.2.2 试剂及仪器如下：

a) 浓盐酸；

b) 浓氨水；

c) 磷钼酸铵；

d) MnO_2(100 目～200 目);

e) 搅拌器;

f) 过滤装置(和测量盘直径大体相同)和布氏漏斗;

g) 抽滤装置;

h) pH 计或 pH 试纸。

4.3.2.3 海水样品的操作程序如下:

a) 每升样品中加入浓盐酸 1 mL,使样品呈酸性;

b) 把样品转移到搪瓷或塑料容器或烧杯中。盛过样品液体的容器用 3 mol/L 盐酸(以 20 mL 为宜)洗涤,洗液并入样品溶液中;

c) 以 1 L 样品中加入磷钼酸铵粉末 0.5 g 的比例加入磷钼酸铵搅动 30 min,放置过夜;

d) 上清液用倾斜法,转移至其他容器中,沉淀用装有滤纸的漏斗或布氏漏斗分离,用 0.1 mol/L 盐酸溶液洗涤。用抽滤装置尽可能去除沉淀中的水分,滤液、洗涤液均加入到溶液中去;

e) 向分离出铯的上清液中加氨水,pH 值调节到 8.0～8.5;

f) 以 1 L 溶液加入 MnO_2 粉末 2 g 的比例加入 MnO_2 搅动 2 h,放置过夜;

g) 上清液用倾斜法倾出倒掉。沉淀用装有滤纸的漏斗或布氏漏斗过滤,用少量水洗沉淀。使用抽滤装置除去沉淀中的水分。将载有 MnO_2 的滤纸放到 d)中得到的磷钼酸铵沉淀之上转移到测量容器中;

h) 测量容器的盖盖好密封后,即可测量。

5 测量

5.1 测量(本底测量和样品测量)时相对探测器的几何条件和谱仪状态应与刻度时完全一致。

5.2 由于电子仪器的限制,对全谱每秒计数率超过 1 000 的测量应采取适当措施予以避免。

5.3 应测量模拟基质本底谱和空样品盒本底谱。

5.4 测量时间应按要求的计数误差控制。

6 γ 能谱分析方法

6.1 全能峰面积确定

根据所用 γ 能谱系统的硬、软件的配置情况选用相应的解谱方法确定谱中各特征峰的峰位和全能峰面积。确定样品谱、刻度源谱中各特征峰的面积可用函数拟合法、逐道最小二乘拟合法和全能峰面积法。求刻度源全能峰净面积时,应将刻度源全能峰计数减去相应模拟基质本底计数;求样品谱中全能峰净面积时,应扣除相应空样品盒本底计数。

6.2 根据 γ 射线全吸收峰探测效率求核素活度浓度

6.2.1 适用于没有待测核素效率刻度源可以利用的情况。

6.2.2 在重峰干扰不严重的情况下,根据效率曲线或效率曲线的拟合函数求出各相应能量 γ 射线的 γ 射线全吸收峰探测效率值,然后用式(5)计算水样中核素的活度浓度:

$$\mathrm{AC}=\frac{R_{\mathrm{net}}}{\varepsilon\times V\times I\times \mathrm{DF}} \qquad \cdots\cdots(5)$$

式中:

AC ——水样中核素的活度浓度,单位为贝可每升(Bq/L);

R_{net} ——所考虑的全能峰的净计数率,单位为计数每秒(计数/s);

ε ——γ 射线全吸收峰探测效率；

V ——被测样品的体积，单位为升(L)；

I ——该能量 γ 射线的发射概率；

DF ——放射性核素衰变校正因子。

6.2.3 核素活度浓度的合成标准不确定度 $u_c(\mathrm{AC})$计算见式(6)：

$$u_c(\mathrm{AC})=\sqrt{\frac{u^2(R_{\mathrm{net}})}{\varepsilon^2\times V^2\times I^2\times \mathrm{DF}^2}+\mathrm{AC}^2\times\left[\frac{u^2(\varepsilon)}{\varepsilon^2}+\frac{u^2(V)}{V^2}+\frac{u^2(I)}{I^2}+\frac{u^2(\mathrm{DF})}{\mathrm{DF}^2}\right]} \quad\cdots\cdots(6)$$

式中：

$u(R_{\mathrm{net}})$——全能峰净计数率的标准不确定度；

$\frac{u(\varepsilon)}{\varepsilon}$ ——探测效率的相对标准不确定度；

$\frac{u(V)}{V}$ ——被测样品体积的相对标准不确定度；

$\frac{u(I)}{I}$ ——发射概率的相对标准不确定度；

$\frac{u(\mathrm{DF})}{\mathrm{DF}}$ ——放射性核素衰变校正因子的相对标准不确定度。

6.2.4 净计数率 R_{net}和计数不确定度 $u(R_{\mathrm{net}})$的计算见式(7)、式(8)：

$$R_{\mathrm{net}}=R_s-\left(R_b\times\frac{n_s}{n_b}\right)=\frac{C_s-(C_b\times n_s/n_b)}{t_s} \quad\cdots\cdots(7)$$

$$u(R_{\mathrm{net}})=\frac{\sqrt{C_s+(C_b\times n_s^2/n_b^2)}}{t_s} \quad\cdots\cdots(8)$$

式中：

R_s ——全能峰净计数率，单位为计数每秒(计数/s)；

R_b ——本底计数率，单位为计数每秒(计数/s)；

C_s ——全能峰计数；

C_b ——本底计数；

n_s ——全能峰的道数；

n_b ——本底扣除的道数；

t_s ——样品源测量时间，单位为秒(s)。

6.3 相对比较法求解核素活度浓度

6.3.1 适用于有待测核素效率刻度源的情况。

6.3.2 在获取了效率刻度源和样品的 γ 能谱并求解出其中各特征光峰的全能峰面积之后，按式(9)计算各个刻度源的刻度系数 K_{ji}：

$$K_{ji}=\frac{S_j}{A_{jis}} \quad\cdots\cdots(9)$$

式中：

K_{ji}——各个刻度源的刻度系数；

S_j ——第 j 种核素效率刻度源的活度，单位为贝可(Bq)；

A_{jis}——第 j 种核素效率刻度源的第 i 个特征峰的计数率，单位为计数每秒(计数/s)。

6.3.3 被测样品中第 j 种核素的活度浓度可用式(10)计算：

$$\mathrm{AC}_j=\frac{K_{ji}(A_{ji}-A_{jib})}{V\cdot \mathrm{DF}_j} \quad\cdots\cdots(10)$$

式中：

A_{ji} ——样品谱中第 j 种核素的第 i 个特征峰的计数率，单位为计数每秒(计数/s)；

A_{jih} ——本底谱中第 j 种核素的第 i 个特征峰的计数率，单位为计数每秒(计数/s)；

V ——被测样品的体积，单位为升(L)；

DF_j ——放射性核素 j 的衰变校正因子。

6.3.4 样品中核素活度浓度的总不确定度的主要来源是计数统计误差、标准源误差、样品体积误差、衰变校正误差等，合成不确定度可根据误差传递原理由式(6)进行误差合成求出。

6.4 干扰和影响因素

6.4.1 当两种或两种以上核素发射的 γ 射线能量相近，全能峰重叠或不能完全分开时，彼此形成干扰；在核素的活度相差很大或能量高的核素在活度上占优势时，对活度较小、能量较低的核素的分析也带来干扰。数据处理时应尽量避免利用重峰进行计算以减少由此产生的附加分析不确定度。

6.4.2 复杂 γ 能谱中，曲线基底和斜坡基底对位于其上的全能峰分析构成干扰；只要有其他替代全能峰，就不应利用这类全能峰。

6.4.3 级联 γ 射线在探测器中产生级联加和现象。增加样品源(或刻度源)到探测器的距离，可减少级联加和的影响。

6.4.4 应将全谱每秒计数率限制到小于 1 000，使随机符合相加损失降到 1%以下。

6.4.5 应使效率刻度源的密度与被分析样品的密度相同或尽量接近，以避免或减少密度差异的影响。

6.5 核素识别

根据 γ 能谱中能峰的能量、各能峰的相对关系、核素的特征能量和其他参数以及被测样品的属性等识别核素。水中可能存在的主要核素的 γ 射线能量、半衰期和发射概率列在附录 C 中。

7 结果表述

7.1 常规测量结果报告可根据要求报告样品中超过探测下限的所有核素的以 Bq/L 为单位的活度浓度及计数不确定度[$AC \pm u(R_{net})$]，对于低于探测下限的核素其活度浓度以“小于 LLD”表示。

7.2 γ 能谱分析的探测下限计算见附录 B。

附 录 A
（资料性附录）
适于作能量刻度的 γ 放射性核素

适于作能量刻度的发射单能或多能 γ 射线的核素见表 A.1。

表 A.1 适于作能量刻度的发射单能或多能 γ 射线的核素

核素	半衰期	主要 γ 射线能量 keV	γ 射线发射概率 %
^{210}Pb	22.3a	46.5	4.25
^{241}Am	432.6a	59.5	35.78
^{109}Cd	461.4d	88.0	3.626
^{57}Co	271.8d	122.1	85.51
^{141}Ce	32.5d	145.4	48.29
^{51}Cr	27.7d	320.1	9.87
^{137}Cs	30.018a	661.7	84.99
^{54}Mn	312.13d	834.8	99.97
^{22}Na	2.60a	1 274.5	99.94
^{88}Y	106.63d	898.0	93.90
		1 836.1	99.32
^{60}Co	5.271a	1 173.2	99.85
		1 332.5	99.98
^{152}Eu	13.522a	121.8	28.41
		344.3	26.59
		964.1	14.50
		1 112.1	13.41
		1 408.0	20.85

附　录　B
（规范性附录）
γ 能谱分析的探测下限

B.1　γ 能谱的探测下限（lower limit of detection，或 LLD）是在给定置信度情况下该系统可以探测到的最低活度。

B.2　探测下限可以近似表示为式（B.1）：

$$\text{LLD} \approx (K_\alpha + K_\beta) S_0 \qquad \cdots\cdots\text{(B.1)}$$

式中：

K_α ——与预选的错误判断放射性存在的风险几率 α 相应的标准正态变量的上限百分位数值；

K_β ——与探测放射性存在的预选置信度（$1-\beta$）相应的值；

S_0 ——样品净放射性的标准偏差，单位为贝可（Bq）。

如果 α 和 β 值在同一水平上，则 $K_\alpha = K_\beta = K$，探测下限近似表示为式（B.2）：

$$\text{LLD} \approx 2KS_0 \qquad \cdots\cdots\text{(B.2)}$$

如果总样品放射性与本底接近，则可进一步简化，见式（B.3）：

$$\text{LLD} \approx 2\sqrt{2}KS_b = 2.83K/t_b\sqrt{N_b} \qquad \cdots\cdots\text{(B.3)}$$

式中：

S_b ——本底计数率的标准偏差，单位为计数每秒（计数/s）；

t_b ——本底谱测量时间，单位为秒（s）；

N_b ——本底谱中相应于某一全能峰的本底计数。

对于不同的 α 和 β 值，K 值如表 B.1 所列。

表 B.1　对应于不同 α 和 $1-\beta$ 值的 K 值

α	$1-\beta$	K	$2\sqrt{2}K$
0.01	0.99	2.327	6.59
0.02	0.98	2.054	5.81
0.05	0.95	1.645	4.66
0.10	0.90	1.282	3.63
0.20	0.80	0.842	2.38
0.50	0.50	0	0

B.3　式（B.3）中探测下限是以计数率为单位。考虑到核素特性、探测效率、用样量，可计算以活度浓度表示的探测下限，见式（B.4）：

$$\text{LLD} \cong \frac{2KS_0}{\eta \cdot r \cdot V} \qquad \cdots\cdots\text{(B.4)}$$

式中：

LLD ——探测下限，单位为贝可每升（Bq/L）；

η ——所考虑核素的 γ 射线全吸收峰绝对效率；

r ——所考虑核素的预处理回收率，%；

V ——所考虑核素的用样量，单位为升（L）。

附 录 C
（资料性附录）
水中可能存在的γ放射性核素

水中可能存在的γ放射性核素见表C.1。

表C.1 水中可能存在的γ放射性核素

γ-能量 keV	核素	半衰期[a]	发射概率[b] %
46.5	^{210}Pb	22.3a	4.25
59.5	^{241}Am	432.6a	35.78
59.5	^{237}U	6.75d	34.5
63.3	^{234}Th	L	4.8
80.1	^{144}Ce	284.893d	1.36
81.0	^{133}Ba	10.540a	32.9
81.0	^{133}Xe	5.247d	38
86.5	^{155}Eu	4.753a	30.7
88.0	^{109}Cd	461.4d	3.626
91.1	^{147}Nd	10.98d	27.9
92.4	^{234}Th	L	2.8
92.8	^{234}Th	L	2.8
105.3	^{155}Eu	4.753a	21.1
106.1	^{239}Np	2.356 5d	27.2
121.8	^{152}Eu	13.522a	28.41
122.1	^{57}Co	271.80d	85.51
123.1	^{154}Eu	8.601a	40.4
127.2	^{101}Rh	3.3a	68
133.5	^{144}Ce	284.893d	11.09
136.0	^{75}Se	119.79d	58.2
136.5	^{57}Co	271.80d	10.71
140.5	^{99}Mo	2.747 9d	89.6
140.5	^{99m}Tc	6.006 7h	88.5
143.8	^{235}U	703.8E6a	10.96
145.4	^{141}Ce	32.508d	48.29
151.2	^{85m}Kr	4.480h	75
162.7	^{140}Ba	12.753d	6.26
163.9	^{131m}Xe	11.930d	1.98

表 C.1（续）

γ-能量 keV	核素	半衰期[a]	发射概率[b] %
165.9	^{139}Ce	137.641d	79.9
181.1	^{99}Mo	2.747 9d	6.01
185.7	^{235}U	703.8E6a	57.2
186.2	^{226}Ra	1 600a	3.533
192.4	^{59}Fe	44.495d	2.918
196.3	^{88}Kr	2.84h	26
198.0	^{101}Rh	3.3a	73
228.2	^{132}Te	3.204d	88
233.2	^{133m}Xe	2.19d	10
238.6	^{212}Pb	L	43.6
241.0	^{224}Ra	L	4.12
249.8	^{135}Xe	9.14h	90
256.2	^{227}Th	L	6.8
264.7	^{75}Se	119.79d	58.9
277.4	^{208}Tl	L	2.4
279.2	^{203}Hg	46.594d	81.48
279.5	^{75}Se	119.79d	24.99
293.3	^{143}Ce	33.039h	42.8
295.2	^{214}Pb	L	19.3
300.1	^{212}Pb	L	3.18
302.9	^{133}Ba	10.540a	18.34
304.9	^{140}Ba	12.753d	4.3
304.9	^{85m}Kr	4.480h	14
320.1	^{51}Cr	27.703d	9.87
325.2	^{101}Rh	3.3a	11.8
328.8	^{140}La	1.678 50d	20.8
333.0	^{196}Au	6.183d	22.9
338.3	^{228}Ac	L	11.3
340.6	^{136}Cs	13.16d	42.2
344.3	^{152}Eu	13.522a	26.59
351.9	^{214}Pb	L	37.6
355.7	^{196}Au	6.183d	87
356.0	^{133}Ba	10.540a	62.05

表 C.1（续）

γ-能量 keV	核素	半衰期[a]	发射概率[b] %
364.5	^{131}I	8.023 3d	81.2
391.7	^{113}Sn	115.09d	64.97
402.6	^{87}Kr	76.3m	50
411.8	^{198}Au	2.694 4d	95.54
427.9	^{125}Sb	2.758 55a	29.2
463.4	^{125}Sb	2.758 55a	10.36
477.6	^{7}Be	53.282d	10.52
487.0	^{140}La	1.678 50d	46.1
497.1	^{103}Ru	39.254d	91
510.7	^{208}Tl	L	9
511.0	^{22}Na	2.602 7a	179.8
514.0	^{85}Kr	10.752a	0.435
514.0	^{85}Sr	64.850d	98.5
529.6	^{83}Br	2.40h	1.2
531.0	^{147}Nd	10.98d	13.1
537.3	^{140}Ba	12.753d	24.39
554.3	^{82}Br	35.30h	70.8
556.6	^{102}Rh	207.0d	2
569.3	^{134}Cs	2.064 8a	15.38
569.7	^{207}Bi	32.9a	97.76
583.2	^{208}Tl	L	30
600.6	^{125}Sb	2.758 55a	17.55
602.7	^{124}Sb	60.20d	98.3
604.7	^{134}Cs	2.064 8a	97.62
609.3	^{214}Bi	L	46.1
610.3	^{103}Ru	39.254d	5.76
614.4	^{108m}Ag	418a	89.8
619.1	^{82}Br	35.30h	43.4
635.9	^{125}Sb	2.758 55a	11.19
637.0	^{131}I	8.023 3d	7.26
657.8	^{110m}Ag	249.78d	94.38
661.7	^{137}Cs	30.018a	84.99
667.7	^{132}I	2.295h	98.7

表 C.1（续）

γ-能量 keV	核素	半衰期[a]	发射概率[b] %
722.9	^{108m}Ag	418a	90.8
723.3	^{154}Eu	8.601a	20.05
727.3	^{212}Bi	L	6.74
739.5	^{99}Mo	2.747 9d	12.12
756.7	^{95}Zr	64.032d	54.38
765.8	^{95}Nb	34.991d	99.808
772.7	^{132}I	2.295h	75.6
773.7	^{131m}Te	30.0h	38.9
776.5	^{82}Br	35.30h	83.5
777.9	^{99}Mo	2.747 9d	4.28
795.9	^{134}Cs	2.064 8a	85.53
810.8	^{58}Co	70.83d	99.45
815.8	^{140}La	1.678 50d	23.72
818.5	^{136}Cs	13.16d	99.7
834.8	^{54}Mn	312.13d	99.974 6
845.5	^{87}Kr	76.3m	7.3
852.2	^{131m}Te	30.0h	21
860.6	^{208}Tl	L	4.7
873.2	^{154}Eu	8.601a	12.17
884.7	^{110m}Ag	249.78d	74
889.3	^{46}Sc	83.788d	99.983 3
898.0	^{88}Y	106.626d	93.9
911.2	^{228}Ac	L	26.6
937.5	^{110m}Ag	249.78d	34.51
964.1	^{152}Eu	13.522a	14.5
969.0	^{228}Ac	L	16.2
1 001.0	^{234m}Pa	L	0.837
1 004.7	^{154}Eu	8.601a	17.86
1 048.1	^{136}Cs	13.16d	80
1 063.7	^{207}Bi	32.9a	74.58
1 099.3	^{59}Fe	44.495d	56.59
1 112.1	^{152}Eu	13.522a	13.41
1 115.5	^{65}Zn	244.06d	50.6

表 C.1（续）

γ-能量 keV	核素	半衰期[a]	发射概率[b] %
1 120.3	^{214}Bi	L	15.1
1 120.5	^{46}Sc	83.788d	99.986
1 121.3	^{182}Ta	114.43d	34.9
1 131.5	^{135}I	6.57h	22.6
1 173.2	^{60}Co	5.271a	99.85
1 189.1	^{182}Ta	114.43d	16.2
1 216.1	^{76}As	1.077 8d	3.42
1 260.4	^{135}I	6.57h	28.7
1 274.4	^{154}Eu	8.601a	34.9
1 274.5	^{22}Na	2.602 7a	99.94
1 291.6	^{59}Fe	44.495d	43.21
1 293.6	^{41}Ar	1.823 7h	99.1
1 332.5	^{60}Co	5.271a	99.982 6
1 368.6	^{24}Na	14.957 4h	99.993 5
1 384.3	^{110m}Ag	249.78d	24.7
1 408.0	^{152}Eu	13.522a	20.85
1 460.8	^{40}K	1.265E9a	10.66
1 505.0	^{110m}Ag	249.78d	13.16
1 596.2	^{140}La	1.678 50d	95.4
1 678.0	^{135}I	6.57h	9.6
1 691.0	^{124}Sb	60.20d	47.79
1 764.5	^{214}Bi	L	15.4
1 836.1	^{88}Y	106.626d	99.32

[a] 半衰期为“L”者是天然衰变系列长寿命母体核素的衰变子体。

[b] 发射概率定义为核素每次衰变发射该能量 γ 光子的个数。

ICS 97.040.20
Y 71

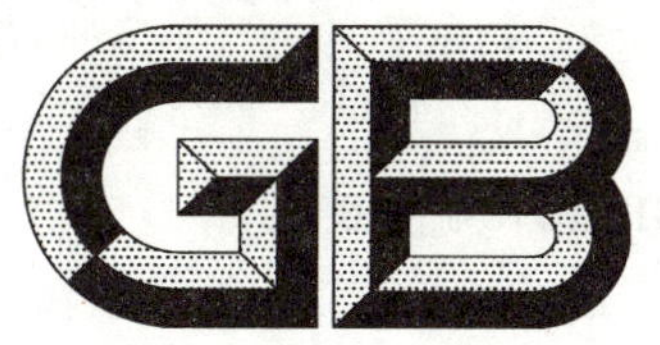

中华人民共和国国家标准

GB 16154—2018
代替 GB 16154—2005

民用水暖煤炉通用技术条件

General technical specification for civil water heating coal stove

2018-07-13 发布　　　　2019-08-01 实施

国家市场监督管理总局
中国国家标准化管理委员会　发布

前　言

本标准的5.2.1、5.2.2、5.3、5.4.7、5.5为强制性的，其余为推荐性的。

本标准按照GB/T 1.1—2009给出的规则起草。

本标准代替GB 16154—2005《民用水暖煤炉通用技术条件》。本标准与GB 16154—2005相比，除编辑性修改外主要技术变化如下：

——删除了上火速度(见2005年版的5.1.3.2)；

——重新定义了额定供热量和热效率(见3.4和3.5，2005年版的3.5和3.6)；

——提高了热效率和炊事火力强度指标(见5.2.2和5.2.3，2005年版的与5.1.3.2)；

——增加了"炉具大气污染物排放限值"(见5.3)；

——增加了安全使用要求的内容(见5.5)。

本标准由中华人民共和国农业农村部提出并归口。

本标准起草单位：中国农村能源行业协会、北京中研环能环保技术检测中心、河北鑫华新锅炉制造有限公司、山东多乐采暖设备有限责任公司、北京老万生物质能科技有限责任公司、石家庄市春燕采暖设备有限公司、河北光磊炉业有限公司、高碑店市勤俭采暖设备厂、任丘市创新采暖设备有限公司、禹州市方正炉业有限公司。

本标准主要起草人：贾振航、郝芳洲、杨明珍、刘文艺、孙铁柱、邢立力、李凤林、康铁良、张家溢、刘虎群、关要领。

本标准所代替标准的历次版本发布情况为：

——GB 16154—1996、GB 16154—2005。

民用水暖煤炉通用技术条件

1 范围

本标准规定了民用水暖煤炉的型号表示方法、技术要求、试验方法、检验规则等。

本标准适用于以型煤、洗选煤等洁净煤为燃料，额定供热量小于 50 kW，额定工作压力为常压，循环系统高度不超过 10 m，出口水温不高于 85 ℃的民用水暖煤炉。具有炊事功能的民用水暖煤炉可参照执行。

2 规范性引用文件

下列文件对于本文件的应用是必不可少的。凡是注日期的引用文件，仅注日期的版本适用于本文件。凡是不注日期的引用文件，其最新版本(包括所有的修改单)适用于本文件。

GB 567 爆破片安全装置

GB/T 16155 民用水暖煤炉性能试验方法

NY/T 1703 民用水暖炉采暖系统安装及验收规范

3 术语和定义

下列术语和定义适用于本文件。

3.1

吸热水套 endothermic water jacket

吸收煤燃烧放出的热量，并将其传递给循环水的部件。

3.2

炉体 stove shell

保护和固定吸热水套、炉瓦和保温材料等部件的外壳。

3.3

炉瓦 stove tile

用耐火材料制成的用以盛放煤并形成燃烧室的部件。

3.4

额定供热量 heating power

民用水暖煤炉供热时，在规定的单位时间内可稳定输出的热量。

3.5

热效率 heating efficiency

民用水暖煤炉吸收的有效热量与炉内燃料燃烧产生热量的比值。

3.6

炊事火力强度 cooking power

单位时间锅水蒸发所吸收的热量。

3.7

循环系统 circulating system

由供热装置、散热设备和管道组成的热水采暖网络。

4 型号表示方法

4.1 用大写汉语拼音字母和阿拉伯数字表示。

4.2 型号由五部分组成：

a) 第一部分表示民用水暖煤炉的主要用途；

b) 第二部分表示燃料种类；

c) 第三部分表示额定供热量；

d) 第四部分表示改进序号；

e) 第五部分表示炉具有炊事功能。

4.3 型号各组成部分的符号及意义如下：

a) 第一部分：用汉语拼音字母 N 表示：

N——表示民用水暖煤炉。

b) 第二部分：用汉语拼音字母 F 或 Q 表示：

F——表示燃用蜂窝煤；

Q——表示燃用其他型煤或洁净煤。

c) 第三部分：用阿拉伯数字表示额定供热量，保留小数点后一位数字。

d) 第四部分：用罗马数字表示炉具的改进序号。在第三、第四部分之间加短划“-”。

e) 第五部分：用汉语拼音字母 C 表示具有炊事功能。

示例：

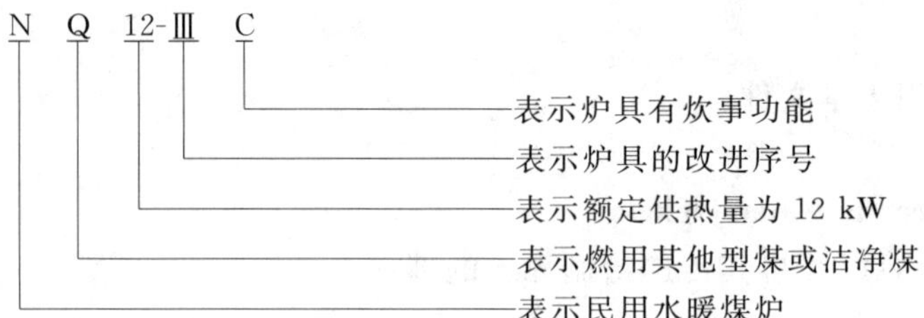

表示该炉具是水暖型，燃用其他型煤或洁净煤，额定供热量为 12 kW，改进序号为Ⅲ型，具有炊事功能。

5 技术要求

5.1 基本要求

5.1.1 结构

炉具结构应设计合理、密封性好、操作方便、安全可靠。

5.1.2 外观

造型美观，表面光洁，无毛边毛刺。

5.1.3 辅机附件

炉具的辅机、附件应符合国家相应的产品标准。

5.1.4 安全装置

5.1.4.1 炉具应装设爆破片。

5.1.4.2 爆破压力不应超过 0.2 MPa，排放孔内径不应小于 25 mm。

5.1.4.3 爆破片应符合 GB 567 的规定。

5.2 热性能指标

5.2.1 额定供热量不小于标称值。

5.2.2 热效率 η：$\eta \geqslant 65\%$。

5.2.3 若具有炊事功能，其炊事火力强度 P_c：烟煤 $P_c \geqslant 1.5$ kW，无烟煤、型煤 $P_c \geqslant 1.0$ kW。

5.2.4 封火能力应大于 10 h。

5.3 炉具大气污染物排放限值

炉具大气污染物排放限值见表 1。

表 1 炉具大气污染物排放浓度限值

烟气污染物	排放指标
颗粒物/(mg/m³)	≤50
二氧化硫/(mg/m³)	≤100
氮氧化物/(mg/m³)	≤150
一氧化碳/%	≤0.2
烟气黑度(林格曼黑度)/级	≤1

5.4 制造要求

5.4.1 铸造件应表面光洁，无裂纹、气孔、砂眼等缺陷。

5.4.2 焊接件应平整、均匀，无烧穿、夹渣、气孔、未焊透等缺陷。

5.4.3 冲压件应无裂纹、起皱、飞边、毛刺等缺陷。

5.4.4 钣金件表面应平整，无裂纹、皱褶、凹凸等缺陷，机械加工表面不应有磕、碰、划伤等缺陷。

5.4.5 铆接件应牢固，铆钉应无松动、歪斜。

5.4.6 炉体外壁面应做防锈处理，防锈层应防水并不易脱落。

5.4.7 吸热水套使用铸铁时，壁面厚度不应小于 4 mm；使用碳素钢时，受热面钢板的名义厚度不应小于 3 mm，非受热面钢板的名义厚度不应小于 2 mm。

5.4.8 吸热水套内部应保证足够的循环水流通截面积，吸热水套夹层宽度（吸热水套的内外壁之间的净距）应符合表 2 规定。

表 2 吸热水套夹层宽度

额定供热量 kW	水套夹层宽度 mm
≤5	≥8
>5～10	≥12
>10～20	≥15
>20～30	≥20
>30	≥25

5.4.9 炉瓦(胆)应耐高温、无残缺,其尺寸、形状和厚度应符合设计要求。

5.4.10 隔热和保温材料应符合国家标准。

5.4.11 每台炉具应按6.4的规定进行水压试验且无泄漏。

5.4.12 炉具的进、出水管通径见表3。

表3 进、出水管通径

额定供热量 kW	进、出水管通径 mm
≤5	20
>5～10	25～32
>10～50	32～50

5.5 安全使用要求

5.5.1 民用水暖煤炉严禁安装在卧室内。

5.5.2 民用水暖煤炉应装设烟囱并通往室外,并应保持室内空气通畅,禁止在烟道内安装任何形式的挡板。

5.5.3 膨胀水箱的水位应不低于其高度的三分之一,水量不足时应及时补水。

5.5.4 采暖循环水不应用于其他用途。

5.5.5 民用水暖煤炉冻结时严禁点火启动。

5.5.6 采暖系统安装按NY/T 1703的规定进行。

5.5.7 配有电器装置的民用水暖煤炉应有安全用电措施。

6 检验方法

6.1 技术要求的5.1和5.4采用量具及视检方法。

6.2 技术要求的5.2和5.3按GB/T 16155的规定进行。

6.3 试验结束后,视检炉瓦(胆)应无明显变形,炉具的内部结构,包括铸造件、焊接件、冲压件、钣金件、铆接件等应符合5.4的要求。

6.4 水压试验时,水压不低于0.2 MPa,持续时间5 min。

7 检验规则

7.1 总则

民用水暖煤炉检验分为出厂检验和型式检验,出厂检验和型式检验的项目及要求见表4。

表4 出厂检验和型式检验项目和要求

序号	项目	出厂检验	型式检验	技术要求	检验方法
1	基本要求	√	√	5.1	6.1
2	制造要求	√	√	5.4	6.1
3	水压试验	√	√	5.4.11	6.4

表 4（续）

序号	项 目	出厂检验	型式检验	技术要求	检验方法
4	热性能指标		√	5.2	6.2
5	烟气污染物排放指标		√	5.3	6.2
注：“√”为必检项目。					

7.2 出厂检验

每台炉具经制造单位的质量检验部门检验合格并出具产品合格证后方可出厂。

7.3 型式检验

7.3.1 型式检验包括出厂检验、热性能试验和大气污染物排放检测。

7.3.2 型式检验机构应经过国家计量认证并具有相应检测资质。

7.3.3 型式检验机构应提供正式检验报告，型式检验的每个项目，应符合本标准要求。如有一项指标不合格时，可抽双倍数量样品进行复验。如仍有不合格项时，则认为该批民用水暖煤炉不合格。

7.3.4 民用水暖煤炉在下列情况下进行型式检验：

a) 批量生产的产品每 2 年应进行一次；
b) 正式生产后，如结构、材料、生产工艺有较大改变时；
c) 新产品和该型产品正式投产时；
d) 长期停产后，恢复生产时；
e) 出厂检验结果与上次型式检验有较大差异时；
f) 国家质量监督机构提出进行型式检验的要求时。

8 标志、包装、警示标志、贮存和使用寿命

8.1 标志

8.1.1 民用水暖煤炉应在明显位置固定产品标志。

8.1.2 民用水暖煤炉标志应包括以下内容：

a) 制造企业名；
b) 产品名称；
c) 产品商标；
d) 规格型号；
e) 应用煤种；
f) 额定供热量；
g) 制造日期；
h) 出厂编号；
i) 执行标准号。

8.2 包装

8.2.1 炉具包装应符合与用户的约定要求。

8.2.2 随同产品提供的文件：

a) 产品合格证；

b) 产品安装使用说明书；

c) 出厂清单；

d) 产品保修单。

8.3 警示标志

8.3.1 民用水暖煤炉应在炉体显著位置设置警示标志。

8.3.2 警示标志应牢固、不易脱落，尺寸不应小于 100 mm×62 mm。

8.3.3 警示标志应包括 5.5.1～5.5.5 的内容。

8.4 贮存和使用寿命

8.4.1 贮存场所不能漏雨或受潮。

8.4.2 炉具在正常条件下使用，寿命不低于 5 年。

ICS 97.040.20
Y 71

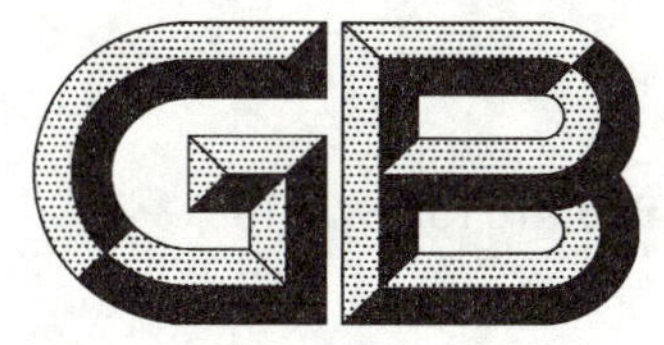

中华人民共和国国家标准

GB/T 16155—2018
代替 GB 16155—2005

民用水暖煤炉性能试验方法

Test method for performance of civil water heating coal stove

2018-02-06 发布　　2018-09-01 实施

中华人民共和国国家质量监督检验检疫总局
中国国家标准化管理委员会　发布

前　言

本标准按照 GB/T 1.1—2009 给出的规则起草。

本标准代替 GB 16155—2005《民用水暖煤炉热性能试验方法》。本标准与 GB 16155—2005 相比，除编辑性修改外主要技术变化如下：

——对炊事火力强度试验方法进行了简化(见第 5 章，2005 年版的附录 A)；

——增加了“大气污染物排放检测”(见第 6 章)。

本标准由中华人民共和国农业部提出并归口。

本标准起草单位：中国农村能源行业协会、北京中研环能环保技术检测中心、北京老万生物质能科技有限责任公司、山东多乐采暖设备有限责任公司、河北鑫华新锅炉制造有限公司、石家庄市春燕采暖设备有限公司、河北光磊炉业有限公司、任丘市创新采暖设备有限公司、高碑店市勤俭采暖设备厂、禹州市方正炉业有限公司。

本标准主要起草人：杨明珍、贾振航、郝芳洲、赵育军、李家勤、齐小顺、李凤林、康铁良、刘虎群、张家溢、张少军。

本标准所代替标准的历次版本发布情况为：

——GB/T 16155—1996、GB 16155—2005。

民用水暖煤炉性能试验方法

1 范围

本标准规定了民用水暖煤炉的热性能和大气污染物排放检测方法。

本标准适用于以型煤、洗选煤等洁净煤为燃料，额定供热量小于 50 kW，额定工作压力为常压，循环系统高度不超过 10 m，出口水温不高于 85 ℃的民用水暖煤炉。具有炊事功能的民用水暖煤炉可参照执行。

2 规范性引用文件

下列文件对于本文件的应用是必不可少的。凡是注日期的引用文件，仅注日期的版本适用于本文件。凡是不注日期的引用文件，其最新版本(包括所有的修改单)适用于本文件。

GB/T 16157 固定污染源排气中颗粒物测定与气态污染物采样方法

HJ/T 57 固定污染源排气中二氧化硫的测定 定电位电解法

HJ/T 398 固定污染源排放 烟气黑度的测定 林格曼烟气黑度图法

HJ 629 固定污染源废气 二氧化硫的测定 非分散红外吸收法

HJ 692 固定污染源排气 氮氧化物的测定 非分散红外吸收法

HJ 693 固定污染源废气 氮氧化物的测定 定电位电解法

HT/T 44 固定污染源排气中一氧化碳的测定 非色散红外吸收法

3 试验仪器设备及准备

3.1 试验仪器设备

试验仪器设备如下：

a) 水桶 2 个，容量 0.01 m^3；

b) 台秤 1 台，测量范围 0 kg～10 kg，感量 0.005 kg；

c) 时钟 1 个，日差小于 1 min；

d) 水银温度计 2 支，测量范围 0 ℃～100 ℃，分度值 0.2 ℃；

e) 风速计 1 个，测量范围 0 m/s～10 m/s，精度 0.5 m/s；

f) 烟尘(气)测试仪 1 台；

g) 烟气分析仪 1 台；

h) 蒸发锅 1 个。根据炉具的炊事火力强度确定初始锅水量 G_{c1} 和蒸发锅直径，见表 1。

表 1 蒸发锅规格与水量

炊事火力强度 P_c kW	初始锅水量 G_{c1} kg	蒸发锅直径 mm
≤1.5	7	280
＞1.5	9	300

3.2 试验条件

试验条件如下：

a) 环境温度：10 ℃～35 ℃；

b) 风速：小于 1.0 m/s；

c) 试验时民用水暖煤炉应远离其他热源，多台炉具在同一地点试验时，间距应大于 3 m。

3.3 试验前准备

3.3.1 试验人员应熟悉炉具的操作方法，并具有炉具测试经验。

3.3.2 校正仪器至规定要求。

3.3.3 根据炉具生产商提供的说明书，选择适合的燃料种类。

3.3.4 根据炉具的额定供热量，确定试验用煤量(见表 2)，煤量应保证 3 h 以上的额定供热量。

表 2 试验用煤量

额定供热量/kW	≤12	>12～25	>25～35	>35～45	>45～50
用煤量/kg	8～12	12～25	25～35	35～45	45～50

3.3.5 试验用煤送具有资质的检测机构进行工业分析和燃料发热量的测定。

4 热性能试验

4.1 炉具试验状态调整

4.1.1 将炉体水套充满水，引火物和煤炭放置在炉膛内，点火。

4.2.2 当炉体水温升到 75 ℃时，开启阀门向水桶内放水，并控制出水温度在 75 ℃～80 ℃。

4.2.3 炉具调整至稳定供热状态后，记录煤层位置、燃烧状况等，准备开始热性能试验。

4.2 热性能试验步骤

4.2.1 开始热性能试验，记录此时刻 T_1。为维持稳定供热状态，试验期间可添加经计量的煤炭。

4.2.2 试验期间，随时记录出水量，并每 5 min 记录一次出水温度，每 10 min 记录一次进水温度。

4.2.3 民用水暖煤炉热性能试验时间不少于 3 h。

4.2.4 热性能试验结束时，炉具的煤层位置与燃烧状况应与试验开始时保持一致，记录结束时刻 T_2。

4.2.5 统计试验期间燃煤用量 B、总出水量 G_z、总出水平均温度 t_{cp} 和总进水平均温度 t_{jp}。

4.2.6 有风机的民用水暖煤炉需记录风机功率 E。

4.2.7 热性能试验结束后，具有炊事功能的民用水暖煤炉应进行炊事火力强度试验。

5 炊事火力强度试验

5.1 炉膛内加入能维持 1 h 以上稳定燃烧的煤量，将称量后的水倒入锅内，记录初始锅水量 G_{c1}。蒸发锅盖上锅盖放置在炉具火口，使锅水逐步升温，准备开始炊事火力强度试验。

5.2 锅水的温度测点应位于蒸发锅中心并距离锅底约 10 mm 处。

5.3 锅水温度升至沸点时，打开锅盖，开始炊事火力强度试验。记录此时刻 T_{c1} 和沸点温度 t_{c1}。锅水蒸发 60 min 后，立即将蒸发锅移走并称量剩余锅水量 G_{c2}，结束炊事火力强度试验。

6 大气污染物排放检测

6.1 采样应在热性能试验开始后，炉具燃烧正常状况下进行。

6.2 采样位置选择在垂直的烟囱上，距炉具烟气出口标高 1.0 m 处。

6.3 大气污染物排放浓度的检测方法见表 3。

表 3 大气污染物浓度检测方法

序号	污染物项目	检测方法	标准编号
1	颗粒物	固定污染源排气中颗粒物测定与气态污染物采样方法	GB/T 16157
2	烟气黑度	固定污染源排放　烟气黑度的测定　林格曼烟气黑度图法	HJ/T 398
3	二氧化硫	固定污染源排气中二氧化硫的测定　定电位电解法	HJ/T 57
		固定污染源废气　二氧化硫的测定　非分散红外吸收法	HJ 629
4	氮氧化物	固定污染源排气　氮氧化物的测定　非分散红外吸收法	HJ 692
		固定污染源废气　氮氧化物的测定　定电位电解法	HJ 693
5	一氧化碳	固定污染源排气中一氧化碳的测定　非色散红外吸收法	HT/T 44

6.4 大气污染物基准含氧量排放浓度折算方法：

实测的颗粒物、二氧化硫、氮氧化物、一氧化碳的排放浓度，应按式(1)折算为基准氧含量排放浓度：

$$\rho = \rho' \times \frac{21 - O_2}{21 - O_2'} \qquad \cdots\cdots (1)$$

式中：

ρ ——大气污染物基准氧含量排放浓度，单位为千克每立方米(mg/m^3)；

ρ' ——实测的大气污染物排放浓度，单位为千克每立方米(mg/m^3)；

O_2'——实测的氧含量，%；

O_2 ——基准氧含量，%，此处取 9。

7 试验结果计算

7.1 额定供热量

额定供热量按式(2)计算：

$$P_n = \frac{G_z(t_{cp} - t_{jp}) \times 4.18}{3\,600 \times (T_2 - T_1)} \qquad \cdots\cdots (2)$$

式中：

P_n ——额定供热量，单位为千瓦(kW)；

G_z ——总出水量，单位为千克(kg)；

t_{cp} ——总出水的平均温度，单位为摄氏度(℃)；

t_{jp} ——总进水的平均温度，单位为摄氏度(℃)；

$T_2 - T_1$——总试验时间，单位为小时(h)。

7.2 热效率

热效率按式(3)计算：

$$\eta=\frac{G_z(t_{cp}-t_{jp})\times 4.18}{B\times Q_{net,v,ar}}\times 100 \qquad \cdots\cdots(3)$$

式中：

η ——热效率,%；

B ——燃煤用量,单位为千克(kg)；

$Q_{net,v,ar}$——煤的收到基恒容低位发热量,单位为千焦每千克(kJ/kg)。

7.3 炊事火力强度

炊事火力强度按式(4)计算：

$$P_c=\frac{(G_{c2}-G_{c1})r}{3\ 600} \qquad \cdots\cdots(4)$$

式中：

P_c ——炊事火力强度,单位为千瓦(kW)；

G_{c1} ——蒸发锅内初始水量,单位为千克(kg)；

G_{c2} ——蒸发 1 h 后剩余水量,单位为千克(kg)；

r ——锅水在平均蒸发温度状态的平均汽化潜热,单位为千焦每千克(kJ/kg)；

3 600——锅水蒸发时间,单位为秒(s)。

8 试验报告

试验报告见表 4。

表 4 试验报告

炉具名称型号			检验时间	
炉具生产单位			燃料种类	
委托单位			烟囱高度	
检测地点				
依据标准				
试验主要仪器和设备				
检测项目		单位	标准值	实测平均值
燃料特性	燃料收到基恒容低位发热量	kJ/kg	—	
	燃料挥发分	%	—	
热性能	额定供热量	kW	(标称值)	
	热效率	%	≥65	
	炊事火力强度	kW		

表 4（续）

检测项目		单位	标准值	实测平均值
大气污染物排放限值	折算颗粒物排放浓度	mg/m³	≤50	
	折算二氧化硫浓度	mg/m³	≤100	
	折算氮氧化物浓度	mg/m³	≤150	
	折算一氧化碳浓度	%	≤0.2	
	烟气黑度（林格曼黑度）	级	≤1	
备注				

签发：　　　　审核：　　　　报告编制：

ICS 59.060
W 10

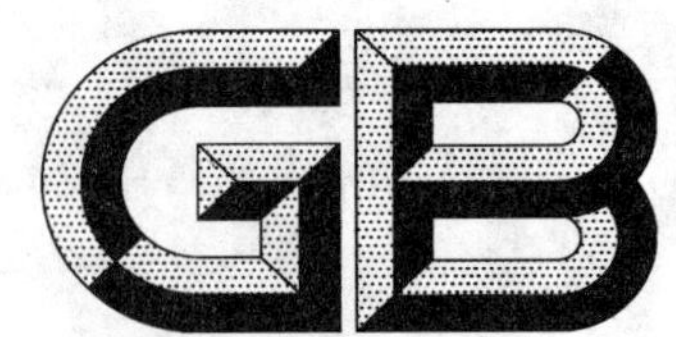

中华人民共和国国家标准

GB/T 16258—2018
代替 GB/T 16258—2008

棉纤维含糖试验方法　分光光度法

Test method for sugar in cotton fibers—Spectrophotometry

(ISO 18068:2014,MOD)

2018-02-06 发布　　2018-09-01 实施

中华人民共和国国家质量监督检验检疫总局
中国国家标准化管理委员会　发布

前　言

本标准按照 GB/T 1.1—2009 给出的规则起草。

本标准代替 GB/T 16258—2008《棉纤维　含糖试验方法　定量法》，主要技术变化如下：

——对第 2 章“规范性引用文件”内容进行了修改；

——更换了第 6 章中的试剂，将“脂肪酸烷醇酰胺”更改为“脂肪醇聚氧乙烯醚”，并增加脂肪醇聚氧乙烯醚溶液的注意事项；

——对第 7 章“试样的制备”内容进行了修改；

——将第 8 章“8.1　空白试验”中“静置 5 min”改为“静置 30 min”；

——对第 8 章“8.2.3　工作曲线绘制”内容进行了修改；

——删除“8.4　原棉实际回潮率的测试”，直接用调湿法称取棉样；

——对第 9 章“9.1　计算公式”增加了校正吸光度的说明，并修改部分内容；

——将标准中“吸光值”的表述改为“吸光度”；

——删除“10　精密度”，增加“10　试验报告”。

本标准使用重新起草法修改采用 ISO 18068:2014《棉纤维　含糖试验方法　定量法》。本标准与 ISO 18068:2014 的主要技术性差异如下：

——关于规范性引用文件，本标准做了具体技术性差异的调整，以适应我国的技术条件，调整的情况集中反映在第 2 章“规范性引用文件”中，具体调整如下：

- 用修改采用国际标准的 GB/T 6529 代替了 ISO 139；
- 用修改采用国际标准的 GB/T 6682 代替了 ISO 3696；
- 用国家标准 GB/T 6097 代替 ISO 1130:1975；
- 删除了 ISO 4793:1980；
- 增加了 GB/T 8170；

——将 ISO 18068:2014 中 6.4“脂肪酸烷醇酰胺”更改为“脂肪醇聚氧乙烯醚”；

——将 ISO 18068:2014 中“6.6.2　脂肪酸烷醇酰胺(0.4 g/L)”删除，将“6.6.3　脂肪酸烷醇酰胺(0.05 g/L)”更改为“6.6.2　脂肪醇聚氧乙烯醚(0.005%)溶液”；

——将 ISO 18068:2014 中 7 样品制备的实验室样品质量修改为不少于 150 g；

——将 ISO 18068:2014 中 8.1 空白试验中“0.4 g/L 脂肪酸烷醇酰胺”修改为“0.005%脂肪醇聚氧乙烯醚”；

——将 ISO 18068:2014 中 8.1.2 显色后的静置时间由“5 min”改为“30 min”；

——在本标准中第 9 章，增加了校正样品吸光度的计算公式。

为便于使用，本标准做了下列编辑性修改：

——将 ISO 18068:2014 中警告语删除；

——将 ISO 18068:2014 中 5.1 分光光度计的表述做了修改，并将 5.13 的比色皿规格合并在一起；

——将 ISO 18068:2014 中 5.2 两种规格的电子天平合并为一个能满足试验需求的电子天平；

——将 ISO 18068:2014 中 5.3 恒温水槽和 5.12 机械振荡器合并用恒温水浴振荡器代替；

——将 ISO 18068:2014 中 5.8 烧杯规格删除；

——将 ISO 18068:2014 中 5.9、5.10、5.11 调整为 5.8、5.9、5.10；

——将 ISO 18068:2014 中 10 试验报告中的 b)、e)删除。

本标准由中国纤维检验局提出并归口。

本标准起草单位:湖北省纤维检验局、四川省出入境检验检疫局、山东省纤维检验局。

本标准主要起草人:何力、宋丛珊、陈春梅、柳汉梅、刁永辉、俞凌云、卢晓东。

本标准所代替标准的历次版本发布情况为:

——GB/T 16258—1996、GB/T 16258—2008。

棉纤维含糖试验方法　分光光度法

1　范围

本标准规定了用3,5-二羟基甲苯-硫酸溶液作显色剂,使用分光光度计定量测定棉纤维表面所含总糖的测定方法。

本标准适用于原棉、棉条、棉卷等棉纤维。

2　规范性引用文件

下列文件对于本文件的应用是必不可少的。凡是注日期的引用文件,仅注日期的版本适用于本文件。凡是不注日期的引用文件,其最新版本(包括所有的修改单)适用于本文件。

GB/T 6097　棉纤维试验取样方法

GB/T 6529　纺织品　调湿和试验用标准大气(GB/T 6529—2008,ISO 139:2005,MOD)

GB/T 6682　分析实验室用水规格和试验方法(GB/T 6682—2008,ISO 3696:1987,MOD)

GB/T 8170　数值修约规则与极限数值的表示和判定

3　术语和定义

下列术语和定义适用于本文件。

3.1

含糖率　percentage of sugar

附着在棉纤维表面总糖(包括还原糖、非还原糖)重量占棉纤维试样重量的百分率。

4　原理

在非离子表面活性剂的作用下,使附着在棉纤维表面的糖溶于萃取试剂中,糖在强酸性介质中转化为醛类,与3,5-二羟基甲苯发生显色反应,生成橙黄色化合物,用分光光度计在波长$\lambda=425$ nm处与标准工作曲线比较定量。

5　仪器和器具

5.1　分光光度计(波长$\lambda=425$ nm);1 cm玻璃比色皿。

5.2　电子天平:量程≥100 g,分度值0.001 g。

5.3　恒温水浴振荡器:(70±2)℃;往复式速率至少为60次/min,旋转式速率至少为30周/min。

5.4　250 mL磨口具塞锥形瓶或250 mL碘量瓶。

5.5　移液管:1 mL、2 mL、5 mL;或移液枪:1 000 μL～5 000 μL。

5.6　容量瓶:50 mL、100 mL。

5.7　量筒:100 mL、1 000 mL。

5.8　25 mL比色管及试管架。

5.9 真空抽气泵。

5.10 玻璃砂芯坩埚 G2 及抽气滤瓶。

6 材料和试剂

6.1 三级水

符合 GB/T 6682 的规定。

6.2 浓硫酸

分析纯,密度 1.84 g/mL。

6.3 3,5-二羟基甲苯

分析纯。

6.4 脂肪醇聚氧乙烯醚(平平加)

工业级。

6.5 *D*-果糖

分析纯。

6.6 试剂的配制

6.6.1 3,5-二羟基甲苯-硫酸溶液(质量分数 0.2%)

称取 3,5-二羟基甲苯 0.2 g,置于 100 mL 烧杯中,在通风橱内边搅拌边加入 100 g(约 54 mL)硫酸,使之全部溶解,现配现用。

6.6.2 脂肪醇聚氧乙烯醚(0.005%)溶液

称取 0.05 g 脂肪醇聚氧乙烯醚溶于 1 000 mL 水中,搅拌均匀。

注:由于脂肪醇聚氧乙烯醚溶液不能长期贮存,现配现用。

7 样品制备

7.1 调湿和试验用大气

为了防止因温湿度条件变化而影响其测试结果,按 GB/T 6529 规定的标准大气,温度(20±2)℃,相对湿度(65±4)%,进行预调湿、调湿和试验。

7.2 试样准备

7.2.1 按 GB/T 6097 规定抽取实验室样品,每份实验室样品质量应不少于 150 g;从实验室样品中随机抽取不少于 20 g 的试验样品将试验样品中粗大杂质去除,充分混匀。

7.2.2 从试验样品中称取 2.000 g±0.001 g 试样 3 份,作为测试样,记为 m,余样备用。

8 试验步骤

8.1 空白试验

8.1.1 吸取0.005%脂肪醇聚氧乙烯醚溶液1.0 mL，注于25 mL比色管中，作为空白溶液。

8.1.2 将比色管置于70 ℃恒温水浴锅中，快速加入3,5-二羟基甲苯-硫酸溶液(6.6.1)2.0 mL，摇匀，继续置于水浴锅中40 min，取出，加入0.005%脂肪醇聚氧乙烯醚溶液20 mL，摇匀，冷却至室温，用0.005%脂肪醇聚氧乙烯醚溶液定容至刻度。待其静置30 min，倒入1 cm玻璃比色皿中，放入已调整好的分光光度计内，在425 nm波长处测定溶液的吸光度，记录其读数。

8.2 工作曲线制作

8.2.1 糖标准溶液配制

8.2.1.1 糖标准储备溶液

称取*D*-果糖0.200 g，用脂肪醇聚氧乙烯醚(0.005%)溶液溶解后，定容至100 mL。浓度为2.0 mg/mL。

8.2.1.2 糖标准工作溶液

用移液管吸取0.5 mL、1.0 mL、1.5 mL、2.0 mL、2.5 mL、3.0 mL、4.0 mL、5.0 mL糖标准储备溶液，分别注入50 mL容量瓶中，用脂肪醇聚氧乙烯醚(0.005%)溶液稀释至刻度，该糖标准系列浓度分别为0.02 mg/mL、0.04 mg/mL、0.06 mg/mL、0.08 mg/mL、0.10 mg/mL、0.12 mg/mL、0.16 mg/mL、0.20 mg/mL。

8.2.2 糖标准溶液测试

吸取糖标准工作溶液各1.0 mL，注于25 mL比色管中。以下按8.1.2步骤进行。

8.2.3 工作曲线绘制

以糖标准工作溶液浓度(mg/mL)为横坐标、校正吸光度为纵坐标绘制糖标准工作曲线。

8.3 试样的测定

8.3.1 取7.2.1的试样，分别置于250 mL锥形瓶中，加入0.005%脂肪醇聚氧乙烯醚溶液200 mL，将其充分润湿，在振荡器上振荡10 min，用玻璃棒将棉花翻过后，继续振荡10 min。用玻璃砂芯坩埚抽滤，得到3份试样溶液。

8.3.2 吸取试样溶液各1.0 mL，注于25 mL比色管中。以下按8.1.2步骤进行。

9 试验结果的计算

9.1 计算公式

用式(1)来计算校正样品吸光度：

$$A = A_s - A_b \qquad \cdots\cdots (1)$$

式中：

A ——校正吸光度；

A_s——试验样品中测得的吸光度；

A_b——空白样品中测得的吸光度。

用校正后的吸光度数值，通过工作曲线计算出试样溶液的浓度 c，以 mg/mL 表示。

按式(2)计算每一个试样的含糖率：

$$X = \frac{200 \times c}{m \times 1\,000} \times 100 \qquad \cdots\cdots(2)$$

式中：

X ——试样含糖率，%；

c ——通过工作曲线计算出试样溶液中糖的浓度值，单位为毫克每毫升(mg/mL)；

m ——试样质量，单位为克(g)。

9.2 结果表示和数值修约

以三次试验的算术平均值作为试验结果，按 GB/T 8170 规定修约至 2 位小数。

10 试验报告

试验报告应包括下列内容：

a) 使用的标准；

b) 试验样品描述和包装方法；

c) 从样品中萃取的含糖率，%；

d) 任何偏离本标准的说明。

ICS 67.160.10
X 61

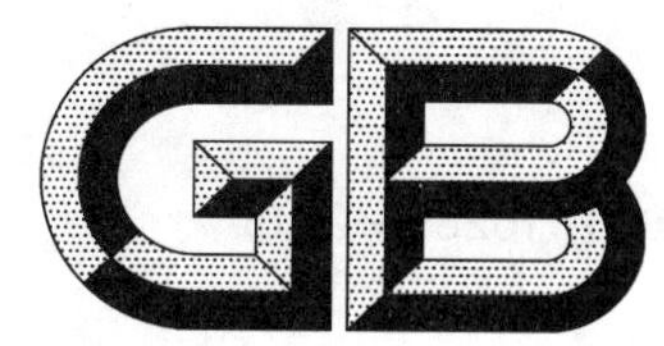

中华人民共和国国家标准

GB/T 16289—2018
代替 GB/T 16289—2007

豉香型白酒

Chi xiang xing baijiu

2018-06-07 发布　　2019-01-01 实施

国家市场监督管理总局
中国国家标准化管理委员会　发布

前　言

本标准按照GB/T 1.1—2009给出的规则起草。

本标准代替GB/T 16289—2007《豉香型白酒》，本标准与GB/T 16289—2007相比主要变化如下：

——增加和修改了术语和定义；

——增加了产品分类；

——增加了高度酒感官要求和理化要求；

——理化指标项目及要求进行了相应增减、调整；

——增加了规范性附录A“白酒中酸酯总量的测定方法”。

本标准由中国轻工业联合会提出。

本标准由全国白酒标准化技术委员会(SAC/TC 358)归口。

本标准主要起草单位：广东石湾酒厂集团有限公司、广东省食品质量监督检验站、广东省九江酒厂有限公司、广东顺德酒厂有限公司、广东省食品工业研究所有限公司、中国食品发酵工业研究院。

本标准主要起草人：冯志强、郭波、何松贵、罗格罗、郭新光、庄俊钰、谢敏、孟镇、萧永坚、方毅斐、梁思宇、周芳梅、卫云路、杨达光。

本标准所代替标准的历次版本发布情况为：

——GB/T 16289—1996、GB/T 16289—2007。

豉香型白酒

1 范围

本标准规定了豉香型白酒的术语和定义、产品分类、要求、分析方法、检验规则和标志、包装、运输、贮存。

本标准适用于豉香型白酒的生产、检验与销售。

2 规范性引用文件

下列文件对于本文件的应用是必不可少的。凡是注日期的引用文件，仅注日期的版本适用于本文件。凡是不注日期的引用文件，其最新版本(包括所有的修改单)适用于本文件。

GB/T 601 化学试剂 标准滴定溶液的制备

GB/T 603 化学试剂 试验方法中所用制剂及制品的制备

GB 2757 食品安全国家标准 蒸馏酒及其配制酒

GB 5009.225 食品安全国家标准 酒中乙醇浓度的测定

GB 7718 食品安全国家标准 预包装食品标签通则

GB/T 10345 白酒分析方法

GB/T 10346 白酒检验规则和标志、包装、运输、贮存

GB/T 15109 白酒工业术语

JJF 1070 定量包装商品净含量计量检验规则

定量包装商品计量监督管理办法(国家质量监督检验检疫总局[2005]第75号令)

3 术语和定义

GB/T 15109 界定的以及下列术语和定义适用于本文件。

3.1

豉香型白酒 chi xiang xing baijiu

以大米或预碎的大米为原料，经蒸煮，用大酒饼作为主要糖化发酵剂，采用边糖化边发酵的工艺，经蒸馏、陈肉酝浸、勾调而成的，不直接或间接添加食用酒精及非自身发酵产生的呈色呈香呈味物质，具有豉香特点的白酒。

3.2

大酒饼 da jiu bing

以大米和大豆为主要原料，接种曲种，经培养制成的块状酒曲。

3.3

陈肉酝浸 steeping process with chen rou

基酒在存有经加热至熟、在酒中浸泡一定时间而成的肥猪肉的容器中进行储存陈酿的工艺过程。

4 产品分类

按产品的酒精度分为：

——高度酒：40%vol≤酒精度≤60%vol；

——低度酒：18%vol≤酒精度＜40%vol。

5 要求

5.1 感官要求

高度酒和低度酒的感官要求分别应符合表1、表2的规定。

表1 高度酒感官要求

项目	优级	一级
色泽和外观	无色或微黄，清亮透明，无悬浮物，无沉淀[a]	
香气	豉香纯正，清雅	豉香纯正
口味口感	醇和甘洌，酒体丰满、谐调，余味爽净	入口较醇和、酒体较丰满、谐调，余味较爽净
风格	具有本品典型的风格	具有本品明显的风格
[a] 当酒的温度低于15 ℃时，可出现沉淀物质或失光。15 ℃以上时应逐渐恢复正常。		

表2 低度酒感官要求

项目	优级	一级
色泽和外观	无色或微黄，清亮透明，无悬浮物，无沉淀[a]	
香气	豉香纯正，清雅	豉香纯正
口味口感	醇和甘滑，酒体丰满、谐调，余味爽净	入口较醇和，酒体较丰满、谐调，余味较爽净
风格	具有本品典型的风格	具有本品明显的风格
[a] 当酒的温度低于15 ℃时，可出现沉淀物质或失光。15 ℃以上时应逐渐恢复正常。		

5.2 理化要求

高度酒和低度酒的理化要求应符合表3、表4的规定。

表3 高度酒理化要求

项目		优级	一级
酒精度/(%vol)		40～60	
酸酯总量/(mmol/L)	≥	14.0	12.0
β-苯乙醇/(mg/L)	≥	25	15
二元酸(庚二酸、辛二酸、壬二酸)二乙酯总量/(mg/L)	≥	0.8	
固形物/(g/L)	≤	0.60	

表4 低度酒理化要求

项目		优级	一级
酒精度/(%vol)		18～40[a]	
酸酯总量/(mmol/L)	≥	12.0	8.0
β-苯乙醇/(mg/L)	≥	40	30
二元酸(庚二酸、辛二酸、壬二酸)二乙酯总量/(mg/L)	≥	1.0	
固形物/(g/L)	≤	0.60	
[a] 不包括40%vol。			

5.3 净含量

按《定量包装商品计量监督管理办法》执行。

5.4 食品安全要求

应符合GB 2757等的规定。

6 分析方法

6.1 感官要求

按GB/T 10345执行。

6.2 理化要求

6.2.1 酒精度

按GB 5009.225执行。

6.2.2 酸酯总量

按附录A执行。

6.2.3 β-苯乙醇

按GB/T 10345执行。

6.2.4 固形物

按GB/T 10345执行。

6.2.5 二元酸(庚二酸、辛二酸、壬二酸)二乙酯总量

按GB/T 10345执行。

6.3 净含量

按JJF 1070执行。

7 检验规则和标志、包装、运输、贮存

7.1 检验规则和标志、包装、运输、贮存按 GB/T 10346 执行。

7.2 标签按 GB 2757 和 GB 7718 执行，酒精度实测值与标签标示值允许差为±1.0% vol。

附 录 A
（规范性附录）
白酒中酸酯总量的测定方法

A.1 指示剂法（仲裁法）

A.1.1 原理

用碱中和样品中的游离酸，再准确加入一定量的碱，加热回流使酯类皂化，以酸中和剩余的碱。通过消耗碱的总量计算得出酸酯总量。

A.1.2 仪器

A.1.2.1 全玻璃蒸馏器：500 mL。
A.1.2.2 全玻璃回流装置：回流瓶 1 000 mL、250 mL（冷凝管不短于 45 cm）。
A.1.2.3 碱式滴定管：25 mL 或 50 mL。
A.1.2.4 酸式滴定管：25 mL 或 50 mL。

A.1.3 试剂和溶液

A.1.3.1 氢氧化钠标准滴定溶液[$c(NaOH)=0.1$ mol/L]：按照 GB/T 601 配制与标定。
A.1.3.2 氢氧化钠标准溶液[$c(NaOH)=3.5$ mol/L]：按照 GB/T 601 配制与标定。
A.1.3.3 硫酸标准滴定溶液$\left[c\left(\frac{1}{2}H_2SO_4\right)=0.1\ \text{mol/L}\right]$：按照 GB/T 601 配制与标定。
A.1.3.4 乙醇（无酯）溶液[40%（体积分数）]：量取 95%乙醇 600 mL 于 1 000 mL 回流瓶中，加入氢氧化钠标准溶液（A.1.3.2）5 mL，加热回流皂化 1 h。然后移入蒸馏器中重蒸，再配成 40%（体积分数）乙醇溶液。
A.1.3.5 酚酞指示剂（10 g/L）：按照 GB/T 603 配制。

A.1.4 分析步骤

A.1.4.1 吸取样品 50.0 mL 于 250 mL 回流瓶中，加两滴酚酞指示剂（A.1.3.5），以氢氧化钠标准滴定溶液（A.1.3.1）滴定至粉红色（切勿过量），记录氢氧化钠标准滴定溶液的毫升数 V_1。
A.1.4.2 再准确加入氢氧化钠标准滴定溶液（A.1.3.1）25.00 mL（若样品总酯含量高时，可以加入 50.00 mL），摇匀，放入几颗沸石或玻璃珠，装上冷凝管（冷却水温度宜低于 15 ℃），于沸水浴上回流 30 min，取下，冷却。然后，用硫酸标准滴定溶液（A.1.3.3）进行滴定，使微红色刚好完全消失为其终点，记录消耗硫酸标准滴定溶液的体积 V_2。同时吸取乙醇（无酯）溶液（A.1.3.4）50.0 mL，按上述方法同样操作做空白试验，记录消耗硫酸标准滴定溶液的体积 V_0。

A.1.5 结果计算

样品中的酸酯总量按式（A.1）计算

$$X=\frac{[c_1\times V_1+c_2\times(V_0-V_2)]\times 1\,000}{50.0} \qquad \cdots\cdots(A.1)$$

式中：

X ——样品中的酸酯总量，单位为毫摩尔每升（mmol/L）；
c_1 ——氢氧化钠标准滴定溶液的实际浓度，单位为摩尔每升（mol/L）；

V_1 ——样品中总酸所消耗的氢氧化钠标准滴定溶液的体积，单位为毫升(mL)；
c_2 ——硫酸标准滴定溶液的实际浓度，单位为摩尔每升(mol/L)；
V_0 ——空白试验样品消耗硫酸标准滴定溶液的体积，单位为毫升(mL)；
V_2 ——样品消耗硫酸标准滴定溶液的体积，单位为毫升(mL)；
50.0——吸取样品的体积，单位为毫升(mL)。

所得结果保留至一位小数。

A.1.6 精密度

在重复性条件下获得的两次独立测定结果的绝对差值，不应超过平均值的2%。

A.2 电位滴定法

A.2.1 原理

用碱中和样品中的游离酸，再准确加入一定量的碱，加热回流使酯类皂化，以酸中和剩余的碱。当滴定接近等当点时，利用pH变化指示终点。

A.2.2 仪器

A.2.2.1 全玻璃蒸馏器：500 mL。
A.2.2.2 全玻璃回流装置：回流瓶1 000 mL、250 mL(冷凝管不短于45 cm)。
A.2.2.3 碱式滴定管：25 mL或50 mL。
A.2.2.4 酸式滴定管：25 mL或50 mL。
A.2.2.5 电位滴定仪(或酸度计)：精度为2 mV。

A.2.3 试剂和溶液

同A.1.3。

A.2.4 分析步骤

A.2.4.1 按使用说明书安装调试仪器，根据液温进行校正定位。
A.2.4.2 吸取样品50.0 mL于250 mL回流瓶中，加两滴酚酞指示剂(A.1.3.5)，以氢氧化钠标准滴定溶液(A.1.3.1)滴定至粉红色(切勿过量)，记录氢氧化钠标准滴定溶液的毫升数V_1，再准确加入氢氧化钠标准滴定溶液(A.1.3.1)25.00 mL(若样品总酯含量高时，可以加入50.00 mL)，摇匀，放入几颗沸石或玻璃珠，装上冷凝管(冷却水温度宜低于15 ℃)，于沸水浴上回流30 min，取下，冷却。
A.2.4.3 将样液移入100 mL小烧杯中，用10 mL水分次冲洗回流瓶，洗液并入小烧杯，插入电极，放入一枚转子，置于电磁搅拌器上，开始搅拌，初始阶段可快速滴加硫酸标准滴定溶液(A.1.3.3)，当样液的pH=9.00后，放慢滴定速度，每次滴定加半滴溶液，直到pH=8.70为其终点，记录消耗硫酸标准滴定溶液体积V_2。同时吸取乙醇(无酯)溶液(A.1.3.4)50.0 mL，按上述方法同样操作做空白试验，记录消耗硫酸标准滴定溶液的体积V_0。

A.2.5 结果计算

同A.1.5。

A.2.6 精密度

同A.1.6。

ICS 17.140
A 59

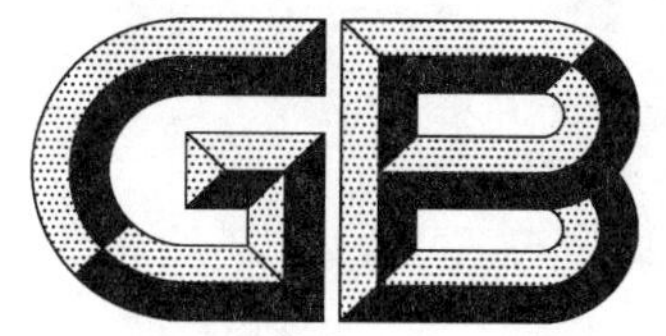

中华人民共和国国家标准

GB/T 16296.1—2018/ISO 8253-1:2010
代替 GB/T 16403—1996

声学　测听方法 第1部分:纯音气导和骨导测听法

Acoustics—Audiometric test methods—
Part 1:Pure-tone air and bone conduction audiometry

(ISO 8253-1:2010,IDT)

2018-03-15 发布　　　　2018-10-01 实施

中华人民共和国国家质量监督检验检疫总局
中国国家标准化管理委员会　发布

前　言

GB/T 16296《声学　测听方法》包括以下 3 个部分：

——第 1 部分：纯音气导和骨导测听法；

——第 2 部分：用纯音及窄带测试信号的声场测听；

——第 3 部分：言语测听。

本部分为 GB/T 16296 的第 1 部分。

本部分按照 GB/T 1.1—2009 给出的规则起草。

本部分代替 GB/T 16403—1996《声学　测听方法　纯音气导和骨导听阈基本测听法》。

本部分与 GB/T 16403—1996 相比，主要技术变化如下：

——删除了引用标准 IEC 373:1971、ISO 389-4:1994、IEC 804:1985(见 1996 年版)；

——增加了规范性引用文件 GB/T 4854.5、GB/T 4854.8、ISO/IEC 指南 98-3(见第 2 章)；

——修改了术语和定义 3.2、3.3、3.6、3.8、3.10、3.12、3.16、3.21、3.22 和 3.23 的有关内容(见 3.2、3.3、3.6、3.8、3.10、3.12、3.16、3.21、3.22、3.23，1996 年版的 3.2、3.3、3.6、3.8、3.10、3.12、3.16、3.21、3.22、3.23)；

——增加了测量不确定度内容(见 4.7 和附录 A)；

——增加了 6.2.3、6.2.4、7.1 和 9.2 的概述条款(见 6.2.3.1、6.2.4.1、6.3.1、7.1、9.2.1)；

——修改了听力图的有关内容(见表 1，1996 年版的表 1)；

——增加了对测量环境噪声的仪器的要求(见 11.1)；

——增加了表 3 中插入式耳机和耳罩式耳机的声衰减值(见 11.1 表 3)；

——将 1996 年版的附录 A 改为参考文献(见参考文献，1996 年版的附录 A)。

本部分使用翻译法等同采用 ISO 8253-1：2010《声学　测听方法　第 1 部分：纯音气导和骨导测听法》。

与本部分中规范性引用的国际文件有一致性对应关系的我国文件如下：

——GB/T 3241—2010　电声学　倍频程和分数倍频程滤波器(IEC 61260:1995，MOD)；

——GB/T 3785.1—2010　电声学　声级计　第 1 部分：规范(IEC 61672-1:2002，IDT)；

——GB/T 4854.1—2004　声学　校准测听设备的基准零级　第 1 部分：压耳式耳机纯音基准等效阈声压级(ISO 389-1:1998，IDT)；

——GB/T 4854.3—1998　声学　校准测听设备的基准零级　第 3 部分：骨振器纯音基准等效阈力级(eqv ISO 389-3:1994)；

——GB/T 4854.5—2008　声学　校准测听设备的基准零级　第 5 部分：8 kHz～16 kHz 频率范围纯音基准等效阈声压级(ISO 389-5:2006，IDT)；

——GB/T 4854.8—2007　声学　校准测听设备的基准零级　第 8 部分：耳罩式耳机纯音基准等效阈声压级(ISO 389-8:2004，IDT)；

——GB/T 16402—1996　声学　插入式耳机纯音基准等效阈声压级(eqv ISO 389-2:1994)。

本部分由中国科学院提出。

本部分由全国声学标准化技术委员会(SAC/TC 17)归口。

本部分起草单位：解放军总医院耳鼻咽喉研究所、中国科学院声学研究所、青岛理工大学、中国电子科技集团公司第三研究所。

本部分主要起草人：武文明、冀飞、于黎明、李晓东、桑晋秋、刘碧龙、程晓斌、吕亚东、戴根华、韩捷。

本部分所代替标准的历次版本发布情况为：

——GB/T 16403—1996。

引　言

本部分规定了经耳机和骨振器给受试者发送纯音信号测定听阈的基本方法和要求，不包括电生理测试方法。

要使听力测试获得可靠的结果，涉及很多因素。GB/T 7341.1—2010 规定了对听力计的要求。对使用中的测听仪器的检查、校准和维护是很重要的，本部分简要叙述了有关校准方面的问题。为了避免测听室中的环境噪声掩蔽测试信号，环境噪声级应不超过一定的值，这与向受试者发送信号的方法，即采用不同的耳机或骨振器有关。本部分给出了所测的听阈级低至 0 dB 时，环境噪声应不得超过的最大允许声压级。还给出了要求测量其他最小听阈级时允许的最高环境噪声级。本部分规定了用纯音气导和骨导测听法确定听阈级的方法步骤。对筛查测听，只简要叙述了气导测听法。

测听可用下列设备进行：

a）　手动听力计；

b）　自动记录听力计；

c）　计算机控制测听设备。

本部分对这 3 种类型的信号发送方式，给出了听阈测定方法。对于筛查测听，只介绍了采用手动或计算机控制听力计的测听方法。这种测听方法适用于大多数成年人和儿童。用其他方法也可能得出与等同于本部分规定的方法测得的结果。对年龄很小的儿童、老年人或身体不适者，可能要求对本部分推荐的方法步骤做某些修改，而这种修改可能导致测听结果不够精确。

声学　测听方法
第1部分:纯音气导和骨导测听法

1　范围

GB/T 16296的本部分规定了纯音气导和骨导听阈测定的方法、步骤和要求。对筛查测听,只规定纯音气导测试的方法。

此方法可能不适用于特殊的人群,如年龄很小的儿童。

本部分不包括对受试者听阈级以上的声级进行测听的方法。

本部分未规定言语测听、电生理测听和以扬声器为声源的测听方法和要求。

2　规范性引用文件

下列文件对于本文件的应用是必不可少的。凡是注日期的引用文件,仅注日期的版本适用于本文件。凡是不注日期的引用文件,其最新版本(包括所有的修改单)适用于本文件。

GB/T 7341.1—2010　电声学　测听设备　第1部分:纯音听力计(IEC 60645-1:2001,IDT)

ISO 389-1　声学　校准测听设备的基准零级　第1部分:压耳式耳机纯音基准等效阈声压级(Acoustics—Reference zero for the calibration of audiometric equipment—Part 1:Reference equivalent threshold sound pressure levels for pure tones and supra-aural earphones)

ISO 389-2　声学　校准测听设备的基准零级　第2部分:插入式耳机纯音基准等效阈声压级(Acoustics—Reference zero for the calibration of audiometric equipment— Part 2: Reference equivalent threshold sound pressure levels for pure tones and insert earphones)

ISO 389-3:1994　声学　校准测听设备的基准零级　第3部分:骨振器纯音基准等效阈力级(Acoustics—Reference zero for the calibration of audiometric equipment—Part 3:Reference equivalent threshold force levels for pure tones and bone vibrators)

ISO 389-5　声学　校准测听设备的基准零级　第5部分:8 kHz～16 kHz频率范围纯音基准等效阈声压级(Acoustics—Reference zero for the calibration of audiometric equipment—Part 5:Reference equivalent threshold sound pressure levels for pure tones in the frequency range 8 kHz to 16 kHz)

ISO 389-8　声学　校准测听设备的基准零级　第8部分:耳罩式耳机纯音基准等效阈声压级(Acoustics—Reference zero for the calibration of audiometric equipment—Part 8:Reference equivalent threshold sound pressure levels for pure tones and circumaural earphones)

ISO/IEC 指南 98-3　测量不确定度　第3部分:测量不确定表达指南[Uncertainty of measurement—Part 3:Guide to the expression of uncertainty in measurement (GUM:1995)]

IEC 61260　电声学　倍频程和分数倍频程滤波器(Electroacoustics—Octave-band and fractional-octave-band filters)

IEC 61672-1　电声学　声级计　第1部分:规范(Electroacoustics—Sound level meters—Part 1: Specifications)

3　术语和定义

下列术语和定义适用于本文件。

3.1

气导 air conduction

声音在空气中经过外耳和中耳传到内耳的过程。

3.2

耳模拟器 ear simulator

测量声源声输出的装置,声压由一个经过校准的、耦合到声源的传声器测量。该装置的总声阻抗接近规定位置和规定频带的正常人耳的声阻抗。

注:IEC 60318-1[4]和IEC 60318-4[6]对耳模拟器作了规定。

3.3

声耦合器 acoustic coupler

测量声源声输出的装置,声压由一个经过校准的、耦合到声源的传声器测量。耦合器是一个形状和容积预先确定的腔体,其声阻抗不需接近正常人耳的声阻抗。

注:IEC 60318-3[5]和IEC 60318-5[7]对声耦合器作了规定。

3.4

骨导 bone conduction

主要由颅骨的机械振动将声音传到内耳的过程。

3.5

骨振器 bone vibrator

通过振动颅骨而引起听觉的机电换能器。

3.6

力耦合器 mechanical coupler

为对一骨振器施加规定的静态力,使其呈现规定的力阻抗而设计的装置。力耦合器配备一机电换能器,以测量其与骨振器之间接触面上的振动力级。

注:IEC 60318-6[8]对力耦合器作了规定。

3.7

耳科正常人 otologically normal person

健康状况正常的人,无任何耳病症状、耳道无耵聍堵塞、无过度噪声暴露史、无耳毒性药物使用史或家族性听力损失。

3.8

听阈 hearing threshold

在规定的条件下,受试者在重复试验中做出正确察觉反应能达到预定百分数的最低声压级或振动力级。

注:预定百分数常取为50%。

3.9

等效阈声压级 equivalent threshold sound pressure level

以规定的力将规定类型的耳机戴在给定测试耳,测得规定频率上的听阈,以得到听阈时的电压激励该耳机,使其在规定的声耦合器或耳模拟器中产生的声压级。

3.10

基准等效阈声压级 reference equivalent threshold sound pressure level;RETSPL

对规定的频率,用规定类型的耳机,在规定的声耦合器或耳模拟器中,测得的数量足够大的男女两性、年龄为18岁～25岁的耳科正常人的耳的等效阈声压级的中位数。

注:ISO 389-1述及的年龄范围是18岁～30岁,并规定为(等效阈声压级的)众数值。

3.11

等效阈振动力级 equivalent threshold vibratory force level

以规定的力将规定型号的骨振器戴在人的乳突或前额部,测得给定耳规定频率的听阈,以得出听阈时的电压激励该骨振器,使其在规定的力耦合器上产生的振动力级。

3.12

基准等效阈振动力级　reference equivalent threshold vibratory force level;RETFL

对规定的频率,用规定型号的骨振器,在规定的力耦合器上,测得的数量足够大的男女两性、年龄为18 岁～25 岁的耳科正常人的耳的等效阈力级的中位数。

注:ISO 389-3 述及的年龄范围是 18 岁～30 岁,并规定为(等效阈力级的)算术平均值。

3.13

纯音听力级　hearing level of a pure tone;HL of a pure tone

在规定的频率,采用规定类型的换能器,以规定的佩戴方式,由换能器在规定的耳模拟器或力耦合器中产生的声压级或振动力级,减去相应的基准等效阈声压级或基准等效阈振动力级。

3.14

给定耳的听阈级　hearing threshold level of a given ear

在规定的频率,对规定类型的耳机,以听力级表示的该频率的听阈。

3.15

堵耳效应　occlusion effect

当耳机罩在耳上或耳塞置于外耳道口时,会在外耳道内形成一个封闭的空气腔,从而会导致到达内耳的骨导信号级改变(一般是上升)的现象。

注:堵耳效应在低频时最大。

3.16

掩蔽　masking

给定耳对一特定的声的听阈因另一个掩蔽声的存在而上升的现象。

3.17

频带噪声的有效掩蔽级　effective masking level of a noise band

由于掩蔽频带噪声的存在,使相当于该频带几何中心频率的纯音的听力级的听阈提高,此时该纯音听力级即为频带噪声的有效掩蔽级。

注:GB/T 7341.1—2010 中 8.5.2a)规定,窄带噪声掩蔽级用有效掩蔽级校准。

3.18

振动触觉阈级　vibrotactile threshold level

某人在重复测试中,因皮肤的振动感觉而能作出 50%的正确觉察反应的振动力级或声压级。

3.19

纯音听力计　pure tone audiometer

配有耳机、可提供规定频率的已知声压级的纯音的电声仪器。

注:它还可配备骨振器及/或具有掩蔽功能。

3.20

手动听力计　manual audiometer

信号发送、频率和听力级的选取,以及结果记录,都由手动控制的听力计。

3.21

自动记录听力计　automatic-recording audiometer

信号的发送、听力级的改变、频率的选择或改变,以及受试者反应的记录,都自动完成的听力计。

注:听力级的改变由受试者控制,并自动记录。

3.22

固定频率自动测听法　automatic fixed-frequency audiometry

规定频率听力级的改变由受试者控制并自动记录的测听法。

3.23

扫频自动测听法　automatic sweep-frequency audiometry

听力级的改变由受试者控制，而频率连续变化，或以远小于 1/3 倍频程分档的测听法。

3.24

筛查测听法　screening audiometry

发送固定声级(筛查级)的纯音，判断受试者是否听到的测听法。

3.25

听力图　audiogram

用图或表的形式表示的，在规定条件下，按规定方法测得的测试耳的听阈级与频率的关系。

4　测听方法的一般问题

4.1　概述

听阈级可用气导和骨导测听法测定。气导测听法由耳机将测试信号发送给受试者，骨导测听法由位于受试者乳突或前额的骨振器发送测试信号。建议先做气导听阈级测定，而后做骨导听阈级测定。可用几个固定频率的测试音(固定频率测听法)，或用频率按预定速率随时间改变的测试信号(扫频测听法)测定听阈级。第 6 章给出了固定频率的测听法，第 7 章叙述扫频测听法。在气导和骨导测试中，两耳的听阈级应分别测定。在规定条件下，非测试耳(对侧耳)应加掩蔽噪声。掩蔽噪声经压耳式、耳罩式或插入式耳机发送给非测试耳。

4.2　校准测听设备的基准零级

气导听力计的基准零级由 ISO 389-1、ISO 389-2、ISO 389-5 和 ISO 389-8 给出，骨导听力计的基准零级由 ISO 389-3 给出。两种基准零级分别用规定频率上的基准等效阈声压级(RETSPL)和振动力级(RETVFL)表示。不同的 RETVFL 适用于骨振器所在的不同位置，即乳突或前额。ISO 389-3:1994 列出骨振器在乳突的位置，而其附录 C 给出骨振器在乳突和前额位置之间的差值。

4.3　对测听设备的要求

听力计应按 GB/T 7341.1 的规定制造，并按 ISO 389 相关部分的要求校准。对职业性测听和在校儿童的测试，可用 4 型听力计(GB/T 7341.1—2010)，频率范围有时限定在 500 Hz 及以上。

4.4　合格的测试人员

合格的测试人员应理解为曾受过测听理论和实际操作课程培训的人员，由国家主管部门或其他适当的机构认定资格。本部分所有的测试假定仅由合格的测试人员亲自操作或在其监督指导下进行。

测试人员宜对以下本部分未规定的测听细节做出决断；

a)　先测左耳还是右耳(通常选择较灵敏耳)；

b)　是否加掩蔽；

c)　受试者的反应是否与测试信号相应；

d)　有无任何会影响测试有效性的外部噪声事件或受试者的行为反应；

e)　是否中断、终止或重复全部或部分测试。

4.5　测试时间

应注意不要使受试者过度疲劳，因若测试进行 20 min 后受试者仍未得到休息，则要得到可靠结果将更困难。

4.6 测听环境条件

测听室中的环境声压级应不超过第11章所规定的值。

在测听过程中，测试人员和受试者都应坐得舒适，不应受附近人员或无关事物的干扰或分散注意力。

测听室内的气温，应在当地权威机构允许的范围内。测听室应能充分地通风换气。

如果听力计系手动操作，测试人员应能清楚地看到受试者，但受试者应看不到听力计键盘的操作和发送信号或中断。当使用自动记录听力计时，记录系统应不被受试者看到。

当测试是在测听室外进行时，应通过观察窗或闭路电视对受试者监视。宜对受试者进行声监听。

4.7 测量不确定度

按照本部分规定的任何一种测听方法测得的听阈级不确定度，取决于各种参数的变化，如：

a) 所用测听设备的性能；
b) 所用换能器的类型和测试人员给受试者佩戴的情况；
c) 测试音的频率；
d) 测听室的环境条件，尤其是环境噪声；
e) 测试人员的资质和经验；
f) 受试者的配合程度及其反应的可靠性；
g) 非最佳掩蔽噪声的使用。

由于测量过程的复杂性，包括测试人员和受试者的个人行为，用普通单一的有效数字表示测量不确定度是很困难的。然而，对测量不确定度的仔细评估，为听力测试可靠性提供了有用的资料，为大多数应用中的不确定度提供了充分的估计。

按照本部分得到的测量结果不确定度，应根据ISO/IEC指南98-3予以估计。如果出具测试报告，应按ISO/IEC指南98-3的规定，给出扩展不确定度及其在规定的包含概率下相应的包含因子。附录A给出了确定扩展不确定度的指南。

5 测听前受试者的准备和对受试者的指导以及佩戴换能器

5.1 受试者的准备

近期的噪声暴露可引起听阈级暂时性上升。因此，宜避免在测听前有明显的噪声暴露，如有，应在测听报告中注明。为了避免过度紧张而导致的错误，受试者应在测试前5 min来到测试室。

通常，在测听前由一合格的人员做耳镜检查。如外耳道中发现有耵聍堵塞，应将其除去，并视情况延迟一段时间再做测听。还宜检查外耳道是否可能塌陷，如可能塌陷，则应采取适当的措施。

注1：通过音叉测试可获得有关听力损失和是否需要掩蔽的初步印象。

注2：合格人员的资质可由国家主管部门或其他适当的机构认定。合格人员不一定就是与4.4中叙述的合格的测试人员同样的人。

5.2 对受试者的指导

为获得可靠的测试结果，应给予受试者关于测试相关步骤的无歧义的指导，使其充分了解。

指导应是采用适合受试者的语言组成的短句，正常情况下应包括：

a) 怎样作出反应；
b) 在任一耳听到不管多么轻微的纯音时，都要作出反应；
c) 在听到纯音时应立即作出反应，当不再听到纯音时应立即停止反应；
d) 纯音的一般音调序列；
e) 先测试的耳。

受试者的反应,应能明确地看出是在表示听到纯音和不再听到纯音。常用的反应示例有:

——按下和松开信号按钮;

——举起和放下手或手指。

还应指导受试者避免不必要的活动,以防发生额外的噪声。在做指导后,还应询问其是否明白,应让受试者知道,有任何不舒适时可中断测试。如有任何疑问,宜再次指导。

5.3 换能器的配戴

测试前,应摘下眼镜、头饰,必要时摘下助听器。应尽可能将换能器(即耳机和骨振器)和头之间的头发拨开。换能器应由测试人员为受试者佩戴在正确的位置,并应告知受试者,此后不要碰触换能器。耳机的声孔应正对耳道入口。骨振器的佩戴,应使其端部有尽可能大的面积与头颅接触。如果放在乳突上,应放在耳后最接近耳廓处,而又不接触耳廓。

6 固定频率测听法测定导气导听阈级

6.1 概述

可用手动听力计或自动记录听力计做测听。在6.2、6.3和6.4中规定了测试步骤。

听力计由手动完成设置时,测试音发送次序从1 000 Hz开始向上,接着以频率降序做较低频段的测试。先测的耳在1 000 Hz重复测试一次。

在低频高听力级时,可能会有振动触觉感。应注意勿将这种感觉当成听觉。

自动记录听力计发送测试音的次序,最好与手动测听时的次序一致。

6.2 手动法测定听阈

6.2.1 测试音的发送与中断

测试音应连续地发送1 s~2 s的时程,当受试者有反应时,测试音发送之间隔应予以改变,但不应比测试音时程短。除非另有说明,在本部分中都是用这种方法发送测试音。

有时可用自动脉冲式发送的纯音作替代刺激,但目前尚无相关数据可资用。如用这种刺激音,宜在听力图上注明。

6.2.2 初步熟悉

在测定听阈之前,应先发送一足够强的信号,以引起受试者作出明确的反应,使其熟悉测试任务。通过这一熟悉步骤,测试人员能够确认受试者已了解并能作出反应。

例如,可以用下列的熟悉方法:

a) 发送一个1 000 Hz的纯音,其听力级应清晰可闻,例如,对听力正常的受试者取为40 dB;

b) 以20 dB一档降低纯音级,直至不再作出反应;

c) 以10 dB一档增加纯音级,直至作出反应;

d) 以相同的纯音级再次发送纯音。

如果反应和发送的声音一致,则已熟悉。如不一致,则宜重复发送,如再次失败,则宜重复指导。

对极重度耳聋者,这些步骤可能不适用。

6.2.3 掩蔽和不加掩蔽听阈级的测定

6.2.3.1 概述

6.2.3.2给出了非测试耳不加掩蔽噪声的测试方法;6.2.3.3给出了加掩蔽噪声的测试方法;6.2.4给出了计算听阈级的方法。

6.2.3.2 不加掩蔽的测试步骤

本条规定了两种手动听力计的测听方法:上升法和升降法。这两种方法仅在于发送给受试者的测试音级的次序方面有所不同。

采用上升法时,发送音级逐级递增的连续测试音,直至作出反应。

采用升降法时,发送音级逐级递增的连续测试音,直至作出反应,然后再发送音级逐级递减的连续测试音。

当正确地进行测试时,这两种方法测得的听阈级基本相同。

使用上升法测试和使用升降法测试,差别只是下述测试步骤中的第 2 步。

如果任一测试耳在任一频率的听阈级测试结果等于或高于 40 dB 听力级,因存在交叉听力现象,对此结果宜慎重解释。此时对侧耳须加掩蔽。

第 1 步

发送一个在熟悉阶段受试者作出反应的最低音级以下 10 dB 的测试音。每次对这测试音未作出反应后,就以 5 dB 为一档逐次加大测试音级,直至作出反应。

第 2 步

上升法

得到反应后,以 10 dB 为一档逐次降低测试音级,直至不再作出反应,而后再以 5 dB 为一档开始另一次上升,直至作出反应。如此继续测试,直至在最多 5 次上升中有 3 次反应出现在同一测试音级,则此声级就确定为听阈级(见 6.2.4.2)。

如果在 5 次上升中,在同一声级的反应少于 3 次,则再发送一个比最后作出反应时的声级高 10 dB 的测试音给受试者,然后重复常规测试步骤:作出反应后下降 10 dB,再以 5 dB 为一档上升,直至作出反应。

上升法的一种简化法证明可得到几乎相同的结果,它在某些情况下适用。在这种简化上升法中,在 3 次上升中至少有 2 次在同一声级作出反应。

升降法

得出反应后,将测试音级增加 5 dB,继而以 5 dB 一档开始下降,直至没有反应。然后再将测试音级降低 5 dB,开始下一次上升测试,如此连续完成 3 次上升和 3 次下降。

升降法的简化法可适用于某些情况。简化在于省略了没有反应后再下降 5 dB 这一步;或只需两次上升两次下降,条件是 4 次最小反应级之间的差不大于 5 dB。

第 3 步

从前面的反应估计一个可听到的测试音级,以这音级发送下一个频率的测试音,再重复第 2 步,对一耳完成全部频率的测试。

重复第 2 步,测试完一耳的全部测试频率。

注:对任何频率,可做重复熟悉和简化操作。

最后,重复 1 000 Hz 的测试。如果对该耳 1 000 Hz 的重复测试结果,与其在开始时的测得的结果相差不超过 5 dB,就可以进行另一耳的测试。如能分辨出听阈级有 10 dB 或更大的改善或变差,则应按相同的频率次序,对下一个频率重复测试,直至两次测试结果相差不超过 5 dB。

第 4 步

继续进行测试,直到两耳测试完为止。

6.2.3.3 加掩蔽的测试步骤

为避免非测试耳听到测试音,可能需在非测试耳加掩蔽噪声。下面叙述用耳机加掩蔽噪声信号的测试步骤。

虽然在很大程度上,经验支配测试步骤和掩蔽噪声级的选择,但建议按下述步骤测定加掩蔽的听阈级。

第 1 步

在测试耳未加掩蔽的听阈级上，给测试耳发送一个测试音。同时对非测试耳发送有效掩蔽级等于该耳听阈级的掩蔽噪声。然后加大噪声级直至听不到测试音，或噪声级超过测试音级。

第 2 步

当所加的噪声级等于测试音级时受试者仍能听到测试音，则这一音级即为听阈级。如果测试音被掩蔽，就加大其音级，直至再听到它为止。

第 3 步

将噪声级增加 5 dB。如果受试者听不到纯音，加大纯音级直至再次听到。重复这一步骤，直至掩蔽噪声从某一噪声级增加 10 dB 以上受试者还能听到纯音。也就是说，在大于这一掩蔽噪声级时，不需要再加大纯音级受试者仍能听到纯音，该掩蔽级即为正确的掩蔽级。这一步骤可得出该测试频率的正确听阈级。记下这一正确的掩蔽级。

注 1：这是平台搜索法，有些平台窄的情况，上述步骤可能得出错误结果。

注 2：掩蔽噪声还可能掩蔽测试耳的测试音。这种现象称为过掩蔽。可用合适的插入式耳机加掩蔽噪声予以降低。

6.2.4 听阈级的计算

6.2.4.1 概述

根据所用的测试方法，每一耳和每一频率的听阈级按以下步骤确定。

6.2.4.2 用上升法确定听阈级

对每一耳每一频率，确定在一半以上的上升中有反应的最低音级。这一最低反应级被定义为听阈级。

如果在给定频率上得到的多个最低反应级之间相差大于 10 dB，宜认为测试结果不可靠，宜复测并在听力图中注明。

6.2.4.3 升降法听阈级的确定

对每一耳每一频率，将上升时有反应的最低音级平均。同样，对每一耳和每一频率，将下降时有反应的低音级平均。对每一耳和每一频率，确定以上述方式得到的两个平均数的均值。将这一均值修约至最接近的 5 dB 档，即为该耳该频率的听阈级。

如果在上升时的最低反应音级之间有 10 dB 以上的偏差，或下降时的最低反应音级之间有 10 dB 以上的偏差，则宜复测。

6.3 自动记录听力计法听阈的确定

6.3.1 概述

自动记录听力计通常无掩蔽功能。因此，这一方法只限于气导测听和不需加掩蔽的情况。

6.3.2 测试音的发送

测试音可以脉冲式或连续方式发送。最好用脉冲式测试音测定听阈。当脉冲式测试音和连续测试音两种都用时，应先发送脉冲式测试音。

在 GB/T 7341.1—2010 中对脉冲式测试音的时间特性作出了规定。

注 1：连续音只为一些特定的听力学诊断目的而使用。

注 2：不同仪器之间级的增量可能有变化，但典型的小于 1 dB。衰减速率通常为 2.5 dB/s(见 GB/T 7341.1—2010，8.4.2)。

6.3.3 熟悉

在测定听阈级之前，应让受试者熟悉测试音和如何作出反应：

a) 在第1个测试频率(1 000 Hz)启动衰减系统,但不必启动记录系统;
b) 观察受试者的动作,练习20 s～30 s,得知其是否已了解如何配合作出反应,如已了解,则开启记录系统。否则,应再次讲解指导。

6.3.4 听阈级的测试

记录系统启动后,应连续测试,直至一次把双耳都测完。

6.3.5 听阈级的计算

应采用以下方法计算测试结果:
a) 对频率改变后,曲线上的第1组峰和谷的倒转,及以后小于或等于3 dB的峰和谷的倒转都忽略不计;
b) 对给定耳和频率,将该耳频率曲线上的峰和谷分别平均;
c) 确定b)中两平均数的均值,将此均值修约至最接近的整分贝数,即为该耳在该频率的听阈级。

如有下列情况之一者,宜考虑结果的可靠性值得怀疑,宜做复测:
——峰和峰与/或谷和谷相差超过10 dB;
——a)以后少于6组峰和谷。

注1:当曲线的升降是有规则的,可用较简单的"视觉平均法",得到非常接近于用以上方法的得到的结果。

注2:按平均计算,用手动测听法和自动记录测听法测得的听阈级之间有差别。本部分假设这一差别为3 dB。用自动记录测听法测得的听阈级,比用5 dB一档的手动测听法测得听阈级低。

6.4 计算机控制法听阈的测定

由计算机控制的测听仪器的程序和操作,应做到取得与本部分叙述的测听方法得到相同的结果。

7 扫频测听法气导听阈级的测定

7.1 概述

在扫频测听法中,以规定的变化速率(通常在0.5倍频程/min到2.0倍频程/min范围)自动扫描规定的频率范围。正常的扫描方向是由低到高,但也可用相反的方向。

扫频听力计常无掩蔽功能。因此,只限于做气导测听和不需掩蔽的情况。

7.2 测试音的发送

测试音可以脉冲式或连续方式发送。最好用脉冲式测试音测定听阈。当脉冲式测试音和连续测试音两种都用时,应先发送脉冲式测试音。

7.3 熟悉

在测定听阈级之前,应先让受试者熟悉测试音和如何作出反应:
a) 在需要测试的最低频率启动衰减系统,但不启动记录系统;
b) 观察受试者的动作,练习20 s～30 s,得知其是否已了解如何配合作出反应,如已了解,则开启记录系统。否则,应再次讲解指导。

7.4 听阈级的测定

在记录系统启动后,应连续测试,直至一次把双耳都测完。

7.5 规定频率的听阈级的计算

对一规定频率,通常计算曲线上最接近该频率的3个峰的平均值和3个谷的平均值来确定听阈级。

两平均数的均值修约至最近的整分贝数,即为该耳在该频率的听阈级。

听阈级还可通过3对连续的峰和谷的平均形成的半连续频率函数来确定。频率曲线上这6个峰和谷级的dB数的算术平均,就是与这3对峰和谷所在的6个频率的几何平均值相等的频率的听阈级。

注1:如果用于得出平均值的3个峰或谷之间相差大于10 dB,则测得的听阈级不太可靠。

注2:当曲线的升降是规律的,那么只简单地平均每一对峰-谷和每一对谷-峰,或"视觉平均"得出的结果,和上述方法的结果极为相近。

8 骨导听阈测定法

8.1 测听方法

气导听阈级在某种程度上取决于测听方法。对骨导测听法,这方面没有系统的研究。因此,目前对骨导测听所使用的不同技术方法(手动或自动记录),尚无数量上的修正值可推荐。对骨导测听,应采用与气导测听相同的方法。

注:当不需要精密测定单耳骨导听阈时,可不加掩蔽做骨导测听。

8.2 堵耳

做骨导测听的耳不宜被堵住,如被堵住(见8.3的注),应在听力图中注明。

8.3 骨振器的空气声辐射

当骨振器与没有外耳和中耳功能障碍的受试者头部接触时,骨振器辐射的任何空气声的声级宜足够低,以保证在真正骨导听阈级和由骨振器诱发的假气导听阈级之间有足够的差别。

如在2 000 Hz以上频率不符合这种条件时,可在受试者外耳道中插入一耳塞来排除这种不希望有的声辐射效应。然而,也宜考虑堵耳效应发生在2 000 Hz以上频率的可能性。

注:在GB/T 7341.1中叙述了详细的测试步骤。

8.4 振动触觉感

骨振器在乳突位置,平均说,振动触觉感觉阈与250 Hz约40 dB,500 Hz约60 dB,1 000 Hz约70 dB的听力级相当。然而,可有很大的个体差异。因此,应注意不要把振动触觉误以为是听觉。

注:如骨振器是放在前额位校准听力计,上述的值约低10 dB。

8.5 骨导测听中加掩蔽的测试步骤

虽然在很大程度上,经验支配测试步骤和掩蔽噪声级的选择,但建议按下述步骤测定加掩蔽的骨导听阈级:

第1步

在为受试者戴好骨振器后,把掩蔽耳机戴在非测试耳。注意两个换能器的头带应不要互相干扰,按6.2.3.2中叙述的简化法中的一种,在不加掩蔽噪声的条件下测定听阈级。

注1:因为非测试耳可能存在堵耳效应,所以这一结果不一定代表未加掩蔽时骨导听阈的真实估计。

第2步

对非测试耳发送相当于该耳气导听阈的有效掩蔽级的掩蔽噪声。在这一声级重复发送测试音,逐次增加噪声级,直至不再听到测试音,或直到噪声级超过测试音级40 dB。

第3步

如果当噪声级在测试音级以上40 dB时仍能听到测试音,则认为这测试音级就是听阈级。如果测试音被掩蔽,则增加其音级直至再次听到。

第4步

将噪声级增加5 dB。如果受试者听不到纯音,加大纯音级直至再次听到。重复这一步骤,直至掩蔽噪声从某一噪声级增加 10 dB 以上受试者还能听到纯音。也就是说，在大于这一掩蔽噪声级时，不需要再加大纯音级受试者仍能听到纯音，该掩蔽级即为正确的掩蔽级。这一步骤可得出该测试频率的正确听阈级。记下这一正确的掩蔽级。

注 2：这是平台搜索法。有些情况平台窄，上述步骤可能得出不正确的结果。

注 3：掩蔽噪声也可能掩蔽测试耳的测试音，这一现象称为过掩蔽。可采用一适当的插入式耳机发送掩蔽噪声，能降低过掩蔽。

注 4：由于中枢掩蔽，平台的斜率可能大于零。

注 5：在某些情况下，每 10 dB 一档增加噪声级是适当的。

9 筛查测听法

9.1 概述

用筛查测听法，筛查级的测试音对受试者而言可听到或听不到。测试结果显示，听阈比所用的筛查级或低(较好)，或相等，或较高(更差)。

在受试者对筛查测试未通过的那些频率，筛查测听法宜与听阈测定联合使用，宜采用第 6 章所述的测试步骤。

在测听前，受试者的准备和对受试者的指导，见第 5 章。

9.2 筛查测试的步骤

9.2.1 概述

在 9.2.2 和 9.2.3 中分别规定了手动筛查测听法和计算机控制筛查测听法的步骤。

9.2.2 手动筛查测听

测试包括发送一个或几个预设频率和声级的测试音，并记录受试者的反应。

测试频率从 1 000 Hz 开始按升序发送，然后按降序到 1 000 Hz 以下的频率范围。

首先给受试者右耳发送 1 000 Hz、听力级 40 dB 的纯音，以核查受试者对指导说明是否已了解。如不了解，再次指导，并再次发送测试音。如受试者仍不作出反应，则加大测试音级，直至作出反应。

调节测试音级到所要求的筛查级，并发送持续 1 s～2 s、间隔 3 s～5 s 的两个测试音。如果二者都能听到，则受试者就通过了这一频率的筛查测试。如只听到 1 个，再发送第 3 个测试音，如果第 3 个听到了，则受试者应通过了筛查测试。如果第 3 个测试音未听到，或者前两个测试音中的任何一个都未听到，则受试者未通过在 1 000 Hz 所选筛查级的筛查测试。继续对所要求的其他频率的测试。然后测试左耳。

9.2.3 计算机控制筛查测试

由计算机控制的测听设备的编程和操作，应能做到取得与 9.2.2 规定的方法测得的一致的结果。

10 听力图

听阈级可用表或听力图的形式表示。听力图频率坐标轴上一个倍频程，对应听力级坐标轴上 20 dB。要用听力图表示听阈级时，应采用表 1 中给出的符号。对气导，相邻点应用直线连接，骨导可用虚线连接。

如果在听力计的最大输出级仍无反应，宜在相应的符号处垂直向下画一箭头，或在符号的下外角与垂直方向约成 45°角向下画一箭头(即左耳符号箭头向右，右耳箭头符号向左)。无反应的符号应标记在听力图上表示听力计的最大输出的听力级上。

如用彩色笔记录，右耳符号和连线应为红色，左耳符号和连线应为蓝色。

由筛查测听法得出的结果，应清楚地照此表示出来。

表 1　表示听阈级的图示符号

测试类型	右耳	左耳
气导-无掩蔽	○	×
气导-无掩蔽，无反应符号图例	○↙	×↘
气导-加掩蔽	△	□
骨导-无掩蔽，乳突部位	<	>
骨导-加掩蔽，乳突部位	[	]
骨导-加掩蔽，前额部位	┐	┌
骨导-无掩蔽，前额部位	∨	
注：当气导加掩蔽也用符号(○，×)表示时，宜在听力图中注明加了掩蔽。		

11　允许的环境噪声

11.1　听阈测定允许的环境噪声

测听室内的环境声压级应不超过某些规定的值，以免掩蔽测试音。这些规定的 1/3 倍频带最大环境允许声压级，以 $L_{s,max}$ 表示，适用于：

a）　最低听阈级是 0 dB；

b）　最低测试音级为＋5 dB，可容许的最大阈移(不确定度)为＋2 dB；

c）　两种发送测试音的方法——经耳机做气导测听和经骨振器做骨导测听；

d）　做气导测听的 3 种测试音的频率范围：125 Hz～8 000 Hz、250 Hz～8 000 Hz 和 500 Hz～8 000 Hz；

e）　做骨导测听的 2 种频率范围：125 Hz～8 000 Hz 和 250 Hz～8 000 Hz。

表 2 列出用典型通用的压耳式耳机做气导测听时的 $L_{s,max}$。表 3 中给出了这些耳机的平均声衰减。这些数值是基于两种商用耳机的实验数据。如果用其他类型耳机，应将这些耳机的声衰减与表 3 中所列数值之差，加上表 2 中的 $L_{s,max}$。纯音骨导测听的 $L_{s,max}$ 值见表 4。

如要测的最小听阈级不是 0 dB，要将表 2 和表 4 中的数值加上要测的最小听阈级，得到合适的 $L_{s,max}$ 值。

对环境噪声的测量，应在正常测听时具有代表性的条件下进行。如果测听时通风系统在工作，噪声测量应在该系统运行中进行。测量应在测听室中受试者的头部位置，且在受试者不在场时进行。测量应使用符合 IEC 61672-1 要求的声级和符合 IEC 61260 要求的滤波器，并且噪声级至少比所测的声压级低 6 dB。

11.2　对环境噪声的心理声学校验

如果不能进行声压级测量，可由至少两名听力图稳定，且所有频率的听阈级都比在常规测听时所用的最低听阈还低(听力较好)的受试者进行测听，以对环境噪声做心理声学校验。如果用这种方法得出的听阈级，比原听力图高 5 dB 或更高，就表示需降低室内噪声，如果在室内做骨导测听，应以测骨导的方法校验。测听应在平时正常测听条件下进行。

表 2 用典型通用的压耳式耳机做低至 0 dB 的听阈级气导测听时，1/3 倍频带的最大允许环境声压级，$L_{s,max}$

1/3 倍频带的中心频率 Hz	最大允许环境声压级[a] $L_{s,max}$(基准:20 μPa) dB		
	测试音频率范围		
	125 Hz～8 000 Hz	250 Hz～8 000 Hz	500 Hz～8 000 Hz
31.5	56	66	78
40	52	62	73
50	47	57	68
63	42	52	64
80	38	48	59
100	33	43	55
125	28	39	51
160	23	30	47
200	20	20	42
250	19	19	37
315	18	18	33
400	18	18	24
500	18	18	18
630	18	18	18
800	20	20	20
1 000	23	23	23
1 250	25	25	25
1 600	27	27	27
2 000	30	30	30
2 500	32	32	32
3 150	34	34	34
4 000	36	36	36
5 000	35	35	35
6 300	34	34	34
8 000	33	33	33

注：用所列数值，要测的最低听阈级为 0 dB，由环境噪声引起的最大不确定度为 +2 dB，如允许环境噪声引起的最大不确定度为 +5 dB，则表中之数值可加 8 dB。

[a] 资料来源：ISO 389-4[1]、ISO 389-7[2]。

表 3 不同类型耳机的平均声衰减

频率 Hz	典型通用压耳式耳机[a,b,c] dB	插入式耳机 ER-3A[d,e,f] dB	耳罩式耳机 HDA 200[d,e,g] dB
31.5	0	33	—
40	0	33	—
50	0	33	—
63	1	33	17
80	1	33	16
100	2	33	15
125	3	33	15
160	4	34	15
200	5	35	16
250	5	36	16
315	5	37	18
400	6	37	20
500	7	38	23
630	9	37	25
800	11	37	27
1 000	15	37	29
1 250	18	35	30
1 600	21	34	31
2 000	26	33	32
2 500	28	35	37
3 150	31	37	41
4 000	32	40	46
5 000	29	41	45
6 300	26	42	45
8 000	24	43	44

[a] 所列的数值是根据用 Telephonics TDH 39[d]加 MX41/AR 耳垫和 Beyer DT 48[d] 耳机，在自由声场中用纯音测得的。

[b] 衰减数据是在扩散声场中用窄带噪声测得的较为实际的衰减特性。

[c] 资料来源：参考文献[10]，[11]，[16]。

[d] 表中所列数据适用于按照 ISO 4869-1[3] 规定的模拟扩散场。

[e] 这是一种商用产品。为方便本部分的用户给出此资料，但并不构成对该产品的认可。

[f] 资料来源：参考文献[17]。

[g] 资料来源：参考文献[18]。

表 4 做低至 0 dB[a] 的听阈级骨导测听时,1/3 倍频带最大允许环境声压级,$L_{s,max}$

1/3 倍频带的中心频率 Hz	最大允许环境声压级 $L_{s,max}$(基准:20 μPa) dB	
	测试频率范围	
	125 Hz～8 000 Hz	250 Hz～8 000 Hz
31.5	55	63
40	47	56
50	41	49
63	35	44
80	30	39
100	25	35
125	20	28
160	17	21
200	15	15
250	13	13
315	11	11
400	9	9
500	8	8
630	8	8
800	7	7
1 000	7	7
1 250	7	7
1 600	8	8
2 000	8	8
2 500	6	6
3 150	4	4
4 000	2	2
5 000	4	4
6 300	9	9
8 000	15	15

注 1:用上述数据,要测量的最低听阈级为 0 dB,环境噪声所致最大不确定度为+2 dB,如允许因环境噪声所致的最大不确定度为+5 dB,则表中之数值可增加 8 dB。

注 2:用多数现在通用声级计,难以测量低于 5 dB 的声压级。

[a] 资料来源:ISO 389-4[1],ISO 389-7[2]。

12 测听设备的维护和校准

12.1 概述

听力计和相关设备的校准,对测试结果的可靠性至关重要。正在使用的测听设备应按 ISO 389 的相关部分进行校准,并符合 GB/T 7341.1 的要求。

为此,宜采用包括以下 3 级校验及校准步骤:

a) A级——常规校验和主观校验;
b) B级——定期客观校验;
c) C级——基本校准测试。

建议在进行A级和B级校验时,测听设备应在其正常工作位置。

12.2 校验的间隔时间

对于进行不同校验所推荐的间隔时间,只作为一种指导。除非有明显不同的间隔时间更为合适,则宜遵循本规定。

对所使用的全部设备,建议每周进行A级校验。每天使用前宜按照12.3.2.2~12.3.2.6的规定对设备进行校验。

定期客观校验(B级),建议每3个月做一次。但根据经验,对已知使用条件的特定设备,只要定期仔细进行了(A级)常规检查,不同的间隔时间也可接受。最长的间隔时间不宜超过1年。

如果定期进行了(A级)和(B级)检查,那么不需要做常规基本校准。只有当仪器有严重故障或出现错误,或长期使用后怀疑仪器不再完全符合规格时,才需要进行(C级)校准测试。然而,如果用了5年,并且在维修期间未接受这种检查,那么对设备做(C级)校准测试将是明智的。

12.3 A级——常规检查及主观校验

12.3.1 概述

常规检查的目的是尽可能了解仪器工作是否正常,上次的校准结果有无明显变化,仪器的附件、电缆和配件有无任何会影响测试结果的缺陷。检查始终包括简单的测试,不需要测量仪器。

A级检查最重要的环节是主观校验,这只能由无听力障碍且有极佳听力的操作者来完成。

测试时的环境噪声条件,宜比仪器正常使用中遭遇的好一些。

12.3.2 测试及校验步骤

12.3.2.1 宜进行以下测试和校验,以完全满足A级要求。

建议每天使用仪器之前,按12.3.2.2~12.3.2.6的规定进行测试。

12.3.2.2~12.3.2.10中所述的校验步骤,宜采用常规工况下设定的听力计进行。如果用隔声室或分隔的测试室,测试宜在仪器安装好后进行,要求有一名助手协助完成检查步骤。检查包括听力计与隔声室中设备之间的连接。此外,还宜检查接线盒上的任何插头、插座与导线的连接,以及潜在的信号源不稳定和错接。

注:当由听力正常的操作者进行骨导听阈级主观测试时,从骨振器辐射出的空气声听起来很响,足以使校验失效,特别是在2 000 Hz以上频率。为此,在频率2 000 Hz以上做测试时,可戴一付气导耳机(不与听力计连接)或耳塞,使空气声有足够的衰减。

12.3.2.2 清洁和检查听力计及全部附件。检查耳机垫、插头、电源线和附件、导线有无磨损或损伤迹象,损伤或磨损严重的部件宜更换。

12.3.2.3 开机,并按说明书建议的时间预热。如果厂家未提供预热时间,则等5 min使仪器稳定后,再按厂家的规定调整仪器。对电池供电的仪器,按规定的方法检查电池的状态。如有可能,还要检查耳机和骨振器系列号与仪器系列号标签是否相符。

12.3.2.4 检查听力计的气导和骨导输出是否大致正确,方法是在某一听力级,比如10 dB或15 dB进行扫频,同时检查测试音是否“刚刚可听”。应在全部合适的测试频率,对两个耳机及骨振器做这项检查。

12.3.2.5 用高听力级(如气导听力级为60 dB,骨导听力级为40 dB),在所有频率,对仪器的各种相应功能(和两个耳机)进行检查。聆听工作状态是否正常,有无畸变,有无开关的“喀嗒”声等。检查各种耳机(包括掩蔽换能器)及骨振器的输出有无失真和间断;检查插头和导线有无连接不良;检查所有开关按钮是否安全,指示灯和指示器工作是否正常。

12.3.2.6 检查受试者的信号系统的工作状态。

12.3.2.7 在低声级,聆听有无产生噪声或交流声的先兆,有无不希望的声音(当信号传入另一通道时突然出现的串音),或加掩蔽时音质有无任何改变。校验衰减器是否能在全量程对信号衰减,并且在发送声信号时,工作的衰减器会不会产生电噪声或机械噪声;检查开关键操作是否无声,在受试者位置有无可听的仪器辐射的噪声。

12.3.2.8 若合适,用与检查纯音功能相同的步骤,检查受试者的语音对讲线路。

12.3.2.9 检查耳机头带及骨振器头带的张力,确保旋轴关节转动灵活,无过度滞涩;检查隔噪声耳机的头带和旋轴关节有无变形或金属疲劳的先兆。

12.3.2.10 对自动记录听力计,检查记录笔和机械运行状况,以及量程开关和频率开关的功能;检查在受试者位置能否听到无关的仪器噪声。

12.4 B级——定期客观校验

定期客观校验,包括测量和测量结果与相应的标准比较(见第2章)如:

a) 测试信号的频率;
b) 声耦合器或耳模拟器中由耳机产生的声压级;
c) 骨振器对力耦合器产生的振动力级;
d) 掩蔽噪声级;
e) 衰减档(在有效范围内,特别是60 dB以下);
f) 谐波失真。

注1:不可能用所推荐的下列设备,对衰减器衰减范围和掩蔽噪声级做全部校验。

注2:对扫频听力计,仅在ISO 389-1、ISO 389-2、ISO 389-3、ISO 389-5和ISO 389-8规定的一些频率,有标准化校准数据可资用。

定期客观校验,至少推荐采用以下设备:

——符合IEC 61672-1要求的1级声级计,包括一个与耳模拟器种类适配的经压力校准的电容传声器;
——符合IEC 61260规定的倍频程和1/3倍频程滤波器组;
——符合IEC 60318-1[4]、IEC 60318[5]、IEC 60318-4[6]和IEC 60318-5[1]规定的耳模拟器或声耦合器;
——符合IEC 60318-6[8]规定的力耦合器;
——数字频率计;
——示波器;
——校验力耦合器工作温度(23 ℃)的触点温度计。

如果频率或测试声级超出校准范围,通常可加以调节,若不可调,参考做基本校准的仪器。做校准调节时,宜记录调节前、后的测量结果。

从录下仪器上的测量结果,可得知校准变化的情况。通过观察这种变化趋势,可确定需做客观校验的间隔时间。

建议仪器附上校准检查表,上面的数据供下次客观校验时参考。

12.5 C级——基本校准测试

基本校准应由有资格的实验室进行。测听设备经基本校准后,应符合GB/T 7341.1的相关要求。

当仪器经基本校准后返回后,宜在重新使用之前按12.3或12.4叙述的步骤再检验一次。

附 录 A
（资料性附录）
测量不确定度

A.1 概述

在 ISO/IEC 指南 98-3 中，给出了普遍接受的与测量结果有关的测量不确定度的表达格式。这种格式要求在被测量与几个描写可能影响测量结果的输入量之间确立一种函数关系（模型函数），这在本部分中称之为受试者的频率相关听阈级。每个输入量，都是由它的估计、它的概率分布和它的标准不确定度来表征。有关这些输入量的现有知识，将编辑成一个不确定度一览表。测量结果的标准不确定度和综合不确定度都可由这个表推导出来。

要想为按照本标准所做的每次测量，建立一个声信号不确定度一览表，现在还缺乏足够的经过科学验证的数据。但是，可给出不确定度相关来源与它们的特征量的表示式，这主要是依据经验知识。本附录举例说明了计算符合 ISO/IEC 指南 98-3 的不确定度的一般方法，它允许我们得到特定假设下不确定度的近似。

A.2 模型函数

式(A.1)给出了在某一频率测定的听阈级 L_{HT} 的表达式：

$$L_{HT}=L'_{HT}+\delta_{eq}+\delta_{tr}+\delta_{n}+\delta_{m}+\delta_{te}+\delta_{su}+\delta_{pr} \quad\cdots\cdots(A.1)$$

式中：

L'_{HT}——按照本部分规定的任何一种方法测定的听阈级(见 A.3.2)；

δ_{eq} ——计及所使用的测听设备偏离标称性能时产生的输入量(A.3.3)；

δ_{tr} ——计及所使用某种类型的换能器及其佩戴所产生的任何不确定度引入的输入量(A.3.4)；

δ_{n} ——计及非理想环境条件特别是环境噪声造成的影响产生的输入量(A.3.5)；

δ_{m} ——计及由非最佳掩蔽噪声产生的任何不确定度引入的输入量(A.3.6)；

δ_{te} ——计及测试人员缺少资质和经验不足所造成的任何不确定度引入的输入量(A.3.7)；

δ_{su} ——计及受试者不配合和作出不可靠的反应所产生的任何不确定度引入的输入量(A.3.8)；

δ_{pr} ——计及非常困难的测量条件带来特殊问题产生的任何不确定度引入的输入量(A.3.9)。

通常把每种 δ 的估计都看作是 0 dB，表示测定的听阈级未加修正。但是，这种输入量每一个都与一个不确定度相关联，如 A.3 所述。各个输入量之间没有任何程度上的相关性。

A.3 各个输入量

A.3.1 概述

A.3.2～A.3.6 中述及的输入量，几乎在所有的测听应用中都应考虑到。而 A.3.7～A.3.9 中叙述的那些输入量。仅在由测试人员的个人判断导致的异常情况下才考虑。

A.3.2 测定的听阈级，L'_{HT}

常规测听时，受试者在某频率的听阈级通常每耳只测一次。而根据经验知识，在同样条件下重复测试，可采用下列标准不确定度。

a) 对气导测听(第 6 章和第 7 章)：频率在 4 kHz 及以下为 2.5 dB，4 kHz 以上为 4 dB；

b) 对骨导测听(第 8 章):频率在 4 kHz 及以下为 3 dB,4 kHz 以上为 5 dB。

L'_{HT}的可能取值的概率分布可假定为正态分布,其估计表示为$L'_{HT,est}$(表 A.1)。

A.3.3 测听设备,δ_{eq}

假定测听设备符合 GB/T 7341.1—2010 规定的 1 型和 2 型听力计的要求,那么其对测量不确定度的主要贡献,或许由输出级偏离标称值产生的。GB/T 7341.1—2010 规定了下列最大偏差:

a) 气导:频率在 4 kHz 及以下为±3 dB,4 kHz 以上为±5 dB;

b) 骨导:频率在 4 kHz 及以下为±4 dB,4 kHz 以上为±5 dB。

除非掌握了相关测听设备性能的更多具体资料,否则输出级的概率分布可假定为矩形分布,由此产生的标准不确定度等于允许值的最大扩展的一半除以$\sqrt{3}$。

如果听力级控制在每档 5 dB,对于矩形概率分布,会导致另一个不可忽略的不确定度贡献,其标准不确定度为 $2.5/\sqrt{3}$ dB。

这两项贡献产生一个近似的总标准不确定度。如气导,频率在 4 kHz 及以下为:

$\sqrt{(3/\sqrt{3})^2+(2.5/\sqrt{3})^2}=2.3$ dB。

在特殊测试情况下,例如受试者的听阈级随频率有明显变化,测试音的频率偏离标称值和测试音的谐波失真等设备性能,都可能对测试结果的总不确定度有贡献。

A.3.4 换能器及其佩戴,δ_{tr}

正如 ISO 389 的相关部分所规定的,不同类型的换能器,如压耳式、耳罩式或插入式耳机及骨振器的基准等效阈声压级(RETSPL)和基准等效阈振动力级(RETVFL)是不完全相同的,而对它们之间的差别尚无精确的了解。然而,假设这些差别带来的标准不确定度,频率在 4 kHz 以下为 1.5 dB 和频率在 4 kHz 以上为 2.5 dB,似乎是现实的。

此外,不同型号的换能器提供给受试者耳或骨的声压级或振动力级,对受试者的解剖学和生理学特征,对换能器在耳或骨上的位置,对头带力与标称值的偏差,可能具有不同的敏感度。对于骨振器,由于空气声辐射和振动触觉,可能导致更大的不确定度。目前,关于这些因素对不确定度贡献的总有效数值尚没有明确说法。然而,除非有更详尽的知识可资用,否则可假设频率在 4 kHz 及以下的标准不确定度为 2.5 dB,4 kHz 以上为 3 dB。

这两种因素一起导致的近似标准不确定度,在 4 kHz 及以下为:$\sqrt{1.5^2+2.5^2}$ dB=2.9 dB,4 kHz 以上为:$\sqrt{2.5^2+3^2}$ dB=3.9 dB。

A.3.5 环境条件,δ_n

如果环境噪声完全符合要求(见第 11 章),考虑对于听阈级接近 0 dB 的受试者,在正态概率分布条件下,可假设标准不确定度 δ_n为 2 dB。对于听阈级明显高于 0 dB 的受试者,环境噪声对不确定度的贡献量可忽略不计。

另一方面,在常规测试中,环境声压级经常会超过最大允许值,这将产生一个较大的不确定度贡献量。

A.3.6 掩蔽噪声,δ_m

测得的听阈级,可能会受到所用的非最佳掩蔽噪声(见 6.2.3.3 和 8.5)的影响。目前尚不能给出这种影响对测量不确定度的通用有效贡献值。然而,如果加掩蔽噪声,在正态概率分布条件下,按常规它对测量不确定度的贡献量 δ_m为 2 dB。

A.3.7 测试人员的经验,δ_{te}

对一个有足够经验的合格测试人员(见 4.4),个人判断对不确定度的贡献,可认为包括在常规重复测试的标准不确定度(见 A.3.2)中。而在特殊情况下,把这一因素视为是对 δ_{te} 的一个附加项也是合适的。

A.3.8 受试者的反应,$\boldsymbol{\delta_{su}}$

在正常情况下,由于受试者反映的较小不一致产生的不确定度,包括在重复测量(见 A.3.2)的标准不确定度中。然而在特殊情况下,有理由把其视为是 对 δ_{su} 的一个附加项。

A.3.9 特殊测量情况,$\boldsymbol{\delta_{pr}}$

有许多很难测定受试者听阈级的特例。这些情况下,可对 δ_{pr} 加一附加标准不确定度。

A.4 不确定度一览表

与测定的听阈级有关的各因素对合成不确定度贡献的大小,取决于 A.3 所述的标准不确定度 u_i,以及相关的灵敏系数 c_i。灵敏系数是听阈级如何受各个输入量的数值之变化的影响的量度。在数学上,其等于模型函数关于相关输入量的偏导数。各输入量的贡献由标准其不确定度和其灵敏系数之乘积给出。

表 A.1 是不确定度一览表,以表格形式列出各项不确定度贡献的现有资料。

表 A.1 确定听阈级的不确定度一览表

量	估计 dB	标准不确定度,u_i dB	概率分布	灵敏系数,c_i	不确定度贡献,$c_i u_i$ dB
L'_{HT}	$L'_{HT,est}$	u_1	正态	1	u_1
δ_{eq}	0	u_2	矩形	1	u_2
δ_{tr}	0	u_3	正态	1	u_3
δ_n	0	u_4	正态	1	u_4
δ_m	0	u_5	正态	1	u_5
δ_{te}	0	u_6	正态	1	u_6
δ_{su}	0	u_7	正态	1	u_7
δ_{pr}	0	u_8	正态	1	u_8

除非有更详细的资料可资用,否则可假定任何输入量(A.3.3 所述除外)的相关值都是高斯概率分布。

A.5 合成不确定度和扩展不确定度

式(A.2)给出了听阈级的合成不确定度:

$$u=\sqrt{\sum_{i=1}^{8}u_i^2} \quad \cdots\cdots\cdots\cdots (\text{A.2})$$

ISO/IEC 指南 98-3 要求规定一个扩展不确定度 U,使闭区间 $[L_{HT}-U, L_{HT}+U]$ 包含比如 95% 的可合理地归因于 L_{HT} 的值。为此,引入包含因子 k,令 $U=k\,u$。对于包含概率为 95%和正态分布的情况,有 $k=2$。

A.6 举例

对一个受试者使用气导测听法在不加掩蔽的条件下测定 4 kHz 及以下频率听阈级,评估其扩展测量不确定度。假设环境噪声符合要求,且没有其他引起更多不确定度贡献的来源,则上述测量条件下确定听阈级的不确定度一览表如表 A.2 所示。

表 A.2 上述测量条件下确定听阈级的不确定度一览表举例

量	估计 dB	标准不确定度 dB	概率分布	灵敏系数	不确定度贡献 dB
L'_{HT}	$L'_{HT,est}$	2.5	正态	1	2.5
δ_{eq}	0	2.3	矩形	1	2.3
δ_{tr}	0	2.9	正态	1	2.9
δ_{n}	0	2.0	正态	1	2.0

合成标准不确定度：$u=4.9$ dB。

95%包含概率的扩展测量不确定度 U，按数值修约规则修约到整分贝数后，$U=10$ dB。

参 考 文 献

[1] ISO 389-4 Acoustics—Reference zero for the calibration of audiometric equipment—Part 4: Reference levels for narrow-band masking noise

[2] ISO 389-7 Acoustics—Reference zero for the calibration of audiometric equipment—Part 7:Reference threshold of hearing under free-field and diffuse-field listening conditions

[3] ISO 4869-1 Acoustics—Hearing protectors—Part 1:Subjective methods for the measurement of sound attenuation

[4] IEC 60318-1 Electroacoustics—Simulators of human head and ear—Part 1:Ear simulator for the measurement of supra-aural and circumaural earphones

[5] IEC 60318-3 Electroacoustics—Simulators of human head and ear—Part 3:Acoustic coupler for the calibration of supra-aural earphones used in audiometry

[6] IEC 60318-4 Electroacoustics—Simulators of human head and ear—Part 4:Occluded-ear simulator for the measurement of earphones coupled to the ear by means of ear inserts

[7] IEC 60318-5 Electroacoustics—Simulators of human head and ear—Part 5:2 cm^3 coupler for the measurement of hearing aids and earphones coupled to the ear by means of ear inserts

[8] IEC 60318-6 Electroacoustics—Simulators of human head and ear—Part 6: Mechanical coupler for the measurement of bone vibrators

[9] Arlinger,S.D Comparison of ascending and bracketing methods in pure-tone audiometry:A multi-laboratory study. Scand. Audiol.1979,8,pp. 247-251

[10] Brinkmann,K.,Richter,U. Kopfhörer DT 48:Schalldämmung und Ohrverschluss-Effekt [Headphone DT48:Sound absorption and occlusion effect]. Acustica 1980,47,pp. 53-54

[11] Copeland,A.B.,Mowry,H.J.,III. Real-ear attenuation characteristics of selected noise-excluding audiometric receiver enclosures.J. Acoust. Soc. Am. 1971,49,pp. 1757-1761

[12] Hood,J.D. Principles and practice of bone-conduction audiometry. Laryngoscope 1960,70,pp. 1211-1228

[13] Robinson,D.W.,Whittle,L.S.A comparison of self-recording and manual audiometry: Some systematic effects shown by unpractised subjects.J. Sound Vibration 1973,26,pp. 41-62

[14] Sanders,J.W. Masking.In:Katz,J.,editor.Handbook of clinical audiology,2nd edition,pp. 124-140.Baltimore,MD:Williams and Wilkins,1978

[15] Studebaker,G.A.Clinical masking.In:Rintelmann,W.F.,editor.Hearing assessment,pp. 51-100. Baltimore,MD:University Park Press,1979

[16] Tyler,R.S.,Wood,E.J.A comparison of manual methods for measuring hearing levels.Audiology 1980,19,pp. 316-329

[17] Berger,E.H.,Killion,M.C.Comparison of the noise attenuation of three audiometric earphones,with additional data on masking near threshold.J. Acoust. Soc. Am.1989,86,pp. 1392-1403

[18] Gössing,P.,Richter,U.Characteristic data of the circumaural earphones Sennheiser HDA 200 in the conventional and the extended high frequency range.In; Richter,U.,editor.Characteristic data of different kinds of earphones used in the extended high frequency range for pure-tone audiometry. PTB report PTB-MA-72,Braunschweigh,2003

[19] Laukli, E., Mair, I.W.S. High-frequency audiometry: Normative studies and preliminary experiences. Scand. Audiol. 1985, 14, pp. 151-158

[20] Laukli, E., Fjermedal, O. Reproducibility of hearing threshold measurements: Supplementary data on bone-conduction and speech audiometry. Scand. Audiol. 1990, 19, pp. 187-190

ICS 13.230
C 67

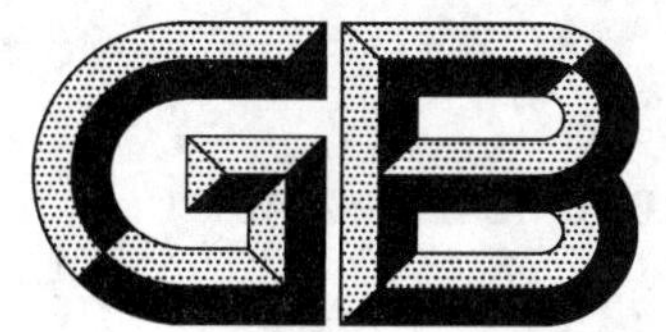

中华人民共和国国家标准

GB/T 16425—2018
代替 GB/T 16425—1996

粉尘云爆炸下限浓度测定方法

Determination for minimum explosive concentration of dust clouds

2018-12-28 发布　　　　2019-07-01 实施

国家市场监督管理总局
中国国家标准化管理委员会　发布

前言

本标准按照 GB/T 1.1—2009 给出的规则起草。

本标准代替 GB/T 16425—1996《粉尘云爆炸下限浓度测定方法》，与 GB/T 16425—1996 相比，主要技术变化如下：

——修改了范围(见第 1 章，1996 年版的第 1 章)；

——增加了规范性引用文件一章(见第 2 章)；

——修改了术语“粉尘”“可燃粉尘”和“爆炸下限浓度”的定义(见第 3 章，1996 年版的第 2 章)；

——修改了试验装置的概述(见 4.1，1996 年版的 3.1)；

——增加了试验装置中罐体设计承压的规定(见 4.2)；

——修改了试验装置中对点火源能量和质量的规定(见 4.2，1996 年版的 3.2)；

——删除了试验装置中点火源性能检测(1996 年版的 4.2)；

——修改了试验条件及要求(见 5.1，1996 年版的 4.1)；

——修改了爆炸下限浓度的测定(见 5.2，1996 年版的 4.3)；

——增加了安全措施一章(见第 7 章)；

——在试验报告的内容中增加了体现试样水分含量(见第 8 章)。

请注意本文件的某些内容可能涉及专利。本文件的发布机构不承担识别这些专利的责任。

本标准由中华人民共和国应急管理部提出。

本标准由全国安全生产标准化技术委员会(SAC/TC 288)归口。

本标准起草单位：中煤科工集团重庆研究院有限公司、上海化工研究院。

本标准主要起草人：马忠斌、李润之、张引合、肖秋平、司荣军。

本标准所代替标准的历次版本发布情况为：

——GB/T 16425—1996。

粉尘云爆炸下限浓度测定方法

1 范围

本标准规定了粉尘-空气混合物爆炸下限浓度测定的试验装置、试验程序、其他可替代的试验方法、安全措施和试验报告。

本标准适用于依赖空气中的氧维持其氧化反应的可燃粉尘。

本标准不适用于火炸药或不依赖空气中的氧即可燃烧爆炸的物质。

2 规范性引用文件

下列文件对于本文件的应用是必不可少的。凡是注日期的引用文件，仅注日期的版本适用于本文件。凡是不注日期的引用文件，其最新版本(包括所有的修改单)适用于本文件。

GB/T 15604 粉尘防爆术语

3 术语和定义

GB/T 15604 界定的以及下列术语和定义适用于本文件。

3.1

粉尘 dust

细微的固体颗粒。

3.2

可燃粉尘 combustible dust

可与助燃气体发生剧烈氧化反应而爆炸的粉尘。

3.3

爆炸下限浓度 minimum explosible concentration

C_{min}

粉尘云在给定能量点火源作用下，能发生自持燃烧的最低浓度。

4 试验装置

4.1 概述

本试验装置适用于测定粒度不超过 75 μm 和水分不超过 5%的可燃粉尘的爆炸下限浓度。实际上，如果粒度较大或水分较高的粉尘能在爆炸罐中有效地扩散，则可用此装置进行测定，受试粉尘的粒度分布和水分应能代表使用物质的粒度分布和水分。

4.2 装置

装置由容积为 20 L 的球形不锈钢爆炸罐构成，示意图如图 1 所示。罐体设计承压≥2.0 MPa。爆炸罐下部安有粉尘扩散器，扩散器通过管路与储尘罐相连通，在相连通道上安有电磁阀。储尘罐的容积为 0.6 L。爆炸罐壁上安有压力传感器，传感器与记录仪相连。

点火源是总能量为 2.0 kJ 的烟火点火具，其点火剂质量为 0.48g，由 40％锆粉、30％硝酸钡和 30％过氧化钡组成。点火源位于罐体中心由一电引火头点燃。点火源通过线路与数据采集系统相连。

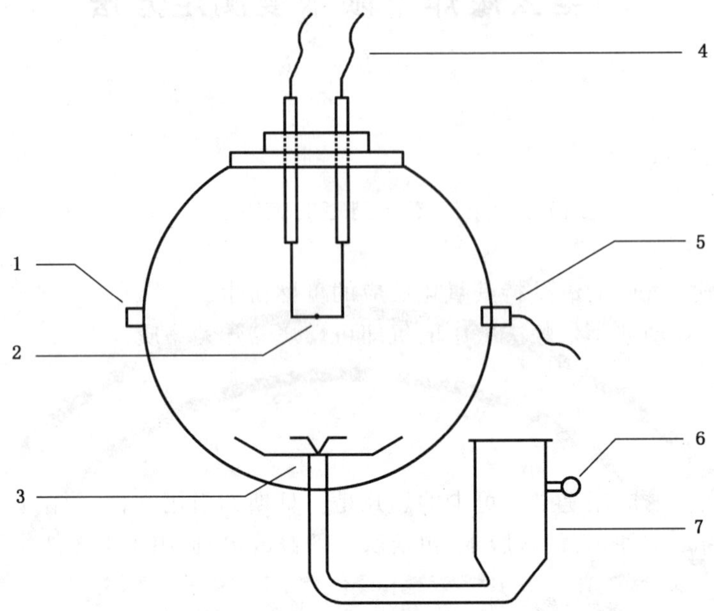

说明：

1——排气口；

2——点火源；

3——扩散器；

4——点火引线；

5——压力传感器；

6——压力表；

7——储尘罐。

图 1　20 L 爆炸试验装置示意图

5　试验程序

5.1　试验条件及要求

试验在常温常压条件下进行。在储尘罐中放入已知量的粉尘，然后将储尘罐密闭。把爆炸罐抽真空到 0.04 MPa 的绝对压力，将储尘罐加压到 2.1 MPa 的绝对压力。启动压力记录仪，开启喷尘电磁阀，滞后 60 ms 引燃点火源，对爆炸压力进行测定记录。在每次试验后应彻底清扫爆炸罐和储尘罐。

5.2　爆炸下限浓度的测定

爆炸下限浓度 C_{min} 需通过一定范围不同浓度粉尘的爆炸试验来确定。初次试验时按 10 g/m^3 的整数倍确定试验粉尘浓度，如测得的爆炸峰值压力等于或大于 0.15 MPa 的绝对压力，则以 10 g/m^3 的级差减小粉尘浓度继续试验，直至连续 3 次同样试验所测峰值压力值均小于 0.15 MPa 的绝对压力。如测得的爆炸峰值压力小于 0.15 MPa 的绝对压力，则以 10 g/m^3 的整数倍增加粉尘浓度试验，至峰值压力值等于或大于 0.15 MPa 的绝对压力，然后，以 10 g/m^3 的级差减小粉尘浓度继续试验，直至连续 3 次同样试验所测峰值压力均小于 0.15 MPa 的绝对压力。将连续 3 次试验压力峰值均小于 0.15 MPa 绝对压力的最高粉尘浓度定为 C_1，连续 3 次试验压力峰值均等于或大于 0.15 MPa 绝对压力的最低粉尘浓度

定为 C_2，所测粉尘试样爆炸下限浓度 C_{min} 则介于 C_1 和 C_2 之间，即：

$$C_1 < C_{min} < C_2$$

当所试验的粉尘浓度超过 100 g/m³ 时，按 20 g/m³ 的级差增减试验浓度。

5.3 试验方法的检验

用平均粒度为(30±5) μm 的石松子粉对试验方法进行检验。在进行检验前，把石松子粉在 50 ℃ 的温度下干燥 24 h。对石松子粉所测得的爆炸下限浓度 C_{min} 应为：

$$20\ \mathrm{g/m^3} < C_{min} < 40\ \mathrm{g/m^3}$$

6 其他可替代试验方法

如果经证实，采用其他的试验方法所测结果与用石松子粉对 20 L 球形爆炸试验装置进行检验的结果一致，且这些结果还与至少其他 4 种粉尘的测定结果相当(±30%)，则可用这种试验方法来测定可燃粉尘-空气混合物的爆炸下限浓度。

7 安全措施

7.1 对粉尘进行处理前，应考虑粉尘的毒性，如果粉尘具有毒性或刺激性的特点，应采取相应的安全措施。

7.2 在试验前，应该对所有的垫圈和连接件进行物理检查，以防止泄漏。

7.3 试验采取 2.0 kJ 烟火点火具作为点火源(参见 4.2)，在处理和使用过程中应注意安全，佩戴相应的防护设施。

7.4 试验装置应可靠接地。

7.5 所有测试应先取少量的样品进行，以防止由于高能量物质产生的超压。

8 试验报告

试验报告应包括下述内容：

a) 试样名称；

b) 试样来源；

c) 试样粒度分布；

d) 试样水分含量；

e) 试验环境气压、温度；

f) 试验测定结果 C_1、C_2 值；

g) 试验采用标准(本标准编号)；

h) 试验日期、试验人员(签名)。

ICS 13.230
C 67

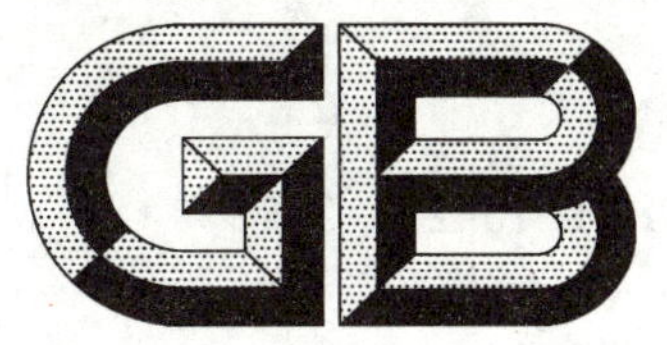

中华人民共和国国家标准

GB/T 16427—2018
代替 GB/T 16427—1996

粉尘层电阻率测定方法

Determination for electrical resistivity of dust layers

2018-12-28 发布 2019-07-01 实施

国家市场监督管理总局
中国国家标准化管理委员会 发布

前 言

本标准按照 GB/T 1.1—2009 给出的规则起草。

本标准代替 GB/T 16427—1996《粉尘层电阻率测定方法》，与 GB/T 16427—1996 相比，主要技术变化如下：

——修改了范围(见第 1 章，1996 年版的第 1 章)；

——增加了规范性引用文件一章(见第 2 章)；

——修改了粉尘的定义(见 3.1，1996 年版的 2.1)；

——修改了测定电路的内容(见 4.2，1996 年版的 3.2)；

——修改了试样水分要求(见 5.2，1996 年版的 4.2)；

——增加了安全防护的内容(见第 7 章)。

请注意本文件的某些内容可能涉及专利。本文件的发布机构不承担识别这些专利的责任。

本标准由中华人民共和国应急管理部提出。

本标准由全国安全生产标准化技术委员会(SAC/TC 288)归口。

本标准起草单位：中煤科工集团重庆研究院有限公司。

本标准主要起草人：张引合、马忠斌、司荣军、王渝、李润之。

本标准所代替标准的历次版本发布情况为：

——GB/T 16427—1996。

粉尘层电阻率测定方法

1 范围

本标准规定了粉尘层电阻率测定的试验装置、试样、测定步骤、安全防护和试验报告。

本标准适用于一般工业粉尘。

本标准不适用于火炸药或不依赖空气中的氧即可燃烧爆炸的物质。

2 规范性引用文件

下列文件对于本文件的应用是必不可少的。凡是注日期的引用文件,仅注日期的版本适用于本文件。凡是不注日期的引用文件,其最新版本(包括所有的修改单)适用于本文件。

GB/T 15604 粉尘防爆术语

3 术语和定义

GB/T 15604 界定的以及下列术语和定义适用于本文件。

3.1

粉尘 dust

细微的固体颗粒。

3.2

导电性粉尘 conductive dust

电阻率等于或小于 10^3 Ω·m 的粉尘。

3.3

非导电性粉尘 non-conductive dust

电阻率大于 10^3 Ω·m 的粉尘。

3.4

电阻率 electrical resistivity

在与粉尘规定的接触面积、相距单位长度的两电极间测得的粉尘层的最小电阻值。

4 试验装置

4.1 测定试验槽

测定试验槽由绝缘底板,其上放置的两块不锈钢电极及两根绝缘端条组成,如图 1 所示。不锈钢电极尺寸:长(l)100 mm、宽(b)20 mm～40 mm、高(h)10 mm。两不锈钢电极相距(l_1)10 mm。两绝缘端条尺寸:长(l_2)80 mm、宽(b_1)10 mm、高(h_1)10 mm。绝缘底板厚度 5 mm～10 mm,材料为聚四氟乙烯(或玻璃)。

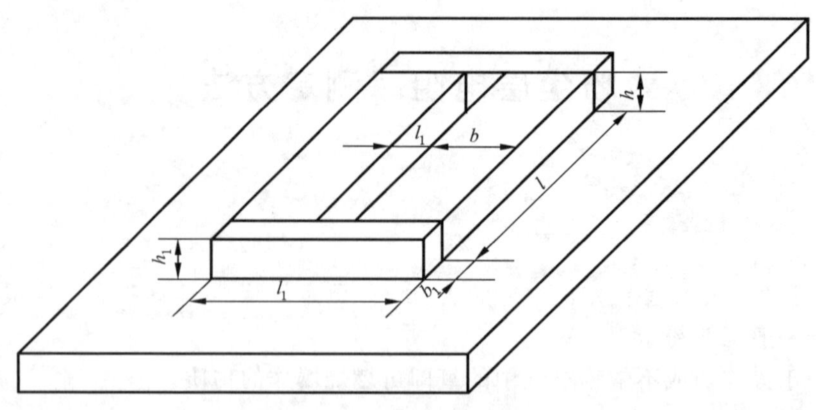

图 1　测定试验槽

4.2　测定电路

测定电路原理图如图 2 所示，该电路具有 7 个档次的直流电压 110 V，220 V，300 V，500 V，1 000 V，1 500 V，2 000 V。电压输出电路上有 10 kΩ 的限流电阻，以保证电压为 2 000 V 时，线路短路电流限制在 0.2 A 以内。全部电阻误差均为 5%，功率为 0.5 W 的高稳定性碳膜电阻。

也可采用其他类似性能和准确度的电路。

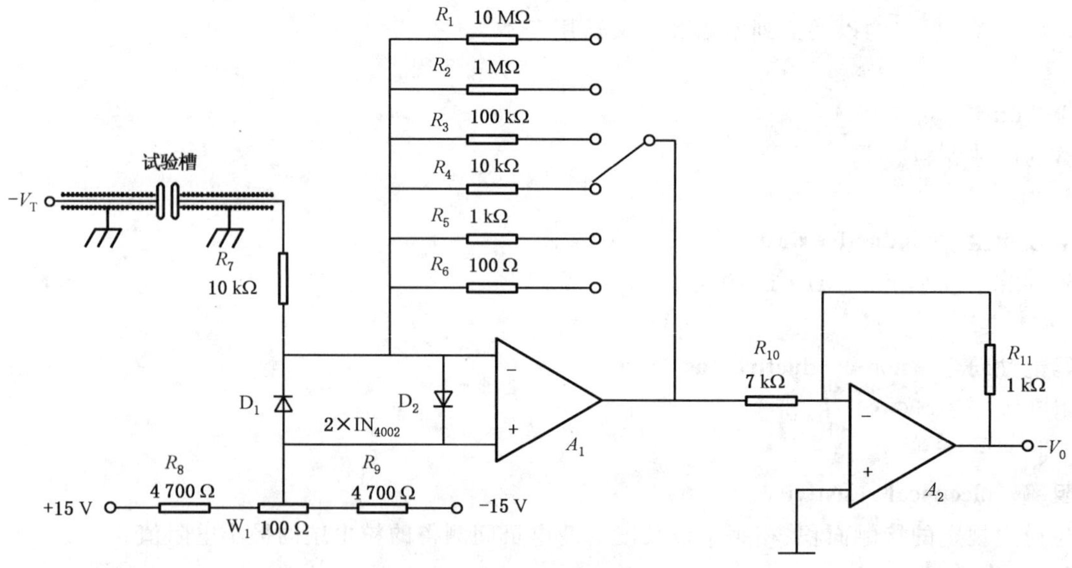

图 2　测定电路原理图

5　试样

5.1　试样粒度

试样应制备成均质的，并且具有代表性。

试样应通过标称孔径为 75 μm 的金属丝网或方孔板试验筛。如果对比较粗的粉尘进行测定，可用孔径高达 500 μm 的试验筛，但在试验报告中要写明试验筛标称孔径。

5.2 试样水分

应将水分的测定结果写入试验报告。

5.3 试样保存

试样应置于密闭容器中保存。

6 测定步骤

6.1 空试验槽电阻测定

在两不锈钢电极和绝缘端条安装到位的情况下，测定空试验槽的电阻 R_0。电阻值按式(1)计算：

$$R_0=\frac{V_T R_f}{V_0}-10\ 000 \quad \cdots\cdots(1)$$

式中：

R_0——空试验槽测定电阻，单位为欧(Ω)；

V_T——施加电压，单位为伏(V)；

R_f——电阻档级，单位为欧(Ω)；

V_0——电压测量值，单位为伏(V)。

6.2 粉尘层电阻测定

把经过称量的粉尘倒入试验槽中并充满试验槽的各部位，然后用一直尺沿不锈钢电极顶面刮掉多余的粉尘，将刮掉的多余粉尘清扫、收集加以称量，从而计算出试验槽中粉尘的添加量。从低到高顺序施加各个档次电压的情况下测定粉尘层电阻 R_s。所测电阻 R_s 同样按式(1)计算(式中 R_0 换成 R_s)。

施加每个电压值的时间至少 10 s。如果极化明显，则需要更长时间。

6.3 电阻率计算

如 R_0 大于等于 $10R_s$ 时，粉尘层的电阻率按式(2)计算：

$$\rho=0.001R_s(h\times l/l_1) \quad \cdots\cdots(2)$$

式中：

ρ ——粉尘层电阻率，单位为欧米(Ω·m)；

R_s——粉尘层测定电阻，单位为欧(Ω)；

h ——电极高度，单位为毫米(mm)；

l ——电极长度，单位为毫米(mm)；

l_1 ——两电极间隔距离，单位为毫米(mm)。

如果 R_0 小于 $10R_s$ 时，则粉尘层电阻率按式(3)计算：

$$\rho=0.001R_s\times R_0/(R_0-R_s)\times h\times l/l_1 \quad \cdots\cdots(3)$$

7 安全防护

7.1 应采取有效的预防措施，防止发生火灾、爆炸，保障测试人员的安全及健康。

7.2 对粉尘进行处理前，应考虑粉尘的毒性，如果材料具有毒性或刺激性，应采取相应的安全措施。

7.3 试验装置应进行良好接地。

8 试验报告

试验报告应包括如下内容：

a） 试样名称；

b） 试样来源；

c） 试样粒度；

d） 试样水分；

e） 试验槽粉尘质量；

f） 试样粉尘层电阻率测定结果和所测电阻率与 10^3 Ω·m 这一判定界线的对比结果；

g） 试验环境温度、湿度；

h） 试验采用标准（本标准编号）；

i） 试验日期、试验人员（签名）。

ICS 13.230
C 67

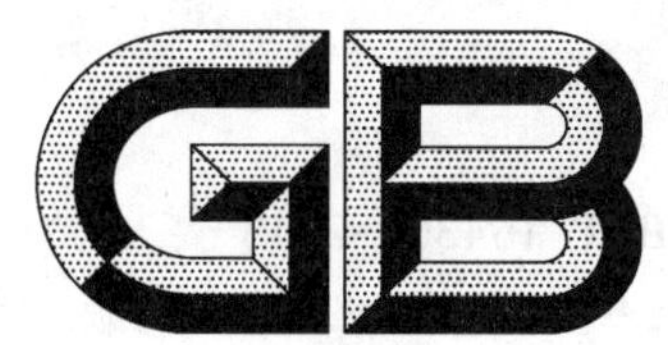

中华人民共和国国家标准

GB/T 16430—2018
代替 GB/T 16430—1996

粉尘层最低着火温度测定方法

Determination of the minimum ignition temperature of dust layer

2018-12-28 发布　　2019-07-01 实施

国家市场监督管理总局
中国国家标准化管理委员会　发布

前　言

本标准按照 GB/T 1.1—2009 给出的规则起草。

本标准代替 GB/T 16430—1996《粉尘层最低着火温度测定方法》，与 GB/T 16430—1996 相比，主要技术变化如下：

——修改了范围(见第 1 章，1996 年版的第 1 章)；

——增加了规范性引用文件一章(见第 2 章)；

——修改了粉尘层最低着火温度的定义表述(见 3.2，1996 年版的 2.2)；

——增加了着火时间的定义(见 3.3)；

——修改了对试样的要求(见第 4 章)；

——修改了对试验装置的要求(见第 5 章，1996 年版的第 4 章)；

——增加了试验装置的“干扰”内容(见 5.7)；

——修改了对安全措施的要求(见 6.1，1996 年版的 5.1)；

——修改了测定步骤的描述(见 6.3.3，1996 年版的 5.3.3)；

——修改了测定结果表述(见第 7 章，1996 年版的第 6 章)。

请注意本文件的某些内容可能涉及专利。本文件的发布机构不承担识别这些专利的责任。

本标准由中华人民共和国应急管理部提出。

本标准由全国安全生产标准化技术委员会(SAC/TC 288)归口。

本标准起草单位：中煤科工集团重庆研究院有限公司。

本标准主要起草人：李润之、张引合、司荣军、马斌、王磊。

本标准所代替标准的历次版本发布情况为：

——GB/T 16430—1996。

粉尘层最低着火温度测定方法

1 范围

本标准规定了粉尘层最低着火温度测定的试样、试验装置、测定步骤和测定结果表述。

本标准适用于依赖空气中的氧维持其氧化反应的可燃性粉尘。

本标准不适用于火炸药或不依赖空气中的氧即可燃烧爆炸的物质。

2 规范性引用文件

下列文件对于本文件的应用是必不可少的。凡是注日期的引用文件，仅注日期的版本适用于本文件。凡是不注日期的引用文件，其最新版本(包括所有的修改单)适用于本文件。

GB/T 15604　粉尘防爆术语

3 术语和定义

GB/T 15604 中界定的以及下列术语和定义适用于本文件。

3.1

粉尘层着火　ignition of dust layer

受试粉尘层发生无焰燃烧或有焰燃烧，或其温度达 450 ℃及以上，或其温升达到或超过热表面温度 250 ℃时的状态。

3.2

粉尘层最低着火温度　minimum ignition temperature of dust layer

在热表面上规定厚度的粉尘层着火时热表面的最低温度。

注：粉尘存在于多种工艺中，粉尘层着火取决于实际的工况，本标准不一定能代表所有工艺工况，例如粉尘层厚度和环境温度分布等因素。

3.3

着火时间　ignition time

从粉尘开始被加热到达到最高温度或者出现着火的时间。

4 试样

粉尘试样应制成均质的，并具有代表性。粉尘试样应能通过标称孔径 75 μm 的金属网或方孔板试验筛。如果需要用较粗的粉尘进行试验，可通过标称孔径高达 500 μm 的试验筛，并应在试验报告中说明试验筛筛孔尺寸。

在试样制备过程中，粉尘性质的任何明显的变化都应在试验报告中说明，例如筛分或温度、湿度引起的变化。

5 试验装置

5.1 结构

试验装置如图1所示。其主要结构的说明见附录A。

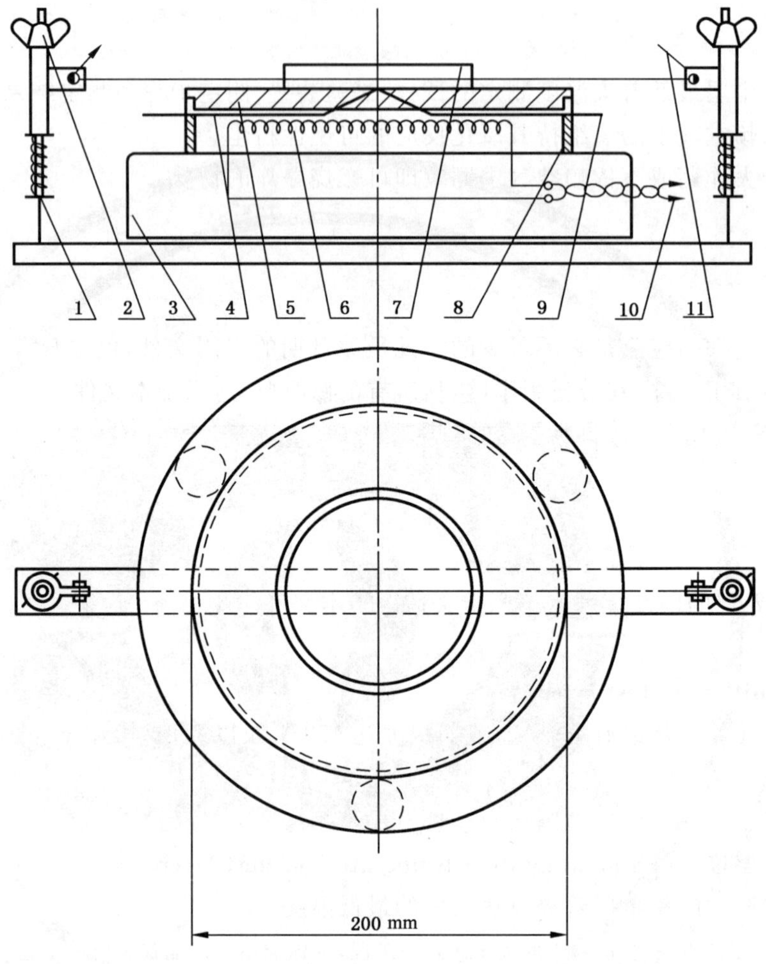

说明：

1 ——弹簧；

2 ——热电偶高度调节旋钮；

3 ——加热器底座；

4 ——热表面记录热电偶；

5 ——热表面；

6 ——加热器；

7 ——金属环；

8 ——裙边；

9 ——热表面控制热电偶；

10——加热器引出线；

11——粉尘层热电偶。

图1 试验装置示意图

5.2 热表面

5.2.1 热表面由直径不小于 200 mm、厚度不小于 20 mm 的圆形金属平板制成。平板由电加热器加热,并由安装在平板内靠近平板中心的热电偶控制温度。热表面控制热电偶的接点在平板表面下(1±0.5) mm 处,并与平板保持良好的热接触。

热表面记录热电偶以相同方法安装在热表面控制热电偶附近,并与温度记录仪相连,用以记录试验过程中的平板温度。

5.2.2 热表面和控制装置应满足以下性能要求:

a) 无粉尘时,平板能达到 400 ℃的最高温度。

b) 试验期间,平板温度应保持恒定,其偏差在±5 ℃的范围内。

c) 平板温度达到恒定值后,整个平板温度分布应均匀。在平板设定温度为 200 ℃和 350 ℃时,按附录 B 的方法所测两正交直径上各设定点的温度,其偏差不应超过±5 ℃。

d) 温度控制装置应能保证平板温度在放置粉尘期间的变化不超过±5 ℃,从放置粉尘开始 5 min 内应恢复到初始温度值的±2 ℃范围内。

5.3 粉尘层热电偶

将铬铝或其他材料的热电偶细丝(直径 0.20 mm~0.25 mm)跨过平板上空拉紧,且平行于热表面,其接点处于热表面上 2 mm~3 mm 高的平板中心处,此热电偶应与温度记录仪相连,以记录试验期间粉尘层温度。

5.4 温度测量装置

温度测量装置应定期校准,其准确度应达到±3 ℃。

5.5 金属环

金属环如图 2 所示。直径方向上有两个豁口,粉尘层热电偶从豁口穿过。试验期间金属环应放在热表面上的适当位置,不得移动。

单位为毫米

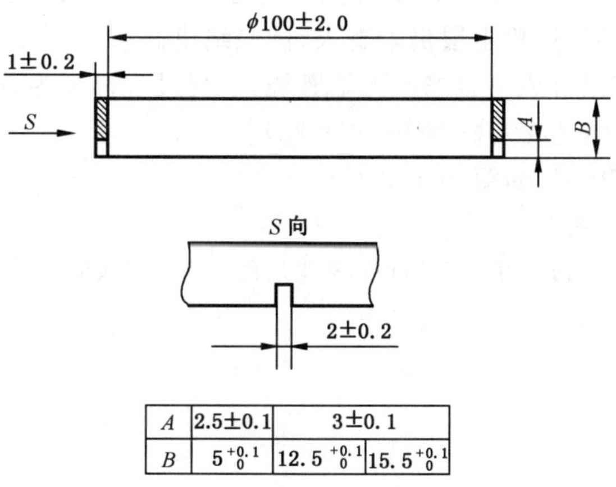

A	2.5±0.1	3±0.1	
B	$5^{+0.1}_{0}$	$12.5^{+0.1}_{0}$	$15.5^{+0.1}_{0}$

图 2 金属环

5.6 干扰

如果金属板(例如铝)或金属环与测试物质反应,则应选择另一种不反应的金属板或金属环。

6 测定步骤

6.1 安全措施

6.1.1 应采取措施确保人身安全和健康，防止火灾和吸入有毒有害气体。

6.1.2 当怀疑某种粉尘具有爆炸性时，可将少量该粉尘放置于温度为 400 ℃或更高的热表面上加以证实。操作者应与热表面保持一定的安全距离，并采取相应的安全措施。

6.1.3 金属粉尘在高温下会被点燃或者自燃。如果观察到火焰，应该在粉尘层上覆盖一薄金属板来隔断空气并熄灭火焰。

6.2 粉尘层的制作

6.2.1 制作粉尘层时，不能用力压粉尘。粉尘充满金属环后，应采用一平直的刮板沿着金属环的上沿刮平并清除多余粉尘。

6.2.2 对于每种粉尘，应将粉尘层按 6.2.1 方法制作在一张已知质量的纸上，然后称出其质量。粉尘层的密度等于粉尘层的质量除以金属环的内容积，并将其记入试验报告。

6.3 测定

6.3.1 试验装置应位于不受气流影响的环境中，环境温度保持在 15 ℃～35 ℃范围内。宜设置一个抽风罩，吸收试验过程中的烟雾和水蒸气。

6.3.2 为了测定给定厚度的粉尘层最低着火温度，每次应采用新鲜的粉尘层进行试验。

6.3.3 将热表面的温度调节到预定值，并使其稳定在一定范围内[见 5.2.2 b)]，然后将一定高度的金属环放置于热表面的中心处，再在 2 min 内将粉尘填满金属环内，并刮平，温度记录仪随之开始工作。

保持温度恒定，直到观察到着火或温度记录仪证实已着火为止；或发生自热，但未着火，粉尘层温度已降到低于热表面温度的稳定值，试验也应停止。

如果 30 min 或更长时间内无明显自热，试验应停止，然后更换粉尘层升温进行试验，如果发生着火，更换粉尘层降温进行试验。试验直到找到最低着火温度为止。

最高未着火的温度低于最低着火温度，其差值不应超过 10 ℃。验证试验至少进行 3 次。

如果热表面温度为 400 ℃时，粉尘层仍未着火，试验结束。

6.3.4 除非能证明这个反应没有成为有焰或无焰燃烧，下列过程都视为着火：

a) 能观察到粉尘有焰燃烧或无焰燃烧[如图 3a)]；

b) 高出热表面温度 250 ℃[如图 3b)]；

c) 温度达到 450 ℃[如图 3c)]。

注：当热表面的温度足够高时，由于粉尘层的自热，粉尘层的温度可以缓慢上升并超过热表面温度，然后逐渐下降到低于热表面温度的稳定值。

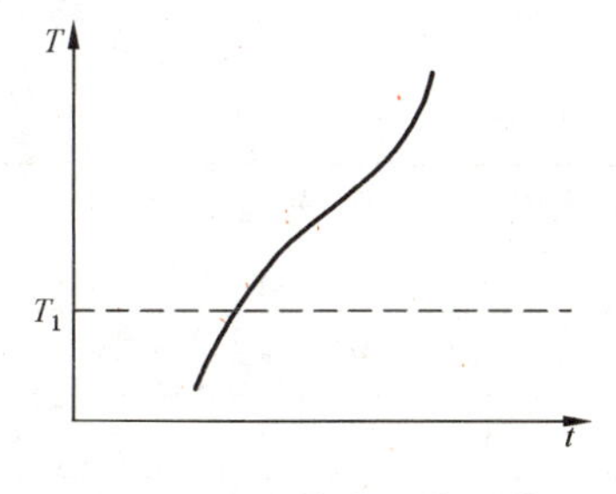

a） 粉尘有焰或无焰燃烧

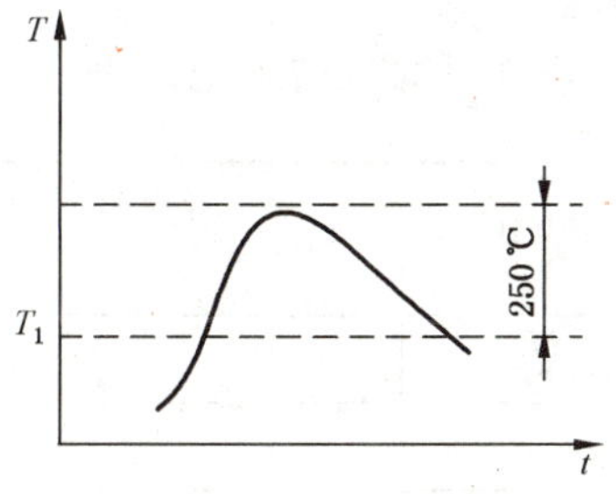

b） 高出热表面温度 250 ℃

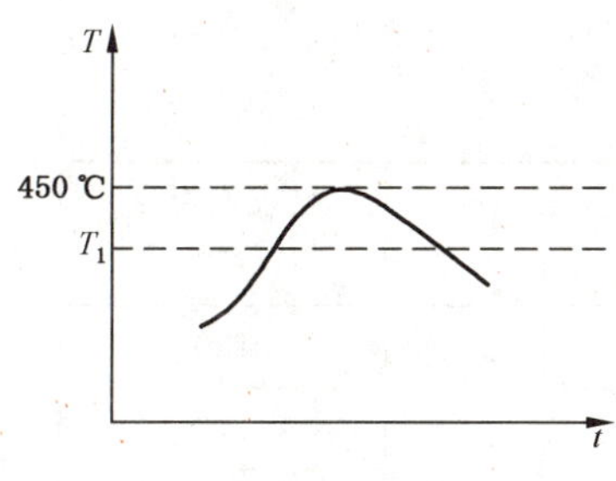

c） 温度高达 450 ℃

说明：

T ——粉尘层温度；

T_1 ——热表面温度；

t ——试验时间。

图 3 热表面上粉尘层的典型温度时间曲线

6.3.5 给定物料的着火温度与粉尘层厚度有关，故可以用两个或更多的粉尘层厚度对应的最低着火温度值来推断其他厚度的最低着火温度（见附录 C）。

6.3.6 环境温度采用温度计测量。温度计距热表面不得超过 1 m。应防止热对流和热辐射的影响。

7 测定结果表述

7.1 把测得的最低着火温度降至最近的 10 ℃的整数倍数值，并记入试验报告。

从粉尘层放置完毕开始，测量粉尘层着火或未着火而达到最高温度的时间，该时间单位为 min，修约间隔为 2，修约后该时间记入试验报告。

如果热表面温度低于 400 ℃时，粉尘层未着火，试验的最长持续时间也应记入试验报告。

7.2 同一操作者在不同日期和不同试验室作出的最低着火温度的偏差不应超过 10 ℃。

粉尘的物理特性和试验期间粉尘层的状态对试验结果有较大影响时，应写入试验报告，其试验结果同等有效。

试验报告应包括着火后燃烧特性的简要说明，尤其应说明异常迅速燃烧和剧烈分解状态。可能影响结果有效性的因素也应记入试验报告中，如：粉尘层制备中的困难，加热期间粉尘层的变形、爆裂、融熔以及受热时产生微量的可燃气体。

7.3 试验报告应包括但不限于下述内容：

a） 样品的完整识别信息，包括测试物质的名称、来源和描述等。

b） 物质已知的挥发性、初始含水量、体积密度等。

c） 粉尘层的热表面着火温度，四舍五入至 10 ℃的整数倍。

d） 所有观察到的火焰、烟雾等。

e） 粉尘层未着火的最高温度。

f） 着火时间。

g） 粉尘层厚度。

h） 如果物质未着火，记录最高试验温度。

i） 如果物质在着火之前熔化，记录熔化发生的未着火的最高热板温度。

j） 应包括试验数据的完整表格，按温度降序而不是试验进行顺序来记录结果。试验结果如表 1 所示。

k） 试验采用标准（本标准编号）。

l） 对于标准测试过程的任何改变。

表1　试验结果记录表

粉尘层厚度 mm	热表面温度 ℃	试验结果	着火时间或未着火时温度达到最大值的时间 min
5	180	着火	16
5	170	着火	36
5	160	未着火	40
5	160	未着火	38
5	160	未着火	42
5	160	未着火	62

注：本表的示例数据中，5 mm厚粉尘层的最低着火温度为170 ℃，如果热表面温度与测得的最低着火温度相差超过±20 ℃，该次试验不必记入试验报告。

附　录　A
（规范性附录）
热表面的结构

热表面的具体结构应满足5.2的要求。热表面可由带有裙边的铝或不锈钢圆盘构成（如图1），并安装在一个加热器上。

如果采用裸露的电阻丝加热，为了使热表面的温度分布均匀，热表面与电阻丝的距离应约为10 mm。热传递的方式为辐射和对流。如果加热器与热表面直接接触，热传递的主要方式为传导。可以增加热表面的厚度来改善温度的分布，其厚度不得小于20 mm。

如图1所示，将热表面记录热电偶和热表面控制热电偶插入沿平板边缘径向钻的孔中，平行于热表面，且距热表面为(1±0.5) mm（见5.2.1）。为了便于清扫，粉尘层热电偶的底座与热表面的底座分为两件。粉尘层热电偶安装于套有弹簧托架的螺杆支架之间，可以通过螺帽调节高度。

附 录 B
（规范性附录）
热表面上温度分布的测量

图 B.1 为测量热表面温度分布的装置。

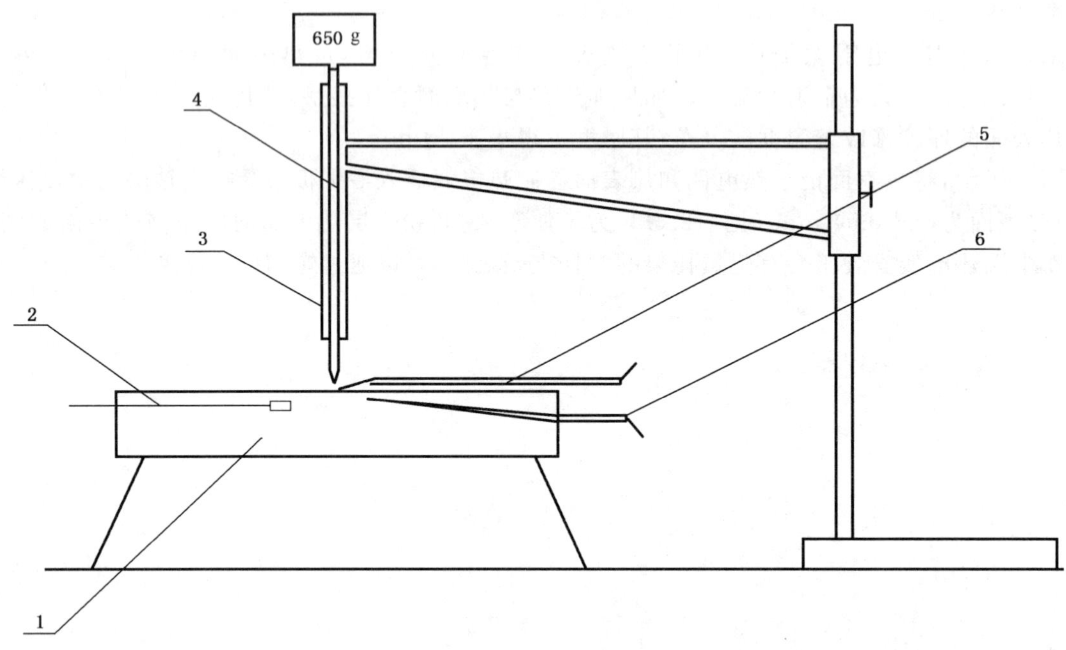

说明：

1——铝或不锈钢平板；

2——控制热电偶；

3——导管；

4——玻璃棒；

5——表面温度热电偶；

6——平板温度热电偶。

图 B.1 热表面温度分布的测量

测量元件由一个具有扁平接点的热电偶细丝构成，并将它硬焊到一个直径为 5 mm 紫铜或黄铜片上，然后将铜片放置在测量点上，并在铜片上面覆盖一张厚度为 5 mm、直径为 10 mm～15 mm 的绝热材料，再将一根可以在导管中上、下自由滑动的竖直玻璃棒压在绝热材料上，然后在玻璃棒上施加一个固定的压力。

应在两条正交的直径上设置温度测量点，各测量点相距 20 mm，如图 B.2 所示。测量时，每个测量点的温度应达到稳定值。

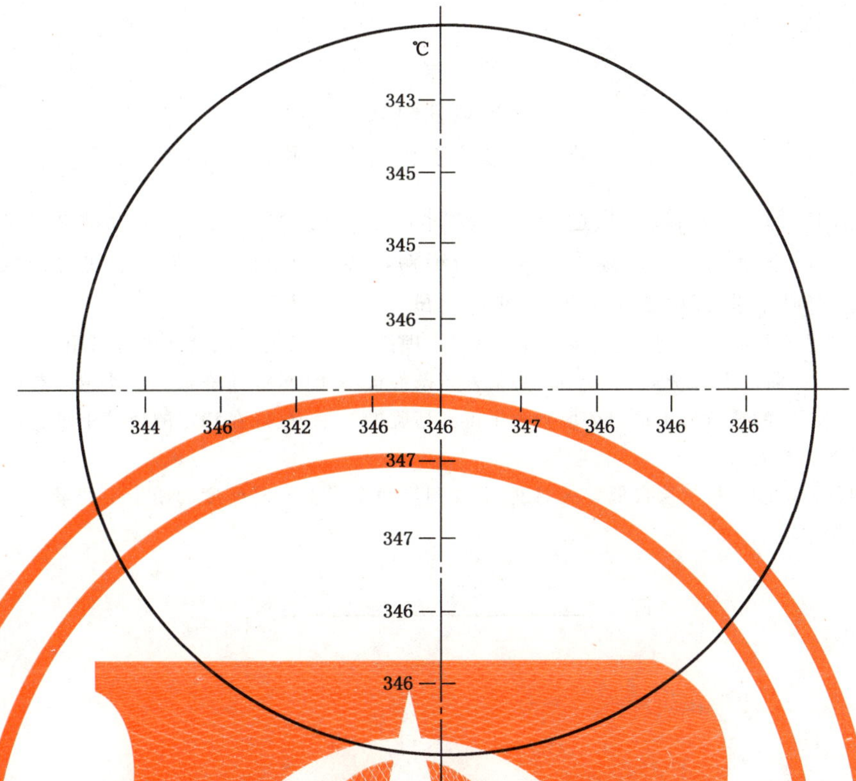

注：设置温度为 350 ℃。整个表面的最大温差不大于 5 ℃。表面温度与设置温度的最大偏差不大于 8 ℃。测量的表面温度通常低于热表面温度，这与热电偶的结构有关，这个差别无关紧要，因为只需测量各点的温差，而不是温度的实际值。

图 B.2 典型表面温度分布

附　录　C
（规范性附录）
粉尘层最低着火温度推测

按本标准作出的最低着火温度，只适用于试验时采用的粉尘厚度。为了推测中等厚度或较厚的粉尘层最低着火温度，可以绘制粉尘层厚度的对数与绝对温度表示的最低着火温度的倒数曲线，并采用线性插值法或外延法查找。但宜以要求的厚度进行测试。

注 1：上述简单的推测具有一定的理论基础，通过热爆炸理论处理，以上的试验结果可以用于评价其他不同形状的粉尘层着火，如曲面上的粉尘层。但是，如果外露条件极不相同，特别是暴露于均匀的高温环境中(一个热盘上的粉尘层所处的环境为不均匀环境)，为了得到精确的结果，最好在特定的环境中试验，如在一个恒温炉内测定粉尘层的着火。

注 2：为了推测其他厚度的粉尘层最低着火温度，需要测量两个以上不同厚度的粉尘层的最低着火温度，重点宜放在较厚的粉尘层上。

ICS 77.120.99
H 65

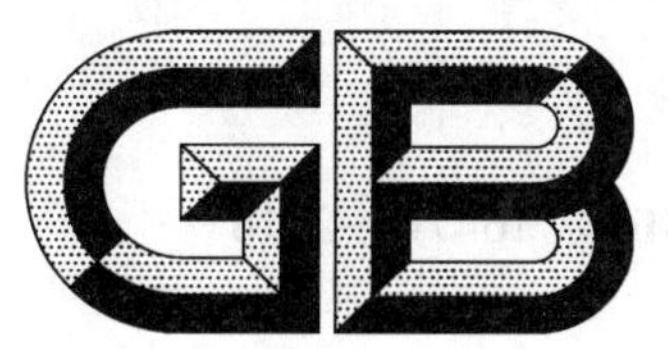

中华人民共和国国家标准

GB/T 16476—2018
代替 GB/T 16476—2010

金　属　钪

Scandium metal

2018-07-13 发布　　2019-04-01 实施

国家市场监督管理总局
中国国家标准化管理委员会　发布

前　言

本标准按照 GB/T 1.1—2009 给出的规则起草。

本标准代替 GB/T 16476—2010《金属钪》。

本标准与 GB/T 16476—2010 相比主要技术变化如下：

——增加了规范性引用文件 GB/T 17803(见第 2 章)；

——增加了“3.1 产品牌号”(见 3.1)；

——增加了字符牌号 Sc-5N5、Sc-5N、Sc-4N5、Sc-4N(见 3.1、3.2)；

——修改了稀土杂质含量表示方法，以“稀土杂质”替代了“(La＋Ce＋Pr＋Nd＋Sm＋Eu＋Gd＋Tb＋Dy＋Ho＋Er＋Tm＋Yb＋Lu＋Y)”(见 3.2，2010 年版的 3.1)；

——修改了牌号 Sc-4N 中铝(Al)的考核指标，由 0.005 0％调整为 0.007 0％(见 3.2，2010 年版的 3.1)；

——修改了牌号 Sc-4N 中铜(Cu)的考核指标，由 0.002 5％调整为 0.005 0％(见 3.2，2010 年版的 3.1)；

——修改了牌号 Sc-5N5、Sc-5N 、Sc-4N5、Sc-4N 中钽(Ta)的考核指标，分别由 0.002 0％、0.005 0％、0.008 0％调整为 0.005 0％(见 3.2，2010 年版的 3.1)；

——修改了牌号 Sc-5N5、Sc-5N 、Sc-4N5、Sc-4N 中锆(Zr)的考核指标，分别由 0.001 0％、0.002 5％、0.004 0％调整为 0.001 0％(见 3.2，2010 年版的 3.1)；

——增加了钛(Ti)的考核指标(见 3.2)；

——修改了注 1、注 2(见 3.2，2010 年版的 3.1)；

——修改 3.2 外观质量的要求，由一条表述改为 3.3.1、3.3.2 分款表述(见 3.3，2010 年版的 3.2)；

——增加了钪(Sc)的绝对纯度和相对纯度的计算办法，并调整了相关条款的序号(见 4.1.4 、4.1.5)；

——修改了“5.4 取样与制样”，由一条表述改为 5.4.1、5.4.2、5.4.3 三个分款表述(见 5.4，2010 年版的 5.4)；

——修改了检验结果的判定的表述，由一条表述改为 5.5.1、5.5.2 分款表述(见 5.5，2010 年版的 5.5)。

本标准由全国稀土标准化技术委员会(SAC/TC 229)提出并归口。

本标准起草单位：湖南稀土金属材料研究院、有研稀土新材料股份有限公司、乐山有研稀土新材料有限公司、益阳鸿源稀土有限责任公司、包头稀土研究院。

本标准主要起草人：刘荣丽、黄美松、王志坚、王贵超、栾文洲、张小伟、陈月华、王小青、金丽君、宋冠禹。

本标准所代替标准的历次版本发布情况为：

——GB/T 16476—1996、GB/T 16476—2010。

金 属 钪

1 范围

本标准规定了金属钪的要求、试验方法、检验规则、包装、标志、运输、贮存及质量证明书。

本标准适用于金属热还原法或中间合金法再经真空蒸馏法制得的金属钪，供航空、航天(宇航、火箭、导弹)、电子技术(电子、核子、激光、电光源)、冶金等领域用。

2 规范性引用文件

下列文件对于本文件的应用是必不可少的。凡是注日期的引用文件，仅注日期的版本适用于本文件。凡是不注日期的引用文件，其最新版本(包括所有的修改单)适用于本文件。

GB/T 8170 数值修约规则与极限数值的表示和判定

GB/T 13219—2018 氧化钪

GB/T 17803 稀土产品牌号表示方法

3 要求

3.1 产品牌号

产品按化学成分分为 Sc-5N5、Sc-5N、Sc-4N5、Sc-4N 四个牌号，产品牌号表示方法应符合 GB/T 17803的规定。

3.2 化学成分

产品牌号及化学成分应符合表 1 的规定，如需方有特殊要求，供需双方可另行协商。

表 1

产品牌号		字符牌号	Sc-5N5	Sc-5N	Sc-4N5	Sc-4N
		数字牌号	164055	164050	164045	164040
化学成分(质量分数)%	Sc	不小于	99.95	99.95	99.9	99.9
	Sc/RE	不小于	99.999 5	99.999	99.995	99.99
	杂质含量不大于	稀土杂质	0.000 50	0.001 0	0.005 0	0.010
		Si	0.001 5	0.003 0	0.004 0	0.008 0
		Fe	0.003 0	0.008 0	0.010	0.015
		Ca	0.001 5	0.003 0	0.005 0	0.010
		Al	0.002 0	0.003 0	0.004 0	0.007 0
		Cu	0.001 0	0.001 5	0.002 0	0.005 0
		Mg	0.000 50	0.001 0	0.001 5	0.002 0
		Ni	0.002 5	0.004 5	0.006 0	0.008 0

表 1（续）

产品牌号		字符牌号	Sc-5N5	Sc-5N	Sc-4N5	Sc-4N
		数字牌号	164055	164050	164045	164040
化学成分（质量分数）%	杂质含量不大于	Ti	0.000 50	0.001 5	0.002 0	0.002 5
		Th	0.000 50	0.002 0	0.002 5	0.003 0
		Ta	0.000 50	0.000 50	0.000 50	0.000 50
		Zr	0.001 0	0.001 0	0.001 0	0.001 0
注 1：稀土杂质为除去 Sc 以及 Pm 以外的稀土元素。 注 2：在本标准中，RE 为 Sc 及稀土杂质的总称。						

3.3 外观质量

3.3.1 产品为丝状或不规则碎块状银白色或淡黄色金属。

3.3.2 产品表面应洁净，无目视可见夹杂物和氧化物脱落粉末。

4 试验方法

4.1 化学成分

4.1.1 稀土总量（RE）的分析方法按照 GB/T 13219—2018 中附录 A 的规定进行。当测得稀土总量在 99%以上，以差减法计算稀土总量的实际值，即（100%－∑非稀土杂质量）。

4.1.2 稀土杂质含量的分析方法按照 GB/T 13219—2018 中附录 B 的规定进行。

4.1.3 非稀土杂质含量的分析方法按照 GB/T 13219—2018 中附录 C 的规定进行。

4.1.4 钪（Sc）的绝对纯度由计算得出，即[100%－（∑稀土杂质量＋∑非稀土杂质量）]。

4.1.5 钪（Sc）的相对纯度（Sc /RE）由计算得出，即（100%－∑稀土杂质量/RE）。

4.2 数值修约

按 GB/T 8170 的规定进行。

4.3 外观质量

自然散色光下，目视检查外观质量。

5 检验规则

5.1 检查与验收

5.1.1 产品由供方质量检验部门进行检验，保证产品质量符合本标准规定，并填写质量证明书。

5.1.2 需方应对收到的产品进行检验，如检验结果与本标准规定不符，应在收到产品之日起 2 个月内向供方提出，由供需双方协商解决。如需仲裁，可委托双方认可的单位进行，并在需方共同取样。

5.2 组批

产品应成批提交检验，每批应由同一牌号的产品组成。

5.3 检验项目

每批产品应进行化学成分和外观质量检验。

5.4 取样与制样

5.4.1 化学成分分析取样件数按表2的规定进行。

表2

件(瓶)数	1～2	＞2～10	＞10
取样件(瓶)数	件(瓶)数的100％	件(瓶)数的50％， 不小于2件(瓶)	件(瓶)数的30％， 不小于5件(瓶)

5.4.2 化学成分分析的取样时，首先将试样打磨干净，蒸馏丝状样品可剪切取样；锭块样品用直径5 mm～10 mm钻头在金属锭上、下两面等距离处各钻取3点以上，弃去距锭块表面0.5 mm～1.0 mm的钻屑，然后钻取试样，取样量不少于10 g，将所得试样迅速混匀缩分至所需数量，并立即密封保存，取样过程应防止样品的氧化。

5.4.3 外观质量检验取制样方法由供需双方协商确定。

5.5 检验结果的判定

5.5.1 化学成分仲裁分析结果与本标准规定不符时，则从该批产品中取双倍试样进行重复试验，如仍有不合格项，则判该批产品为不合格。

5.5.2 产品外观质量检验与本标准规定不符时，则直接判该批产品为不合格。

6 标志、包装、运输、贮存及质量证明书

6.1 标志、包装

6.1.1 包装物外应有不褪色并有一定防潮性的明显标志，每袋(瓶、箱、桶)外至少应注明：

a) 供方名称；
b) 原料生产企业名称；
c) 产品生产企业名称；
d) 产品名称和牌号；
e) 批号；
f) 毛重、净重；
g) 包装日期；
h) “防潮”标志或字样。

6.1.2 产品分装于双层塑料袋或塑料瓶中，每袋(瓶)净重0.1 kg、0.25 kg、0.5 kg、1 kg，再将袋(瓶)置于采取防氧化措施的密封铁桶内(木箱、纸箱或塑料箱)内，每铁桶(木箱、纸箱或塑料箱)净重0.5 kg、1 kg、5 kg、10 kg。如需方对包装有特殊要求，由供需双方协商。

6.2 运输、贮存

产品运输时严防受潮，应存放在干燥处，不得露天放置，不得将金属锭暴露在空气中，以防氧化。

6.3 质量证明书

每批产品应附有质量证明书，其上注明：

a) 产品名称；

b) 供方名称、地址、电话、传真；

c) 原料生产企业名称、地址、电话、传真；

d) 产品生产企业名称、地址、电话、传真；

e) 牌号、批号；

f) 数量(净重和件数)；

g) 各项分析检验结果和供方质量检验部门印记；

h) 签发日期；

i) 本标准编号或合同号；

j) 生产日期(注明年、月、日，批号中已体现，则生产日期可忽略)；

k) 出厂日期。

ICS 01.040.45
S 04

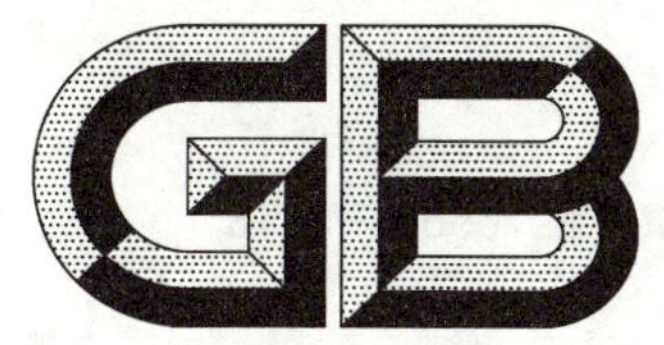

中华人民共和国国家标准

GB/T 16566—2018
代替 GB/T 16566—1996

铁路隧道词汇

Terms for railway tunnel

2018-07-13 发布 2019-02-01 实施

国家市场监督管理总局
中国国家标准化管理委员会 发布

前　言

本标准按照 GB/T 1.1—2009 给出的规则起草。

本标准代替 GB/T 16566—1996《铁路隧道术语》，与 GB/T 16566—1996 相比，除编辑性修改外主要技术变化如下：

——增加了“围岩”相关词汇(见第 3 章)；

——将原第 3 章“隧道勘测”和原第 4 章“隧道设计”合并为第 4 章“勘察与设计”(见第 4 章，1996 年版的第 3、4 章)；

——增加了“铁路隧道施工机械”相关词汇(见第 6 章)；

——增加了第 7 章“隧道支护和衬砌”相关词汇，并将有关隧道衬砌的词汇由原第 4 章“隧道设计”合并至第 7 章中(见第 7 章，1996 年版的第 4 章)；

——增加了“检测与监测”相关词汇(见第 8 章)；

——增加了“通风、照明、排水”相关词汇(见第 9 章)。

本标准由国家铁路局提出并归口。

本标准由中国铁道科学研究院铁道建筑研究所、中国铁道科学研究院标准计量研究所负责起草。

本标准主要起草人：马伟斌、宁迎智、付兵先、郭小雄、许学良、马超锋、邹文浩、闫鑫、牛亚彬、常凯、赵鹏、李尧。

本标准所代替标准的历次版本发布情况为：

——GB/T 16566—1996。

铁路隧道词汇

1 范围

本标准界定了铁路隧道的基本词汇及其定义。

本标准适用于铁路隧道工程的规划、勘察、设计、施工、运营、科研、教学等方面。其他地下工程亦可参照使用。

2 隧道一般词汇

2.1

铁路隧道 railway tunnel

修建在地下或水下，铺设轨道供铁路机车车辆及可在轨道上行走的机具通行的建筑物。

2.2

特长隧道 extra-long tunnel

全长 10 000 m 以上的隧道。

2.3

长隧道 long tunnel

全长 3 000 m 以上至 10 000 m 的隧道。

2.4

中长隧道 medium length tunnel

全长 500 m 以上至 3 000 m 的隧道。

2.5

短隧道 short length tunnel

全长 500 m 及以下的隧道。

2.6

圆形隧道 circular shaped tunnel

开挖断面形状是圆形的隧道。

2.7

马蹄形隧道 horseshoe-shaped tunnel

开挖断面轮廓形状由数个圆弧或圆弧与直线连接而成，形似马蹄状的隧道。

2.8

单线隧道 single-track tunnel

铺设一条线路的隧道。

2.9

双线隧道 double-track tunnel

铺设两条线路的隧道。

2.10

多线隧道　multi-track tunnel

铺设两条以上线路的隧道。

2.11

连拱隧道　multi-arch tunnel

两隧道拱部衬砌结构通过中隔墙相连接的隧道。

2.12

小净距隧道　neighboring tunnel

两隧道衬砌净距较小,不能按独立两隧道考虑的隧道。

2.13

浅埋隧道　shallow buried tunnel

埋置深度较浅,开挖的影响波及地表的隧道。

2.14

深埋隧道　deep buried tunnel

埋置深度较深,开挖的影响一般不波及地表的隧道。

2.15

单坡隧道　one way gradient tunnel

线路纵坡是单向坡的隧道。

2.16

双坡隧道　double way gradient tunnel

线路纵坡是双向坡的隧道。

2.17

山岭隧道　mountain tunnel

穿越山岭,为克服线路高程障碍而设置的隧道。

2.18

土质隧道　earth tunnel;tunnel in earth

修建在砂砾、砂、砂土或黏土等土质材料的地层中的隧道。

2.19

岩石隧道　rock tunnel

修建在岩质围岩中的隧道。

2.20

偏压隧道　unsymmetrical loading tunnel

结构承受明显不对称荷载的隧道。

2.21

不良地质隧道　tunnel in unfavourable geological conditions

修建在不良地质条件中或施工中容易诱发地质灾害的隧道。主要有断层破碎带隧道、高地应力隧道、软弱围岩隧道、含瓦斯隧道、岩溶区隧道、地震区隧道、多年冻土隧道、黄土隧道和膨胀性围岩隧道等。

2.22

水下隧道　underwater tunnel

修建在海峡、江河、湖泊等水下的隧道。

注：水下隧道又称水底隧道。

3 围岩

3.1

隧道围岩 tunnel surrounding rock

隧道周围一定范围内对洞身产生影响的岩土体。

3.2

岩石质量指标 rock quality designation；R.Q.D

用直径为75 mm的金刚石钻头，在钻孔中连续采取同一层的岩芯，其中长度大于10 cm的岩芯段长度之和与该岩层钻探总进尺的比值，以百分数表示。

3.3

岩体完整性指数 integration coefficient of rock mass

岩体中纵波速度的平方与构成这类岩体的岩块中的纵波速度的平方之比。完整性指数越大，岩体越完整，即裂隙越少。

3.4

隧道围岩分级 tunnel surrounding rock classification

根据岩、土体完整程度和岩石坚硬程度等主要指标，按稳定性对围岩进行的等级划分。

3.5

围岩压力 pressure of surrounding rock

隧道开挖后，因围岩变形或松弛等原因，作用于支护或衬砌结构上的压力，又称地层压力。

3.6

松散压力 loosening pressure

由于隧道开挖使隧道上方的围岩松动，以相当于一定高度的围岩重量作用于支护或衬砌结构上的压力。

3.7

形变压力 deformation pressure

隧道开挖后，围岩周边发生变形，作用于支护结构上的压力。

3.8

围岩自稳时间 rock-self stability time

围岩在开挖暴露后，在未进行任何支护情况下，自行达到持续稳定的时间。

3.9

围岩加固 surrounding rock consolidation；ground stabilization treatment

改善围岩的工程特性，提高其整体强度和稳定性或降低其渗透性等的工程措施。

3.10

初始地应力场 initial ground-stress field

在自然条件下，由于受自重和构造运动作用，在岩体中形成的地应力。

3.11

弹性反力 elastic resistance

衬砌向围岩方向变形引起的地层反力。

3.12

天然拱　natural arch

在假定围岩压力与地层埋深无关的前提下，认为开挖隧道后，隧道上方围岩形成能维持岩土稳定的自承拱。

3.13

仰坡　heading slope

隧道洞门上方的削坡。

4　勘察与设计

4.1

隧道外测量　survey outside the tunnel; surface survey

在隧道外进行测量的总称。设计阶段主要进行大比例尺的地面地形测绘，施工阶段主要进行地面平面和高程的控制测量、隧道口的定线测量、地面与地下的联系测量等。

4.2

隧道内测量　survey inside the tunnel; tunnel survey

在隧道内进行测量的总称。施工阶段主要内容有地面平面的高程控制测量，洞内导线和水准测量，地面与洞内的联系测量，洞口建筑物的施工放样，隧道开挖时的中线、高程和隧道断面放样测量等。

4.3

隧道贯通测量　tunnel through survey

为了保证各施工洞口不同掘进工作面之间以预定的精度贯通，并使各项建筑物具有规定精度的测量作业。

4.4

洞口投点　setting horizontal point at portal

隧道测量中为控制洞内导线测量，在洞口附近设置的平面控制点。

4.5

环境调查　environmental survey

为修建隧道对线路周围环境影响进行的调查。

4.6

水文调查　hydrological survey

对隧道工程周边环境有影响的地表水和地下水所进行的调查。

4.7

工程勘探　engineering exploration

揭示和认识地层层序、岩土工程特性的各种勘探手段的总称，包括物探、简易勘探（挖探、洛阳铲勘探、小螺纹钻探、轻型动力触探等）、静力触探和钻探。

4.8

特殊岩土　special rock and soil

含有特殊的矿物成分和结构，具有特殊的物理、力学和化学性质，并影响工程地质条件的岩石与土体。主要种类有黄土、膨胀土、膨胀岩、红粘土、软土及松软土、盐渍土、多年冻土、人工填土、盐岩（石膏、硬石膏、石盐、天然碱、芒硝）等。

4.9

物理勘探　geophysical prospecting；geophysical exploration

利用物理学原理、方法和专门的仪器，观测并综合分析天然或人工物理场的分布特征，探测地质体或地质构造形态的勘探方法，简称“物探”。

4.10

隧道长度　tunnel length

隧道进口与出口两端隧道门端墙墙面与内轨顶面的交线同线路中线的交点间的距离。双线隧道以下行线为准。位于车站上的隧道以正线为准。设有缓冲结构的隧道长度应从缓冲结构的起点算起。

4.11

埋置深度　embedment depth；depth of tunnel

隧道内轨顶面至地表面的垂直距离，简称埋深。

4.12

覆盖厚度　overburden of tunnel；covering depth

隧道衬砌顶部至地表的垂直距离。

4.13

隧道建筑限界　structural approach limit of tunnel；clearance for traffic tunnel

在保证机车车辆安全行驶的条件下，衬砌结构和各种设备不受损害，以及考虑通风、安设接触网、预留安全空间或救援通道等，要求隧道内保有的最小空间。

4.14

理论开挖线　theoretic line；A line

在隧道设计内净空轮廓外再加上衬砌设计厚度所得的开挖面与围岩的界限。

4.15

设计开挖线　pay line；B line

为确保衬砌的设计厚度，并考虑施工中合理的超挖、预留的围岩变形量和施工误差等因素而规定的隧道开挖轮廓线。又称计价线。

4.16

隧道纵断面　tunnel profile

沿隧道中心线展直后山体隧道在垂直面上的投影图。绘图时，以距离为横向坐标，高程为纵向坐标，依据隧道长度不同，可采用横向 1/500～1/5 000、竖向 1/200～1/2 000 的比例尺绘制。

4.17

隧道断面轮廓　tunnel contour

与线路方向垂直的隧道横断面轮廓。

4.18

隧道开挖断面　excavation line section；excavating range

隧道开挖轮廓线所包含的断面。包括：理论开挖断面、设计开挖断面。

4.19

隧道衬砌断面　inside cross-section of tunnel

隧道衬砌内轮廓线所包含的断面。

4.20

隧道净断面　tunnel clearance；tunnel inside section

隧道衬砌内轮廓线所包含的断面之轨面线以上部分。

4.21

起拱线 spring line

隧道衬砌拱脚截面中心的连线。

4.22

预留变形量 reserved deformation;prearranged volume of deformation

为充分发挥围岩的自承能力,容许初期支护和围岩有一定的变形量,而将设计开挖线作适当扩大的预留变形量。

4.23

主隧道 main tunnel

构成工程目的主体的隧道。也称正洞。

4.24

隧道洞门 tunnel portal

为维持洞口边、仰坡稳定,引排坡上水流并装饰洞口而修建的门式建筑物。

4.25

斜交隧道门 skew portal;inclined portal

隧道口部地形等高线与线路中线斜交时,端墙顺应地形等高线设的隧道门。

4.26

明洞 open-cut tunnel

在隧道口部或路堑地段,为防止塌方、落石、雪崩等影响行车,用明挖法修建的掩土建筑物。

4.27

棚洞 tunnel shed; hangar tunnel

在半路堑地段,为防御坍方、落石等而修建的棚式建筑物。

4.28

过渡段 transition section

隧道内轨道与洞外轨道(特别是有砟轨道)的过渡段。过渡段采取为消除竖向刚度差异的措施,使二者之间的差异沉降及折角在规范允许的范围内。

4.29

避车洞 refuge

在隧道两侧边墙上,每隔一定距离设置的供人员躲避列车或临时存放器材用的洞室。

4.30

隧道电缆槽 cable through in tunnel

电缆敷设在隧道内时,沿线路纵向设置的沟槽。

4.31

整体道床 monolithic track-bed

用混凝土或钢筋混凝土等材料整体灌筑的道床。

4.32

隧道防水 waterproofing of tunnel

防止隧道渗漏水而采取的工程措施。

4.33

防水等级 classification of waterproof

根据工程对防水的要求确定的结构允许渗漏水量的等级标准。

4.34

变形缝 deformation joint

为防止隧道结构受到温度变化影响发生伸缩或受地层影响发生不均匀沉降而设置的缝隙,包括伸缩缝和沉降缝等。

4.35

防水板 waterproof board

放置在支护和衬砌之间作为防止围岩地下水进入隧道内的防水卷材。

4.36

复合防水板 compound waterproof board

将缓冲层(土工织物)与防水板粘结在一起的复合防水材料。

4.37

动态作用 dynamic action

使结构或构件产生不可忽略的加速度的作用。

4.38

静态作用 static action

不使结构或构件产生不可忽略的加速度的作用。

4.39

地层-隧道结构相互作用 ground-tunnel structure interaction

地层不仅对结构施加荷载,同时地层又以弹性抗力形式帮助结构承受荷载,或调整结构内力。其相互作用取决于地层与结构的相对刚度比。

4.40

隧道抗震设计 aseismatic design of tunnel

抗御地震灾害的隧道工程设计,包括抗震验算及抗震措施。

4.41

地震动参数 seismic ground motion parameter

描述地震的动力特征参数,主要有地震动峰值加速度和地震动反应谱特征周期等指标。

4.42

地震动峰值加速度 earthquake peak ground acceleration

与地震加速度反应谱最大值相应的水平加速度。

4.43

地震动反应谱特征周期 characteristic period of the seismic response spectrum

地震动加速度反应谱开始下降的周期。

4.44

旅客舒适度 passenger comfort

列车高速运行时的竖向、横向加速度,以及车厢内的噪声、气温和气压变化对旅客舒适感觉的影响程度。

4.45

阻塞比 blockage ratio

列车横截面积与隧道内轨面以上净空面积之比。

4.46

瞬变压力 transient pressure

当列车以高速进入隧道时,列车前方空气受到压缩所产生的压力波会在隧道内来回传递,在隧道内便产生了复杂的瞬变压力。

4.47

微压波　micro pressure wave

高速列车进入隧道产生的压缩波传播到达隧道出口时，向隧道外辐射出的一种低频脉冲波。

4.48

洞口缓冲结构　buffer structure of tunnel portal

为减轻高速列车进出隧道时引起的冲击压力和微气压波对车体结构、隧道结构和洞口环境造成的危害，而在隧道洞口处设置的构筑物。

4.49

隧道防灾设施　disaster prevention facility of tunnel

对通过高速列车的长大隧道，根据国内外经验，其防灾设施主要包括：地震及火灾检测、自动报警设备；定点灭火、排烟设备；消防用的给、排水设施；紧急避难、疏散、定点处理设施；引导设施；防止列车脱轨、相撞设施；辅助洞室；紧急多路供电、通讯、照明设备；专门的事故救援设施等。

4.50

安全空间　safety space

为铁路养护维修人员或特殊情况下进入隧道的专业人员而预留的空间。

4.51

救援通道　rescue gallery

隧道发生灾害时，可供救援人员通行和旅客疏散的贯通的通道。

4.52

工程技术作业空间　techno-engineering operational space

沿隧道衬砌内轮廓环向设置，用来预留设备安装或加强衬砌以及安装降噪声护墙板等的空间。

4.53

辅助洞室　auxiliary cavern

一种高速铁路隧道内设置的存放维修、防灾工具及其他专用设备、器材的洞室。

4.54

结构可靠性　structure reliability

结构在规定的时间内，在正常规定的条件下，完成预定功能的能力。包括安全性、适用性和耐久性。当以概率来度量时，称为结构可靠度。

4.55

概率极限状态设计法　probability limit states design method

基于概率理论，以防止结构或构件达到某种功能要求的极限状态作为依据的结构设计计算方法。

4.56

安全等级　safety classes

为使结构具有合理的安全性，根据工程结构破坏所产生后果的严重性而划分的设计等级。

4.57

承载能力极限状态　ultimate limit states

结构或构件达到最大承载能力或达到不适于继续承载的较大变形的极限状态。

4.58

正常使用极限状态　service-ability limit states

结构或构件达到使用功能上允许的某一限值的极限状态。

4.59

可靠指标　reliability index

度量结构可靠性的一种数量指标，是结构可靠概率的标准正态分布反函数。

4.60

失效概率　probability of structural failure

结构或构件不能完成预定功能的概率。

4.61

作用效应　effects of actions

由于作用引起的结构或构件的内力、变形和位移等。

4.62

分项系数　partial coefficient

为了保证所设计的结构或构件具有规定的可靠度，在结构极限状态设计表达式中采用的系数。分为作用分项系数、抗力分项系数和材料性能分项系数等。

4.63

结构耐久性　structure durability

结构及其部件在可能引起材料性能劣化的各种外界因素作用下能够长期维持其应有性能的能力。在结构设计中，结构耐久性又常被定义为预定作用和预期的维修与使用条件下，结构及其部件能在预定的期限内维持其所需最低性能要求的能力。

5　铁路隧道施工方法

5.1

暗挖法　under-cutting method; tunnelling method

全部在地下进行开挖和修筑衬砌结构的隧道施工方法。主要有盾构法、掘进机法、钻爆法等。

5.2

明挖法　cut and cover method; open-cut method

先挖开地表面，再修建隧道衬砌结构，后回填土石、恢复地面的隧道施工方法。

5.3

盾构法　shield method

一种使用盾构施工机械进行开挖、出砟、衬砌等作业修筑隧道的暗挖施工方法。

5.4

掘进机法　tunnel-boring machine method; TBM method

使用集掘进（机械切削岩石）、出渣、支护等多功能为一体的大型高效隧道施工机械进行隧道开挖的方法，简称 TBM 法。

5.5

沉埋法　immersed tunnelling method

在地面分节制作结构框架，然后借助自重而逐步下沉，形成一个地下建筑物的施工方法。

5.6

冻结法　freezing method

隧道开挖时，如果围岩条件差（例如为软弱地层或含水砂层）难以进洞，有时可以将围岩冻结使其达到一定的强度后再开挖，待做完支护后再将围岩解冻的一种施工方法。

5.7

新奥法 new austrian tunnelling method;NATM

采用锚杆、喷射混凝土等围岩支护和加固手段以及合理的开挖方法,并通过对围岩的监控量测指导设计与施工、控制围岩变形,使围岩成为支护体系的一部分,以便充分发挥围岩的自承能力,保持围岩稳定的一种隧道修建方法。

5.8

钻爆法 drilling and blasting method

在岩土中钻凿孔眼,装入炸药进行爆破开挖的隧道施工方法。

5.9

浅孔爆破 short hole blasting

在开挖时,钻眼深度小于 1.5 m 时的爆破施工方法。

5.10

深孔爆破 long hole blasting

在开挖时,钻眼深度大于 3.5 m 时的爆破施工方法。

5.11

掏槽炮眼 cut hole

为改善爆破效果,给其他炮眼增加临空面的炮眼。

5.12

辅助炮眼 easer;relief hole

为扩大掏槽的体积布置的炮眼,使开挖面成形平整,与周边炮眼的眼底布置在同一垂直面上。

5.13

周边炮眼 trimmer;trim hole

为保证爆破后的隧洞开挖轮廓线符合设计要求,沿开挖轮廓线布置的炮眼,为了使开挖面成形平整,与辅助炮眼的眼底布置在同一垂直线上。

5.14

光面爆破 smooth blasting

为使爆破形成平整的开挖面,减小超挖,由开挖面中部向外侧依次顺序起爆的爆破方法。

5.15

预裂爆破 presplit blasting

在硬岩隧道的开挖中,先行爆破周边炮眼,沿开挖轮廓线形成裂缝,然后再爆中央部分的爆破方法。

5.16

延迟爆破 delay blasting

在点火装置与起爆药间放入延时炸药,以达到起爆适当延时的爆破。

5.17

爆破进尺 blast depth;length of round

一次爆破所开挖的长度。

5.18

找顶 top cleaning;scalping

隧道爆破开挖后,对围岩面上容易脱落的危石进行清除的作业。

5.19

全断面法 full face method

将整个隧道断面一次开挖成形的施工方法。

5.20

台阶法 bench cut method

将隧道断面分层，各层的开挖与衬砌沿隧道纵轴错开并进的隧道施工方法。

5.21

分部开挖法 sequential excavation method

先超前开挖导坑，然后将导坑扩大到半断面或全断面的施工方法。

5.22

侧壁导坑法 side heading method; side drift method

在软弱地层中修建大断面隧道时，侧壁导坑超前的隧道施工方法。

5.23

环形开挖预留核心土法 ring cut method

先开挖上部导坑成环形并进行支护，再分部开挖中部核心土、两侧边墙的施工方法。

5.24

中隔壁法 cross diagram method; block-diagram method

CD法

将隧道断面十字分隔成四部分，依次开挖，每一部分开挖后用锚杆、喷射混凝土和格构架等及时形成封闭的支护结构，待全断面形成后拆除中隔壁的隧道施工方法。

5.25

交叉中隔壁法 center cross diagram method

CRD法

在软弱围岩大跨隧道中，先开挖隧道一侧的一或二部分，施作部分临时中隔壁墙、横隔板及临时仰拱，再开挖隧道另一侧的一或二部分，然后再开挖最先施工一侧的最后部分，并延长中隔壁墙，最后开挖剩余部分的施工方法。

5.26

中洞法 center drift excavation method

在连拱隧道或单线隧道的喇叭口地段，先开挖两洞之间的中隔墙部分，并完成中隔墙混凝土浇筑后再进行左右两洞开挖的施工方法。

5.27

机械预切槽法 mechanical pre-cutting method

对软弱围岩隧道，按隧道轮廓线用预切槽机开挖有一定深度的沟槽，在槽内浇筑混凝土形成超前衬砌，在它的保护下进行隧道核心土开挖的施工方法。

5.28

开挖面 excavation surface

隧道掘进方向最前端的开挖工作面。

5.29

超挖 overbreak

开挖的实际轮廓线超出隧道设计开挖断面的部分。

5.30

欠挖 underbreak

开挖的实际轮廓线不足隧道设计开挖断面的部分。

5.31

贯通　hole through；holing through

相向开挖，打通隧道的作业过程。

5.32

预注浆　pre grouting

工程开挖前使浆液预先充填围岩裂隙，以达到堵塞水流、加固围岩的目的而进行的注浆。

5.33

全封闭注浆　full-closed grouting

帷幕注浆

一种超前的预注浆。沿开挖轮廓线和开挖面，按一定的间距、孔径、孔深，向孔内压注某种浆液（如水泥浆等），浆液的扩散将钻孔周围一定范围内岩缝中的水挤走，并和相邻钻孔的浆液与周围的岩体固结成一体，达到固结围岩和止水效果。

5.34

钻孔排水　drain boring

从开挖面向围岩深处钻孔以排放围岩中地下水或处理涌水的方法。

5.35

回填注浆　backfill grouting

在衬砌完成后，为了填充衬砌与围岩间空隙所进行的注浆。

5.36

衬砌前围岩注浆　surrounding rock grouting before lining

初期支护以后，为封堵渗漏水对围岩所进行的注浆。

5.37

衬砌内注浆　lining grouting

由于衬砌缺陷引起渗漏水时，在衬砌内进行的注浆。

5.38

分区防水　water proofing by section

防水板施工后，按一定的长度分段，在防水板上粘贴环向背贴式止水带，衬砌混凝土浇筑后，相邻两环之间若出现渗漏水，使其不易流窜，便于针对一定的区段而采取相应的治理措施。

5.39

封顶　key packing；closing the top of lining

拱圈顶部混凝土合拢处进行的封堵作业。

5.40

喷射混凝土　shotcrete

利用压缩空气或其他动力，将混凝土混合物以较高速度垂直喷射于受喷面，依赖喷射过程中水泥与骨料的连续撞击，而形成的一种混凝土。

5.41

干喷混凝土　dry shotcreting

将水泥和骨料干拌后压送到喷嘴，在喷嘴前端让其与水合流的一种喷射混凝土施工方法。

5.42

湿喷混凝土　wet shotcreting

将水泥、骨料和水在搅拌机中拌合后，压送到喷嘴喷出的一种喷射混凝土施工方法。

5.43

潮喷混凝土　half wet shotcreting

为降低粉尘，在混合料搅拌时(或搅拌前)预先加入少量水的一种喷射混凝土施工方法。

5.44

喷射混凝土回弹　rebound of shotcrete

喷射混凝土作业时，弹落下来的混凝土混合物的总称。

5.45

纤维喷射混凝土　fiber shotcrete

喷射混凝土中掺入均匀分布的短纤维，可改善喷射混凝土的物理性能。

5.46

施工缝　construction joint

由于施工工艺原因，隧道混凝土分若干单元浇筑，相邻单元间设置的缝隙。

5.47

出渣作业　mucking out

隧道开挖出来的石渣，经装渣、运渣、卸渣至隧道外的施工作业总称。

5.48

有轨运输　rail haulage

在隧道内铺设轨道，进行隧道内进料、出渣的运输作业方式。

5.49

无轨运输　road haulage；trackless haulage

用轮胎式、履带式运输机械进行隧道内进料、出砟的运输作业方式。

5.50

坍方　collapse

隧道开挖时岩土坍落的现象。也称坍顶、塌方。

5.51

岩爆　rock burst

在高地应力且完整的硬岩中开挖隧道时，围岩弹性应变能因突然释放而在隧道掌子面、拱顶和侧壁等处引起岩块爆裂向洞内抛射并发出巨响的现象。

5.52

底鼓　floor heave

隧道底板降起的现象。

5.53

断层破碎带　fault zone

断层面两侧一定宽度内，受断层影响岩石发生破碎的地带。简称断层带。

5.54

瓦斯突出　gas outburst

在隧道掘进过程中，有时会突然发生大量瓦斯、煤尘和岩粉一起喷出的现象。

5.55

石门　rock cross-cut

在隧道轴线与煤层走向正交或斜交时，开挖工作面与岩层间的岩柱，其厚度一般取 1.5 m～2.0 m，当岩层松散、破碎时适当扩大。

5.56

石门揭煤　coal mining at the rock cross-cut

掘进石门和煤层的全过程，包括揭开石门、半煤半岩掘进、全煤层掘进、过完煤层等。

5.57

导坑　heading

分部开挖隧道时，先行开挖的小断面坑道。又称导洞。

5.58

辅助坑道　service gallery(adit)

为改善隧道内排水、通风、运输等施工条件和增辟开挖工作面而设置的与隧道相连的坑道，主要包括横洞、平行导坑、斜井、竖井。

5.59

横洞　horizontal adit

与隧道中线连接处的平面交角一般在40°～45°，并有向洞外不小于37°下坡的辅助坑道。

5.60

平行导坑　parallel heading

与主隧道平行并通过横通道相连，用于主隧道施工、排水、通风、救援疏散等的辅助坑道。

5.61

斜井　inclined shaft

由地面斜向修筑，与隧道平面成一定交角的辅助坑道。

5.62

竖井　vertical shaft;shaft

由地面竖向修筑的筒状辅助坑道。

6　铁路隧道施工机械

6.1

盾构　shield

一种钢制壳体内配有开挖和拼装衬砌管片等设备，可在钢壳的保护下进行地层掘进、出土运输、衬砌拼装、接头防水和盾尾间隙注浆充填等主要作业的施工机械。

6.2

泥水盾构　slurry shield;mud shield

用有压泥水使开挖面地层保持稳定，施工时对土体搅动极小。此类盾构靠泥水流体输送弃渣，不设螺旋输送机等出渣机械，且泥水可循环使用。

6.3

土压平衡盾构　earth pressure balanced shield;EPBS

盾构在推进时，靠由刀盘切削下来的土体使开挖面地层保持稳定的一类盾构。这类盾构的前端紧靠刀盘设置密封土舱，当盾构推进时，前端刀盘旋转切削土层，切削下来的土体进入密封土舱，当土舱内的土体足够多时，可与开挖面上的土、水压力相抗衡，使开挖面地层保持平衡。

6.4

气压盾构　air pressed shield;shield with air pressure

一种靠压缩空气使工作面保持干燥和稳定的盾构。常包括有将气压作业区和常压作业区隔开的闸墙，用于通行人员和材料的人行闸和材料闸（必要时增设医疗闸），以及地面空气压缩机站及其附属设备等。

6.5

隧道掘进机　tunnel boring machine；TBM

一种机械化的隧道掘进设备，借助旋转并推进的刀盘，通过滚刀破碎岩石而使隧道全断面一次成形的机械。

6.6

单臂掘进机　single cantilever tunnelling machine

一种能够一边上下左右旋转，一边进行部分断面开挖的机械。

6.7

凿岩台车　drill jumbo

配置若干台凿岩机同时进行钻眼作业并可移动的施工设备。又称钻孔台车。

6.8

凿岩机　rock drill

对隧道围岩进行钻孔作业的机械。按动力来源分为风动、电动和液压方式，按钻孔方法分为旋转、冲击方式，按用水情况分为湿式和干式等。

6.9

混凝土喷射机　shotcrete machine；concrete sprayers

将混凝土喷射到受喷面上的机械。

6.10

注浆机　grouting machine

灌注水泥浆、砂浆等流体材料的机械。

6.11

装渣机　muck loader

用于隧道施工中的装渣设备。根据施工条件和施工方法的不同，分别有铲斗后卸式装渣机、带运输机的铲斗后卸式装渣机、主爪式装载机、耙装机等。其行走方式有轨行式、轮胎式和履带式等。

6.12

梭式矿车　shuttle car

隧道施工时一种适于短距离运输的轨行车辆，主要由车厢、传动机构和车体转向架等部分组成。输送机为刮板式，设有装渣移动挡板，装渣时由石渣推动挡板前移，卸渣后将挡板带回装渣端，可在轨道前方或侧面卸渣。

6.13

槽式列车　bunker train

一列轨行运输车辆，由若干个斗车单元串联组成，每个斗车单元只有两侧侧板，没有前后挡板，列车前端接渣，后端卸渣，列车底部设有贯通整个列车的风动链板运输机，接渣时通过链板运输机可以装满整个列车，卸渣时，靠它也可使石渣从列车尾部卸出。

6.14

作业台架　operation frame

为了方便开挖、支护、防水板安装等施工而制造的移动式（轮式、轨行式或滑橇式）或拼装式作业架，一般由门架、伸缩（折叠）作业台、风水电接口、起吊设备、走行机构等构成。

6.15

模板台车　formwork jumbo;lining form jumbo

由门架结构、大块模板、调整机构(液压或螺杆)、走行机构等组成的浇筑隧道衬砌混凝土的整体移动设备。若不设大模板,则采用组合模板拼装,称模板台车。

7　隧道支护和衬砌

7.1

胶凝材料　cementitious material;binder

用于配置混凝土的水泥与粉煤灰、磨细矿渣和硅灰等矿物掺和料的总称。

7.2

锚杆　rock bolt;anchor bolt

锚入围岩体内加固围岩的一种用实心或空心金属或其他具有高抗拉性能材料加工成的杆形构件。

7.3

锚索　anchor

以钢绞线为抗拉材料的锚固设施。

7.4

系统锚杆　systematic bolt

按一定的布置图式对围岩作整体加固的锚杆群体。

7.5

局部锚杆　local bolt

加固隧道内局部不稳定岩块而安设的锚杆。

7.6

超前锚杆　advance anchor bolt

为加固围岩,开挖前沿隧道拱部外缘顺开挖方向按一定外倾角设置的锚杆。

7.7

端部锚固型锚杆　tip anchoring type rock bolt

靠端部的锚头将杆体锚固在岩体内,杆体的另一端用螺母将垫板压紧在岩壁上的锚杆。

7.8

全长胶结型锚杆　adhesive type rock bolt;completely grouted bolt

用胶结物(水泥砂浆、树脂等)将锚杆杆体整个地胶结在锚杆孔内的锚杆。也称沿全长锚固锚杆。

7.9

锚杆支护　rock bolt support

隧道开挖后,迅速在岩体上利用自进式锚杆,或先钻孔并在钻孔中插入锚杆,利用机械锚固或粘接材料将其锚固在围岩内,形成能承受荷载、防止围岩变形的锚杆支护结构。

7.10

喷锚支护　shotcrete and rock bolt support

由喷射混凝土、锚杆和钢筋网等组合而成的一种支护结构。

7.11

钢筋网喷射混凝土钢格栅支护　wiremech-shotcrete-lattice support

由钢筋网、喷射混凝土和钢格栅组合而成的支护结构。

7.12

[钢]插板　poling plate

从最终架设的支护一侧，顺次将插板插入开挖面内，边插边开挖，防止开挖面坍塌的隧道施工辅助方法。

7.13

管棚　pipe roof support

沿隧道开挖轮廓，按一定间距及外倾角打入钢管、压注浆液而形成的棚式支护结构。

7.14

小导管预注浆　pre-grouting with micropipe

在隧道开挖前，沿开挖面的拱部外周，按一定外插角插入直径为 38 mm～70 mm 的钢管，压注浆液固结围岩，开挖时用钢架支护等支承这种钢管所进行的支护。

7.15

超前支护　advance support

在隧道开挖前，对掌子面围岩进行预加固的支护。

7.16

初期支护　primary support

在开挖后立即施作的支护结构。

7.17

可伸缩支护　sliding support；yielding support

在隧道初期支护所承受的轴力大于其承载力时，支护结构可借助滑动连接机构的伸缩以适应这种变化。在隧道开挖中，当遇到非常大的膨胀土压时，可用此种支护适应地层变形，若用普通支护则可能被压弯或折断。

7.18

二次衬砌　secondary lining

采用复合式衬砌的隧道，初期支护完成后，根据洞室变形情况施作的衬砌。

7.19

钢架拱　steel arch

钢架拱一般分为用钢筋焊接成格构式的格栅钢架和用型钢、钢轨或钢管等制成的拱形钢架。

7.20

衬砌　tunnel lining

沿隧道洞身周边修建的永久性支护结构。

7.21

隧道拱部　tunnel arch

隧道起拱线以上的拱形衬砌结构。

7.22

隧道边墙　tunnel sidewall

隧道拱部以下两侧的衬砌结构。

7.23

隧道仰拱　tunnel invert

隧道底部反拱形的衬砌部分。

7.24

［隧道］拱顶　arch crown

隧道开挖断面或隧道衬砌断面最上端的部分。

7.25

隧道底板　base slab of tunnel

围岩级别较好时，隧道底部施作的板型衬砌结构。

7.26

整体式衬砌　monolithic lining

用模筑混凝土或砌体施作的衬砌。

7.27

装配式衬砌　precast lining；prefabricated tunnel lining

由预制构件在隧道内拼装的衬砌。

7.28

钢筋混凝土管片　reinforced concrete segment

用盾构法进行隧道掘进时，在盾尾内组装的衬砌作为盾构千斤顶的反力支撑物，又是支撑围岩的隧道衬砌。一般是由被分割成数块的预制钢筋混凝土构件组成，又称钢筋混凝土砌块。

7.29

复合式衬砌　composite lining

容许围岩产生一定变形而又充分发挥围岩自承能力的一种衬砌。由初期支护、防水层和二次衬砌组合而成。

7.30

下锚段衬砌　anchor section lining

电气化铁路隧道内，每隔一定距离设置的供接触网补偿下锚用的衬砌区段，又称接触网锚固段衬砌。

8　检测与监测

8.1

监控量测　tunnel monitoring measurement

隧道施工中对围岩和支护动态进行的经常性观察和测量。

8.2

拱顶下沉量测　arch crown settlement measurement

对拱顶进行的竖向位移量测。

8.3

净空变化量测　convergence measurement

对隧道周边上两点相对位置变化的量测。

8.4

地表下沉量测　surface settlement measurement

量测由于隧道暗挖时围岩的卸载作用，洞室周围地层向隧道内变形，从而引起隧道顶部地面竖向的位移变化。

8.5

锚杆拉拔试验　pull out-test of rock bolt

为了检验锚杆的锚固力是否符合设计要求，根据规范要求对已施工的锚杆抽样进行的拉拔试验。常采用的仪器设备为拉拔器及测力计。

8.6

围岩变位量测　surrounding rock displacement measurement

通过量测了解围岩的稳定状态、松动区范围及地层的滑移情况等。仪器采用相对位移计，按测点数不同分为单点和多点位移计。

8.7

土压力量测　earth pressure measurement

采用土压盒进行的量测，土压盒安置在隧道衬砌或洞门挡土墙与地层接触的界面处，目的是量测作用在结构物上的土压力。

8.8

地中倾斜量测　ground inclination measurement

量测结构物在不均匀下沉和地层变位时所产生的水平倾斜度。

8.9

隧道非破损探查　non-destructive investigation of tunnel

在不破坏隧道衬砌的前提下进行的隧道衬砌表面和内部情况、衬砌背后围岩状况的检查和量测技术。如利用电磁波技术的地质雷达探测、采用波动理论的超声波和地震波探查，运用光学技术的热红外探测等。

8.10

地质雷达法　ground penetrating radar method

利用介质对电磁波的反射特性，对介质内部的构造和缺陷（或其他不均匀体）进行探测的方法。在隧道工程中可用于检查衬砌厚度、质量及衬砌背后围岩的状态。

8.11

声波法　acoustical wave method

利用声波在介质中的传播特性及有关参数，对介质特征和内部的构造与缺陷进行探测的方法。

8.12

隧道限界检测　tunnel clearance testing

对隧道限界进行的检测，分为接触式和非接触式两种。前者主要有横断面法和触手式综合限界检查法；后者主要有摄影检测车法、电视摄像检测车法和激光隧道检测仪法等。

8.13

衬砌表面数码摄像系统　lining surface digital image system

为检查和评价隧道衬砌结构状态进行的衬砌表面图像连续记录和处理系统。系统硬件包括采集图像的摄像设备（如CCD摄像、红外摄像、激光摄像等）、主机（控制系统执行）、输入输出设备（图像的输入输出）；系统软件由图像处理（数字图像输入、存储、传递、显示）和评估分析（获取隧道有关病害参数、解释、评价）两部分组成。

9　通风、照明、排水

9.1

隧道通风　tunnel ventilation

排出隧道内各种有害气体，更新空气，保持良好的施工和运营环境的措施。包括隧道施工通风和隧道运营通风两类。

9.2

自然通风 natural ventilation

利用隧道进、出口高程不同引起的空气对流及隧道外自然风压头、隧道内外热位差和列车运行引进的活塞风，将隧道内的有害气体和热量排出隧道外的通风方式。

9.3

机械通风 mechanical ventilation

用通风机械送入新鲜空气，或排出有害气体的通风方式。

9.4

隧道施工通风 ventilation during construction; during construction; temporary venlilation

隧道施工中，为满足作业环境卫生标准要求而进行的通风。

9.5

隧道运营通风 permanent ventilation of tunnel; operation ventilation

隧道运营中，在规定时间内，为使隧道内空气和温度符合国家卫生标准而进行的通风。

9.6

通风设备 ventilation equipment

隧道内用以换入新鲜空气和排出洞内有害气体的设备。铁路隧道用风机按构造一般分为离心式和轴流式，但多采用风量大、风压低、效率高和重量轻的轴流风机。

9.7

纵向通风 longitudinal ventilation

在通风机作用下，风流沿着隧道纵轴线方向流动的通风方式。

9.8

射流通风 longitudinal ventilation with jetblower

采用射流风机的一种隧道纵向通风方式。射流风机均为轴流式风机，因风机出口风速较大，对空气纵向流动起引射作用，故称射流风机。

9.9

列车活塞作用 piston action of train

列车在隧道内高速运行时，其前端产生正压，后端空气稀薄而形成负压，这种列车前后端压力差称活塞压力，它将会产生列车运行阻力，也会产生列车风，改善隧道的通风条件。

9.10

隧道照明 tunnel lighting

对隧道施工场所的作业照明、隧道运营的指示照明及为应急需要而配置的紧急照明的统称。

9.11

隧道排水 tunnel drainage

在主隧道内设置排水沟和盲沟等排水设施，排除、疏通或减缓隧道内地下水危害的工程措施。

9.12

盲管 french drain

盲沟

为疏导和防止衬砌背后积水，避免洞内漏水，减少静水压力，降低地下水位，在隧道外周设置的排水设施。

10 隧道运营和维护

10.1

隧道改建　tunnel reconstruction

对既有线隧道进行的技术改造措施。

10.2

隧道落底　under cutting;cutting-down of tunnel bed

将隧道底部标高降低的隧道改建作业。

10.3

挑顶　top picking;brushing of tunnel top

扩建隧道拱部的隧道改建作业。

10.4

套拱　cover arch

在隧道原衬砌内侧再修筑的拱部结构。

10.5

隧道病害　tunnel deterioration;tunnel disease

隧道运营中出现可能妨碍列车正常运行的状态。如衬砌裂损、隧道底部隆起、隧道漏水、隧道冻害、水害、隧道底部翻浆冒泥等。

10.6

衬砌裂损　lining split

衬砌出现裂缝、大面积或局部剥离、掉块、腐蚀等的病害状态。

10.7

隧道漏水　water leakage in tunnel

隧道结构上因地下水活动出现渗漏水等的病害状态。

10.8

隧道冻害　freezing damage in tunnel

隧道结构上因反复冻融而产生的病害状态。

10.9

涌水　gushing water

具有一定水压的地下水从隧道周边涌入隧道内的工程地质现象，又称突水。

10.10

堵漏　leakage protection

用防、排方法防治隧道漏水的总称。对线状漏水，可用导水(筑导水槽、导水沟)、截水的方法。对于面状漏水，用喷射、涂敷防水涂层，或采用防水板、防水布的办法。此外还可用衬砌背面注浆堵水，降低水位等措施。

10.11

隧道火灾　tunnel fire hazard

隧道施工或运营中因易燃、易爆物品及行车事故引起的重大灾害。

10.12

加固注浆　consolidation grouting

对隧道衬砌背后围岩中出现的松散地层和空洞进行注浆，以增加其强度和稳定性，并提高其抗渗性能，又称固结灌浆。

10.13

劈裂注浆　fracture grouting

在压力作用下，浆液克服地层的初始应力和抗拉强度，引起岩土结构破坏和扰动，使其沿垂直于岩土体小主应力平面上发生劈裂，使地层中原有裂隙、孔隙增大，提高了浆液可灌性和扩散距离。

10.14

压密注浆　compaction grouting

通过钻孔在土中灌入极浓浆液，在注浆点使土体压密，在注浆管端部附近形成浆泡的注浆作业。

10.15

状态评定　condition assessment

根据检查、检测结果对隧道内设施单项或整体状态的评定，是决定设施养护维修修程级别的依据。

索　　引

汉语拼音索引

A

安全等级 …… 4.56
安全空间 …… 4.50
暗挖法 …… 5.1

B

爆破进尺 …… 5.17
避车洞 …… 4.29
变形缝 …… 4.34
不良地质隧道 …… 2.21

C

槽式列车 …… 6.13
侧壁导坑法 …… 5.22
长隧道 …… 2.3
超前锚杆 …… 7.6
超前支护 …… 7.15
超挖 …… 5.29
潮喷混凝土 …… 5.43
沉埋法 …… 5.5
衬砌表面数码摄像系统 …… 8.13
衬砌裂损 …… 10.6
衬砌内注浆 …… 5.37
衬砌前围岩注浆 …… 5.36
承载能力极限状态 …… 4.57
出渣作业 …… 5.47
初期支护 …… 7.16
初始地应力场 …… 3.10

D

单臂掘进机 …… 6.6
单坡隧道 …… 2.15
单线隧道 …… 2.8
导坑 …… 5.57
底板 …… 5.25
底鼓 …… 5.52
地表下沉量测 …… 8.4
地层-隧道结构相互作用 …… 4.39
地震动参数 …… 4.41
地震动反应谱特征周期 …… 4.43
地震动峰值加速度 …… 4.42
地质雷达法 …… 8.10
地中倾斜量测 …… 8.8
动态作用 …… 4.37
冻结法 …… 5.6
洞口缓冲结构 …… 4.48
洞口投点 …… 4.4
堵漏 …… 10.10
端部锚固型锚杆 …… 7.7
短隧道 …… 2.5
断层破碎带 …… 5.53
盾构 …… 6.1
盾构法 …… 5.3
多线隧道 …… 2.10

E

二次衬砌 …… 7.18

F

防水板 …… 4.35
防水等级 …… 4.33
分部开挖法 …… 5.21
分区防水 …… 5.38
分项系数 …… 4.62
封顶 …… 5.39
辅助洞室 …… 4.53
辅助坑道 …… 5.58
辅助炮眼 …… 5.12
复合防水板 …… 4.36
复合式衬砌 …… 7.29
覆盖厚度 …… 4.12

G

[钢]插板 …… 7.12
概率极限状态设计法 …… 4.55
干喷混凝土 …… 5.41
钢架拱 …… 7.19
钢筋混凝土管片 …… 7.28
钢筋网喷射混凝土钢格栅支护 …… 7.11
工程技术作业空间 …… 4.52
工程勘探 …… 4.7
拱顶下沉量测 …… 8.2
管棚 …… 7.13
贯通 …… 5.31
光面爆破 …… 5.14
过渡段 …… 4.28

H

横洞 …… 5.59
环境调查 …… 4.5
环形开挖预留核心土法 …… 5.23
混凝土喷射机 …… 6.9
回填注浆 …… 5.35

J

机械通风 …… 9.3
机械预切槽法 …… 5.27
加固注浆 …… 10.12
监控量测 …… 8.1
检测与监测 …… 8
交叉中隔壁法 …… 5.25
胶凝材料 …… 7.1
结构可靠性 …… 4.54
结构耐久性 …… 4.63
净空变化量测 …… 8.3
静态作用 …… 4.38
救援通道 …… 4.51
局部锚杆 …… 7.5
掘进机法 …… 5.4

K

开挖面 …… 5.28
勘察与设计 …… 4
可靠指标 …… 4.59
可伸缩支护 …… 7.17

L

理论开挖线 …… 4.14
连拱隧道 …… 2.11
列车活塞作用 …… 9.9
旅客舒适度 …… 4.44

M

马蹄形隧道 …… 2.7
埋置深度 …… 4.11
盲沟 …… 9.12
盲管 …… 9.12
锚杆 …… 7.2
锚杆拉拔试验 …… 8.5
锚杆支护 …… 7.9
锚索 …… 7.3
明洞 …… 4.26
明挖法 …… 5.2
模板台车 …… 6.15

N

泥水盾构 …… 6.2

P

喷锚支护 …… 7.10
喷射混凝土 …… 5.40
喷射混凝土回弹 …… 5.44
棚洞 …… 4.27
劈裂注浆 …… 10.13
偏压隧道 …… 2.20
平行导坑 …… 5.60

Q

起拱线 …… 4.21
气压盾构 …… 6.4
浅孔爆破 …… 5.9
浅埋隧道 …… 2.13
欠挖 …… 5.30
全长胶结型锚杆 …… 7.8

全断面法 …… 5.19
全封闭注浆 …… 5.33

S

山岭隧道 …… 2.17
设计开挖线 …… 4.15
射流通风 …… 9.8
深孔爆破 …… 5.10
深埋隧道 …… 2.14
声波法 …… 8.11
失效概率 …… 4.60
施工缝 …… 5.46
湿喷混凝土 …… 5.42
石门 …… 5.55
石门揭煤 …… 5.56
竖井 …… 5.62
双坡隧道 …… 2.16
双线隧道 …… 2.9
水文调查 …… 4.6
水下隧道 …… 2.22
瞬变压力 …… 4.46
松散压力 …… 3.6
隧道边墙 …… 7.22
隧道病害 …… 10.5
隧道长度 …… 4.10
隧道衬砌断面 …… 4.19
隧道底板 …… 7.25
隧道电缆槽 …… 4.30
隧道冻害 …… 10.8
隧道洞门 …… 4.24
隧道断面轮廓 …… 4.17
隧道防水 …… 4.32
隧道防灾设施 …… 4.49
隧道非破损探查 …… 8.9
隧道改建 …… 10.1
隧道拱部 …… 7.21
[隧道]拱顶 …… 7.24
隧道贯通测量 …… 4.3
隧道火灾 …… 10.11
隧道建筑限界 …… 4.13
隧道净断面 …… 4.20
隧道掘进机 …… 6.5
隧道开挖断面 …… 4.18
隧道抗震设计 …… 4.40
隧道漏水 …… 10.7
隧道落底 …… 10.2
隧道内测量 …… 4.2
隧道排水 …… 9.11
隧道施工通风 …… 9.4
隧道通风 …… 9.1
隧道外测量 …… 4.1
隧道围岩 …… 3.1
隧道围岩分级 …… 3.4
隧道限界检测 …… 8.12
隧道仰拱 …… 7.23
隧道一般词汇 …… 2
隧道运营和维护 …… 10
隧道运营通风 …… 9.5
隧道照明 …… 9.10
隧道支护和衬砌 …… 7
隧道纵断面 …… 4.16
梭式矿车 …… 6.12

T

弹性反力 …… 3.11
台阶法 …… 5.20
坍方 …… 5.50
掏槽炮眼 …… 5.11
套拱 …… 10.4
特长隧道 …… 2.2
特殊岩土 …… 4.8
天然拱 …… 3.12
挑顶 …… 10.3
铁路隧道 …… 2.1
铁路隧道施工方法 …… 5
铁路隧道施工机械 …… 6
通风、照明、排水 …… 9
通风设备 …… 9.6
土压力量测 …… 8.7
土压平衡盾构 …… 6.3
土质隧道 …… 2.18

W

瓦斯突出 …… 5.54
微压波 …… 4.47
围岩 …… 3.1
围岩变位量测 …… 8.6
围岩加固 …… 3.9
围岩压力 …… 3.5
围岩自稳时间 …… 3.8
帷幕注浆 …… 5.33
无轨运输 …… 5.49
物理勘探 …… 4.9

X

系统锚杆 …… 7.4
下锚段衬砌 …… 7.30
纤维喷射混凝土 …… 5.45
小导管预注浆 …… 7.14
小净距隧道 …… 2.12
斜交隧道门 …… 4.25
斜井 …… 5.61
新奥法 …… 5.7
形变压力 …… 3.7

Y

压密注浆 …… 10.14
延迟爆破 …… 5.16
岩爆 …… 5.51
岩石隧道 …… 2.19
岩石质量指标 …… 3.2
岩体完整性指数 …… 3.3
仰坡 …… 3.13
涌水 …… 10.9
有轨运输 …… 5.48
预裂爆破 …… 5.15
预留变形量 …… 4.22
预注浆 …… 5.32
圆形隧道 …… 2.6

Z

凿岩机 …… 6.8
凿岩台车 …… 6.7
找顶 …… 5.18
整体道床 …… 4.31
整体式衬砌 …… 7.26
正常使用极限状态 …… 4.58
中长隧道 …… 2.4
中洞法 …… 5.26
中隔壁法 …… 5.24
周边炮眼 …… 5.13
主隧道 …… 4.23
注浆机 …… 6.10
装配式衬砌 …… 7.27
装渣机 …… 6.11
状态评定 …… 10.15
自然通风 …… 9.2
纵向通风 …… 9.7
阻塞比 …… 4.45
钻爆法 …… 5.8
钻孔排水 …… 5.34
作业台架 …… 6.14
作用效应 …… 4.61

CD 法 …… 5.24
CRD 法 …… 5.25

英文对应词索引

A

A line …… 4.14
acoustical wave method …… 8.11
adhesive type rock bolt …… 7.8
adit …… 5.58

advance rock bolt ………… 7.6
advance support ………… 7.15
air pressed shield ………… 6.4
anchor ………… 7.3
anchor bolt ………… 7.2
anchor section lining ………… 7.30
arch crown ………… 7.24
arch crown settlement measurement ………… 8.2
aseismatic design of tunnel ………… 4.40
auxiliary cavern ………… 4.53

B

backfill grouting ………… 5.35
base slab of tunnel ………… 7.25
bench cut method ………… 5.20
binder ………… 7.1
blast depth ………… 5.17
blind ditch ………… 9.12
blind drain ………… 9.12
B line ………… 4.15
blockage ratio ………… 4.45
block-diagram method ………… 5.24
brushing of tunnel top ………… 10.3
bunker train ………… 6.13
buffer structure of tunnel portal ………… 4.48

C

cable through in tunnel ………… 4.30
center cross diagram method ………… 5.25
center drift excavation method ………… 5.26
cementitious material ………… 7.1
characteristic period of the seismic response spectrum ………… 4.43
circular shaped tunnel ………… 2.6
classification of waterproof ………… 4.33
clearance for traffic tunnel ………… 4.13
closing the top of lining ………… 5.39
coal mining at the rock cross-cut ………… 5.56
collapse ………… 5.50
compaction grouting ………… 10.14
completely grouted bolt ………… 7.8
composite lining ………… 7.29
compound waterproof board ………… 4.36
concrete sprayers ………… 6.9

condition assessment …… 10.15
consolidation grouting …… 10.12
construction joint …… 5.46
convergence measurement …… 8.3
cover arch …… 10.4
covering depth …… 4.12
cut and cover method …… 5.2
cut hole …… 5.11
cutting-down of tunnel bed …… 10.2

D

deep buried tunnel …… 2.14
deformation joint …… 4.34
deformation pressure …… 3.7
delay blasting …… 5.16
depth of tunnel …… 4.11
disaster prevention facility of tunnel …… 4.49
double-track tunnel …… 2.9
double way gradient tunnel …… 2.16
drain boring …… 5.34
drill jumbo …… 6.7
drilling and blasting method …… 5.8
dry shotcreting …… 5.41
during construction.. …… 9.4
dynamic action …… 4.37

E

earth pressure balanced shield …… 6.3
earth pressure measurement …… 8.7
earthquake peak ground acceleration …… 4.42
earth tunnel …… 2.18
easer …… 5.12
effects of actions …… 4.61
elastic resistance …… 3.11
embedment depth …… 4.11
engineering exploration …… 4.7
environmental survey …… 4.5
EPBS …… 6.3
excavating range …… 4.18
excavation line section …… 4.18
excavation surface …… 5.28
extra-long tunnel …… 2.2

F

fault zone …… 5.53
fiber shotcrete …… 5.45
floor heave …… 5.52
formwork jumbo …… 6.15
fracture grouting …… 10.13
freezing damage in tunnel …… 10.8
freezing method …… 5.6
full-closed grouting …… 5.33
full face method …… 5.19

G

gas outburst …… 5.54
geophysical exploration …… 4.9
geophysical prospecting …… 4.9
ground inclination measurement …… 8.8
ground penetrating radar method …… 8.10
ground stabilization treatment …… 3.9
ground-tunnel structure interaction …… 4.39
grouting machine …… 6.10
gushing water …… 10.9

H

half wet shotcreting …… 5.43
hangar tunnel …… 4.27
heading …… 5.57
heading slope …… 3.13
hole through …… 5.31
holing through …… 5.31
horizontal adit …… 5.59
horseshoe-shaped tunnel …… 2.7
hydrological survey …… 4.6

I

length of round …… 5.17
lining form jumbo …… 6.15
immersed tunnelling method …… 5.5
inclined portal …… 4.25
inclined shaft …… 5.61
initial ground-stress field …… 3.10
inside cross-section of tunnel …… 4.19
integration coefficient of rock mass …… 3.3

K

key packing ········ 5.39

L

leakage protection ········ 10.10
lining grouting ········ 5.37
lining split ········ 10.6
lining surface digital image system ········ 8.13
local bolt ········ 7.5
long hole blasting ········ 5.10
longitudinal ventilation ········ 9.7
longitudinal ventilation with jetblower ········ ...9.8
long tunnel ········ 2.3
loosening pressure ········ 3.6

M

main tunnel ········ 4.23
mechanical pre-cutting method ········ 5.27
mechanical ventilation ········ 9.3
medium length tunnel ········ 2.4
micro pressure wave ········ 4.47
monolithic lining ········ 7.26
monolithic track-bed ········ 4.31
mountain tunnel ········ 2.17
muck loader ········ 6.11
mucking out ········ 5.47
mud shield ········ 6.2
multi-arch tunnel ········ 2.11
multi-track tunnel ········ 2.10

N

NATM ········ 5.7
natural arch ········ 3.12
natural ventilation ········ 9.2
neighboring tunnel ········ 2.12
new austrian tunnelling method ········ 5.7
non-destructive investigation of tunnel ········ 8.9

O

one way gradient tunnel ········ 2.15
open-cut method ········ 5.2
open-cut tunnel ········ 4.26

operation frame …… 6.14
operation ventilation …… 9.5
overbreak …… 5.29
overburden of tunnel …… 4.12

P

parallel heading …… 5.60
partial coefficient …… 4.62
passenger comfort …… 4.44
pay line …… 4.15
permanent ventilation of tunnel …… 9.5
pipe roof support …… 7.13
piston action of train …… 9.9
poling plate …… 7.12
prearranged volume of deformation …… 4.22
precast lining; prefabricated tunnel lining …… 7.27
prefabricated tunnel lining …… 7.27
pre-grouting with micropipe …… 7.14
pre-grouting …… 5.32
presplit blasting …… 5.15
pressure of surrounding rock …… 3.5
primary support …… 7.16
probability limit states design method …… 4.55
probability of structural failure …… 4.60
pull out-test of rock bolt …… 8.5

R

rail haulage …… 5.48
railway tunnel …… 2.1
rebound of shotcrete …… 5.44
refuge …… 4.29
reliability index …… 4.59
relief hole …… 5.12
reinforced concrete segment …… 7.28
rescue gallery …… 4.51
reserved deformation …… 4.22
ring cut method …… 5.23
road haulage …… 5.49
rock bolt …… 7.2
rock bolt support …… 7.9
rock burst …… 5.51
rock cross-cut …… 5.55
rock drill …… 6.8

rock quality designation ············ 3.2
rock-self stability time ············ 3.8
rock tunnel ············ 2.19
R.Q.D ············ 3.2

S

safety classes ············ 4.56
safety space ············ 4.50
scalping ············ 5.18
secondary lining ············ 7.18
seismic ground motion parameter ············ 4.41
sequential excavation method ············ 5.21
service-ability limit states ············ 4.58
service gallery ············ 5.58
setting horizontal point at portal ············ 4.4
shaft ············ 5.62
shallow buried tunnel ············ 2.13
shield ············ 6.1
shield method ············ 5.3
shield with air pressure ············ 6.4
short hole blasting ············ 5.9
short length tunnel ············ 2.5
shotcrete ············ 5.40
shotcrete and rock bolt support ············ 7.10
shotcrete machine ············ 6.9
shuttle car ············ 6.12
side drift method ············ 5.22
side heading method ············ 5.22
single cantilever tunnelling machine ············ 6.6
single-track tunnel ············ 2.8
skew portal ············ 4.25
sliding support ············ 7.17
slurry shield ············ 6.2
smooth blasting ············ 5.14
special rock and soil ············ 4.8
spring line ············ 4.21
static action ············ 4.38
steel arch ············ 7.19
structural approach limit of tunnel ············ 4.13
structure durability ············ 4.63
structure reliability ············ 4.54
surface settlement measurement ············ 8.4
surface survey ············ 4.1

surrounding rock consolidation ········ 3.9
surrounding rock displacement measurement ········ 8.6
surrounding rock grouting before lining ········ 5.36
survey inside the tunnel ········ 4.2
survey outside the tunnel ········ 4.1
systematic bolt ········ 7.4

T

TBM ········ 6.5
TBM method ········ 5.4
techno-engineering operational space ········ 4.52
temporary venlilation ········ 9.4
theoretic line ········ 4.14
tip anchoring type rock bolt ········ 7.7
top cleaning ········ 5.18
top picking ········ 10.3
trackless haulage ········ 5.49
transient pressure ········ 4.46
transition section ········ 4.28
trim hole ········ 5.13
trimmer ········ 5.13
tunnel arch ········ 7.21
tunnel boring machine ········ 6.5
tunnel-boring machine method ········ 5.4
tunnel clearance testing ········ 8.12
tunnel clearance ········ 4.20
tunnel contour ········ 4.17
tunnel deterioration ········ 10.5
tunnel disease ········ 10.5
tunnel drainage ········ 9.11
tunnel fire hazard ········ 10.11
tunnel length ········ 4.10
tunnel lighting ········ 9.10
tunnelling method ········ 5.1
tunnel lining ········ 7.20
tunnel in earth ········ 2.18
tunnel inside section ········ 4.20
tunnel in unfavourable geological conditions ········ 2.21
tunnel invert ········ 7.23
tunnel monitoring measurement ········ 8.1
tunnel portal ········ 4.24
tunnel profile ········ 4.16
tunnel reconstruction ········ 10.1

tunnel shed ·· 4.27
tunnel sidewall ·· 7.22
tunnel surrounding rock ·· 3.1
tunnel surrounding rock classification ·· 3.4
tunnel survey ·· 4.2
tunnel through survey ·· 4.3
tunnel ventilation ·· 9.1

U

ultimate limit states ·· 4.57
under cutting ·· 10.2
underbreak ·· 5.30
under-cutting method ·· 5.1
underwater tunnel ·· 2.22
unsymmetrical loading tunnel ·· 2.20

V

vertical shaft ·· 5.62
ventilation during construction ·· 9.4
ventilation equipment ·· 9.6

W

water leakage in tunnel ·· 10.7
waterproof board ·· 4.35
water proofing by section ·· 5.38
waterproofing of tunnel ·· 4.32
wet shotcreting ·· 5.42
wiremech-shotcrete-lattice support ·· 7.11

Y

yielding support ·· 7.17

ICS 03.240
M 83

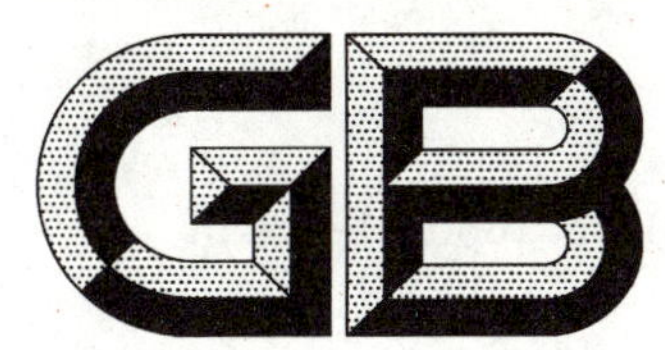

中华人民共和国国家标准

GB/T 16606.1—2018
代替 GB/T 16606.1—2009

快递封装用品　第1部分:封套

Packings for express service—Part 1:Envelope

2018-02-06 发布　　2018-09-01 实施

中华人民共和国国家质量监督检验检疫总局
中国国家标准化管理委员会　发布

前　言

GB/T 16606《快递封装用品》分为三个部分：

——第1部分：封套；

——第2部分：包装箱；

——第3部分：包装袋。

本部分为GB/T 16606的第1部分。

本部分按照GB/T 1.1—2009给出的规则起草。

本部分代替GB/T 16606.1—2009《快递封装用品　第1部分：封套》。与GB/T 16606.1—2009相比，除编辑性修改外主要技术变化如下：

——修改了封套的规格要求(见第4章，2009年版的第4章)；

——修改了封套材料定量、挺度(横向)及亮度(表面)指标要求(见5.1，2009年版的5.1)；

——增加了封套的重金属限量要求(见5.2)；

——删除了背面粘贴透明塑料袋的封套式样(见2009年版的5.2.2)；

——修改了封套的印刷内容要求(见5.5.1，2009年版的5.4.1)；

——修改了封套的粘合要求(见5.6，2009年版的5.5)；

——修改了封舌内侧胶带有效粘合宽度的要求(见5.7.2，2009年版的5.6.2)；

——增加了用于二次使用的封套的相关要求(见5.8)；

——增加了重金属限量的试验方法(见6.3)；

——修改了型式检验规则(见7.2，2009年版的7.2)；

——修改了封套的包装要求(见8.1.1，2009年版的8.1.1)。

本部分由国家邮政局提出并归口。

本部分起草单位：邮政科学研究规划院、顺丰速运有限公司、广东天元实业集团股份有限公司、北京英格条码技术发展有限公司。

本部分主要起草人：康丽、把宁、陈国酿、吴文斌、李爱军、高晓庆、李超。

本部分所代替标准的历次版本发布情况为：

——GB/T 16606—1996、GB/T 16606—2002、GB/T 16606.1—2009。

快递封装用品　第1部分：封套

1　范围

GB/T 16606的本部分规定了快递封套(以下简称"封套")的规格尺寸、要求、试验方法、检验规则以及包装、标志、运输和储存要求。

本部分适用于封套的制作、检验、包装、标志、运输和储存。

2　规范性引用文件

下列文件对于本文件的应用是必不可少的。凡是注日期的引用文件,仅注日期的版本适用于本文件。凡是不注日期的引用文件,其最新版本(包括所有的修改单)适用于本文件。

GB/T 450　纸和纸板　试样的采取及试样纵横向、正反面的测定

GB/T 451.2　纸和纸板定量的测定

GB/T 451.3　纸和纸板厚度的测定

GB/T 457　纸和纸板　耐折度的测定

GB/T 1539　纸板耐破度的测定

GB/T 2792—2014　胶粘带剥离强度的试验方法

GB/T 2828.1—2012　计数抽样检验程序　第1部分:按接收质量限(AQL)检索的逐批检验抽样计划

GB/T 2829—2002　周期检验计数抽样程序及表(适用于对过程稳定性的检验)

GB/T 7705—2008　平板装潢印刷品

GB/T 7974　纸、纸板和纸浆　蓝光漫反射因数D65亮度的测定(漫射/垂直法,室外日光条件)

GB/T 10111　随机数的产生及其在产品质量抽样检验中的应用程序

GB/T 10335.4—2004 涂布纸和纸板　涂布白纸板

GB/T 10739　纸、纸板和纸浆试样处理和试验的标准大气条件

GB/T 12914　纸和纸板　抗张强度的测定

GB/T 22364　纸和纸板　弯曲挺度的测定

SN/T 1634　瓦楞纸板中镉、铬、铅、汞的测定

3　术语和定义

GB/T 2828.1—2012、GB/T 2829—2002界定的以及下列术语和定义适用于本文件。为了便于使用,以下重复列出了GB/T 2828.1—2012、GB/T 2829—2002中的某些术语和定义。

3.1

快递封套　envelope for express service

以纸板为主要原料,经模切、印刷和粘合等加工后,制成的可在寄递过程中装载快件的信封式封装用品。

3.2

接收质量限　acceptance quality limit

AQL

当一个连续系列批被提交验收抽样时,可允许的最差过程平均质量水平。

[GB/T 2828.1—2012,定义 3.1.26]

3.3

不合格质量水平　rejection quality level

RQL

在抽样检验中,认为不可接受的批质量下限值。

[GB/T 2829—2002,定义 3.1.18]

4　规格尺寸

封套的规格尺寸宜为(330±3)mm×(240±3)mm,其他尺寸应符合表 1 的规定。

表 1　封套规格尺寸

单位为毫米

长	宽	封舌宽
320～360	225～255	≥40

5　要求

5.1　材料

封套材料宜使用涂布白纸板,技术指标见表 2。国际快递宜使用优等品,国内异地快递宜使用一等品,同城快递宜使用合格品。

表 2　材料技术指标

指标名称	规定值		
	优等品	一等品	合格品
定量/(g/m²)	≥200		
紧度 /(g/cm³)	≤0.85	≤0.87	—
耐破指数/(kPa·m²/g)	≥2.3	≥2.0	≥1.8
耐折度(横向)/次	≥20	≥15	≥10
挺度(横向)/(mN·m)	≥2.5	≥2.0	≥1.7
抗张指数(纵、横平均)/(N·m/g)	≥30	≥25	≥20
亮度(表面)/%	75 ～ 93		
其他	符合 GB/T 10335.4—2004 中第 4 章的规定		

5.2　重金属限量

封套中铅、汞、镉、铬总量应不大于 100 mg/kg。

5.3 式样

封套式样参见附录A。

5.4 外观

5.4.1 封套表面应平整，不准许有斑点和条痕等缺陷。

5.4.2 封套周边粘合处无粘合剂外溢的痕迹。

5.5 印刷

5.5.1 印刷内容

5.5.1.1 封套宜保持纸板材料原色，印刷面积不应超过表面总面积的50%。

5.5.1.2 封套正面应印刷下列内容：

——快递企业标识和名称；

——快递企业经营邮政企业专营业务范围以外的信件快递业务，应在封套正面左下角留有2 cm×3 cm的空白区域。该区域内应采用粘贴或印刷等方式标注白底黑字的"信件"字样。字体应采用黑体，字号应不小于1号字。

印刷位置参见图A.1。

5.5.1.3 封套背面应印刷下列内容，除下列内容外，不应印刷其他任何图案、文字等信息：

——封套适用的快件厚度、重量和禁限寄物品规定等中英文使用说明以及粘贴快递运单的位置，字号应不小于5号字；

——可回收标志，见图1；

图1 可回收标志

——服务信息，包括快递企业服务电话、经营地址和网站地址等；

——制作及管理信息，包括生产单位、监制单位、监制证号、数量和生产日期等。

印刷位置参见图A.2。

5.5.2 印刷质量

5.5.2.1 封套表面宜使用水基型油墨印刷，印刷油墨应均匀，图案和文字应清晰、完整。

5.5.2.2 封套上实地印刷要求应按GB/T 7705—2008表5中给出的一般产品的规定。

5.5.2.3 封套上网点印刷要求应按GB/T 7705—2008表6中给出的一般产品的规定。

5.5.2.4 封套上图案套印误差要求应按GB/T 7705—2008表4中给出的一般产品的规定。

5.6 粘合

5.6.1 封套袋口粘合长度应不小于封舌长度的95%，且有效粘合面积大于80%。

5.6.2 封套周边粘合部位宽度应不小于15 mm，且周边有效粘合面积大于95%。

5.6.3 封套袋口及周边粘合处应粘合牢固，由粘合处开启后，不能复原。

5.7 封舌

5.7.1 封套封舌尺寸应符合表1的规定。

5.7.2 封舌内侧应粘贴有效粘合宽度不小于10 mm的胶带,胶带剥离强度不小于5 N/cm。

5.7.3 封舌内侧边缘应粘贴宽度不小于3 mm、长度大于封舌长度的易撕带,其断裂拉力应不小于50 N。

5.8 二次使用

用于二次使用的封套,其材料的技术指标应符合表2中一等品或优等品的规定,且设有两条易撕带和两条封口胶带。

6 试验方法

6.1 规格尺寸

用精度为0.5 mm的量具,按表1的要求进行测定。

6.2 材料

6.2.1 试样的采取和处理按GB/T 450和GB/T 10739的规定进行。

6.2.2 定量试验应按GB/T 451.2的规定进行测定。

6.2.3 紧度试验应按GB/T 451.3的规定进行测定。

6.2.4 耐破指数试验应按GB/T 1539的规定进行测定。

6.2.5 横向耐折度试验应按GB/T 457的规定进行测定。

6.2.6 横向挺度试验应按GB/T 22364的规定进行测定。

6.2.7 抗张指数试验应按GB/T 12914的规定进行测定。

6.2.8 表面亮度试验应按GB/T 7974的规定进行测定。

6.3 重金属限量

产品中铅、镉、汞、铬含量应按SN/T 1634的规定进行测定。

6.4 外观

在自然光线下目测。

6.5 印刷

6.5.1 印刷内容

印刷面积用2.5 mm的网格法测算,印刷内容应在自然光线下用目测法进行检验。

6.5.2 印刷质量

6.5.2.1 印刷试验检验条件应符合GB/T 7705—2008中6.1的规定。

6.5.2.2 实地印刷要求应按GB/T 7705—2008中6.5～6.8的规定进行测定。

6.5.2.3 网点印刷要求应按GB/T 7705—2008中6.9的规定进行测定。

6.5.2.4 套印误差要求应按GB/T 7705—2008中6.4的规定进行测定。

6.6 粘合

手工撕开周边粘合及袋口粘合处,用2.5 mm的网格法对粘合要求进行计算测定。

6.7 封舌

6.7.1 用精度为 0.5 mm 的量具对封舌尺寸、封舌处胶带宽度和易撕带宽度进行测量。

6.7.2 封套胶带的剥离强度试验按 GB/T 2792—2014 第 5 章的规定进行测定。

6.7.3 易撕带断裂拉力的测定见附录 B。

7 检验规则

7.1 出厂检验

7.1.1 抽样

以一次交货数量为一批。封套出厂检验抽样按表 3 的规定进行,根据 GB/T 10111 的规定随机抽取检验样本。样本单位为枚,样本量、检验水平、检验项目及接收质量限(AQL)见表 3。

表 3 封套出厂检验样本量、检验项目及抽样方案

<table>
<tr><th rowspan="3">批量</th><th colspan="7">正常检验一次抽样方案检验水平 S-4</th></tr>
<tr><th rowspan="2">样本量
枚</th><th colspan="3">AQL=4.0</th><th colspan="3">AQL=6.5</th></tr>
<tr><th>Ac</th><th>Re</th><th>检验项目</th><th>Ac</th><th>Re</th><th>检验项目</th></tr>
<tr><td>1 201～3 200</td><td rowspan="2">32</td><td rowspan="2">3</td><td rowspan="2">4</td><td rowspan="5">5.5 印刷
5.6 粘合
5.7 封舌
5.8 二次使用</td><td rowspan="2">5</td><td rowspan="2">6</td><td rowspan="5">4 规格尺寸
5.3 式样
5.4 外观</td></tr>
<tr><td>3 201～10 000</td></tr>
<tr><td>10 001～35 000</td><td>50</td><td>5</td><td>6</td><td>7</td><td>8</td></tr>
<tr><td>35 001～150 000</td><td rowspan="2">80</td><td rowspan="2">7</td><td rowspan="2">8</td><td rowspan="2">10</td><td rowspan="2">11</td></tr>
<tr><td>150 001～500 000</td></tr>
<tr><td colspan="8">注:AQL——接收质量限;Ac——接收数;Re——拒收数。</td></tr>
</table>

7.1.2 判定规则

7.1.2.1 不合格品

每枚样品按第 6 章试验方法检验表 3 规定的各项检验项目,如有一项技术指标达不到要求,该产品为不合格品。

7.1.2.2 不合格批

样本中不合格品数等于或大于拒收数(Re),则样本所代表的该批产品为不合格批。将剔除不合格品的样本再放入该批样品中,重新取样进行复检。复检时,应按 GB/T 2828.1—2012 中表 2-B 加严检查一次抽样方案的规定进行,复检仍不合格,则整批产品不得出厂,且不准许再次提交。

7.2 型式检验

7.2.1 检验周期

型式检验的周期为半年,但有下列情况之一时应进行型式检验:

a) 试制定型鉴定时;

b) 正式生产后,材料、工艺有较大改变时;

c） 正常生产时，每连续100万枚应进行一次型式检验；

d） 停产半年以上又恢复生产时；

e） 出厂检验结果与上次型式检验有较大差异时；

f） 质量监督机构提出进行型式检验要求时。

7.2.2 抽样

7.2.2.1 重金属限量

重金属限量按GB/T 2829—2002规定的判别水平Ⅲ的一次抽样方案进行检验，样本单位为枚，样本量、检验项目及不合格质量水平(RQL)见表4。

表4 封套重金属限量型式检验样本量、检验项目及抽样方案

样本量 枚	RQL＝10	
	检验项目	判定数
20	5.2 重金属限量	A_1 R_1 0 1
注：RQL——不合格质量水平；A_1——合格判定数；R_1——不合格判定数。		

7.2.2.2 一般项目

型式检验抽样应从当前生产的并经出厂检验合格的产品中GB/T 2829—2002规定的判别水平Ⅱ的二次抽样方案，随机抽取检验样本进行检验。样本单位为枚，样本量、检验项目及不合格质量水平(RQL)见表5。

表5 封套型式检验样本量、检验项目及抽样方案

样本量 枚	RQL＝12		RQL＝15	
	检验项目	判定数	检验项目	判定数
第一样本量20	5.1 材料 5.5 印刷 5.6 粘合 5.7 封舌	A_1 R_1 0 3	4 规格尺寸 5.3 式样 5.4 外观	A_1 R_1 1 3
第二样本量20		A_2 R_2 3 4		A_2 R_2 4 5
注：RQL——不合格质量水平；A_1、A_2——合格判定数；R_1、R_2——不合格判定数。				

7.2.3 判定规则

7.2.3.1 重金属限量型式检验判定

在样本中，若不合格品数小于或等于合格判定数(A_1)，则型式检验合格。若不合格品数大于或等于不合格判定数(R_1)，则型式检验不合格。若重金属限量检验不合格，则不再进行一般项目的检验。

7.2.3.2 一般项目型式检验判定

在第一样本中，若不合格品数小于或等于合格判定数(A_1)，则型式检验合格。若不合格品数大于或等于不合格判定数(R_1)，则型式检验不合格。当不合格品数大于合格判定数(A_1)、小于不合格判定数(R_1)时，则需要抽第二样本。若第一样本和第二样本累计的不合格品数小于或等于合格判定数(A_2)，则型式检验合格。若第一样本和第二样本累计的不合格品数大于或等于不合格判定数(R_2)，则型式检验不合格。

8 包装、标志、运输和储存

8.1 包装

8.1.1 封套装箱前宜采用牛皮纸等可回收环保材料进行包装。

8.1.2 包装后的封套宜采用瓦楞纸箱进行封装。

8.2 标志

8.2.1 在外包装的明显位置应标明以下内容：

a) 产品标准编号；

b) 产品名称、规格和数量；

c) 生产单位的名称；

d) 生产日期及重量；

e) 储存期限。

8.2.2 每个包装内应装有合格证，其上注明：

a) 检验日期；

b) 质量检查员姓名或代号。

8.2.3 在包装上应标明“注意防潮”等注意事项。

8.3 运输和储存

8.3.1 运输时应防止雨雪淋湿包装箱。

8.3.2 封套应放在 5 ℃～35 ℃干燥通风的环境中储存。成箱封套底层距地面高度宜不小于 100 mm。

8.3.3 封套储存期从生产之日算起，不应超过一年。

附　录　A
（资料性附录）
封套式样

封套式样见图 A.1、图 A.2。

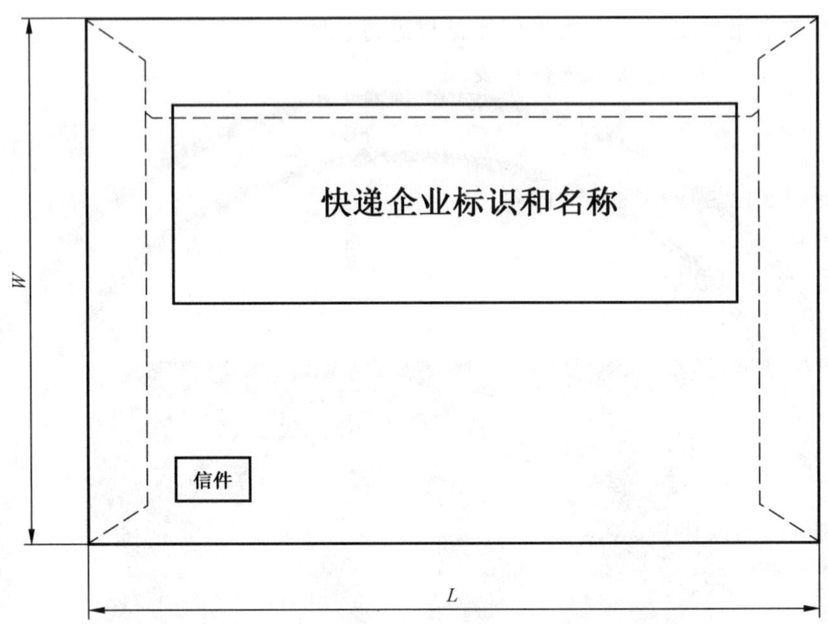

图 A.1　封套正面示意

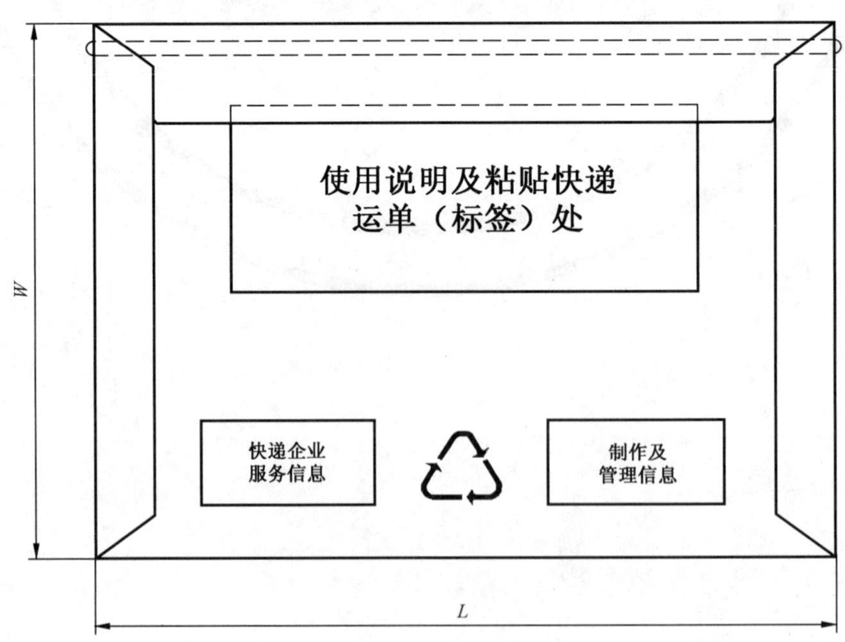

图 A.2　封套背面示意

附 录 B
（规范性附录）
易撕带断裂拉力的测定

B.1 试验设备

能满足本试验要求的拉伸试验机，示值误差应在±1%范围内。

B.2 试验条件

试样为带有易撕带宽度为10 mm、长度不小于250 mm的封舌，将试样中部两边封舌撕开，使易撕带受力。试验速度为(300±50)mm/min。

B.3 试验步骤

将裁好试样的两端分别夹在试验机上、下夹具上，使试样的纵轴与上、下夹具中心连线重合。断裂拉力值应选在每一满量程的10%～90%内，按B.2规定的速度对试样加载，试样断裂时拉力的最大值为易撕带的断裂拉力。

ICS 03.240
M 83

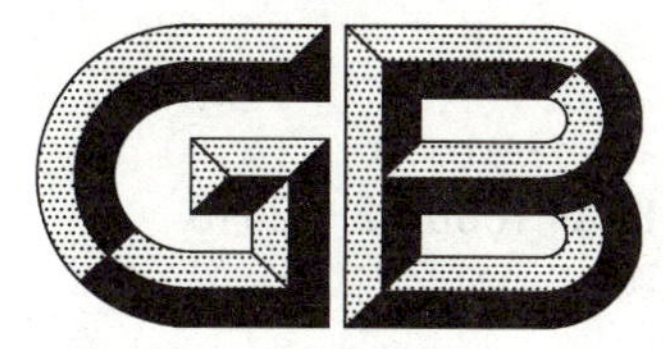

中华人民共和国国家标准

GB/T 16606.2—2018
代替 GB/T 16606.2—2009

快递封装用品 第2部分:包装箱

Packings for express service—Part 2: Packing box

2018-02-06 发布 2018-09-01 实施

中华人民共和国国家质量监督检验检疫总局
中国国家标准化管理委员会 发布

前　言

GB/T 16606《快递封装用品》分为三个部分：

——第1部分：封套；

——第2部分：包装箱；

——第3部分：包装袋。

本部分为GB/T 16606的第2部分。

本部分按照GB/T 1.1—2009给出的规则起草。

本部分代替GB/T 16606.2—2009《快递封装用品　第2部分：包装箱》。与GB/T 16606.2—2009相比，除编辑性修改外主要技术变化如下：

——修改了标准适用范围(见第1章，2009年版的第1章)；

——删除了单、双瓦楞纸板的定义(见2009年版的3.1.4，3.1.5)；

——增加了全叠盖式包装箱的定义(见3.8)；

——删除了包装箱的代号(见2009年版的3.2)；

——修改了包装箱的分类方式(见4.1，2009年版的4.1)；

——修改了包装箱的箱型(见4.3，2009年版的4.2)；

——修改了包装箱的材料要求(见5.1.1，2009年版的5.1.1)；

——增加了包装箱可重复使用要求(见5.1.3)；

——增加了包装箱重金属限量要求(见5.2)；

——增加了包装箱的基础模数尺寸和平面尺寸(见5.3.1)；

——增加了包装箱的粘合要求(见5.4)；

——修改了包装箱质量和结构要求(见5.5，2009年版的5.3)；

——修改了包装箱印刷内容要求(见5.6，2009年版的5.4)；

——修改了包装箱空箱抗压强度要求(见5.7.2，2009年版的5.5.2)；

——增加了重金属限量的试验方法(见6.2)；

——修改了型式检验规则(见7.2，2009年版的7.2)；

——增加了全叠盖(胶粘)式包装箱结构示例(见附录A，2009年版的附录A)；

——删除了半叠盖式包装箱三种尺寸的关系(见2009年版的附录B)；

——增加了包装箱的可回收标志和重复使用标志图形(见附录B)；

——删除了包装箱抗压强度计算方法(见2009年版的附录C)。

本部分由国家邮政局提出并归口。

本部分起草单位：邮政科学研究规划院、顺丰速运有限公司、广东天元实业集团股份有限公司、浙江景兴纸业股份有限公司。

本部分主要起草人：武金朋、把宁、吴文斌、陈国酿、胡忠华、李超。

本部分所代替标准的历次版本发布情况为：

——GB/T 16606.2—2009。

快递封装用品　第2部分:包装箱

1　范围

GB/T 16606的本部分规定了快递包装箱(以下简称“包装箱”)的分类、要求、试验方法、检验规则以及包装、标志、运输和储存要求。

本部分适用于以瓦楞纸板为主要原料的包装箱的制作、检验、包装、标志、运输和储存。

本部分不适用于直接接触食品的包装箱。

2　规范性引用文件

下列文件对于本文件的应用是必不可少的。凡是注日期的引用文件,仅注日期的版本适用于本文件。凡是不注日期的引用文件,其最新版本(包括所有的修改单)适用于本文件。

GB/T 191　包装储运图示标志

GB/T 450　纸和纸板　试样的采取及试样纵横向、正反面的测定

GB/T 2679.7　纸板　戳穿强度的测定法

GB/T 2828.1—2012　计数抽样检验程序　第1部分:按接收质量限(AQL)检索的逐批检验抽样计划

GB/T 2829—2002　周期检验计数抽样程序及表(适应于对过程稳定性的检验)

GB/T 4857.4　包装　运输包装件基本试验　第4部分:采用压力试验机进行的抗压和堆码试验方法

GB/T 4857.5　包装　运输包装件　跌落试验方法

GB/T 4892—2008　硬质直方体运输包装尺寸系列

GB/T 6544—2008　瓦楞纸板

GB/T 6545　瓦楞纸板耐破强度的测定法

GB/T 6546　瓦楞纸板边压强度的测定法

GB/T 6548　瓦楞纸板粘合强度的测定

GB/T 10111　随机数的产生及其在产品质量抽样检验中的应用程序

GB/T 10739　纸、纸板和纸浆试样处理和试验的标准大气条件

GB/T 17497.3—2012　柔性版装潢印刷品　第3部分:瓦楞纸板类

GB/T 32568—2016　重复使用包装箱通用技术条件

SN/T 1634　瓦楞纸板中镉、铬、铅、汞的测定

3　术语和定义

GB/T 6544—2008、GB/T 2828.1—2012、GB/T 2829—2002界定的以及下列术语和定义适用于本文件。为了便于使用,以下重复列出了GB/T 6544—2008、GB/T 2828.1—2012、GB/T 2829—2002中的某些术语和定义。

3.1

快递包装箱　packing box for express service

以瓦楞纸板为主要原料,经模切、压痕、印刷等加工后,制成的可在寄递过程中装载快件的箱式封装

用品。

3.2

瓦楞纸　fluted paper

(楞纸)

瓦楞芯(原)纸经过起楞加工后形成有规律且永久性波纹的纸。

[GB/T 6544—2008,定义 3.1.1]

3.3

瓦楞纸板　corrugated fiberboard

由一层或多层瓦楞纸粘合在若干层纸或纸板之间,用于制造瓦楞纸箱的一种复合纸。

[GB/T 6544—2008,定义 3.1.2]

3.4

瓦楞纸板最小综合定量　minimum combined weight of facings,including center facing(s) of double wall and triple wall board

除瓦楞纸以外的组成瓦楞纸板的各层纸或纸板定量之和。

[GB/T 6544—2008,定义 3.1.6]

3.5

半叠盖式包装箱　packing boxes for half folding

上、下外摇盖的伸出部分长度与箱体宽度的一半相同,封箱后摇盖对接的包装箱。

3.6

互插盖式包装箱　ex-insert packing box

上盖为插入式全盖封箱结构、下盖为互插式自封结构的包装箱。

3.7

插入式包装箱　plug-in packing box

侧面封箱,两侧均为插入式封箱结构的包装箱。

3.8

全叠盖包装箱　packing boxes for whole folding

上、下外摇盖的伸出部分长度与箱体的宽度相同,封箱后摇盖重叠,形成双层盖和双层底的包装箱。

3.9

接收质量限　acceptance quality limit

AQL

当一个连续系列批被提交验收抽样时,可允许的最差过程平均质量水平。

[GB/T 2828.1—2012,定义 3.1.26]

3.10

不合格质量水平　rejection quality level

RQL

在抽样检验中,认为不可接受的批质量下限值。

[GB/T 2829—2002,定义 3.1.18]

4　分类

4.1　包装箱的型号、内装物的最大质量及最大综合内尺寸见表 1。当内装物最大质量与最大综合内尺寸不在同一级别时,包装箱的型号应以较大者对应的型号为准。

注:综合内尺寸是指包装箱内尺寸的长、宽、高之和。

表 1 包装箱的型号

型号	内装物最大质量 kg	最大综合内尺寸 mm
1#	3	450
2#	5	700
3#	10	1 000
4#	20	1 400
5#	30	1 750
6#	40	2 000
7#	50	2 500

4.2 包装箱的箱型可包括半叠盖式、互插盖式、插入式和全叠盖式等型式，其箱型结构参见附录 A。

5 要求

5.1 材料

5.1.1 包装箱使用的瓦楞纸板的技术指标应符合表 2 的规定。成型后取样进行检测的纸板强度指标允许低于表 2 规定值的 10%。国际快递宜使用优等品，同城快递和国内异地快递宜使用合格品。

表 2 包装箱的型号及瓦楞纸板的技术指标

型号	瓦楞纸板最小综合定量 g/m²	优等品			合格品		
		耐破强度 kPa	边压强度 kN/m	戳穿强度 J	耐破强度 kPa	边压强度 kN/m	戳穿强度 J
1#	250	≥650	≥3.00	≥4.0	≥450	≥2.00	≥3.5
2#	250	≥650	≥3.00	≥4.5	≥450	≥2.00	≥4.0
3#	320	≥800	≥3.50	≥5.0	≥600	≥2.50	≥4.5
4#	360	≥1 000	≥4.50	≥6.0	≥750	≥3.00	≥4.8
5#	420	≥1 150	≥5.50	≥8.0	≥850	≥3.50	≥5.0
6#	640	≥1 700	≥8.00	≥10.0	≥1 200	≥6.00	≥7.5
7#	700	≥1 900	≥9.00	≥12.0	≥1 300	≥6.50	≥8.0

5.1.2 瓦楞纸板任一粘合层的粘合强度应不低于 400 N/m。

5.1.3 包装箱可重复使用，重复使用时应符合 GB/T 32568—2016 的规定。

5.2 重金属限量

包装箱中铅、汞、镉、铬总量应不大于 100 mg/kg。

5.3 尺寸与偏差

5.3.1 包装箱的基础模数尺寸为 600 mm×400 mm，其平面尺寸应符合 GB/T 4892—2008 中表 1 的规定。

5.3.2 包装箱的长、宽之比宜不大于 2.5∶1;高、宽之比宜不大于 2∶1,宜不小于 0.15∶1。

5.3.3 包装箱的内外尺寸公差应为±3 mm。

5.3.4 半叠盖式包装箱的摇盖对接间隙应不大于 5 mm。

5.4 粘合

5.4.1 包装箱宜采用粘合剂接合,不应有粘合不良、不规则、脏污、伤痕等使用上的缺陷。

5.4.2 包装箱搭接舌边宽度应不小于 30 mm,粘合接缝的粘合剂涂布应均匀充分、粘合牢固,不应有多余的粘合剂溢出现象,剥离时至少有 70%的粘合面被破坏。

5.4.3 全叠盖式包装箱宜采用胶粘方式封合,粘合面粘合宽度应不小于 30 mm,粘合牢固,剥离时至少有 70%的粘合面被破坏。

5.5 质量与结构

5.5.1 包装箱压痕线宽度应不大于 17 mm,折线居中,不应有破裂或断线,箱壁不应有多余的压痕线。

5.5.2 构成包装箱的各面的切断部及棱应互成直角。在压痕、合盖时,瓦楞纸板的表面不应破裂,在切断部位不应有显著的缺陷,切断口表面裂损宽度应不超过 8 mm。

5.5.3 包装箱表面应适合用普通胶水、不干胶或糨糊等粘贴各种快递业务单据,固化后不脱落。

5.6 印刷

5.6.1 印刷内容

5.6.1.1 包装箱宜保持瓦楞纸板材料原色,印刷面积不应超过箱体表面总面积的 50%。

5.6.1.2 包装箱正面应印刷下列内容:

——快递企业标识和名称;

——服务信息,包括快递企业服务电话、经营地址和网站地址等。

5.6.1.3 包装箱侧面应印刷下列内容:

——型号;

——"快递"字样的中文或英文标识;

——可回收标志,参见附录 B 中图 B.1;

——重复使用标志,参见图 B.2;

——制作及管理信息,包括生产单位、监制单位、监制证号、数量和生产日期等。

5.6.2 印刷质量

包装箱宜使用水基型油墨印刷,其印刷质量应符合 GB/T 17497.3—2012 中第 5 章的规定。

5.7 物理机械性能

5.7.1 包装箱的摇盖应牢固,内外面层不应有裂痕。

5.7.2 包装箱的空箱抗压强度值应不小于式(1)所得的计算值:

$$P = K \cdot G \frac{H - h}{h} \times 9.8 \quad \cdots\cdots (1)$$

式中:

P ——抗压强度值,单位为牛顿(N);

K ——强度安全系数;

G ——包装箱包装件的质量,单位为千克(kg);

H ——堆码高度(不宜高于 3 000 mm),单位为毫米(mm);

h ——包装箱高度,单位为毫米(mm)。

注:强度安全系数 K 需根据包装箱的实际储运流通环境条件确定,包括气候环境条件、机械物理环境条件及储运时间等。用于国际快递业务的包装箱宜取 3;用于国内异地快递业务的包装箱宜取 2.5;用于同城快递业务的包装箱宜取 2。

5.7.3 包装箱从 0.8 m 高度跌落时箱体不应出现破损。

6 试验方法

6.1 材料

6.1.1 试样的采取和处理应按 GB/T 450 和 GB/T 10739 的规定进行。

6.1.2 耐破强度试验应按 GB/T 6545 的规定进行测定。

6.1.3 边压强度试验应按 GB/T 6546 的规定进行测定。

6.1.4 戳穿强度试验应按 GB/T 2679.7 的规定进行测定。

6.1.5 粘合强度试验应按 GB/T 6548 的规定进行测定。

6.2 重金属限量

包装箱中铅、汞、镉、铬的含量应按 SN/T 1634 的规定进行测定。

6.3 尺寸与偏差

测定内尺寸时,应将包装箱支撑成型,相邻面夹角成 90°,在搭舌上距摇盖压痕线 50 mm 处分别量取长度和宽度,以箱底与箱顶两内摇盖间的距离量取箱高;也可将纸箱展开,使弯折的部分充分展平,用直尺测量展开尺寸。摇盖对接间隙用直尺测量。

6.4 粘合

6.4.1 用目测法对 5.4.1 进行检验。

6.4.2 用目测法检测 5.4.2～5.4.3 粘合剂是否涂布均匀,用直尺测量和 2.5 mm 的网格法计算粘合宽度和面积。

6.5 质量与结构

6.5.1 用目测法和直尺测量法对 5.5.1～5.5.2 进行试验。

6.5.2 用普通胶水(或糨糊)粘贴快递业务单据对 5.5.3 进行试验,固化后揭撕标签,检查签纸或板底是否有明显破坏痕迹。

6.6 印刷

6.6.1 印刷内容

印刷面积用 2.5 mm 的网格法测算,印刷内容应在自然光线下用目测法进行检验。

6.6.2 印刷质量

按 GB/T 17497.3—2012 中第 6 章的规定对 5.6.2 的要求进行试验。

6.7 物理机械性能

6.7.1 将包装箱的箱体摇盖开合 270°,反复开合 5 次,用目测法对 5.7.1 进行测试。

6.7.2 包装箱的空箱抗压强度应按 GB/T 4857.4 的规定进行试验。

6.7.3 在0.8 m的高度上,对满负荷封装完毕的包装箱应按GB/T 4857.5的规定进行面、棱、角的跌落试验各一次,结果应符合5.7.3的规定。

7 检验规则

7.1 出厂检验

7.1.1 抽样

以一次交货数量为一批。包装箱出厂检验抽样按表3的规定进行,根据GB/T 10111的规定随机抽取检验样本。样本单位为个,样本量、检验项目及接收质量限(AQL)见表3。

表3 包装箱出厂检验样本量、检验项目及抽样方案

<table>
<tr><th rowspan="3">批量</th><th colspan="7">正常检验一次抽样方案　　检验水平 S-4</th></tr>
<tr><th rowspan="2">样本量
个</th><th colspan="3">AQL=4.0</th><th colspan="3">AQL=6.5</th></tr>
<tr><th>Ac</th><th>Re</th><th>检验项目</th><th>Ac</th><th>Re</th><th>检验项目</th></tr>
<tr><td>1 201～3 200</td><td rowspan="2">32</td><td rowspan="2">3</td><td rowspan="2">4</td><td rowspan="5">5.6 印刷
5.7 物理
机械性能</td><td rowspan="2">5</td><td rowspan="2">6</td><td rowspan="5">5.3 尺寸与偏差
5.4 粘合
5.5 质量与结构</td></tr>
<tr><td>3 201～10 000</td></tr>
<tr><td>10 001～35 000</td><td>50</td><td>5</td><td>6</td><td>7</td><td>8</td></tr>
<tr><td>35 001～150 000</td><td rowspan="2">80</td><td rowspan="2">7</td><td rowspan="2">8</td><td rowspan="2">7</td><td rowspan="2">8</td></tr>
<tr><td>150 001～500 000</td></tr>
<tr><td colspan="8">注:AQL——接收质量限;Ac——接收数;Re——拒收数</td></tr>
</table>

7.1.2 判定规则

7.1.2.1 不合格品

每个样品按第6章试验方法检验表3规定的各项检验项目,如有一项或一项以上技术指标达不到要求,则该产品为不合格品。

7.1.2.2 不合格批

样本中不合格品数等于或大于不合格判定数(Re),则样本所代表的该批产品为不合格批。将剔除不合格品的样本再放入该批样品中,重新取样进行复检。复检时,应按GB/T 2828.1—2012中2-B加严检查一次抽样方案的规定进行,复检仍不合格,则整批产品不应出厂,且不准许再次提交进行检验。

7.2 型式检验

7.2.1 检验周期

型式检验的周期为半年,但有下列情况之一时应进行型式检验:

a) 试制定型鉴定时;

b) 正式生产后,材料、工艺有较大改变时;

c) 正常生产时,每100万个应进行一次型式检验;

d) 停产半年以上又恢复生产时;

e) 出厂检验结果与上次型式检验有较大差异时;

f) 质量监督机构提出进行型式检验要求时。

7.2.2 抽样

7.2.2.1 重金属限量

按 GB/T 2829—2002 中规定的判别水平Ⅲ的一次抽样方案，样本单位为个，样本量、检验项目及不合格质量水平(RQL)见表 4。

表 4 包装箱重金属限量型式检验样本量、检验项目及抽样方案

样本量 个	RQL=10		
	检验项目	判定数	
		A_1	R_1
20	5.2 重金属限量	0	1

注：RQL——不合格质量水平；A_1——合格判定数；R_1——不合格判定数。

7.2.2.2 一般项目

型式检验抽样应从当前生产的并经出厂检验合格的产品中按 GB/T 2829—2002 规定的判别水平Ⅱ的二次抽样方案，随机抽取检验样本进行检验。样本单位为个，样本量、检验项目及不合格质量水平(RQL)见表 5。

表 5 包装箱型式检验样本量、检验项目及抽样方案

样本量 个	RQL=12			RQL=15		
	检验项目	判定数		检验项目	判定数	
第一样本量 20	5.1 材料 5.6 印刷 5.7 物理机械性能	A_1 0	R_1 3	5.3 尺寸与偏差 5.4 粘合 5.5 质量与结构	A_1 1	R_1 3
第二样本量 20		A_2 3	R_2 4		A_2 4	R_2 5

注：RQL——不合格质量水平；A_1、A_2——合格判定数；R_1、R_2——不合格判定数。

7.2.3 判定规则

7.2.3.1 重金属限量型式检验判定

在样本中，若不合格品数小于或等于合格判定数(A_1)，则型式检验合格。若不合格品数大于或等于不合格判定数(R_1)，则型式检验不合格。若重金属限量检验不合格，则不再进行一般项目的检验。

7.2.3.2 一般项目型式检验判定

在第一样本中，若不合格品数小于或等于合格判定数(A_1)，则型式检验合格。若不合格品数大于或等于不合格判定数(R_1)，则型式检验不合格。当不合格品数大于合格判定数(A_1)、小于不合格判定数(R_1)时，则需要抽第二样本。若第一样本和第二样本累计的不合格品数小于或等于合格判定数(A_2)，则型式检验合格。若第一样本和第二样本累计的不合格品数大于或等于不合格判定数(R_2)，则型式检验不合格。

8 包装、标志、运输和储存

8.1 包装箱的包装方式和要求由供需双方商定。

8.2 包装箱的包装标志应符合 GB/T 191 的规定。

8.3 包装箱在储运过程中应避免雨雪、暴晒、受潮和污染，运输、装卸过程中应确保包装箱完好无损。

8.4 包装箱应储存在通风干燥的库房内，底层距地面高度宜不小于 100 mm。短期露天存放时，应有必要的防雨防晒等措施。

8.5 包装箱的储存期从生产之日算起，不应超过一年。

附 录 A
（资料性附录）
包装箱的箱型结构示例

包装箱的箱型结构见图 A.1～图 A.4，图中 L、B、H 均表示内尺寸。

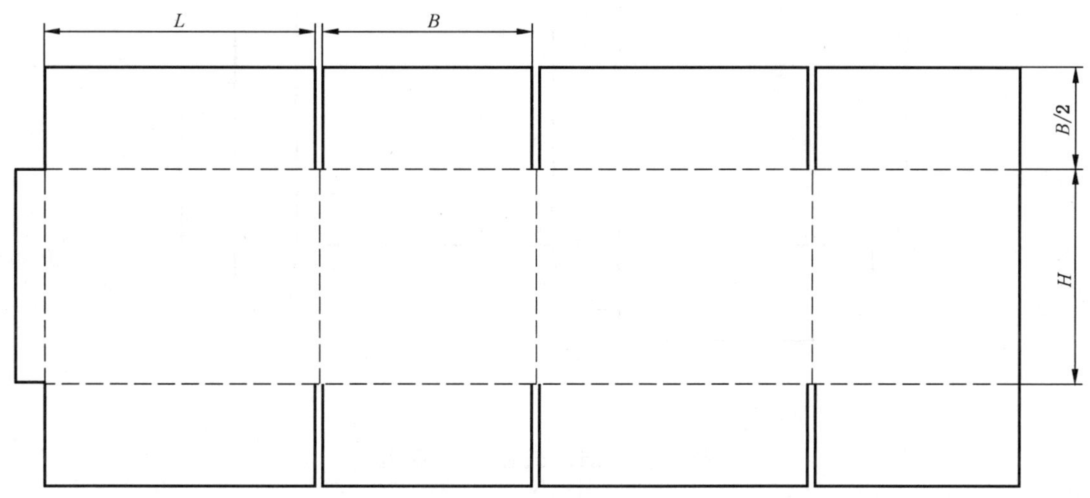

图 A.1　半叠盖式包装箱结构

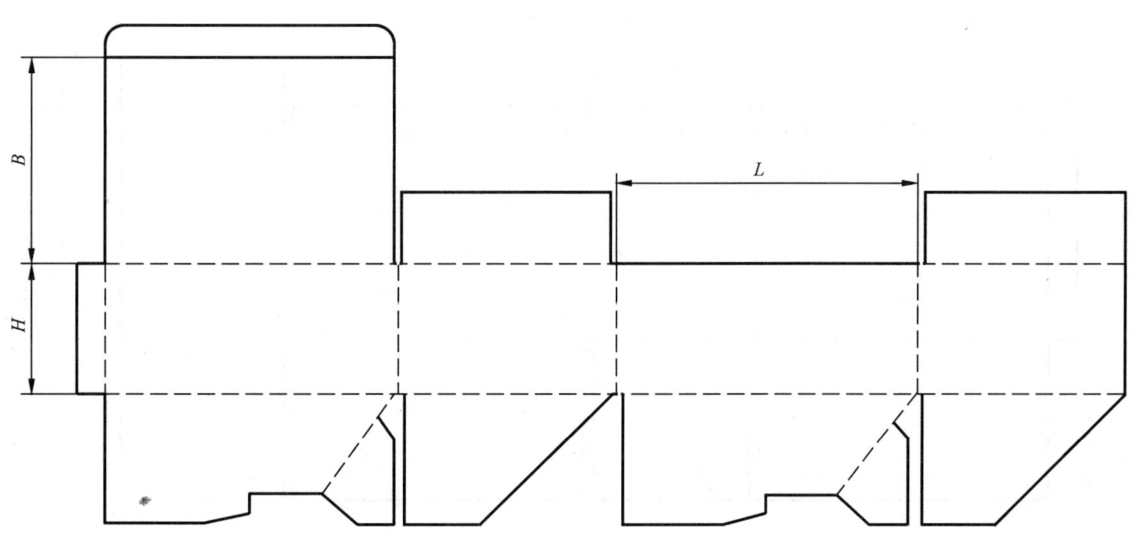

图 A.2　互插盖式包装箱结构

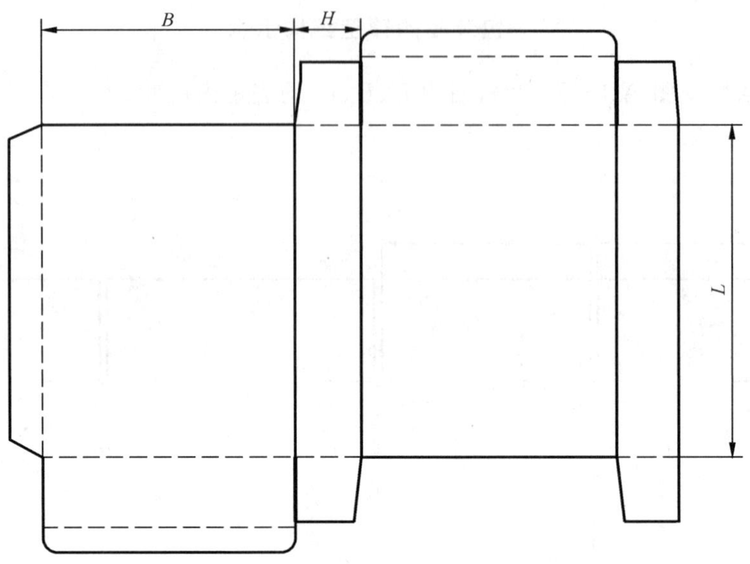

图 A.3 插入式包装箱结构

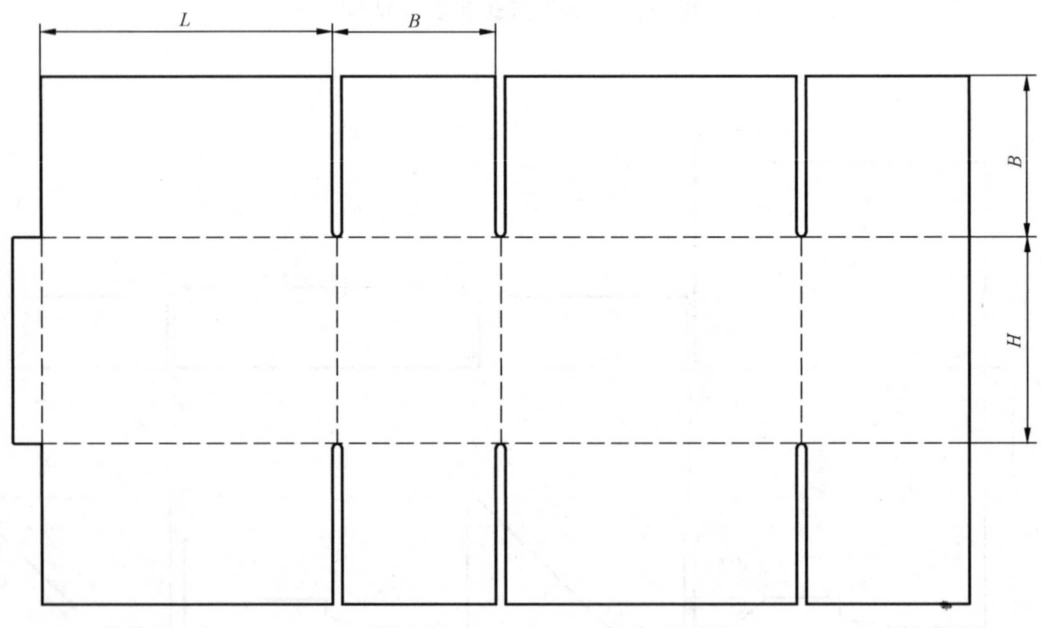

图 A.4 全叠盖式包装箱结构

附 录 B
(资料性附录)
包装箱的可回收标志和重复使用标志

B.1 可回收标志的颜色和尺寸宜根据包装箱的颜色和尺寸确定,其标志见图 B.1。

图 B.1 包装箱的可回收标志

B.2 重复使用标志的颜色和尺寸宜根据包装箱的颜色和尺寸确定,其标志见图 B.2。

图 B.2 包装箱的重复使用标志

ICS 03.240
M 83

中华人民共和国国家标准

GB/T 16606.3—2018
代替 GB/T 16606.3—2009

快递封装用品　第3部分：包装袋

Packings for express service—Part 3：Packing bag

2018-02-06 发布　　　　2018-09-01 实施

中华人民共和国国家质量监督检验检疫总局
中国国家标准化管理委员会　发布

前　言

GB/T 16606《快递封装用品》分为三个部分：

——第1部分：封套；

——第2部分：包装箱；

——第3部分：包装袋。

本部分为 GB/T 16606 的第3部分。

本部分按照 GB/T 1.1—2009 给出的规则起草。

本部分代替 GB/T 16606.3—2009《快递封装用品　第3部分：包装袋》。与 GB/T 16606.3—2009 相比，除编辑性修改外，主要技术变化如下：

——修改了适用范围(见第1章，2009年版的第1章)；

——增加了生物降解塑料的术语和定义(见3.4)；

——修改了塑料薄膜类包装袋的厚度要求、断裂伸长率和粘合向拉断力的名称和要求，将断裂伸长率修改为断裂标称应变，将粘合向拉断力修改为热合强度，并增加了穿刺强度指标(见5.1.1.1，2009年版的5.1.1)；

——增加了生物降解性能的要求和试验方法(见5.1.1.2和6.2.1.2)；

——修改了气垫膜类包装袋的单位面积质量要求(见5.1.2，2009年版的5.1.2)；

——修改了塑料编织布类包装袋的拉伸负荷和单位面积质量要求(见5.1.3，2009年版的5.1.3)；

——删除了包装袋安全卫生指标要求(见2009年版的5.1.4)；

——增加了包装袋重金属与特定物质的限量要求和试验方法(见5.2和6.3)；

——修改了包装袋的式样要求(见5.3，2009年版的5.2)；

——修改了气垫膜类包装袋坏泡率的要求(见5.4.6，2009年版的5.3.7)；

——修改了包装袋印刷内容要求(见5.6.1，2009年版的5.5.1)；

——修改了包装袋封口要求(见5.7，2009年版的5.6)；

——增加了坏泡率的试验方法(见6.5.5)；

——修改了型式检验规则(见7.2，2009年版的7.2)；

——修改了包装袋的包装、标志、运输和储存(见第8章)；

——增加了包装袋的横式式样(见附录A，2009年版的附录A)；

——删除了塑料编织布类包装袋锁扣封口要求及试验方法(见2009年版的5.6.4和附录B)；

——增加了包装袋标识示例(见附录B)。

本部分由国家邮政局提出并归口。

本部分起草单位：邮政科学研究规划院、国家塑料制品质量监督检验中心(北京)、菜鸟网络科技有限公司、广东天元实业集团股份有限公司、中国包装科研测试中心、武汉华丽生物股份有限公司、富阳市金宇包装有限公司、上海三念塑胶有限公司。

本部分主要起草人：黄亚楠、翁云宣、把宁、胡科杰、陈国酿、牛淑梅、张立斌、徐金华、林木英。

本部分所代替标准的历次版本发布情况为：

——GB/T 16606.3—2009。

快递封装用品　第3部分：包装袋

1　范围

GB/T 16606的本部分规定了快递包装袋(以下简称“包装袋”)的种类规格、要求、试验方法、检验规则以及包装、标志、运输和储存要求。

本部分适用于包装袋的制作、检验、包装、标志、运输和储存。

本部分不适用于直接接触食品的包装袋。

2　规范性引用文件

下列文件对于本文件的应用是必不可少的。凡是注日期的引用文件，仅注日期的版本适用于本文件。凡是不注日期的引用文件，其最新版本(包括所有的修改单)适用于本文件。

GB/T 1040.1　塑料　拉伸性能的测定　第1部分：总则

GB/T 1040.3　塑料　拉伸性能的测定　第3部分：薄膜和薄片的试验条件

GB/T 2410　透明塑料透光率和雾度的测定

GB/T 2792—2014　胶粘带剥离强度的试验方法

GB/T 2828.1—2012　计数抽样检验程序　第1部分：按接收质量限(AQL)检索的逐批检验抽样计划

GB/T 2829—2002　周期检验计数抽样程序及表(适用于对过程稳定性的检验)

GB/T 4668　机织物密度的测定

GB/T 4669　纺织品　机织物　单位长度质量和单位面积质量的测定

GB/T 4744　纺织品　防水性能的检测和评价　静水压法

GB/T 6672　塑料薄膜和薄片厚度测定　机械测量法

GB/T 8808　软质复合塑料材料剥离试验方法

GB/T 8809　塑料薄膜抗摆锤冲击试验方法

GB/T 8946—2013　塑料编织袋通用技术要求

GB/T 9345.1—2008　塑料　灰分的测定　第1部分：通用方法

GB/T 10004—2008　包装用塑料复合膜、袋干法复合、挤出复合

GB/T 10111　随机数的产生及其在产品质量抽样检验中的应用程序

GB/T 16288　塑料制品的标志

GB/T 19276.1—2003　水性培养液中材料最终需氧生物分解能力的测定　采用测定密闭呼吸计中需氧量的方法

GB/T 19276.2—2003　水性培养液中材料最终需氧生物分解能力的测定　采用测定释放的二氧化碳的方法

GB/T 19277.1—2011　受控堆肥条件下材料最终需氧生物分解能力的测定　采用测定释放的二氧化碳的方法 第1部分：通用方法

GB/T 19277.2—2013　受控堆肥条件下材料最终需氧生物分解能力的测定　采用测定释放的二氧化碳的方法　第2部分：用重量分析法测定实验室条件下二氧化碳的释放量

GB/T 20197　降解塑料的定义、分类、标识和降解性能要求

GB/T 21302—2007 包装用复合膜、袋通则

QB/T 1130 塑料直角撕裂性能试验方法

QB/T 2358 塑料薄膜包装袋热合强度试验方法

SN/T 2046 塑料及其制品中铅、汞、铬、镉、钡、砷、硒、锑的测定 电感耦合等离子体原子发射光谱法

SN/T 2249 塑料及其制品中邻苯二甲酸酯类增塑剂的测定 气相色谱-质谱法

3 术语和定义

GB/T 20197、GB/T 2828.1—2012、GB/T 2829—2002 界定的以及下列术语和定义适用于本文件。为了便于使用，以下重复列出了 GB/T 20197、GB/T 2828.1—2012、GB/T 2829—2002 中的某些术语和定义。

3.1

塑料薄膜类包装袋 plastic film paking bag

以树脂为主要原料，经吹膜、模切、印刷和封合等加工后，制成的可在寄递过程中装载快件的袋式封装用品。

3.2

气垫膜类包装袋 air spring film paking bag

以树脂为主要原料，经挤出双层膜真空复合成型的气垫薄膜，并经复合、模切、印刷和粘合等加工后，制成的可装载快件的袋式封装用品。

3.3

塑料编织布类包装袋 plastic woven sack paking bag

以树脂为主要原料，经挤出、拉伸成扁丝，并经织造、印刷和缝纫等加工后，制成的可装载快件的袋式封装用品。

3.4

生物降解塑料 biodegradable plastic

在自然界如土壤和/或沙土等条件下，和/或特定条件如堆肥条件下或厌氧消化条件下或水性培养液中，由自然界存在的微生物作用引起降解，并最终完全降解变成二氧化碳（CO_2）和/或甲烷（CH_4）、水（H_2O）及其所含元素的矿化无机盐以及新的生物质的塑料。

[GB/T 20197—2006，定义 3.12]

3.5

接收质量限 acceptance quality limit

AQL

当一个连续系列批被提交验收抽样时，可允许的最差过程平均质量水平。

[GB/T 2828.1—2012，定义 3.1.26]

3.6

不合格质量水平 rejection qulity level

RQL

在抽样检验中，认为不可接受的批质量下限值。

[GB/T 2829—2002，定义 3.1.18]

4 种类与规格

包装袋主要分为塑料薄膜类、气垫膜类和塑料编织布类三种。其规格尺寸宜符合表1的规定。

表1 包装袋种类与规格

单位为毫米

名称	规格尺寸		备注
	长 *L*	宽 *W*	
塑料薄膜类	300～550	250～400	可分为有起墙和无起墙两种形式，起墙厚度不大于30 mm
气垫膜类	160～480	160～350	—
塑料编织布类	460～955	415～525	可分为有起墙和无起墙两种形式，起墙厚度为30 mm～200 mm

5 要求

5.1 材料

5.1.1 塑料薄膜类

5.1.1.1 基本要求

塑料薄膜类包装袋基本技术指标应符合表2的规定。

表2 塑料薄膜类包装袋基本技术指标

指标名称		规定值	试验方法
厚度/mm		0.03～0.08	GB/T 6672
厚度极限偏差/%		±10	
拉伸强度/MPa	纵向、横向	≥20.0	GB/T 1040.1、GB/T 1040.3
断裂标称应变/%	纵向、横向	≥200	GB/T 1040.1、GB/T 1040.3
直角撕裂力/N	纵向、横向	≥4.0	QB/T 1130
热合强度/(N/15 mm)		≥15	QB/T 2358
抗摆锤冲击能/J		≥0.6	GB/T 8809
穿刺强度/N		≥2.0	GB/T 21302—2007 中6.5.5
透光率/%		≤5.0	GB/T 2410

5.1.1.2 生物降解性能

包装袋宜采用生物降解塑料，其生物降解性能应满足以下要求：

a) 有机成分(挥发性固体含量)应不小于51%。

b) 相对生物降解率应不小于90%；或包装袋中每个单一成分的组分的生物降解率应不小于60%。

c) 组分含量小于1%的有机成分，也应可生物降解，但可不提供生物降解能力证明，其总量应小于5%。

5.1.2 气垫膜类

气垫膜类包装袋技术指标应符合表 3 的规定。

表 3 气垫膜类包装袋技术指标

指标名称	规定值	试验方法
拉断力/(N/50 mm)	≥70.0	GB/T 1040.1、GB/T 1040.3
热合强度/(N/15 mm)	≥15	QB/T 2358
袋口胶粘带 180°剥离强度/(N/cm)	≥5.0	GB/T 2792—2014 中第 5 章
剥离力/N	≥0.5	GB/T 8808
单位面积质量/(g/m^2)	≥70	GB/T 4669

5.1.3 塑料编织布类

塑料编织布类包装袋技术指标应符合表 4 的规定。

表 4 塑料编织布类包装袋技术指标

指标名称		规定值	试验方法
密度/(根/10cm)	经向	≥40	GB/T 4668
	纬向	≥40	
拉伸负荷/(N/50 mm)	经向	≥360	GB/T 8946—2013 中 7.3
	纬向	≥340	
	缝底向	≥175	
	粘合向	≥150	
剥离力/N		≥2.5	GB/T 8808
单位面积质量/(g/m^2)		≥70	GB/T 4669
静水压/kPa		≥2.0	GB/T 4744

5.2 重金属与特定物质限量

5.2.1 基本要求

包装袋不应对生态环境和人身健康产生不利影响。其中重金属与特定物质限量的基本要求应符合表 5 的规定。

表 5　包装袋重金属与特定物质限量

名称		指标
重金属/(mg/kg)	铅(Pb)+汞(Hg)+ 镉(Cd)+铬(Cr)	≤100
邻苯二甲酸酯/(mg/kg)	邻苯二甲酸二正丁酯(DBP)	≤1 000
	邻苯二甲酸丁基苄基酯(BBP)	≤1 000
	邻苯二甲酸二(2-乙基己)酯(DEHP)	≤1 000
	邻苯二甲酸二正辛酯(DNOP)	≤1 000
	邻苯二甲酸二异壬酯(DINP)	≤1 000
	邻苯二甲酸二异癸酯(DIDP)	≤1 000
溶剂残留/(mg/m^2)	总量	≤10
	苯类	≤3

5.2.2　生物降解塑料要求

采用生物降解塑料制成的包装袋，除需满足 5.2.1 基本要求外，还应满足表 6 的规定。

表 6　生物降解塑料包装袋重金属与特定物质限量

单位为毫克每千克

元素名称	含量	元素名称	含量
锌(Zn)	≤150	铬(Cr)	≤50
铜(Cu)	≤50	钼(Mo)	≤1
镍(Ni)	≤25	硒(Se)	≤0.75
镉(Cd)	≤0.5	砷(As)	≤5
铅(Pb)	≤50	氟(F)	≤100
汞(Hg)	≤0.5	钴(Co)	≤38

5.3　式样

包装袋式样参见附录 A。

5.4　表面要求

5.4.1　包装袋表面应均匀、平整，无明显损坏、污垢。

5.4.2　包装袋表面应适合粘贴带背胶的条码签和快递运单，固化后不脱落。

5.4.3　包装袋不应有明显异味。

5.4.4　塑料薄膜类包装袋表面不应存在有碍使用的气泡、穿孔(不包括透气孔)、塑化不良、鱼眼、僵块、丝纹、挂料线、皱折(不包括折边等正常折叠引起的折痕)等瑕疵。

5.4.5　塑料编织布类包装袋间隔 100 mm 内，经、纬丝断缺应不超过 2 根；宽度 3 mm、长度 100 mm 的褶皱应不多于 3 处。

5.4.6　气垫膜类包装袋坏泡率应不大于 0.3%。

5.5 制作要求

5.5.1 包装袋结构应为三边封合，封合应牢固，满足承重负荷的要求。正面右端或上端应留有封舌。

5.5.2 塑料编织布类包装袋底边缝合后，应用胶带将缝线处全部覆盖。

5.5.3 塑料编织布类包装袋应在不影响使用的任意位置冲出2个～4个出气孔。

5.6 印刷要求

5.6.1 印刷内容

5.6.1.1 包装袋宜保持材料原色，印刷面积不应超过表面总面积的50%。

5.6.1.2 包装袋正面应印有快递企业标识和名称，以及服务电话和网站地址等快递企业的服务信息。印刷位置参见图A.1。

5.6.1.3 包装袋背面除下列内容外，不应印刷其他任何图案、文字等信息：

——符合GB/T 16288规定的塑料产品标志，包装袋产品标志示例参见附录B；

——包装袋适用的快件厚度和重量，禁递物品等中英文使用说明，字号应不小于5号字；

——制作及管理信息，包括生产单位、监制单位、监制证号、数量和生产日期等内容。

印刷位置参见图A.2。

5.6.2 印刷质量

印刷油墨应均匀，图案和文字应清晰、完整，印刷剥离率应小于10%。

5.7 封口要求

5.7.1 封舌宽度应不小于25 mm。

5.7.2 沿封舌外边缘应附有宽度不小于10 mm的胶带，粘合长度不小于封舌长度的95%，粘合面积不小于80%。

5.7.3 包装袋应为一次性封装，开启后不可复原。

5.7.4 包装袋上胶带的剥离强度应不小于5 N/cm，粘合后再撕开，封舌应有明显变形的痕迹。

6 试验方法

6.1 种类与规格

用精度0.5 mm的量具，按表1的要求进行测定。

6.2 材料

6.2.1 塑料薄膜类包装袋

6.2.1.1 塑料薄膜类包装袋基本技术指标的试验方法见表2。

6.2.1.2 生物降解性能的试验方法按GB/T 19277.1—2011(仲裁时，采用该标准)或GB/T 19277.2—2013或GB/T 19276.1—2003或GB/T 19276.2—2003中的规定方法测定。有机成分(挥发性固体含量)按GB/T 9345.1—2008方法A测定，测定温度为650 ℃。

6.2.2 气垫膜类包装袋

气垫膜类包装袋技术指标的试验方法见表3。

6.2.3 塑料编织布类包装袋

塑料编织布类包装袋技术指标的试验方法见表4。

6.3 重金属与特定物质限量

6.3.1 铅、汞、镉、铬含量应按SN/T 2046的规定进行测定。

6.3.2 邻苯二甲酸酯含量应按SN/T 2249的规定进行测定。

6.3.3 溶剂残留量应按GB/T 10004—2008中6.6.17的规定进行测定。

6.3.4 测试生物降解塑料重金属含量时，应将样品经高压系统微波消解，然后用原子吸收仪或电感耦合等离子体质谱仪等仪器测定。

6.4 式样

在自然光线下目测。

6.5 表面要求

6.5.1 用目测法对5.4.1进行检验。

6.5.2 粘贴各种快递业务单据，对5.4.2进行检验。固化后揭撕，单据及包装袋表面应有明显变形。

6.5.3 用目测法和直尺测量方法对5.4.4和5.4.5进行检验。

6.5.4 用鼻闻方式对5.4.3进行检验。

6.5.5 在袋上任意一条气泡所在的直线上量取1 m的长度，目测该长度内的气泡总数和坏泡数。测量长度时，当终点不足1个气泡时，按1个计。

坏泡率P以%表示，按式(1)计算：

$$P=\frac{N_0}{N}\times 100\% \qquad (1)$$

式中：

P ——坏泡率，%；

N_0——1 m长坏泡数，单位为个；

N ——1 m长气泡总数，单位为个。

做三次试验，取三次数据的平均值，结果精确至小数点后一位。

6.6 制作要求

用目测法对5.5进行检验。

6.7 印刷要求

6.7.1 印刷内容

印刷面积用2.5 mm的网格法计算，印刷内容应在自然光线下用目测法进行检验。

6.7.2 印刷质量

在包装袋印刷油墨较多部位上切取试样。印刷面朝上，用透明胶带将试样四边固定在平滑的台面上露出100 mm×100 mm试验部位。操作过程中不要用手接触测量部位，用180°剥离强度为6.5 N/15 mm±1.0 N/15 mm的胶粘带，取宽15 mm、长175 mm，贴于试样印刷面上，在75 mm处折成180°，并在粘贴部位用质量为1 kg压辊来回滚压一次。然后用手快速进行剥离，剥离后用2.5 mm

组成的网格法测量印刷油墨剥离面积与残留面积。

印刷油墨剥离率 A 以%表示，按式(2)计算：

$$A=\frac{S_1}{S_2}\times 100\% \qquad (2)$$

式中：

A ——印刷油墨剥离率，%；

S_1——剥离面积，单位为平方毫米(mm^2)；

S_2——残留面积，单位为平方毫米(mm^2)。

做三次试验，取三次数据的平均值，结果保留整数。

6.8 封口要求

6.8.1 用精度 0.5 mm 的量具对 5.7.1 和 5.7.2 进行测定。

6.8.2 用目测法对 5.7.3 进行检验。

6.8.3 按 GB/T 2792—2014 中第 5 章的规定对 5.7.4 进行测定。

7 检验规则

7.1 出厂检验

7.1.1 抽样

以一次交货数量为一批。包装袋出厂检验抽样按表 7 的规定进行，根据 GB/T 10111 的规定随机抽取检验样本。样本单位为条，样本量、检验水平及接收质量限(AQL)见表 7。

表 7 包装袋出厂检验样本量、检验项目及抽样方案

批量	正常检验一次抽样方案 检验水平 S-4						
	样本量条	AQL=4.0			AQL=6.5		
		Ac	Re	检验项目	Ac	Re	检验项目
1 201～3 200	32	3	4	5.4 表面要求 5.5 制作要求 5.6 印刷要求 5.7 封口要求	5	6	4 种类与规格 5.3 式样
3 201～10 000							
10 001～35 000	50	5	6		7	8	
35 001～15 000	80	7	8		10	11	
150 001～500 000							

注：AQL——接收质量限；Ac——接收数；Re——拒收数。

7.1.2 判定规则

7.1.2.1 不合格品

每条样品按第 6 章试验方法检验表 7 规定的各项检验项目，如有一项或一项以上技术指标达不到要求，该产品为不合格品。

7.1.2.2 不合格批

样本中不合格品数等于或大于拒收数(Re)，则样本所代表的该批产品为不合格批。将剔除不合格品的样本再放入该批样品中,重新取样进行复检。复检时,应按 GB/T 2828.1—2012 中表 2-B 加严检查一次抽样方案的规定进行,复检仍不合格,则整批产品不得出厂,并不准许再次提交。

7.2 型式检验

7.2.1 检验周期

型式检验的周期为半年,但有下列情况之一时应进行型式检验:

a) 试制定型鉴定时;

b) 正式生产后,材料、工艺有较大改变时;

c) 正常生产时,每连续 500 万条应进行一次型式检验;

d) 停产半年以上又恢复生产时;

e) 出厂检验结果与上次型式检验有较大差异时;

f) 质量监督机构提出进行型式检验要求时。

7.2.2 抽样

7.2.2.1 重金属与特定物质限量

重金属与特定物质限量按 GB/T 2829—2002 中规定的判别水平Ⅲ的一次抽样方案进行检验,样本单位为条,样本量、判别水平、检验项目及不合格质量水平(RQL)见表 8。

表 8 包装袋重金属与特定物质限量型式检验抽样方案

样本量 条	RQL=10		
	检验项目	判定数	
		A_1	R_1
20	5.2 重金属与特定物质限量	0	1
注:RQL——不合格质量水平;A_1——合格判定数;R_1——不合格判定数。			

7.2.2.2 一般检验项目

型式检验抽样应从当前生产的并经出厂检验合格的产品中按 GB/T 2829—2002 规定的判别水平Ⅱ的二次抽样方案,随机抽取检验样本进行检验。样本单位为条,样本量、判别水平、检验项目及不合格质量水平(RQL)见表 9。

表 9 包装袋型式检验一般检验项目抽样方案

样本量 条	RQL=12			RQL=15		
	检验项目	判定数		检验项目	判定数	
第一样本量 20	5.1 材料 5.4 表面要求 5.5 制作要求 5.6 印刷要求 5.7 封口要求	A_1 0	R_1 3	4 种类与规格 5.3 式样	A_1 1	R_1 3
第二样本量 20		A_2 3	R_2 4		A_2 4	R_2 5
注:RQL——不合格质量水平;A_1、A_2——合格判定数;R_1、R_2——不合格判定数。						

7.2.3 判定规则

7.2.3.1 重金属与特定物质限量型式检验判定

在样本中，若不合格品数小于或等于合格判定数(A_1)，则型式检验合格。若不合格品数大于或等于不合格判定数(R_1)，则型式检验不合格。若重金属与特定物质限量检验不合格，则不再进行一般项目的检验。

7.2.3.2 一般项目型式检验判定

在第一样本中，若不合格品数小于或等于合格判定数(A_1)，则型式检验合格。若不合格品数大于或等于不合格判定数(R_1)，则型式检验不合格。若不合格品数大于合格判定数(A_1)、小于不合格判定数(R_1)时，则需要抽第二样本。若第一样本和第二样本累计的不合格品数小于或等于合格判定数(A_2)，则型式检验合格。若第一样本和第二样本累计的不合格品数大于或等于不合格判定数(R_2)，则型式检验不合格。

8 包装、标志、运输和储存

8.1 包装

8.1.1 包装应牢固、平整。

8.1.2 每件包装中应为相同品种、型号、规格的产品。

8.1.3 每件包装中应有产品合格证。

8.1.4 生物降解塑料包装袋应密封包装，包装能防尘、防潮并且保证产品在储存、运输过程不被污染。

8.2 标志

包装上应有生产单位、产品型号、数量、标准编号、生产日期、储存期等内容。

8.3 运输

包装袋在运输过程中不应靠近火源、热源，避免日光直接照射。

8.4 储存

8.4.1 包装袋应储存在阴凉、干燥、洁净的室内，包装袋底层距地面高度宜不小于 100 mm。

8.4.2 包装袋储存期从生产之日算起，不应超过一年；生物降解塑料包装袋的储存期不应超过半年。

附 录 A
（资料性附录）
包装袋式样

包装袋式样见图 A.1、图 A.2。

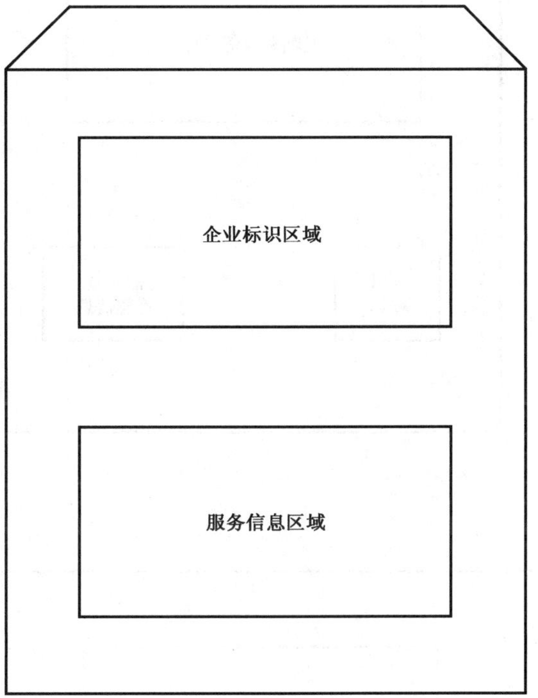

a） 纵式

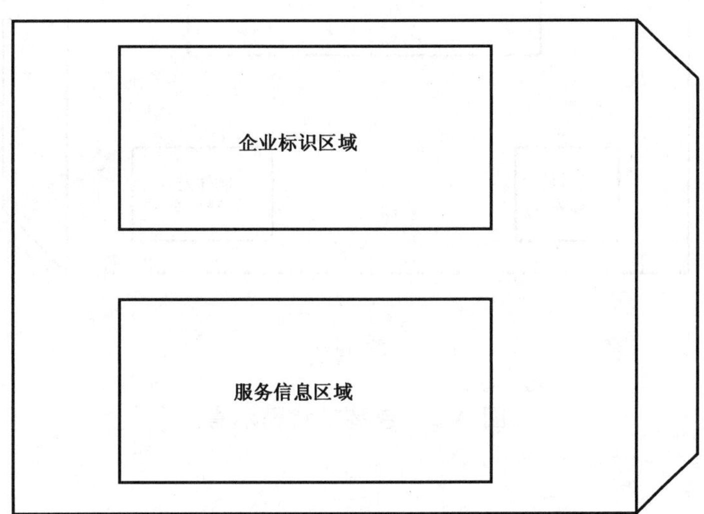

b） 横式

图 A.1 包装袋正面示意

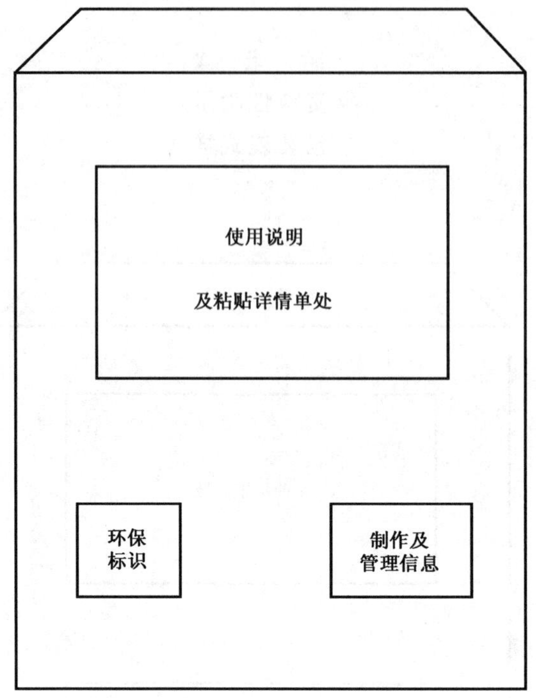

a） 纵式

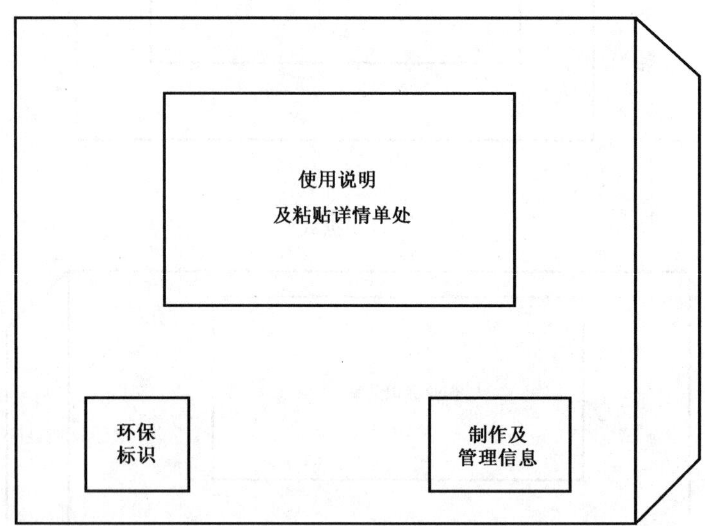

b） 横式

图 A.2 包装袋背面示意

附 录 B
（资料性附录）
包装袋产品标志示例

示例 1：全部新料低密度聚乙烯包装袋，标志见图 B.1。

图 B.1 聚乙烯包装袋标志

示例 2：含有 10% 质量分数再生料聚乙烯的聚乙烯包装袋，标志见图 B.2。

图 B.2 含再生料的聚乙烯包装袋标志

示例 3：由 PBAT 和 PLA 复合而成的生物降解塑料包装袋，标志见图 B.3。

图 B.3 生物降解塑料包装袋标志

ICS 77.120.99
H 65

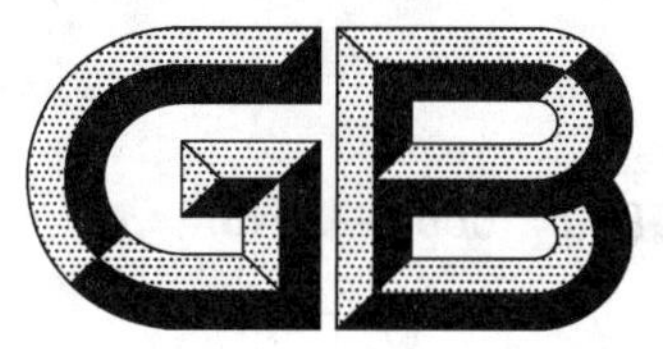

中华人民共和国国家标准

GB/T 16661—2018
代替 GB/T 16661—2008

碳　酸　铈

Cerium carbonate

2018-06-07 发布　　　　2019-03-01 实施

国家市场监督管理总局
中国国家标准化管理委员会　发布

前　言

本标准按照 GB/T 1.1—2009 给出的规则起草。

本标准代替 GB/T 16661—2008《碳酸铈》。

本标准与 GB/T 16661—2008 相比主要技术变化如下：

——增加了标准适用范围(见第 1 章)；

——增加了规范性引用文件 GB/T 14635、GB/T 17803(见第 2 章)；

——修改了规范性引用文件 GB/T 12690 引用的内容，将“GB/T 12690(所有部分)”修改为“GB/T 12690.7　稀土金属及其氧化物中非稀土杂质化学分析方法　硅量的测定　钼蓝分光光度法”(见第 2 章，2008 年版的第 2 章)；

——修改了规范性引用文件 GB/T 16484 引用内容，将“GB/T 16484.19　氯化稀土、碳酸稀土化学分析方法　氧化稀土总量的测定”修改为“GB/T 16484(所有部分)”(见第 2 章，2008 年版的第 2 章)；

——增加了“字符牌号”(见第 3 章)；

——增加了牌号 023245 及其相应的技术指标(见 3.2)；

——修改了牌号 023240 中铁(Fe_2O_3)含量的技术指标，将原铁(Fe_2O_3)含量不大于 0.001%修改为铁(Fe_2O_3)含量不大于 0.002%(见 3.2，2008 年版的 3.1)；

——修改了牌号 023240、023235、023230 中非稀土杂质镁(MgO)含量的技术指标，将原牌号 023240 中镁(MgO)含量不大于 0.002%修改为不大于 0.005%，牌号 023235 中镁(MgO)含量不大于 0.003%修改为不大于 0.01%，牌号 023230 中镁(MgO)含量不大于 0.003%修改为不大于 0.01%(见 3.2，2008 年版的 3.1)；

——修改了牌号 023240、023235 中非稀土杂质钠(Na_2O)和锌(ZnO)含量的技术指标，将原牌号 023240 中钠(Na_2O)含量不大于 0.02%修改为不大于 0.01%，锌(ZnO)含量不大于 0.005%修改为不大于 0.003%；将原牌号 023235 中钠(Na_2O)不大于 0.05%修改为不大于 0.02%，锌(ZnO)含量不大于 0.008%修改为不大于 0.005%(见 3.2，2008 年版的 3.1)；

——修改了牌号 023240 中氯(Cl^-)含量的技术指标，将原氯(Cl^-)含量不大于 0.03%修改为不大于 0.05%(见 3.2，2008 年版的 3.1)；

——修改了牌号 023240、023235、023230 中非稀土杂质硫酸根(SO_4^{2-})含量的技术指标，将原牌号 023240 中硫酸根(SO_4^{2-})含量不大于 0.01%修改为不大于 0.02%，牌号 023235 中硫酸根(SO_4^{2-})含量不大于 0.01%修改为不大于 0.03%，牌号 023230 中硫酸根(SO_4^{2-})含量不大于 0.02%修改为不大于 0.03%(见 3.2，2008 年版的 3.1)；

——删除了原有牌号 023230A(相对纯度为 99.9%)(见 2008 年版的 3.1)；

——删除了原有牌号 023215(相对纯度为 95.0%)(见 2008 年版的 3.1)。

本标准由全国稀土标准化技术委员会(SAC/TC 229)提出并归口。

本标准起草单位：江西金世纪新材料股份有限公司、益阳鸿源稀土有限责任公司、江阴加华新材料资源有限公司、中国北方稀土(集团)高科技股份有限公司、包头华美稀土高科有限公司、四川江铜稀土有限责任公司、有研稀土新材料股份有限公司、四川省乐山锐丰冶金有限公司、包头稀土研究院、广东珠江稀土有限公司、湖南稀土金属材料研究院、虔东稀土集团股份有限公司。

本标准主要起草人：陈晓红、周武风、刘建峰 文明达、陈月华、肖睿、张国光、许国华、胡娟、王猛、冯新瑞、解萍、金燕华、刘荣丽、温斌。

本标准所代替标准的历次版本发布情况为：

——GB/T 16661—1996、GB/T 16661—2008。

碳　酸　铈

1　范围

本标准规定了碳酸铈的要求、试验方法、检验规则与标志、包装、运输、贮存及质量证明书。

本标准适用于化学法制得的碳酸铈，主要供抛光粉、汽车尾气净化催化剂用稀土储氧材料、工程塑料颜料、玻璃、陶瓷、电子研磨材料等用。

2　规范性引用文件

下列文件对于本文件的应用是必不可少的。凡是注日期的引用文件，仅注日期的版本适用于本文件。凡是不注日期的引用文件，其最新版本(包括所有的修改单)适用于本文件。

GB/T 8170　数值修约规则及极限数值的表示和判定

GB/T 12690.7　稀土金属及其氧化物中非稀土杂质化学分析方法　硅量的测定　钼蓝分光光度法

GB/T 14635　稀土金属及其化合物化学分析方法　稀土总量的测定

GB/T 16484(所有部分)　氯化稀土、碳酸轻稀土化学分析方法

GB/T 17803　稀土产品牌号表示方法

GB/T 18115.2　稀土金属及其氧化物中稀土杂质化学分析方法　铈中镧、镨、钕、钐、铕、钆、铽、镝、钬、铒、铥、镱、镥和钇量的测定

3　要求

3.1　产品牌号

产品按化学成分分为 $Ce_2(CO_3)_3 \cdot nH_2O$-4N5、$Ce_2(CO_3)_3 \cdot nH_2O$-4N、$Ce_2(CO_3)_3 \cdot nH_2O$-3N5、$Ce_2(CO_3)_3 \cdot nH_2O$-3N、$Ce_2(CO_3)_3 \cdot nH_2O$-2N 五个牌号，产品牌号表示方法应符合 GB/T 17803 的规定。

3.2　化学成分

产品化学成分应符合表 1 规定。如需方有特殊要求，供需双方可另行协商。

表 1

<table>
<tr><td rowspan="2">产品牌号</td><td colspan="2">字符牌号</td><td>$Ce_2(CO_3)_3 \cdot nH_2O$-4N5</td><td>$Ce_2(CO_3)_3 \cdot nH_2O$-4N</td><td>$Ce_2(CO_3)_3 \cdot nH_2O$-3N5</td><td>$Ce_2(CO_3)_3 \cdot nH_2O$-3N</td><td>$Ce_2(CO_3)_3 \cdot nH_2O$-2N</td></tr>
<tr><td colspan="2">对应原数字牌号</td><td>023245</td><td>023240</td><td>023235</td><td>023230</td><td>023220</td></tr>
<tr><td rowspan="20">化学成分(质量分数)/%</td><td colspan="2">REO，不小于</td><td>45</td><td>45</td><td>45</td><td>45</td><td>45</td></tr>
<tr><td colspan="2">CeO_2/REO，不小于</td><td>99.995</td><td>99.99</td><td>99.95</td><td>99.9</td><td>99.0</td></tr>
<tr><td rowspan="6">稀土杂质/REO不大于</td><td>La_2O_3</td><td>0.001</td><td>0.003</td><td>0.02</td><td rowspan="6">合量 0.1</td><td rowspan="6">合量 1.0</td></tr>
<tr><td>Pr_6O_{11}</td><td>0.001</td><td>0.003</td><td>0.01</td></tr>
<tr><td>Nd_2O_3</td><td>0.001</td><td>0.001</td><td>0.01</td></tr>
<tr><td>Sm_2O_3</td><td>0.000 5</td><td>0.001</td><td>0.001</td></tr>
<tr><td>Y_2O_3</td><td>0.000 5</td><td>0.001</td><td>0.001</td></tr>
<tr><td>其他稀土杂质合量</td><td>0.001</td><td>0.001</td><td>0.008</td></tr>
<tr><td rowspan="10">非稀土杂质不大于</td><td>Fe_2O_3</td><td>0.001</td><td>0.002</td><td>0.005</td><td>0.01</td><td>0.01</td></tr>
<tr><td>SiO_2</td><td>0.002</td><td>0.002</td><td>0.005</td><td>0.01</td><td>0.01</td></tr>
<tr><td>CaO</td><td>0.002</td><td>0.005</td><td>0.01</td><td>0.01</td><td>0.02</td></tr>
<tr><td>Al_2O_3</td><td>0.002</td><td>0.01</td><td>0.02</td><td>0.02</td><td>—</td></tr>
<tr><td>MgO</td><td>0.002</td><td>0.005</td><td>0.01</td><td>0.01</td><td>—</td></tr>
<tr><td>PbO</td><td>0.000 5</td><td>0.001</td><td>0.002</td><td>0.003</td><td>—</td></tr>
<tr><td>Na_2O</td><td>0.005</td><td>0.01</td><td>0.02</td><td>0.05</td><td>—</td></tr>
<tr><td>ZnO</td><td>0.002</td><td>0.003</td><td>0.005</td><td>0.01</td><td>0.03</td></tr>
<tr><td>Cl^-</td><td>0.01</td><td>0.05</td><td>0.05</td><td>0.05</td><td>0.08</td></tr>
<tr><td>SO_4^{2-}</td><td>0.01</td><td>0.02</td><td>0.03</td><td>0.03</td><td>0.03</td></tr>
<tr><td colspan="8">注：稀土杂质为除去主稀土元素 Ce 以及 Pm 和 Sc 以外的稀土元素总量。</td></tr>
</table>

3.3 外观质量

3.3.1 产品为白色粉末。

3.3.2 产品应洁净，目视无可见夹杂物。

4 试验方法

4.1 化学成分

4.1.1 稀土总量(REO)的分析方法按照 GB/T 14635 的规定进行。

4.1.2 稀土杂质含量的分析方法按照 GB/T 18115.2 的规定进行。

4.1.3 除非稀土杂质二氧化硅(SiO_2)外，其他非稀土杂质含量的分析方法按照 GB/T 16484 的规定进行。

4.1.4 非稀土杂质二氧化硅(SiO_2)含量的分析按照 GB/T 12690.7 的规定进行,试样开封后应立即称量和测量。

4.2 数值修约

按 GB/T 8170 的规定进行。

4.3 外观质量

在自然散射光下,目视检查外观质量。

5 检验规则

5.1 检查与验收

5.1.1 产品由供方质量检验部门进行检验,保证产品符合本标准规定,并填写产品质量证明书。
5.1.2 需方应对收到的产品按标准的规定进行检验,如检验结果与本标准规定不符,应在收到产品之日起 2 个月内向供方提出,由供需双方协商解决。如需仲裁,可委托双方认可的单位进行,并在需方共同取样。

5.2 组批

产品应成批提交检验,每批应由同一牌号的产品组成。

5.3 检验项目

每批产品应进行化学成分和外观质量检验。

5.4 取样与制样

5.4.1 化学成分分析取样件数按表 2 的规定进行。

表 2

件(袋)数	1～5	6～49	50～100	＞100
取样件(袋)数	件(袋)数的 100％	5	件(袋)数的 10％取整数	件(袋)数的平方根取正整数

5.4.2 化学成分分析取样时,每件(袋)取样量不少于 10 g,将试样充分混匀后,以四分法迅速缩分至试样所需量,并立即密封保存。
5.4.3 外观质量检验取制样方法由供需双方协商确定。

5.5 检验结果判断

5.5.1 化学成分分析结果与本标准规定不符合时,则从该批产品中取双倍试样进行重复试验,如仍有任一不合格项,则判该批产品为不合格。
5.5.2 产品外观质量检验结果与本标准不符时,则直接判该批产品为不合格。

6 标志、包装、运输、贮存及质量证明书

6.1 标志

每桶(箱、袋)外注明:

a) 供方名称；
b) 原料矿产品生产企业名称；
c) 产品生产企业名称；
d) 产品名称和牌号；
e) 批号；
f) 毛重、净重；
g) 包装日期；
h) “防潮”标志或字样。

6.2 包装

产品用双层塑料袋密封包装，再放置于塑料编织袋中，封紧袋口。每袋净重分别为 50 kg、500 kg、600 kg、1 000 kg。如需方有特殊要求，则供需双方另行协商。

6.3 运输、贮存

产品运输时严防淋雨吸潮，需存放于干燥处，不得露天堆放。

6.4 质量证明书

每批产品应附上质量证明书，注明：
a) 产品名称；
b) 供方名称、地址、电话、传真；
c) 原料矿产品生产企业名称、地址、电话、传真；
d) 产品生产企业名称、地址、电话、传真；
e) 牌号、批号；
f) 数量(净重和件数)；
g) 各项分析检验结果和供方质量检验部门印记；
h) 签发日期；
i) 本标准编号或合同号；
j) 生产日期(注明年、月、日，批号中已体现，则生产日期可忽略)；
k) 出厂日期。

ICS 01.100.20
J 04

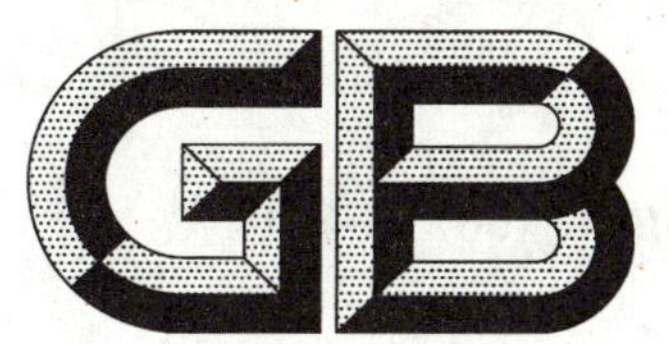

中华人民共和国国家标准

GB/T 16671—2018
代替 GB/T 16671—2009

产品几何技术规范(GPS) 几何公差 最大实体要求(MMR)、最小实体要求(LMR)和可逆要求(RPR)

Geometrical product specifications (GPS)—Geometrical tolerancing—Maximum material requirement (MMR), least material requirement (LMR) and reciprocity requirement (RPR)

(ISO 2692:2014,MOD)

2018-09-17 发布 2019-04-01 实施

国家市场监督管理总局
中国国家标准化管理委员会 发布

前言

本标准按照GB/T 1.1—2009给出的规则起草。

本标准代替GB/T 16671—2009《产品几何技术规范(GPS) 几何公差 最大实体要求、最小实体要求和可逆要求》,与GB/T 16671—2009相比主要技术变化如下:

——为术语和定义增加引用文件信息与进一步诠释;

——增加本标准适用的尺寸要素的范围限定。

本标准使用重新起草法修改采用ISO 2692:2014《产品几何技术规范(GPS) 几何公差 最大实体要求(MMR)、最小实体要求(LMR)和可逆要求(RPR)》。

本标准与ISO 2692:2014相比存在技术性差异,这些差异涉及的条款已通过在其外侧页边空白位置的垂直单线(|)进行了标示。相应技术性差异及其原因如下:

——关于规范性引用文件,本标准做了具有技术性差异的调整,以适应我国的技术条件,调整的情况集中反映在第2章"规范性引用文件"中,具体调整如下:

- 用修改采用国际标准的GB/T 1182—2018代替ISO 1101:2012。

本标准做了下列编辑性修改:

——资料性附录C中,将原标准使用的ISO 14638:1995的矩阵模型改为ISO 14638:2015的新矩阵模型。

本标准由全国产品几何技术规范标准化技术委员会(SAC/TC 240)提出并归口。

本标准起草单位:中机生产力促进中心、观致汽车有限公司、北京汽车股份有限公司、上海汽车集团股份有限公司技术中心、上汽通用五菱汽车股份有限公司、郑州大学、奥曼克(上海)咨询有限公司、西安交通大学、戴克伊(北京)技术有限公司、海克斯康测量技术(青岛)有限公司、卡尔蔡司(上海)管理有限公司、泛亚汽车技术中心有限公司。

本标准主要起草人:明翠新、沈潇俊、邱晨曦、周江奇、张琳娜、滕丽静、徐明洋、郑鹏、俞吉长、景蔚萱、龙东飞、王慧珍、韩定中、胡敏、朱悦。

本标准所代替标准的历次版本发布情况为:

——GB/T 16671—1996、GB/T 16671—2009。

产品几何技术规范(GPS) 几何公差 最大实体要求(MMR)、最小实体要求(LMR)和可逆要求(RPR)

1 范围

本标准规定了最大实体要求、最小实体要求和可逆要求的术语和定义、基本规定、图样表示方法及应用示例。这些要求仅适用于尺寸要素。

本标准适用于工件尺寸和几何公差彼此相关以满足其特定功能的情况,例如满足零件可装配性(最大实体要求)、保证最小壁厚(最小实体要求),但最大实体要求和最小实体要求也适用于其他功能要求。

考虑到尺寸和几何要素之间的相关性,当采用最大实体要求、最小实体要求或可逆要求时,在GB/T 4249 中所定义的独立原则不再适用。

2 规范性引用文件

下列文件对于本文件的应用是必不可少的。凡是注日期的引用文件,仅注日期的版本适用于本文件。凡是不注日期的引用文件,其最新版本(包括所有的修改单)适用于本文件。

GB/T 1182—2018 产品几何技术规范(GPS) 几何公差 形状、方向、位置和跳动公差标注(ISO 1101:2017,IDT)

GB/T 18780.2—2003 产品几何量技术规范(GPS) 几何要素 第2部分:圆柱面和圆锥面的提取中心线、平行平面的提取中心面、提取要素的局部尺寸(ISO 14660-2:1999,IDT)

ISO 5459:2011 产品几何技术规范(GPS) 几何公差 基准和基准体系[Geometrical product specifications (GPS)—Geometrical tolerancing—Datums and datum systems]

ISO 14405-1:2010 产品几何技术规范(GPS) 几何公差 第1部分:线性尺寸[Geometrical product specifications (GPS)—Dimensional tolerancing—Part 1: Linear sizes]

ISO 17450-1:2011 产品几何技术规范(GPS) 几何公差 第1部分:几何规范和验证的模型[Geometrical product specifications (GPS)—General concepts—Part 1: Model for geometrical specification and verification]

3 术语和定义

GB/T 18780.2—2003、ISO 5459:2011、ISO 14405-1:2010、ISO 17450-1:2011 界定的以及下列术语和定义适用于本文件。

3.1

组成要素 integral feature

属于工件实际表面上或表面模型上的几何要素。

注 1:组成要素所定义的是要素本身,例如工件的表面。

注 2:引用自 ISO 17450-1: 2011,定义 3.3.5。

3.2

尺寸要素 feature of size

线性尺寸要素 feature of linear size

拥有一个或多个本质特征的几何要素，其本质特性中只有一个可作为变量参数，其余的则是“单一参数族”的一部分，且遵守此参数的单一约束属性。

注 1：引用自 ISO 17450-1：2011，定义 3.3.1.5.1。关于“单一参数族”和“单一约束属性”，另见 ISO 22432：2011，定义 3.2.5.1.1.1 和 3.2.5.1.1.2。

示例 1：一个单一的圆柱孔或轴是线性尺寸要素，其线性尺寸就是它的直径。

示例 2：两个相对平行的平表面是线性尺寸要素，其线性尺寸是这两个平行平面间的距离。

3.3

导出要素 derived feature

实际不存在于工件实际表面上的几何要素，其本质不是公称组成要素。

注 1：可从公称要素、拟合要素或提取要素中得到导出要素。可分别称之为公称导出要素、拟合导出要素或提取导出要素。

注 2：导出要素的类型包括从一个或多个组成要素中定义出的中心点、中心线和中心面。

注 3：引用自 ISO 17450-1：2011，定义 3.3.6。

示例 1：圆柱的中心线是从圆柱表面这一组成要素中获取的导出要素。公称圆柱的轴线是公称导出要素。

示例 2：两个相对平行的平表面的中心面是从这两个平行平表面中获取的导出要素，可构成一个组成要素。这两个相对平行的平面的中心面是公称导出要素。

3.4

最大实体状态 maximum material condition

MMC

当尺寸要素的提取组成要素的局部尺寸处处位于极限尺寸且使其具有材料最多（实体最大）时的状态，例如圆孔最小直径和轴最大直径。

注 1：在本标准中，使用术语最大实体状态（MMC）以表示在理想或公称要素层面（见 ISO 17450-1：2011）需要关注要求的极限（上限或下限）。

注 2：可采用缺省的方式或几个提取要素尺寸的专门定义（见 ISO 14405-1：2010）来定义处于最大实体状态（MMC）的提取要素的尺寸。

注 3：作为本标准的定义，最大实体状态（MMC）可明确地和任何提取要素尺寸的定义共同使用。

3.5

最大实体尺寸 maximum material size

MMS

确定要素最大实体状态的尺寸。

注 1：可采用缺省的方式或几个提取要素尺寸的专门定义之一（见 ISO 14405-1：2010 和 GB/T 18780.2—2003）来定义最大实体尺寸（MMS）。

注 2：在本标准中，最大实体尺寸（MMS）是一个给定的数值，因此无需对提取尺寸进行专门定义即可明确地使用最大实体尺寸（MMS）。

注 3：参见附录 A。

3.6

最小实体状态 least material condition

LMC

假定提取组成要素的局部尺寸处处位于极限尺寸且使其具有材料量最少（实体最小）时的状态，例如圆孔最大直径和轴最小直径。

注 1：在本标准中，使用术语最小实体状态（LMC）以表示在理想或公称要素层面（见 ISO 17450-1：2011）需要关注要求的极限（上限或下限）。

注 2：可采用缺省的方式或几个提取要素尺寸的专门定义（见 ISO 14405-1：2010）来定义处于最小实体状态（LMC）的提取要素的尺寸。

注 3：如本标准的定义，最小实体状态（LMC）可明确地和任何提取要素尺寸的定义共同使用。

3.7

最小实体尺寸　least material size

LMS

确定要素最小实体状态的尺寸。

注 1：可采用缺省的方式或几个提取要素尺寸的专门定义之一（见 ISO 14405-1：2010 和 GB/T 18780.2—2003）来定义最小实体尺寸（LMS）。

注 2：在本标准中，最小实体尺寸（LMS）是一个给定的数值，因此无需对提取尺寸进行专门定义即可明确地使用最小实体尺寸（LMS）。

注 3：参见附录 A。

3.8

最大实体实效尺寸　maximum material virtual size

MMVS

尺寸要素的最大实体尺寸（MMS）和其导出要素的几何公差（形状、方向或位置）共同作用产生的尺寸。

注 1：最大实体实效尺寸（MMVS）是尺寸参数，可用作和最大实体实效状态（MMVC）关联的数值。

注 2：对于外尺寸要素，MMVS 是 MMS 和几何公差之和，而对于内尺寸要素，是 MMS 和几何公差之差。

注 3：外尺寸要素的 MMVS，$l_{MMVS,e}$ 由公式（1）给出：

$$l_{MMVS,e} = l_{MMS} + \delta \quad (1)$$

内尺寸要素的 MMVS，$l_{MMVS,i}$ 由公式（2）给出：

$$l_{MMVS,i} = l_{MMS} - \delta \quad (2)$$

式中：

l_{MMS}——最大实体尺寸；

δ　——几何公差。

3.9

最大实体实效状态　maximum material virtual condition

MMVC

拟合要素的尺寸为其最大实体实效尺寸（MMVS）时的状态。

注 1：最大实体实效状态（MMVC）是要素的理想形状状态。

注 2：当几何公差是方向公差时（见图 A.3），最大实体实效状态（MMVC）受拟合要素的方向（根据 GB/T 1182—2018和 ISO 5459：2011）所约束。当几何规范是位置规范时（见图 A.4），最大实体实效状态（MMVC）受拟合要素的位置（根据 GB/T 1182—2018 和 ISO 5459：2011）所约束。

注 3：当几何公差是方向公差时（见图 A.3），最大实体实效状态（MMVC）受拟合要素的方向（根据 GB/T 1182—2018和 ISO 5459：2011）所约束。当几何规范是位置规范时（见图 A.4），最大实体实效状态（MMVC）受拟合要素的位置（根据 GB/T 1182—2018 和 ISO 5459：2011）所约束。

注 4：见图 A.1～图 A.4、图 A.6、图 A.7 及图 A.10～图 A.13。

3.10

最小实体实效尺寸　least material virtual size

LMVS

尺寸要素的最小实体尺寸（LMS）和其导出要素的几何公差（形状、方向或位置）共同作用产生的尺寸。

注 1：最小实体实效尺寸（LMVS）是尺寸参数，可用作和最小实体实效状态（LMVC）关联的数值。

注 2：对于外尺寸要素，LMVS 是 LMS 和几何公差之差，而对于内尺寸要素，则是 LMS 和几何公差之和。

注 3：外尺寸要素的 LMVS，$l_{\mathrm{LMVS,e}}$由公式(3)给出：

$$l_{\mathrm{LMVS,e}} = l_{\mathrm{LMS}} - \delta \qquad (3)$$

内尺寸要素的 LMVS，$l_{\mathrm{LMVS,i}}$由公式(4)给出：

$$l_{\mathrm{LMVS,i}} = l_{\mathrm{LMS}} + \delta \qquad (4)$$

式中：

l_{LMS}——最小实体尺寸；

δ ——几何公差。

3.11

最小实体实效状态　least material virtual condition

LMVC

拟合要素的尺寸为其最小实体实效尺寸(LMVS)时的状态。

注 1：最小实体实效状态(LMVC)是要素的理想形状状态。

注 2：当几何公差是方向规范时，最小实体实效状态(LMVC)受拟合要素的方向(根据 GB/T 1182—2018 和 ISO 5459:2011) 所约束。当几何公差是位置规范时，最小实体实效状态(LMVC)受拟合要素的位置(根据 GB/T 1182—2018 和 ISO 5459:2011)所约束(见图 A.5)。

注 3：参见图 A.5、图 A.8 和图 A.9。

3.12

最大实体要求　maximum material requirement

MMR

尺寸要素的非理想要素不得违反其最大实体实效状态(MMVC)的一种尺寸要素要求，也即尺寸要素的非理想要素不得超越其最大实体实效边界(MMVB)的一种尺寸要素要求。

其最大实体实效状态(MMVC)或最大实体实效边界是和被测尺寸要素具有相同类型和理想形状的几何要素的极限状态，该极限状态的尺寸是 MMVS。

注 1：最大实体要求(MMR)可用于控制工件的可装配性。

注 2：另见 4.2。

3.13

最小实体要求　least material requirement

LMR

尺寸要素的非理想要素不得违反其最小实体实效状态(LMVC)的一种尺寸要素要求，也即尺寸要素的非理想要素不得超越其最小实体实效边界(LMVB)的一种尺寸要素要求。

注 1：成对使用的最小实体要求(LMR)可用于控制其最小壁厚，例如两个对称或同轴布置的同类尺寸要素间的最小壁厚。

注 2：另见 4.3。

3.14

可逆要求　reciprocity requirement

RPR

最大实体要求(MMR)或最小实体要求(LMR)的附加要求，表示尺寸公差可以在实际几何误差小于几何公差之间的差值内相应地增大。

4　最大实体要求(MMR)和最小实体要求(LMR)

4.1　概述

最大实体要求(MMR)和最小实体要求(LMR)可用于一组由一个或多个作为被测要素，与/或基准组成的尺寸要素。这些要求可规定尺寸要素的尺寸及其导出要素几何要求(形状、方向或位置)之间的组合要求。

注 1：本标准的此版本仅包含圆柱型及相对平行平表面型的尺寸要素。因此，导出要素只能是中心线和中心面。

注 2：在 ISO GPS 标准中，将螺纹要素认为是圆柱型的尺寸要素。然而，本标准未定义 MMR、LMR 和 RPR 应用于螺纹要素的规则。因此，不可将本标准所定义的工具应用于螺纹要素。

当使用了最大实体要求(MMR)或最小实体要求(LMR)时，这两个规范(尺寸规范和几何规范)即转变为一个共同的要求规范。这个共同规范仅关注组成要素，即在本标准中和尺寸要素的面要素相关。

注 3：曾经将最大实体要求(MMR)称为最大实体原则(MMP)。

当被测要素未采用修饰符(Ⓜ，Ⓛ和Ⓡ)时，采用 ISO 14405-1:2010 和 GB/T 18780.2—2003 中对提取要素的尺寸定义。

当基准未采用修饰符(Ⓜ，Ⓛ)时，采用 ISO 5459:2011。修饰符Ⓡ不适用于基准。

4.2 最大实体要求(MMR)

4.2.1 最大实体要求应用于被测要素

被测要素的最大实体要求规定了四条相互独立的要求：

——局部尺寸的上限要求[见规则 A 中 1)和 2)]；

——局部尺寸的下限要求[见规则 B 中 1)和 2)]；

——不得违反 MMVC 表面的要求(见规则 C)；

——涉及一个以上要素的要求(见规则 D)。

当最大实体要求(MMR)用于被测要素时，应在图样上的公差框格里用符号Ⓜ标注在尺寸要素(被测要素)的导出要素的几何公差之后。

此时，对(尺寸要素的)面要素规定了以下规则。

a) 规则 A 被测要素的提取局部尺寸要求：

   1) 对于外尺寸要素，等于或小于最大实体尺寸(MMS)；

   2) 对于内尺寸要素，等于或大于最大实体尺寸(MMS)。

注 1：当标有可逆要求(RPR)，即在符号Ⓜ之后加注符号Ⓡ时，此规则可以改变(见第 5 章和图 A.1)。

b) 规则 B 被测要素的提取局部尺寸要求：

   1) 对于外尺寸要素，等于或大于最小实体尺寸(LMS)[见图 A.2 a)、图 A.3 a)、图 A.4 a)、图 A.6 a)、图 A.7 a)、图 A.10 和图 A.11]；

   2) 对于内尺寸要素，等于或小于最小实体尺寸(LMS)[见图 A.2 b)、图 A.3 b)、图 A.4 b)、图 A.6 b)、图 A.7 b)、图 A.10 和图 A.11]。

c) 规则 C 被测要素的提取组成要素不得违反其最大实体实效状态(MMVC)(见图 A.2、图 A.3、图 A.4、图 A.6、图 A.7、图 A.10 和图 A.11)。

注 2：使用包容要求Ⓔ(曾经命名为泰勒原则)通常会导致对要素功能(可装配性)的过多约束。使用这种约束和尺寸定义会降低最大实体要求(MMR)在技术上和经济上的好处。

注 3：当几何公差为形状公差时，标注 0 Ⓜ和Ⓔ意义相同。

d) 规则 D 当几何规范是相对于(第一)基准或基准体系的方向或位置要求时，被测要素的最大实体实效状态(MMVC)应相对于基准或基准体系，根据 GB/T 1182—2018 和 ISO 5459:2011，处于理论正确方向或位置(见 3.9 注 2 和图 A.3、图 A.4、图 A.6 和图 A.7)。另外，当几个被测要素用同一公差标注时，除了相对于基准可能的约束以外(见图 A.1、图 A.10、图 A.11 和图 A.13)，其最大实体实效状态(MMVC)相互之间应处于理论正确方向和位置。

注 4：当几个被测要素用同一公差标注时，除了Ⓜ以外无其他任何修饰符的最大实体要求(MMR)和同时有Ⓜ和 CZ 修饰符的同一要求意义相同。应在Ⓜ修饰符后面使用 SZ 修饰符来规定要求需分开的应用。

4.2.2 最大实体要求应用于关联基准要素

基准要素的最大实体要求规定了三条相互独立的要求：

——MMVC 表面的不违反要求(见规则 E)；

——当没有几何规范或只有公差值后面无符号Ⓜ的几何规范时的 MMS 要求(见规则 F)；

——当有公差值后面有符号Ⓜ的几何规范且其公差框格的基准部分(第三或其子部分)满足规则 G 所定义的属性。

最大实体要求(MMR)用于基准要素时，在图样上用符号Ⓜ标注在基准字母之后。

注 1：只有当基准取自于尺寸要素时，才可在基准字母之后使用Ⓜ。

注 2：当最大或最小实体要求应用于公共基准的面要素集合的所有元素时，应在括号内标注出用于标识公共基准的字母的相应顺序(见图 A.13 及 ISO 5459:2011 中规则 9)并且缺省约束最大实体实效状态(MMVC)相互之间的位置和方向(见 ISO 5459:2011 中规则 7)。当最大或最小实体要求应用于公共基准的要素集的面要素时，不可在括号内标注出用于标识公共基准的字母的顺序，并且要求仅适用于修饰符之前的字母所标识的要素。

此时，对(尺寸要素的)面要素规定了以下规则。

a) 规则 E　基准要素的提取组成要素不得违反关联基准要素的最大实体实效状态(MMVC)(见图 A.6 和图 A.7)。

b) 规则 F　当关联基准要素没有标注几何规范(见图 A.6)，或者注有几何规范但其后没有符号Ⓜ时，或者没有标注符合规则 G 的几何规范时，关联基准要素的最大实体实效状态(MMVC)尺寸为最大实体尺寸(MMS)。

注 3：在这些示例中，外尺寸要素和内尺寸要素的 MMVS，l_{MMVS}由公式(5)给出：

$$l_{MMVS} = l_{MMS} + 0 = l_{MMS} \quad \cdots\cdots(5)$$

式中：l_{MMS}是最大实体尺寸。

c) 规则 G　当基准要素由有下列属性的几何规范所控制时，关联基准要素的最大实体实效状态(MMVC)的尺寸为最大实体尺寸(MMS)(对于外尺寸要素)加上或(对于内尺寸要素)减去几何公差：

其公差值后面有符号Ⓜ，且：

ⅰ) 这是形状规范而且关联基准属于公差框格中的第一基准，同时在基准字母后面标有Ⓜ符号(见图 A.7)。

ⅱ) 这是方向/位置规范，其基准或基准体系所包含的基准及其顺序和公差框格中的前一个关联基准完全一致，且在基准字母后面标有Ⓜ符号(见图 A.12 和图 A.13)。

注 4：此时，外尺寸要素的 MMVS 由公式(1)给出，内尺寸要素的 MMVS 由公式(2)给出，见 3.8 注 3。

注 5：当没有以上属性时，适用规则 F。

在规则 G 的情况下，基准要素方格应和控制基准要素的最大实体实效状态(MMVC)几何公差框格直接相连(见 ISO 5459:2011 中规则 1 的第 2 个列项)。

4.3 最小实体要求(LMR)

4.3.1 最小实体要求应用于被测要素

最小实体要求(LMR)用于被测要素时，应在图样上的公差框格里用符号Ⓛ标注在尺寸要素(被测要素)的导出要素的几何公差之后。

示例：为了充分控制壁厚，应将符号Ⓛ同时应用在壁的两侧要素的公差标注上，LMR 可按如下的两种方式来标注。

——壁的两侧不同的位置要求可参照相同的基准轴线或基准体系(见图 A.8)。此时，Ⓛ适用于这两个被测要素。

——壁的一侧导出要素的位置要求可将另一侧的导出要素参照作为基准。此时，被测要素的公差及基准后面应有符号Ⓛ(见图 A.9)。

注 1:只有当两侧的要素均为尺寸要素时,才可这样应用。

当最小实体要求(LMR)应用于被测要素时,对(尺寸要素的)面要素规定了以下规则:

a) 规则 H 被测要素的提取局部尺寸要求:

1) 对于外尺寸要素,等于或大于最小实体尺寸(LMS);

2) 对于内尺寸要素,等于或小于最小实体尺寸(LMS)。

注 2:当标有可逆要求(RPR),即在符号Ⓛ之后加注符号Ⓡ时,此规则可以改变[见 5.3,图 A.5 e)和图 A.5 f)]。

b) 规则 I 被测要素的提取局部尺寸要求:

1) 对于外尺寸要素,等于或小于最大实体尺寸(MMS)[见图 A.5 a)、图 A.8 和图 A.9];

2) 对于内尺寸要素,等于或大于最大实体尺寸(MMS)[见图 A.5 b)和图 A.8]。

c) 规则 J 被测要素的提取组成要素不得违反其最小实体实效状态(LMVC)(见图 A.5、图 A.8 和图 A.9)。

注 3:使用包容要求Ⓔ(曾经命名为泰勒原则)通常会导致对要素功能(最小壁厚)的过多约束。使用这种约束和尺寸定义会降低最小实体要求(LMR)在技术上和经济上的好处。

d) 规则 K 当几何规范是相对于(第一)基准或基准体系的方向或位置要求时,被测要素的最小实体实效状态(LMVC)应相对于基准或基准体系,根据 GB/T 1182—2018 与和 ISO 5459:2011,处于理论正确方向或位置(见 3.11 注 2 和图 A.5、图 A.8 和图 A.9)。

另外,当几个被测要素用同一公差标注时(除了相对于基准可能的约束以外)(见图 A.1、图 A.10、图 A.11 和图 A.13),最小实体实效状态(LMVC)相互之间应处于理论正确方向和位置。

注 4:当几个被测要素用同一公差标注时,除了Ⓛ以外无其他任何修饰符的最小实体要求(LMR)和同时有Ⓛ和 CZ 修饰符的同一要求意义相同。

应在Ⓛ修饰符后面使用 SZ 修饰符来规定要求需分开应用。

4.3.2 最小实体要求应用于关联基准要素

最小实体要求(LMR)用于基准要素时,在图样上用符号Ⓛ标注在基准字母之后。

注 1:只有当基准取自于尺寸要素时,才可在基准字母之后使用Ⓛ。

注 2:当最大或最小实体要求应用于公共基准的面要素集合的所有元素时,在括号内标注出用于标识公共基准的字母的相应顺序(见图 A.13 及 ISO 5459:2011,规则 9),并且缺省约束最大实体实效状态(MMVC)相互之间的位置和方向(见 ISO 5459:2011,规则 7)。当最大或最小实体要求应用于公共基准的要素集的面要素时,不可在括号内标注出用于标识公共基准的字母的顺序,并且要求仅适用于修饰符之前的字母所标识的要素。

此时,对(尺寸要素的)面要素规定了以下规则:

a) 规则 L 基准要素的提取组成要素不得违反关联基准要素的最小实体实效状态(LMVC)(见图 A.9)。

b) 规则 M 当关联基准要素没有标注几何规范(见图 A.9),或者注有几何公差但其后没有符号Ⓛ时,或者没有标注符合规则 N 的几何规范时,关联基准要素的最小实体实效状态(LMVC)的尺寸为最小实体尺寸(LMS)。

注 3:在这些示例中,外尺寸要素和内尺寸要素的 LMVS,l_{LMVS}由公式(6)给出:

$$l_{LMVS} = l_{LMS} \pm 0 = l_{LMS} \qquad (6)$$

式中:

l_{LMS}——最小实体尺寸。

c) 规则 N 当基准要素由有下列属性的几何规范所控制时,关联基准要素的最小实体实效状态(LMVC)的尺寸为最小实体尺寸(LMS)(对于外尺寸要素)减去或(对于内尺寸要素)加上几何公差。

其公差值后面有符号Ⓛ，且：

ⅰ） 这是形状规范而且关联基准属于公差框格中的第一基准，同时在基准字母后面标有Ⓛ符号（见图 A.7），或

ⅱ） 这是方向/位置规范，其基准或基准体系所包含的基准及其顺序和公差框格中的前一个关联基准完全一致，且在基准字母后面标有Ⓛ符号。

注 4：此时，外尺寸要素的 LMVS 由公式（3）给出，内尺寸要素的 LMVS 由公式（4）给出，见 3.10 注 3。

注 5：当没有以上属性时，适用规则 M。

在规则 N 的情况下，基准要素框格应和控制基准要素的最小实体实效状态（LMVC）几何公差框格直接相连（见 ISO 5459：2011 中规则 1 的第 2 个列项）。

5 可逆要求（PRP）

5.1 概述

可逆要求（PRP）是最大实体要求（MMR）或最小实体要求（LMR）的附加要求，在图样上用符号Ⓡ标注在Ⓜ或Ⓛ之后。可逆要求仅用于被测要素。

在最大实体要求（MMR）或最小实体要求（LMR）附加可逆要求（PRP）后，改变了尺寸要素的尺寸公差。用可逆要求（RPR）可以充分利用最大实体实效状态（MMVC）和最小实体实效状态（LMVC）的尺寸，在制造可能性的基础上，可逆要求（RPR）允许尺寸和几何公差之间相互补偿。

注：可逆要求所表达的工件功能和标注“0 Ⓜ”相同。

5.2 可逆要求和最大实体要求

可逆要求（PRP）在图样上用符号Ⓡ标注在导出要素的几何公差值和符号Ⓜ之后，通过以下规则，改变（尺寸要素的）面要素的最大实体要求[见图 A.1 b)]；

——规则 A 无效。

——规则 B～规则 D 仍然有效。

注：当几何偏差未充分利用到最大实体实效状态（MMVC）时，可逆要求（RPR）允许增加尺寸公差。

5.3 可逆要求和最小实体要求

可逆要求（PRP）在图样上用符号Ⓡ标注在导出要素的几何公差值和符号Ⓛ之后，通过以下规则，改变（尺寸要素的）面要素的最小实体要求[见图 A.1 b)]；

——规则 H 无效。

——规则 I～规则 K 仍然有效。

注：当几何偏差未充分利用到最小实体实效状态（LMVC）时，可逆要求（PRP）允许增加尺寸公差。

附 录 A
(资料性附录)
带Ⓜ、Ⓛ、Ⓡ的公差标注举例

本附录中的图例仅为帮助读者理解最大实体要求、最小实体要求和可逆要求。有些图例增加了一些详细内容用于强调,有些图例则有意不予完整。给出的尺寸和公差值仅仅为了对有关图例进行说明。

在图的解释部分中,用于解释 MMS 和 LMS 的尺寸线(有箭头)仅以象征性的方式进行展示。实际工件上的局部尺寸(两点尺寸)的方向并不一定和 MMVC 或 LMVC 的轴线垂直。

为了本标准的统一,所有尺寸的单位为毫米且所有图均为第一视角投影。

使用第三视角投影方式不会对已构建的原则产生任何影响。对于几何公差标注符号的确切表达方式(比例和尺寸)见 ISO 7083:1983。

在每张图的解释中,局部直径和局部尺寸的情况中都缺省包含极限值(因此可将"等于"应用在每次的"大于/小于"表达中)。

单位为毫米

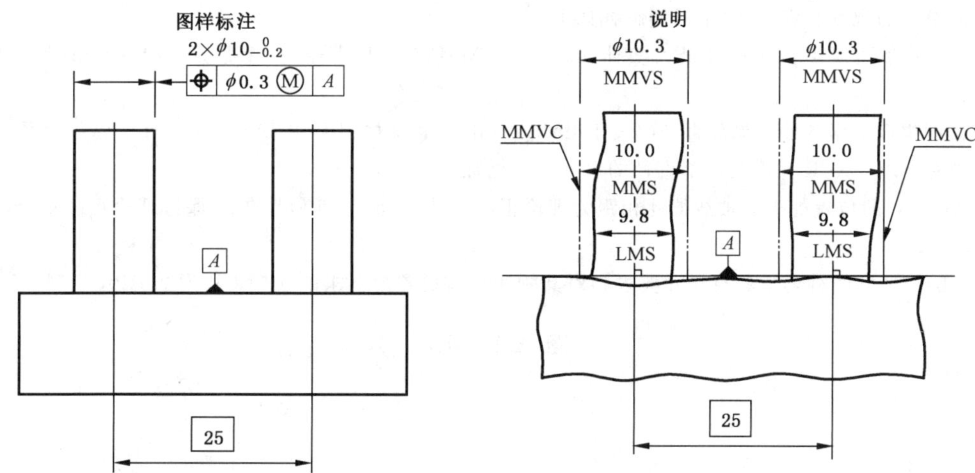

图 A.1 a)所示零件的预期功能是两销柱和一个具有相距 25 mm 的两个公称尺寸为 ϕ10 的孔板类零件装配,且要和平面 *A* 垂直。

基于本标准给出的规则和定义,对本图例解释如下:

a) 两销柱的提取要素不得违反其最大实体实效状态(MMVC),其直径为 MMVS=10.3 mm(见规则 C、3.8 和 3.9)。

b) 两销柱的提取要素各处的局部直径应大于 LMS=9.8 mm[见规则 B 中 1)和 3.7]且应小于 MMS=10.0 mm[见规则 A 中 1)和 3.5]。

c) 两个 MMVC 的位置处于其轴线彼此相距为理论正确尺寸 25 mm,且和基准 *A* 保持理论正确垂直(见规则 D 和 3.9 注 2)。

a) 两外圆柱要素具有尺寸要求和对其轴线具有位置度要求的 MMR 且无附加 RPR 示例

图 A.1 两外圆柱要素具有尺寸要求和对其轴线具有位置度要求的 MMR 示例

单位为毫米

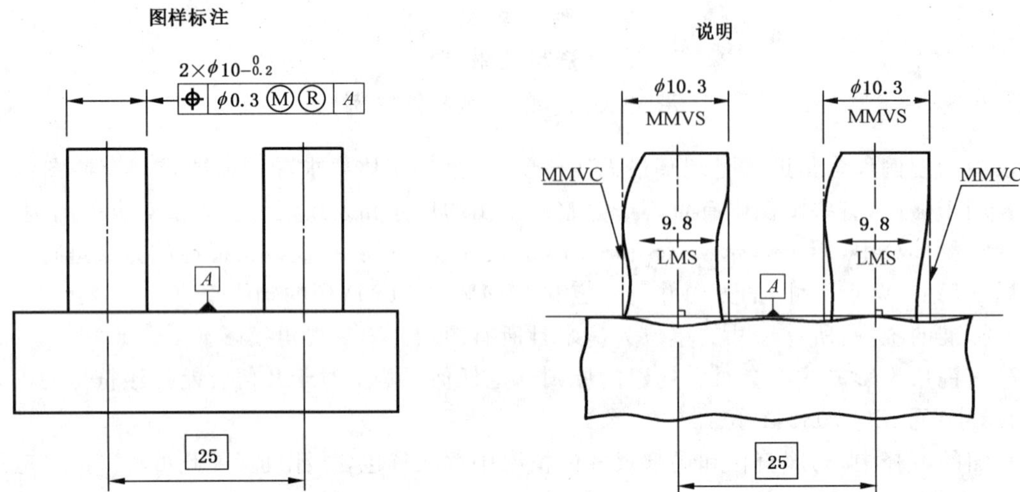

图 A.1 b)所示零件的预期功能是两销柱要和一个具有两个公称尺寸为 $\phi10$ 的孔相距 25 mm 的板类零件装配，且要和平面 A 垂直。

基于本标准给出的规则和定义，对本图例解释如下：

a) 两销柱的提取要素不得违反其最大实体实效状态(MMVC)，其直径为 MMVS=10.3 mm(见规则 C、3.8 和 3.9)。

b) 两销柱的提取要素各处的局部直径应大于 LMS=9.8 mm[见规则 B 中 1)和 3.7]；对于局部直径的尺寸上限，图样没有要求。RPR 允许其局部直径的尺寸公差增加。

c) 两个 MMVC 的位置处于其轴线彼此相距为理论正确尺寸 25 mm，且和基准 A 保持理论正确垂直(见规则 D 和 3.9 注 2)。

b) 两外圆柱要素具有尺寸要求和对其轴线具有位置度要求的 MMR 和附加 RPR 示例

图 A.1 (续)

单位为毫米

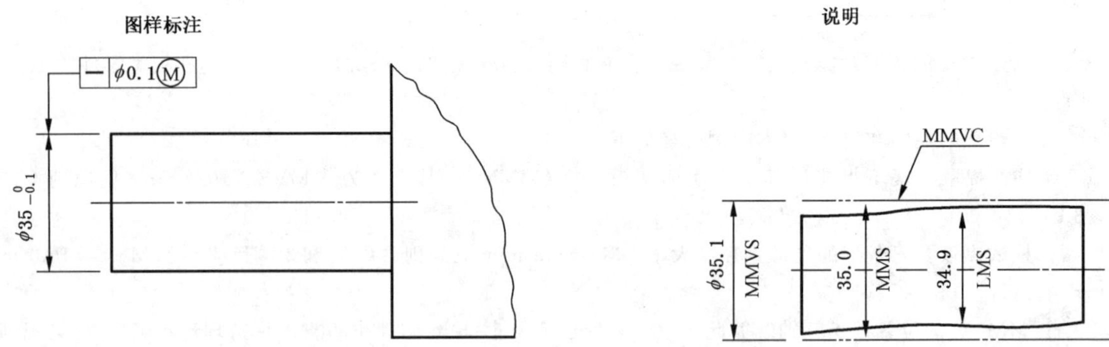

图 A.2 a)为一标注公差的轴，其预期的功能是可和一个等长的被测孔形成间隙配合。

基于本标准给出的规则和定义，对本图例解释如下：

a) 轴的提取要素不得违反其最大实体实效状态(MMVC)，其直径为 MMVS=35.1 mm(见规则 C、3.8 和 3.9)。

b) 轴的提取要素各处的局部直径应大于 LMS=34.9 mm[见规则 B 中 1)和 3.7]且应小于 MMS=35.0 mm[见规则 A 中 1)和 3.5]。

c) MMVC 的方向和位置无约束(见 3.9 注 2)。

a) 一个外圆柱要素具有尺寸要求和对其轴线具有形状(直线度)要求的 MMR 示例

图 A.2 一个圆柱要素具有尺寸要求和对其轴线具有形状(直线度)要求的 MMR 示例

单位为毫米

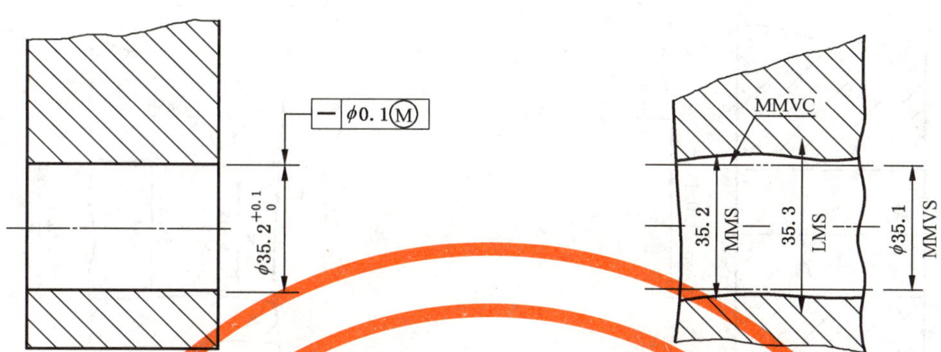

图 A.2 b)为一标注公差的孔，其预期的功能是可和一个等长的被测轴形成间隙配合。

基于本标准给出的规则和定义，对本图例解释如下：

a) 孔的提取要素不得违反其最大实体实效状态(MMVC)，其直径为 MMVS=35.1 mm(见规则 C、3.8 和 3.9)。

b) 孔的提取要素各处的局部直径应小于 LMS=35.3 mm[见规则 B 中 2)和 3.7]且应大于 MMS=35.2 mm[见规则 A 中 2)和 3.5]。

c) MMVC 的方向和位置无约束(见 3.9 注 2)。

b) 一个内圆柱要素具有尺寸要求和对其轴线具有形状(直线度)要求的 MMR 示例

单位为毫米

图样标注

说明

ϕ0Ⓜ

ϕ35±0.1

MMVC

ϕ35.1 MMVS

35.1 MMS

34.9 LMS

图 A.2 c)为一标注公差的轴，其预期的功能是可和一个等长的被测孔形成间隙配合。

基于本标准给出的规则和定义，对本图例解释如下：

a) 轴的提取要素不得违反其最大实体实效状态(MMVC)，其直径为 MMVS=35.1 mm(见规则 C、3.8 和 3.9)。

b) 轴的提取要素各处的局部直径应大于 LMS=34.9 mm[见规则 B 中 1)和 3.7]且应小于 MMS=35.1 mm[见规则 A 中 1)和 3.5]。图 A.2 c)和 A.2 a)的差异在于局部直径的规范，此处为 MMS。

c) MMVC 的方向和位置无约束(见 3.9 注 2)。

c) 一个外圆柱要素具有尺寸要求和对其轴线具有形状(直线度)要求的 MMR(具有 0Ⓜ)示例

图 A.2 (续)

单位为毫米

图样标注

说明

图 A.2 d)为一标注公差的孔,其预期的功能是可和一个等长的被测轴形成间隙配合。

基于本标准给出的规则和定义,对本图例解释如下:

a) 孔的提取要素不得违反其最大实体实效状态(MMVC),其直径为 MMVS=35.1 mm(见规则 C、3.8 和 3.9)。

b) 孔的提取要素各处的局部直径应小于 LMS=35.3 mm[见规则 B 中 2)和 3.7]且应大于 MMS=35.1 mm[见规则 A 中 2)和 3.5]。图 A.2 b)和 A.2 d)的差异在于局部直径的规范,此处为 MMS。

c) MMVC 的方向和位置无约束(见 3.9 注 2)。

d) 一个内圆柱要素具有尺寸要求和对其轴线具有形状(直线度)要求的 MMR(具有 0 Ⓜ)示例

图 A.2 (续)

单位为毫米

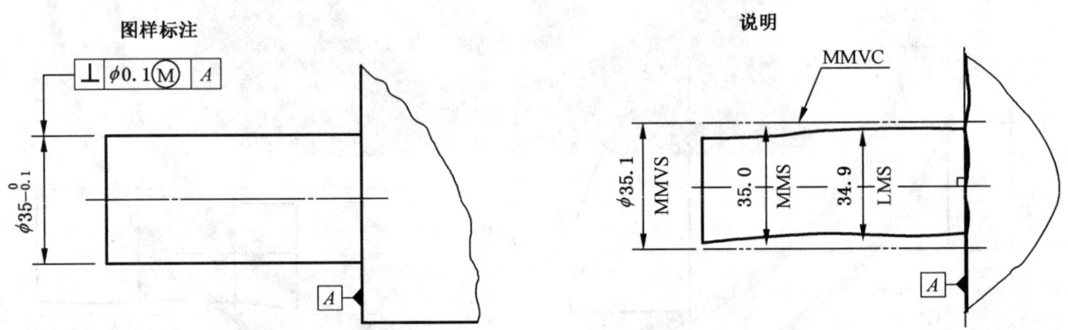

图 A.3 a)所示零件的预期功能是和图 A.3 b)所示零件相装配,而且要求轴装入孔内时两基准平面应同时相接触。

基于本标准给出的规则和定义,对本图例解释如下:

a) 轴的提取要素不得违反其最大实体实效状态(MMVC),其直径为 MMVS=35.1 mm(见规则 C、3.8 和 3.9)。

b) 轴的提取要素各处的局部直径应大于 LMS=34.9 mm[见规则 B 中 1)和 3.7]且应小于 MMS=35.0 mm[见规则 A 中 1)和 3.5]。

c) MMVC 的方向和基准垂直,但其位置无约束(见 3.9 注 2)。

a) 一个外圆柱要素具有尺寸要求和对其轴线具有方向(垂直度)要求的 MMR 示例

图 A.3 一个圆柱要素具有尺寸要求和对其轴线具有方向(垂直度)要求的 MMR 示例

单位为毫米

图样标注　　　　说明

⊥ | ϕ0.1Ⓜ | A

$\phi 35.2^{+0.1}_{0}$

MMVC

35.2 MMS

35.3 LMS

ϕ35.1 MMVS

A

图 A.3 b)所示零件的预期功能是和图 A.3 a)所示零件相装配，而且要求轴装入孔内时两基准平面应同时相接触。

基于本标准给出的规则和定义，对本图例解释如下：

a) 孔的提取要素不得违反其最大实体实效状态(MMVC)，其直径为 MMVS=35.1 mm(见规则 C、3.8 和 3.9)。

b) 孔的提取要素各处的局部直径应小于 LMS=35.3 mm[见规则 B 中 2)和 3.7]且应大于 MMS=35.2 mm[见规则 A 中 2)和 3.5]。

c) MMVC 的方向和基准垂直，但其位置无约束(见 3.9 注 2)。

b) 一个内圆柱要素具有尺寸要求和对其轴线具有方向(垂直度)要求的 MMR 示例

图 A.3 (续)

单位为毫米

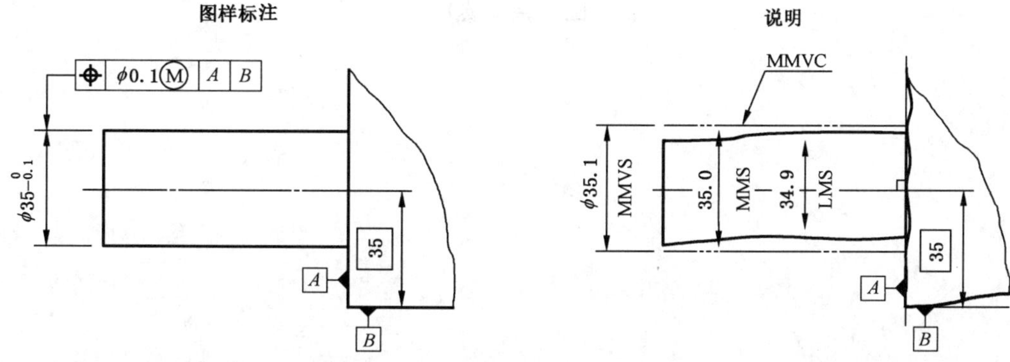

图 A.4 a)所示零件的预期功能是和图 A.4 b)所示零件相装配，而且要求两基准平面 *A* 相接触，两基准平面 *B* 双方同时和另一个零件(图中未画出)的平面相接触。

基于本标准给出的规则和定义，对本图例解释如下：

a) 轴的提取要素不得违反其最大实体实效状态(MMVC)，其直径为 MMVS=35.1 mm(见规则 C、3.8 和 3.9)。

b) 轴的提取要素各处的局部直径应大于 LMS=34.9 mm[见规则 B 中 1)和 3.7]且应小于 MMS=35.0 mm(见规则 A 中 1)和 3.5)。

c) MMVC 的方向和基准 *A* 相垂直，并且其位置在和基准 *B* 相距 35 mm 的理论正确位置上(见规则 D 和 3.9 注 2)。

a) 一个外圆柱要素具有尺寸要求和对其轴线具有位置(位置度)要求的 MMR 示例

图 A.4 一个圆柱要素具有尺寸要求和对其轴线具有位置(位置度)要求的 MMR 示例

单位为毫米

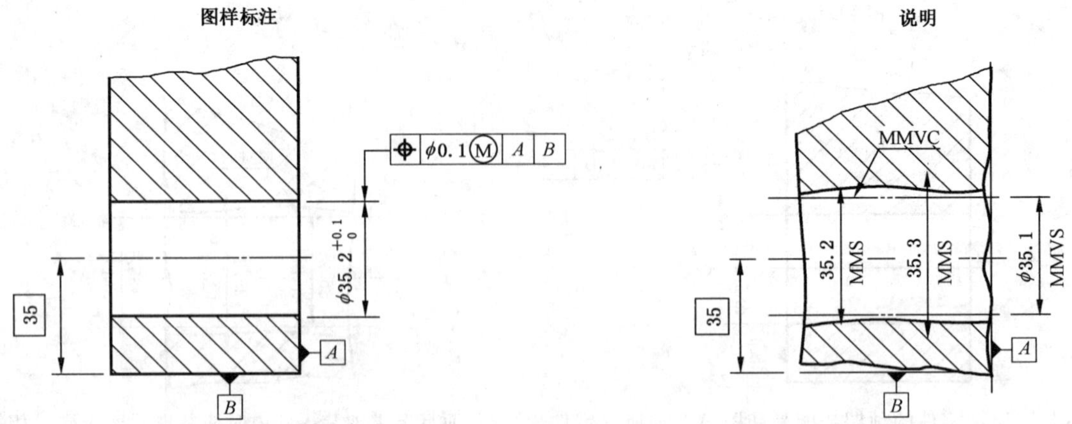

图 A.4 b)所示零件的预期功能是和图 A.4 a)所示零件相装配，而且要求两基准平面 *A* 相接触，两基准平面 *B* 双方同时和另一零件(图中未画出)的平面相接触。

基于本标准给出的规则和定义，对本图例解释如下：

a) 孔的提取要素不得违反其最大实体实效状态(MMVC)，其直径为 MMVS=35.1 mm(见规则 C、3.8 和 3.9)。

b) 孔的提取要素各处的局部直径应小于 LMS=35.3 mm[见规则 B 2)和 3.7]且应大于 MMS=35.2 mm(见规则 A 中 2)和 3.5)。

c) MMVC 的方向和基准 *A* 相垂直，并且其位置在和基准 *B* 相距 35 mm 的理论正确位置上(见规则 D 和 3.9 注 2)。

b) 一个内圆柱要素具有尺寸要求和对其轴线具有位置(位置度)要求的 MMR 示例

图 A.4(续)

单位为毫米

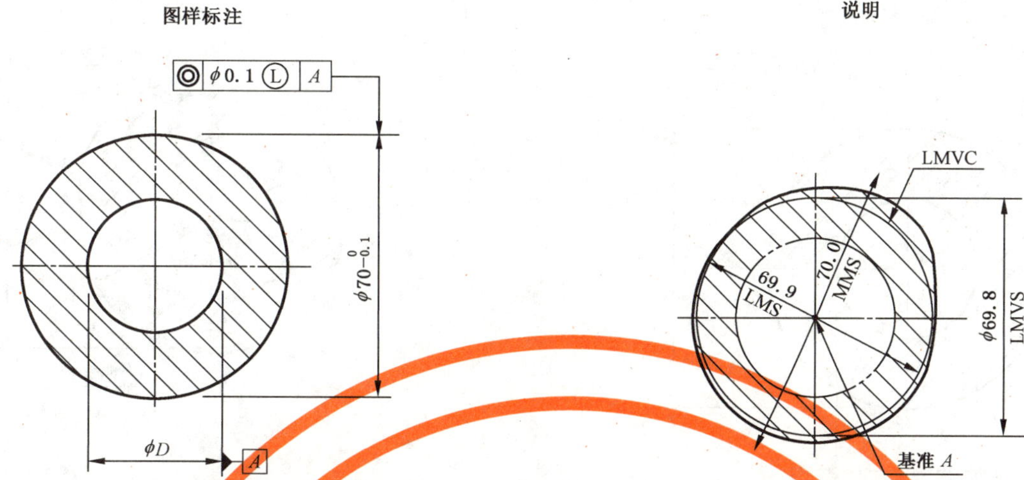

本图例可以用位置度、同轴度或同心度标注，其意义均相同。

图 A.5 a)仅说明最小实体要求的一些原则。本图样标注不全，不能控制最小壁厚。在其他要素上缺少最小实体要求，因此不能表示这一功能。

基于本标准给出的规则和定义，对本图例解释如下：

a) 外尺寸要素的提取要素不得违反其最小实体实效状态(LMVC)，其直径为 LMVS=69.8 mm(见规则 J、3.10 和 3.11)。

b) 外尺寸要素的提取要素各处的局部直径应小于 MMS=70.0 mm[见规则 I 中 1)和 3.5]且应大于 LMS=69.9 mm [见规则 H 中 1)和 3.7]。

c) LMVC 的方向和基准 A 相平行，并且其位置在和基准 A 同轴的理论正确位置上(见规则 K 和 3.11 注 2)。

a) 一个外尺寸要素和一个作为基准的同心内尺寸要素具有位置度要求的 LMR 示例

单位为毫米

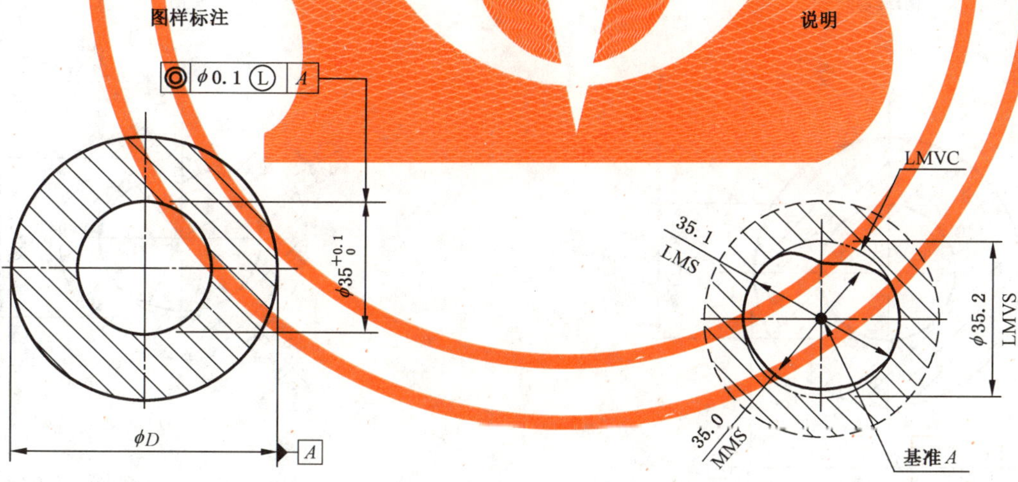

本图例可以用位置度、同轴度或同心度标注，其意义均相同。

图 A.5b)仅说明最小实体要求的一些原则。本图样标注不全，不能控制最小壁厚。在其他要素上缺少最小实体要求，因此不能表示这一功能。

基于本标准给出的规则和定义，对本图例解释如下：

a) 内尺寸要素的提取要素不得违反其最小实体实效状态(LMVC)，其直径为 LMVS=35.2 mm(见规则 J、3.10 和 3.11)。

b) 内尺寸要素的提取要素各处的局部直径应大于 MMS=35.0 mm[见规则 I 中 2)和 3.5]且应小于 LMS=35.1 mm [见规则 H 中 2)和 3.7]。

c) LMVC 的方向和基准 A 相平行，并且其位置在和基准 A 同轴的理论正确位置上(见规则 K 和 3.11 注 2)。

b) 一个内尺寸要素和一个作为基准的同心外尺寸要具有位置度要求的 LMR 示例

图 A.5 一个尺寸要素和一个作为基准的同心尺寸要素具有位置度要求的 LMR 示例

单位为毫米

图样标注

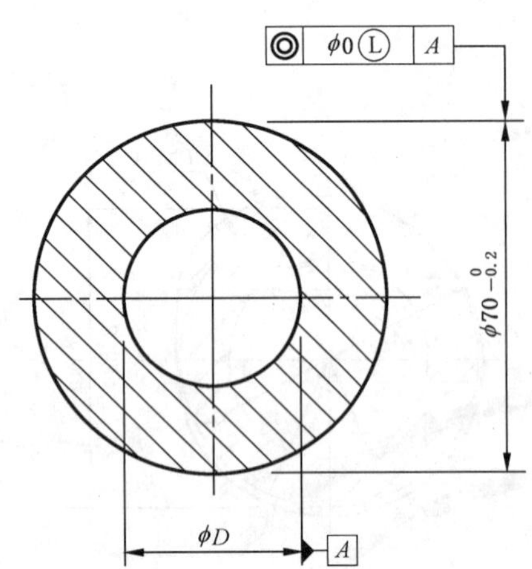

说明

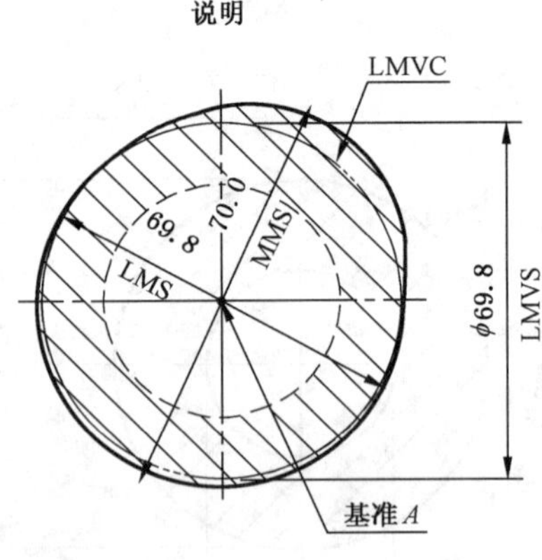

本图例可以用位置度、同轴度或同心度标注，其意义均相同。

图 A.5 c)仅说明最小实体要求的一些原则。本图样标注不全，不能控制最小壁厚。在其他要素上缺少最小实体要求，因此不能表示这一功能。

基于本标准给出的规则和定义，对本图例解释如下：

a) 外尺寸要素的提取要素不得违反其最小实体实效状态(LMVC)，其直径为 LMVS=69.8 mm(见规则 J、3.10 和 3.11)。

b) 外尺寸要素的提取要素各处的局部直径应小于 MMS=70.0 mm[见规则 I 中 1)和 3.5]且应大于 LMS=69.8 mm [见规则 H 中 1)和 3.7]。图 A.5 c)和 A.5 a)的差异在于局部直径的规范，此处为 LMS。

c) LMVC 的方向和基准 *A* 相平行，并且其位置在和基准 *A* 同轴的理论正确位置上(见规则 K 和 3.11 注 2)。

c) 一个外尺寸要素和一个作为基准的同心内尺寸要素具有位置度要求的 LMR 示例

单位为毫米

图样标注

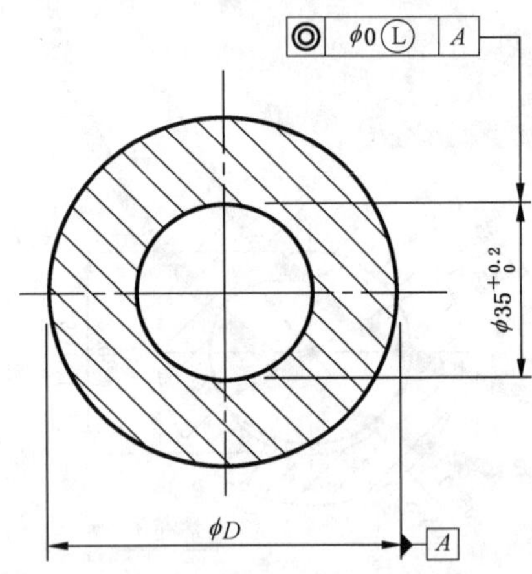

说明

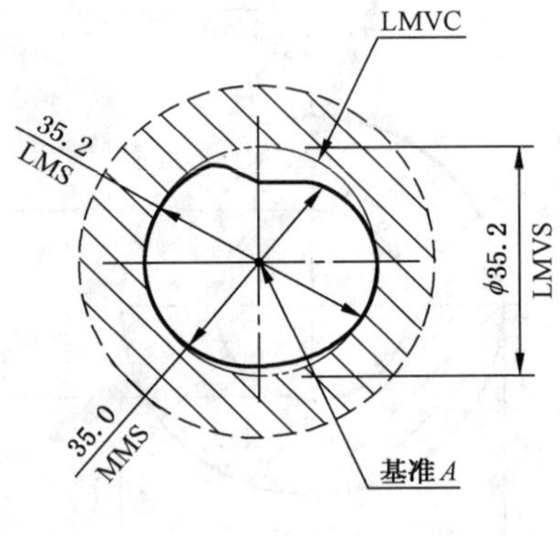

本图例可以用位置度、同轴度或同心度标注，其意义均相同。

图 A.5 d)仅说明最小实体要求的一些原则。本图样标注不全，不能控制最小壁厚。在其他要素上缺少最小实体要求，因此不能表示这一功能。

基于本标准给出的规则和定义，对本图例解释如下：

a) 内尺寸要素的提取要素不得违反其最小实体实效状态(LMVC)，其直径为 LMVS=35.2 mm(见规则 J、3.10 和 3.11)。

b) 内尺寸要素的提取要素各处的局部直径应大于 MMS=35.0 mm[见规则 I 2)和 3.5]且应小于 LMS=35.2 mm [见规则 H 中 2)和 3.7]。图 A.5 b)和 A.5 d)的差异在于局部直径的规范，此处为 LMS。

c) LMVC 的方向和基准 *A* 相平行，并且其位置在和基准 *A* 同轴的理论正确位置上(见规则 K 和 3.11 注 2)。

d) 一个内尺寸要素和一个作为基准的同心外尺寸要素具有位置度要求的 LMR 示例

图 A.5(续)

单位为毫米

图样标注

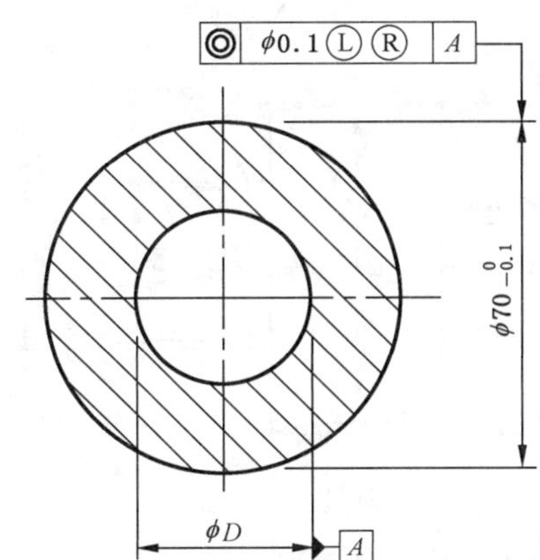

说明

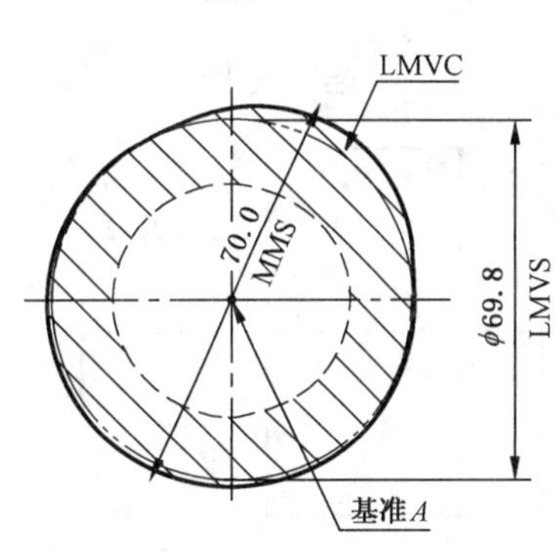

本图例可以用位置度、同轴度或同心度标注,其意义均相同。

图 A.5 e)仅说明最小实体要求的一些原则。本图样标注不全,不能控制最小壁厚。在其他要素上缺少最小实体要求,因此不能表示这一功能。

基于本标准给出的规则和定义,对本图例解释如下:

a) 外尺寸要素的提取要素不得违反其最小实体实效状态(LMVC),其直径为 LMVS=69.8 mm(见规则 J、3.10 和 3.11)。

b) 外尺寸要素的提取要素各处的局部直径应小于 MMS=70.0 mm[见规则 I 中 1)和 3.5]。RPR 允许其局部直径从 LMS(=69.9 mm)减小至(LMVS=69.8MM)(见 5.3)。

c) LMVC 的方向和基准 *A* 相平行,并且其位置在和基准 *A* 同轴的理论正确位置上(见规则 K 和 3.11 注 2)。

e) 一个外尺寸要素和一个作为基准的同心内尺寸要素具有位置度要求的 LMR 和附加 RPR 示例

单位为毫米

图样标注

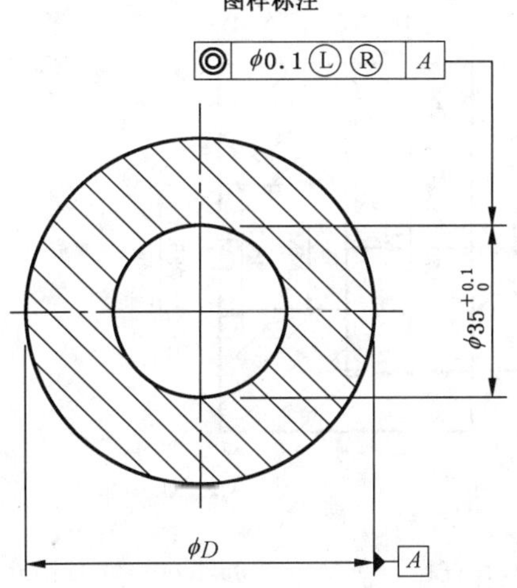

说明

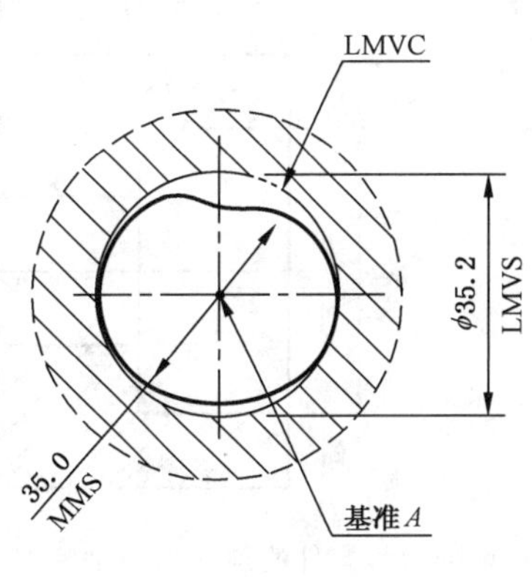

本图例可以用位置度、同轴度或同心度标注,其意义均相同。

图 A.5 f)仅说明最小实体要求的一些原则。本图样标注不全,不能控制最小壁厚。在其他要素上缺少最小实体要求,因此不能表示这一功能。

基于本标准给出的规则和定义,对本图例解释如下:

a) 最小实体实效状态(LMVC)应完全约束在材料内部,其直径为 LMVS=35.2 mm(见规则 J、3.10 和 3.11)。

b) 提取要素各处的局部直径应大于 MMS=35 mm[见规则 I 中 2)和 3.5]。RPR 允许尺寸上限增加到 LMS 以上(局部直径可大于 35.1 mm,增加到 LMVS)(见 5.3)。

c) LMVC 的方向平行于基准且 LMVC 的位置在和基准 *A* 相距 0 mm 的理论正确位置上(见规则 K 和 3.11 注 2)。

f) 一个内尺寸要素和一个作为基准的同心外尺寸要素具有位置度要求的 LMR 和附加 RPR 示例

图 A.5(续)

单位为毫米

图样标注

说明

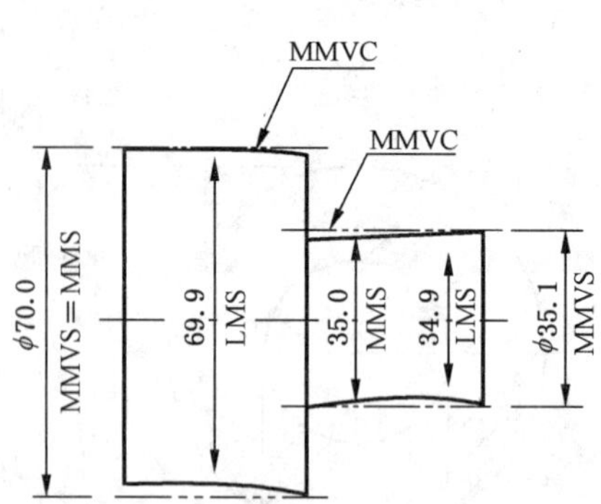

图 A.6 a)所示零件的预期功能是和图 A.6 b)所示零件相装配。

基于本标准给出的规则和定义，对本图例解释如下：

a) 外尺寸要素的提取要素不得违反其最大实体实效状态(MMVC)，其直径为 MMVS=35.1 mm(见规则 C、3.8 和 3.9)。

b) 外尺寸要素的提取要素各处的局部直径应大于 LMS=34.9 mm[见规则 B 中 1)和 3.7]且应小于 MMS=35.0 mm [见规则 A 中 1)和 3.5]。

c) MMVC 的位置和基准要素的 MMVC 同轴(见规则 D 和 3.9 注 2)。

d) 基准要素的提取要素不得违反其最大实体实效状态(MMVC)，其直径为 MMVS=MMS=70.0 mm(见规则 E、规则 F、3.8 和 3.9)。

e) 基准要素的提取要素各处的局部直径应大于 LMS=69.9 mm[见规则 B 中 1)，3.7]。

a) 一个外尺寸要素具有尺寸要求和对其轴心具有位置(同轴度)要求的 MMR 和作为基准的外尺寸要素具有尺寸要求同时也用 MMR 的示例

单位为毫米

图样标注

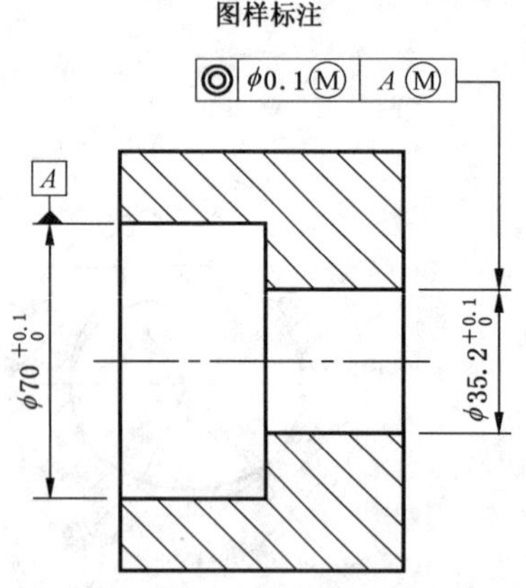

说明

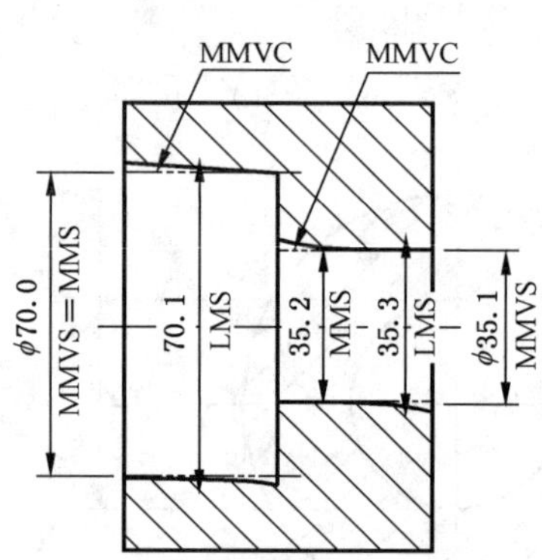

图 A.6 b)所示零件的预期功能是和图 A.6 a)所示零件相装配。

基于本标准给出的规则和定义，对本图例解释如下：

a) 内尺寸要素的提取要素不得违反其最大实体实效状态(MMVC)，其直径为 MMVS=35.1 mm(见规则 C、3.8 和 3.9)。

b) 内尺寸要素的提取要素各处的局部直径应大于 MMS=35.2 mm[见规则 B 中 2)和 3.7]且应小于 LMS=35.3 mm [见规则 A 中 2)和 3.5]。

c) MMVC 的位置和基准要素的 MMVC 同轴(见规则 D 和 3.9 注 2)。

d) 准要素的提取要素不得违反其最大实体实效状态(MMVC)，其直径为 MMVS=MMS=70.0 mm(见规则 E、规则 F、3.8 和 3.9)。

e) 基准要素的提取要素各处的局部直径应小于 LMS=70.1 mm[见规则 B 中 2)，3.7]。

b) 一个内尺寸要素具有尺寸要求和对其轴线具有位置(同轴度)要求的 MMR 和作为基准的尺寸要素具有尺寸要求同时也用 MMR 的示例

图 A.6 一个尺寸要素具有尺寸要求和对其轴线具有位置(同轴度)要求的 MMR 和作为基准的尺寸要素具有尺寸要求同时也用 MMR 的示例

单位为毫米

图样标注

说明

— ⌀0.2 Ⓜ

A

◎ ⌀0.1 Ⓜ A Ⓜ

$\phi70_{-0.1}^{\ 0}$

$\phi35_{-0.1}^{\ 0}$

MMVC

MMVC

⌀70.2 MMVS

70.0 MMS

69.9 LMS

35.0 MMS

34.9 LMS

⌀35.1 MMVS

图 A.7 a)所示零件的预期功能是和图 A.7 b)所示零件相装配。

基于本标准给出的规则和定义，对本图例解释如下：

a) 外尺寸要素的提取要素不得违反其最大实体实效状态(MMVC)，其直径为 MMVS=35.1 mm(见规则 C、3.8 和 3.9)。

b) 外尺寸要素的提取要素各处的局部直径应大于 LMS=34.9 mm[见规则 B 1)和 3.7]且应小于 MMS=35.0 mm[见规则 A 中 1)和 3.5]。

c) MMVC 的位置和基准要素的 MMVC 同轴(见规则 D 和 3.9 注 2)。

d) 基准要素的提取要素不得违反其最大实体实效状态(MMVC)，其直径为 MMVS=70.2 mm(见规则 E、规则 G、3.8 和 3.9)。

e) 基准要素的提取要素各处的局部直径应大于 LMS=69.9 mm[见规则 B 中 1)、3.7]且应小于 MMS=70.0 mm[见规则 A 中 1)和 3.5]。

a) 一个外尺寸要素具有尺寸要求和对其轴线具有位置(同轴度)要求的 MMR 和作为基准的外尺寸要素具有尺寸要求和对其轴线具有形状(直线度)要求同时也用 MMR 的示例

单位为毫米

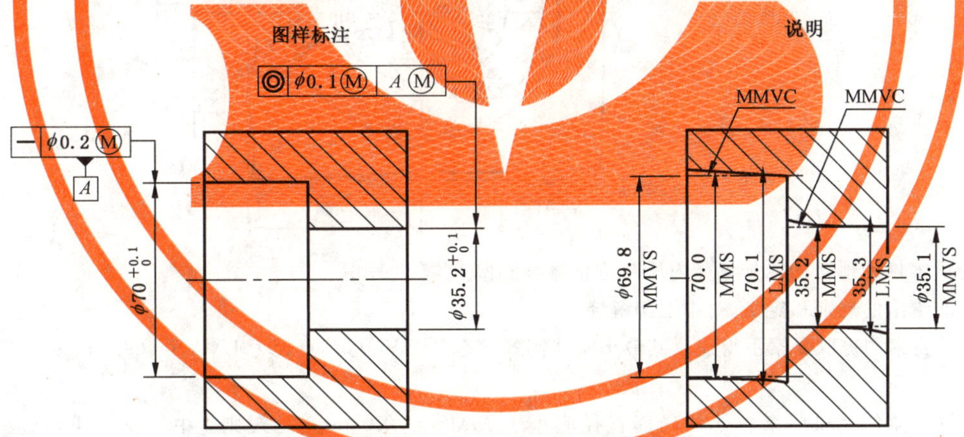

图 A.7 b)所示零件的预期功能是和图 A.7 a)所示零件相装配。

基于本标准给出的规则和定义，对本图例解释如下：

a) 内尺寸要素的提取要素不得违反其最大实体实效状态(MMVC)，其直径为 MMVS=35.1 mm(见规则 C、3.8 和 3.9)。

b) 内尺寸要素的提取要素各处的局部直径应小于 LMS=35.3 mm[见规则 B 中 2)和 3.7]且应大于 MMS=35.2 mm [见规则 A 中 2)和 3.5]。

c) MMVC 的位置和基准要素的 MMVC 的同轴(见规则 D 和 3.9 注 2)。

d) 基准要素的提取要素不得违反其最大实体实效状态(MMVC)，其直径为 MMVS=69.8 mm(见规则 E、规则 G、3.8 和 3.9)。

e) 基准要素的提取要素各处的局部直径应小于 LMS=70.1 mm[见规则 B 中 2)和 3.7]且大于 MMS=70.0 mm [见规则 A 中 2)和 3.5]。

b) 一个内尺寸要素具有尺寸要求和对其轴线具有位置(同轴度)要求的 MMR 和作为基准的内尺寸要素具有尺寸要求和对其轴线具有形状(直线度)要求同时也用 MMR 的示例

图 A.7 一个尺寸要素具有尺寸要求和对其轴线具有位置(同轴度)要求的 MMR 和作为基准的尺寸要素具有尺寸要求和对其轴线具有形状(直线度)要求同时也用 MMR 的示例

单位为毫米

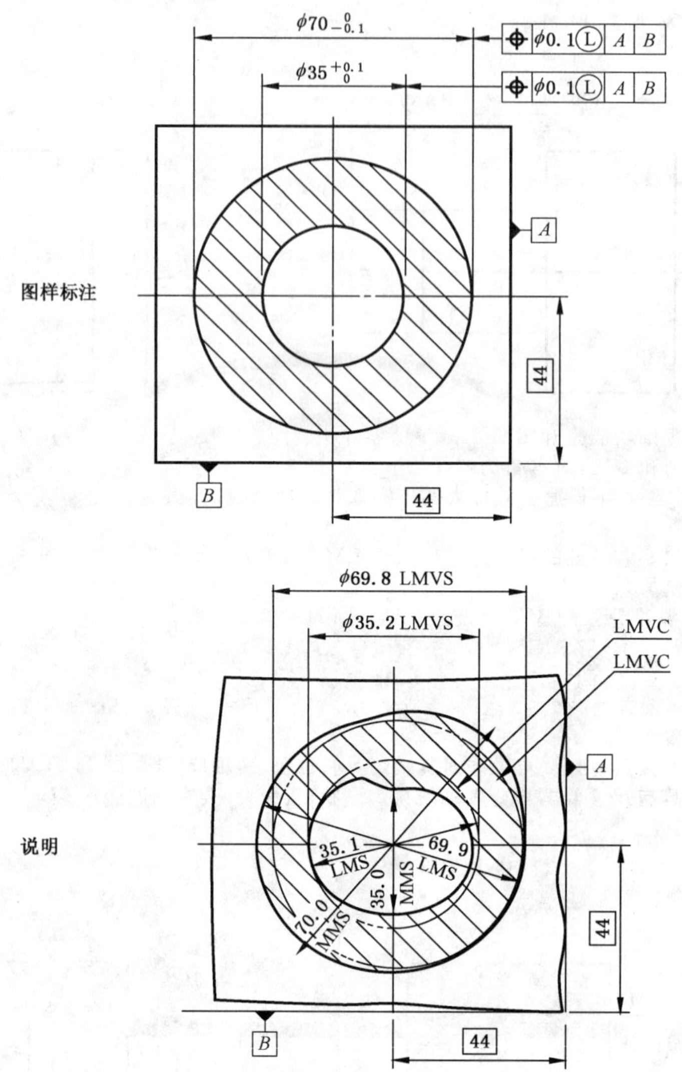

图 A.8 所示零件的预期功能是承受内压并防止爆裂。

基于本标准给出的规则和定义,对本图例解释如下:

a) 外尺寸要素的提取要素不得违反其最小实体实效状态(LMVC),其直径为 LMVS=69.8 mm(见规则 J、3.10 和 3.11)。

b) 外尺寸要素的提取要素各处的局部直径应小于 MMS=70.0 mm[见规则 I 中 1)和 3.5]且应大于 LMS=69.9 mm [见规则 H 中 1)和 3.7]。

c) 内尺寸要素的提取要素不得违反其最小实体实效状态(LMVC),其直径为 LMVS=35.2 mm(见规则 J、3.10 和 3.11)。

d) 内尺寸要素的提取要素各处的局部直径应大于 MMS=35.0 mm[见规则 I 中 2)和 3.5]且应小于 LMS=35.1 mm [见规则 H 中 2)和 3.7]。

e) 内、外尺寸要素的最小实体实效状态(LMVC)的理论正确方向和位置应处于距基准体系 *A* 和 *B* 各为 44 mm(见规则 K 和 3.11 注 2)。

图 A.8 两同心圆柱要素(内和外)由同一基准体系 A 和 B 控制其尺寸和位置的 LMR 示例

单位为毫米

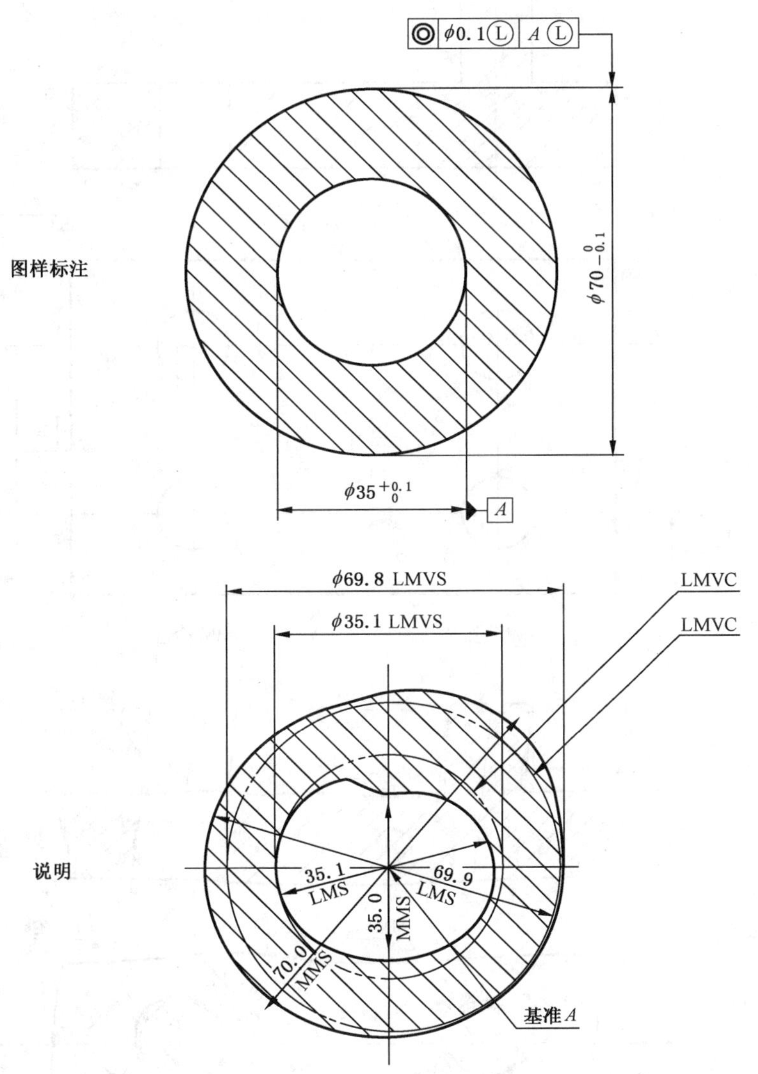

图 A.9 所示零件的预期功能是承受内压并防止爆裂。

基于本标准给出的规则和定义，对本图例解释如下：

a) 外尺寸要素的提取要素不得违反其最小实体实效状态(LMVC)，其直径为 LMVS=69.8 mm(见规则 J、3.10 和 3.11)。

b) 外尺寸要素的提取要素各处的局部直径应小于 MMS=70.0 mm[见规则 I 中 1)和 3.5]且应大于 LMS=69.9 mm [见规则 H 中 1)和 3.7]。

c) 内尺寸要素(基准要素)的提取要素不得违反其最小实体实效状态(LMVC)，其直径为 LMVS=LMS=35.1 mm (见规则 L、规则 M、3.10 和 3.11)。

d) 内尺寸要素(基准要素)的提取要素各处的局部直径应大于 MMS=35.0 mm[见规则 I 中 2)和 3.3]且应小于 LMS=35.1 mm[见规则 H 中 2)和 3.7]。

e) 外尺寸要素的最小实体实效状态(LMVC)位于内尺寸要素(基准要素)轴线的理论正确位置(见规则 K 和 3.11 注 2)。

图 A.9 一个外圆柱要素由尺寸和相对于由尺寸和 LMR 控制的内圆柱要素作为基准的位置(同轴度)控制的 LMR 示例

单位为毫米

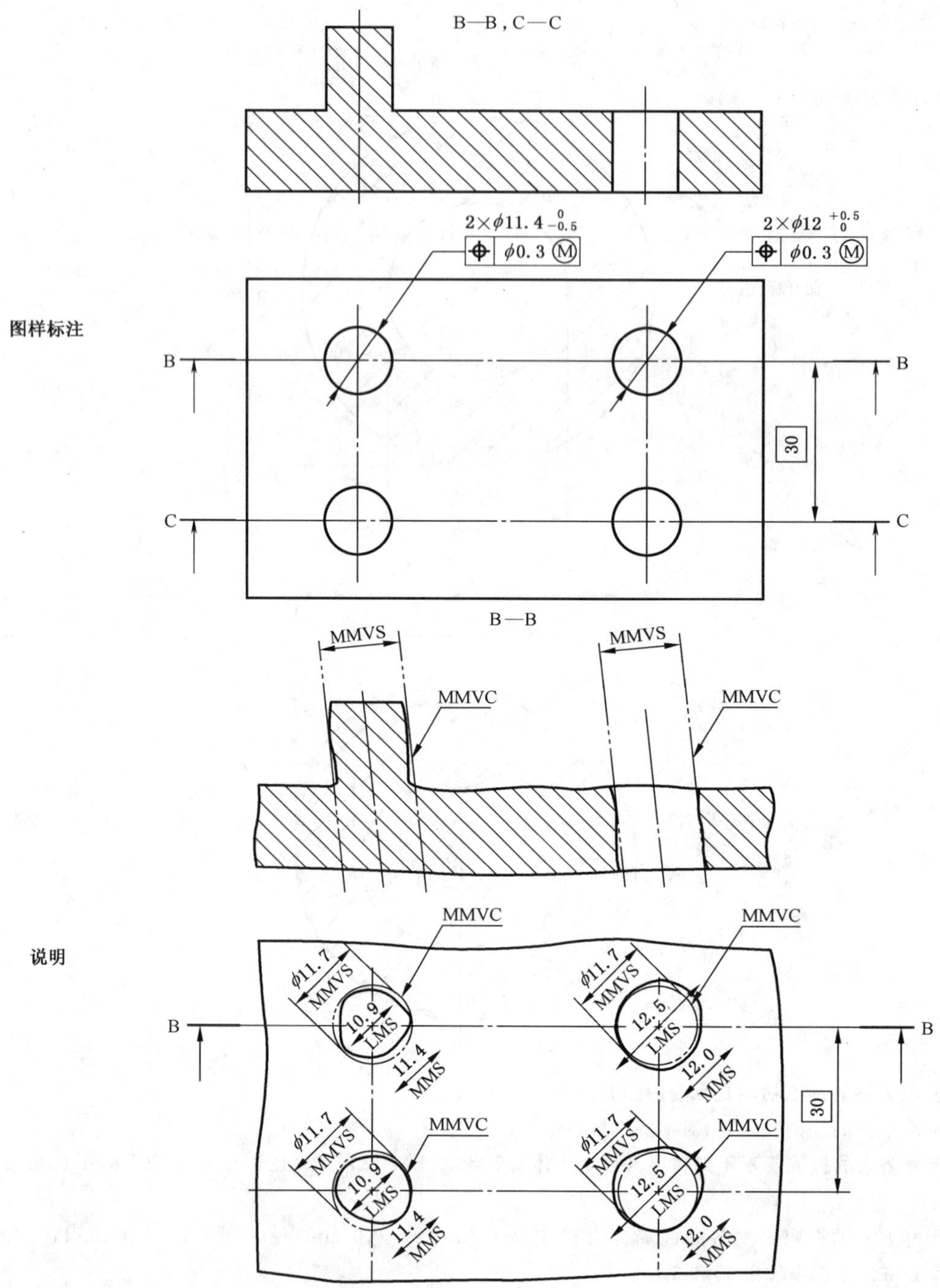

基于本标准给出的规则和定义，对本图例解释如下：

a) 两销柱的提取要素不得违反其最大实体实效状态(MMVC)，其直径为 MMVS＝11.7 mm(见规则 C、3.8 和 3.9)。

b) 两销柱的提取要素各处的局部直径均应大于 LMS＝10.9 mm[见规则 B 中 1)和 3.7]且均应小于 MMS＝11.4 mm [见规则 A 中 1)和 3.5]。

c) 两孔的提取要素不得违反其最大实体实效状态(MMVC)，其直径为 MMVS＝11.7 mm(见规则 C、3.8 和 3.9)。

d) 两孔的提取要素各处的局部直径应小于 LMS＝12.5 mm[见规则 B 中 2)和 3.7]且应大于 MMS＝12.0 mm[见规则 A 中 2)和 3.5]。

e) 两销柱的 MMVC 处于彼此相距理论正确尺寸理论为 30 mm 的位置，且彼此理论正确相互平行(见规则 D 和 3.9 注 2)。对零件的其他部分没有方向或位置要求。

f) 两孔的 MMVC 处于彼此相距理论正确尺寸理论为 30 mm 的位置，且彼此理论正确相互平行(见规则 D 和 3.9 注 2)。对零件的其他部分没有方向或位置要求。

图 A.10 两个销柱和两个孔彼此之间的位置由理正确尺寸和位置度公差确定，没有应用基准的 MMR 示例

单位为毫米

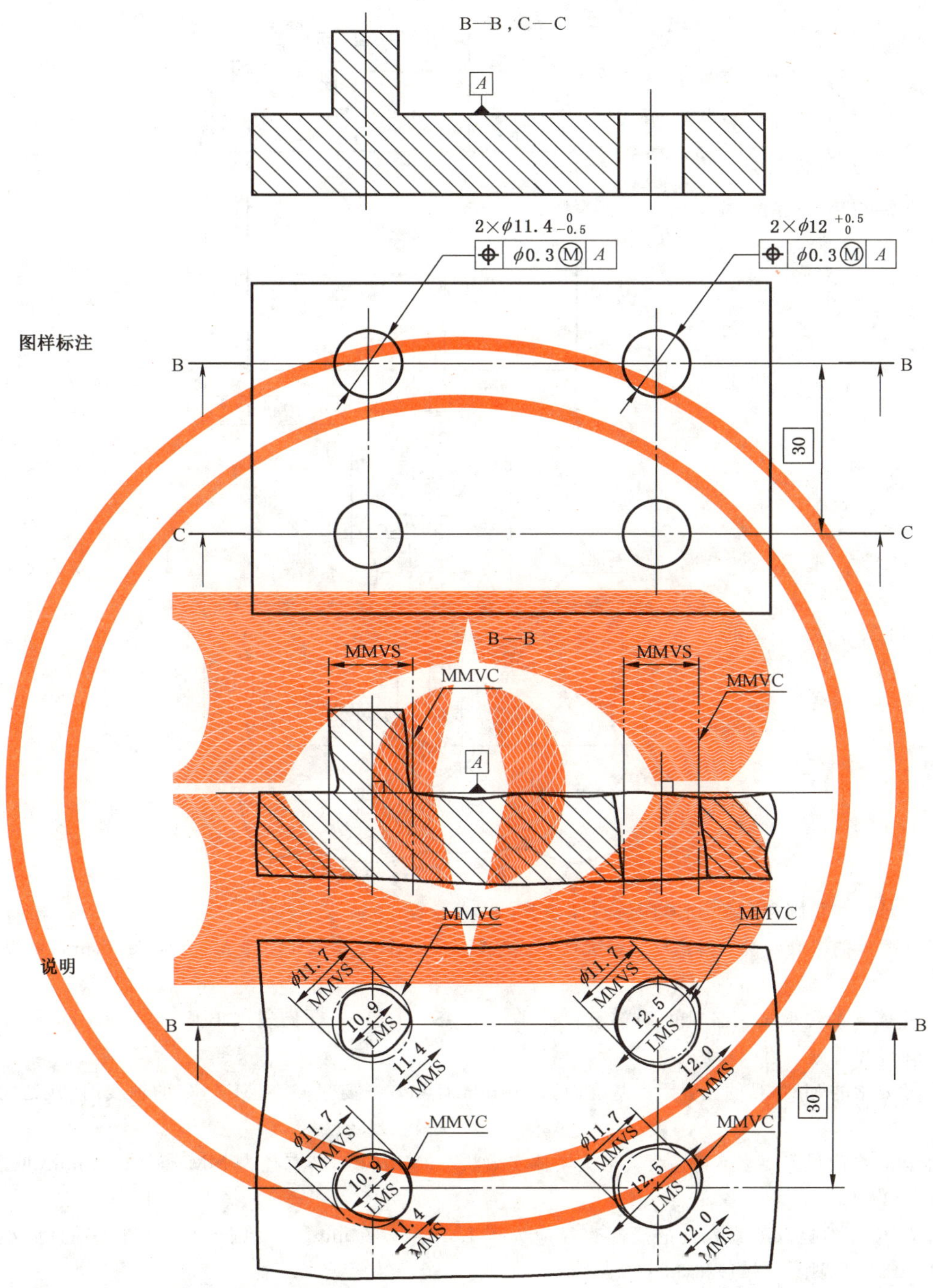

基于本标准给出的规则和定义，对本图例解释如下：

a) 两销柱的提取要素不得违反其最大实体实效状态(MMVC)，其直径为 MMVS=11.7 mm(见规则 C、3.8 和 3.9)。

b) 两销柱的提取要素各处的局部直径均应大于 LMS=10.9 mm[见规则 B 中 1)和 3.7]且均应小于 MMS=11.4 mm [见规则 A 中 1)和 3.5]。

c) 两孔的提取要素不得违反其最大实体实效状态(MMVC)，其直径为 MMVS=11.7 mm(见规则 C、3.8 和 3.9)。

d) 两孔的提取要素各处的局部直径应小于 LMS=12.5 mm[见规则 B 中 2)和 3.7]且均应大于 MMS=12.0 mm [见规则 A 中 2)和 3.5]。

e) 两销柱的 MMVC 处于彼此相距理论正确尺寸理论为 30 mm 的位置，彼此理论正确相互平行，且要和基准 *A* 相垂直(见规则 D 和 3.9 注 2)。

f) 两孔的 MMVC 处于彼此相距理论正确尺寸理论为 30 mm 的位置，彼此理论正确相互平行，且要和基准 *A* 相垂直(见规则 D 和 3.9 注 2)。

图 A.11 两个销柱和两个孔彼此之间的位置由理论正确尺寸和具有基准的位置度公差确定的 MMR 示例

单位为毫米

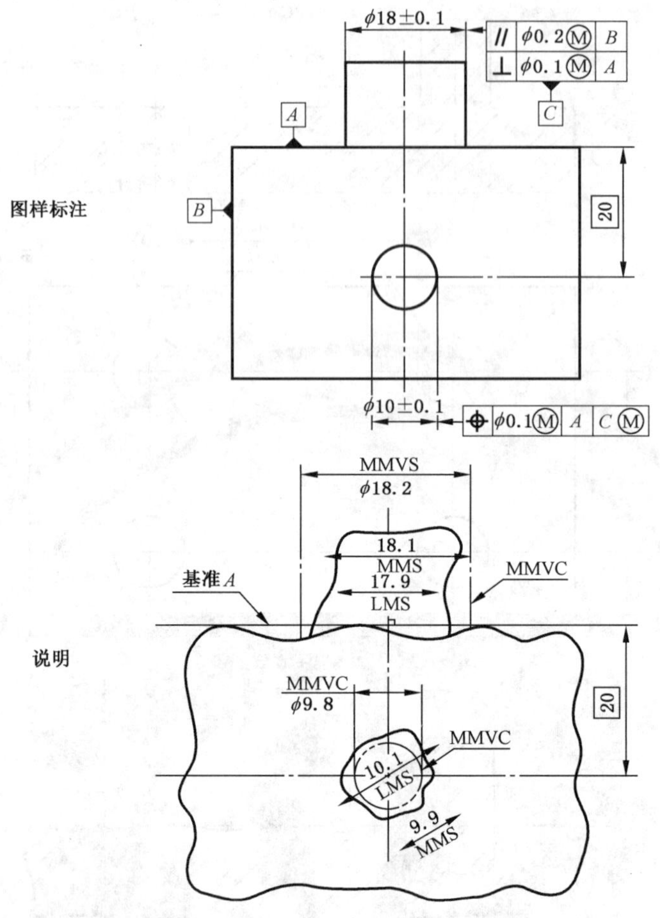

基于本标准给出的规则和定义，对本图例解释如下：

a) 内尺寸要素的提取要素不得违反其最大实体实效状态(MMVC)，其直径为 MMVS＝9.8 mm(见规则 C、3.8 和 3.9)。

b) 内尺寸要素的提取要素各处的局部直径应小于 LMS＝10.1 mm[见规则 B 中 2)和 3.7]且应大于 MMS＝9.9 mm [见规则 A 中 2)和 3.5]。

d) 内尺寸要素的 MMVC 的位置距离基准面 *A* 20 mm 且和基准要素 *C* 的 MMVC 的轴线同轴(见规则 D 和 3.9 注 2)。

e) 基准要素 *C* 的提取要素不得违反其最大实体实效状态(MMVC)，其直径为 MMVS=18.2 mm(见规则 E、规则 G、3.8 和 3.9)。

f) 基准要素 *C* 的提取要素各处的局部直径应大于 LMS＝17.9 mm[见规则 B 中 1)和 3.7]且应小于 MMS＝18.1 mm [见规则 A 中 1)和 3.5]。

g) 基准要素 *C* 的 MMVC 相对于基准 *A* 处于理论正确方向，例如垂直于基准面 *A*(见规则 D 和 3.9 注 2)。对于基准要素 *C* 没有其他的方向或位置要求。平行于基准面 *B* 是另一个根据独立原则应遵守的几何规范，但并不将销视为基准要素 *C*。

图 A.12 由方向规范控制，其公差值有符号Ⓜ且其基准严格参照相关基准之前基准的基准要素 MMR(有符号Ⓜ)示例

单位为毫米

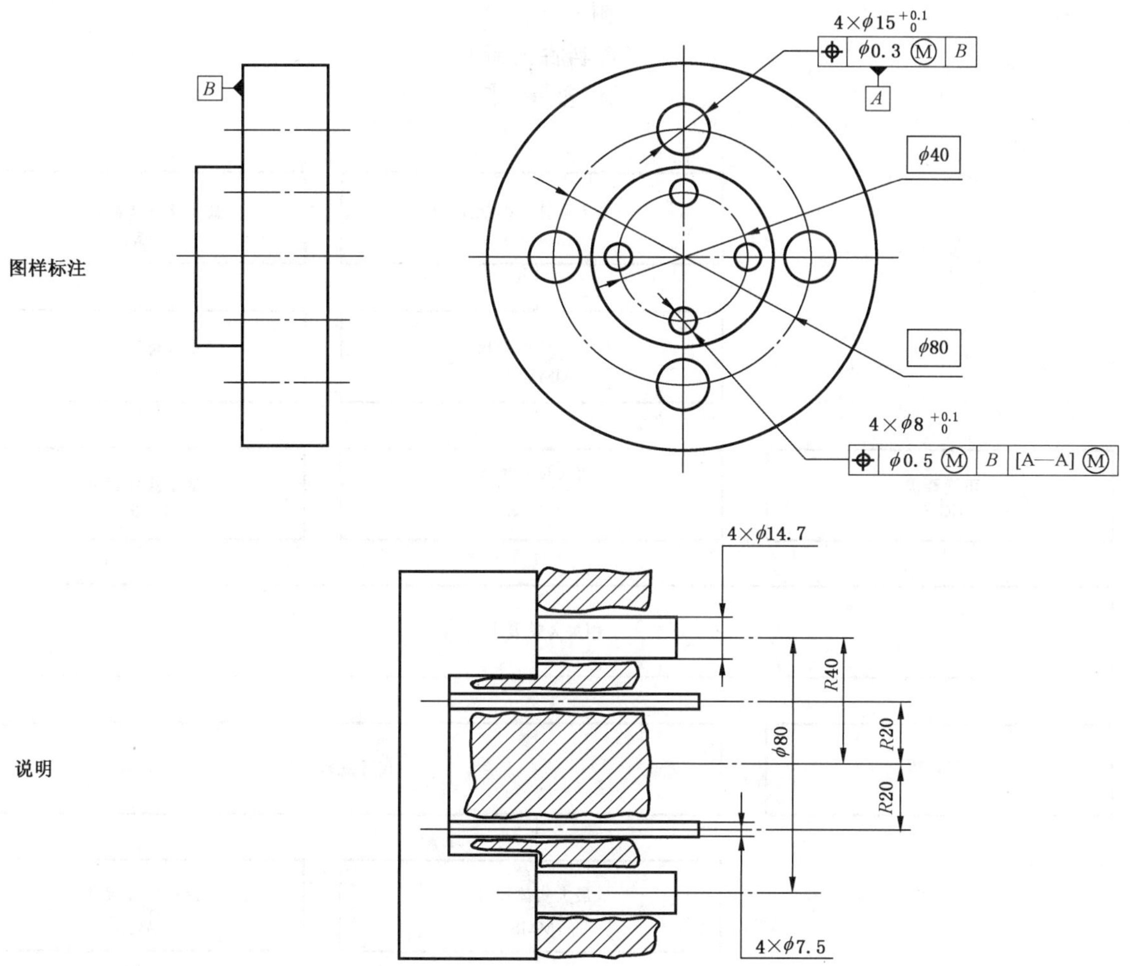

基于本标准给出的规则和定义，对本图例解释如下：

a) 四个孔各自的提取要素均不得违反其最大实体实效状态(MMVC)，其直径为 MMVS=7.5 mm(见规则 C、3.8 和 3.9)。

b) 四个孔各自的提取要素各处的局部直径应小于 LMS=8.1 mm[见规则 B 中 2)和 3.7]且均应大于 MMS=8 mm[见规则 A 中 2)和 3.5]。

c) 四个孔各自的最大实体实效状态(MMVC)均应与基准 *B* 的理论正确方向和基准 *A* 的理论正确位置相一致(见规则 D 和 3.9 注 2)。

d) 孔组要素(基准要素)各孔的提取要素不得违反其最大实体实效状态(MMVC)，其直径 MMVS=MMS−0.3=14.7 mm 的圆柱(见规则 E、规则 G、3.8 和 3.9)。

e) 孔组要素(基准要素)各孔的提取要素各处的局部直径均应小于 LMS=15.1 mm[见规则 B 中 2)和 3.7]且均应大于 MMS=15 mm。

f) 孔组要素(基准要素)的 MMVC 相对于基准 *B* 处于理论正确方向，例如垂直于基准面 *B*，且相互之间处于理论正确位置，例如均匀地分布在直径 80 mm 的圆柱上(见规则 D、3.9 注 2 和 4.2.2 注 2)。

图 A.13 以一组要素为基准的成组要素中各个要素均有尺寸要求和对其轴线又均有位置度要求的 MMR 示例

附 录 B
（资料性附录）
概 念 图 表

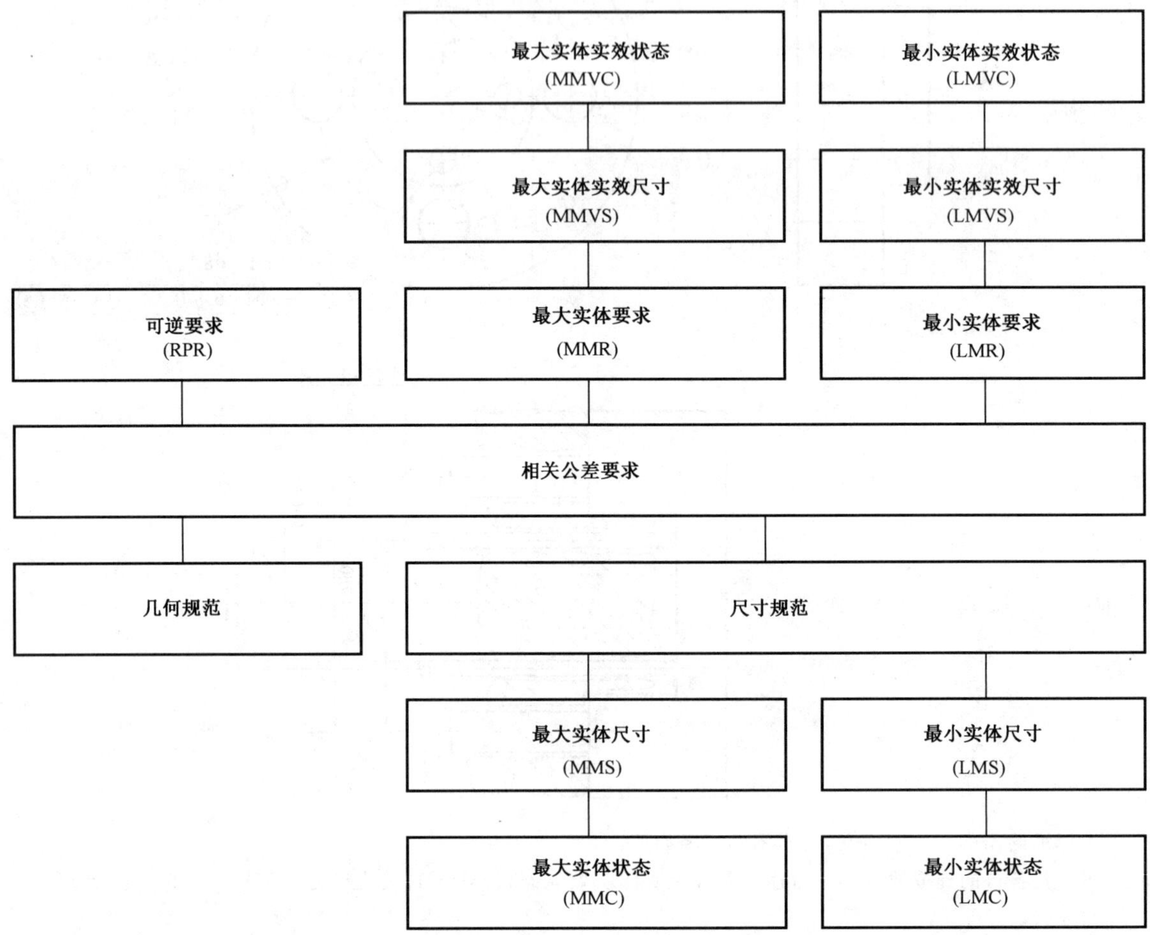

图 B.1 有关最大实体要求和最小实体要求术语和概念图

附　录　C
（资料性附录）
在 GPS 矩阵模型中的位置

C.1　概述

关于 GPS 矩阵模型，见 GB/T 20308。

在 GB/T 20308 中给出的 GPS 总体规划提供了对 GPS 体系的概览，本标准是其中的一部分。在 GB/T 4249 中给出的基本规则适用于本标准。除非另有说明，在 GB/T 18779.1 中给出的缺省决策规则适用于根据本标准所制定的规范。

C.2　在 GPS 矩阵模型中的位置

本标准是 GPS 通用标准，其影响 GPS 通用标准矩阵中尺寸、与基准无关/有关的线的形状、与基准无关/有关的面的形状、方向、位置和基准标准链的第 1、第 2 和第 3 链环，如表 C.1 所示。

表 C.1　GPS 矩阵模型中的位置

<table>
<tr><td rowspan="22">GPS
基础
标准</td><td rowspan="22"></td><td colspan="7">GPS 综合标准</td></tr>
<tr><td colspan="7"></td></tr>
<tr><td colspan="7">GPS 通用标准</td></tr>
<tr><td>链环</td><td>1</td><td>2</td><td>3</td><td>4</td><td>5</td><td>6</td></tr>
<tr><td>尺寸</td><td>•</td><td>•</td><td>•</td><td></td><td></td><td></td></tr>
<tr><td>距离</td><td></td><td></td><td></td><td></td><td></td><td></td></tr>
<tr><td>半径</td><td></td><td></td><td></td><td></td><td></td><td></td></tr>
<tr><td>角度</td><td></td><td></td><td></td><td></td><td></td><td></td></tr>
<tr><td>与基准无关的线要素形状</td><td>•</td><td>•</td><td>•</td><td></td><td></td><td></td></tr>
<tr><td>与基准有关的线要素形状</td><td>•</td><td>•</td><td>•</td><td></td><td></td><td></td></tr>
<tr><td>与基准无关的面要素形状</td><td>•</td><td>•</td><td>•</td><td></td><td></td><td></td></tr>
<tr><td>与基准有关的面要素形状</td><td>•</td><td>•</td><td>•</td><td></td><td></td><td></td></tr>
<tr><td>方向</td><td>•</td><td>•</td><td>•</td><td></td><td></td><td></td></tr>
<tr><td>位置</td><td>•</td><td>•</td><td>•</td><td></td><td></td><td></td></tr>
<tr><td>圆跳动</td><td></td><td></td><td></td><td></td><td></td><td></td></tr>
<tr><td>全跳动</td><td></td><td></td><td></td><td></td><td></td><td></td></tr>
<tr><td>基准</td><td>•</td><td>•</td><td>•</td><td></td><td></td><td></td></tr>
<tr><td>表面粗糙度</td><td></td><td></td><td></td><td></td><td></td><td></td></tr>
<tr><td>表面波纹度</td><td></td><td></td><td></td><td></td><td></td><td></td></tr>
<tr><td>原始轮廓</td><td></td><td></td><td></td><td></td><td></td><td></td></tr>
<tr><td>表面缺陷</td><td></td><td></td><td></td><td></td><td></td><td></td></tr>
<tr><td>棱边</td><td></td><td></td><td></td><td></td><td></td><td></td></tr>
</table>

C.3 有关的标准

相关的标准为表 C.1 所示标准链涉及的标准。

参 考 文 献

[1] GB/T 1800.1 产品几何技术规范(GPS) 极限与配合 第1部分:公差、偏差和配合的基础

[2] GB/T 4249 产品几何技术规范(GPS) 基本原理 概念、原则和规则

[3] GB/T 13319—2003 产品几何技术规范(GPS) 几何公差 位置度公差注法

[4] GB/T 18779.1 产品几何量技术规范(GPS) 工件与测量设备的测量检验 第1部分:按规范检验合格或不合格的判定规则

[5] GB/T 20308 产品几何技术规范(GPS) 总体规划

[6] ISO 7083:1983 Technical drawings—Symbols for geometrical tolerancing—Proportions and dimensions

[7] ISO 22432:2011 Geometrical product specifications(GPS)—Features utilized in specification and verify cation

ICS 55.020
A 80

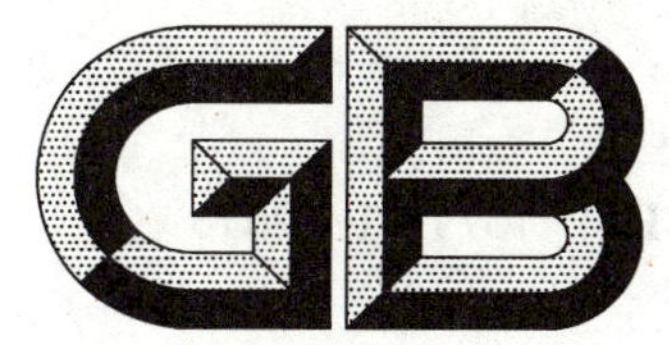

中华人民共和国国家标准

GB/T 16716.1—2018
代替 GB/T 16716.1—2008,GB/T 16716.2—2010

包装与环境 第1部分:通则

Packaging and the environment—Part 1:General rules

(ISO 18601:2013,Packaging and the environment—General requirements for the use of ISO standards in the field of packaging and the environment,MOD)

2018-12-28 发布 2018-12-28 实施

国家市场监督管理总局
中国国家标准化管理委员会 发布

前　言

GB/T 16716《包装与环境》共分为六个部分：

——第1部分：通则；

——第2部分：包装系统优化；

——第3部分：重复使用；

——第4部分：材料循环再生；

——第5部分：能量回收；

——第6部分：有机循环。

本部分为GB/T 16716的第1部分。

本部分按照GB/T 1.1—2009给出的规则起草。

本部分代替GB/T 16716.1—2008《包装与包装废弃物　第1部分：处理和利用通则》和GB/T 16716.2—2010《包装与包装废弃物　第2部分：评估方法和程序》，与GB/T 16716.1—2008和GB/T 16716.2—2010相比，除编辑性修改外，主要技术变化如下：

——标准名称修改为《包装与环境 第1部分：通则》；

——增加了关于原材料选用、生产制造和包装废弃物处理的基本要求（见4.2、4.3、4.4、4.6、4.7、4.8、4.9、4.10、4.12、4.13）；

——对GB/T 16716.2—2010基本原理和方法、要求、程序、评估准则和适用的技术内容进行了编辑性修改（见5.1、5.2、5.4.1、5.4.2、5.5、附录B，GB/T 16716.2—2010版第4章、第5章、第6章和附录A）；

——对GB/T 16716.1—2008要求、方法的部分内容进行了调整，增加了各类包装和包装废弃物回收利用和处理方法（见附录A，GB/T 16716.1—2008版第4章、第5章）；

——删除了GB/T 16716.1—2008效果评估准则（见GB/T 16716.1—2008版第6章）。

本部分使用重新起草法修改采用ISO 18601:2013《包装与环境 包装与环境领域ISO标准使用通则》。

本部分与ISO 18601:2013相比存在结构变化，增加了附录A和附录B，删除了参考文献，删除了ISO 18601:2013的附录A，ISO 18601:2013的附录B调整为本部分的附录C。

本部分与ISO 18601:2013相比存在技术性差异，这些差异涉及的条款已通过在其外侧页边空白位置的垂直单线(|)进行了标示，其技术性差异及其原因如下：

——关于规范性引用文件，本标准做了具有技术性差异的调整，以适应我国的技术条件，调整的情况集中反映在第2章“规范性引用文件”中，主要调整如下：

- 用修改采用国际标准的GB/T 16716.2代替了ISO 18602；
- 用修改采用国际标准的GB/T 16716.3代替了ISO 18603；
- 用修改采用国际标准的GB/T 16716.4代替了ISO 18604；
- 用GB/T 23156代替了ISO 21067；
- 增加了GB/T 4122.1　包装术语　第1部分：基础；
- 增加了GB/T 16288　塑料制品的标志；
- 增加了GB 16889　生活垃圾填埋场污染控制标准；
- 增加了GB/T 18455　包装回收标志；
- 增加了GB 18484　危险废物焚烧污染控制标准；

- 增加了 GB 18485 生活垃圾焚烧污染控制标准；
- 增加了 GB/T 18772 生活垃圾填埋场环境监测技术要求；
- 增加了 GB 23350 限制商品过度包装要求 食品和化妆品；
- 增加了 GB/T 31268 限制商品过度包装 通则；
- 增加了 GB/T 32161 生态设计产品评价通则；
- 增加了 CY/T 132.2 绿色印刷产品合格判定准则 第 2 部分：包装类印刷品；
- 增加了 HJ 209 环境标志产品技术要求 塑料包装制品；
- 增加了包装行业清洁生产评价指标体系(试行)(国家发展和改革委员会)；

——增加了包装符合环境友好的基本要求，以适应我国的技术条件(见第 4 章)；

——增加了评估要求和准则，以增强可操作性(见 5.3)。

本部分做了下列编辑性修改：

——为与现有标准体系一致，将名称改为《包装与环境 第 1 部分：通则》；

——调整第 3 章的术语和定义；

——对 ISO 18601:2013 引言、第 4 章、第 5 章进行了编辑性修改；

——增加了附录 A(资料性附录)“各类包装和包装废弃物回收利用和处理方法”；

——删除 ISO 18601:2013 的资料性附录 A“包装功能部分列表”。

本部分由全国包装标准化技术委员会(SAC/TC 49)提出并归口。

本部分起草单位：中国出口商品包装研究所、广州优越检测技术服务有限公司、中国塑料加工工业协会复合膜制品专业委员会、大连市产品质量检测研究院、广东志高空调有限公司、湖南工业大学东莞包装学院、深圳市印刷行业协会、广东省潮州市质量计量监督检测所、山东丽曼包装印务有限公司、江阴升辉包装材料有限公司。

本部分主要起草人：邢文彬、孙晓、夏嘉良、姜子波、甄荣基、谭伟、吴海娇、刘天航、朱永双、胡轩恒、刘贵深、陈晨、陈宇、李晓明、杨伟。

本部分所代替标准的历次版本发布情况为：

——GB/T 16716—1996；

——GB/T 16716.1—2008；

——GB/T 16716.2—2010。

引　言

GB/T 16716《包装与包装废弃物》(共 7 个部分)是我国制定的第一套包装与环境领域的专业基础标准,对推动我国包装与环境的协调发展和包装行业的技术进步发挥了积极的引领和带动作用。2013 年国际标准化组织制定发布了包装与环境系列标准。为了与国际标准协调一致,促进国际贸易发展,GB/T 16716 本次修改采用了国际标准,并将标准名称修改为 GB/T 16716《包装与环境》。

本次修订是将 GB/T 16716.1—2008 与 GB/T 16716.2—2010 的主要技术内容进行了整合和编辑性修改,并修改采用了 ISO 18601:2013 的主要技术内容。

为了更好地符合我国生态文明建设和绿色化发展的总体要求,修订后的 GB/T 16716.1 增加了包装符合环境友好性的基本要求,界定了包装与环境系列标准内部的相互关系,使用这套标准对包装进行评估有助于确定所选用包装是否具有优化的可能及修改的必要,以确保其在使用后可被重复使用或回收利用。包装与环境系列标准的关系如图 1 所示。

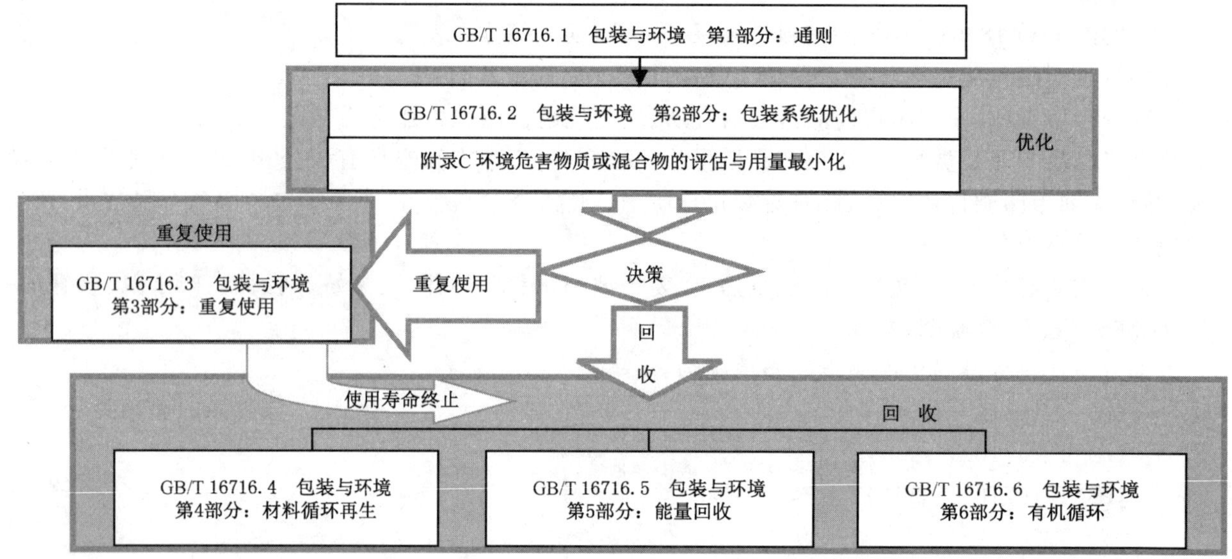

图 1　包装与环境标准的关系

包装与环境　第1部分:通则

1　范围

GB/T 16716的本部分规定了包装符合环境友好的基本要求和评估方法。

本部分适用于包装的设计、生产、使用及处理利用。

2　规范性引用文件

下列文件对于本文件的应用是必不可少的。凡是注日期的引用文件,仅注日期的版本适用于本文件。凡是不注日期的引用文件,其最新版本(包括所有的修改单)适用于本文件。

GB/T 4122.1　包装术语　第1部分:基础

GB/T 16288　塑料制品的标志

GB/T 16716.2　包装与环境　第2部分:包装系统优化(GB/T 16716.2—2018,ISO 18602:2013,MOD)

GB/T 16716.3　包装与环境　第3部分:重复使用(GB/T 16716.3—2018,ISO 18603:2013,MOD)

GB/T 16716.4　包装与环境　第4部分:材料循环再生(GB/T 16716.4—2018,ISO 18604:2013,MOD)

GB 16889　生活垃圾填埋场污染控制标准

GB/T 18455　包装回收标志

GB 18484　危险废物焚烧污染控制标准

GB 18485　生活垃圾焚烧污染控制标准

GB/T 18772　生活垃圾卫生填埋场环境监测技术要求

GB/T 23156　包装　包装与环境　术语

GB 23350　限制商品过度包装要求　食品和化妆品

GB/T 31268　限制商品过度包装　通则

GB/T 32161　生态设计产品评价通则

CY/T 132.2　绿色印刷产品合格判定准则　第2部分:包装类印刷品

HJ 209　环境标志产品技术要求　塑料包装制品

包装行业清洁生产评价指标体系(试行)(国家发展和改革委员会)

ISO 18605　包装与环境　能量回收(Packaging and the environment—Energy recovery)

ISO 18606　包装与环境　有机循环(Packaging and the environment—Organic recycling)

3　术语和定义

GB/T 4122.1和GB/T 23156界定的以及下列术语和定义适用于本文件。

3.1

供应商　supplier

对投放市场或交付使用的包装或包装产品负有责任的经营者。

注：供应商亦指在产品及其包装出售之前的所有者；或在标签上注明的生产或销售商，更确切的是自愿执行本部分的经营者。当供应商使用的包装是由其他生产商提供，供应商可追溯有关技术资料。

3.2

包装系统　packaging system

实现某一商品包装的全部包装程序，包括以下一个或多个适用情形（视包装好的商品而定）：初级包装、次级包装（组合包装）、三级包装（运输包装）。

[GB/T 16716.2—2018，定义 3.6]

3.3

包装系统优化　packaging system optimization

为了减少对环境的影响，在包装的初级包装、次级包装（组合包装）和三级包装（运输包装）满足其功能需要，且消费者（用户）可接受的前提下，使包装的重量（体积）降至最低。

注：本部分中的包装系统优化不包括包装材料的选择和替换。

3.4

重复使用　reuse

同目的包装预期在其生命周期内被重复灌装或使用，必要时可使用市场上获取的补助物实现。

注：支持包装重复使用但本身不可重复使用的物件（如标签或封盖），视为包装的一部分。

[GB/T 16716.3—2018，定义 3.1]

3.5

材料循环再生　material recycling

将已使用的包装材料通过各种形式的制造工艺再加工得到产品、产品组件或次级（再生）原材料的过程，能量回收和作为燃料使用除外。

注：本部分中的循环再生仅指材料循环再生，其他类型的循环再生或回收利用不在此列。

[GB/T 16716.4—2018，定义 3.3]

3.6

能量回收　energy recovery

通过直接可控的燃烧产生有用的能源。

注：焚烧固体垃圾产生热水、蒸汽和电力是一种常见的能源回收利用法。

[ISO 18605：2013，定义 3.7]

3.7

有机循环　organic recycling

通过微生物的活动，对使用过的包装材料中的可降解成分进行可控的生物处理。这一过程可产生堆肥，厌氧分解过程中还可产生沼气。

注：垃圾填埋并非有机循环再生。

[ISO 18606：2013，定义 3.9]

4　基本要求

4.1　包装应在充分保护产品、符合安全、卫生和环境要求，满足消费者需求的前提下，减少材料的用量。

4.2　包装设计和制造应优先选用无毒、无害、环保型和单一材质的包装材料。

4.3　复合包装材料生产宜采用易于拆解的加工技术。

4.4　宜优先使用可循环再生、可回收利用、易降解和使用再生料生产的包装材料。

4.5　包装和包装材料中铅、镉、汞和六价铬的总含量应不超过 100 mg/kg。

4.6　包装制品的设计、生产和使用应符合 GB/T 32161 和 GB/T 31268 的规定。

4.7 包装的生产和制造应满足《包装行业清洁生产评价指标体系(试行)》的有关要求。

4.8 包装制品印刷应符合 CY/T 132.2 的规定。

4.9 塑料包装制品生产应符合 HJ 209 的规定。

4.10 食品和化妆品包装应符合 GB 23350 的规定。

4.11 包装材料、容器和辅助物的设计、制造和使用应有利于在其成为废弃物之后的分类、回收和处理，回收利用和处理方法可参照附录 A 实施。

4.12 包装废弃物的填埋应符合 GB 16889 和 GB/T 18772 的规定。

4.13 生活垃圾类包装废弃物的焚烧应满足 GB 18485 的要求，危险废物类包装废弃物的焚烧应满足 GB 18484 的要求。

4.14 包装回收标志应符合 GB/T 18455 的规定，其中塑料制品可按照 GB/T 16288 的规定加施标志。

4.15 包装和包装废弃物应符合其他有关环境的规定和标准。

5 评估方法

5.1 一般原则

供应商应在包装满足基本要求的前提下，预先选择适用的评估标准和程序，对包装的环境友好符合性进行全面评估，以使投放市场或交付使用的产品包装符合 GB/T 16716.2～GB/T 16716.4、ISO 18605、ISO 18606 的要求。

5.2 评估对象和内容

包装评估对象包括包装组分或任何初始包装、销售包装、配送包装和运输包装的组合，各评估对象的评估内容见表 1。

表 1 评估对象和评估内容

评估对象	包装组分	包装功能性单元	完整的包装系统
评估内容	四种重金属 环境危害物质	重复使用 材料循环再生 能量回收 有机循环	包装系统优化
注 1：包装功能性单元可包含销售包装、配送包装、运输包装的任何一级或几级组合。 注 2：完整的包装系统中材料用量和环境危害物质的评估，指该系统中的所有组分均需评估。			

5.3 评估要求和准则

包装应符合的评估要求和准则见附录 B。

5.4 评估程序和适用标准

5.4.1 评估程序

供应商应按照下列顺序对投放市场或交付使用的产品包装的相关要求进行评估：

——包装系统采用的全部材料达到“最小且适当用量”的评估；

——包装组分中为满足特定性能必须加入的重金属成分和含量的评估；

——包装组分中存在的可能成为烟尘、飞灰或渗滤液的环境危害物质的评估；

——包装的重复使用性符合重复使用条件的评估；

——包装的回收利用性能符合材料循环再生条件的评估；

——包装的回收利用性能符合能量回收条件的评估；

——包装的回收利用性能符合有机循环条件的评估。

注："最小且适当用量"指包装在满足基本功能的前提下，减少材料用量且降低重金属或化学品的含量。

5.4.2 适用标准

供应商可按照表 2 选择适用的标准对 5.4.1 中的项目进行评估。

表 2 评估项目和适用标准

<table>
<tr><th>序号</th><th colspan="2">评估项目</th><th>适用标准</th></tr>
<tr><td rowspan="3">1</td><td colspan="2">1.1 包装系统优化</td><td>GB/T 16716.2</td></tr>
<tr><td colspan="2">1.2 四种重金属</td><td rowspan="2">GB/T 16716.2—2018 附录 C</td></tr>
<tr><td colspan="2">1.3 环境危害物质</td></tr>
<tr><td>2</td><td colspan="2">2.0 重复使用</td><td>GB/T 16716.3</td></tr>
<tr><td rowspan="3">3</td><td rowspan="3">回收利用</td><td>3.1 材料循环再生</td><td>GB/T 16716.4</td></tr>
<tr><td>3.2 能量回收</td><td>ISO 18605</td></tr>
<tr><td>3.3 有机循环</td><td>ISO 18606</td></tr>
</table>

5.5 评估报告

供应商应简要记录表 2 中 1.1、1.2 和 1.3 的评估结论。当包装满足重复使用条件时，应记录表 2 中 2.0 评估结论。包装应至少满足表 2 中 3.1、3.2 或 3.3 的其中一项，当包装回收利用的途径超过一项时，对评估的每一项结论均应记录。

评估报告和有关的支持文件应证明包装符合 5.3 和 5.4 的要求。评估报告应记录必要的测试，供应商应保留评估报告至少 2 年。评估报告示例参见附录 C。

附 录 A
（资料性附录）
各类包装和包装废弃物回收利用和处理方法

A.1 回收利用

A.1.1 材料循环再生

当包装废弃物容易识别、分离和归类时，可在生产过程中采取有效技术措施，按确定的成分含量再生成为符合标准要求或具有使用价值的产品，则应以材料循环再生的方式回收利用。

A.1.2 能量回收利用

当包装容器中的产品残留物不易清除，或其本身不易识别、分离或归类，并且含有一定量的有机物，即具有最低限度热量值，能够通过燃烧获得有效热量时，则应以能源回收的方式回收利用。

A.1.3 有机循环

当包装废弃物为没有混入有害物质的一般生活垃圾，而且其成分含有植物纤维或可降解的材料时，可在有氧环境中通过生物降解生产有机堆肥，或可以在厌氧环境中制造沼气并且同时获得有机堆肥，则应以生物降解的方式回收利用，有机堆肥应符合可耕地土壤的要求。

A.2 处理方法

A.2.1 纸包装容器及材料

A.2.1.1 纸盒、纸箱等植物纤维制品按 A.1 的要求进行处理，当受到严重污染时按 A.3.2 进行处理。

A.2.1.2 在无特殊要求的情况下，可以采取下述措施：

——采用水溶性黏合剂；

——适当的印刷，减少油墨用量；

——采用氧化法漂白纸浆制品；

——减少或不使用金属钉、蜡、覆膜等。

A.2.1.3 品质较差、不宜再生造纸的植物纤维类废弃物可以采用打浆、吸塑、固化成型方法制成缓冲衬垫或模塑制品。

A.2.2 塑料包装容器及材料

A.2.2.1 塑料包装的回收利用按 4.14 的要求进行识别和分类。

A.2.2.2 塑料包装按 A.1.1 和 A.1.2 的要求进行处理。可生物降解的塑料按 A.1.3 的要求进行处理，当受到污染时按 A.3.2 进行处理。

A.2.2.3 塑料包装材料可采用专用设备分解为有机化工产品。

A.2.3 金属包装容器及材料

A.2.3.1 金属桶、罐、箱、软管、喷雾罐等包装容器及材料按 A.1.1 的要求进行处理。

A.2.3.2 金属包装容器及材料在回收、分类后，应进行适当的清理，去除硫、磷等残留物。

A.2.3.3 对于密闭的桶、罐或类似包装容器应拆开,镀锡的金属包装容器及材料应预先去除锡。

A.2.4 玻璃包装容器

A.2.4.1 玻璃包装容器按 A.1.1 的要求进行处理。

A.2.4.2 玻璃包装容器的循环再生处理应预先按颜色分类,去除金属及其氧化物等辅助物或残留物。

A.2.5 木包装容器及材料

A.2.5.1 木包装按 A.1 的要求进行处理,当受到生物侵害时按 A.3.2 进行处理。

A.2.5.2 木包装可采用拆解的方法,或在粉碎后采用电磁分离法,去除金属附件或金属钉,用作造纸原料或人造板材料。

A.2.6 其他包装容器及材料

A.2.6.1 复合罐、复合软管、铝箔复合膜等复合材料按 A.1.2 的要求进行处理。

A.2.6.2 对于多种材料复合而成的包装容器或材料,可以通过专用设备将两种或两种以上的材料进行分离。

A.2.6.3 当复合材料的包装是一种特定产品,并且其来源持续稳定,可以切碎成一定尺寸的颗粒,作为填料加在树脂中制成一定规格的再生材料或制品。

A.2.6.4 菱镁砼包装容器及材料可在粉碎后填埋处理。

A.3 最终处置

A.3.1 填埋

当包装废弃物不符合 A.1 的要求,而且不存在可能污染地下水源的物质或成分时,应按 GB 16889 和 GB 18772 的规定填埋处理。

A.3.2 焚烧

当包装废弃物不符合 A.1 的要求,而且存在有危险性的化学品或其他有害微生物时,应按 GB 18484的规定焚烧处理。

注:尽管焚烧处理与 A.1.2 所陈述的能源回收利用在形式上均为燃烧,但是目的和方法不同。焚烧处理为了彻底消除有危险性的化学品或有害微生物对环境的危害,有针对性的采用不同的炉温。

附 录 B
（规范性附录）
评估要求和准则

B.1 评估要求

B.1.1 包装生产和包装成分

B.1.1.1 应在为产品和消费者提供充分必要的安全、卫生和可接受的保障水平前提下，将包装的质量（体积）限制到最小且适当程度。
B.1.1.2 包装的设计、生产和商品化应有利于重复使用，或包括循环再生在内的回收利用，并且将包装废弃物及其操作处理产生的残余物对环境的影响降到最低。
B.1.1.3 在生产制造包装过程中应将其材料或组分的所有成分中存在的有害的或其他环境危害物质减到最少，以使废弃包装或处理包装废弃物产生的残余物在焚烧或填埋时，存在于飞灰、烟尘或渗滤液的这些物质最少。
B.1.1.4 包装生产和包装成分应同时满足B.1.1.1～B.1.1.3的要求。

B.1.2 包装可重复使用性能

B.1.2.1 包装的物理性能和技术特征应使其能够在常规可预见的使用条件下返回或循环使用若干次。
B.1.2.2 应采取稳定可靠的技术措施，使用过的容器保持清洁和卫生，并保障操作者的安全和健康。
B.1.2.3 包装应易于卸货或倒空，其容积或定量应符合预期的要求，并可通过洗涤、维护等操作使其保持原功能。
B.1.2.4 当包装不再重复使用成为废弃物时，应符合可回收利用的要求。
B.1.2.5 可重复使用包装应同时满足B.1.2.1～B.1.2.4的要求。

B.1.3 包装可回收利用性能

B.1.3.1 材料循环再生

能够循环再生的包装应在其后的制造过程中，对用过的材料以一定的质量百分比再生成为符合现行要求或标准并且有销售渠道的产品；由于构成包装所需要的材料类型不同，这个百分比可以不同。

B.1.3.2 能量回收

适合于能量回收处理的包装废弃物应具有最低的热能值，可使能量回收的效果最佳。

B.1.3.3 有机循环

适合于堆肥处理的包装废弃物应具有可生物降解的性质，不应妨碍分解收集和堆肥处理或向其施加活性。

可生物降解的包装废弃物应能够施加物理、化学、热能或生物分解的处理，致使其大部分形成堆肥，最终分解成为二氧化碳、生物量和水。

B.2 评估准则

包装符合环境要求的评估准则见表B.1，其中可回收利用包装应至少满足B.1.3.1～B.1.3.3的一项或多项要求。

表 B.1 包装应符合的要求和评估准则

要求	评估准则
包装生产和包装成分	材料最少且适当的用量
	重复使用和(或)回收利用包括循环再生对环境的影响最小
	有害的和其他环境危害物质对环境的影响最小
可重复使用性能	能够往返或周转一定次数
	健康和安全
	废弃物处理时对环境的影响最小
可回收利用性能	适用于材料循环再生
	适用于能量回收利用
	适用于有机循环

附　录　C
（资料性附录）
评估报告示例

表 C.1 给出了评估报告示例。

表 C.1　评估报告示例

<table>
<tr><td colspan="2">包装鉴定</td><td colspan="2">评估声明</td></tr>
<tr><td colspan="4">主要材料鉴定</td></tr>
<tr><td colspan="4">第 1 部分 评估记录</td></tr>
<tr><td>评估项目</td><td>评估要求</td><td>是/否</td><td>记录</td></tr>
<tr><td>1.1 包装系统优化</td><td>包装系统中材料的使用达到最小且适当量
（见 GB/T 16716.2）</td><td></td><td></td></tr>
<tr><td>1.2 四种重金属</td><td>确保对包装组分进行评估，使其达到 GB/T 16716.2 附录 C 的规定</td><td></td><td></td></tr>
<tr><td>1.3 环境危害物质</td><td>确保对包装组分进行评估，使其达到 GB/T 16716.2 附录 C 的规定</td><td></td><td></td></tr>
<tr><td>2.0 重复使用</td><td>确保符合 GB/T 16716.3 重复使用的要求</td><td></td><td></td></tr>
<tr><td>3.1 材料循环再生</td><td>确保符合 GB/T 16716.4 材料循环再生的要求</td><td></td><td></td></tr>
<tr><td>3.2 能量回收</td><td>确保符合 ISO 18605 能量回收的要求</td><td></td><td></td></tr>
<tr><td>3.3 有机循环</td><td>确保可再生包装符合 ISO 18606 有机循环的要求</td><td></td><td></td></tr>
<tr><td colspan="4">按本部分的要求，评估应简要记录 1.1、1.2 和 1.3 的结论；当包装满足重复使用条件时，应记录 2.0 的评估结论；包装应至少满足 3.1、3.2 或 3.3 的其中一项，当包装回收利用的途径超过一项时，对评估的每一项结论均应记录</td></tr>
<tr><td colspan="4">第 2 部分 符合性声明</td></tr>
<tr><td colspan="4">鉴于以上第 1 部分的评估记录，本包装符合 GB/T 16716.1 的要求。
代表签名（供应商的名称和地址）

签名：

职务：　　　　　　　　　　　　　　　　　　　　日期：</td></tr>
<tr><td colspan="4">**注**：供应商按本部分的定义。</td></tr>
</table>

ICS 55.020
A 80

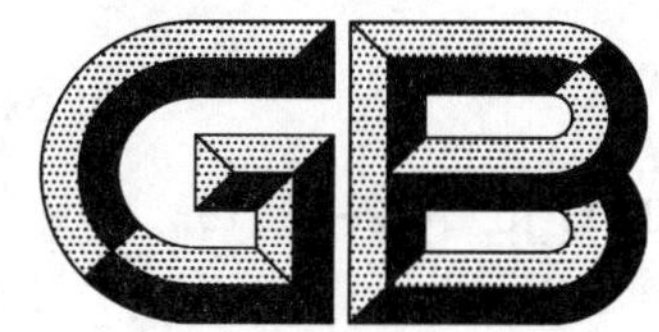

中华人民共和国国家标准

GB/T 16716.2—2018
代替 GB/T 16716.3—2010

包装与环境　第2部分:包装系统优化

Packaging and the environment—Part 2: Optimization of the packaging system

(ISO 18602:2013, Packaging and the environment—
Optimization of the packaging system, MOD)

2018-12-28 发布　　　　2018-12-28 实施

国家市场监督管理总局
中国国家标准化管理委员会　发布

前 言

GB/T 16716《包装与环境》分为6个部分：

——第1部分：通则；

——第2部分：包装系统优化；

——第3部分：重复使用；

——第4部分：材料循环再生；

——第5部分：能量回收；

——第6部分：有机循环。

本部分为GB/T 16716的第2部分。

本部分按照GB/T 1.1—2009给出的规则起草。

本部分代替GB/T 16716.3—2010《包装与包装废弃物　第3部分：预先减少用量》。本部分与GB/T 16716.3—2010相比，除编辑性修改外，主要技术变化如下：

——增加了引言；

——修改了范围的内容(见第1章，GB/T 16716.3—2010的第1章)；

——删除了规范性引用文件CEN CR 13695-1及CEN CR 13695-2(见GB/T 16716.3—2010的第2章)；

——增加了规范性引用文件GB/T 16483及GB/T 17519(见第2章)；

——删除了关于"预先减少用量"的术语和定义(见GB/T 16716.3—2010的3.1)；

——修改了关于"减少用量的临界范围""制剂"和"安全资料表"的术语和定义(见3.2、3.8、3.9，GB/T 16716.3—2010 3.2、3.5、3.6)；

——增加了关于"包装优化""包装组件""包装组分""包装系统""包装废弃物"和"环境危害物质"的术语和定义(见3.1、3.4、3.5、3.6、3.10、3.11)；

——修改了"要求"的有关内容(见第4章，GB/T 16716.3—2010的第4章)；

——修改了"包装系统优化评估"的有关内容(见附录A，GB/T 16716.3—2010的附录A)；

——修改了"包装系统优化评估检验表应用示例"的有关内容(见附录B，GB/T 16716.3—2010的附录B)；

——修改了"环境危害物质或混合物的评估与用量最小化"的有关内容(见附录C，GB/T 16716.3—2010的附录C、附录D)；

——删除了"控制危险性物质符合要求的评估流程图"(见GB/T 16716.3—2010的附录D)。

本部分使用重新起草法修改采用ISO 18602:2013《包装与环境　包装系统优化》。

本部分与ISO 18602:2013相比，在结构上删除了4.1和C.2，增加了附录D。

本部分与ISO 18602:2013的技术性差异及其原因如下：

——关于规范性引用文件，本部分做了具有技术性差异的调整，以适应我国的技术条件，调整的情况集中反映在第2章"规范性引用文件"中，具体调整如下：

- 用修改采用国际标准的GB/T 16716.1代替了ISO 18601；
- 用GB/T 23156代替了ISO 21067；
- 增加引用了GB/T 16483；
- 增加引用了GB/T 17519。

本部分做了下列编辑性修改：

——为与现有标准体系一致，将名称改为《包装与环境　第2部分：包装系统优化》。

本部分由全国包装标准化技术委员会(SAC/TC 49)提出并归口。

本部分起草单位：江阴升辉包装材料有限公司、中国出口商品包装研究所、广州优越检测技术服务有限公司、深圳市印刷行业协会、北京市药品包装材料检验所、广东志高空调有限公司、湛江卷烟包装材料印刷有限公司、大连市标准化研究院、济南蓝光机电技术有限公司、长春市净月包装有限公司、青岛永昌塑业有限公司。

本部分主要起草人：刘天航、杨伟、吴海娇、邢文彬、孙晓、徐银华、甄荣基、刘映平、王朝晖、李晓燕、张永东、古娟、胡轩恒、蒋斌、牛金辉、陈曦、王波、周洋。

本部分所代替标准的历次版本发布情况为：

——GB/T 16716.3—2010。

引　言

包装在各行业及供应链中的作用都至关重要。适度包装能防止产品破损乃至减少环境污染。有效的包装对实现社会可持续发展具有多种积极意义，包括：

1）　满足消费者对于产品保护、产品安全、产品搬运以及产品信息方面的需求和期望；

2）　高效利用资源，减少环境负面影响；

3）　减少产品配送、销售成本。

通过研究包装材料用量对环境的影响，得到图1的结果：

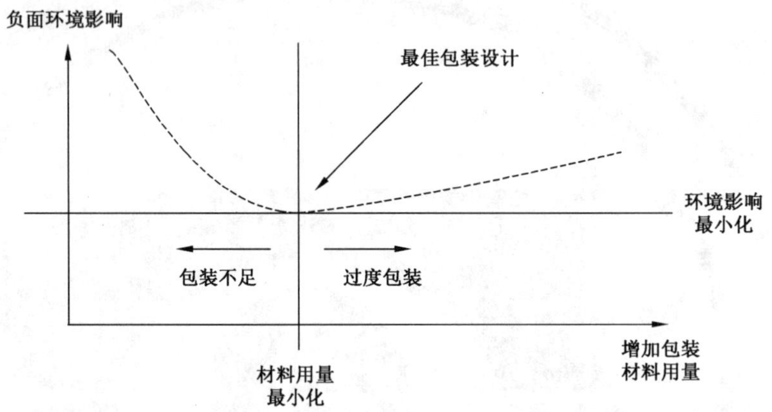

图1　包装材料用量及其对环境影响的关系

图1所示的研究模型说明了两条结论：

1）　不论过度包装还是包装不足，都会对环境造成不必要的负面影响；

2）　因减量造成的包装不足会导致货物损耗，其带来的环境负面影响远远大于确保了包装保护性能的过度包装。

因此，如何适当地优化包装系统，在确保包装基本性能指标得到满足的前提下最大限度地减少包装材料用量，对解决包装与环境可持续发展问题具有重要意义。本部分为如何进行包装系统优化和包装材料用量最小化提供了评估方法和程序，供包装供应商和用户参考使用。

包装与环境　第2部分:包装系统优化

1　范围

GB/T 16716 的本部分规定了包装系统优化评估的要求和评估内容。

本部分适用于所有投放市场或交付使用的包装或包装产品系统优化的评估。

2　规范性引用文件

下列文件对于本文件的应用是必不可少的。凡是注日期的引用文件,仅注日期的版本适用于本文件。凡是不注日期的引用文件,其最新版本(包括所有的修改单)适用于本文件。

GB/T 16483　化学品安全技术说明书　内容和项目顺序

GB/T 16716.1　包装与环境　第1部分:通则(GB/T 16716.1—2018,ISO 18601:2013 MOD)

GB/T 17519　化学品安全技术说明书编写指南

GB/T 23156　包装　包装与环境　术语

3　术语和定义

GB/T 16716.1 和 GB/T 23156 界定的以及下列术语和定义适用于本文件。

3.1

包装优化　packaging optimization

为了减少对环境的影响,在包装的初级包装、次级包装(组合包装)和三级包装(运输包装)满足其功能需要,且消费者(用户)可接受的前提下,使包装的重量(体积)降至最低。

注:本部分中的包装系统优化不包括包装材料的选择和替换。

3.2

关键区域　critical area(s)

在不影响包装性能、安全和消费者(用户)满意度的前提下,包装重量(体积)的最小值。

3.3

供应商　supplier

对投放市场或交付使用的包装或包装产品负有责任的经营者。

注:指在产品及其包装出售之前的所有者;或在标签上注明的生产或销售商,更确切的是自愿执行本标准的经营者。当供应商使用的包装是由其他生产商提供,供应商可追溯有关技术资料。

3.4

包装组件　packaging component

用手或用简单物理方法可以拆分的包装的组成部分。

3.5

包装组分　packaging constituent

不能用手或用简单的物理手段拆分的包装(包装组件)的组成部分。

3.6

包装系统　packaging system

实现某一商品包装的全部包装程序,包括以下一个或多个适用情形(视包装好的商品而定):初级包装、次级包装(组合包装)、三级包装(运输包装)。

3.7

物质 substances

自然中存在的或生产过程中获得的化学元素及其化合物,包括保持稳定性的添加剂,生产过程中产生的杂质,但不包括可分离的且不影响物质稳定性或改变其组成的溶剂。

3.8

混合物 mixture

包括两种或两种以上物质的制剂或溶液。

3.9

安全技术说明书 safety data sheet

由预期投放市场或交付使用的有危险性的物质或混合物的责任人(可以是生产商、进口商或经销商)制定的,使任何接触该物质或混合物的工业用户容易接受并应随附的资料性技术文件。

注:安全技术说明书的规定及编制指南详见 GB/T 16483 和 GB/T 17519。

3.10

包装废弃物 packaging waste

最终用户(消费者)使用后丢弃的、且不再使用或无法回收的包装。

3.11

环境危害物质 substances hazardous to the environment

GB 30000.28 和 GB 30000.29 两项标准所界定的任何可被视为对环境造成危害的物质。

4 要求

4.1 包装评估

4.1.1 关键区域的界定

供应商应对第5章中规定的评估内容进行评估以确定包装优化的关键区域(参见附录A,关键区域界定案例参见附录B)。关键区域应以分析评估给出的最小极值为界定依据。如果未界定任一关键区域,则包装不符合要求,需进一步研究包装优化的可能性。

注:有些关键区域之间存在依存关系,因此在进行包装系统优化时,可能需界定多个关键区域。

4.1.2 环境危害物质或混合物的确定

当包装被焚烧或填埋时,供应商应确认(评估方法参见附录C)在释放物、飞灰或渗滤液中是否存在危害环境的物质或混合物。

包装生产商应向原材料供应商索取根据 GB/T 16483 和 GB/T 17519 的要求编制的安全技术说明书。“成分/组成信息”项目应标明环境危害物的浓度或浓度范围(参见附录C)。制定化学品安全技术说明书依据的标准目录参见附录D。

包装制造商可根据包装配方及制造过程的相关信息计算和测量包装中环境危害物质的存在。

4.1.3 四种重金属的确定

供应商应通过测量、计算或上溯信息和资料确定包装组分中是否存在四种重金属(铅、镉、汞、六价铬)中的任何一种(参见附录C)。

包装制造商可以根据包装配方及制造过程的相关信息计算和测量包装中四种重金属的存在。

4.2 符合性声明

供应商应：

——按要求准备一份符合 4.1 的声明；

——将制定相关评估内容列表(特别是用于确定关键区域性质和影响的部分)过程中的相关资料和信息编制成文；

——编制评估声明清单(示例参见附录 B)，或证明包装评估符合第 5 章全部评估内容规定的证明文件；

——将对包装组件中可能存在，且在其废弃物处理过程中的释放物、飞灰或渗滤液中可能存在的环境危害物质或混合物进行确定时采用的相关安全技术说明书和后续过程信息编制成文；

——如确定包装中环境危害物质或混合物存在，则参考附录 C 所提供的方法进行处理，并对相关过程资料和后续信息进行编制，以证明达到第 5 章中所列评估内容的关键区域；

——确定根据包装预期投放国家或地区的规定并参考附录 C 所提供的方法评估包装组件中存在的四种重金属(铅、镉、汞、六价铬)总量；

——声明文件编制方法参见附录 C 所提供的方法。

5 包装系统优化评估内容

包装系统优化中关键区域界定应考虑的评估内容如下：

——产品保护；

——包装制造过程；

——包装(灌装)过程；

——物流(包括运输、仓储和操作)；

——产品展示及营销；

——消费者(用户)接受度；

——信息；

——安全；

——法规；

——其他。

评估过程中，法规与安全两项应一并考虑。

关键区域的评估内容说明参见 A.3。

附 录 A
（资料性附录）
包装系统优化评估

A.1 概述

本附录详细介绍了使用本部分进行包装系统优化评估的方法。可用于现有包装，也可为包装供应商和用户确定新包装规格提供帮助：

——A.2 提出方法，陈述不同阶段的评估过程；

——A.3 阐述 10 项评估内容，并给出了涉及包装重要性能要求的典型示例；

——A.4 提供用于评估程序和记录的检验表示例。

包装系统优化评估程序适用于各种具体的包装，使其达到适当用量（重量或体积），从而在确保内装产品不因此过程而损坏或消耗的前提下，直接有效地减少包装废弃物及其对环境的影响。评估检验表可用于记录包装优化过程中起主要决定作用的措施。

包装系统优化是设计和操作经验累计的持续过程，由此获得实用的界定关键区域的数据。

附录 B 给出附有详细说明的评估检验表的两个应用示例。

A.2 评估方法

评估过程可根据检验表清单完成（见 A.4），其目的是确保：

——在不替换包装材料的前提下，考虑及确定所有包装优化的可能性；

——包装材料减量化应在满足包装基本功能的条件下实施；

——上述措施中起主要决定作用的数据资料应记录。

包装的具体要求可能因实际情况发生变化。在包装设计过程中考虑包装优化时，单项要求的分析会影响包装的整体性能。各项要求可在一张检验表中分类列出。例如包装评估中的第一步，也是最为重要的关键区域的界定，就可在检验表的第 2 栏中给出。

在包装设计过程中，针对特定包装用途或同类用途的要求，可在不影响包装的安全、卫生和消费者（用户）接受度的前提下，确定包装进一步减少重量（体积）的限制。

评估过程的第二步将界定限制包装减量的性能准则，即关键区域。其界定应依据测试和研究的结论而实现进一步优化。

消费者（用户）接受度及其原始资料文件等来自市场的实践证明文件同样有效。由此得出的包装减量限制范围应作为关键区域记录。

A.3 评估内容

A.3.1 概述

A.3.2～A.3.11 的评估内容给出了界定关键区域各项要求的典型示例。

A.3.2 产品保护

包装的基本功能是保护产品,防止损坏或消耗。要求防护包括但不局限于震动、压力、潮湿、光照、氧化、微生物、危险性物质、有害气体等多种可能造成内装产品损坏或消耗的因素。

常见重要要求举例:

——储运阶段有堆码需求的易碎商品包装应可承受垂直荷载;

——果汁产品包装应规定阻隔紫外线并且防止氧化。

A.3.3 包装制造过程

包装设计受采用的包装制造过程局限,要求可能包括容器形状、厚度公差、尺寸、工具加工可行性和制造过程中降低消耗的规定等。

常见重要要求举例:

——瓶型包装不同部位的壁厚分配;

——瓦楞纸箱瓦楞方向的选择。

A.3.4 包装(灌装)过程

包装(灌装)的过程会影响包装减量化的程度,要求可能包括:抗冲击性能、抗压性能、机械强度、包装线速度和效率、传送稳定性、耐热性、有效封口、最小量的预留顶部空隙、安全和卫生等。

常见重要要求举例:

——金属罐在运输、灌装和封口时的稳定性;

——装入刚性容器中的工业精细粉末(如:颜料、色素)预留充分的顶部空隙,避免使用前溢出。

A.3.5 物流(包括运输、储存和操作)

包装(初级、次级和运输包装的任何组合)应适用于预期的物流、运输和操作过程,并能保护产品及包装产品的操作(使用)者的安全。要求可能包括:适当利用空间的协调性、货物装卸系统的兼容性、操作和储存过程的兼容性、运输和操作期间包装系统的完整性等。

常见重要要求举例:

——与标准托盘或木箱的尺寸兼容性;

——高价值产品(如:计算机配件)的包装应避免自身的明显损坏。

A.3.6 商品展示及营销

包装应使消费者(用户)能正确识别所包装产品的属性,同时起促销作用。要求与品牌形象、标签、展示等有关,可能包括:商标和品牌认知度、美观、标签、零售展示系统的兼容性、再灌装系统的兼容性和防盗功能等。

常见重要要求举例:

——品牌果汁产品规定特定的容器形状;

——零售商店中高价值小件产品所需的防盗功能。

A.3.7 消费者(用户)接受度

包装应在产品尺寸、方便性以及操作、开启、封闭、储存、弃置等方面满足消费者的需求和期望。要求可能包括:产品尺寸、组合包装、符合人体工程学的操作、受损(开启)后留有明显痕迹、保质期(货架寿命)、易于开启、易于倒出及倒空,和较好的展示效果等。

常见重要要求举例:

——大型容器采用手柄等设计使其易于搬运;

——常用食品、饮料和为防止食物浪费设计的足以在保质期之前食用完毕的定量小包装;

——所有容器均应易于开启。

A.3.8 信息

包装应提供关于产品使用、储存等方面的必要信息及其他说明。要求可能包括:提供产品信息;关于存储、用途和使用方法的说明;条形码和保质期等。

常见重要要求举例:

——半成品餐食上应标注易于阅读的烹饪说明;

——危险品的标记规定标签的最小尺寸。

A.3.9 安全

包装应在商品可预见的全部销售系统和滞留场所中满足与消费者(用户)及产品自身相关的安全要求,可能包括:安全操作的设计、防止儿童开启、受损后留有明显痕迹、危险警示、关于用户或商品自身安全的说明、产品性质的清晰表达、安全开启装置,和可释放压力的封闭装置等。

常见重要要求举例:

——婴儿食品采用一旦受损(打开)即留有明显痕迹的方法,防止(识别)可能的污染;

——工业产品限制产品包装单元尺寸以保证操作者的安全搬运。

A.3.10 法规

包装应符合法律、法规及国际贸易协定的相关要求。国家或国际法规以及标准规定了大量对包装的要求。可能涉及的重要包装领域如食品、药品、危险化学品等。当危险品或化工产品采用空运、陆运和海运等运输方式时,包装(供应商)负有重要的法律责任。

包装应就上述要求,采用特殊涉及并提供特定信息。

包装的设计、选择和使用应重点关注旨在保护消费者(用户)和环境危害物限制的法规。

A.3.11 其他

为实现包装最佳优化,若相关要求不属于 A.3.2～A.3.10 九项评估内容所包括的范围,应在本项目下详细说明。这些内容可能涉及经济、社会或环境保护。

A.4 包装系统优化评估检验表

表 A.1 为包装系统优化评估检验表。

表 A.1 包装系统优化评估检验表

<table>
<tr><td>包装系统优化评估检验表</td><td>包装</td><td colspan="2"></td></tr>
<tr><td>性能准则</td><td>重要要求</td><td>关键区域</td><td>证明文件</td></tr>
<tr><td>产品保护</td><td></td><td></td><td></td></tr>
<tr><td>包装制造过程</td><td></td><td></td><td></td></tr>
<tr><td>包装(灌装)过程</td><td></td><td></td><td></td></tr>
<tr><td>物流</td><td></td><td></td><td></td></tr>
<tr><td>商品展示及营销</td><td></td><td></td><td></td></tr>
<tr><td>消费者(用户)接受度</td><td></td><td></td><td></td></tr>
<tr><td>信息</td><td></td><td></td><td></td></tr>
<tr><td>安全</td><td></td><td></td><td></td></tr>
<tr><td>法规</td><td></td><td></td><td></td></tr>
<tr><td>其他</td><td></td><td></td><td></td></tr>
<tr><td colspan="4">鉴于以上记录的评估记录，本包装达到了 GB/T 16716.2 的要求。
包装供应商详情：
姓名：
职务：
组织机构：
通讯地址：
国家：　　　　　　城市：
日期：　　　　　　签名：</td></tr>
</table>

附 录 B
（资料性附录）
包装系统优化评估检验表应用示例

B.1 概述

本附录旨在为包装系统优化评估检验表的使用作出示例。B.2 示例选择新鲜果汁包装系统优化评估作为只需考虑单一关键区域的案例；B.3 示例选择电脑包装系统优化评估作为需考虑多个关键区域的案例。

B.2 示例：新鲜果汁包装系统优化评估

B.2.1 概述

此新鲜果汁包装为不可退回的 1 L 装玻璃瓶，采用防揭换的螺纹盖。

B.2.2 产品保护

为保证新鲜果汁的品质和风味，此包装应有效阻隔紫外线、氧气和蒸汽。所选择的容器和封口应符合其物理特性的需要而采用不透光的玻璃颜色。玻璃瓶的重量和体积不会因此受到影响，因而不存在关键区域。

B.2.3 包装制造过程

容器制造所采用的先进生产技术确保玻璃瓶壁的均匀分布，这对于实现最小壁厚至关重要（在给定玻璃瓶尺寸、形状和机械稳定性要求的情况下），不存在关键区域。

B.2.4 包装（灌装）过程

为防止包装在高速传送、灌装、包装线上的损害，玻璃瓶应有一定的机械稳定性。因为容器壁厚和涂层厚度与瓶子的稳定性直接相关，所以认为存在关键区域。

B.2.5 物流

对于运输和操作条件而言，玻璃瓶应具备适当的机械强度操作条件。然而，鉴于在分销链中包装所经受的影响不会超过灌装过程所要求的机械强度，因此物流方面不存在关键区域。

B.2.6 商品展示及营销

关于包装产品展示，瓶子设计应考虑到灌装商的营销策略和零售商的要求。这里似乎存在两个潜在的关键区域：

——瓶子尺寸的选择应便于分销和货架展示；

——瓶子形状的确定应有利于品牌识别。

然而，因为瓶子所选择的形状允许最小壁厚和重量，所以瓶子设计方面不存在关键区域。

B.2.7 消费者（用户）接受度

螺纹盖便于瓶子的开启和再次封闭，同时也提供了开启痕迹。因为开启痕迹仅仅对瓶子的重量或体积有微小影响，所以不存在关键区域。

B.2.8 信息

包装产品信息在标签上印刷。因为瓶子表面为标签提供了足够空间，所以信息的要求不存在关键区域。

B.2.9 安全

因为安全方面原因，玻璃瓶采用显示开启痕迹的螺纹盖密封。如上面"用户或消费者接受"，安全方面不存在关键区域。

B.2.10 法规

尚未有相关法规。

B.2.11 其他

尚未发现。

B.2.12 包装系统优化评估检验表

表 B.1 为新鲜果汁包装系统优化评估检验表。

表 B.1 新鲜果汁包装系统优化评估检验表

包装系统优化评估检验表	包装：螺纹盖 1 L 装非回收玻璃瓶		
性能准则	重要要求	关键区域	证明文件
商品保护	防紫外线防氧化	无	
包装制造过程	瓶壁分布均匀性	无	
包装(灌装)过程	抗冲击性能/机械稳定性	有	稳定性测试与计算
物流	抗冲击性能/机械稳定性	无	
商品展示及营销	模式化尺寸/单体外形	无	
消费者(用户)接受度	开启痕迹/易开启密封	无	
信息		无	
安全	开启痕迹	无	
法规	不相关	无	
其他问题	未发现	无	
鉴于以上记录的评估记录，本包装达到了 GB/T 16716.2 的要求。 包装供应商详情： 姓名： 职务： 组织机构： 通讯地址： 国家：　　　城市： 日期：　　　签名：			

B.3 示例:电脑包装系统优化评估

B.3.1 概述

电脑包装分四个部分:

——一个塑料袋;

——塑料袋内装的干燥剂;

——一个瓦楞纸箱;

——瓦楞纸箱内的模压衬垫。

B.3.2 产品保护

电脑需两方面的特别保护

——防潮:通过塑料袋和干燥剂的容易实现,此项目对包装重量和体积影响可忽略,因而不存在关键区域;

——机械保护:测试表明运输和操作系统的要求包含了电脑的保护,不存在关键区域。

B.3.3 包装制造过程

可制造任何类型的瓦楞纸箱和衬垫满足要求。从制造纸箱和衬垫的角度看,没有限制,因而不存在关键区域。

B.3.4 包装(灌装)过程

模压衬垫作为运输托盘使用,以减少损坏和便于组装。生产的衬垫满足缓冲和运输托盘两种要求而不增加额外的重量或体积,不存在关键区域。

B.3.5 物流

包装系统(瓦楞纸箱+衬垫)需要满足一般的运输和操作条件。在不同的瓦楞纸箱上进行跌落测试,以测试其机械强度。结论是最低可接受的瓦楞纸箱板材重量是 400 g/m^2。对此种包装而言,物流方面存在关键区域。

B.3.6 商品展示及营销

对于这种高价值产品,无损包装十分重要,特别是对快递送货而言。然而物流方面(B.3.5)的要求更高,所以不存在关键区域。

B.3.7 消费者(用户)接受度

有时电脑硬件需附带一个用户选择的预装软件包。因此,包装需要有足够的空余空间容纳这些软件包内的纸质文件和光盘。对包装体积而言,存在关键区域。

B.3.8 信息

电脑包装足够大的包装表面能容纳所有需要标注的标识和标记。信息的要求不存在关键区域。

B.3.9 安全

当包装的内装物受到严重损坏时,包装会完全包裹内装物以确保其不危害到操作(使用)者,故安全的要求不存在关键区域。

B.3.10 法规

因未确定特别要求，所以无关。

B.3.11 其他

对于这种高价值物品，要达到故障率低于4%的目标。这种严格要求在B.3.5中已经提出，不存在关键区域。

B.3.12 包装系统优化评估检验表

表B.2为电脑包装系统优化评估检验表。

表B.2 电脑包装系统优化评估检验表

<table>
<tr><td>包装系统优化评估检验表</td><td colspan="3">包装：塑料袋、干燥包、瓦楞纸箱、衬垫电脑</td></tr>
<tr><td>性能准则</td><td>重要要求</td><td>关键区域</td><td>证明文件</td></tr>
<tr><td>商品保护</td><td>防潮/机械保护</td><td>无</td><td></td></tr>
<tr><td>包装生产过程</td><td></td><td>无</td><td></td></tr>
<tr><td>包装/灌装过程</td><td>组装时有用于托盘的衬垫</td><td>无</td><td>某实验室检测报告</td></tr>
<tr><td>物流</td><td>适于运输和搬运</td><td>有</td><td></td></tr>
<tr><td>商品的展示与营销</td><td>包装无破损</td><td>无</td><td></td></tr>
<tr><td>用户/顾客满意度</td><td>容纳软件文本或光盘的额外空间</td><td>有(容量)</td><td>电脑尺寸及潜在部件</td></tr>
<tr><td>信息</td><td></td><td>无</td><td></td></tr>
<tr><td>安全</td><td></td><td>无</td><td></td></tr>
<tr><td>法规</td><td></td><td>无</td><td></td></tr>
<tr><td>其他问题</td><td>低于百分之四的故障率</td><td>无</td><td></td></tr>
<tr><td colspan="4">鉴于以上记录的评估记录，本包装达到了GB/T 16716.2的要求。
包装供应商详情：
姓名：
职务：
组织机构：
通讯地址：
国家：　　　　城市：
日期：　　　　签名：</td></tr>
</table>

B.4 实验室检测报告示例

表B.2中证明文件"某实验室检测报告"示例如下：

按某电子产品公司要求，对不同类别的瓦楞纸箱进行了测试。

测试采用标准的垂直跌落试验，按GB/T 4857.5的规定，高度0.75 m，6个面和1个角。模拟典型运输和操作条件。测试预处理条件：温度：20 ℃、湿度：65%、时间：48 h。

各类瓦楞纸箱装入电脑塑料模型后进行20次测试，纸箱任何部位出现大于5 mm的永久变形视为不合格。结果见表 B.3。

表 B.3 测试结果

瓦楞纸箱/纸板定量 g/m²	不合格次数(20 次测试)
200	8
250	4
300	1
350	0
400	0
450	0
500	0

试验结论:虽然上述测试结果表显示 350 g/m^2 规格的纸板能够抵抗破损,保护产品,但为了达到破损率小于 4×10^{-2} 的预期目标,需要采用规格为 400 g/m^2 的纸板。

附 录 C
（资料性附录）
环境危害物质或混合物的评估与用量最小化

C.1 概述

本附录是关于包装中可能存在的环境危害物质或混合物的评估及其用量的最小化。在此总范围内，特别关注可能存在的四种重金属。

本附录提供了一种基于"溯源法"的评估方法。这种方法即使对于中小型包装企业也具有实用价值并能高效应用。

本附录也旨在通过解决包装中环境危害物质或混合物及其潜在环境危害带来的问题，帮助包装供应商达到法定要求。

C.2 为确定包装中是否存在危害环境的物质或混合物及其用量最小化提供了一套推荐性方法和程序。

C.3 为确定包装中是否存在四种重金属(铅、汞、镉、六价铬)、是否向环境释放及其用量最小化提供了方法。

如遇此附录提供的"溯源法"不易开展的情况，C.3 也概括并推荐了一些测试包装或包装组件中是否存在并释放这些物质的方法。

若需获取环境危害浓度限量信息，请参考包装目标市场的相关法律或相关的国际标准。

C.2 环境危害物质或混合物的确定及其用量最小化

C.2.1 方法及评估途径背景

C.2.1.1 包装及包装组件和组分

本附录提出的评估方法是基于"溯源法"建立的，这种包装评估方法以包装组件、包装组分、原材料或回收材料的供应商提供的信息为依据。包装组件、组分和包装材料之间的相互关系如图 C.1 所示。

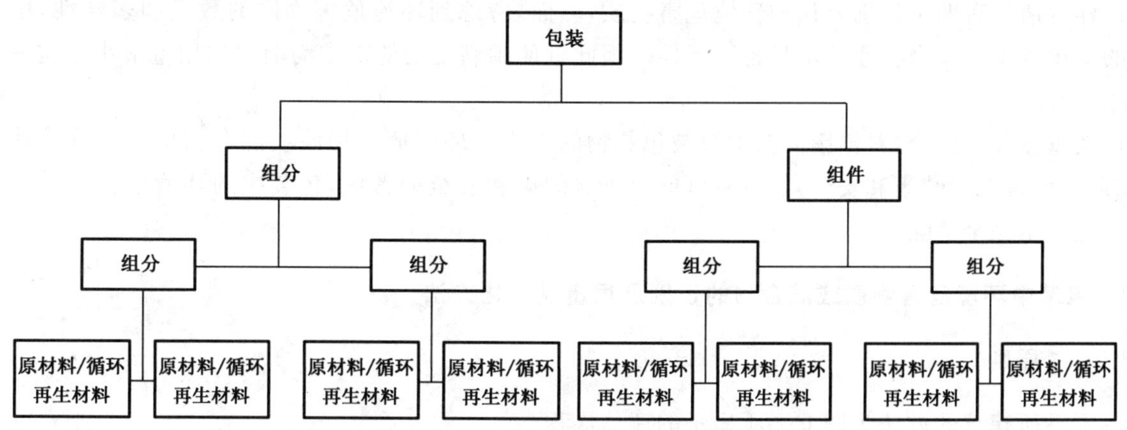

图 C.1 包装、包装组件和包装材料之间的关系

为了便于理解，下面对包装组件和包装组分进行举例说明：

a) 包装组件为：玻璃瓶，印刷的标签，釉面玻璃，多层印刷膜，易开盖，钢罐体，盖子；

b) 各包装组件的包装组分为：

——印刷标签的包装组分是：尚未印刷的标签、印刷油墨，包括所使用的溶剂；

——釉面玻璃的包装组分是：平光玻璃、将使用的釉，包括介质；

——多层印刷膜的包装组分是：基膜、中间涂布、阻隔层、顶层膜和印刷油墨。

C.2.1.2 溯源法

溯源法被认为是确定和验证包装或包装组件中存在(或可能存在)环境危害物质或混合物最有效的方法。此评估过程应考虑的因素包括：原材料或再生材料的来源、包装组分的特点、产品生命周期各个阶段中包装或包装组件的生产情况等。

溯源法的使用确保了相关信息由更适合对测试等级实施恰当控制以及能判断测试需求和恰当测试频率的原材料供应商提供。

溯源法的使用也进一步促进包装供应商自觉准备完整且可供使用的关于包装或包装组件中物质浓度水平的文件。对包装或包装组件中物质浓度的水平评估通常需要通过计算得出。虽然环境危害物质可通过对材料的化学分析进行识别，但是由于环境危害物质的数量和多样性，不可能测试所有材料和产品中可能存在的环境危害物质。除非有相关法律规定，对包装或包装组件中有害物质的检验只限于在生产商或进口商不能提供完整的有关原材料、包装组分或包装组件中的物质浓度文件时才可进行。

工业中普遍使用安全技术说明书记录关于危险品和适当处置建议的信息。GB 30000.28 和 GB 30000.29 提供了关于对环境危害物质或混合物的识别和分类的国际通用系统。GB/T 16483 和 GB/T 17519 提供了关于安全技术说明书内容的指导。材料或包装生产商可据此确认在生产过程中使用并最终在包装中存在的环境危害物质或混合物。

环境危害物质的存在一旦被确认，就应对这些物质对环境的影响进行评估，并应采取措施最大限度减少这些物质的用量。

考虑到这些环境危害物质在特定包装中的功能性用途，本附录提出一种关于环境危害物质用量和环境释放程度最小化的方法。

如果受检物质的种类有限，那么限用危险品清单是限制环境危害物质使用的常用有效手段，这种清单通常基于法律要求并与特定类型商品有关。

这样的清单有助于识别公认的环境危害物质，然而，考虑到环境危害物质的数量和多样性，用一张详实的限用清单覆盖全行业并不具备可行性。因此宜使用满足功能需求为前提的用量最小化这一普遍方法。

包装重点强调安全、对健康的保护及被包装物的卫生。环境危害物质或混合物也可能有其他危害(例如危害消费者的健康和安全)。故有可能出于对健康和安全的考虑，包装中的环境危害物质已经实现最小化甚至完全消除。

C.2.2 包装中环境危害物质或混合物的识别及用量最小化方法

C.2.2.1 总原则

本附录所建议的方法为图 C.2 所显示的评估流程。

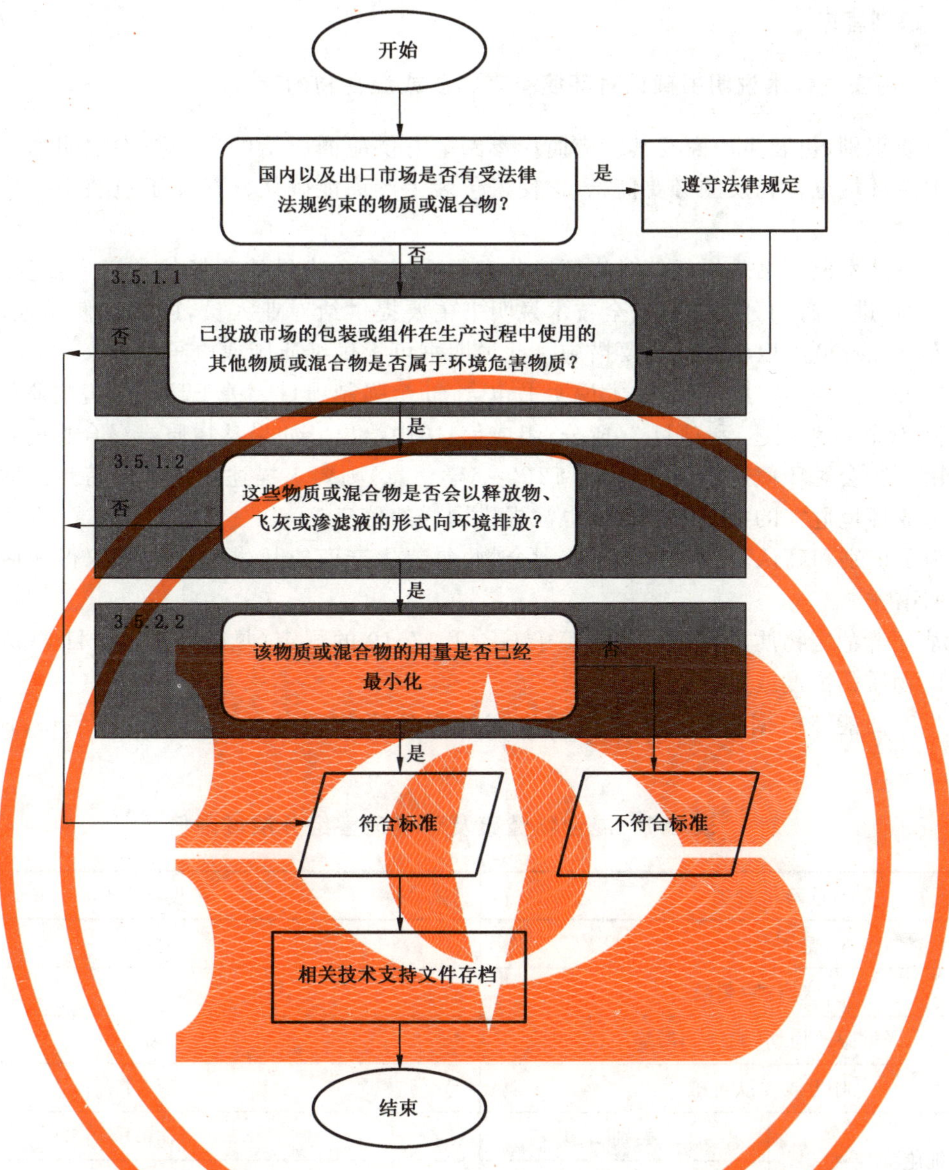

图 C.2 评估流程——环境危害物质或混合物识别及最小化

鉴于环境危害物质可能会通过焚烧、填埋等方式所产生的释放物、飞灰或渗滤液释放到环境中，负责将特定包装投向市场的个人或组织应能证明包装或包装组件中的环境危害物质或混合物已达到最低限量。

C.2.2.2 识别

C.2.2.2.1 基本原则

本附录建议采用简单有效的"溯源法"作为识别包装或包装材料中存在的环境危害物质或混合物的评估方法。

根据 ISO 9000:2005，溯源求证是指来自原材料供应商的信息应当具有可追溯性。建议参考相关的安全技术说明书。

C.2.2.2.2 识别程序

C.2.2.2.2.1 用安全技术说明书确认对环境有害物质或混合物的存在

为了物质识别，包装生产商及其供应商应参阅上游供应商所给的安全技术说明书。安全技术说明书提供了关于环境危害物质的必要信息，这使得包装生产商能确认其存在于包装中。特别应注意以下几点：

a) 安全技术说明书是指任何对将环境危害物质或混合物投放市场的负责人提供的文件，包括生产商、进口商和分销商。安全技术说明书主要提供给专业人员，以便在使用地能就保护健康、安全和环境采取相应的必要措施。此说明书可提供纸质版或电子版；

b) 在 GB/T 16483 中，安全技术说明书包含 16 个强制项目。关于环境危害物质的成分信息在项目 2(危险性概述)和项目 3(成分/组成信息)中给出。如果某物质或混合物的特征或可能的使用方法会对环境造成影响，项目 12(生态学信息)则要求描述其最重要特点。因变质或降解而造成环境危害的物质或混合物也需提供同样的信息；

c) 为了识别和确认环境危害物质或混合物，包装生产商应从供应商一方取得相应的安全技术说明书。

如果某环境危害物质的浓度大于或等于 GB/T 17519 的规定(见表 C.1)，项目 3(成分/组成信息)中应注明此物质的浓度或浓度范围。

包装生产商能够根据包装构成信息和生产过程计算并确定自己生产的包装中环境危害物质的存在。

表 C.1 混合物健康及环境危害组分浓度限值

危险性种类		浓度限值%
急性毒性		≥1.0
皮肤腐蚀/刺激		≥1.0
严重眼睛损伤/眼睛刺激症		≥1.0
呼吸或皮肤过敏		≥0.1
生殖细胞突变性	类别 1	≥0.1
	类别 2	≥1.0
致癌性		≥0.1
生殖毒性		≥0.1
特异性靶器官系统毒性-一次接触		≥1.0
特异性靶器官系统毒性-反复接触		≥1.0
吸入危害	类别 1	不小于 10 且运动黏度不大于 20.5 mm^2/s(40 ℃)
	类别 2	不小于 10 且运动黏度不大于 14 mm^2/s(40 ℃)
对水环境的危害		≥1.0

d) 当无法获得包装组件或包装材料的安全技术说明书时，包装生产商应获得相关的对应信息以便进行风险评估。

C.2.2.2.2.2 包装生产中再生材料的使用

由于环保、监管或经济的原因，包装生产经常用到再生材料，这要考虑两种情况：

a) 再生材料来源清楚,材料组分可精确界定。多数情况下从正规工业渠道获得;也可能是消费后的废弃物通过适当加工再生的。对于这类材料,通常可使用溯源法;

b) 材料的组分(特别是偶然存在的一些杂质)不能精确界定。通常来自家庭废弃物回收加工程序。这种情况下,难以精确控制回收链中增加的多余杂质,且这样的材料通常不具备安全技术说明书。

在 b)情况下,因为回收物中存在的危害物有可能超过了 GB/T 17519 规定的限值,包装生产商应参考 C.2.5.1.2 所述方法进行环境风险评估,且应考虑供应商可能提供的关于原材料和供应链的相关信息。

如果为评估杂质的存在需要进行浓度测算,则有必要参考统计数据。

C.2.3 向环境释放

C.2.3.1 在有些司法管辖区,考虑到包装、经营管理残留物或包装废弃物被焚烧或填埋时,环境危害物质会存在于释放物、飞灰或渗滤液中,包装材料的成分或包装组件中的环境危害物质应达到用量最小化。

C.2.3.2 为了识别,只考虑可能会被释放到环境中的物质或混合物。

C.2.3.3 因为环境危害物质或混合物的多样性,目前还没有可行的通用标准方法去系统地测量其被焚烧或填埋后在释放物、飞灰或渗滤液中的存在。对每一种物质制定具体的标准方法并使其适用于每一个实际情况是极其复杂的。

然而,在某些情况下,也可能以充足的证据证明,在包装成分中存在的环境危害物质或混合物最终不会释放到环境中。例如,有些有机化学物本身对环境有害,但在焚烧后会释放出无害物质。向填埋场渗透有害物质的风险也与这些物质的化学或物理性质有关。

C.2.4 用量最小化

C.2.4.1 如果确定某包装组分含有可能释放到环境中的有害物质或混合物,对这一包装组分采取用量最小化的措施。

C.2.4.2 确定某一物质用量最小化原则时,应考虑该物质的功能和性能要求(见 A.3)。

C.2.5 环境危害物质达标评估

焚烧炉或填埋场的释放物、飞灰或渗滤液中会存在有害物质,因此将特定包装投放市场的个人或组织(包装供应商)应能证明包装材料或包装组件中使用的环境危害物质或混合物用量已最小化。确定和证明用量最小化的步骤详见图 C.2 和 C.2.5.1。

C.2.5.1 用量需最小化的物质或混合物的确定

C.2.5.1.1 包装供应商首先应确认,已被投入市场的包装或包装组件在生产过程中是否存在环境危害物质或混合物。确认过程应使用相关物质或混合物的安全技术说明书记录:

——如果不存在此类环境危害物质或混合物,达标评估结束,进入 C.2.5.2.1 步骤;

——如果存在此类物质或混合物,则进入 C.2.5.1.2 步骤。

C.2.5.1.2 包装供应商应评估,当这些包装或包装组件在使用完后进行焚烧或填埋时,其释放物、飞灰或渗滤液中存在 C.2.5.1.1 所确定的环境危害物质或混合物的可能性:

——如果这些物质或混合物不会存在于释放物、飞灰或渗滤液中,达标评估结束。且无需考虑这些物质或混合物用量的最小化,可进入 C.2.5.2.1 步骤;

——如果这样的物质或混合物有可能释放到释放物、飞灰或渗滤液中,包装供应商应对这些物质或混合物采取用量最小化措施,进入 C.2.5.2.2 步骤。

C.2.5.2 达到用量最小化标准

C.2.5.2.1 如果没有发现环境危害物质或混合物,这些物质也不会存在于释放物、飞灰或渗滤液中,包装组件可视为达标,保留评估数据记录。

C.2.5.2.2 如果按 C.2.5.1.2 的程序识别到环境危害物质或混合物,则应证明其达到用量最小化要求。

为此,包装供应商应:

——记录 C.2.5.1.1 和 C.2.5.1.2 两步骤所识别的相关物质;

——记录相关物质已根据它们的功能性要求、性能准则以及存在于来自焚化炉或填埋场的释放物、飞灰或渗滤液中的可能性而采取了用量最小化措施。

C.3 确认包装中存在四种重金属及其是否释放到环境中的方法

C.3.1 包装中重金属的可能来源

C.3.1.1 自然来源

本附录涉及的四种重金属除了六价铬以外都存在于自然界。六价铬是铬的最高氧化态,由于它们很容易被有机物和无机物还原,六价铬离子很不稳定,特别是释放到环境中以后。而其他重金属及其化合物一般存在于原材料中,且通常浓度较低。

C.3.1.2 循环再生

除非通过工业过程分离了重金属元素,循环再生材料的反复使用会增加重金属元素的含量。循环再生材料中的重金属不一定源于包装,而有可能源于与包装进入同一环节的其他商品或材料。如(非包装用)含铅玻璃或陶瓷釉。这可能是导致包装中含有重金属元素的重要原因,特别是在闭环(包装到包装)循环再生的情况下。

C.3.1.3 功能性用途

在包装中故意引入四种重金属的例子很少。在多数情况下,它们的使用已经被其他物质替代。目前已知的主要例子有:某些釉料色素中的铅和镉;用于某些塑料箱、托盘或其他塑料包装的色素中含有的铅、镉和六价铬;含铅水晶玻璃中的氧化铅和钢桶油漆中的铅和六价铬。实际使用中,更稳定的三价铬用量更多,且不呈现六价铬所具有的毒性。

C.3.1.4 金属材料中的六价铬

六价铬不会存在于金属材料中。如果用铬盐对金属材料做表面处理,表面的铬也无法达到稳定状态,基本的化学原理排除了金属中六价铬存在的可能性。

C.3.2 测定包装或包装组件中重金属浓度的有效方法

包装生产有以下三个特点:

——包装生产是从原材料到最终包装产品的多阶段过程;

——任何阶段的生产过程中,重金属元素都可能被有意引入或作为杂质被引入;

——各阶段重金属产生的情况各不相同。

鉴于以上特点,建议用下述两种基本方法测定包装或包装组件中的物质浓度:

a) 根据可靠的关于单个包装组分的重金属含量信息计算出包装或包装组件中的重金属含量(溯

源法)。

如有可靠的生产过程中关于重金属的溯源信息的记录,建议用计算的方法确定重金属元素含量。因为计算中间产品(即组成包装或包装组件的包装组分)的可靠信息相当重要;

b) 测试包装或包装组件中的重金属含量。

如得不到上阶段生产过程中完整可靠的关于重金属的溯源信息,或没有法律法规所要求的相关信息,则需要通过测试获得相应信息。

为了评估过程的实际实施,以下对测试方法做进一步说明:

c) 根据包装组分的溯源信息计算:
 1) 搜集关于所有包装组分的重金属的可靠信息;
 2) 通过累加单个包装组分中重金属含量的计算得出整个包装或包装组件中的重金属含量(根据各包装组分在整个包装或包装组件中的比例计算)。

d) 对包装或包装组件进行抽样测试:
 1) 将包装分解成各包装组件;
 2) 采取恰当的测试和分析方法测定每个包装组件中的重金属含量(见C.3.4)。

这两种方法彼此一致。理论上讲,在任何确定的时间里,关于包装或包装组件中的重金属浓度的评估结果都应该是一样的。在实际操作中,因为在使用测试方法时数据的不确定性,其结果可能会有差异。

C.3.3 重金属元素环境影响最小化的评估方法

C.3.3.1 简介

评估重金属元素环境影响的方法之一就是评估它们存在于因废弃物处理(焚烧或填埋)而产生的释放物、飞灰或渗滤液中的可能性。

——有些情况下,包装中重金属的含量与它们向环境释放之间存在重要的关联,这意味着可通过用量的最小化减少其对环境的影响;

——相反地,包装中重金属含量与它们向环境释放之间可能不存在重要关联。因此,基于它们的化学或物理特性,虽然包装组件中的重金属含量较高,但其释放物、飞灰或渗滤液中的重金属含量较低。

C.3.3.2 废弃物处置所产生的释放物、飞灰或渗滤液中重金属含量的评估

这一部分提出一个潜在的用量最小化方法:

——如果使用含重金属元素的包装组分是为了满足包装的功能性要求,那么用量最小化原则一般都适用;

——如果包装或包装组件中的重金属元素只是作为杂质存在,那么最小化不具备操作意义(作为杂质的重金属来源,见C.3.1)。这种情况下,可用浸出试验确定释放物、飞灰或渗滤液中重金属的存在并评估它们的环境影响级别,即使评估结果并不能完全代表焚化炉或填埋场的实际状况。

注:某些特殊情况下,关于重金属含量的一些特殊要求可能适用,如GB/T 28206。

C.3.4 适用的测试方法

C.3.4.1 一般原则

总体而言,可设想使用三种测试方法:

a) 未完全标准化的分析方法,各工业单位用于内部控制而使用;

b） 可用于包装材料分析的重金属确认调查程序：
   1） 非工业的实验室方法；
   2） 用于土壤和废弃物的标准方法或试行方法；
c） 浸出试验。

本部分未规定详尽的重金属测定方法。但是所选测试方法应由符合 GB/T 27025 或其他认证标准要求的实验室认可。

如无适用的国家标准，则应参考已颁布的相应的国际标准。

C.3.4.2 四种重金属的测定

C.3.4.2.1 抽样

抽样的方式取决于包装或包装废弃物的数量、种类和尺寸。

C.3.4.2.2 试验样本预处理

除非要求样本应包含所有残渣，测试前需对样本进行清洁。测试样本的预处理取决于构成包装的材料的类型、尺寸和将使用的分析方法。测试样本的预处理可分成三个步骤：

——把包装分解成各个组件，之后对每个组件进行单独处理。分析实验室负责确保对重金属的分析结果能代表整个包装组件；
——通过切割、研磨和混合获得均匀的样本；
——将均匀的样本分成可以测算的份额以用于手工或机械分析。

如果利用 C.3.4.2.3 介绍的分析方法确定成分，则样品应首先通过指定的酸溶液或混合物（包括过氯酸、硝酸、硫酸和氢氟酸、王水）进行分解。目的是为了将样品彻底溶解并获得较好的结果重复性（低分散性），有时需要引入其他试剂（例如碱类）。试剂的选择主要取决于被检测材料的种类及安全考虑。所提到的其他分析方法不需要进行酸分解。

C.3.4.2.3 试验样本分析

可以考虑三类测试方法：

a） X 射线荧光分析法、火光发射光谱法、直流电弧发射光谱法。这类分析的实施无需对样品进行任何辅助处理；
b） 原子吸收法、电感耦合等离子体发射光谱法、极谱法。在这类测试中，分析分两个阶段进行：
   1） 分解：已有很多方法以国家级或地区级标准的形式发表（见样本预处理条款）；
   2） 分解后水溶液的分析：已有通用程序；
c） 浸出试验。当需要测试包装或包装组件是否会向环境释放物质时使用的方法。分析要根据已有的或试行的标准进行，不应对样本进行任何辅助处理（某些研磨或筛分步骤除外）（如 ISO 7086-1、ISO 7086-2）。除非是渗出物，分析方法不应将六价铬和三价铬分开。

附　录　D
（资料性附录）
制定化学品安全技术说明书依据的标准目录

GB/T 16483—2008　化学品安全技术说明书　内容和项目顺序
GB/T 17519—2013　化学品安全技术说明书编写指南
GB 30000.2—2013　化学品分类和标签规范　第2部分:爆炸物
GB 30000.3—2013　化学品分类和标签规范　第3部分:易燃气体
GB 30000.4—2013　化学品分类和标签规范　第4部分:气溶胶
GB 30000.5—2013　化学品分类和标签规范　第5部分:氧化性气体
GB 30000.6—2013　化学品分类和标签规范　第6部分:加压气体
GB 30000.7—2013　化学品分类和标签规范　第7部分:易燃液体
GB 30000.8—2013　化学品分类和标签规范　第8部分:易燃固体
GB 30000.9—2013　化学品分类和标签规范　第9部分:自反应物质和混合物
GB 30000.10—2013　化学品分类和标签规范　第10部分:自燃液体
GB 30000.11—2013　化学品分类和标签规范　第11部分:自燃固体
GB 30000.12—2013　化学品分类和标签规范　第12部分:自热物质和混合物
GB 30000.13—2013　化学品分类和标签规范　第13部分:遇水放出易燃气体的物质和混合物
GB 30000.14—2013　化学品分类和标签规范　第14部分:氧化性液体
GB 30000.15—2013　化学品分类和标签规范　第15部分:氧化性固体
GB 30000.16—2013　化学品分类和标签规范　第16部分:有机过氧化物
GB 30000.17—2013　化学品分类和标签规范　第17部分:金属腐蚀物
GB 30000.18—2013　化学品分类和标签规范　第18部分:急性毒性
GB 30000.19—2013　化学品分类和标签规范　第19部分:皮肤腐蚀/刺激
GB 30000.20—2013　化学品分类和标签规范　第20部分:严重眼损伤/眼刺激
GB 30000.21—2013　化学品分类和标签规范　第21部分:呼吸道或皮肤致敏
GB 30000.22—2013　化学品分类和标签规范　第22部分:生殖细胞致突变性
GB 30000.23—2013　化学品分类和标签规范　第23部分:致癌性
GB 30000.24—2013　化学品分类和标签规范　第24部分:生殖毒性
GB 30000.25—2013　化学品分类和标签规范　第25部分:特异性靶器官毒性　一次接触
GB 30000.26—2013　化学品分类和标签规范　第26部分:特异性靶器官毒性　反复接触
GB 30000.27—2013　化学品分类和标签规范　第27部分:吸入危害
GB 30000.28—2013　化学品分类和标签规范　第28部分:对水生环境的危害
GB 30000.29—2013　化学品分类和标签规范　第29部分:对臭氧层的危害

参 考 文 献

[1] GB/T 27025—2008 检测和校准实验室能力的通用要求(ISO/IEC 17025:2005,IDT)

[2] GB/T 28206—2011 可堆肥塑料技术要求(ISO 17088:2008,IDT)

[3] ISO Guide 30:1992 Terms and definitions used in connection with reference materials

[4] ISO 3534-1:2006 Statistics—Vocabulary and symbols—Part 1:General statistical terms and terms used in probability

[5] ISO 7086-1:2000 Glass hollowware in contact with food—Release of lead and cadmium—Part 1:Test method

[6] ISO 7086-2:2000 Glass hollowware in contact with food—Release of lead and cadmium—Part 2:Permissible limits

[7] ISO 9000:2005 Quality management systems—Fundamentals and vocabulary

[8] ISO 10012:2003 Measurement management systems—Requirements for measurement processes and measuring equipment

ICS 55.020
A 80

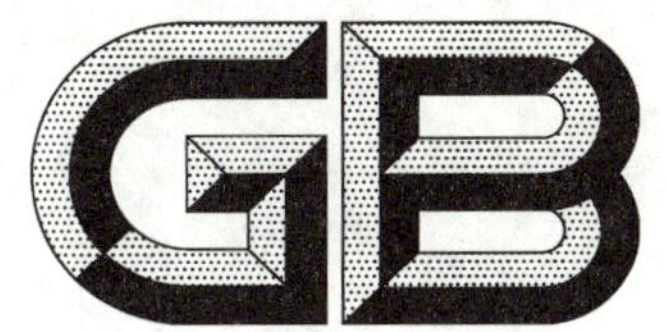

中华人民共和国国家标准

GB/T 16716.3—2018
代替 GB/T 16716.4—2010

包装与环境　第3部分：重复使用

Packaging and the environment—Part 3：Reuse

(ISO 18603：2013，Packaging and the environment—Reuse，MOD)

2018-12-28 发布　　2018-12-28 实施

国家市场监督管理总局
中国国家标准化管理委员会　发布

前　言

GB/T 16716《包装与环境》分为6个部分：

——第1部分：通则；

——第2部分：包装系统优化；

——第3部分：重复使用；

——第4部分：材料循环再生；

——第5部分：能量回收；

——第6部分：有机循环。

本部分为GB/T 16716的第3部分。

本部分按照GB/T 1.1—2009给出的规则起草。

本部分代替GB/T 16716.4—2010《包装与包装废弃物　第4部分：重复使用》。

本部分与GB/T 16716.4—2010相比存在结构变化，GB/T 16716.4—2010附录C调整为本部分的附录D，GB/T 16716.4—2010附录NA调整为本部分的附录C，GB/T 16716.4—2010第4章和第6章调整为本部分的第6章和第4章。

本部分与GB/T 16716.4—2010相比，主要技术变化如下：

——标准名称修改为《包装与环境　第3部分：重复使用》；

——"传递"和"周转"的术语和定义中增加了注(见3.3、3.4)；

——对"混合系统"的术语和定义进行了编辑性修改，增加了"注1"和"注2"(见3.9，GB/T 16716.4—2010的3.9)；

——对"补助物"的术语和定义进行了编辑性修改，删除了"注3"(见3.10，GB/T 16716.4—2010的3.10)；

——增加了有关"供应商"的术语和定义(见3.12)；

——增加了有关"清空方"的术语和定义(见3.13)；

——对GB/T 16716.4—2010可行条件的评估、评估确认和环境条件的部分内容进行了编辑性修改和内容调整，增加了评估依据(见第6章，GB/T 16716.4—2010的第4章)；

——对GB/T 16716.4—2010条件、确认和应用的部分内容进行了编辑性修改和内容调整，增加了"退出重复使用系统的包装应按照标准进行回收利用"和"相关方宜记录可重复使用包装在其生命周期内的最小周转次数(或重复使用率)"的技术要求，将有关"评估声明"的要求调整到评估方法中(见第5章、6.2.1、附表D.1，GB/T 16716.4—2010的第5章)；

——为适应包装行业的发展，增加了"鼓励建立并运行可识别系统"的技术要求[见4.2i)、4.3i)、4.4g)]；

——GB/T 16716.4—2010附录A修改为"重复使用系统流程图"(见附录A，GB/T 16716.4—2010的附录A)；

——对GB/T 16716.4—2010附录B注的内容进行了调整，增加了注4(见附录B，GB/T 16716.4—2010的附录B)。

本部分使用重新起草法修改采用ISO 18603:2013《包装与环境　重复使用》。

本部分与ISO 18603:2013相比存在结构变化，ISO 18603:2013的附录C调整为本部分的附录D，删除了ISO 18603:2013的附表C.1"符合性声明示例"，增加了附录C"包装重复使用标志"，ISO 18603:2013第4章和第6章调整为本部分的第6章和第4章，ISO 18603:2013第3章的3.6.1、3.6.2、3.6.3调整为本部分的 3.7、3.8、3.9,其后的序号依次进行了调整。

本部分与 ISO 18603:2013 的技术性差异及其原因如下:

——关于规范性引用文件,本部分做了具有技术性差异的调整,以适应我国的技术条件,调整的情况集中反映在第 2 章“规范性引用文件”中,具体调整如下:
- 用修改采用国际标准的 GB/T 16716.1 代替了 ISO 18601;
- 用 GB/T 23156 代替了 ISO 21067;
- 增加引用了 GB/T 16716.4;
- 增加引用了 ISO 18605;
- 增加引用了 ISO 18606;

——增加了有关“同目的包装”术语和定义的示例(见 3.5);

——增加了“鼓励建立并运行可识别系统”的技术要求[见 4.2i)、4.3i)、4.4g)];

——对 ISO 18603:2013 第 5 章进行了编辑性修改和内容调整,增加了“相关方宜记录可重复使用包装在其生命周期内的最小周转次数(或重复使用率)”的技术要求,将“5.3 应用”调整为“5.3 标志”(见第 5 章、表 D.1,ISO 18603:2013 的第 5 章);

——对 ISO 18603:2013 第 4 章所适用的技术内容进行了编辑性修改和内容调整,增加了评估依据(见第 6 章);

——ISO 18603:2013 附录 B 的示例调整为注 1(见附录 B,ISO 18603:2013 的附录 B)。

本部分编辑性修改了:为与现有标准体系一致,将本标准名称改为《包装与环境　第 3 部分:重复使用》。

本部分由全国包装标准化技术委员会(SAC/TC 49)提出并归口。

本部分起草单位:青岛永昌塑业有限公司、济南塑研塑料制品有限公司、山东省产品质量检验研究院、济南兰光机电技术有限公司、中国出口商品包装研究所、中国塑料加工工业协会复合膜制品专业委员会、湖南工业大学、广东志高空调有限公司、广东省微生物研究所、深圳市印刷行业协会、深圳市深中原科技有限公司、广东中科英海科技有限公司。

本部分主要起草人:苏本玉、周洋、孙克生、王微山、王君、许超、陈曦、王利婕、李长云、吴海娇、邢文彬、陈宇、夏嘉良、梅承芳、张旭亮、孙翱魁、胡轩恒、潘鑫森、卫晋波。

本部分所代替标准的历次版本发布情况为:

——GB/T 16716.4—2010。

包装与环境　第3部分:重复使用

1　范围

GB/T 16716的本部分规定了可重复使用系统、要求和方法。

本部分适用于可重复使用的包装及其系统。

2　规范性引用文件

下列文件对于本文件的应用是必不可少的。凡是注日期的引用文件,仅注日期的版本适用于本文件。凡是不注日期的引用文件,其最新版本(包括所有的修改单)适用于本文件。

GB/T 16716.1　包装与环境　第1部分:通则(GB/T 16716.1—2018,ISO 18601:2013 MOD)

GB/T 16716.4　包装与环境　第4部分:材料循环再生(GB/T 16716.4—2018,ISO 18604:2013 MOD)

GB/T 23156　包装　包装与环境　术语

ISO 18605　包装与环境　能量回收(Packaging and the environment—Energy recovery)

ISO 18606　包装与环境　有机循环(Packaging and the environment—Organic recycling)

3　术语和定义

GB/T 16716.1和GB/T 23156界定的以及下列术语和定义适用于本文件。

3.1

重复使用　reuse

同目的的包装预期在其生命周期内被重复灌装或使用,必要时可使用市场上获取的补助物实现。

注:支持包装重复使用但本身不可重复使用的物件(如标签或封盖),视为包装的一部分。

3.2

可重复使用包装　reusable packaging

在重复使用系统内,预期或有计划地完成最少传递或周转次数的包装或包装组件。

3.3

传递　trip

包装从装货(灌装)到卸货(倒空)的转移,传递可以是一次周转的一部分。

注:参见附录A。

3.4

周转　rotation

可重复使用包装从装货(灌装)到再装货(灌装)经历的循环,一次周转至少包含一次传递。

注:参见附录A。

3.5

同目的的包装　packaging used for the same purpose

在重复使用系统内,完成一次周转以后、按预期目的被再次使用的包装。

注:需注意包装的预期目的和功能,以区分包装是同目的的重复使用还是二次使用。当可重复使用包装未按预期目的而再次使用,在本部分中不视为可重复使用的同目的包装。

示例 1：

托盘的重复使用，最初装载乳制品，现在装载建筑用砖，视为同目的包装。

示例 2：

盛装芥菜的广口瓶，倒空后用作饮水杯，不视为同目的包装。

示例 3：

最初商业化生产装果酱的广口瓶，倒空后盛装自制果酱或其他物品，不视为同目的包装。

3.6

重复使用系统　systems for reuse

保障包装能够重复使用的包括组织、技术和(或)财务在内的体系。

注：在本部分范围内，下列各项是普遍公认的"重复使用系统"：

——闭环系统；

——开放系统；

——混合系统。

3.7

闭环系统　closed loop system

可重复使用包装由一家公司或一个企业集团独立运作。

3.8

开放系统　open loop system

可重复使用包装由多家未指定的公司运作。

3.9

混合系统　hybrid system

可重复使用包装由终端使用方留存，并需补助物支持才得以重复灌装或使用。

注 1：当地没有再分销系统实施商业重复灌装。

注 2：补助物用于将内装物转移到可重复使用包装内。

3.10

补助物　auxiliary product

可重复使用包装再装货(灌装)需要的补充物品。

注 1：补助物属于一次性产品。

注 2：补助物，如清洁剂的一次性补充装。

3.11

修复　reconditioning

恢复可重复使用包装功能状态的必要操作。

3.12

供应商　supplier

对投放市场或交付使用的包装或包装产品负有责任的经营者。

3.13

清空方　emptier

倒空包装的个人或经营者。

4 重复使用系统

4.1 系统类型

重复使用系统分为下述三种系统：

——闭环系统；

——开放系统；

——混合系统。

应根据预期使用的特定环境，为每一种包装确定最适用的系统，并符合系统规定的所有要求。

4.2 闭环系统

闭环系统见图1，其要求如下：

a) 可重复使用包装由一家企业或一个企业集团拥有或管理；

b) 包装由一家企业或一个企业集团协同运作；

c) 包装设计应符合各方可接受的规格要求或性能标准；

d) 包装运作程序应为各方可接受；

e) 收集、修复和再分配系统运作有效。退出重复使用系统的包装应按照GB/T 16716.4、ISO 18605、ISO 18606中的一项或多项标准规定进行回收利用；

f) 按照规范使用后的可重复使用包装，企业或企业集团有义务进行回收；

g) 为实现包装的可重复使用，包装商、灌装商、供应商、清空方或其他相关方应提供包装处理方法和放置地点的信息；

h) 保障重复使用持续运作的管理系统应符合相关规范；

i) 鼓励建立并运行可识别系统(包括无线射频识别FRID、条码、二维码等)。

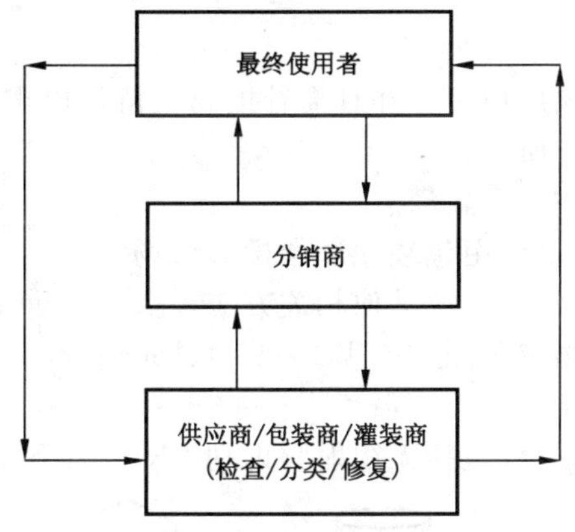

图1 闭环系统

4.3 开放系统

开放系统见图2，其要求如下：

a) 可重复使用包装在一定时间内应由每个用户持有；

b) 包装设计应符合一般公认的规格或性能标准；

c) 包装使用应符合系统内参与者认可的规范或性能标准；

d) 可重复使用包装用过后，应由清空方或用户决定是否再使用该包装或通过第三方重复使用；

e) 包装适用的再分配系统应处于正常有效状态；

f) 为实现包装的可重复使用，包装商、灌装商、供应商、清空方或其他相关方应提供包装处理方法和放置地点的信息；

g) 退出重复使用系统的包装应按照GB/T 16716.4、ISO 18605、ISO 18606中的一项或多项标准规定进行回收利用；

h) 修复可由包装商/灌装商操作，或作为系统的一部分通过市场运作，并且符合附录B的规定；

i) 鼓励建立并运行可识别系统(包括无线射频识别FRID、条码、二维码等)。

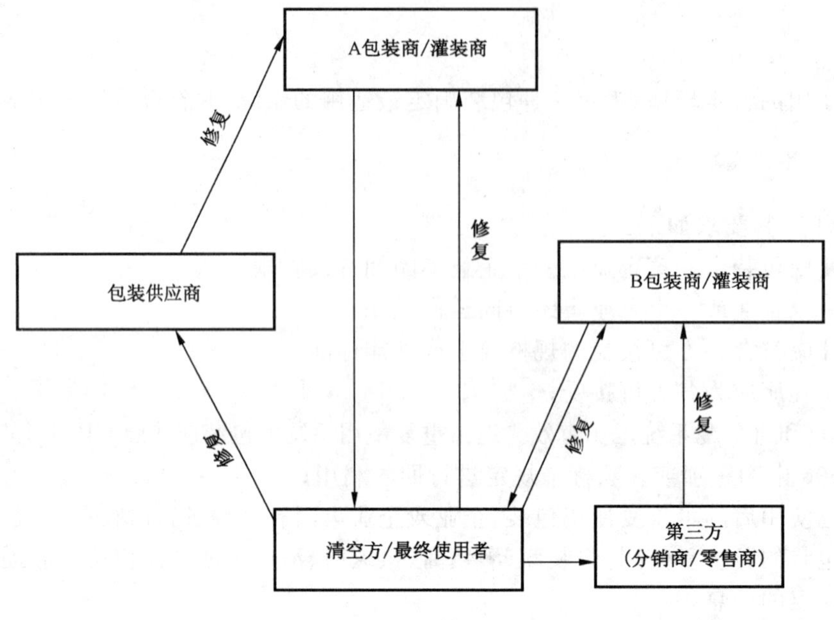

图 2　开放系统

4.4　混合系统

混合系统见图 3,其要求如下:

a)　可重复使用包装应由终端用户留存并且需补助物支持得以重新装货(灌装);

b)　可重复使用包装属清空方所有;

c)　可重复使用包装应由清空方重新灌装;

d)　若补助物容易获得,可重复使用包装才适合投放市场;

e)　包装商、灌装商、供应商、清空方或其他相关方应提供包装重新装货(灌装)的方法;

f)　可重复使用包装和补助物应按照 GB/T 16716.4、ISO 18605、ISO 18606 中的一项或多项标准规定进行回收利用;

g)　鼓励建立并运行可识别系统(包括无线射频识别 FRID、条码、二维码等)。

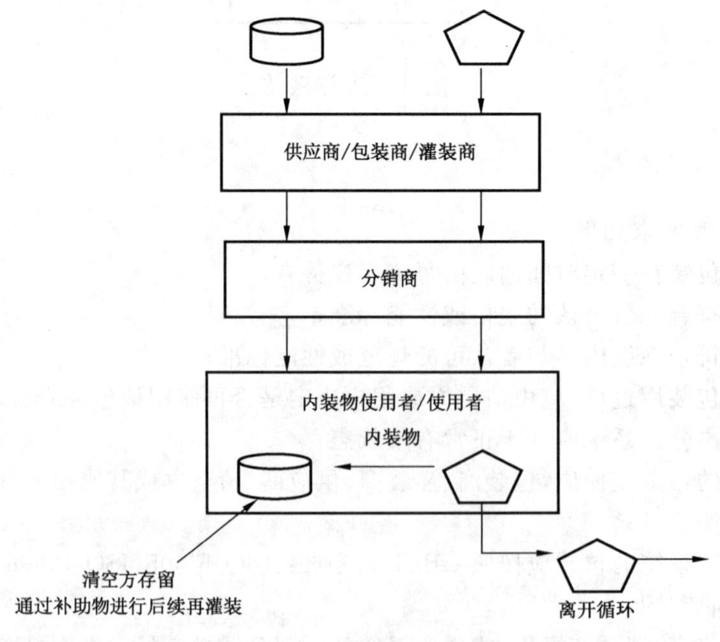

图 3　混合系统

5 要求

5.1 基本要求

预期投放市场的可重复使用包装应符合下述要求：

a) 包装在正常可预见的使用条件下可重复使用；

b) 重复使用的包装是为实现相同目的；

c) 包装市场上存在必要的重复使用系统，包括有效的修复系统。

d) 若预期使用的包装属于混合系统的一部分，应满足5.1 a)的要求。

5.2 验证记录要求

在可重复使用包装最初运行阶段，相关方应按下列要求记录建档：

a) 包装重复使用的可行性和预期目的，应考虑在重复使用期间可能出现的特定环境；

b) 包装设计能够使主要组件在正常可预见的使用条件下实现一定次数的传递或周转；

c) 包装可以倒空或卸货而不受重大破损，出现破损可以进行修复；

d) 包装可以依据附录B的规定以适当方法进行修复，使包装维持预期功能，在此期间的操作应可靠，不危害相关从业人员的健康和安全；

e) 修复过程不危害环境，处理方法或操作过程可以控制；

f) 对于附录B定义的包装，修复过程应符合各项规定；

g) 包装可以重复装货(灌装)且能保持产品质量，操作可靠，不危害相关从业人员的健康和安全；

h) 对投放市场的包装负有责任的供应商应确保重复使用系统的存在且有效运作；

i) 实际运行的重复使用系统应符合第4章陈述的类型之一；

j) 退出重复使用系统的包装应按照GB/T 16716.4、ISO 18605、ISO 18606中的一项或多项标准进行回收利用；

k) 在技术可行条件下，包装商、灌装商、供应商、清空方或其他相关方宜确认并记录，可重复使用包装在其生命周期内的最小周转次数(或重复使用率)。

5.3 标志

评估判定合格后，应参考附录C采用重复使用标志。

6 方法

6.1 概述

6.1.1 实现包装的可重复使用取决于包装本身特征与重复使用系统的协调。在实践中，可重复使用包装的具体要求可能因实际情况而改变。设计应根据重复使用的运作经验而不断改进。相较于其他用途的包装，可重复使用包装应更持久耐用，因此可能需要更多材料，也可通过技术革新增加其耐用性。

6.1.2 评估需要支持性文件，特别是评估过程结果的详细记录。应以书面声明的形式记录所有满足重复使用性能的确切条件。

6.1.3 在重复使用过程中，影响从业人员健康和安全的问题，诸如包装的翻新和清洁，应符合现行规章的规定。

6.2 评估方法

6.2.1 可重复使用包装应同时满足5.1和5.2的要求，并参照附录D出具书面符合性声明。

6.2.2 在技术可行条件下，鼓励相关方按6.3.3记录可重复使用包装在其生命周期内的最小周转次数。

6.3 评估依据

6.3.1 评估所需信息可依据书面性声明或产品说明等有效文件，直接从包装供应商、清空方、有关标准、公认组织或商业经营者处获取。

6.3.2 现有的实践经验记录可作为支持性数据的有效来源。

6.3.3 最小周转次数可参照CEN/TR 14520计算，也可直接通过重复使用系统内建立的智能可识别系统(包括无线射频识别FRID、条码、二维码等)获取。

附 录 A
（资料性附录）
重复使用系统流程图

本附录旨在说明重复使用系统的概念。图 A.1 是关于包装重复使用过程的流程图。

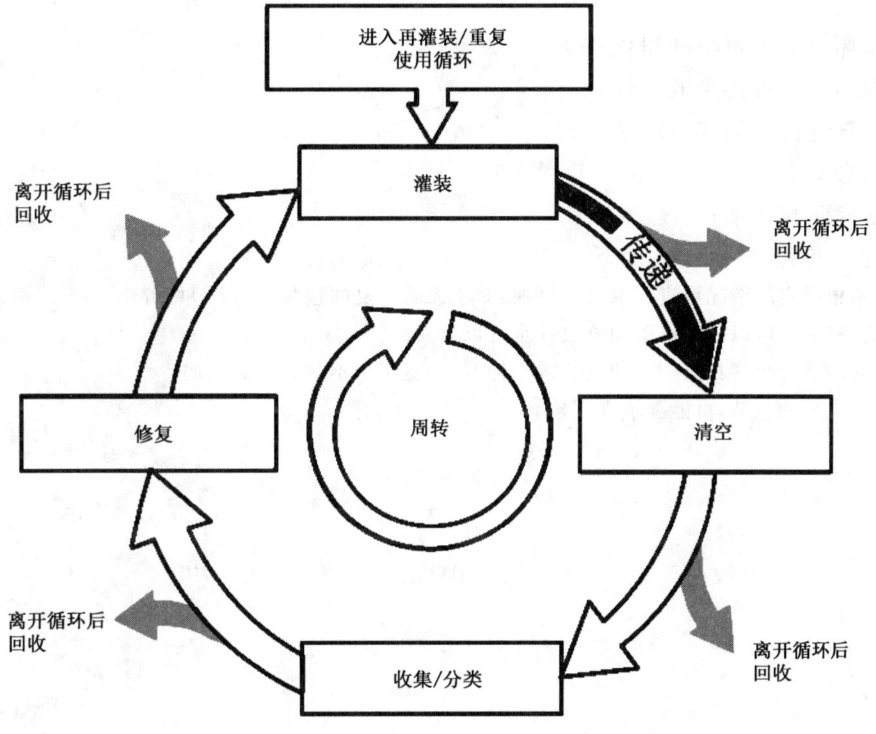

注 1：表达流向的尺寸大小不视为实际流向的量。

注 2：损失可能发生在环路中的任何阶段。

注 3：流程图阐明了术语“传递”和“周转”。

图 A.1　重复使用系统流程图

附 录 B
（规范性附录）
修复系统的基本要素

可重复使用包装适用的修复系统应包括以下相关要素，不同类型和用途的包装应合理应用：

a) 包装条件的评估；

b) 去除损坏或不可再用的组件；

c) 更换损坏或不可再用的组件；

d) 根据要求进行清洁和(或)洗涤；

e) 包装的必要维护；

f) 适用性检验和评估；

g) 再次进入重复使用系统。

注1：上述要素根据实际情况可进行取舍。例如，对于无需修复的包装，步骤e)可省略。

注2：清洁(洗涤)过程可以应用在不同阶段并且可以重复。

注3：上述要素的呈现次序具有一定的相关逻辑性，但在应用中不一定是必需的。

注4：对于某些类型的包装，可能要求进行检验。

附 录 C
（资料性附录）
包装重复使用标志

C.1 当预期重复使用的包装通过本部分的评估，并且符合 GB/T 16716.1 的最终合格判定，为便于系统内各相关方的识别，应采用包装重复使用标志。

C.2 标志应标注在包装的显著部位，在可预见的有效使用期内保持清新牢固。

C.3 标志图形的表达形式、颜色和尺寸可根据包装本身的特征确定。例如，重复使用的注塑托盘可以在铸造模型设计时预先确定。包装的重复使用标志图形见图 C.1。

图 C.1 包装重复使用标志图形

附　录　D
（资料性附录）
符合性声明示例

可重复使用包装应按表D.1进行评估。表D.1的评估准则依据本部分提出的关于可重复使用包装的要求列出。表D.1为符合性评估声明示例。

表 D.1　符合性声明示例
（1.8 L 烧酒瓶）

包装鉴定		评估资料
使用的主要材料鉴定		
评估准则	是/否	原始资料及证明
说明预期重复使用的包装在特定环境(区域)能够运作的理由	是	对照[a]有关烧酒瓶的规范
包装的主要组件在正常可预见的使用条件下实现一定次数的传递或周转	是	对照[a]烧酒瓶制造商制定的规范和材料性能测试结果
包装可以倒空或卸货而不受重大破损,若有破损可以进行修复	是	对照[a]有关烧酒瓶的规范
包装可以按附录B的规定以任何指定方法和规定水平进行修复(清洁、洗涤、维修),以维持包装的预期功能	是	对照[a]烧酒瓶制造商制定的规范和材料性能测试结果
修复过程中不危害环境,处理方法或操作过程可以控制	是	对照[a]作业程序书
包装可以得到有效修复,符合本部分附录B中的所有基本要素	是	对照[a]烧酒瓶制造商制定的规范和材料性能测试结果
包装可以重复装货(灌装)且能保持产品质量,不危害相关从业人员的健康和安全	是	对照[a]作业程序书
在可预见的使用环境和区域中,具备重复使用系统(组织、技术、经济)	是	采用现有系统使用普通规格的瓶子
实际运行的重复使用系统符合第6章陈述的其中一种类型	是	符合开放系统的标准
可重复使用包装在其生命周期内的最小周转次数(可选推荐要求)	—	—
鉴于上述评估,此包装符合GB/T 16716.3的要求,可以重复使用。		
包装商、灌装商、供应商、清空方或其他相关方的姓名和地址: 签名:　　　　　　　　　　日期:		
[a] 对照,即参阅者比对声明和引用的参考资料。		

参 考 文 献

[1] GB/T 4122.1 包装术语 第1部分:基础
[2] GB/T 16716.2 包装与环境 第2部分:包装系统优化
[3] GB/T 32568 重复使用包装箱通用技术条件
[4] ISO 21067-2 Packaging—Vocabulary—Part 2:Packaging and the environment terms
[5] EN 13429 Packaging—Reuse
[6] CEN/TR 14520 Packaging—Reuse—Methods for assessing the performance of a reuse system

ICS 55.020
A 80

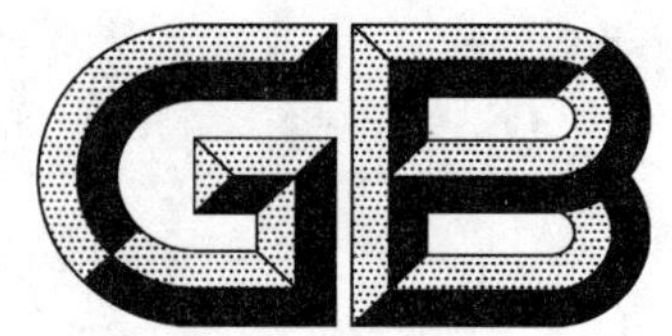

中华人民共和国国家标准

GB/T 16716.4—2018
代替 GB/T 16716.5—2010

包装与环境
第4部分:材料循环再生

Packaging and the environment—
Part 4:Material recycling

(ISO 18604:2013,Packaging and the environment—Material recycling,MOD)

2018-12-28 发布　　2018-12-28 实施

国家市场监督管理总局
中国国家标准化管理委员会 发布

前　言

GB/T 16716《包装与环境》分为6个部分：

——第1部分：通则；

——第2部分：包装系统优化；

——第3部分：重复使用；

——第4部分：材料循环再生；

——第5部分：能量回收；

——第6部分：有机循环。

本部分为GB/T 16716的第4部分。

本部分按照GB/T 1.1—2009给出的规则起草。

本部分代替GB/T 16716.5—2010《包装与包装废弃物　第5部分：材料循环再生》。本部分与GB/T 16716.5—2010相比，除逻辑性修改外，主要技术变化如下：

——增加了有关“包装单元”的术语和定义(见3.4)；

——删除了有关“次级原材料”的术语和定义(见GB/T 16716.5—2010的3.5)；

——增加了有关“可循环再生”的术语和定义(见3.6)；

——增加了有关“包装组件”的术语和定义(见3.8)；

——修改了设计和包装结构/成分和过程的控制的相关性(见表A.1,GB/T 16716.5—2010的表A.1)；

——修改了生产和适用有效的循环再生技术的相关性(见表A.1,GB/T 16716.5—2010的表A.1)；

——修改了最终用户分类和循环再生过程向环境的排放的相关性(见表A.1,GB/T 16716.5—2010的表A.1)；

——增加了纸杯的包装单元可循环再生质量百分比声明的示例(见表D.5)；

——增加了带软木塞和铝帽的绿色玻璃酒瓶的包装单元可循环再生质量百分比声明的示例(见表D.6)。

本部分使用重新起草法修改采用ISO 18604:2013《包装与环境　材料循环再生》。

本部分与ISO 18604:2013相比，在结构上删除了4.1、附录D中的表D.5。

本部分与ISO 18604:2013的技术性差异及其原因如下：

——关于规范性引用文件，本部分做了具有技术性差异的调整，以适应我国的技术条件，调整的情况集中反映在第2章“规范性应用文件”中，具体调整如下：

- 用修改采用国际标准的GB/T 16716.1代替了ISO 18601；
- 用GB/T 23156代替了ISO 21067；
- 增加引用了GB/T 16716.2。

本部分编辑性修改了标准名称《包装与环境　材料循环再生》为《包装与环境　第4部分：材料循环再生》。

本部分由全国包装标准化技术委员会(SAC/TC 49)提出并归口。

本部分起草单位：江苏彩华包装集团有限公司、深圳市裕同包装科技股份有限公司、中国出口商品包装研究所、深圳市深中原科技有限公司、湖南工业大学、广东志高空调有限公司、深圳市印刷行业协会、山东省产品质量检验研究院、山东丽曼包装印务有限公司、广东中科英海科技有限公司、青岛永泰新能源发展有限公司。

本部分主要起草人：徐银华、夏瑜、郭振梅、武向宁、俞朝晖、李长云、邢文彬、孙晓、陈晨、胡轩恒、张宏涛、张永东、潘鑫森、孙翱魁、沈卫菊、许超、李晓明、周洋。

本部分所代替标准的历次版本发布情况为：

——GB/T 16716.5—2010。

包装与环境
第4部分:材料循环再生

1 范围

GB/T 16716的本部分规定了评估包装材料可循环再生的要求。

本部分适用于可以材料循环再生形式回收利用的包装。

2 规范性引用文件

下列文件对于本文件的应用是必不可少的。凡是注日期的引用文件,仅注日期的版本适用于本文件。凡是不注日期的引用文件,其最新版本(包括所有的修改单)适用于本文件。

GB/T 16716.1 包装与环境 第1部分:通则(GB/T 16716.1—2018,ISO 18601:2013 MOD)

GB/T 16716.2 包装与环境 第2部分:包装系统优化(GB/T 16716.2—2018,ISO 18602:2013 MOD)

GB/T 23156 包装 包装与环境 术语

3 术语和定义

GB/T 16716.1和GB/T 23156界定的以及下列术语和定义适用于本文件。

3.1

倒空包装 empty packaging

在正常或可预见的情况下,能够使用适合该包装类型的常用方法将产品残余倒空的包装。

3.2

初级原材料 primary raw material

未加工成成品形式的材料。

3.3

材料循环再生 material recycling

将已使用的包装材料通过各种形式的制造工艺再加工得到产品、产品组件或次级(再生)原材料的过程,能量回收和作为燃料使用除外。

注:本部分中的循环再生仅指材料循环再生,其他类型的循环再生或回收利用不在此列。

3.4

包装单元 packaging unit

满足某项包装功能,如物品的装载、保护、投递、运输、储存、运输和展示的单元。

注:包装单元是本部分的分析对象。

3.5

循环再生过程 recycling process

将收集分类的已使用包装和其他材料一起转化为次生(再生)原材料、产品或物质的物理或化学过程,能量回收和作为燃料使用除外。

3.6

可循环再生　recyclable

产品、包装或其组分可通过可行的过程和方案从废物流中转移出来，同时能够被收集、加工并以原材料或产品的形式投入使用。

3.7

供应商 supplier

对投放市场或交付使用的包装或包装产品负有责任的经营者。

3.8

包装组件　packaging component

用手或用简单物理方法可以拆分的包装的组成部分。

4　要求

4.1　包装评估

应按附录A和附录B规定的准则和程序评估成品包装的最终设计，从而确定包装材料可循环再生的质量百分比。

4.2　可循环再生百分比声明

4.2.1　应按包装单元预测包装材料可循环再生的流向。

4.2.2　应按包装单元确定包装材料可循环再生的质量百分比。

4.2.3　示例参见附录C。

4.3　标准符合性声明

供应商应出具符合4.1和4.2要求的书面声明。

4.4　支持文件

评估应记录在案，参见附录C和附录D的示例。

附 录 A
（规范性附录）
包装材料可循环再生的准则

A.1 概述

在评估包装材料循环再生可行性时，应从包装生命周期的设计、生产、使用、收集、分类到循环再利用的各步骤中，充分分析可能影响包装材料的循环再生的各种因素。本附录给出评估包装材料可循环再生的准则。表A.1给出了包装生命周期步骤和材料可循环再生准则之间的相关性。

表A.1 包装生命周期步骤和材料可循环再生准则之间的相关性

生命周期步骤	包装可循环再生的准则		
	包装结构/成分和过程的控制 （见A.2）	适用有效的循环再生技术 （见A.3）	循环再生过程向环境的排放 （见A.4）
设计	有关	有关	有关
生产	有关	有关	有关
使用	有关	—	有关
最终用户分类	有关	—	有关
收集/分类	有关	有关	有关

A.2 包装结构/成分和过程的控制

A.2.1 包装设计应选择可以循环再生的材料。

A.2.2 应控制生产、包装、灌装过程的材料选择、收集和分类过程，确保对循环再生过程不产生负面影响。

A.3 适用有效的循环再生技术

A.3.1 包装设计选用的材料或材料组合应适用有效的循环再生技术。

注：开发和推广的某种有特殊功能和环境效益的新型包装材料或包装系统，在不适用现行有效的循环再生技术但开发商能证明在合理的时间内能够推广有效的工业循环再生技术的情况下，可暂时归类为可循环再生的。

A.3.2 应有计划地建立一个用于包装设计的系统，监控和记录包装材料循环再生技术的最新进展。

A.4 循环再生过程向环境的排放

在循环再生过程中，应监控废弃包装和产品残留物向环境的排放和潜在变化。

附 录 B
（规范性附录）
评估循环再生性能的准则

B.1 概述

本附录给出了评估循环再生性能的准则，表B.1为包装生命周期步骤和材料可循环再生准则的关系对照表。

表 B.1 包装生命周期步骤和材料可循环再生准则的关系对照表

生命周期步骤	包装可循环再生的准则		
	包装结构/成分和过程的控制（见A.2）	适用有效的循环再生技术（见A.3）	循环再生过程向环境的排放（见A.4）
设计	见B.2/B.4.2	见B.2	见B.2
生产	见B.3	见B.3	见B.3
使用	见B.4.2	—	见B.4.1
最终用户分类	见B.4.3	—	见B.4.3/B.5
收集/分类	见B.5	见B.5	见B.5

B.2 设计

B.2.1 包装设计包括结构、组合、复合和组件的可拆分性应与有关的材料循环再生技术规范协调一致，确定材料可按一定的质量百分比进行循环再生，并评估：

——物质或材料在循环再生过程中可能发生的技术问题；

——材料循环再生之前，材料、材料复合或包装设计在收集和分类过程中可能发生的问题；

——物质或材料普遍存在的再生以后质量可能下降的问题。

B.2.2 当包装单元或包装组件的式样和材料的收集、分类和循环再生符合国家、行业或国际标准或规范时，可使用可循环再生质量百分比声明作为循环再生性能的证明依据，附录C给出可循环再生质量百分比声明的示例。

应评估下列影响材料循环再生过程的因素：

a) 材料循环再生的有效性取决于在含有或不含有初级原材料的生产过程中投入的具有特定属性的材料；

b) 多材料包装的各组分所占比例可能不同，如标签占较小比例，密封装置占较大比例，该类包装的材料回收方式、循环再生过程和倒空包装效果将影响其可循环再生性能；

c) 下列包装说明是否符合有关循环再生过程的国家或国际标准中材料投入的交付和供应技术要求：

  1) 组件的可拆分性；

  2) 材料组合或材料复合在循环再生过程和回收流程中的机械或化学的相容性；

d) 在确定最终包装设计前应评估其他影响循环再生性能的设计因素：

1） GB/T 16716.2 中列出的对环境有害的物质；

2） 影响倒空效果的设计是否符合 B.4.2 的要求。

B.3 生产

B.3.1 生产、转化和填料过程中的原材料和材料复合

原材料的采购、加工、转化和填料操作应有效管理，不应有任何影响循环再生过程的变化或偏差。

注：参见 ISO/TR 17098。

B.3.2 加工过程中的变化控制

设计阶段选择的材料应适合循环再生技术，在加工过程不应有影响循环再生过程的变化。

注：本条同样适用于其他成分（如黏合剂、印刷油墨、涂料）或组件（如标签、密封装置或其他辅助材料）的选择。

B.4 使用

B.4.1 基本要求

应符合包装的安全、卫生要求和消费者的需求。

B.4.2 最终用户倒空

初级包装的形状、开口造型和开口位置等设计应能让最终用户采用常规方法进行不影响循环再生过程的倒空。

包装系统包括直接接触产品的初级包装、次级包装（组合包装）和三级包装（运输包装），后两类包装应易于拆分并确保产品不受污染。

B.4.3 最终用户分类

包装构造应便于最终用户在可预见的情况下进行拆分。有多种材料组合的包装应适应符合循环再生要求的收集系统进行拆分。

B.5 收集和分类

应尽可能搜集并在包装的设计和生产过程中采纳与收集和分类过程相关的详细信息。

B.6 材料识别标志

B.6.1 材料的识别标志应清晰易辨，并应明确主要的包装材料。

B.6.2 包装的材料识别标志在使用后的各个环节起到下列辅助作用：

——为用户提示处理选项；

——提示收集和分类选项；

——提示材料进入循环再生流程的选项。

B.6.3 常识性的材料可不使用识别标志。

B.6.4 材料识别可借助其他方法，例如颜色或容器的特殊造型。

附 录 C
（资料性附录）
确定包装单元可循环再生百分比声明的示例

C.1 包装材料符合循环再生要求的评估声明

表C.1在对照生命周期步骤和包装材料循环再生性能的相互关系的基础上给出了包装材料符合循环再生要求的评估声明。

表C.1 包装材料符合循环再生要求的评估声明

包装鉴定(描述)		评估声明	
章条号	准则	评估	参考
A.2、A.3和B.2、B.3	设计、材料选用、生产和包装的过程控制适应循环再生技术		
A.2和B.4.2	设计、组件控制和使用方法有利于用户倒空		
A.2、A.4和B.4.3	设计、组件控制和使用方法有利于最终用户分类和收集		
A.2和B.5	设计、组件控制和使用方法适应收集和分类系统		
A.3和B.2、B.3	加工方法、材料化合和组件（包括添加剂）适应循环再生技术		
A.3和B.5	分类系统适应材料循环再生技术		
A.4和B.2	结构、复合和组件的可拆分性确保在循环再生过程中的最少量排放		
A.4和B.3	生产和包装的过程控制确保在循环再生系统中的最少量排放		
A.4和B.4.1	内装物可以倒空，确保在循环再生过程中的最少量排放(残渣)		
A.4和B.5	包装可以收集和分类，确保在循环再生过程中的最少量排放(残渣)		
注1：“准则”栏对应附录A、附录B中包装生命周期步骤的有关要求的概要，详见附录A和附录B。 注2：“评估”栏记录对准则规定的满足或不足。 注3：“参考”栏填写对不足之处的引用、评论或解释。			

C.2 确定包装单元可循环再生百分比的声明示例

C.2.1 表C.2给出了评估和记录以包装单元划分的包装可循环再生材料质量百分比的方法。

C.2.2 循环再生技术不成熟的材料回收见A.3.1的注释。

C.2.3 附录D给出了一些以包装单元划分的包装可循环再生材料质量百分比的声明示例。使用相同材料组成的类似的系列包装可使用一份共同声明。

表 C.2　确定包装单元可循环再生百分比的声明示例

<table>
<tr><td>序号</td><td colspan="2">包装鉴定(描述)</td><td colspan="3">评估声明</td></tr>
<tr><td>1</td><td colspan="2">包装单元</td><td>组件 1</td><td>组件 2</td><td>组件 3</td></tr>
<tr><td>2</td><td colspan="2">描述</td><td></td><td></td><td></td></tr>
<tr><td>3</td><td colspan="2">组件占包装单元的质量百分比</td><td></td><td></td><td></td></tr>
<tr><td>4</td><td colspan="2">根据国家、行业、地方、国际的标准或规范,全部组件符合循环再生要求的,给出详细的证明</td><td></td><td></td><td></td></tr>
<tr><td colspan="6">如果组件符合上述标准或规范,填写第 5 条,然后转到第 9 条并注释“100%”。否则,拓展第 5 条</td></tr>
<tr><td>5</td><td colspan="2">预计材料流向</td><td></td><td></td><td></td></tr>
<tr><td colspan="6">组件中的要素在整个循环再生过程中可能引起问题时,推荐采用其他的回收利用方法</td></tr>
<tr><td>6</td><td colspan="2">易引发收集和分类问题的要素</td><td></td><td></td><td></td></tr>
<tr><td>7</td><td colspan="2">易引发循环再生问题的要素</td><td></td><td></td><td></td></tr>
<tr><td>8</td><td colspan="2">易在循环再生材料中产生负面影响的要素</td><td></td><td></td><td></td></tr>
<tr><td>9</td><td colspan="2">可循环再生组件的质量百分比</td><td></td><td></td><td></td></tr>
<tr><td>10</td><td colspan="2">可循环再生包装单元的质量百分比(可循环再生组件的质量百分比与组件占包装单元的质量百分比的乘积)</td><td></td><td></td><td></td></tr>
<tr><td>11</td><td>总的可循环再生百分比(可循环再生包装单元的质量百分比的总和)</td><td></td><td colspan="3">日期和签名</td></tr>
<tr><td colspan="6">注 1:组件的定义见 3.8。
注 2:预计材料循环再生的流向:铝、玻璃、纸、塑料、铁、木材、其他。当收集、分类和循环再生操作不可行或不成熟时,见 A.3.1 的注释。
注 3:“无”表示无适用的。</td></tr>
</table>

附 录 D
（资料性附录）
包装单元可循环再生质量百分比声明的示例

表 D.1～表 D.6 是应用表 C.2 评估和声明适用于不同包装单元的包装材料可循环再生质量百分比声明的示例。

表 D.1 带塑料盖的印刷铁制气雾剂罐

序号	包装鉴定(描述)		描述：印刷铁制气雾剂罐，灌装容量 250 mL，带有塑料盖(总体积 335 mL)		
1	包装单元		组件 1	组件 2	组件 3
2	描述		带阀门和喷嘴的铁罐	塑料盖	
3	组件占包装单元的质量百分比		91%	9%	
4	根据国家、行业、地方、国际的标准或规范，全部组件符合循环再生要求的，给出详细的证明		GB/T 4223	SB/T 11149	
如果组件符合上述标准或规范，填写第 5 条，然后转到第 9 条并注释“100%”。否则，拓展第 5 条					
5	预计材料流向		钢铁	塑料	
组件中的要素在整个循环再生过程中可能引起问题时，推荐采用其他的回收利用方法					
6	易引发收集和分类问题的要素		无	无	
7	易引发循环再生问题的要素		无	无	
8	易在循环再生材料中产生负面影响的要素		无	无	
9	可循环再生组件的质量百分比		100%	100%	
10	可循环再生包装单元的质量百分比(可循环再生组件的质量百分比与组件占包装单元的质量百分比的乘积)		91%	9%	
11	总的可循环再生百分比(可循环再生包装单元的质量百分比的总和)	100%	日期和签名		
注 1：组件的定义见 3.8。 注 2：预计材料循环再生的流向：铝、玻璃、纸、塑料、铁、木材、其他。当收集、分类和循环再生操作不可行或不成熟时，见 A.3.1 的注释。 注 3：“无”表示无适用的。					

表 D.2 带涂蜡瓦楞纸盖和 PE 盘的瓦楞纸托盘

序号	包装鉴定(描述)	描述：装鲜鱼的带涂蜡瓦楞纸盖和 PE 盘的瓦楞纸托盘，总质量 550 g		
1	包装单元	组件 1	组件 2	组件 3
2	描述	开口的瓦楞纸箱	PE 盘子	涂蜡的瓦楞纸板盖子
3	组件占包装单元的质量百分比	64%	9%	27%

表 D.2（续）

序号	包装鉴定(描述)		描述：装鲜鱼的带涂蜡瓦楞纸盖和PE盘的瓦楞纸托盘，总质量550 g		
4	根据国家、行业、地方、国际的标准或规范，全部组件符合循环再生要求的，给出详细的证明		SB/T 11058	SB/T 11149	
如果组件符合上述标准或规范，填写第5条，然后转到第9条并注释“100%”。否则，拓展第5条					
5	预计材料流向		纸	塑料	纸
组件中的要素在整个循环再生过程中可能引起问题时，推荐采用其他的回收利用方法					
6	易引发收集和分类问题的要素		无	无	无
7	易引发循环再生问题的要素		无	无	蜡涂层 ISO/TR 17098：2013 表 3 ii
8	易在循环再生材料中产生负面影响的要素		无	无	蜡涂层
9	可循环再生组件的质量百分比		100%	100%	0
10	可循环再生包装单元的质量百分比(可循环再生组件的质量百分比与组件占包装单元的质量百分比的乘积)		64%	9%	0
11	总的可循环再生百分比(可循环再生包装单元的质量百分比的总和)	73%	日期和签名		

注1：组件的定义见3.8。

注2：预计材料循环再生的流向：铝、玻璃、纸、塑料、铁、木材、其他。当收集、分类和循环再生操作不可行或不成熟时，见A.3.1的注释。

注3：“无”表示无适用的。

表 D.3 带陶瓷盖和纸标签的陶瓷罐

序号	包装鉴定(描述)	描述:带陶瓷盖和纸标签的陶瓷罐		
1	包装单元	组件1	组件2	组件3
2	描述	陶瓷瓶	陶瓷盖	纸商标
3	组件占包装单元的质量百分比	87.2%	12%	0.8%
4	根据国家、行业、地方、国际的标准或规范，全部组件符合循环再生要求的，给出详细的证明	无	无	无
如果组件符合上述标准或规范，填写第5条，然后转到第9条并注释“100%”。否则，拓展第5条				
5	预计材料流向	无	无	无
组件中的要素在整个循环再生过程中可能引起问题时，推荐采用其他的回收利用方法				
6	易引发收集和分类问题的要素	无	无	无
7	易引发循环再生问题的要素	没有成熟可利用的循环再生	没有成熟可利用的循环再生	无
8	易在循环再生材料中产生负面影响的要素	无	无	蜡涂层
9	可循环再生组件的质量百分比	0%	0%	0%

表 D.3（续）

<table>
<tr><td>序号</td><td colspan="2">包装鉴定(描述)</td><td colspan="3">描述:带陶瓷盖和纸标签的陶瓷罐</td></tr>
<tr><td>10</td><td colspan="2">可循环再生包装单元的质量百分比(可循环再生组件的质量百分比与组件占包装单元的质量百分比的乘积)</td><td>0%</td><td>0%</td><td>0%</td></tr>
<tr><td>11</td><td>总的可循环再生百分比(可循环再生包装单元的质量百分比的总和)</td><td>0%</td><td colspan="3">日期和签名</td></tr>
<tr><td colspan="6">注 1:组件的定义见 3.8。
注 2:预计材料循环再生的流向:铝、玻璃、纸、塑料、铁、木材、其他。当收集、分类和循环再生操作不可行或不成熟时,见 A.3.1 的注释。
注 3:“无”表示无适用的。</td></tr>
</table>

表 D.4　带塑料密封和纸(箔)标签的无色透明单层 PET 瓶

<table>
<tr><td>序号</td><td colspan="2">包装鉴定(描述)</td><td colspan="3">描述:带塑料密封和纸(箔)标签的无色透明单层 PET 瓶,体积 0.33 L～3.0 L,适用于软饮料</td></tr>
<tr><td>1</td><td colspan="2">包装单元</td><td>组件 1</td><td>组件 2</td><td>组件 3</td></tr>
<tr><td>2</td><td colspan="2">描述</td><td>PET 瓶</td><td>PP 封闭器</td><td>纸(箔)标签</td></tr>
<tr><td>3</td><td colspan="2">组件占包装单元的质量百分比</td><td>81.25%～90.00%</td><td>12.50%～5.00%</td><td>6.26%～5.00%</td></tr>
<tr><td>4</td><td colspan="2">根据国家、行业、地方、国际的标准或规范,全部组件符合循环再生要求的,给出详细的证明</td><td>SB/T 11149</td><td>SB/T 11149</td><td></td></tr>
<tr><td colspan="6">如果组件符合上述标准或规范,填写第 5 条,然后转到第 9 条并注释“100%”。否则,拓展第 5 条</td></tr>
<tr><td>5</td><td colspan="2">预计材料流向</td><td>塑料</td><td>塑料</td><td>无</td></tr>
<tr><td colspan="6">组件中的要素在整个循环再生过程中可能引起问题时,推荐采用其他的回收利用方法</td></tr>
<tr><td>6</td><td colspan="2">易引发收集和分类问题的要素</td><td>无</td><td>无</td><td>无</td></tr>
<tr><td>7</td><td colspan="2">易引发循环再生问题的要素</td><td>无</td><td>无</td><td>无</td></tr>
<tr><td>8</td><td colspan="2">易在循环再生材料中产生负面影响的要素</td><td>无</td><td>无</td><td>无</td></tr>
<tr><td>9</td><td colspan="2">可循环再生组件的质量百分比</td><td>100%</td><td>100%</td><td>0%</td></tr>
<tr><td>10</td><td colspan="2">可循环再生包装单元的质量百分比(可循环再生组件的质量百分比与组件占包装单元的质量百分比的乘积)</td><td>81. 25% ～ 90.00%</td><td>12. 50% ～ 5.00%</td><td>0%</td></tr>
<tr><td>11</td><td>总的可循环再生百分比(可循环再生包装单元的质量百分比的总和)</td><td>93.75%～95.00%</td><td colspan="3">日期和签名</td></tr>
<tr><td colspan="6">注 1:组件的定义见 3.8。
注 2:预计材料循环再生的流向:铝、玻璃、纸、塑料、铁、木材、其他。当收集、分类和循环再生操作不可行或不成熟时,见 A.3.1 的注释。
注 3:“无”表示无适用的。</td></tr>
</table>

表 D.5　纸杯

序号	包装鉴定(描述)	描述：纸杯		
1	包装单元	组件 1	组件 2	组件 3
2	描述	热水杯	热水杯盖	热水杯套
3	组件占包装单元的质量百分比	66%	17%	17%
4	根据国家、行业、地方、国际的标准或规范，全部组件符合循环再生要求的，给出详细的证明			SB/T 11058
如果组件符合上述标准或规范，填写第 5 条，然后转到第 9 条并注释“100%”。否则，拓展第 5 条				
5	预计材料流向	纸	塑料	纸
组件中的要素在整个循环再生过程中可能引起问题时，推荐采用其他的回收利用方法				
6	易引发收集和分类问题的要素	食物污染	废弃前，杯盖无法与杯子分离；食物污染	无
7	易引发循环再生问题的要素	低密度聚乙烯涂层	塑料树脂、聚苯乙烯，在美国通常不循环再生	食物污染
8	易在循环再生材料中产生负面影响的要素	无	无	无
9	可循环再生组件的质量百分比	0%	0%	100%
10	可循环再生包装单元的质量百分比(可循环再生组件的质量百分比与组件占包装单元的质量百分比的乘积)	0%	0%	17%
11	总的可循环再生百分比(可循环再生包装单元的质量百分比的总和)　17%	日期和签名		

注 1：组件的定义见 3.8。

注 2：预计材料循环再生的流向：铝、玻璃、纸、塑料、铁、木材、其他。当收集、分类和循环再生操作不可行或不成熟时，见 A.3.1 的注释。

注 3：“无”表示无适用的。

表 D.6　带软木塞和铝帽的绿色玻璃酒瓶

序号	包装鉴定(描述)	描述：带软木塞和铝帽的绿色玻璃酒瓶，容量 750 mL		
1	包装单元	组件 1	组件 2	组件 3
2	描述	带丝网印刷标签的玻璃酒瓶	软木塞	铝帽
3	组件占总包装单元的质量百分比	99.1%	0.6%	0.3%
4	根据国家、行业、地方、国际的标准或规范，全部组件符合循环再生要求的，给出详细的证明	SB/T 11108	专用的公共或私人收集方案(比如比利时的小利奇方案)	铝帽的收集方案

表 D.6(续)

<table>
<tr><td>序号</td><td colspan="2">包装鉴定(描述)</td><td colspan="3">描述：带软木塞和铝帽的绿色玻璃酒瓶，容量750 mL</td></tr>
<tr><td colspan="6">如果组件符合上述标准或规范，填写第 5 条，然后转到第 9 条并注释“100%”。否则，拓展第 5 条</td></tr>
<tr><td>5</td><td colspan="2">预计材料流向</td><td>玻璃</td><td>木</td><td>铝</td></tr>
<tr><td colspan="6">组件中的要素在整个循环再生过程中可能引起问题时，推荐采用其他的回收利用方法</td></tr>
<tr><td>6</td><td colspan="2">易引发收集和分类问题的要素</td><td>无</td><td>无</td><td>无</td></tr>
<tr><td>7</td><td colspan="2">易引发循环再生问题的要素</td><td>无</td><td>无</td><td>无</td></tr>
<tr><td>8</td><td colspan="2">易在循环再生材料中产生负面影响的要素</td><td>无</td><td>无</td><td>无</td></tr>
<tr><td>9</td><td colspan="2">可循环再生组件的质量百分比</td><td>100%</td><td>100%</td><td>100%</td></tr>
<tr><td>10</td><td colspan="2">可循环再生包装单元的质量百分比(可循环再生组件的质量百分比与组件占包装单元的质量百分比的乘积)</td><td>99.1%</td><td>0.6%</td><td>0.3%</td></tr>
<tr><td>11</td><td>总的可循环再生百分比(可循环再生包装单元的质量百分比的总和)</td><td>100%</td><td colspan="3">日期和签名</td></tr>
<tr><td colspan="6">注 1：组件的定义见 3.8。
注 2：预计材料循环再生的流向：铝、玻璃、纸、塑料、铁、木材、其他。当收集、分类和循环再生操作不可行或不成熟时，见 A.3.1 的注释。
注 3：“无”表示无适用的。</td></tr>
</table>

参 考 文 献

[1] GB/T 4223 废钢铁

[2] SB/T 11058 废纸分类等级规范

[3] SB/T 11108 废玻璃回收分拣技术规范

[4] SB/T 11149 废塑料回收分选技术规范

[5] ISO/TR 17098:2013 Packaging material recycling—Report on substances and materials which may impede recycling

ICS 77.150.60
J 31

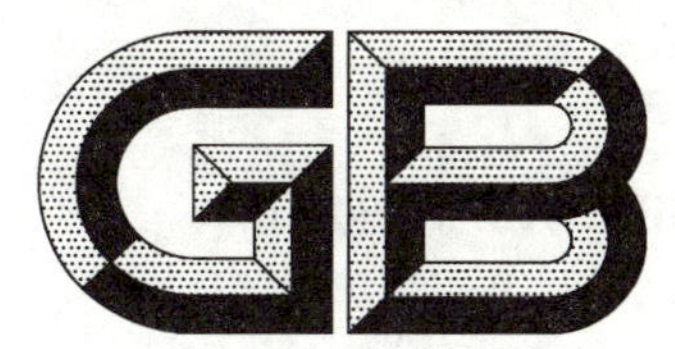

中华人民共和国国家标准

GB/T 16746—2018
代替 GB/T 16746—1997

锌合金铸件

Zinc alloy castings

2018-07-13 发布　　　　2018-08-01 实施

国家市场监督管理总局
中国国家标准化管理委员会　发布

前　言

本标准按照 GB/T 1.1—2009 给出的规则起草。

本标准代替 GB/T 16746—1997《锌合金铸件》,与 GB/T 16746—1997 相比,主要技术内容变化如下:

——修改了铸件分类(见第 3 章,1997 年版第 3 章);

——增加了化学成分要求(见 4.1);

——增加了铸件本体力学性能(见 4.2.2 表 2);

——修改了铸件表面质量(见 4.4,1997 年版 4.1);

——修改了铸件内部质量(见 4.5,1997 年版 4.2);

——修改了铸件焊补(见 4.6,1997 年版第 6 章);

——增加了供应状态(见 4.7);

——增加了试验方法(见第 5 章);

——修改了检验规则(见第 6 章,1997 年版第 5 章)。

本标准由全国铸造标准化技术委员会(SAC/TC 54)提出并归口。

本标准负责起草单位:宁波市鄞州韵盈机械制造有限公司。

本标准参加起草单位:滁州金诺实业有限公司、霍山县忠福机电科技有限公司、贵州省冶金化工研究所、东莞市石碣华丰金属有限公司、国家建筑五金产品质量监督检验中心(广东)、深圳领威科技有限公司、贵州科学院、宁波工程学院。

本标准主要起草人:朱芳成、戴姣燕、马正松、杜忠福、薛涛、吴健、梁焕操、古文全、杜军、罗斌、徐年生、谢达明、文浩、潘玲玲。

本标准所代替标准的历次版本发布情况为:

——GB/T 16746—1997。

锌 合 金 铸 件

1 范围

本标准规定了锌合金铸件的分类、技术要求、试验方法、检验规则以及标志、包装、运输和贮存。

本标准适用于采用砂型铸造和特种铸造工艺(不含压力铸造)生产的锌合金铸件。

2 规范性引用文件

下列文件对于本文件的应用是必不可少的。凡是注日期的引用文件,仅注日期的版本适用于本文件。凡是不注日期的引用文件,其最新版本(包括所有的修改单)适用于本文件。

GB/T 228.1—2010 金属材料 拉伸试验 第1部分:室温试验方法

GB/T 1175 铸造锌合金

GB/T 15056 铸造表面粗糙度 评定方法

HB 6578 铝、镁合金铸件检验用标准参考射线底片

JB/T 7946.3 铸造铝合金金相 第3部分:铸造铝合金针孔

3 铸件分类

铸件分类见表1。

表1 铸件的分类

类别	定义
Ⅰ类	承受重载荷,工作条件复杂,用于关键部位,铸件损坏将危及整机安全运行的重要铸件
Ⅱ类	承受中等载荷,用于重要部位,铸件损坏将影响部件的正常工作,造成事故的铸件
Ⅲ类	承受轻载荷或不承受载荷,用于一般部位的铸件

4 技术要求

4.1 化学成分

铸件化学成分应符合 GB/T 1175 的规定。

4.2 力学性能

4.2.1 铸件的力学性能应符合 GB/T 1175 的规定。

4.2.2 当有特殊要求时,允许本体取样检验铸件力学性能,切取试样的力学性能应符合表2的规定。

表2 铸件本体试样的力学性能

序号	合金牌号	合金代号	铸造方法及状态	Ⅰ类铸件指定部位		Ⅰ类铸件非指定部位、Ⅱ类、Ⅲ类铸件	
				抗拉强度平均值 R_m/MPa min	伸长率平均值 A/% min	抗拉强度平均值 R_m/MPa min	伸长率平均值 A/% min
1	ZZnAl4Cu1Mg	ZA4-1	JF	140(114)	0.3(0.2)	131(105)	0.3(0.2)
2	ZZnAl4Cu3Mg	ZA4-3	SF	176(143)	0.3(0.2)	165(132)	0.3(0.2)
			JF	192(156)	0.5(0.4)	180(144)	0.5(0.4)
3	ZZnAl6Cu1	ZA6-1	SF	144(117)	0.5(0.4)	135(108)	0.5(0.4)
			JF	176(143)	0.8(0.6)	165(132)	0.8(0.6)
4	ZZnAl8Cu1Mg	ZA8-1	SF	200(163)	0.5(0.4)	188(150)	0.5(0.4)
			JF	180(146)	0.5(0.4)	169(135)	0.5(0.4)
5	ZZnAl9Cu2Mg	ZA9-2	SF	220(179)	0.4(0.3)	206(165)	0.4(0.3)
			JF	252(205)	0.8(0.6)	236(189)	0.8(0.6)
6	ZZnAl11Cu1Mg	ZA11-1	SF	224(182)	0.5(0.4)	210(168)	0.5(0.4)
			JF	248(202)	0.5(0.4)	233(186)	0.5(0.4)
7	ZZnAl11Cu5Mg	ZA11-5	SF	220(179)	0.3(0.2)	206(165)	0.3(0.2)
			JF	236(192)	0.5(0.4)	221(177)	0.5(0.4)
8	ZZnAl27Cu2Mg	ZA27-2	SF	320(260)	1.5(1.2)	300(240)	1.5(1.2)
			ST3[a]	248(202)	4(3.2)	233(186)	4(3.2)
			JF	336(273)	0.5(0.4)	315(252)	0.5(0.4)

注：平均值是指铸件上三根试样的算术平均值；括号中的最小值(min)是指三根试样中允许有一根的试验值低于平均值，但不低于括号中的最小值(min)。

[a] ST3 工艺为加热到 320 ℃后保温 3 h，然后随炉冷却。

4.3 尺寸公差

4.3.1 铸件尺寸、尺寸公差应符合图样的要求。

4.3.2 铸件尺寸公差不包括由于拔模斜度而引起的尺寸增减，但应保证铸件的最小极限尺寸。

4.4 表面质量

4.4.1 清除铸件表面夹砂、飞刺等多肉类缺陷，铸件表面可进行喷砂处理，铸件上作为基准用的部位应平整。

4.4.2 铸件不应有冷隔、裂纹、穿透性缺陷及严重的残缺类缺陷(浇不到、未浇满、机械损伤等)的存在。

4.4.3 铸件非加工表面粗糙度由需方在图样中注明。

4.4.4 铸件待加工表面上，允许有经加工可去掉的任何缺陷。

4.4.5 在金属型铸件的非加工表面上，允许存在分型、顶杆、排气塞等痕迹。但凸出表面不应超过 1 mm 或凹下表面不应超过 0.5 mm。

4.4.6 砂型、金属型等铸件的非加工表面和加工表面清理干净后，允许存在下列孔洞：

a) 单个孔洞的最大直径不大于3 mm，深度不超过壁厚的1/3，在安装边上不超过壁厚的1/4，且不大于1.5 mm。在上述缺陷的同一截面的反面对称部位不应有类似的缺陷。在非加工表面上最大直径小于1 mm，在加工表面上最大直径小于0.5 mm的单个孔洞不计。

b) 成组孔洞，对于Ⅰ类、Ⅱ类铸件孔洞最大直径不大于1.5 mm，深度不超壁厚的1/3，且不大于1 mm。对于Ⅲ类铸件，最大孔洞直径不大于2 mm，深度不超过壁厚的1/3，且不大于1.5 mm。

4.4.7 上述缺陷的数量、边距见表3。

表3 表面孔洞限量

允许的最大表面孔洞数									孔洞边距限值
单个孔洞						成组孔洞			孔洞边缘距铸件边缘或距内孔边缘的距离(mm)不小于孔洞最大直径的2倍
在10 cm×10 cm单位面积上孔洞数/个不多于			孔洞边距/mm不小于			以3 cm×3 cm单位面积为一组其孔洞数量/个不多于			
Ⅰ	Ⅱ	Ⅲ	Ⅰ	Ⅱ	Ⅲ	Ⅰ	Ⅱ	Ⅲ	
3	3	5	15	10	10	3	3	3	
注：Ⅰ、Ⅱ、Ⅲ代表铸件的类别。									

4.4.8 超过4.4.6规定的缺陷允许焊补。

4.4.9 Ⅰ类铸件或液压、气压件的砂型、金属型等铸件的加工表面上允许存在2级针孔。局部允许3级针孔，但一般不超过受检面积的25%；Ⅱ类铸件按降1级针孔度验收。

4.4.10 螺纹孔内起始旋入4个牙距之内不应有缺陷，4个牙距之外是否允许有缺陷以及允许缺陷的大小、数量按图样规定。

4.5 内部质量

4.5.1 铸件内部针孔，对于Ⅰ类铸件或液压、气压件应按3级验收，允许局部4级针孔，但一般不应超过受检面积的25%。Ⅱ类铸件按Ⅰ类铸件降1级针孔度验收。

4.5.2 各类铸件内部不应存在裂纹，Ⅰ类铸件指定部位不应存在偏析，各类铸件内部气孔、缩孔、疏松、夹杂物等缺陷不超过表4中所规定的级别。

表4 内部缺陷允许级别

缺陷种类	Ⅰ类铸件指定部位		Ⅰ类铸件非指定部位或Ⅱ类铸件		其他铸件	
	6 mm	19 mm	6 mm	19 mm	6 mm	19 mm
气孔	1	1	2	2	5	5
缩孔	1	—	2	—	3	—
疏松	1	1	2	2	4	3
夹杂物(低密度)	1	1	2	2	4	4
夹杂物(高密度)	1	1	2	1	4	3
注：表中6 mm、19 mm分别代表铸件的壁厚尺寸。						

4.5.3 表4中所述缺陷，系其中一种单独存在时的规定。如两种或两种以上不同类型的缺陷同时存在，其验收方法与需方另行商定。

4.6 铸件焊补

4.6.1 除另有规定外，铸件允许用气焊等方法焊补。

4.6.2 铸件允许的焊区面积及数量见表5。

表5 铸件允许的焊区面积及数量

铸件类型	铸件重量/kg	焊补面积/cm^2 不大于	焊补处数/个 不多于	焊补最大深度/mm
小型件	0～30	10(ϕ36 mm)	3	—
中型件	30～150	10	3	—
		15(ϕ44 mm)	2	—
大型件	150～500	10	4	—
		15	3	—
		20(ϕ50 mm)	2	10
		25(ϕ56 mm)	1	8
特大型件	≥500	10	4	—
		15	4	—
		20	3	10
		25	2	8
注1：焊补面积是扩修后的面积。 注2：焊补面积小于2 cm^2、焊区间距不小于100 mm的焊补不计入焊补数。				

4.6.3 同一处焊补不超过三次。焊区边缘间距(包括反面的焊区)不应小于两相邻焊区直径之和。

4.6.4 焊区不应有裂纹、未焊透、未熔合等内部缺陷。焊区内部所允许的其他缺陷可按表4规定。

4.6.5 焊补后铸件宜进行适当的热处理，热处理后的铸件应重新检验单铸试样或附铸试样的力学性能。

4.7 供应状态

铸件按GB/T 1175的规定，呈铸态或热处理状态供应。铸件的供应状态，由需方在图样中规定。

5 试验方法

5.1 化学成分

化学成分的检验按GB/T 1175的规定执行。

5.2 力学性能

力学性能的检验方法应符合GB/T 228.1—2010的规定。

5.3 几何尺寸公差

几何尺寸用专用量具或通用量具测量。

5.4 表面质量

5.4.1 按 4.4.1 要求，铸件经清理干净、平整后，检验其形状、表面粗糙度、表面缺陷等。铸件用目视（或用 10 倍以下的放大镜）及适当的量具、仪器或试验方法检验其表面质量。

5.4.2 铸件加工表面针孔度评级按 JB/T 7946.3 的规定执行。

5.4.3 铸件非加工表面的粗糙度评级按 GB/T 15056 的规定执行。

5.5 内部质量

5.5.1 铸件内部针孔、气孔、疏松等缺陷评级按 HB 6578 的规定执行。

5.5.2 铸件按图样要求进行 X 射线、工业 CT 检验其内在质量。

5.6 铸件焊补

5.6.1 铸件焊补后，用肉眼（可借助放大镜）检查其表面焊补质量，检查面积不小于焊补面积的 2 倍。

5.6.2 铸件焊补后应对焊区内部进行无损检测，缺陷按照 HB 6578 进行判定。检测面积不小于焊补面积的 2 倍。Ⅰ类铸件焊补部位全部检查，Ⅱ类铸件焊补后，依据需方的要求按一定比例抽检。

6 检验规则

6.1 组批

同一熔炼炉次，同一热处理炉次的相同产品为一批。

6.2 检验项目

检验项目见表 6。

表 6 各类铸件检验项目

铸件类别	合金			铸件												
	化学成分	抗拉强度、延伸率	布氏硬度	表面粗糙度	表面缺陷	形状公差	尺寸公差	显微组织	重量偏差	X 射线检测	工业 CT 检验	荧光检测	渗漏试验	其他性能	抗拉强度、延伸率	布氏硬度
Ⅰ	▲	▲[a]	▲[a]	●	▲	▲	▲	●	●	▲	●	▲	●	●	▲[a]	▲[a]
Ⅱ	▲	▲	▲	●	●	▲	▲	—	●	●	●		●	●	—	●
Ⅲ	▲	●	●[a]	—	●	▲	▲	—	—	●	●		—	●	—	●[a]

注：▲为必检项目，●为仅当需方要求时才进行检验的项目，—为不检验的项目。

[a] 铸件本体性能如已检验，则单铸试样性能就不必再检验。

6.3 化学成分

6.3.1 化学成分分析所取试样应按 GB/T 1175 的规定执行。

6.3.2 当用多个炉次的熔融金属浇注一个铸件时，每一炉次都要检验化学成分。

6.4 力学性能

6.4.1 Ⅰ类铸件除用单铸试样(或附铸试样)检验力学性能外,还应按一定比例,从铸件的指定部位和非指定部位切取试样检验力学性能。被解剖取样的铸件应是该熔炼炉(批)次中浇注的全部铸件中间(时间)浇注的那一件(或几件)。

6.4.2 切取试样检验力学性能的数量见表7。

表7 铸件取样数量

铸件类型		铸件取样抽检数量比/%
铸件单件重量/kg	小型件>10～30	2
	中型件>30～150	3
	大型件>150～500	5
	特大型件>500	自定

6.4.3 切取试样的部位由需方在图样中规定。无明确规定时,由铸件供方自行确定。

6.4.4 切取试样选用GB/T 228.1—2010中直径不小于6 mm的短试样。当不能切取圆试样时,允许按专用标准切取板型试样。

6.4.5 对小于10 kg或不便于切取拉伸试样的铸件可按表8检验铸件的硬度。

表8 小型件硬度检验数量

铸件重量		抽检铸件的数量比/%
铸件单件重量/kg	≤0.5	2
	>0.5～5	5
	>5～10	10
	>10	20

6.4.6 Ⅱ、Ⅲ类铸件用单铸试样或附铸试样检验力学性能。如复验仍不合格,则从该批次中有代表性的铸件上切取试样检验力学性能。如不合格,则该批次全部铸件与需方协商处理。

6.4.7 从铸件本体上切取试样,每个取样部位一般应切取两根试样。

6.4.8 当被抽检的铸件本体取样力学性能不合格时(不论试样上是否存在铸造缺陷),可加倍抽检铸件重新取样,检验力学性能。如果加倍抽检的结果都合格、则该炉(批)铸件力学性能合格,否则不合格。

6.4.9 当有硬度要求时,按GB/T 1175的规定执行。应在同一批次铸件中抽检硬度。如不合格,抽检数量加倍。加倍抽检的铸件硬度都合格,则该批铸件硬度合格,否则不合格。

6.5 表面质量

铸件表面质量应逐件100%目测检验。

6.6 内部质量

6.6.1 铸件内部缺陷按图样规定进行X射线检测。当铸件按一定比例进行X射线检测抽检时,应按每熔炼炉次所浇注的铸件计数、计算探伤数量。

6.6.2 按要求进行抽检。当X射线检测抽检不合格时,应取双倍试样或铸件进行复验。如仍不合格,应逐件检验全部铸件。

7 标志、包装、运输和贮存

7.1 标志

7.1.1 铸件应在图样指定部位标注合金代号、熔炼炉号等。标记应清晰可见，可追溯。

7.1.2 铸件应附有质量证明书，质量证明书包含如下内容：

a) 供方单位名称；
b) 标准的编号及名称；
c) 铸件名称和合金牌号(代号)；
d) 化学成分分析结果、力学性能检测结果和其他检验项目的检测结果；
e) 炉批号；
f) 数量(件数)、铸件批号；
g) 出厂日期；
h) 检验合格印记。

7.2 包装、运输和贮存

铸件的包装应保证在运输和存放期间无机械损伤和锈蚀。

ICS 23.020.30
J 74

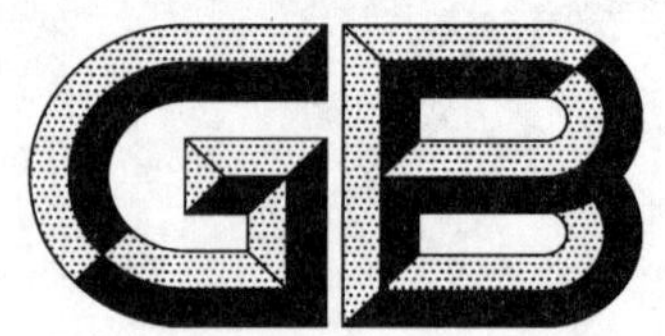

中华人民共和国国家标准

GB/T 16749—2018
代替 GB/T 16749—1997

压力容器波形膨胀节

Bellows expansion joints for pressure vessel

2018-09-17 发布　　2019-04-01 实施

国家市场监督管理总局
中国国家标准化管理委员会　发布

前　言

本标准按照 GB/T 1.1—2009 给出的规则起草。

本标准代替 GB/T 16749—1997《压力容器波形膨胀节》。与 GB/T 16749—1997 相比，除编辑性修改外主要技术变化如下：

a) 扩大了标准的适用范围：
——通过引用标准的方式，纳入有色金属材料波形膨胀节(见第 2 章、4.1.2、6.2.1 和 6.2.4)；
——增加了波形膨胀节波形与结构，提高了设计参数，扩大了标准的适用范围(见 1.2 和 5.1，1997 年版 1.2，1.3 和 4.1.1)。

b) 修订或增加了波形膨胀节设计计算和厚度限制的规定：
——修订了无加强 U 形单层或多层波纹管及带直边波形膨胀节的设计计算(见第 7 章，1997 年版第 6 章)；
——增加了加强 U 形、Ω 形单层或多层波纹管设计计算(见第 7 章)；
——增加了波形膨胀节焊接接头分类、焊接接头高温强度降低系数(见 4.3.1 和 4.3.3)；
——增加了由波纹管几何形状对轴向位移(轴向拉伸或轴向压缩)限制的规定(见 7.8.1)；
——增加了压力容器波形膨胀节的波形结构及厚度范围要求(见 5.1 和 7.2.1)。

c) 修订了波形膨胀节制造、检测与验收要求：
——提出波形膨胀节通用要求，明确选材、焊接、无损检测的基本要求(见第 6 章、8.2、8.5.1 和 8.5.2，1997 年版第 5 章、7.2、7.5.1.1 和 7.5.1.2)；
——修订了 U 形波的尺寸公差；增加了 Ω 波的尺寸公差；针对不同的焊接接头提出焊接、无损检测方法、无损检测比例、合格级别及波纹管热处理规定(见 8.7、8.5.3、8.5.4、8.5.5、8.5.6 和 8.3，1997 年版 7.5.2、7.5.3、7.5.4 和 7.3)；
——修订了波纹管厚度成形减薄量的规定(见 4.4 和 8.7.1.1，1997 年版 3.3)；
——在原标准无损检测胶片感光(RT)的基础上，增加了 X 射线计算机辅助成像检测(见 8.5.3 和 8.5.5.1)；
——增加了波纹管与端管(或设备壳体)连接方式(见 4.3.1.3)。

d) 增加了术语和定义、修订了用户、设计、制造等各方的资格与职责要求(见第 3 章、4.2.1 和 4.2.2，1997 年版 3.1)。

e) 修订了波纹管型式与膨胀节标记(见 5.2，1997 年版 4.2.2)。

f) 修订了附录内容：
——将附录 A 内容修改为：波纹管波形参数(见附录 A，1997 年版附录 A)；
——删除原标准附录 B(见 1997 年版附录 B)；
——增加了波纹管常用材料及近似对照内容(见附录 B)。

本标准由全国锅炉压力容器标准化技术委员会(SAC/TC 262)提出并归口。

本标准起草单位：合肥通用机械研究院有限公司、中国特种设备检测研究院、中国石化工程建设有限公司、中国寰球工程公司、浙江工业大学、南京晨光东螺波纹管有限公司、南京三邦新材料科技有限公司、秦皇岛市泰德管业科技有限公司、石家庄巨力科技有限公司。

本标准主要起草人：蔡善祥、寿比南、朱国栋、崔军、郭鹏举、陈朝晖、徐小龙、邢宪宁、卢志明、朱金花、陈立苏、黄文凌、周景蓉、陈四平、朱惠红。

本标准所代替标准的历次版本发布情况为：

——GB 150—1989；

——GB/T 16749—1997。

压力容器波形膨胀节

1 范围

1.1 本标准规定了压力容器波形膨胀节(以下简称波形膨胀节)的术语和定义、通用要求、分类和标记、材料、设计、制造、检验与验收、检验规则、出厂要求、贮存与安装。

1.2 本标准规定的压力容器波形膨胀节适用于:

a) 压力容器用无加强U形、加强U形或Ω形,承受内压或外压的单层或多层波形膨胀节,其中波纹管符合7.2.1的规定。

b) 设计压力不大于12 MPa。

c) 设计温度适用以下条件:

1) 钢材不超过GB/T 150.2—2011列入材料的允许使用温度范围;

2) 其他金属材料按相应引用标准中列入材料的允许使用温度确定。

d) 公称直径不大于4 000 mm。

e) 设计压力(MPa)与公称直径(mm)的乘积不大于2.7×10^4。

1.3 超出1.2所述范围的波形膨胀节,可参照本标准进行制造。

1.4 本标准不适用于下列波形膨胀节:

a) 直接火焰加热用波形膨胀节;

b) 非金属波形膨胀节;

c) 核能装置中存在中子辐射损伤失效风险的波形膨胀节。

2 规范性引用文件

下列文件对于本文件的应用是必不可少的。凡是注日期的引用文件,仅注日期的版本适用于本文件。凡是不注日期的引用文件,其最新版本(包括所有的修改单)适用于本文件。

GB/T 150—2011(所有部分) 压力容器

GB/T 713 锅炉和压力容器用钢板

GB/T 985.1 气焊、焊条电弧焊、气体保护焊和高能束焊的推荐坡口

GB/T 985.2 埋弧焊的推荐坡口

GB/T 1800.1—2009 产品几何技术规范(GPS) 极限与配合 第1部分:公差、偏差和配合的基础

GB/T 1800.2—2009 产品几何技术规范(GPS) 极限与配合 第2部分:标准公差等级和孔、轴极限偏差表

GB/T 3098.1 紧固件机械性能 螺栓、螺钉和螺柱

GB/T 3098.2 紧固件机械性能 螺母

GB/T 3098.6 紧固件机械性能 不锈钢螺栓、螺钉和螺柱

GB/T 3274 碳素结构钢和低合金结构钢热轧钢板和钢带

GB/T 3280 不锈钢冷轧钢板和钢带

GB/T 3621 钛及钛合金板材

GB/T 3880(所有部分) 一般工业用铝及铝合金板、带材

GB/T 5310　高压锅炉用无缝钢管
GB/T 6479　高压化肥设备用无缝钢管
GB/T 8163　输送流体用无缝钢管
GB/T 9948　石油裂化用无缝钢管
GB/T 14976　流体输送用不锈钢无缝钢管
GB/T 24511　承压设备用不锈钢和耐热钢钢板和钢带
NB/T 47011　锆制压力容器
NB/T 47013.2　承压设备无损检测　第2部分:射线检测
NB/T 47013.3　承压设备无损检测　第3部分:超声检测
NB/T 47013.4　承压设备无损检测　第4部分:磁粉检测
NB/T 47013.5　承压设备无损检测　第5部分:渗透检测
NB/T 47014　承压设备焊接工艺评定
JB/T 4711　压力容器涂敷与运输包装
JB/T 4734　铝制焊接容器
JB/T 4745　钛制焊接容器
JB/T 4756　镍及镍合金制压力容器
YB/T 5353　耐蚀合金热轧板
YB/T 5354　耐蚀合金冷轧板
TSG 21—2016　固定式压力容器安全技术监察规程

3　术语和定义

GB/T 150—2011界定的以及下列术语和定义适用于本文件。

3.1

公称直径　nominal diameter

DN

以容器圆筒直径表示,分内、外径两个系列。由字母DN和无因次整数数字组成,代表波纹管的规格。

注1:卷制、锻制端管(圆筒),以内径(mm)作为波纹管的公称直径。

注2:管材制端管(圆筒),以外径(mm)作为波纹管的公称直径。

3.2

波纹管　bellows

波形膨胀节的柔性元件,由一个或数个相同的波纹和端部直边段构成。

3.3

波纹　convolution

波纹管的最小柔性单元。

3.4

端部直边段　endtangents

波纹管端部无波纹部分,即未起波的直筒。

3.5

膨胀节　expansionjoints

含有一个波纹管,用于吸收热胀冷缩等原因引起的设备(或管道)等尺寸变化的承压装置。

3.6

加强件　reinforcementpiece

用于加强U形和Ω形波纹管,增强波纹管耐压能力的部件。

注:加强件包括加强环(3.7)和均衡环(3.8)。

3.7

加强环　reinforcement rings

安装在波纹管波纹根部,与波谷型面吻合的部件,使用管材或棒材制造,增强波纹管耐压能力。

3.8

均衡环　equalizing rings

呈"T"形截面,位于波纹管波谷(峰)均匀各波纹轴向位移的部件。

3.9

套箍　collars

用于加强波纹管直边段的筒或环以及直边与波谷型面吻合的筒或环,增强直边段或波纹耐压能力。

3.10

辅助套箍　assisting collars

为便于焊接而设置在直边段上的环。

3.11

内衬筒　sleeves

用于保持介质流动平稳和减小波纹管内壁与介质摩擦的衬筒。

3.12

成形态　as-formed condition

波纹管成形后未经固溶或退火处理、有冷作硬化的状态。

3.13

热处理态　heat-treated condition

波纹管成形后经固溶或退火处理、无冷作硬化的状态。

3.14

中性位置　neutral position

波纹管自由状态,位移为零的位置。

4　通用要求

4.1　通则

4.1.1　压力容器波形膨胀节的设计、制造、检验和验收除符合本标准规定外,还应遵守国家颁布的有关法律、法规和安全技术规范。

4.1.2　采用铝、钛、镍及镍合金、锆等其他金属制压力容器波形膨胀节,其设计、制造、检验和验收除符合4.1.1的规定外,还应分别满足JB/T 4734、JB/T 4745、JB/T 4756、NB/T 47011的相应要求。

4.1.3　波形膨胀节设计、制造单位应建立健全质量管理体系并有效运行。

4.1.4　TSG 21—2016管辖范围内的波形膨胀节,其制造应接受特种设备安全监察机构的监察。

4.1.5　对不能按照本标准及相应引用标准进行设计计算的波形膨胀节可按GB/T 150.1—2011中4.1.6规定的方法进行设计。

4.2　资格与职责

4.2.1　资格

属于TSG 21—2016管辖范围内的波形膨胀节,其制造单位和人员应具有下列资格:

a)　波形膨胀节制造单位应持有相应的特种设备制造许可证。依据TSG 21—2016要求建立膨胀节质量保证体系和管理制度并且有效运行,制造单位及其主要负责人应对压力容器波形膨胀节的制造质量负责。

b) 波形膨胀节的焊接作业人员(简称焊工)应根据 TSG 21—2016 规定,取得质量技术监督部门颁发的相应项目的《特种设备作业人员证》后,方能在有效期间内担任合格项目范围内的焊接工作。

c) 波形膨胀节的无损检测人员应根据 TSG 21—2016 规定,取得质量技术监督部门颁发的相应资格证书后,方能承担与资格证书的种类和技术等级相对应的无损检测工作。

4.2.2 职责

4.2.2.1 用户或设计委托方的职责

波形膨胀节的用户或设计委托方应以正式书面形式向设计单位提出波形膨胀节设计条件。设计条件至少包括以下内容:

a) 波形膨胀节设计依据的主要标准、规范及设计参数(包括设计压力、设计温度、公称直径、设计位移及材质要求);

b) 波形膨胀节操作参数(包括工作压力、工作温度、介质组分及特性、工作位移及操作疲劳次数);

c) 设计需要的其他条件。

4.2.2.2 设计单位(部门)职责

设计单位(部门)的职责应符合下列规定:

a) 设计单位(或部门)及主要负责人应对波形膨胀节的设计质量负责,对设计文件的完整性和正确性负责;

b) 波形膨胀节的设计文件至少应包括设计计算书、设计图样、制造技术条件(包括检验和试验要求),必要时还应包括安装与使用维修说明;

c) 设计单位(或部门)应考虑波形膨胀节使用过程中可能出现的失效模式,提出采取防止失效的措施,必要时向用户出具风险评估报告(相关标准或设计委托方要求时);

d) 设计单位(或部门)应在波形膨胀节设计使用年限内保存全部设计文件。

4.2.2.3 制造单位职责

制造单位的职责应符合下列规定:

a) 应按设计文件的要求进行制造,如需要对原设计进行修改,应取得原设计单位同意修改的书面文件,并对改动部位作出详细记载;

b) 制造前应制定完善的质量计划,其内容至少包括制造工艺控制点、检验项目和合格指标;

c) 对于设计单位(或部门)出具的波形膨胀节风险评估报告中提出可能的失效模式与防止措施应在产品质量证明文件中予以体现;

d) 制造单位的质量检查部门在波形膨胀节制造过程中和完工后,应按本标准、图样要求和质量计划的规定对波形膨胀节进行各项检验和试验,出具相应报告,并对报告的正确性和完整性负责;

e) 每台波形膨胀节产品在设计使用年限内至少保存下列技术文件备查:

    1) 质量计划;

    2) 制造工艺图或制造工艺卡;

    3) 产品质量证明文件;

    4) 材料质量证明文件及材料表;

    5) 焊接工艺和热处理工艺文件;

    6) 制造过程中及完工后的检查、检验、试验记录;

7） 膨胀节原设计图和竣工图。

4.3 焊接接头分类与焊接接头系数

4.3.1 焊接接头分类

4.3.1.1 膨胀节受压元件之间的焊接接头分为 A、B、C、D 四类，如图 1 所示。焊接接头分类如下所示：

a） 波纹管纵向对接接头、端管（包括套箍及加强件）纵向对接接头、分瓣压制所有纵向拼接接头，均属 A 类焊接接头；

b） 波纹管与端管（或设备壳体）的环向对接接头（塞焊对接接头、端部熔焊对接接头、波纹管直边段内插/外套的坡口对接接头）（见表 1 中焊接类型 3、类型 4、类型 5），波纹管与波纹管连接的环向对接接头、端管与设备壳体环向对接接头，均属 B 类焊接接头；

c） 波纹管直边段与端管（或设备壳体）内插/外套的角向接头，套箍、加强件与波纹管或端管（或设备壳体）连接的角向接头（见表 1 中焊接类型 1、2），法兰与端管（或设备壳体）连接的接头，均属 C 类焊接接头；

d） 凸缘与波纹管、端管与封头连接的接头，均属 D 类焊接接头。

4.3.1.2 非受压元件与受压元件的焊接接头为 E 类焊接接头，如图 1 所示。

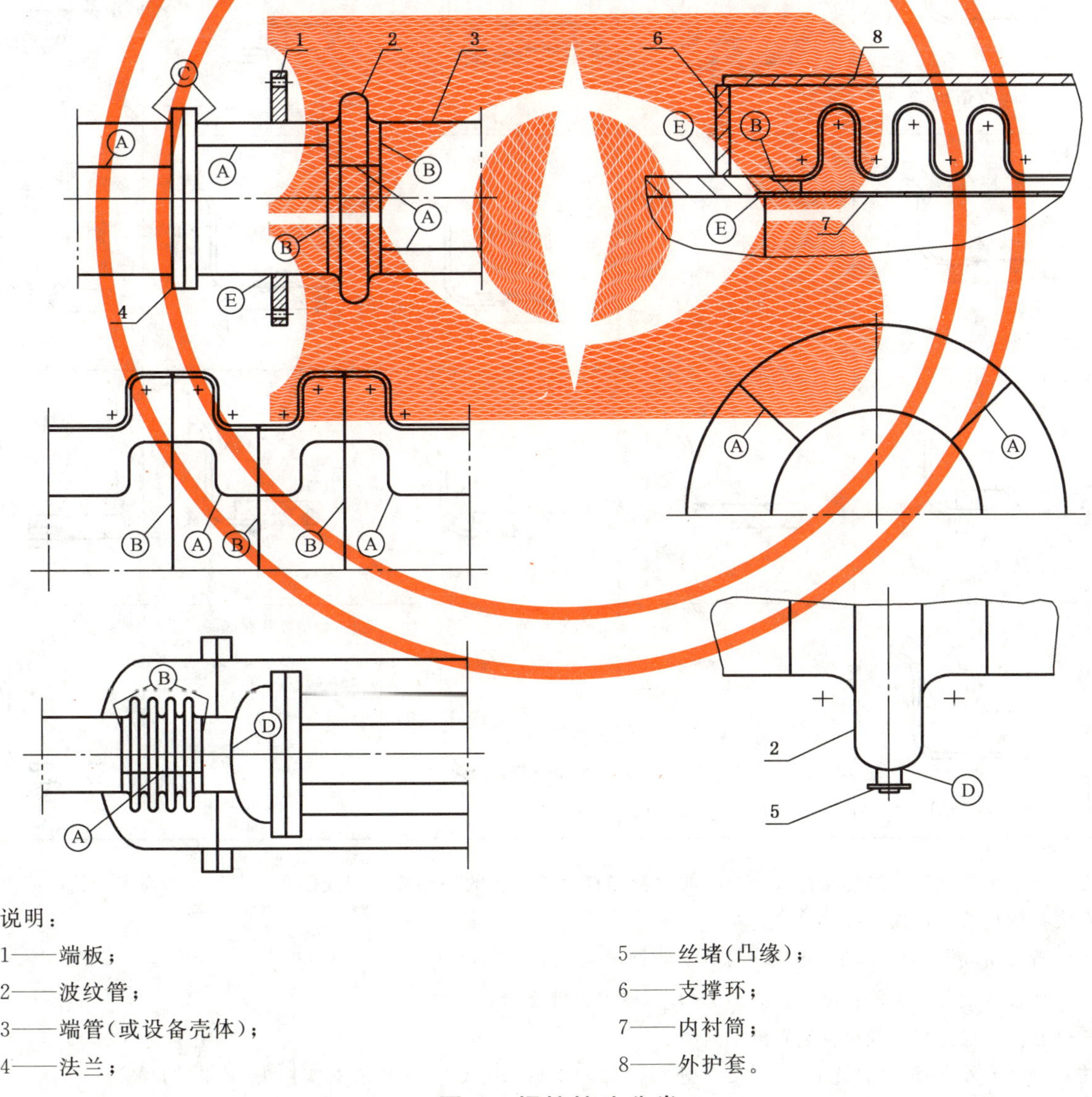

说明：

1——端板；
2——波纹管；
3——端管（或设备壳体）；
4——法兰；
5——丝堵（凸缘）；
6——支撑环；
7——内衬筒；
8——外护套。

图 1 焊接接头分类

4.3.1.3 波纹管直边与端管(或设备壳体)连接方式与焊接接头,见表1。

表1 波纹管直边与端管(或设备壳体)连接焊缝

序号	焊接类型	变化形式(允许A～D组合)			
	通常设计	波根加强	套箍	辅助套箍	
		A	B	C(单个)	D(两个)
1	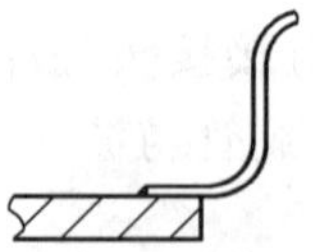 外套/角焊缝	—	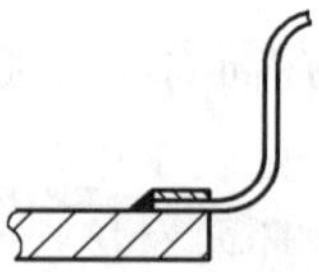	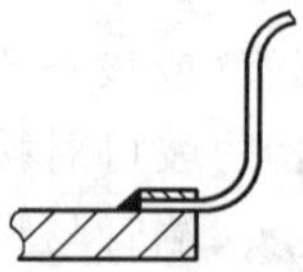	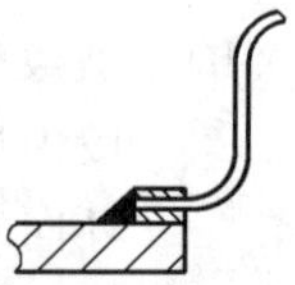
2	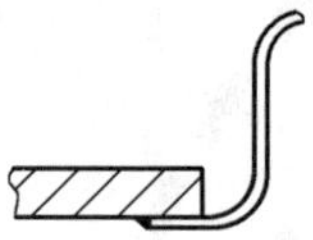 内插/角焊缝	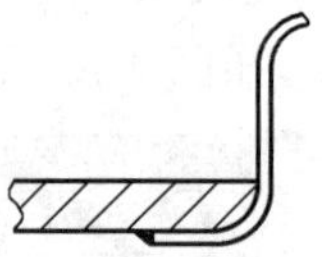	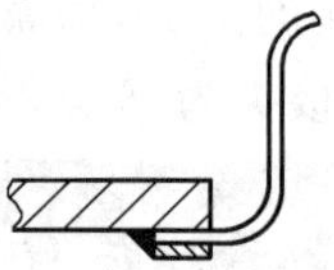	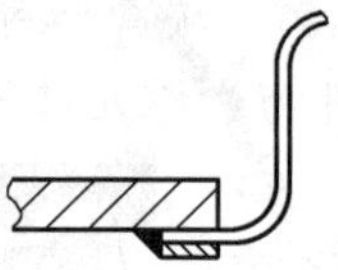	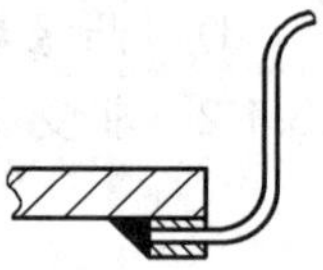
3	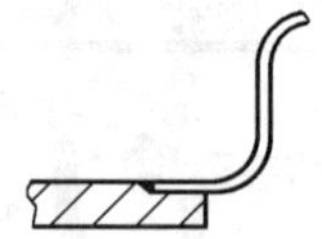 外套/坡口焊缝	—	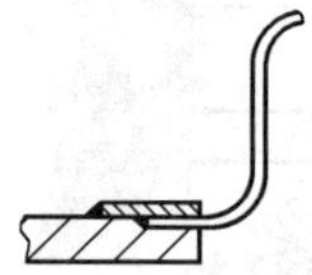	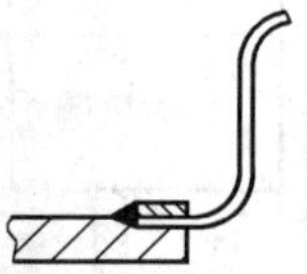	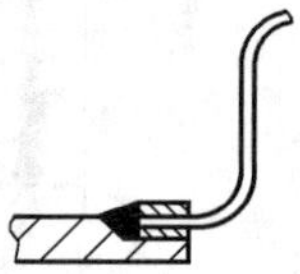
4	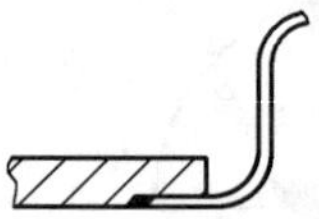 内插/坡口焊缝	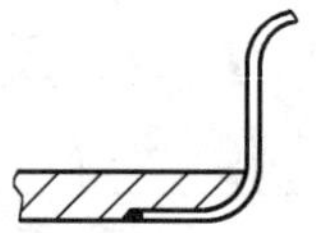	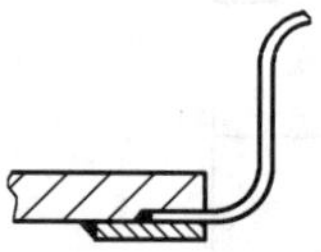	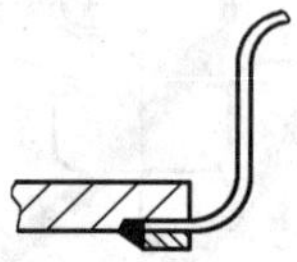	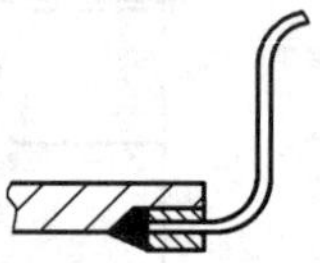
5	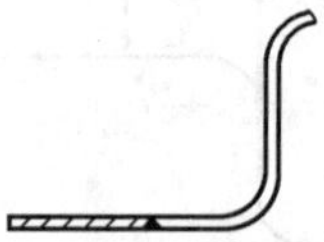 对接焊缝	—	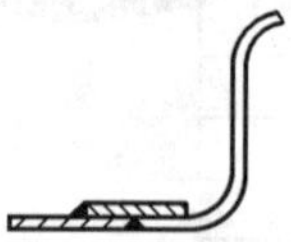	—	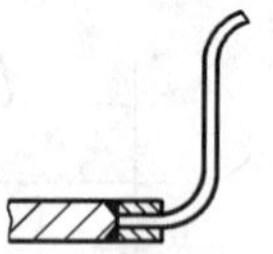

在波纹管承压侧反面的连接件及套箍与波纹管和直边段接触的一侧应倒圆或倒角。

有套箍的波纹管连接焊缝应符合:

——若是角焊缝,焊缝高度"a"应当符合公式:$a \geqslant 0.7nt$;

——如果波纹管直边段长度 $L_t \geqslant 0.5\sqrt{ntD_b}$,建议设置套箍;

——套箍应通过焊接或机械装置沿轴向固定。

注:内插(或外套)坡口焊缝节点(焊接类型3、类型4)参见GB/T 3375 锁底对接接头(V形坡口)。

4.3.2 焊接接头系数

4.3.2.1 焊接接头系数 ϕ 应根据对接接头的焊缝形式及无损检测的长度比例确定。下标 b、c、f、p 和 r 分别表示波纹管、套箍、紧固件、管子和加强件材料；

4.3.2.2 钢制压力容器膨胀节焊接接头系数按表 2 选取。

表 2 焊接接头系数 ϕ

焊接接头形式		全部无损检测	局部无损检测
双面焊对接接头和相当于双面焊的全焊透对接接头		1.0	0.85
单面焊对接接头	沿焊缝根部全长无垫板	—	0.70

4.3.2.3 铝、钛、镍、锆及其合金等有色金属的焊接接头系数按 JB/T 4734、JB/T 4745、JB/T 4756、NB/T 47011 的相关规定。

4.3.3 焊接接头高温强度降低系数

4.3.3.1 适用范围

焊接接头高温强度降低系数 w 适用于设计温度≥510 ℃，由于在内压等持续性载荷长期作用下，其焊接接头高温强度低于母材强度，因此在第 7 章设计计算中，对承受内压的波纹管、加强件等引起的周向薄膜应力应满足许用应力$[\sigma]^t$ 与纵向焊接接头系数 ϕ 乘积 $\phi[\sigma]^t$，还应乘以焊接接头高温强度降低系数 w，即 $\phi[\sigma]^t w$。

4.3.3.2 w 选用规定

w 选用按下列规定：

a) 焊接接头高温强度降低系数 w，见表 3；

b) 对表 3 以外的材料，设计温度不高于 510 ℃时，取 $w=1$；设计温度为 815 ℃时，取 $w=0.5$；中间温度数值采用差值法计算 w；设计温度高于 815 ℃时，由设计者确定 w；

c) 符合下列条件之一者，可不计焊接接头高温强度降低系数 w：

   1) 蠕变温度以下，对于 CrMo 钢、强韧型铁素体耐热钢、300 系列奥氏体不锈钢、800 镍基合金和 600 镍基合金焊接接头长期工作强度不低于母材强度；

   2) 各级温度下波纹管材料的许用应力、屈服强度、抗拉强度下限值符合 TSG 21—2016、GB/T 150—2011 及相应材料标准规定；材料设计温度范围不超过钢材允许使用温度；

   3) 波纹管焊接接头属全焊透结构，焊接材料满足焊材标准和本标准的要求，且保证焊缝金属拉伸性能、冲击性能或其他性能不低于母材标准规定的下限值，且符合 TSG 21—2016、GB/T 150—2011 规定；

   4) 设计压力和设计温度波动值不超过设计范围。

表 3 焊接接头高温强度降低系数 w

材料	温度/℃														
	427	454	482	510	538	566	593	621	649	677	704	732	760	788	816
CrMo 钢[a~c]	1	0.95	0.91	0.86	0.82	0.77	0.73	0.68	0.64	—	—	—	—	—	—
CSEF(N+T)[c~e]	—	—	—	1	0.95	0.91	0.86	0.82	0.77	—	—	—	—	—	—
CSEF[c,d](PWHT)	—	—	1	0.5	0.5	0.5	0.5	0.5	0.5	—	—	—	—	—	—
无填充金属的300系列奥氏体不锈钢及800镍基合金和600镍基合金自熔焊[f]	—	—	—	1	1	1	1	1	1	1	1	1	1	1	1
带填充金属的300系列奥氏体不锈钢及800镍基合金	—	—	—	1	0.95	0.91	0.86	0.82	0.77	0.73	0.68	0.64	0.59	0.55	0.5

本表所列温度仅用于相应材料焊接接头高温强度降低系数 w,材料的使用温度上限按 GB/T 150.2—2011 相应材料标准的规定。

[a] CrMo 钢包括:0.5Cr-0.5Mo,1Cr-0.5Mo,1.25Cr-0.5Mo,2.25Cr-1Mo,3Cr-1Mo,5Cr-0.5Mo,9Cr-1Mo。

[b] 电熔焊结构不准许用于 454 ℃以上的 C-0.5Mo 钢。

[c] 焊缝填充金属的碳含量≥0.05%。埋弧焊焊剂的碱度≥1.0。

[d] CSEF(强韧型铁素体耐热钢):Creep Strength Enhanced Ferritic。通过析出强化和细晶化提高蠕变断裂强度的铬钼铁素体钢。

[e] N+T:焊后正火+回火。

[f] 无填充金属的自熔焊。焊后应进行固溶退火处理。

4.4 厚度附加量

厚度附加量按式(1)计算:

$$C = C_1 + C_2 + C_3 \qquad \cdots\cdots(1)$$

式中:

C ——厚度附加量,单位为毫米(mm)。

C_1——钢板或钢管的厚度负偏差,按相应钢板或钢管标准选取,单位为毫米(mm);当采用限定钢板厚度负偏差值时,波纹管设计计算应将此限定值计入钢板的厚度负偏差 C_1 中。

C_2——腐蚀裕量,单位为毫米(mm)。

波纹管材料腐蚀裕量由设计单位根据设计条件、介质特性和相关标准确定。若设计文件无明确规定,按下列要求取值:

a) 介质为压缩空气、水蒸气、碳素钢或低合金钢材料,取 $C_2=1$ mm;当 $C_2>1$ mm 时应选用奥氏体不锈钢(当不宜采用不锈钢材质时,选用其他耐蚀材料)。

b) 对有均匀腐蚀的介质,根据预期使用年限和介质对金属材料的腐蚀速率(或磨蚀速率)确定腐蚀裕量。若无明确规定,介质腐蚀性极微时,对于奥氏体不锈钢、镍及镍合金等耐蚀材料,取 $C_2=0$ mm。

c) 对碳素钢或低合金钢材料波纹管，内压应力计算其厚度不包括腐蚀裕量 C_2，位移应力计算其厚度包括腐蚀裕量 C_2。

C_3——厚度成形减薄量，单位为毫米(mm)。

波纹管厚度成形减薄量应符合式(33)要求。波纹管成形后的一层材料名义厚度按式(33)计算。

5 结构、分类与标记

5.1 膨胀节波形与结构名称

波形与结构名称(见图2、图3、图4)。波形参数参见附录A。

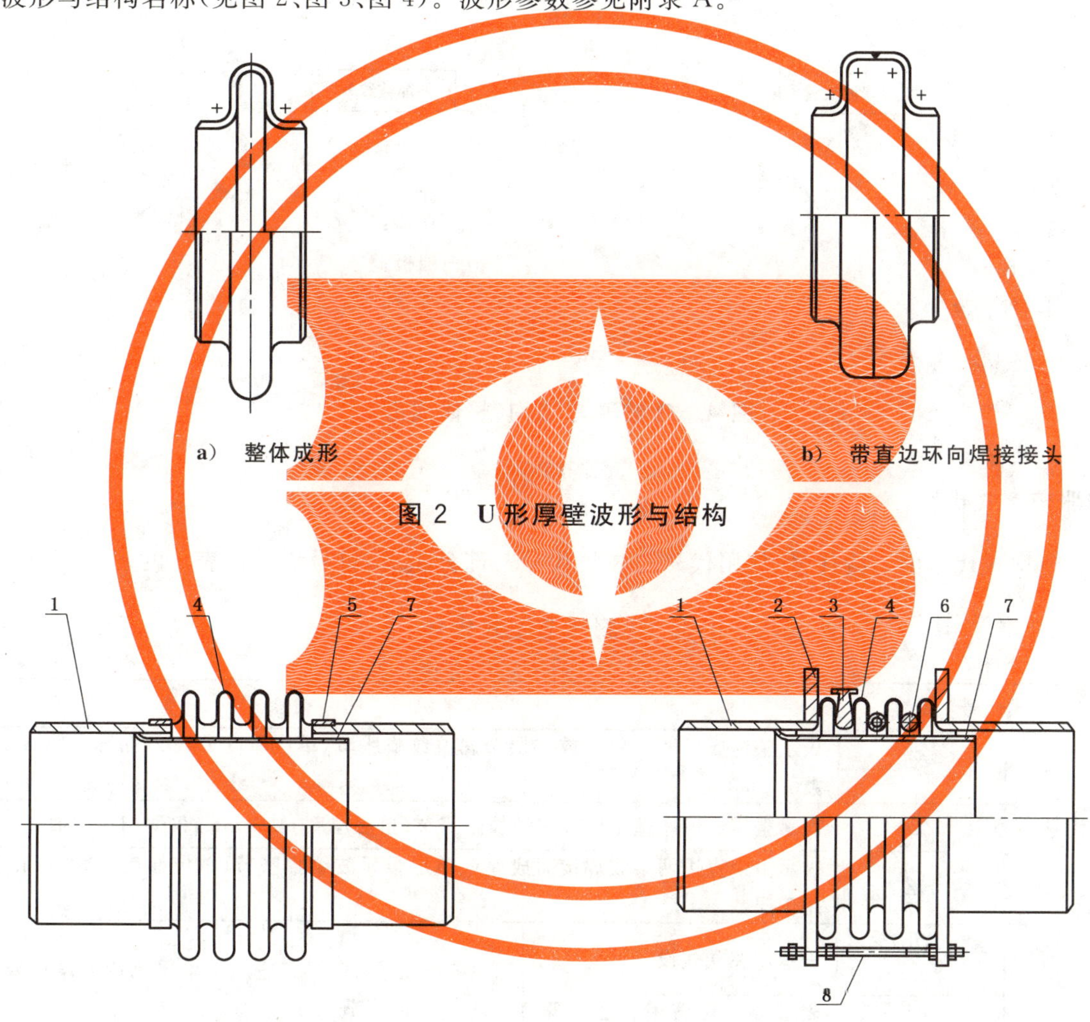

a) 整体成形　　　b) 带直边环向焊接接头

图2 U形厚壁波形与结构

a) 无加强U形薄壁波形与结构　　　b) 加强环或均衡环薄壁波形与结构

说明：

1——端板；

2——均衡环(端部)；

3——均衡环；

4——波纹管；

5——套箍；

6——加强环；

7——内衬筒；

8——装运杆。

图3 U形薄壁波形与结构(整体成形)

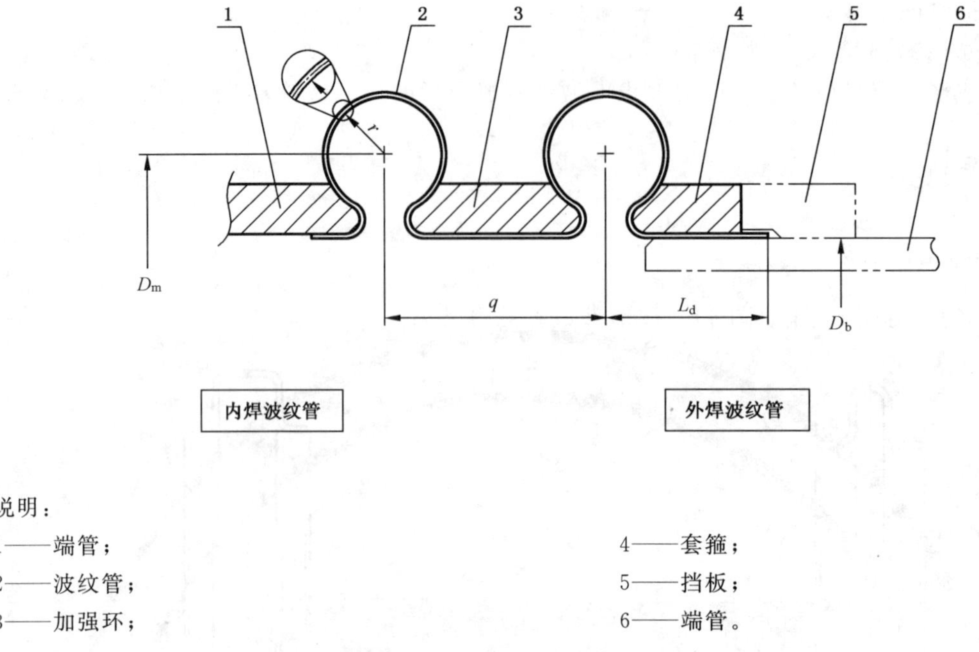

说明：

1——端管；
2——波纹管；
3——加强环；
4——套箍；
5——挡板；
6——端管。

图 4 Ω 波形与结构(整体成形)

5.2 膨胀节型式代号

膨胀节型式代号由结构代号、使用代号与波纹代号三部分组成，符号说明按表 4 的规定。

表 4 膨胀节型式代号

<table>
<tr><td colspan="2">型式代号</td><td colspan="2">说　明</td></tr>
<tr><td rowspan="3">结构代号</td><td>ZX</td><td colspan="2">表示整体成形薄壁单层或多层金属波纹膨胀节(单层厚度 $t=0.5$ mm～3.0 mm，层数 $n\leqslant 5$)</td></tr>
<tr><td>ZD</td><td colspan="2">表示整体成形厚壁单层金属波纹膨胀节(单层厚度 $t\geqslant 3$ mm，仅适用于层数 $n=1$)</td></tr>
<tr><td>HZ</td><td colspan="2">表示由带直边两半波焊接而成厚壁单层金属波纹膨胀节(单层厚度 $t\geqslant 3$ mm，仅适用于层数 $n=1$)</td></tr>
<tr><td rowspan="4">使用代号</td><td>L(Ⅱ)
(Ⅲ)</td><td>表示用在立式设备上</td><td rowspan="4">Ⅰ型——表示带丝堵，适用于单层无疲劳设计要求的膨胀节。
Ⅱ型——表示无丝堵，适用于单层或多层有疲劳设计要求的膨胀节。
Ⅲ型——表示无丝堵，适用于带直边单层无疲劳设计要求的膨胀节</td></tr>
<tr><td>LC(Ⅱ)
(Ⅲ)</td><td>表示带内衬筒用在立式设备上</td></tr>
<tr><td>W(Ⅰ)
(Ⅱ)</td><td>表示用在卧式设备上</td></tr>
<tr><td>WC(Ⅰ)
(Ⅱ)</td><td>表示带内衬筒用在卧式设备上</td></tr>
<tr><td rowspan="4">波纹代号</td><td>波纹名称</td><td>波纹代号</td><td>结构代号</td></tr>
<tr><td>无加强 U 形</td><td>U</td><td>ZX、ZD、HZ</td></tr>
<tr><td>加强 U 形</td><td>J</td><td>ZX</td></tr>
<tr><td>Ω 形</td><td>O</td><td>ZX</td></tr>
</table>

5.3 膨胀节标记

5.3.1 标记方法

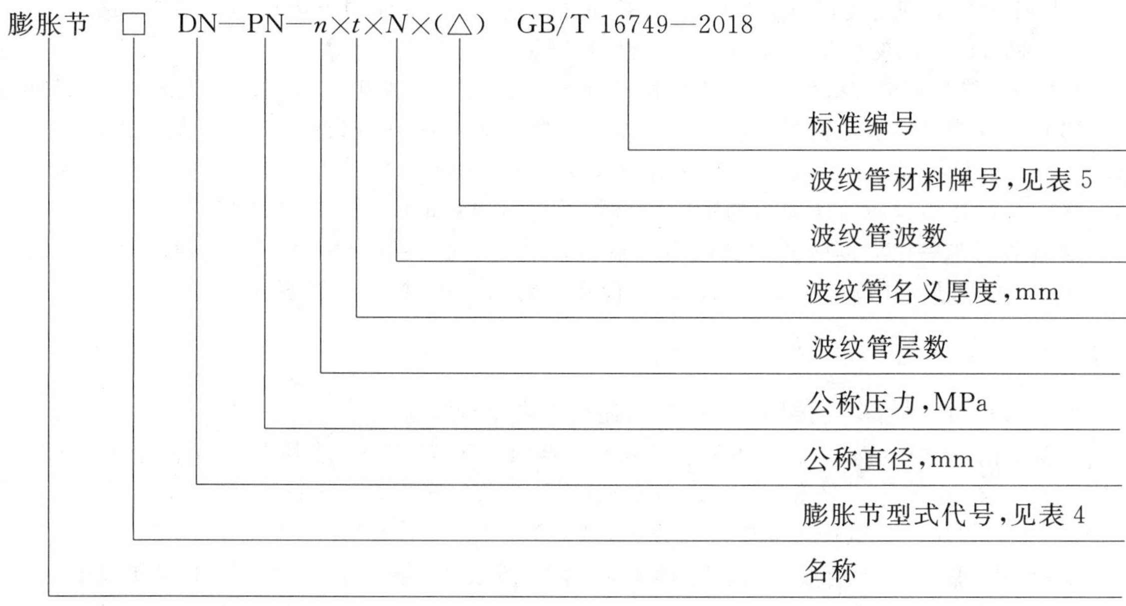

5.3.2 标记示例

示例1：06Cr19Ni10卧式单层(厚度2.5 mm)无加强U形4波整体成型无丝堵膨胀节(采用薄壁单层),其公称压力PN0.6 MPa、公称直径DN1 000 mm,则其标记为：

膨胀节 ZXW(Ⅱ)U1 000—0.6—1×2.5×4(S30408)GB/T 16749—2018

示例2:06Cr19Ni10立式单层无加强U形(厚度6 mm),2波整体成型带内衬套膨胀节(采用厚壁单层),其公称压力PN0.6 MPa、公称直径DN1 000 mm,则其标记为：

膨胀节 ZDLC(Ⅱ)U1 000—0.6—1×6×2(S30408) GB/T 16749—2018

示例3:06Cr19Ni10卧式加强U形(单层厚度2 mm),2层4波整体成型无丝堵膨胀节(采用薄壁),其公称压力PN4.0 MPa、公称直径DN500 mm,则其标记为：

膨胀节 ZXW(Ⅱ)J500—4.0—2×2×4(S30408) GB/T 16749—2018

示例4:Inconel 600立式2层2波Ω形整体成型膨胀节(单层厚度2 mm),带内衬套膨胀节,公称压力PN8.0 MPa、公称直径DN2 300 mm,则其标记为：

膨胀节 ZXLC(Ⅱ)O2 300—8.0—2×2×2(600) GB/T 16749—2018

示例5:06Cr19Ni10立式单层(厚度3 mm),2波带直边两半波焊接膨胀节(含内衬套),公称压力PN1.6 MPa、公称直径DN273 mm,则其标记为：

膨胀节 HZLC(Ⅲ)U273—1.6—1×3×2(S30408) GB/T 16749—2018

示例6:Q245R立式单层无加强U形(厚度12 mm),2波整体成型带内衬套膨胀节(采用厚壁单层),其公称压力PN2.5 MPa、公称直径DN1 400 mm,则其标记为：

膨胀节 ZDLC(Ⅲ)U1 400—2.5—1×12×2(Q245R) GB/T 16749—2018

6 材料

6.1 通用规定

6.1.1 波形膨胀节选材应考虑波形膨胀节的使用条件(设计压力、设计温度、介质特性和操作特点)、材料性能(力学性能、物理性能、工艺性能和与介质的相容性)、波形膨胀节制造工艺及经济合理性;金属材料延伸率应符合相应材料标准规定,并满足TSG 21—2016要求;铝、钛、镍和锆及其合金等有色金属材料延伸率应符合 JB/T 4734、JB/T 4745、JB/T 4756、NB/T 47011 的相关规定。

6.1.2 波形膨胀节受压元件的材料性能、质量、规格与标记应符合相应材料的国家标准或行业标准的规定；材料制造单位应保证质量，并符合下列要求：

a) 按相应标准规定提供材料质量证明书(原件)，材料质量证明书的内容应当填写齐全、清晰，且印制可以追溯的信息化标识，并加盖材料制造单位质量检验章；

b) 材料制造单位应在材料的明显部位作出清晰、牢固的出厂钢印标记或采用其他可追溯的标记。

6.1.3 膨胀节制造单位从非材料制造单位取得的膨胀节材料时，应取得材料制造单位提供的质量证明书原件或者加盖材料经营单位检验公章和经办负责人签字(章)的复印件。

6.1.4 膨胀节制造单位应对所取得的膨胀节材料及材料质量证明书的真实性和一致性负责。

6.1.5 膨胀节制造单位应按材料质量证明书对材料进行验收。投产前，认真核对质量证明文件、炉批号、材料牌号和标记。并按相应标准规定和设计文件要求，认真检查材料表面质量。

6.2 波纹管

6.2.1 波纹管材料除应符合材料标准规定外，还应符合下列规定：

a) 碳素钢、低合金钢、高合金钢材料应符合 GB/T 150.2—2011 及其附录 B、附录 C、附录 D 的相关要求；奥氏体不锈钢材料要求按 GB/T 24511 选用，若材料厚度小于 1.5 mm，可选用 GB/T 3280，其钢板表面质量应为 2B 或 2D。

b) 铝、钛、镍、锆及其合金等有色金属材料，其技术要求、限定范围(牌号、压力和温度)及许用应力，应符合 TSG 21—2016 以及 JB/T 4734、JB/T 4745、JB/T 4756、NB/T 47011 的相关规定。

c) 采用国外材料制造波纹管时，应符合 TSG 21—2016 中 2.1.2 的规定。

6.2.2 波纹管制造过程中，应按以下规定作好标记移植：

——波纹管的材料禁止打硬印标记(包括材料标记、焊工、检验员和无损检测印记)；

——波纹管应采用绘制标记分布图，明确材料标记和其他印记(该图存入质量档案)，其标记分布图的表达方式由制造单位自行规定。

6.2.3 波纹管材料凡符合 GB/T 150.4—2011 中 5.1 规定者均应复验，合格后方可使用。

6.2.4 常用波纹管材料按表 5 规定(常用波纹管材料及近似对照参见附录 B)。其化学成分、力学性能应符合相应的标准规定。奥氏体型钢材的使用温度高于或等于 −196 ℃时，可免做冲击试验。低于 −196 ℃～−253 ℃，由设计文件规定冲击试验要求。若奥氏体型钢材的使用温度高于 525 ℃时，钢中含碳量应符合 GB/T 150.2—2011 中 3.6.3 的规定。

表 5 常用波纹管材料

序号	名称	统一数字代号	材料牌号	标准编号	材料标记	材料供货状态	推荐使用温度℃
1	波纹管	—	Q235B	GB/T 3274	Q235B	热轧	20～300
2			Q235C		Q235C		0～300
3			Q245R	GB/T 713	Q245R	热轧/正火	−20～400
4			Q345R		Q345R		−20～350
5			GB/SA 516-Gr70		GB/SA516-Gr70	热轧/正火	−20～350
6		S30408	06Cr19Ni10	GB/T 24511	S30408	固溶	−196～600
7		S30403	022Cr19Ni10		S30403		−253～450
8		S31608	06Cr17Ni12Mo2		S31608		−253～600
9		S31603	022Cr17Ni12Mo2		S31603		−253～450

表 5（续）

序号	名称	统一数字代号	材料牌号	标准编号	材料标记	材料供货状态	推荐使用温度℃
10	波纹管	S32168	06Cr18Ni11Ti	GB/T 24511	S32168	固溶	−253～550
11		S31008	06Cr25Ni20		S31008		−196～575
12		S31668	06Cr17Ni12Mo2Ti		S31668		−253～500
13		—	NS1101(NS111)	YB/T 5353 YB/T 5354	NS1101		−196～800
14			NS1102(NS112)		NS1102		−196～900
15			NS1402(NS142)		NS1402		−196～500
16			NS3102(NS312)		NS3102		−196～650
17			NS3304(NS334)		NS3304		−196～650
18			NS3305(NS335)		NS3305		−196～400
19			NS3306(NS336)		NS3306		−196～600
20			5052	GB/T 3880	5052	—	−269～200
21			TA1	GB/T 3621	TA1	退火	≤315
22			TA2		TA2		
23			TA9		TA9		
24			TA10		TA10		
25			Zr-3	—	Zr-3		≤375

注 1：序号 5 材料牌号栏中，GB/SA 516-Gr70 为 GB/T 150.2—2011 材料篇标注。

注 2：序号 13～序号 19 材料牌号栏中，中国牌号括号内为旧牌号，表示新旧牌号对照。

6.3 端管

6.3.1 当端管公称直径 DN≤400 mm 选用无缝钢管时，除应符合 GB/T 8163、GB/T 9948、GB/T 14976 和 GB/T 5310、GB/T 6479 相应钢管标准规定外，还应符合 GB/T 150.2—2011 中第 5 章的要求，并按表 6 要求复验力学性能和压力试验。采用 GB/T 8163 标准 20 无缝钢管设计压力不大于 4.0 MPa。奥氏体不锈钢无缝管设计温度高于或等于−196 ℃时，可免冲击试验。

表 6　公称直径 DN≤400 mm 端管复验要求

设计压力 p/MPa		拉伸试验	冲击试验	金相检验	压力试验
低压	$0.1 \leq p < 1.6$	每批取 2 根	—	—	如钢厂已做水压试验者，可不再复验
中压	$1.6 \leq p < 4.0$	每批取 2 根	每批取 2 根，每根取一组	—	中压、高压端管（无缝钢管），膨胀节制造单位应逐根按膨胀节液压试验压力进行水压试验
	$4.0 \leq p < 10.0$	每批 10%，但不少于 2 根	每批取 10%，但不少于 2 根，每根取一组	—	
高压	$p \geq 10.0$	逐根	逐根，每根取一组	每批取 2 根	

注 1：当端管（无缝钢管）根数小于或等于 2 根时，改为每批 1 根或逐根。

注 2：冲击试验温度为设计温度下限值。

6.3.2 当端管公称直径 DN＞400 mm 时，选用板材卷制，此时材料性能应符合 GB/T 150.2—2011 相关规定。选用锻件时应符合 6.4 规定。

6.4 加强件

加强件(包括加强环、均衡环和套箍)等材料选用锻件时，应符合 GB/T 150.2—2011 中第 6 章的规定，锻件级别不低于Ⅱ级。对于设计压力大于或等于 10 MPa 高压锻件，锻件级别不低于Ⅲ级。

6.5 装运杆、装运螺栓或螺母

6.5.1 自制的装运杆、装运螺栓或螺母，其材料选用及制造技术要求应按 GB/T 150.2—2011 中第 7 章的规定。

6.5.2 外购的装运螺栓或螺母等商品紧固件应符合下列要求：

a) 螺栓、双头螺柱的力学性能等级应符合 GB/T 3098.1 的 4.6 级或 8.8 级要求；螺母的力学性能等级应符合 GB/T 3098.2 的 5 级或 8 级要求；不锈钢紧固件牌号 06Cr19Ni10(S30408)应符合 GB/T 3098.6 的 A2 要求，牌号 06Cr17Ni12Mo2(S31608)应符合 GB/T 3098.6 的 A4 要求。

b) 装运杆和装运螺栓用螺母应使用 1 型或 2 型的螺母，不得使用薄型螺母；

6.5.3 装运杆和装运螺栓的硬度一般应比螺母稍高。

7 设计计算

7.1 符号说明

A_c——单个 U 型波纹的金属横截面积，单位为平方毫米(mm^2)，见式(2)；

$$A_c = nt_p\left[2\pi r_m + 2\sqrt{\left[\frac{q}{2} - 2(r_m)\right]^2 + [h - 2(r_m)]^2}\right] \quad \cdots\cdots(2)$$

A_e——圆形波纹管有效面积，单位为平方毫米(mm^2)，见式(3)；

$$A_e = \frac{\pi D_m^2}{4} \quad \cdots\cdots(3)$$

A_f——一个紧固件的金属横截面积，单位为平方毫米(mm^2)；

A_r——一个加强环的金属横截面积，单位为平方毫米(mm^2)；

A_{tc}——一个直边段套箍的金属横截面积，单位为平方毫米(mm^2)；

A_{tp}——长度为 L_p 端管的金属横截面积，单位为平方毫米(mm^2)；

A_{tr}——长度为 L_t 加强环金属横截面积，单位为平方毫米(mm^2)；

B_1——Ω 形波纹管 σ_5 的计算修正系数，见表 7；

B_2——Ω 形波纹管 σ_6 的计算修正系数，见表 7；

B_3——Ω 形波纹管 f_{it} 的计算修正系数，见表 7；

C_c——端部加强件弯曲应力的计算系数，见式(4)；

$$C_c = -0.243\,1 + 0.016\,8 n_g + 0.302\,4 n_g^2 \quad \cdots\cdots(4)$$

C_d——U 形波纹管 σ_6 的计算修正系数，见表 8；

C_f——U 形波纹管 σ_5、f_{iu}、f_{ir} 的计算修正系数，见表 9；

C_h——σ_t 计算的修正系数(见式 97)，取 $C_h=2$；

C_m——低于蠕变温度的材料强度系数；

$C_m=1.5$，用于退火态波纹管；

$C_m=1.5Y_{sm}$，用于成形态波纹管($1.5 \leqslant C_m \leqslant 3.0$)。

C_p——U形波纹管σ_4的计算修正系数，见表10；

C_r——波高系数，见式(5)；

$$C_r = 0.36\ln\left(\frac{h}{e}\right) \quad \cdots\cdots(5)$$

C_θ——初始角位移引起的柱失稳压力降低系数，取$C_\theta=1$；

D_b——波纹管直边段内直径(或波纹内直径)，单位为毫米(mm)；

D_c——波纹管直边段套箍的平均直径单位为毫米(mm)，见式(6)；

$$D_c = D_b + 2nt + t_c \quad \cdots\cdots(6)$$

D_i——环形截面、端管或设备筒体内直径，单位为毫米(mm)；

D_p——端管平均直径，单位为毫米(mm)；

D_m——波纹管平均直径，单位为毫米(mm)，见式(7)；

$$D_m = D_b + h + nt\text{（对于U形波纹管）} \quad \cdots\cdots(7)$$

D_o——环形截面、端管或设备筒体外直径，单位为毫米(mm)；

D_r——加强环平均直径，单位为毫米(mm)；

E——室温下的弹性模量。下标b、c、f、p、s和r分别表示波纹管、套箍、紧固件、端管、内衬筒和加强环的材料，单位为兆帕(MPa)；

E^t——设计温度下的弹性模量。下标b、c、f、p、s和r分别表示波纹管、套箍、紧固件、端管、内衬筒和加强环的材料，单位为兆帕(MPa)；

e——单波轴向位移，单位为毫米(mm)；

e_c——单波轴向压缩位移，单位为毫米(mm)；

e_e——单波轴向拉伸位移，单位为毫米(mm)；

e_N——多波轴向位移，单位为毫米(mm)；

$[e]$——由$[N_c]$得到的单波额定轴向位移，单位为毫米(mm)；

$[e_c]$——由$[e]$得到的单波额定轴向压缩位移，单位为毫米(mm)；

$[e_e]$——由$[e]$得到的单波额定轴向拉伸位移，单位为毫米(mm)；

F_g——作用于直边段加强环每个筋板的轴向力，单位为牛(N)，见式(8)；

$$F_g = \frac{1}{n_g}[0.25\pi(D_m^2 - D_b^2)p + ef_i]\text{（低于蠕变温时）} \quad \cdots\cdots(8)$$

ε_f——彼纹管变形率，%[见式(9)]；

$$\varepsilon_f = 100\sqrt{\left[\ln\left(1+\frac{2h}{D_b}\right)\right]^2 + \left[\ln+\left(1+\frac{nt_p}{2r_m}\right)\right]^2} \quad \cdots\cdots(9)$$

F_p——波纹管的压力推力，单位为牛(N)；

F_i——波纹管单波轴向弹性刚度力，下标u、r、t分别表示无加强U形、加强U形和Ω形波纹管，单位为牛(N)；

f_c——σ_t修正系数，取$f_c=1$。

f_i——波纹管单波轴向弹性刚度，下标u、r、t分别表示无加强U形、加强U形和Ω形波纹管，单位为牛每毫米(N/mm)。

f_{ih}——带直边环向对接接头波纹管单波轴向弹性刚度，单位为牛每毫米(N/mm)。

H——压力引起的作用在一个波纹和一个加强件上的环向合力，单位为牛(N)。见式(10)。

$$H = PD_m q \quad \cdots\cdots(10)$$

h——波高，单位为毫米(mm)。

K_2——平面失稳系数。见式(11)。

$$K_2=\frac{\sigma_2}{P} \qquad \cdots\cdots(11)$$

K_4——平面失稳系数。见式(12)。

$$K_4=\frac{C_P}{2n}\left(\frac{h}{t_p}\right)^2 \qquad \cdots\cdots(12)$$

K_f——成形方法系数，对于滚压成形或机械胀形 K_f为 1，对于液压成形 K_f为 0.6。

K_r——周向应力系数，取式(13)和式(14)中较大值，且不小于 1。

$$K_r=\frac{q+e}{q}\text{(在设计压力 }p\text{ 时，}e\text{ 处于拉伸状态)} \qquad \cdots\cdots(13)$$

$$K_r=\frac{q-e}{q}\text{(在设计压力 }p\text{ 时，}e\text{ 处于拉伸状态)} \qquad \cdots\cdots(14)$$

K_s——直边段套箍截面形状系数，对于实心圆形截面 K_s 为 1.7，对于圆环形截面 K_s 按式(15)计算：

$$K_s=\frac{1.7(D_o^4-D_i^3D_o)}{D_o^4-D_i^4} \qquad \cdots\cdots(15)$$

K_b——膨胀节整体轴向弹性刚度，下标 u、r、t 分别表示无加强 U 形、加强 U 形和 Ω 形波纹管，单位为牛每毫米(N/mm)。见式(16)。

$$K_b=\frac{f_i}{N} \qquad \cdots\cdots(16)$$

k ——σ_1、σ_1 的计算系数。见式(17)。

$$k=\frac{L_t}{1.5\sqrt{D_bt}}\text{ 且 }k\leqslant 1 \qquad \cdots\cdots(17)$$

L_b——波纹管的波纹长度，单位为毫米(mm)。见式(18)。

$$L_b=Nq \qquad \cdots\cdots(18)$$

L_c——波纹管直边段套箍的长度，单位为毫米(mm)。

L_d——外焊波纹管从波纹管连接环向焊接接头到第一个波中心的长度，单位为毫米(mm)。

L_f——一个紧固件的有效长度，单位为毫米(mm)。

L_0——Ω 形波纹管波纹开口最大距离(见图 6)，单位为毫米(mm)。

L_p——端管有效长度，单位为毫米(mm)。见式(19)。

$$L_p=\frac{1}{3}\sqrt{D_pt_{pe}} \qquad \cdots\cdots(19)$$

L_{pm}——t_{pe}厚度下所需的端管最小长度，单位为毫米(mm)。见式(20)。

$$L_{pm}=1.5\sqrt{D_pt_{pe}} \qquad \cdots\cdots(20)$$

L_r——加强环有效长度单位为毫米(mm)。见式(21)。

$$L_r=\frac{1}{3}\sqrt{D_rt_r} \qquad \cdots\cdots(21)$$

L_{rt}——加强环总长度，单位为毫米(mm)。

L_l ——内衬筒的长度，单位为毫米(mm)。

L_t ——波纹管的直边段长度，单位为毫米(mm)。

L_w——U 形波纹管单波展开的长度，单位为毫米(mm)。见式(22)。

$$L_w=2\pi r_m+2\sqrt{\left(\frac{q}{2}-2r_m\right)^2+(h-2r_m)^2} \qquad \cdots\cdots(22)$$

L_{tm}——波纹管直边段伸出套箍的最大长度，单位为毫米(mm)。见式(23)。

$$L_{tm}=1.5\sqrt{\frac{nt^{2}[\sigma]_{b}^{t}}{p}} \qquad \cdots\cdots(23)$$

N ——一个波纹管的波数。

N_c ——波纹管设计疲劳寿命，周次。

$[N_c]$——波纹管设计许用疲劳寿命，周次；取$[N_c]$不低于 3 000 次。见式(24)。

$$[N_c]=\frac{N_c}{n_f} \qquad \cdots\cdots(24)$$

N_d ——波纹管操作疲劳寿命，周次。

n ——厚度为“t”波纹管材料的层数。

n_f ——疲劳寿命安全系数，$n_f \geqslant 15$。

n_g ——每个加强环所均布的筋板数量。

p ——设计压力，单位为兆帕(MPa)。

p_{sc} ——波纹管两端固支时柱失稳的极限设计内压，单位为兆帕(MPa)。

p'_{sc} ——波纹管端部支撑条件变化时柱失稳的极限设计内压，单位为兆帕(MPa)。

p_{si} ——波纹管两端固支时平面失稳的极限设计压力，单位为兆帕(MPa)。

q ——波距，单位为毫米(mm)。

R_1 ——在内压作用下，波纹管承受的力与整体加强件所承受的力之比见式(25)。

$$R_1=\frac{A_c E_b^t}{A_r E_r^t} \qquad \cdots\cdots(25)$$

R_2——在内压作用下，波纹管承受的力与用紧固件连接的加强件所承受的力之比，见式(26)。

$$R_2=\frac{A_c E_b^t}{D_m}\left(\frac{L_f}{A_f E_f^t}+\frac{D_m}{A_r E_r^t}\right) \qquad \cdots\cdots(26)$$

r ——Ω 形波纹管的波纹平均半径，单位为毫米(mm)。

r_{ic} ——U 形波纹管波峰内壁曲率半径，单位为毫米(mm)。

r_{ir} ——U 形波纹管波谷外壁曲率半径，单位为毫米(mm)。

r_m ——U 形波纹管波峰(波谷)平均曲率半径，单位为毫米(mm)。见式(27)。

$$r_m=\frac{r_{ic}+r_{ir}+nt}{2} \qquad \cdots\cdots(27)$$

r_0 ——Ω 形波纹管开口外壁曲率半径(见图 6)单位为毫米(mm)。

Y_{sm} ——屈服强度系数，对于奥氏体不锈钢 Y_{sm} 按式(28)计算。

对于镍基合金 Y_{sm} 按式(29)计算。

对于其他材料 Y_{sm} 按式(30)。

$$Y_{sm}=1+9.94\times10^{-2}(K_f\varepsilon_f)-7.59\times10^{-4}(K_f\varepsilon_f)^2-2.4\times10^{-6}(K_f\varepsilon_f)^3+2.21\times10^{-8}(K_f\varepsilon_f)^4 \qquad \cdots\cdots(28)$$

$$Y_{sm}=1+6.8\times10^{-2}(K_f\varepsilon_f)-9.11\times10^{-4}(K_f\varepsilon_f)^2+9.73\times10^{-6}(K_f\varepsilon_f)^3-6.43\times10^{-8}(K_f\varepsilon_f)^4 \qquad \cdots\cdots(29)$$

$$Y_{sm}=1 \qquad \cdots\cdots(30)$$

Φ ——纵向焊接接头系数，下标 b、c、f、p 和 r 分别表示波纹管、套箍、紧固件、端管和加强环材料。

w ——焊接接头高温强度降低系数(见 4.3.3)，下标 b、c、f、p 和 r 分别表示波纹管、套箍、紧固件、端管和加强环材料。

Z_c ——直边段套箍相对于中性轴在径向的抗弯截面模量，单位为三次方毫米(mm^3)。

α ——平面失稳应力相互作用系数,见式(31)。

$$\alpha = 1 + 2\eta^2 + \sqrt{1 - 2\eta^2 + 4\eta^2} \quad \cdots\cdots\cdots\cdots (31)$$

η ——平面失稳应力比。见式(32)。

$$\eta = \frac{K_4}{3K_2} \quad \cdots\cdots\cdots\cdots (32)$$

t ——波纹管一层材料的名义厚度,单位为毫米(mm)。

t_c ——直边段套箍材料的名义厚度,单位为毫米(mm)。

t_p ——波纹管成形后一层材料的名义厚度,单位为毫米(mm)。见式(33)。

$$t_p = t\sqrt{\frac{D_b}{D_m}} \quad \cdots\cdots\cdots\cdots (33)$$

t_o ——容器圆筒(或端管)有效厚度,单位为毫米(mm)。

t_1 ——内衬筒厚度,单位为毫米(mm)。

t_{min} ——内衬筒的最小厚度,单位为毫米(mm)。

t_{pe} ——端管的名义厚度,单位为毫米(mm)。

t_r ——加强环的名义厚度,单位为毫米(mm)。

ν ——材料的泊松比。对于不锈钢 $\nu = 0.3$。

σ_1 ——压力引起的波纹管直边段周向薄膜应力,单位为兆帕(MPa)。

σ_1' ——压力引起的套箍周向薄膜应力,单位为兆帕(MPa)。

σ_1'' ——压力引起的套箍周向弯曲应力,单位为兆帕(MPa)。

σ_1''' ——对于内焊波纹管,内压引起端管周向薄膜应力,单位为兆帕(MPa)。

σ_2 ——压力引起的波纹管周向薄膜应力,单位为兆帕(MPa)。

σ_2' ——压力引起的波纹管加强环周向薄膜应力,单位为光帕(MPa)。

σ_2'' ——压力引起的波纹管紧固件薄膜应力,单位为兆帕(MPa)。

σ_3 ——压力引起的波纹管子午向薄膜应力,单位为兆帕(MPa)。

σ_4 ——压力引起的波纹管子午向弯曲应力,单位为兆帕(MPa)。

σ_5 ——位移引起的波纹管子午向薄膜应力,单位为兆帕(MPa)。

σ_6 ——位移引起的波纹管子午向弯曲应力,单位为兆帕(MPa)。

R_{eLy}^t ——成形态或热处理态的波纹管材料在设计温度下的屈服强度,单位为兆帕(MPa)。见式(34)。

$$R_{eLy}^t = \frac{0.67C_m R_{eLm} R_{eL}^t}{R_{eL}} \quad \cdots\cdots\cdots\cdots (34)$$

R_{eL} ——室温下的波纹管材料的屈服强度,单位为兆帕(MPa)。

R_{eL}^t ——设计温度下的波纹管材料的屈服强度,单位为兆帕(MPa)。

R_{eLm} ——质量证明书中波纹管材料室温下的屈服强度(注:当无法取得材料质量证明书时,其室温下的屈服强度采用材料标准规定的室温屈服强度,但应在设计文件中注明),单位为兆帕(MPa)。

$[\sigma]^t$ ——设计温度下材料的许用应力,下标 b、c、f、p、r 分别表示波纹管、套箍、紧固件、端管和加强件材料,单位为兆帕(MPa)。

σ_t ——子午向总应力范围,单位为兆帕(MPa)。

表 7　Ω 形波纹管 σ_5、σ_6、f_{it} 的计算修正系数

$\frac{6.61r^2}{D_m t_p}$	B_1	B_2	B_3
0	1.0	1.0	1.0
1	1.1	1.0	1.1
2	1.4	1.0	1.3
3	2.0	1.0	1.5
4	2.8	1.0	1.9
5	3.6	1.0	2.3
6	4.6	1.1	2.8
7	5.7	1.2	3.3
8	6.8	1.4	3.8
9	8.0	1.5	4.4
10	9.2	1.6	4.9
11	10.6	1.7	5.4
12	12.0	1.8	5.9
13	13.2	2.0	6.4
14	14.7	2.1	6.9
15	16.0	2.2	7.4
16	17.4	2.3	7.9
17	18.9	2.4	8.5
18	20.3	2.6	9.0
19	21.9	2.7	9.5
20	23.3	2.8	10.0
注：中间值采用差值法计算。			

表 8　U 形波纹管 σ_6 的计算修正系数 C_d

$\frac{2r_m}{h}$	$\frac{1.82r_m}{\sqrt{D_m t_p}}$												
	0.2	0.4	0.6	0.8	1.0	1.2	1.4	1.6	2.0	2.5	3.0	3.5	4.0
0.00	1.000	1.000	1.000	1.000	1.000	1.000	1.000	1.000	1.000	1.000	1.000	1.000	1.000
0.05	1.061	1.066	1.105	1.079	1.057	1.037	1.016	1.006	0.992	0.980	0.970	0.965	0.955
0.10	1.128	1.137	1.195	1.171	1.128	1.080	1.039	1.015	0.984	0.960	0.945	0.930	0.910
0.15	1.198	1.209	1.277	1.271	1.208	1.130	1.067	1.025	0.974	0.935	0.910	0.890	0.870
0.20	1.269	1.282	1.352	1.374	1.294	1.185	1.099	1.037	0.966	0.915	0.885	0.860	0.830
0.25	1.340	1.354	1.424	1.476	1.384	1.246	1.135	1.052	0.958	0.895	0.855	0.825	0.790
0.30	1.411	1.426	1.492	1.575	1.476	1.311	1.175	1.070	0.952	0.875	0.825	0.790	0.755

表 8（续）

$\frac{2r_m}{h}$	$\frac{1.82r_m}{\sqrt{D_m t_p}}$												
	0.2	0.4	0.6	0.8	1.0	1.2	1.4	1.6	2.0	2.5	3.0	3.5	4.0
0.35	1.480	1.496	1.559	1.667	1.571	1.381	1.220	1.091	0.947	0.840	0.800	0.760	0.720
0.40	1.547	1.565	1.626	1.753	1.667	1.457	1.269	1.116	0.945	0.833	0.775	0.730	0.685
0.45	1.614	1.633	1.691	1.832	1.766	1.539	1.324	1.145	0.946	0.825	0.750	0.700	0.655
0.50	1.679	1.700	1.757	1.905	1.866	1.628	1.385	1.181	0.950	0.815	0.730	0.670	0.625
0.55	1.743	1.766	1.822	1.973	1.969	1.725	1.452	1.223	0.958	0.800	0.710	0.645	0.595
0.60	1.807	1.832	1.886	2.037	2.075	1.830	1.529	1.273	0.970	0.790	0.688	0.620	0.567
0.65	1.872	1.897	1.950	2.099	2.182	1.943	1.614	1.333	0.988	0.785	0.670	0.597	0.538
0.70	1.937	1.963	2.014	2.160	2.291	2.066	1.710	1.402	1.011	0.780	0.657	0.575	0.510
0.75	2.003	2.029	2.077	2.221	2.399	2.197	1.819	1.484	1.042	0.780	0.642	0.555	0.489
0.80	2.070	2.096	2.141	2.283	2.505	2.336	1.941	1.578	1.081	0.785	0.635	0.538	0.470
0.85	2.138	2.164	2.206	2.345	2.603	2.483	2.080	1.688	1.130	0.795	0.628	0.522	0.452
0.90	2.206	2.234	2.273	2.407	2.690	2.634	2.236	1.813	1.191	0.815	0.625	0.510	0.438
0.95	2.274	2.305	2.344	2.467	2.758	2.789	2.412	1.957	1.267	0.845	0.630	0.502	0.428
1.0	2.341	2.378	2.422	2.521	2.800	2.943	2.611	2.121	1.359	0.890	0.640	0.500	0.420
注：中间值采用差值法计算。													

表 9　U 形波纹管 σ_5、f_{iu}、f_{ir}、f_{ih} 的计算修正系数 C_f

$\frac{2r_m}{h}$	$\frac{1.82r_m}{\sqrt{D_m t_p}}$												
	0.2	0.4	0.6	0.8	1.0	1.2	1.4	1.6	2.0	2.5	3.0	3.5	4.0
0.00	1.000	1.000	1.000	1.000	1.000	1.000	1.000	1.000	1.000	1.000	1.000	1.000	1.000
0.05	1.116	1.094	1.092	1.066	1.026	1.002	0.983	0.972	0.948	0.930	0.920	0.900	0.900
0.10	1.211	1.174	1.163	1.122	1.052	1.000	0.962	0.937	0.892	0.867	0.850	0.830	0.820
0.15	1.297	1.248	1.225	1.171	1.077	0.995	0.938	0.899	0.836	0.800	0.780	0.750	0.735
0.20	1.376	1.319	1.281	1.217	1.100	0.989	0.915	0.860	0.782	0.730	0.705	0.680	0.655
0.25	1.451	1.386	1.336	1.260	1.124	0.983	0.892	0.821	0.730	0.665	0.640	0.610	0.590
0.30	1.524	1.452	1.392	1.300	1.147	0.979	0.870	0.784	0.681	0.610	0.580	0.550	0.525
0.35	1.597	1.517	1.449	1.340	1.171	0.975	0.851	0.750	0.636	0.560	0.525	0.495	0.470
0.40	1.669	1.582	1.508	1.380	1.195	0.975	0.834	0.719	0.595	0.510	0.470	0.445	0.420
0.45	1.740	1.646	1.568	1.422	1.220	0.976	0.820	0.691	0.557	0.470	0.425	0.395	0.370
0.50	1.812	1.710	1.630	1.465	1.246	0.980	0.809	0.667	0.523	0.430	0.380	0.350	0.325
0.55	1.882	1.775	1.692	1.511	1.271	0.987	0.799	0.646	0.492	0.392	0.342	0.303	0.285
0.60	1.952	1.841	1.753	1.560	1.298	0.996	0.792	0.627	0.464	0.360	0.300	0.270	0.252

表 9（续）

$\frac{2r_m}{h}$	$\frac{1.82r_m}{\sqrt{D_m t_p}}$												
	0.2	0.4	0.6	0.8	1.0	1.2	1.4	1.6	2.0	2.5	3.0	3.5	4.0
0.65	2.020	1.908	1.813	1.611	1.325	1.008	0.787	0.611	0.439	0.330	0.271	0.233	0.213
0.70	2.087	1.975	1.871	1.665	1.353	1.022	0.783	0.598	0.416	0.300	0.242	0.200	0.182
0.75	2.153	2.045	1.929	1.721	1.382	1.038	0.780	0.586	0.394	0.275	0.212	0.174	0.152
0.80	2.217	2.116	1.987	1.779	1.415	1.056	0.779	0.576	0.373	0.253	0.188	0.150	0.130
0.85	2.282	2.189	2.048	1.838	1.451	1.076	0.780	0.569	0.354	0.230	0.167	0.130	0.109
0.90	2.349	2.265	2.119	1.896	1.492	1.099	0.781	0.563	0.336	0.206	0.146	0.112	0.090
0.95	2.421	2.345	2.201	1.951	1.541	1.125	0.785	0.560	0.319	0.188	0.130	0.092	0.074
1.0	2.501	2.430	2.305	2.002	1.600	1.154	0.792	0.561	0.303	0.170	0.115	0.081	0.061
注:中间值采用差值法计算。													

表 10 U 形波纹管 σ_4 的计算修正系数 C_p

$\frac{2r_m}{h}$	$\frac{1.82r_m}{\sqrt{D_m t_p}}$												
	0.2	0.4	0.6	0.8	1.0	1.2	1.4	1.6	2.0	2.5	3.0	3.5	4.0
0.00	1.000	1.000	0.980	0.950	0.950	0.950	0.950	0.950	0.950	0.950	0.950	0.950	0.950
0.05	0.976	0.962	0.910	0.842	0.841	0.841	0.840	0.841	0.841	0.840	0.840	0.840	0.840
0.10	0.946	0.926	0.870	0.770	0.744	0.744	0.744	0.731	0.731	0.732	0.732	0.732	0.732
0.15	0.912	0.890	0.840	0.722	0.657	0.657	0.651	0.632	0.632	0.630	0.630	0.630	0.630
0.20	0.876	0.856	0.816	0.700	0.592	0.579	0.564	0.549	0.549	0.550	0.550	0.550	0.550
0.25	0.840	0.823	0.784	0.680	0.559	0.518	0.495	0.481	0.481	0.480	0.480	0.480	0.480
0.30	0.803	0.790	0.753	0.662	0.536	0.501	0.462	0.432	0.421	0.421	0.421	0.421	0.421
0.35	0.767	0.755	0.722	0.640	0.541	0.502	0.460	0.426	0.388	0.367	0.367	0.367	0.367
0.40	0.733	0.720	0.696	0.627	0.548	0.503	0.458	0.420	0.369	0.332	0.328	0.322	0.312
0.45	0.702	0.691	0.670	0.610	0.551	0.503	0.455	0.414	0.354	0.315	0.299	0.287	0.275
0.50	0.674	0.665	0.646	0.593	0.551	0.503	0.453	0.408	0.342	0.300	0.275	0.262	0.248
0.55	0.649	0.642	0.624	0.585	0.550	0.502	0.450	0.403	0.332	0.285	0.258	0.241	0.225
0.60	0.627	0.622	0.605	0.579	0.547	0.500	0.447	0.398	0.323	0.272	0.242	0.222	0.205
0.65	0.610	0.606	0.590	0.574	0.544	0.497	0.444	0.394	0.316	0.260	0.228	0.208	0.190
0.70	0.596	0.593	0.585	0.569	0.540	0.494	0.442	0.391	0.309	0.251	0.215	0.194	0.176
0.75	0.585	0.583	0.577	0.563	0.536	0.491	0.439	0.388	0.304	0.242	0.203	0.182	0.163
0.80	0.577	0.576	0.569	0.557	0.531	0.488	0.437	0.385	0.299	0.235	0.195	0.171	0.152
0.85	0.571	0.571	0.566	0.553	0.526	0.485	0.435	0.384	0.296	0.230	0.188	0.161	0.142
0.90	0.566	0.566	0.558	0.546	0.521	0.482	0.433	0.382	0.294	0.224	0.180	0.152	0.134
0.95	0.560	0.560	0.550	0.540	0.515	0.479	0.432	0.381	0.293	0.219	0.175	0.146	0.126
1.0	0.550	0.550	0.543	0.533	0.510	0.476	0.431	0.380	0.292	0.215	0.171	0.140	0.119
注:中间值采用差值法计算。													

7.2 波纹管设计

7.2.1 波纹管设计要求

7.2.1.1 一个波纹管包含一个或数个相同的波纹,每个波纹是轴对称的。位移是轴向的。

7.2.1.2 波纹管的波纹长度 L_b 与波纹管直边段内直径(或波纹内直径) D_b 的比值应符合式(35)的要求:

$$L_b/D_b \leqslant 3 \tag{35}$$

7.2.1.3 层数 n、总厚度 nt 应符合式(36)、式(37)的规定:

$$\text{ZX 型}: n \leqslant 5,\ nt \leqslant 10\ \text{mm} \tag{36}$$

$$\text{ZD、HZ 型}: n = 1,\ nt \leqslant 30\ \text{mm} \tag{37}$$

7.2.2 波纹尺寸

7.2.2.1 U 形波纹(见图 5)

U 形波纹尺寸应符合下列规定:

a) 波峰内半径 r_{ic} 和波谷外半径 r_{ir}(见图 5)按式(38)、式(39)设计。

$$r_{ic} \geqslant 3t \text{ 或 } r_{ir} \geqslant 3t \tag{38}$$

$$|r_{ic} - r_{ir}| \leqslant 0.2 r_m \tag{39}$$

b) 侧壁相对于中性位置的偏斜角 β(见图 5)应符合式(40)规定,按式(41)计算。

$$-15^\circ \leqslant \beta \leqslant +15^\circ \tag{40}$$

式中:

$$\beta = \arcsin\left\{\sqrt{\frac{q}{2r_m} - 2 + \left(\frac{h}{2r_m} - 1\right)^2} - \left(\frac{h}{2r_m} - 1\right)\right\} \cdot \left(\frac{180}{\pi}\right) \tag{41}$$

c) 波高按式(42)设计。

$$D_b/3 \geqslant h \geqslant 2r_m \tag{42}$$

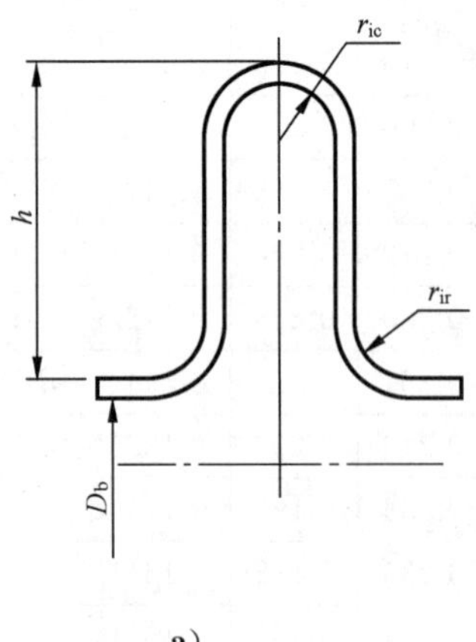

a)

r_{ic}

β

r_{ir}

β: 最大15°

b)

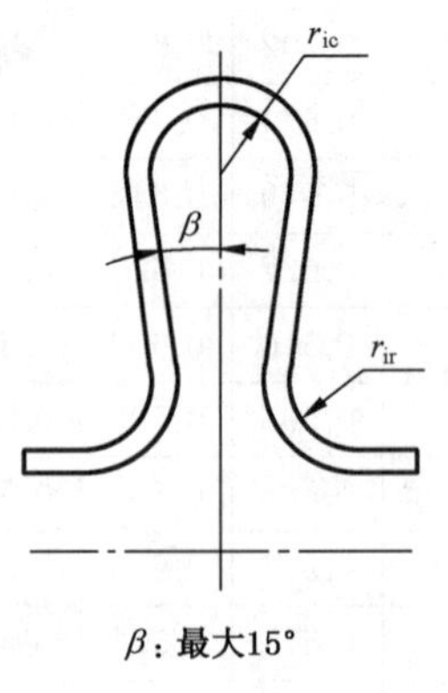

β: 最大15°

c)

图 5 U 形波纹

7.2.2.2 **Ω 形波纹(见图 6)**

Ω 形波纹管尺寸应符合下列规定：

a) 在中性位置 Ω 形波纹(见图 6)应符合式(43)、式(44)规定：

$$0.8 \leqslant \frac{a_1}{2h_1} \leqslant 1.2 \qquad \cdots\cdots(43)$$

$$r_0 \geqslant 3t \qquad \cdots\cdots(44)$$

b) 最大开口距离 L_0(见图 6)应符合式(45)规定。

$$L_{0\max} < 0.75r \qquad \cdots\cdots(45)$$

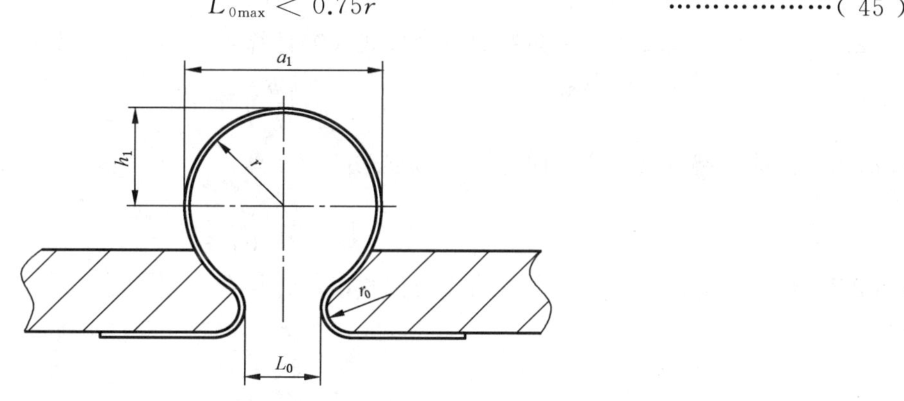

图 6 中性位置的 Ω 形波纹

7.3 无加强 U 形波纹管计算

7.3.1 范围

适用于结构代号 ZX 单、多层波纹管及 ZD 单层波纹管。材料为碳素钢、低合金钢、奥氏体不锈钢、镍、镍合金及耐蚀合金等。见图 7。

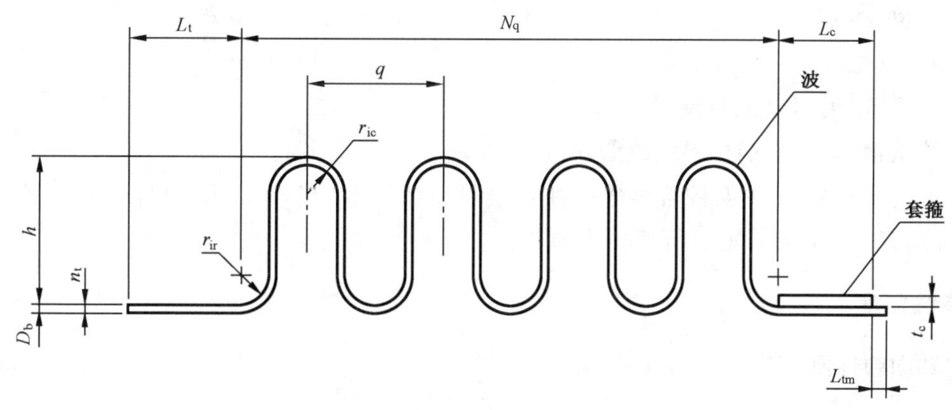

图 7 无加强 U 形波纹管

7.3.2 应力计算

7.3.2.1 压力引起波纹管直边段周向薄膜应力按式(46)计算：

$$\sigma_1=\frac{p(D_b+nt)^2L_tE_b^tk}{2[ntE_b^tL_t(D_b+nt)+t_ckE_c^tL_cD_c]} \qquad \cdots\cdots(46)$$

7.3.2.2 压力引起直边段套箍周向薄膜应力按式(47)计算：

$$\sigma'_1=\frac{pD_c^2L_tE_c^tk}{2[ntE_b^tL_t(D_b+nt)+t_ckE_c^tL_cD_c]} \qquad \cdots\cdots(47)$$

7.3.2.3 压力引起波纹管周向薄膜应力按式(48)计算：

$$\sigma_2=\frac{pD_mK_rq}{2A_c} \qquad \cdots\cdots(48)$$

7.3.2.4 压力引起波纹管子午向薄膜应力按式(49)计算：

$$\sigma_3=\frac{ph}{2nt_p} \qquad \cdots\cdots(49)$$

7.3.2.5 内压引起波纹管子午向弯曲应力按式(50)计算：

$$\sigma_4=\frac{p}{2n}\left(\frac{h}{t_p}\right)^2c_p \qquad \cdots\cdots(50)$$

7.3.2.6 位移引起波纹管子午向薄膜应力按式(51)计算：

$$\sigma_5=\frac{E_bt_p^2e}{2h^3C_f} \qquad \cdots\cdots(51)$$

7.3.2.7 位移引起波纹管子午向弯曲应力按式(52)计算：

$$\sigma_6=\frac{5E_bt_pe}{3h^2C_d} \qquad \cdots\cdots(52)$$

7.3.3 应力范围

波纹管的子午向总应力范围应满足式(53)规定：

$$\sigma_t=0.7(\sigma_3+\sigma_4)+\sigma_5+\sigma_6 \qquad \cdots\cdots(53)$$

7.3.4 应力校核

波纹管的各项应力应满足以下条件：

a) $\sigma_1\leqslant\phi_bw_b[\sigma]_b^t$；

b) $\sigma_2\leqslant\phi_bw_b[\sigma]_b^t$；

c) $\sigma'_1\leqslant\phi_cw_c[\sigma]_c^t$；

d) $\sigma_3+\sigma_4\leqslant C_m[\sigma]_b^t$(蠕变温度以下)；

e) 对于碳素钢、低合金钢材料波纹管：$\sigma_t\leqslant 2R_{eL}^t$；

f) 对于奥氏体不锈钢、镍及镍合金等耐蚀合金材料波纹管，当 $\sigma_t\leqslant 2R_{eL}^t$ 时，可不考虑低周疲劳问题，否则应按 7.7 的规定进行疲劳寿命校核。

7.3.5 轴向弹性刚度

7.3.5.1 单波轴向弹性刚度按式(54)计算：

$$f_{iu}=1.7\frac{D_mE_b^tt_p^3n}{h^3C_f} \qquad \cdots\cdots(54)$$

7.3.5.2 整体轴向弹性刚度按式(55)计算：

$$K_{bu}=\frac{f_{iu}}{N} \qquad \cdots\cdots(55)$$

7.3.6 稳定性计算

7.3.6.1 波纹管两端固支时，柱失稳的极限设计内压按式(56)计算：

$$p_{sc}=\frac{0.34\pi f_{iu}C_\theta}{N^2 q} \quad \cdots\cdots(56)$$

设计内压应不超过 p_{sc}，即 $p \leqslant p_{sc}$。

7.3.6.2 波纹管两端固支时，蠕变温度以下平面失稳的极限设计压力按式(57)计算：

$$p_{si}=\frac{1.3A_c R_{eLy}^t}{K_r D_m q\sqrt{\alpha}} \quad \cdots\cdots(57)$$

设计内压应不超过 p_{si}，即 $p \leqslant p_{si}$。

7.4 加强 U 形波纹管计算

7.4.1 范围

适用于结构代号 ZX 单、多层波纹管。材料为奥氏体不锈钢、镍、镍合金及耐蚀合金等。见图 8。

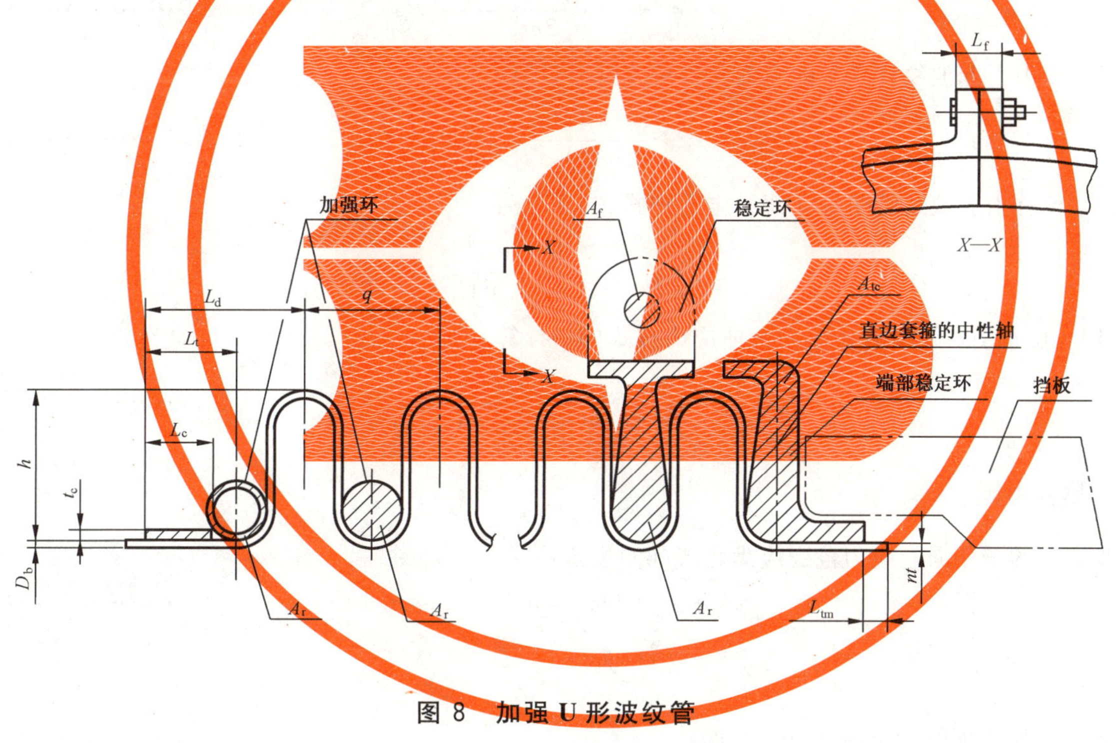

图 8 加强 U 形波纹管

7.4.2 应力计算

7.4.2.1 压力引起波纹管直边段周向薄膜应力按式(58)计算：

$$\sigma_1=\frac{p(D_b+nt)^2 L_d E_b^t}{2[(ntL_t+A_c/2)(D_b+nt)E_b^t+A_{tc}E_c^t D_c]} \quad \cdots\cdots(58)$$

7.4.2.2 压力引起套箍周向薄膜应力按式(59)计算：

$$\sigma'_1=\frac{pD_c^2 L_d E_c^t}{2[(ntL_t+A_c/2)(D_b+nt)E_b^t+A_{tc}E_c^t D_c]} \quad \cdots\cdots(59)$$

7.4.2.3 压力引起套箍周向弯曲应力按式(60)计算：

$$\sigma''_1=\frac{F_g n_g D_C}{4\pi C_C Z_C} \quad \cdots\cdots(60)$$

7.4.2.4 压力引起波纹管周向薄膜应力按式(61)计算:

$$\sigma_2 = \frac{H}{2A_C}\left(\frac{R}{R+1}\right)K_r \qquad (61)$$

式中:

对于整体加强件,$R=R_1$;

对于与紧固件相连的加强件,$R=R_2$。

7.4.2.5 压力引起波纹管加强件周向薄膜应力按式(62)计算:

$$\sigma'_2 = \frac{H}{2A_r}\left(\frac{1}{R_1+1}\right)K_r \qquad (62)$$

7.4.2.6 压力引起波纹管紧固件薄膜应力按式(63)计算:

$$\sigma''_2 = \frac{H}{2A_f}\left(\frac{1}{R_2+1}\right)K_r \qquad (63)$$

7.4.2.7 压力引起波纹管子午向薄膜应力按式(64)计算:

$$\sigma_3 = \frac{0.76p(h-r_m)}{2nt_p} \qquad (64)$$

7.4.2.8 压力引起波纹管子午向弯曲应力按式(65)计算:

$$\sigma_4 = \frac{0.76p}{2n}\left(\frac{h-r_m}{t_p}\right)^2 C_p \qquad (65)$$

7.4.2.9 位移引起波纹管子午向薄膜应力按式(66)计算:

$$\sigma_5 = \frac{E_b t_p^2 e}{2(h-r_m)^3 C_f} \qquad (66)$$

7.4.2.10 位移引起波纹管子午向弯曲应力按式(67)计算:

$$\sigma_6 = \frac{5E_b t_p e}{3(h-C_r r_m)^2 C_d} \qquad (67)$$

7.4.3 应力范围

波纹管的子午向总应力范围应满足式(68)规定:

$$\sigma_t = 0.9[0.7(\sigma_3+\sigma_4)+\sigma_5+\sigma_6] \qquad (68)$$

7.4.4 应力校核

波纹管的各项应力应满足以下条件:

a) $\sigma_1 \leqslant \phi_b w_b [\sigma]_b^t$;

b) $\sigma_2 \leqslant \phi_b w_b [\sigma]_b^t$;

c) $\sigma'_1 \leqslant \phi_c w_c [\sigma]_c^t$;

d) $\sigma'_1 + \sigma''_1 \leqslant K_s \phi_c w_c [\sigma]_c^t$;

e) $\sigma'_2 \leqslant \phi_r w_r [\sigma]_r^t$;

f) $\sigma''_2 \leqslant [\sigma]_f^t$;

g) $\sigma_3 + \sigma_4 \leqslant C_m [\sigma]_b^t$(蠕变温度以下);

h) 对于奥氏体不锈钢、镍、镍合金等耐蚀合金材料波纹管,当 $\sigma_t \leqslant 2R_{eL}^t$ 时,可不考虑低周疲劳问题,否则应按 7.7 规定进行疲劳寿命校核。

7.4.5 轴向弹性刚度

7.4.5.1 单波轴向弹性刚度值

单波轴向弹性刚度值按式(69)和式(70)计算：

a) 单波理论轴向弹性刚度值(适用于操作条件下柱稳定性计算)。

$$f_{ir}=1.7\frac{D_m E_b^t t_p^3 n}{(h-C_r r_m)^3 C_f} \quad \cdots\cdots(69)$$

b) 单波轴向弹性刚度值(适用于受力计算及试验条件下中性位置计算)。

$$f_{ir}=1.7\frac{D_m E_b^t t_p^3 n}{(h-r_m)^3 C_f} \quad \cdots\cdots(70)$$

7.4.5.2 整体轴向弹性刚度按式(71)计算。

$$K_{br}=\frac{f_{ir}}{N} \quad \cdots\cdots(71)$$

按7.4.5.1规定的两种条件分别计算。

7.4.6 稳定性计算

7.4.6.1 波纹管两端固支时，柱失稳的极限设计内压按式(72)计算。

$$P_{sc}=\frac{0.3\pi f_{ir} C_0}{N^2 q} \quad \cdots\cdots(72)$$

设计内压应不超过 P_{sc}，即 $P\leqslant P_{sc}$。

7.4.6.2 加强型波纹管无平面失稳的倾向。

7.5 Ω形波纹管计算

7.5.1 范围

适用于结构代号ZX单、多层波纹管。材料为奥氏体不锈钢、镍、镍合金及耐蚀合金等。见图9。

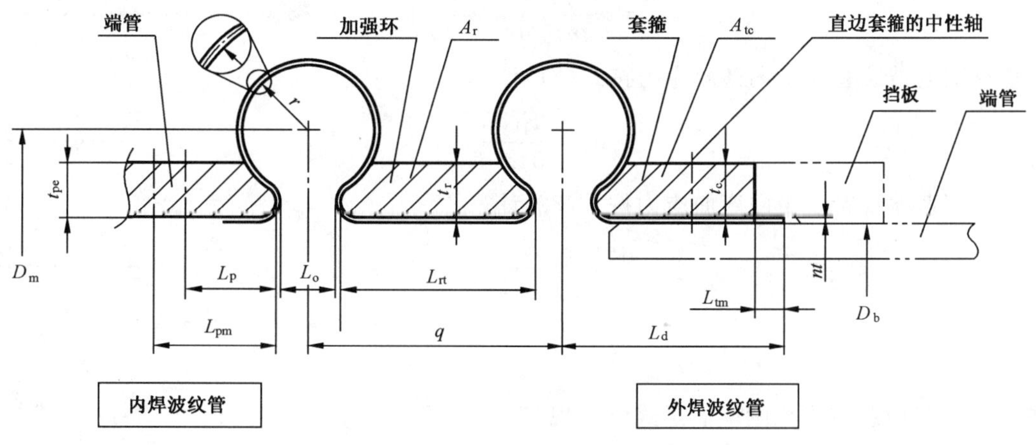

注：最大开口距离 $L_o<0.75r$。

图9 Ω形波纹管

7.5.2 应力计算

7.5.2.1 压力引起波纹管直边段周向薄膜应力按式(73)计算。

$$\sigma_1 = \frac{pD_b^2 L_d E_b^t}{2A_{tc} E_c^t D_c} \quad \cdots\cdots(73)$$

7.5.2.2 对于外焊波纹管,压力引起套箍周向薄膜应力按式(74)计算。

$$\sigma_1' = \frac{pD_c L_d}{2A_{tc}} \quad \cdots\cdots(74)$$

7.5.2.3 对于外焊波纹管,内压引起套箍周向弯曲应力按式(75)计算。

$$\sigma_1'' = \frac{F_g n_g D_c}{4\pi C_c Z_c} \quad \cdots\cdots(75)$$

7.5.2.4 对于内焊波纹管,压力引起端管周向薄膜应力按式(76)计算。

$$\sigma'''_1 = \frac{pD_p(L_p + L_o/2 + nt)}{2A_{tp}} \quad \cdots\cdots(76)$$

7.5.2.5 压力引起波纹管周向薄膜应力按式(77)计算。

$$\sigma_2 = \frac{pr}{2nt_p} \quad \cdots\cdots(77)$$

7.5.2.6 压力引起加强环周向薄膜应力按式(78)和式(79)计算。

当 $L_{rt} \leqslant \frac{2}{3}\sqrt{D_r t_r}$ 时:

$$\sigma_2' = \frac{pD_r(L_{rt} + L_o + 2nt)}{2A_r} \quad \cdots\cdots(78)$$

当 $L_{rt} \leqslant \frac{2}{3}\sqrt{D_r t_r}$ 时:

$$\sigma_2' = \frac{pD_r(L_r + L_o/2 + nt)}{2A_{tr}} \quad \cdots\cdots(79)$$

7.5.2.7 压力引起波纹管子午向薄膜应力按式(80)计算。

$$\sigma_3 = \frac{pr}{nt_p}\left(\frac{D_m - r}{D_m - 2r}\right) \quad \cdots\cdots(80)$$

7.5.2.8 位移引起波纹管子午向薄膜应力按式(81)计算。

$$\sigma_5 = \frac{E_b t_p^2 e}{34.3r^3} B_1 \quad \cdots\cdots(81)$$

7.5.2.9 位移引起波纹管子午向弯曲应力按式(82)计算。

$$\sigma_6 = \frac{E_b t_p e}{5.72r^2} B_2 \quad \cdots\cdots(82)$$

7.5.3 应力范围

波纹管的子午向总应力范围应满足式(83)规定。

$$\sigma_t = 3\sigma_3 + \sigma_5 + \sigma_6 \quad \cdots\cdots(83)$$

7.5.4 应力校核

波纹管的各项应力应满足以下条件:

a) $\sigma_1 \leqslant \phi_b w_b [\sigma]_b^t$;

b) $\sigma_2 \leqslant \phi_b w_b [\sigma]_b^t$;

c) $\sigma_1' \leqslant \phi_c w_c [\sigma]_c^t$;

d) $\sigma_1' + \sigma_1'' \leqslant K_s \phi_c w_c [\sigma]_c^t$;

e) $\sigma_1''' \leqslant \phi_p w_p [\sigma]_p^t$;

f) $\sigma_2' \leqslant \phi_r w_r [\sigma]_r^t$;

g) $\sigma_3 \leqslant [\sigma]_b^t$;

h) 对于奥氏体不锈钢、镍、镍合金等耐蚀合金材料波纹管，当 $\sigma_t \leqslant 2R_{eL}^t$ 时，可不考虑低周疲劳问题，否则应按 7.7 的规定进行疲劳寿命校核。

7.5.5 轴向弹性刚度

7.5.5.1 单波轴向弹性刚度按式(84)计算。

$$f_{it} = \frac{D_m E_b^t t_p^3 n}{10.92 r^3} B_3 \qquad \cdots\cdots(84)$$

7.5.5.2 整体轴向弹性刚度按式(85)计算。

$$K_{bt} = \frac{f_{it}}{N} \qquad \cdots\cdots(85)$$

7.5.6 稳定性计算

7.5.6.1 波纹管两端固支时，柱失稳的极限设计内压按式(86)计算。

$$p_{sc} = \frac{0.3\pi f_{it} C_\theta}{N^2 r} \qquad \cdots\cdots(86)$$

设计内压应不超过 p_{sc}，即 $p \leqslant p_{sc}$。

7.5.6.2 Ω 形波纹管无平面失稳的倾向。

7.6 带直边环向对接接头单层膨胀节计算

7.6.1 范围

适用的结构与材料范围：

a) 适用于结构代号 HZ 单层波纹管。材料为碳素钢、低合金钢、奥氏体不锈钢、镍、镍合金及耐蚀合金等。(见图 10)。

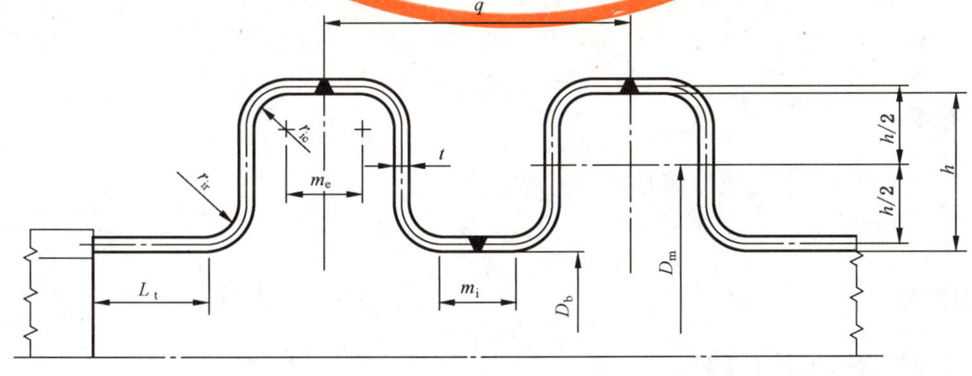

图 10 带直边环向对接接头单层膨胀节

b) 波峰(谷)环向对接接头直边长度：

波峰(谷)环向对接接头直边长度分别按式(87)、式(88)计算：

$$m_i \leqslant 0.2\sqrt{D_m t_p} \tag{87}$$

$$m_e \leqslant 0.2\sqrt{D_m t_p} \tag{88}$$

7.6.2 应力计算

7.6.2.1 压力引起波纹管直边段周向薄膜应力按式(89)计算。

$$\sigma_1 = \frac{pD_b + nt)^2 L_t E_b^t k}{2[ntE_b^t L_t(D_b + nt) + t_c k E_c^t L_c D_c]} \tag{89}$$

7.6.2.2 压力引起直边段套箍周向薄膜应力按式(90)计算。

$$\sigma_1' = \frac{pD_c^2 L_t E_c^t k}{2[ntE_b^t L_t(D_b + nt) + t_c k E_c^t L_c D_c]} \tag{90}$$

7.6.2.3 压力引起波纹管的周向薄膜应力按式(91)和式(92)计算。

——对于端波

$$\sigma_{2,E} = \frac{p}{2} \cdot \frac{(q - m_i)D_m + m_e h + (L_t + m_i/2)(D_b + t_p)}{A_c + t_p(m_e + L_t + m_i/2)} \tag{91}$$

——对于中间波

$$\sigma_{2,i} = \frac{p}{2} \cdot \frac{(q - m_i)D_m + m_e h + m_i(D_b + t_p)}{A_c + t_p(m_e + m_i)} \tag{92}$$

7.6.2.4 压力引起波纹管子午向薄膜应力按式(93)计算。

$$\sigma_3 = \frac{ph}{2nt_p} \tag{93}$$

7.6.2.5 压力引起波纹管子午向弯曲应力按式(94)计算。

$$\sigma_4 = \frac{p}{2n}\left(\frac{h}{t_p}\right)^2 C_p \tag{94}$$

7.6.2.6 位移引起波纹管子午向薄膜应力按式(95)计算。

$$\sigma_5 = \frac{E_b t_p^2 e}{2h^3 C_f} \tag{95}$$

7.6.2.7 位移引起波纹管子午向弯曲应力按式(96)计算。

$$\sigma_6 = \frac{5E_b t_p e}{2h^2 C_d} \tag{96}$$

7.6.3 应力范围

波纹管的子午向总应力范围应满足式(97)规定。

$$\sigma_t = C_h[0.7(\sigma_3 + \sigma_4) + \sigma_5 + \sigma_6] \tag{97}$$

7.6.4 应力校核

波纹管的各项应力应满足以下条件：

a) $\sigma_1 \leqslant \phi_b w_b [\sigma]_b^t$；

b) $\sigma_{2,E} \leqslant \phi_b w_b [\sigma]_b^t$；

$\sigma_{2,i} \leqslant \phi_b w_b [\sigma]_b^t$；

c) $\sigma_1' \leqslant \phi_c w_c [\sigma]_c^t$；

d) $\sigma_3 + \sigma_4 \leqslant C_m [\sigma]_b^t$（蠕变温度以下）；

e) 对于碳素钢、低合金钢、奥氏体不锈钢、镍、镍合金及耐蚀合金等材料波纹管：$\sigma_t \leqslant 2R_{eL}^t$；

f) HZ 单层波纹管不考虑低周疲劳问题。

7.6.5 轴向弹性刚度

7.6.5.1 单波轴向弹性刚度按式(98)计算。

$$f_{ih} = 1.7 \frac{D_m E_b^t t_p^3 n}{h^3 C_f} \quad \cdots\cdots(98)$$

7.6.5.2 整体轴向弹性刚度按式(99)计算。

$$K_{bh} = \frac{f_{ih}}{N} \quad \cdots\cdots(99)$$

7.6.6 稳定性计算

7.6.6.1 波纹管两端固支时，柱失稳的极限设计内压按式(100)计算。

$$p_{sc} = \frac{0.34\pi f_{ih} C_\theta}{N^2 q} \quad \cdots\cdots(100)$$

设计内压应不超过 p_{sc}，即 $p \leqslant p_{sc}$。

7.6.6.2 波纹管两端固支时，蠕变温度以下平面失稳的极限设计压力按式(101)计算。

$$p_{si} = \frac{1.3 A_c R_{eLy}^t}{K_r D_m q \sqrt{\alpha}} \quad \cdots\cdots(101)$$

设计内压应不超过 p_{si}，即 $p \leqslant p_{si}$。

7.7 疲劳寿命计算

7.7.1 适用于奥氏体不锈钢、耐蚀镍合金及镍-铬合金(NS1101、NS1102、NS3102 等)材料波纹管，当 $\sigma_t > 2R_{eL}^t$ 时，按式(102)进行疲劳寿命计算。

$$[N_c] = \left(\frac{12\ 827}{\dfrac{\sigma_t}{f_c} - 372}\right)^{3.4} \Big/ n_f \quad \cdots\cdots(102)$$

7.7.2 适用于耐蚀镍-钼-铬合金(NS1402、NS3304、NS3305 材料波纹管，当 $\sigma_t > 2R_{eL}^t$ 时，按式(103)进行疲劳寿命计算。

$$[N_c] = \left(\frac{16\ 069}{\dfrac{\sigma_t}{f_c} - 465}\right)^{3.4} \Big/ n_f \quad \cdots\cdots(103)$$

7.7.3 适用于耐蚀镍-铬合金(NS3306)材料波纹管，当 $\sigma_t > 2R_{eL}^t$ 时，按式(104)进行疲劳寿命计算。

$$[N_c] = \left(\frac{18\ 620}{\dfrac{\sigma_t}{f_c} - 540}\right)^{3.4} \Big/ n_f \quad \cdots\cdots(104)$$

7.7.4 波纹管操作疲劳寿命 N_d 应符合式(105)规定：

$$N_d \leqslant [N_c] \quad \cdots\cdots(105)$$

N_d 由设计单位根据系统工况提出。

式(102)、式(103)、式(104)用于预测成形态或退火态波纹管的疲劳寿命,仅适用于设计疲劳寿命 N_c 在 $10^2 \sim 10^6$ 之间,且设计温度低于波纹管材料蠕变温度。

7.8 波纹管轴向位移及其作用力

7.8.1 波纹管轴向位移

7.8.1.1 波纹管单波轴向位移

单波轴向位移按式(106)计算:

$$e = \frac{e_N}{N} \qquad \cdots\cdots(106)$$

7.8.1.2 单波轴向位移计算与校核

由许用疲劳寿命$[N_C]$计算得到的波纹管单波轴向位移 e 亦称为单波额定轴向位移$[e]$,要求波纹管设计单波轴向位移 $e \leqslant [e]$。从几何尺寸要求对单波额定轴向压缩位移$[e_c]$和单波额定轴向拉伸位移$[e_e]$限制见式(107)、式(108)。

$$e_c \leqslant [e_c] \leqslant e_{cmax} \qquad \cdots\cdots(107)$$

$$e_e \leqslant [e_e] \leqslant e_{emax} \qquad \cdots\cdots(108)$$

式中:

a) 由波纹管几何尺寸确定单波最大轴向压缩位移 e_{cmax}应符合式(109)规定:

$$e_{cmax} = q - 2r_m - nt \qquad \cdots\cdots(109)$$

对于带均衡环的膨胀节,e_{cmax}应为均衡环之间的距离与按式(109)计算结果,取两者的较小值。

b) 由波纹管几何尺寸确定单波最大轴向拉伸位移 e_{emax}应符合式(110)规定:

$$e_{cmax} = 6r_m - q \qquad \cdots\cdots(110)$$

c) 对于仅有轴向压缩位移工况 $e_c \leqslant [e_c] = [e]$,对于仅有轴向拉伸位移工况 $e_e \leqslant [e_e] = [e]$,对于波纹管轴向拉、压循环位移范围,其波纹管设计单波轴向位移:$e = (e_c + e_e) \leqslant [e] = [e]$。

对于$[e_c]$或$[e_e]$中的较大值应$\leqslant [e]$。

7.8.2 波纹管压力推力与弹性刚度力

7.8.2.1 波纹管压力推力按式(111)计算。

$$F_p = pA_e \qquad \cdots\cdots(111)$$

7.8.2.2 波纹管单波弹性刚度力按式(112)计算。

$$F_i = ef_i \qquad \cdots\cdots(112)$$

7.9 外压计算

7.9.1 多层波纹管有效层数的确定

承受外压的多层无加强和加强 U 形波纹管,公式中层数和波高的数值仅取决于有效承受外压的层。在双层波纹管设计中,有效层数及有效层外压设计压力的确定按式(113)和式(114)计算。

当 $P_m \leqslant \overline{P}$ 时,两层都有效,且 $P_e = P_0 - P_i$(负压时取零) ……(113)

当 $P_m > \overline{P}$ 时,仅内层有效,且 $P_e = P_m - P_i$ ……(114)

式中:

$\overline{P}$——平均绝对压力,单位为兆帕(MPa);

$$\overline{P} = (P_0 + P_i)/2$$

P_m——多层波纹管层与层之间的绝对压力，单位为兆帕(MPa)；

$$P_m = P_e + P_i$$

P_0——波纹管外部的绝对压力，单位为兆帕(MPa)；

P_i——波纹管外部的绝对压力，单位为兆帕(MPa)；

P_e——外压设计压力，单位为兆帕(MPa)。

7.9.2 外压波纹管承压能力计算

在外压工况下，U 形波纹管承压能力按式(46)、式(48)、式(49)、式(50)进行计算和 7.3.4a)、7.3.4b)、7.3.4d)应力评定，外部套箍和外部加强件均不包含在外压能力的计算范围内。

注：本标准未涉及 Ω 形波纹管承受外压时的设计。

7.9.3 外压周向稳定性校核

7.9.3.1 校核要求

膨胀节用于真空条件或承受外压时，除应进行应力和疲劳寿命校核外，还应对 U 形波纹管及其相连接的设备壳体或端管进行外压周向稳定性校核。

7.9.3.2 惯性矩计算

图 11 惯性矩计算

惯性矩按式计算(见图 11)：

a) 波纹管截面对 1-1 的惯性矩 $I_{1\text{-}1}$ 按式(115)计算：

$$I_{1\text{-}1} = Nnt_p\left[\frac{(2h-q)^3}{48} + 0.4q(h-0.2q)^2\right] \qquad \cdots\cdots(115)$$

b) 被波纹管取代圆筒部分(设备壳体或端管)截面对 2-2 的惯性矩 $I_{2\text{-}2}$ 按式(116)计算：

$$I_{2\text{-}2} = \frac{L_b t_0^3}{12(1-\nu^2)} \qquad \cdots\cdots(116)$$

7.9.3.3 惯性矩校核

惯性矩校核应符合下列规定：

a) 当 $\frac{E_b^t}{E_p^t} I_{1\text{-}1} < I_{2\text{-}2}$ 时，将波纹管视为当量圆筒按 7.9.3.4 进行外压周向稳定性校核。其中当量圆筒直径取 D_m，长度为波纹管波的长度 $L_b(=Nq)$，厚度为 $\sqrt[3]{(12I_{1\text{-}1})/L_b}$。

同时波纹管未加支撑的直边段及每一侧圆筒均按 7.9.3.4 进行外压周向稳定性校核。

b) 当 $\frac{E_b^t}{E_p^t} I_{1\text{-}1} \geq I_{2\text{-}2}$ 时，将波纹管视为容器圆筒的一部分，与容器圆筒作为一整体按 7.9.3.4 进行外压周向稳定性校核。

7.9.3.4 外压周向稳定性校核方法

外压周向稳定性校核方法按 GB/T 150.3—2011 中第 4 章的规定。

7.10 内衬筒的设计

7.10.1 膨胀节内衬筒设置

符合下列要求之一者，应设置内衬筒：

a） 要求保持摩擦损失最小及介质流动平稳的场合；

b） 介质流速较高，可能引起波纹管共振；

c） 存在磨蚀的可能，应设置厚壁内衬筒；

d） 介质温度高，需降低波纹管金属温度；

e） 存在反向流动，应设置厚壁内衬筒或伸缩（对插）内衬筒。

7.10.2 内衬筒厚度计算

7.10.2.1 除 7.1 符号说明外，增加下列符号：

C_L——长度系数，按式(117)计算：

$$C_L=\begin{cases}1 & L_S\leqslant 450\ \text{mm}\\ \sqrt{L_S/450} & L_S>450\ \text{mm}\end{cases} \quad\cdots\cdots(117)$$

C_S——流动加速度系数，容器因内件等介质发生湍流时，取 $C_S=4$；

C_t——温度系数，按式(118)计算：

$$C_t=\begin{cases}1 & T_{max}\leqslant 150\ ℃\\ E_S^{150}/E_S^t & T_{max}>150\ ℃\end{cases} \quad\cdots\cdots(118)$$

C_v——流速系数，按式(119)计算：

$$C_v=\begin{cases}1 & V_{max}\leqslant 30\ \text{m/s}\\ \sqrt{V_{max}/30} & V_{max}>30\ \text{m/s}\end{cases} \quad\cdots\cdots(119)$$

E_S^{150} ——内衬筒在 150℃下的弹性模量，单位为兆帕(MPa)。

E_S^t ——内衬筒在设计温度下的弹性模量，单位为兆帕(MPa)。

K_i ——介质流动影响系数，对于液体，$K_i=1$；对于气体，$K_i=2$；

L_S ——内衬筒的长度，单位为毫米(mm)。

m_{eff} ——波纹管重量，包括加强件和波纹间液体的重量，单位为千克(kg)；

V_{max} ——通过波纹管或内衬筒介质的最大流速按式(120)计算（当无内衬筒时，要求 $V_{max}<V_{alw}$，单位为米每秒(m/s)；

$$V_{max}=V_fC_s \quad\cdots\cdots(120)$$

V_{alw}——允许流速，按式(121)计算，单位为米每秒(m/s)；

V_f ——介质流速，单位为米每秒(m/s)；

T_{max}——介质最高温度，单位为摄氏度(℃)；

t_{min} ——内衬筒最小厚度，见表 11，单位为毫米(mm)。

t_1' ——内衬筒有效厚度，按式(122)计算，单位为毫米(mm)。

t_1 ——内衬筒名义厚度，按式(123)计算，单位为毫米(mm)。

表 11 内衬筒最小厚度

膨胀节公称直径 DN/mm	内衬筒最小壁厚 t_{min}/mm
100～250	0.91
300～600	1.22
650～1 200	1.52
1 250～1 800	1.91
>1 800	2.29

7.10.2.2 流速的限制应符合下列要求：

a) 允许流速

膨胀节(公称直径 DN≥150 mm)内介质最大流速小于表 12 允许流速，可不设置内衬筒。

表 12 允许流速

介质	液体					气体				
波纹管层数 n	1	2	3	4	5	1	2	3	4	5
允许流速 V_{alw}/(m/s)	3.05	4.27	5.18	6.10	6.71	7.32	10.36	12.80	14.63	16.46

b) 膨胀节(公称直径 DN≥150 mm)内介质允许流速按式(121)计算，其计算值大于表 12，但不大于表 13 规定的允许流速时，可不设置内衬筒。

$$V_{alw}=0.026qK_{i}\sqrt{\frac{nK_{b}}{m_{eff}}} \qquad \cdots\cdots\cdots\cdots(121)$$

表 13 允许流速

介质	液体	气体
允许流速 V_{alw}/(m/s)	7.6	19.8

7.10.2.3 内衬筒推荐设计应符合下列要求：

a) 内衬筒的设计不得限制膨胀节的位移；

b) 当介质为蒸气或液体，且流动方向垂直向上时，应在内衬筒下端设置排液孔；

c) 内衬筒在迎着介质流动方向一端与端管(或设备壳体)焊接，组焊后在端管(或设备壳体)上用红色标记介质流动方向；

d) 内衬筒的材料通常情况下与波纹管材料相同。其他适合使用场合的材料也可使用。

7.10.2.4 内衬筒厚度计算：

a) 内衬筒有效厚度按式(122)计算，单位为毫米(mm)。

$$t'_{1}=C_{L}C_{v}C_{t}t_{min} \qquad \cdots\cdots\cdots\cdots(122)$$

b) 内衬筒名义厚度按式(123)计算，单位为毫米(mm)。

$$t_{1}=t'_{1}+C \qquad \cdots\cdots\cdots\cdots(123)$$

7.11 外护套

7.11.1 外护套设置原则

7.11.1.1 膨胀节在运输、安装过程中，波纹管可能受到损伤及破坏时应设置外护套。
7.11.1.2 设计图样有要求时，应设置外护套。

7.11.2 外护套厚度确定

按照 GB/T 150.1—2011 及内衬筒名义厚度式(123)确定。

8 制造

8.1 成形方法

8.1.1 ZX、ZD 波纹管应采用整体方法成形，此时波纹管毛坯用钢板卷制只允许有纵向焊接接头，不准许有环向焊接接头。见图 2a)，图 3a)、图 3b)，图 4。
8.1.2 HZ 单层膨胀节允许钢板分瓣拼焊(拼焊的钢板不准许存在环向焊接接头)，半波整体冲压，然后采用两个半波零件焊接而成。见图 2 b)。

8.2 焊接

8.2.1 一般规定

8.2.1.1 波纹管管坯 A 类焊接接头宜采用自动焊。奥氏体不锈钢、镍及镍合金等有色金属材料波纹管 A 类、B 类焊接接头以及波纹管与端管连接的 B 类焊接接头宜采用氩弧焊接或等离子焊接的方法施焊。
8.2.1.2 波形膨胀节对焊接头和角焊接头应全焊透，其焊接接头坡口型式和尺寸应符合 GB/T 985.1、GB/T 985.2 规定。
8.2.1.3 凡多层焊接要求层间无损检测的焊接接头，无损检测应在每层焊完，且清理、目视检查合格后进行，表面无损检测应在射线照相检测及超声波检测前进行，经检测的焊缝评定合格后方可继续焊接。
8.2.1.4 多层波纹管套合时各层管坯间 A 类焊接接头位置应沿圆周方向均匀错开。各层管坯间不应有水、油、泥纱等污物。多层波纹管直边端口应采用氩弧焊或滚焊封边，使端口各层熔为整体。
8.2.1.5 波形膨胀节使用的焊接材料应符合 TSG 21—2016 中 2.2.6 的规定。焊条、焊剂及其他焊接材料的贮存库应保持干燥，相对湿度不大于 60%。
8.2.1.6 焊接(包括返修焊接)应在 0 ℃以上的室内进行，相对湿度不大于 90%，否则应采取有效的保护措施。当焊件温度低于 0 ℃时，应在施焊处 100 mm 范围内采取预热措施。
8.2.1.7 施焊时，不得在非焊接处引弧，A 类焊接接头焊接应有引弧板和熄弧板，板长不小于 100 mm。去除引弧板和熄弧板，应采用切除的方法，严禁使用敲击的方法，切除处应磨平。

8.2.2 A 类焊接接头条数

8.2.2.1 波纹管管坯根据板宽下料，下料前应进行材料标记移植，并保证转移标记的正确、清晰耐久。
8.2.2.2 波纹管无论采用何种方法成形(整体成形或半波整体冲压成形)，其管坯 A 类焊接接头条数都应以最少为原则(按板材宽度为基础计算)，并且相邻两条纵向焊接接头间距不小于 300 mm。

8.2.3 焊接工艺

8.2.3.1 膨胀节施焊前，受压元件焊缝、与受压元件相焊的焊缝、熔入永久焊缝内的定位焊缝、受压元件母材表面堆焊与补焊，以及上述焊缝的返修焊缝都应按 NB/T 47014 规定进行焊接工艺评定或者具有经过评定合格的焊接工艺支持。根据评定合格的焊接工艺，制定膨胀节的焊接工艺规程。焊工应严格遵守该规程，并有施焊记录。

8.2.3.2 应在受压元件(波纹管除外)焊接接头附近的指定部位打上焊工硬印标记，或在含焊缝布置图的焊接记录中记录焊工代号。其中低温钢、不锈钢及有色金属不得采用硬印标记。

8.2.3.3 焊接工艺评定技术档案应保存至该工艺评定失效为止，焊接工艺评定试样保存期不少于5年。

8.2.4 焊缝表面形状尺寸及外观要求

8.2.4.1 管坯A类对焊接头表面应与母材表面齐平或允许保留不大于波纹管名义壁厚10%均匀的焊缝余高，保留均匀余高的焊缝表面应与母材表面圆滑过渡。焊接接头表面应呈银白色或金黄色。

8.2.4.2 焊缝表面的溶渣和飞溅物应清除干净，并不得有表面裂纹、未焊透、未熔合、表面气孔、咬边、弧坑、未填满和夹渣等缺陷。A类焊接接头不应有错边。内衬套的对接焊缝外表面应修平。

8.2.4.3 对焊接头修磨处的厚度不应小于母材厚度，修磨后的焊缝表面应符合8.2.4.1、8.2.4.2的规定。

8.2.4.4 角焊缝的外形应凹形圆滑过渡至母材。

8.2.4.5 多层波纹管直边端口焊接表面应平整，平面度不大于1 mm，端口焊最小厚度不小于波纹管各层名义壁厚之和，且不小于3 mm。

8.2.4.6 膨胀节采用内插或外套坡口连接时(见表1序号3、序号4)，其波纹管直边与端管或设备壳体连接的坡口焊接接头应全焊透，并符合下列要求：

a) 坡口焊接接头表面应符合8.2.4.1、8.2.4.2的规定，余高不大于波纹管壁厚，且不大于1.5 mm；有套箍复盖的坡口焊接接头表面应修平。
b) 波纹管直边与端管或设备壳体连接应紧密贴合，公差见表18规定。

8.2.4.7 当采用滚焊工艺对多层波纹管直边段端口进行封边时，切边后端口截面应保持全焊透，不得有分层现象，滚焊焊缝有效宽度应不小于4 mm。焊缝表面不得有过烧、击穿、裂纹、飞溅等缺陷。

8.2.5 焊缝返修

8.2.5.1 焊缝返修应分析缺陷产生的原因，提出相应的返修方案，其返修工艺应符合8.2.3的有关规定，并得到焊接技术负责人的同意。焊接接头同一部位原则上只许返修一次。整体成形后波纹管的A类焊接接头不准许进行返修。

8.2.5.2 对经过一次返修仍不合格的焊缝，在第二次返修时，应有保证焊接质量的具体措施，并经过制造单位技术负责人批准，返修结果也应经制造单位技术负责人认可。

8.2.5.3 返修后的焊缝应按8.5的规定重新进行检查，其返修次数、部位、返修情况和无损检查结果应记入膨胀节的质量证明文件。

8.3 热处理

8.3.1 恢复性能热处理

8.3.1.1 冷作成形的波纹管，凡符合下列条件之一者，成形后进行恢复性能热处理：

a) 图样注明有应力腐蚀的介质；
b) 用于毒性为极度、高度危害介质；
c) 冷作成形碳素钢、低合金钢材料波纹管；
d) 奥氏体不锈钢、镍和镍合金、钛和钛合金等有色金属波纹管冷作成形后可不进行热处理，但符合下列条件之一者，成形后应进行热处理：
   1) 波纹管成形前厚度大于10 mm。
   2) 波纹管成形变形率≥15%(当设计温度低于−100 ℃，或高于510 ℃时，变形率控制值10%)。波纹管成形变形率ε_f(%)计算见式(9)。

8.3.1.2 当对成形温度、恢复材料供货热处理状态的热处理有特殊要求时，应遵循相关标准、规范或设计文件的规定。

8.3.2 焊后热处理

波纹管(包括 DN>400 mm 板卷端管)焊后热处理根据材料、焊接接头厚度、介质危害程度等设计要求按 TSG 21—2016、GB/T 150—2011 或设计图样规定。

8.3.3 热处理要求

8.3.3.1 波纹管制造单位根据设计文件和标准规范的要求,热处理前编制热处理工艺。避免由于焊后热处理导致的再热裂纹。

8.3.3.2 不得使用燃煤炉进行成形及焊后热处理。

8.3.3.3 热处理装置(炉)应配有自动记录曲线的测温仪表,并能自动绘制热处理时间与温度的关系曲线。

8.3.3.4 对需要热处理的波纹管和端管(其热处理试样应随炉热处理),热处理后应复验材料性能及焊接接头力学性能,其检测结果应符合相应标准规定或设计图样要求。

8.3.3.5 热处理试板的制备、检测与评定等应符合 TSG 21—2016、GB/T 150.4—2011 的规定。

8.4 波纹形状与表面质量

8.4.1 波纹形状应均一,波峰、波谷与波侧壁间圆滑过渡,其表面不得有明显的凹凸不平和大于钢板厚度负偏差值的划伤及焊接飞溅等其他缺陷。液压成形波纹管表面允许有轻微成型模分型面的痕迹。

8.4.2 制造中禁止在非焊部位引弧和避免钢板表面的机械损伤。对严重的伤痕 ZD、HZ 单层波纹管成形后应进行修磨,使其圆滑过渡,修磨范围内的斜度至少为 1∶3。修磨后的一层壁厚应大于波纹管的一层名义厚度减去钢板厚度负偏差,且修磨处的深度不超过波纹管一层名义厚度的 5%,且不大于 0.3 mm。膨胀节波形表面不许补焊。

8.4.3 加强环、均衡环或套箍表面应光滑。当波纹管在中性位置,加强环、均衡环或套箍表面与波纹管直边端或波谷外壁紧密贴合,其贴合径向间隙应符合 8.6.7 的规定。

8.5 无损检测

8.5.1 无损检测方法及其选择

波形膨胀节无损检测方法及无损检测方法的选择应符合 TSG 21—2016 中 3.2.10.1 和 3.2.10.2 的规定。

8.5.2 无损检测的实施时机

8.5.2.1 波形膨胀节的焊接接头应按 8.2.2 和 8.2.4 规定的形状尺寸和外观检查合格后,再进行无损检测。

8.5.2.2 对有延迟裂纹倾向的材料,至少在施焊 24 h 后进行无损检测;对有再热裂纹倾向的材料,应在热处理后增加一次无损检测。

8.5.2.3 波纹管 A 类焊接接头在波成形前无损检测,B 类焊接接头在波成形后无损检测。对于 HZ 板料分瓣拼焊半波整体冲压的径向拼接焊缝(A 类焊接接头),在波纹管成形后进行无损检测。如果成形前已经进行无损检测,则成形后按 TSG 21—2016 中 4.2.5.1(2)的规定对波峰(谷)圆弧区域到直边段再进行无损检测。

8.5.3 射线检测(包括胶片感光或数字成像)或超声检测

8.5.3.1 波纹管 A 类、B 类焊接接头应符合下列规定:

a) 波纹管 A 类、B 类焊接接头应进行 100% 的射线检测。

b) ZX 型波纹管直边与端管(或设备壳体)采用内插或外套连接的 B 类焊接接头(坡口对接接头)

或被端管、加强环、套箍等所覆盖的B类焊接接头(坡口对接接头)均应进行100%渗透或超声检测。

c) ZD型、HZ型波纹管与端管(或设备壳体)的B类焊接接头按设备壳体环缝的要求进行射线检测或超声检测。

8.5.3.2 端管、加强件(包括加强环、均衡环和套箍等)A类、B类焊接接头按GB/T 150.4—2011中10.3的规定进行射线检测或超声检测。

8.5.4 渗透检测或磁粉检测

8.5.4.1 凡符合下列条件之一的焊接接头表面应进行100%的渗透或磁粉检测:

a) 波纹管管坯厚度不大于2 mm的A类焊接接头的内外表面;
b) 多层波纹管两直边端部的端口焊接表面或滚焊封边表面;
c) ZX型、ZD型、HZ型波纹管A类、B类、C类、D类、E类对接接头和角接接头表面;
d) ZX型波纹管直边与端管(或设备壳体)采用内插或外套连接的B类焊接接头(坡口对接接头),或被端管、加强环、套箍等所覆盖的B类焊接接头(坡口对接接头);
e) ZX型、ZD型、HZ型波纹管成形后A类焊接接头的内外可触及表面;
f) 多层焊要求层间表面无损检查的焊缝(见8.2.1.3);
g) 缺陷的修磨表面。

8.5.4.2 碳素钢、低合金钢膨胀节焊接接头表面优先采用磁粉检测。

8.5.5 评定标准

8.5.5.1 射线检测(包括胶片感光或数字成像)应符合下列要求:

a) 波纹管一层名义厚度大于或等于2 mm的A类、B类焊接接头按NB/T 47013.2规定进行100%射线检测,其技术等级不低于AB级,检测结果Ⅱ级合格;
b) 奥氏体不锈钢、镍及镍合金材料波纹管,当一层名义厚度小于2 mm的A类、B类焊接接头按NB/T 47013.2规定进行100%射线检测,其技术等级不低于AB级,检测结果Ⅰ级合格。

8.5.5.2 超声检测按NB/T 47013.3规定进行,其检测技术等级和合格级别见表14。

表14 超声检测合格级别

检查方法		检测技术等级	检查范围		合格级别
超声检测	脉冲反射法	B	A类、B类接头	全部	Ⅰ
				局部	Ⅱ
			角接接头、T形接头		Ⅰ
	衍射时差法	—	—		Ⅱ

8.5.5.3 渗透检测或磁粉检测应符合下列要求:

a) 渗透检测按NB/T 47013.5规定进行,检测结果应满足下列要求:
   1) 不准许存在裂纹等线性显示;
   2) 不准许在同一直线上存在4个或4个以上、间距小于1.5 mm的圆形显示;
   3) 不规则分布的圆点状缺陷,在任意150 mm焊接接头长度内不超过5个,单个缺陷直径小于1/2波纹管有效壁厚。
b) 磁粉检测按NB/T 47013.4规定进行,检查结果Ⅰ级合格。

8.5.6 重复检查

8.5.6.1 经射线检测或超声检测的A类、B类焊接接头，如有不准许的缺陷，应在缺陷清除干净后按8.2.5的规定进行返修，并对该部位采用原探伤方法重新检查和评定。

8.5.6.2 磁粉检测或渗透检测发现的不准许缺陷，应按8.2.5和8.4.2的规定进行返修，并对该部位采用原探伤方法重新检查和评定。

8.6 组装与套合

8.6.1 波形膨胀节组焊时，应防止焊接飞溅和电弧烧穿波纹管，严禁在波纹管上引弧。

8.6.2 HZ型波纹管B类接头对口错边量 b 按表15规定。

表15 HZ型波纹管B类接头对口错边量 单位为毫米

对口处的名义厚度 t	B类接头对口错边量 b
$2 \leqslant t \leqslant 12$	$\leqslant 15\% t$，且不大于1.0
$12 < t \leqslant 20$	$\leqslant 10\% t$，且不大于1.5
$20 < t \leqslant 40$	$\leqslant 5\% t$，且不大于2.0

8.6.3 ZD型、HZ型波纹管与设备壳体(或端管)的连接，一般采用对接，其B类接头的对口错边量 b 应符合下列规定：

a) 波纹管的壁厚与设备壳体(或端管)厚度相等，B类接头对口错边量 b 按表16规定。

表16 波纹管的壁厚与设备壳体(或端管)厚度相等B类接头对口错边量 单位为毫米

对口处的名义厚度 t	B类接头对口错边量 b
$\leqslant 6$	$\leqslant 25\% t$
$6 < t \leqslant 12$	$\leqslant 20\% t$
$12 < t \leqslant 20$	$\leqslant 15\% t$
$20 < t \leqslant 40$	$\leqslant 5\% t + 1$

b) 波纹管的壁厚与设备壳体(或端管)厚度不相等时，按GB/T 150.4—2011中6.5.3的规定，在设备壳体(或端管)一侧进行单面或双面削薄厚板边缘，或按表1序号5采用辅助套箍D结构。

若波纹管名义厚度与设备壳体(或端管)厚度差小于GB/T 150.4—2011规定的数值时，则对口错边量 b 按a)要求，且 b 值以波纹管厚度为基准确定。在测量对口错边量时，不计入两者厚度的差值。

8.6.4 ZX型波纹管与端管(或设备壳体)的连接，一般采用内插或外套连接坡口对接接头(B类焊缝)。

8.6.5 多层波纹管各层A类焊接接头应相互错开，错开角度不小于30°。

8.6.6 多层波纹管层间应保持清洁、干净，各管坯层间不应有水、油、泥土等污物。多层波纹管管坯各层套合面应紧贴，不准许松动或皱折。

8.6.7 当波纹管在中性位置，加强环、均衡环或套箍表面与波纹管直边端或波谷外壁紧密贴合，其贴合径向间隙为直边端外直径或波谷外直径的0.5%，且不大于3 mm。

8.7 尺寸与公差

8.7.1 波纹管尺寸公差

8.7.1.1 成形后波纹管一层材料的实际厚度不得小于成形后一层材料的名义厚度 t_p，见式(33)。

8.7.1.2 波纹管两端面应平行，并与中心线垂直，其垂直度公差不大于波纹管公称直径 DN 的 1%，且不大于 3 mm。

8.7.1.3 波纹管两端面应同心，其同轴度公差应符合表 17 的规定。

表 17 波纹管同轴度公差

单位为毫米

公称直径 DN	波纹管同轴度公差
DN≤200	不大于波纹管公称直径 DN 的±0.5%，且不大于 $\phi 2$
DN>200	不大于波纹管公称直径 DN 的±1%，且不大于 $\phi 5$

8.7.1.4 U 形波纹管波峰、波谷曲率半径的允许偏差为 10% 的波峰、波谷名义曲率半径。波峰、波谷与波侧壁间应圆滑过渡，夹角 β 偏差符合 $-15° \leqslant \beta \leqslant +15°$ 规定（见图 5）。

8.7.1.5 U 形波纹管尺寸公差（波距、波高、波纹长度）按表 18 规定。

8.7.1.6 Ω 形波纹管直边段直径公差与 U 形波纹管直边段直径公差相同（见表 18）。Ω 形波纹管波纹平均半径的允许偏差为±15 % 的波纹名义曲率半径。

8.7.1.7 Ω 形波纹管波形尺寸公差应满足式（124）计算值（见图 6）。

$$0.8 \leqslant \frac{a_1}{2h_1} \leqslant 1.2 \qquad (124)$$

表 18 U 形波纹管尺寸公差

单位为毫米

<table>
<tr><th rowspan="2">公称直径 DN</th><th colspan="3">U 形波纹管直边段直径公差</th><th rowspan="2">波距公差 q</th><th rowspan="2">波高公差 h</th><th rowspan="2">波纹长度公差 N_q</th><th rowspan="2">长度公差 L</th></tr>
<tr><th>对接式（外圆周长公差）</th><th>外套式（波根外径公差）</th><th>内插式（波根外径公差）</th></tr>
<tr><td>150≤DN≤250</td><td rowspan="2">±3</td><td rowspan="2">GB/T 1800.2—2009 表 6 中 H12</td><td rowspan="2">—</td><td colspan="3" rowspan="10">GB/T 1800.1—2009 表 1 中 IT18 级，其偏差为±IT18/2</td><td rowspan="4">±3</td></tr>
<tr><td>250<DN≤400</td></tr>
<tr><td>400<DN≤750</td><td rowspan="8">$^{+10}_{0}$</td><td rowspan="8">—</td><td rowspan="8">GB/T 1800.2—2009 表 22 中 h12</td></tr>
<tr><td>750<DN≤900</td></tr>
<tr><td>900<DN≤1 200</td><td rowspan="6">$^{+5}_{-3}$</td></tr>
<tr><td>1 200<DN≤1 600</td></tr>
<tr><td>1 600<DN≤2 000</td></tr>
<tr><td>2 000<DN≤2 600</td></tr>
<tr><td>2 600<DN≤3 200</td></tr>
<tr><td>3 200<DN≤4 000</td></tr>
<tr><td colspan="8">注 1：波纹管直边端与设备筒体（或端管）对接，内直径公差通过外圆周长控制。
注 2：内插或外套指波纹管直边端与端管（或设备壳体）的连接形式：
①内插（或外套）角焊缝（见表 1 序号 1、序号 2）；
②内插（或外套）坡口焊缝（见表 1 序号 3、序号 4）。
注 3：波纹管波的长度 $l_b = N_q$，单位为毫米（mm）。
注 4：波纹管长度 $L = N_q + 2L_t$，单位为毫米（mm）。</td></tr>
</table>

8.7.2 端管(筒节)尺寸公差

8.7.2.1 选用板材卷制时,内直径允许偏差通过外圆周长控制,其外圆周长允许上偏差为 10 mm,下偏差为零。选用无缝钢管时,其内直径允许偏差按相应钢管标准规定。

8.7.2.2 端管卷制时焊接接头对口错边量及棱角的要求按 GB/T 150.4—2011 中 6.5.1 和 6.5.2 的规定;内壁焊缝余高均应磨至与母材表面齐平。

8.7.2.3 同一端面最大直径与最小直径之差应不大于公称直径 DN 的 0.5%,且不大于表 19 规定。

表 19 圆度允许偏差

单位为毫米

公称直径 DN	最大最小直径差
150≤DN≤250	不大于 1
250<DN≤350	不大于 1.5
350<DN≤750	不大于 2
750<DN≤900	不大于 4
900<DN≤1 200	不大于 5
1 200<DN≤1 600	不大于 6
1 600<DN≤2000	不大于 7
2 000<DN≤2 600	不大于 12
2 600<DN≤3 200	不大于 14
3 200<DN≤4 000	不大于 16

8.7.3 膨胀节外连接端面间尺寸和偏差

膨胀节外连接端面间尺寸和极限偏差见表 20。

表 20 膨胀节外连接端面间尺寸

单位为毫米

膨胀节外连接端面间尺寸 L_H	极限偏差
≤900	±3
>900~3 600	±6
>3 600	±9

9 检验与验收

9.1 耐压试验与泄漏试验

9.1.1 制造完工的膨胀节经检验合格后进行耐压试验(液压试验或气压试验)或增加泄漏试验(气密性试验),其耐压试验和泄漏试验的试验压力、试验要求及试验方法应符合 GB/T 150.4—2011 中第 11 章的有关规定。

9.1.2 波形膨胀节的耐压试验应单独进行,并保证两端固定和有效密封,并处于中性位置,防止波形膨胀节轴向长度变形、横向偏移或周向偏转。对于与设备同厂制造的波形膨胀节若与制造完工的设备一起进行压力试验，还应满足 12.2.7 的规定。

9.1.3 波形膨胀节在试验压力下不得有破坏、泄漏、失稳和局部坍塌。对于无加强 U 形膨胀节，在试验压力下的波距与加压前波距之比大于 1.15（即波距变化率大于 15%），对于加强 U 形膨胀节和 Ω 形膨胀节，在试验压力下的波距与加压前波距之比大于 1.20（即波距变化率大于 20%），即认为膨胀节平面失稳。

9.1.4 对于介质毒性危害程度为极度、高度危害或设计上不准许有微量泄漏的波形膨胀节应进行泄漏性试验（气密性试验），且应符合 TSG 21—2016 中 3.1.18 的规定。膨胀节泄漏性试验（气密性试验）压力等于设计压力。泄漏性试验（气密性试验）应在液压试验合格后进行。

9.2 性能试验

9.2.1 一般规定

9.2.1.1 性能试验的试验件应是合格的原型波纹管，其他结构（如两端部分）可根据试验装置进行设计。凡是进行性能试验的产品均不得出厂。

9.2.1.2 性能试验每次抽取样品应在同批的产品中随机抽取两台，对于试验结果不合格，允许加倍重复试验，若重复试验结果仍有一项指标不合格，则认为性能试验不合格。

注：同批的产品是指相同的设计、相同批原材料、相同的成形工艺和热处理、相同的规格尺寸。

9.2.2 刚度试验

9.2.2.1 刚度测量装置

刚度测量在专用的试验装置上进行。刚度测量装置应满足下列要求：

a) 有可靠的位移限制装置和位移测量装置；
b) 实测的波纹管位移范围允许偏差不大于±0.5%；
c) 力指示精度不低于 1.0%。

9.2.2.2 刚度测量方法

波纹管试件按设计图样规定的设计长度（中性位置）安装在刚度测量装置上，并检查确认安装合格后，沿波纹管试件的变形方向缓慢施加所需的位移量（mm），记录相应的轴向力（N）。

9.2.2.3 刚度测量结果

一般情况，制造厂仅提供膨胀节理论刚度计算值。若用户要求，则应提供膨胀节的工作刚度或设计位移量的刚度曲线。

9.2.3 疲劳寿命试验

9.2.3.1 疲劳试验装置

膨胀节的疲劳试验在专用的试验装置上进行。疲劳试验装置应满足下列要求：

a) 有可靠的疲劳试验位移限制装置和位移测量装置，循环位移与循环速率可调节。
b) 提供可靠的循环计数器，能够记录被测试波纹管失效前的总循环次数。
c) 保证施加的轴向位移与波纹管轴线同轴。实测的波纹管位移范围允许偏差不大于±0.5%。
d) 疲劳试验内压介质为水或不会导致发生危险的其他试验液体；干燥洁净的空气、氮气或其他惰性气体。试验介质的安全要求应符合 GB/T 150.4—2011 中第 11 章的相关规定。

9.2.3.2 疲劳试验温度与试件波数

设计温度低于材料蠕变温度的膨胀节，疲劳试验允许在室温下进行。对于设计温度超过材料蠕变温度的膨胀节，应在设计温度下进行疲劳试验。疲劳试验波纹管的波数不得少于 3 个。

9.2.3.3 试验压力

试验压力与波动值应符合下列要求：

a) 室温下疲劳试验压力为设计压力，即：

$$P_t = P \qquad (125)$$

P_t——室温下疲劳试验压力，单位为兆帕（MPa）。

P ——设计压力，单位为兆帕（MPa）。

b) 疲劳试验在试验压力 P_t 下进行，其压力波动值不大于试验压力的±10%。

9.2.3.4 循环位移与循环速率

循环位移与循环速率应符合下列要求：

a) 波纹管在中性位置，其轴向位移量应以试验波纹管实际波形参数计算单波轴向位移量 e，单波位移量与多波位移量的关系见式(126)和式(127)。

$$\text{薄壁多波位移量}\ e_N = e(\mathrm{N}-0.7) \qquad (126)$$

$$\text{厚壁多波位移量}\ e_N = e \cdot \mathrm{N} \qquad (127)$$

b) 试验波纹管的循环位移应为轴向位移，试验循环位移范围等于设计轴向位移量；试验循环速率应以位移在各波均匀分配所需时间确定，且不应大于 25 mm/s。

9.2.3.5 试验结果评定

在 9.2.3.1～9.2.3.4 规定的疲劳试验工况和规定的位移循环疲劳试验中，波纹管壁厚应无穿透裂纹。膨胀节试验循环疲劳次数 N_S 应符合式(128)规定：

$$N_S \geqslant 2[N_c] \qquad (128)$$

式中：

N_S ——试验循环疲劳次数，周次；

$[N_c]$——波纹管设计许用疲劳次数，周次。

9.2.4 稳定性试验

9.2.4.1 试验设备

有可靠的试验位移限制装置和位移测量装置。耐压试验采用的压力表量程、试验介质与试验要求符合 GB/T 150.4—2011 中第 11 章的有关规定。

9.2.4.2 试验方法

试验方法应符合下列要求：

a) 稳定性试验的波纹管应是合格的原型波纹管（处于中性位置），试验前保证试件两端固定和有效密封，并防止波纹管轴向长度变形、横向偏移或周向偏转。试验过程中两端部不得发生移动。

b) 试验前应测量并记录波纹管各波的波距（沿波峰圆周均布，测点数量根据波峰直径确定，一般不少于四点）。试验时压力逐级缓慢上升，每个级间压力差不超过预计失稳压力 10%，在每次逐级升压后分别测量、记录波纹管各波的波距变化值。

9.2.4.3 试验结果评定

在试验压力下测量的最大波距与试验前无内压时波距之比，按 9.1.3 的规定确定平面失稳压力。

10 检验规则

10.1 检验分类

产品检验分出厂检验和型式检验。

10.2 出厂检验

10.2.1 波形膨胀节出厂前，应由制造单位质量检验部门逐台进行检验。检验合格后并出具合格证、质量证明书方可出厂或与设备组装。

10.2.2 检验项目和检验要求见表 21。

表 21 检验项目和检验要求

序号	检验项目名称	出厂检验	型式检验	检验要求的章条
		检验项目		
1	材料	●	●	6.1、6.2、6.3、6.4、6.5
2	成形方法与焊接工艺	●	●	8.1、8.2.3
3	焊缝外观和表面质量	●	●	8.2.1、8.2.2、8.2.4、8.2.5、8.6.5
4	波纹形状与表面质量	●	●	8.4、8.6.1、8.6.6
5	尺寸及公差	●	●	4.4、7.10.2.4、8.6.2、8.6.3、8.6.7、8.7
6	无损检测	●	●	8.5
7	热处理	●	●	8.3
8	耐压试验与泄漏试验	●	●	9.1
9	标志检查	●	●	11.2
10	出厂资料与油漆、包装	●	●	11.1、11.3
11	检验规则与要求	—	●	9.2.1
12	刚度试验	—	●	9.2.2
13	疲劳试验	—	●	9.2.3
14	稳定性试验	—	●	9.2.4
注：●：表示检验项目； —：表示不检项目。				

10.3 型式检验

10.3.1 波形膨胀节在下列条件之一时，应进行型式检验：

a) 新产品鉴定或老产品转厂生产；

b) 产品停产超过一年恢复生产；

c) 正常生产后，因材料、结构、工艺有较大改变，足以影响产品性能；
d) 合同中有规定；
e) 国家质量监督检验机构提出要求。

10.3.2 检验项目和检验要求见表 21 和 9.2.1 的规定。

11 出厂要求

11.1 出厂资料

11.1.1 产品出厂时，制造单位应提供出厂资料；对需要监督检验的波形膨胀节还应提供特种设备制造监督检验证书。

11.1.2 出厂资料包括产品合格证(含产品数据表)、产品竣工总图、产品质量证明文件和安装使用说明书(使用有特殊要求时)，其内容和格式按 GB/T 150.4—2011 和 TSG 21—2016 的规定。

11.2 标志和铭牌

11.2.1 波形膨胀节铭牌应耐大气腐蚀、固定在明显的适当位置，铭牌托架的高度应大于绝热层厚度。禁止使用聚氯乙烯自粘贴铭牌。

11.2.2 波形膨胀节铭牌至少应包括下列内容：
a) 产品名称、型号及产品编号；
b) 设计压力(MPa)、设计温度(℃)；
c) 耐压试验压力；
d) 波纹管材料；
e) 介质名称；
f) 设计许用疲劳寿命；
g) 外形尺寸、总质量；
h) 制造单位名称和许可证编号(适用时)；
i) 制造日期。

对于设备同厂制造的膨胀节或经质量检查部门检查确认无适当位置固定铭牌的波形膨胀节，可不单独提供波形膨胀节铭牌，但应在出厂质量证明文件中注明上述内容。

11.2.3 设置内衬筒的膨胀节应按 7.10.2.3c)的规定，外表面醒目标出永久性介质流向箭头。

11.3 油漆、包装和运输

波形膨胀节的油漆、包装和运输除按 JB/T 4711 规定外，还应符合下列要求：
a) 制造厂应提供保护罩和有正确保持膨胀节尺寸的措施，并防止与包装箱互相碰撞。
b) 含有铝、铅、锌等低熔点金属或它们的化合物组成的油漆，禁止接触不锈钢、镍与镍合金等有色金属材料波纹管。运输杆涂黄色；介质流向涂红色；不锈钢、镍与镍合金等有色金属表面和焊缝坡口附近不涂漆；法兰密封面涂防锈油脂；其余部件外表面涂防锈底漆。
c) 包装箱外面应写上“制造厂名称”“小心轻放”、“防雨防潮”等字样，并清晰可见。

12 贮存与安装

12.1 贮存环境和要求

波形膨胀节应贮存在室内，其贮存环境和要求应符合下列条件：

a） 室内环境应清洁、干燥、无腐蚀气氛；
b） 注意防止堆放、碰撞和跌落等原因造成波纹管机械损伤；
c） 贮存期间应保证膨胀节标志清晰可见；
d） 装有内衬筒的膨胀节竖直放置时，内衬筒开口端向下。

12.2 安装要求

12.2.1 安装之前，应检查波形膨胀节规格型号、内衬筒方向等是否符合设计图样的要求。对不是与设备同厂制造的波形膨胀节，还应复查出厂资料和质量证明文件。

12.2.2 管壳式换热器筒体与内衬筒膨胀节组装前，应考虑内衬筒对管束组装的影响。并制定合适的安装方法。

12.2.3 波纹管两端面轴向安装长度应符合设计图样要求。安装过程中严禁用拉伸、压缩、偏转波形膨胀节的办法来调整设备组装（或安装）误差或不对中。禁止用扳手、手锤等敲击波纹管。

12.2.4 波形膨胀节吊耳或载荷起吊位置应在端管上。运输杆不能作为起吊装置。钢丝绳或其他工具不准许直接装卸波纹管和波纹管覆盖物。

12.2.5 组焊时应采用不含氯化物的石棉布或其他覆盖物保护波纹管，防止电弧烧穿、焊接飞溅等损伤波纹管。

12.2.6 膨胀节的外保温应采用松软材料保证膨胀节正常动作。对于奥氏体不锈钢膨胀节不得采用含氯保温材料。

12.2.7 当膨胀节与设备（或系统）一起进行耐压试验时除应符合 9.1 规定外，还应采取拉杆、拉板或连接附件等措施约束（或承受）膨胀节上的压力推力和重量载荷。

12.2.8 膨胀节与设备现场安装就位完毕，应进行如下检查：

a） 拆除膨胀节装运螺栓等安全运输辅助装置，并将限位螺母调到设计位置上背紧。
b） 清除膨胀节波纹之间可能引起堵塞的异物。

附 录 A
（资料性附录）
膨胀节波形参数

A.1 ZX 型膨胀节波形参数($n \leqslant 5$)，见表 A.1。

表 A.1 ZX 型膨胀节波形参数

公称直径 DN mm	波根外径 D_0 mm	波高 h mm	圆弧半径 r_{ic}(或 r_{ir}) mm	层数 n	直边长度 L_t mm	波纹管长度 L mm
150	159	25	5.50	$\leqslant 5$	20	$4r_m N+2L_t$ 或 $Nq+2L_t$
200	219	40	9.50		20	
250	273	40	9.50		25	
300	325	40	9.50		25	
350	377	50	11.50		25	
400	426	50	11.50		30	
450	DN+2nt	50	11.50	$\leqslant 5$	30	$4r_m N+2L_t$ 或 $Nq+2L_t$
500		50	11.50		30	
550		50	11.50		30	
600		60	14.25		30	
650		60	14.25		30	
700		60	14.25		30	
750		60	14.25		30	
800		60	14.25		30	
900		60	14.25		30	
1 000		60	14.25		30	
1 100		60	14.25		30	
1 200		60	14.25		30	
1 300		60	14.25		30	
1 400		60	14.25		30	
1 500		60	14.25		30	
1 600		60	14.25		30	
1 700		80	17.50		40	
1 800		80	17.50		40	
1 900		80	17.50		40	
2 000		80	17.50		40	
2 100		80	17.75		40	
2 200		80	17.75		40	

表 A.1（续）

公称直径 DN mm	波根外径 D_0 mm	波高 h mm	圆弧半径 r_{ic}（或 r_{ir}） mm	层数 n	直边长度 L_t mm	波纹管长度 L mm
2 300	DN+2nt	80	17.75	≤5	40	$4r_mN+2L_t$ 或 $Nq+2L_t$
2 400		80	17.75		40	
2 500		80	17.75		40	
2 600		80	17.75		40	
2 700		80	17.75		40	
2 800		80	17.75		40	
2 900		80	17.75		40	
3 000		80	17.75		40	
3 100		80	17.75		40	
3 200		80	17.75		40	
3 300		80	17.75		40	
3 400		80	17.75		40	
3 500		80	17.75		40	
3 600		80	17.75		40	
3 700		80	17.75		40	
3 800		80	17.75		40	
3 900		80	17.75		40	
4 000		90	18.00		50	

注 1：t——波纹管名义壁厚，单位为毫米(mm)。

注 2：L_b——波纹管波纹长度，$L_b=Nq$，单位为毫米(mm)；其中：N—波数；波距 $q=4r_m$ 单位为毫米(mm)。

注 3：D_b——波纹管内直径，$D_b=D_N$，单位为毫米(mm)。

注 4：D_0——波根外径等于直边段外径，单位为毫米(mm)。

注 5：$r_m=\dfrac{r_{ic}+r_{ir}+nt}{2}$

注 6：根据设计条件，允许对上述波形参数(h、r_{ic} 或 r_{ir}、L_t)进行调整。

A.2 ZD 型、HZ 型膨胀节波形参数($n=1$)，见表 A.2。

表 A.2 ZD 型、HZ 型膨胀节波形参数(单层 $n=1$)

公称直径 DN mm	波根外径 D_0 mm	波高 h mm	圆弧半径 r_{ic}（或 r_{ir}） mm	直边长度 L_t mm	波纹管长度 L mm
150	159	30	12	$0.25\sqrt{D_b \cdot t_p}$	表注(1)： $4r_mN+2L_t$ 或 $Nq+2L_t$ 表注(2)： $N(4r_m+m_e+m_i)+2L_t$ 或 $Nq+2L_t$
(150)	159	45	20		
200	219	40	15		
(200)	219	55	20		
250	273	50	20		

表 A.2（续）

公称直径 DN mm	波根外径 D_0 mm	波高 h mm	圆弧半径 r_{ic}（或 r_{ir}） mm	直边长度 L_t mm	波纹管长度 L mm
(250)	273	65	25	$0.25\sqrt{D_b \cdot t_p}$	表注(1)： $4r_mN+2L_t$ 或 $Nq+2L_t$ 表注(2)： $N(4r_m+m_e+m_i)+2L_t$ 或 $Nq+2L_t$
300	325	60	20		
(300)	325	80	30		
350	377	70	25		
(350)	377	80	30		
400	426	70	30		
(400)	426	95	30		
450	DN+2nt	80	30	$0.25\sqrt{D_b \cdot t_p}$	表注(1)： $4r_mN+2L_t$ 或 $Nq+2L_t$ 表注(2)： $N(4r_m+m_e+m_i)+2L_t$ 或 $Nq+2L_t$
(450)		105	30		
500		85	30		
(500)		105	30		
550		95	35		
(550)		105	35		
600		105	35		
(600)		125	35		
650		115	35		
(650)		125	35		
700		125	35		
750		125	35		
800		125	35		
900		125	35		
1 000		150	45		
1 100		150	45		
1 200		150	45		
1 300		150	45		
1 400		150	45		
1 500		150	45		
1 600		150	45		
1 700		150	45		
1 800		150	45		
1 900		180	45		
2 000		180	45		
2 100		180	45		

表 A.2（续）

公称直径 DN mm	波根外径 D_0 mm	波高 h mm	圆弧半径 r_{ic}（或 r_{ir}） mm	直边长度 L_t mm	波纹管长度 L mm
2 200		180	45		
2 300		180	45		
2 400		180	45		
2 500		180	45		
2 600		180	45		
2 700		180	45		
2 800		180	45		
2 900		180	45		
3 000		200	50		
3 100	DN+2nt	200	50	$0.25\sqrt{D_b \cdot t_p}$	表注(1)： $4r_m N+2L_t$ 或 $Nq+2L_t$ 表注(2)： $N(4r_m+m_e+m_i)+2L_t$ 或 $Nq+2L_t$
3 200		200	50		
3 300		200	50		
3 400		200	50		
3 500		200	50		
3 600		200	50		
3 700		200	50		
3 800		200	50		
3 900		200	50		
4 000		220	55		

注 1：ZD 型波纹管

t ——波纹管名义壁厚，单位为毫米(mm)。

L_b ——波纹管波纹长度，$L_b=Nq$，单位为毫米(mm)；其中：N—波数；波距 $q=4r_m$，r_m—平均半径，单位为毫米(mm)。

D_b ——波纹管内直径，$D_b=D_N$ 单位为毫米(mm)。

$$r_m=\frac{r_{ic}+r_{ir}+nt}{2}\ \text{mm。}$$

ZD 型波纹管长度 $L=4r_m N+2L_t$ 或 $Nq+2L_t$，单位为毫米(mm)。

注 2：HZ 型波纹管

t ——波纹管名义壁厚单，位为毫米(mm)。

L_b ——波纹管波纹长度，$L_b=N(4r_m+m_e+m_i)$，单位为毫米(mm)；其中：N—波数；波距 $q=4r_m+m_e+m_i$。

m_e ——波峰直边长度(见图 10)，单位为毫米(mm)；m_i ——波谷直边长度(见图 10)，单位为毫米(mm)。

D_b ——波纹管内直径，$D_b=D_N$，单位为毫米(mm)。

r_m ——平均半径，$r_m=\frac{r_{ic}+r_{ir}+nt}{2}$ mm。

HZ 型波纹管长度 $L=N(4r_m+m_e+m_i)+2L_t$ 或 $Nq+2L_t$，单位为毫米(mm)。

注 3：DN≤650 mm 括号内波形参数为 HZ 型，其他波形参数为 ZD 型；
DN≥700 mm 波形参数为 ZD 型，也可为 HZ 型。

注 4：根据设计条件，允许对上述波形参数(h、r_{ic} 或 r_{ir}、L_t)进行调整。

附 录 B
（资料性附录）
常用波纹管材料及近似对照

常用波纹管材料及近似对照表见表B.1。

表B.1 常用波纹管材料及近似对照

序号	名称	中国				美国			材料供货状态	推荐使用温度 ℃
		统一数字代号	材料牌号	标准编号	材料标记	材料牌号	标准编号	材料标记		
1	波纹管	—	Q235B	GB/T 3274	Q235B	—	—	—	热轧	20～300
2			Q235C		Q235C					0～300
3			Q245R	GB/T 713	Q245R	—	—	—	热轧、正火	−20～400
4			Q345R		Q345R					−20～350
5			GB/SA 516-Gr70	—	GB/SA516-Gr70	SA-516Cr70	ASMEⅡSA-516M	—	热轧、正火	−20～350
6		S30408	06Cr19Ni10	GB/T 24511	S30408	S30400	ASMEⅡSA-240	304	固溶	−196～600
7		S30403	022Cr19Ni10		S30403	S30403		304L		−253～450
8		S31608	06Cr17Ni12Mo2		S31608	S31600		316		−253～600
9		S31603	022Cr17Ni12Mo2		S31603	S31603		316L		−253～450
10		S32168	06Cr18Ni11Ti		S32168	S32100		321		−253～550
11		S31008	06Cr25Ni20		S31008	S31008		310S		−196～575
12		S31668	06Cr17Ni12Mo2Ti		S31668	S31635		316Ti		−253～500
13		—	NS1101(NS111)	YB/T 5353 YB/T 5354	NS1101	N08800	ASMEⅡSB-409	800		−196～800
14			NS1102(NS112)		NS1102	N08810		800H		−196～900
15			NS1402(NS142)		NS1402	N08825	ASMEⅡSB424	825		−196～500
16			NS3102(NS312)		NS3102	N06600	ASMEⅡSB168	600		−196～650
17			NS3304(NS334)		NS3304	N10276	ASMEⅡSB575	C-276		−196～650
18			NS3305(NS335)		NS3305	N06455		C-4		−196～400

表 B.1（续）

序号	名称	中国				美国			材料供货状态	推荐使用温度 ℃
		统一数字代号	材料牌号	标准编号	材料标记	材料牌号	标准编号	材料标记		
19	波纹管	—	NS3306(NS336)	YB/T 5353 YB/T 5354	NS3306	N06625 Gr1	ASME Ⅱ SB443	625Gr1	退火	−196～600
						N06625 Gr2		625 Gr2	固溶	−196～850
20			5052	GB/T 3880	5052	5052	ASME Ⅱ SB209	5052	—	−269～200
21			TA1	GB/T 3621	TA1	GR1	ASME Ⅱ SB-265	GR1	退火	≤315
22			TA2		TA2	GR2		GR2		
23			TA9		TA9	GR11		GR11		
24			TA10		TA10	GR12		GR12		
25			Zr-3		Zr-3	R60702	ASME Ⅱ SB-551	R60702		≤375

注 1：序号 5 材料牌号栏中，GB/SA 516-Gr70 为 GB/T 150.2—2011 材料篇标注。

注 2：序号 13～序号 19 材料牌号栏中，中国牌号括号内为旧牌号，表示新旧牌号对照。